GRUNDLAGEN UND ANWENDUNGEN DER MÖSSBAUERSPEKTROSKOPIE

GRUNDLAGEN UND ANWENDUNGEN DER MÖSSBAUERSPEKTROSKOPIE

von

Prof. Dr. **DĂNILĂ BARB**

Bearbeitet und herausgegeben von
Dr. sc. nat. WERNER MEISEL

EA

BUCUREȘTI

Editura Academiei
Republicii Socialiste România

THEORIA CUM PRAXI

BERLIN

Akademie-Verlag

1980

Dieses Buch ist die erweiterte und bearbeitete Übersetzung von
EFECTUL MÖSSBAUER ŞI APLICAŢIILE SALE (1972)

Aus dem Rumänischen übertragen
von
Günter Glanz

Gemeinschaftsausgabe des Akademie-Verlages, DDR — 108 Berlin, Leipziger Straße 3—4
und der Editura Academiei Republicii Socialiste România, 71021-Bucureşti, Calea Victoriei 125
Gesamtherstellung: Editura Academiei Republicii Socialiste România, Bucureşti
Lizenznummer: 202 · 100/567/79
Bestellnummer: 762 812 9 (6579) · LSV 1215, 1225
Printed in Romania
DDR 68, — M

Inhalt

4 Hyperfeinstrukturen im Mößbauerspektrum

5 Linienprofil und Relaxationsprozesse

Vorwort

Als im Jahre 1958 R. L. Mößbauers Entdeckung der „rückstoßfreien Kernresonanzabsorption von Gammastrahlung" bekannt wurde, schien diese heute allgemein als „Mößbauer-Effekt" bezeichnete Erscheinung nur für einige Kernphysiker und Kristalldynamiker von Interesse zu sein. Erst durch zwei weitere Entdeckungen wurde der Mößbauereffekt für weite Bereiche der naturwissenschaftlichen Forschung höchst interessant: a) Es stellte sich heraus, daß der Mößbauereffekt die Realisierung eines spektroskopischen Auflösungsvermögens bei Gamma-Absorptionsexperimenten gestattet, das zur Untersuchung von Hyperfeinwechselwirkungen ausreicht. Damit lassen sich also aus der Anwendung des Mößbauereffektes nicht nur kernphysikalische und kristalldynamische Informationen gewinnen, sondern auch andere festkörperphysikalische sowie physikochemische und chemische. So gibt die Isomerieverschiebung (Monopolwechselwirkung) Aufschlüsse über die chemische Bindung, die Quadrupolwechselwirkung Aufschlüsse über chemische und kristalline Strukturparameter und die Dipolwechselwirkung Informationen über mikromagnetische Eigenschaften. b) Während R. L. Mößbauer seine ersten Versuche am ^{191}*Ir durchgeführt hatte, fand man bald darauf mit dem* ^{57}*Fe und dem* ^{119}*Sn zwei Nuklide, die ein wesentlich höheres Auflösungsvermögen und viel bequemere experimentelle Bedingungen erlauben. Außerdem sind diese beiden Elemente natürlich vom physikalischen und chemischen Gesichtspunkt und hinsichtlich ihrer technischen Bedeutung von unvergleichlich größerem Interesse. Obwohl man heute an etwa 45 Elementen den Mößbauereffekt nachweisen kann, wird das* ^{57}*Fe bei mehr als der Hälfte aller mößbauerspektroskopischen Untersuchungen verwendet.*

Die unter a) und b) genannten Umstände führten dazu, daß sich die Anwendungen des Mößbauereffektes zur Untersuchung von Hypereinwechselwirkungen zahlenmäßig und ihrer inhaltlichen Bedeutunrg nach so schnell entwickelten, daß man bereits seit Anfang der 60-ef Jahre von einer „Mößbauerspektroskopie" als eigenständiger analytischer Methode sprechen muß. Heute erscheinen etwa 1000 Publikationen jährlich, die dieses Gebiet betreffen. Dabei ist zu beachten, daß sich die Anwendun-

gen auf fast alle naturwissenschaftlichen Disziplinen erstrecken, so auf die physikalische Chemie und Festkörperphysik als Hauptanwendungsgebiete, aber auch auf Biologie, Medizin, Mineralogie, Metallurgie, Magnetik, Archäologie, Korrosionsforschung u.a.m.

Diese Entwicklung hat dazu geführt, daß es einem Einzelnen heute nicht mehr möglich ist, über eine umfassende Kenntnis der Applikationen der Mößbauerspektroskopie zu verfügen. Es ist auch nicht mehr möglich, dies in einem Fachbuch komplett zusammenzustellen. Man bedenke, daß die kürzlich erschienene Monografie „Mössbauer Isomer Shifts" von Shenoy und Wagner bereits einen Umfang von ca. 1000 Seiten hat und dabei doch nur einen Teilaspekt der Mößbauerspektroskopie behandelt! So soll auch das hier vorliegende Buch nicht eine umfassende Darstellung des gesamten Gebietes geben, sondern es ist als eine Einführung gedacht. Es wendet sich besonders an Anwender der Methode, die mit dieser noch relativ wenig vertraut sind, und allgemein an junge Wissenschaftler und Techniker sowie an Studenten und Absolventen der verschiedensten Fachrichtungen.

Es hat sich in den letzten Jahren immer wieder gezeigt, daß eine breite Nutzung der Möglichkeiten der Mößbauerspektroskopie, insbesondere in der Technik und in Industrielaboratorien und auch bei der Ausbildung von Studenten, oft wegen mangelnder fachlicher Informationsmöglichkeiten auf Schwierigkeiten stößt oder gar nicht erfolgt. Dies liegt zu einem gewissen Teil auch daran, daß bis auf das Taschenbuch von H. Wegener aus dem Jahre 1965 kein einschlägiges Fachbuch in deutscher Sprache zur Verfügung steht. Hierin Abhilfe zu schaffen ist das Hauptanliegen dieses vorliegenden Buches.

Da das Original von D. Barb „Efectul Mössbauer şi aplicaţiile sale" aus dem Jahre 1972 nur den Wissensstand von etwa 1971 widerspiegeln kann, wurde versucht, hier in die deutsche Bearbeitung auch noch eine Reihe neuerer Erkenntnisse und Literaturhinweise einzuarbeiten. Außerdem wurde die Behandlung einiger wichtiger Applikationsbereiche, so z.B. der chemischen Anwendungen, etwas breiter ausgeführt, um dem praktischen Interesse an der Methode auf diesen Gebieten gerecht zu werden. Unter dem gleichen Gesichtspunkt wurde auf einen etwas handbuchartigen Charakter, speziell im Anhang, Wert gelegt.

Es würde den Wünschen des Autors und des Bearbeiters entsprechen, wenn das vorliegende Buch zu einer erweiterten Nutzung der Mößbauerspektroskopie auf den verschiedensten Gebieten der Grundlagen- und angewandten Forschung und in technischen Bereichen führen würde.

Berlin, im Dezember 1978.

W. MEISEL

Erstes Kapitel

Das Phänomen der rückstoßfreien Emission und Absorption bei niederenergetischen Gammaübergängen

1.1 Einleitung

Spektroskopische Untersuchungen unter Resonanzbedingungen sind aus den verschiedensten Bereichen des elektromagnetischen Spektrums bekannt. Durch eine im Jahre 1957 von R. L. Mößbauer gemachte Entdeckung [1] konnte eine Resonanzspektroskopie auch für den Frequenzbereich der niederenergetischen Gammastrahlung entwickelt werden, die sogenannte „rückstoßfreie Emission oder Absorption von Gammastrahlen durch Kerne".

Die Resonanzabsorption oder -emission von Gammastrahlen ist mit den optischen Erscheinungen vergleichbar, da sie in analoger Weise erklärt werden kann: Ein Photon, das beim Übergang vom angeregten Zustand E_I in den Grundzustand E_F emittiert wird, induziert in einem identischen Atom oder Kern eine Resonanzabsorption. Das so angeregte Atom (bzw. der so angeregte Kern) kehrt in seinen Grundzustand durch Emission eines Quants derselben Frequenz und mit einer für das angeregte Energieniveau charakteristischen Zerfallszeit zurück (vgl. Abb. 1.1).

Die optische Resonanzabsorption wurde im Jahre 1904 von Wood entdeckt [2]. Er konnte das Auftreten einer Resonanzfluoreszenz in

Abb. 1.1 · Resonanzstreuung von Photonen.

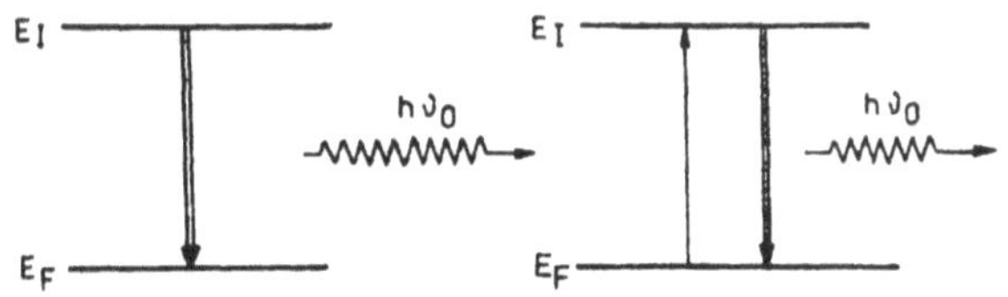

Atomen durch das von resonant angeregten Natriumatomen ausgesandte gelbe Licht nachweisen.

Zunächst scheint es also so zu sein, daß die Problematik der optischen Resonanz der der Kernresonanz sehr nahe liegt. Bei näherer Betrachtung sieht man jedoch, daß zwischen der Resonanzabsorption im sichtbaren Bereich und der Gammastrahlenabsorption ein grundlegender Unterschied besteht und bei Experimenten an Kernen qualitativ neue Befunde auftreten. Die unterschiedliche Herkunft der betrachteten Strahlungsarten bedingt die Verschiedenheit ihrer Energien. Die durch Kernübergänge entstehenden Gammaquanten besitzen eine viel höhere Energie als die mit den Elektronenübergängen in der äußeren Hülle des Atoms zusammenhängenden optischen Photonen. Zum besseren Verständnis der Besonderheiten der Resonanzabsorption im Bereiche der Gammaquanten sollen zunächst einige Betrachtungen zur Kinetik der Emission und Absorption von Gammastrahlung im Falle eines einzelnen Kernes angestellt und dann das Problem des Wirkungsquerschnitts bei Resonanzabsorption für ein System von vielen Kernen behandelt werden.

Man betrachte ein einzelnes Atom oder einen einzelnen Kern der Masse M, welche sich anfangs im Ruhezustand befindet. Mit $\mathbf{P}_\gamma$ und E_γ seien der Impuls bzw. die Energie des ausgesandten Gammaquants und mit $E_0 = E_I - E_F$ der energetische Abstand der beiden Zustände, zwischen denen sich der Übergang abspielt, bezeichnet. Entsprechend den Erhaltungssätzen des Impulses und der Energie ergeben sich die Beziehungen

$$\mathbf{P}_\gamma + \mathbf{P} = 0 \tag{1.1}$$

und

$$E_0 = E_{\gamma e} + E_R,$$

wobei $\mathbf{P}$ den Impuls, den der Kern bei der Gammaquantenemission erhalten hat, und E_R die zugehörige Rückstoßenergie bedeuten,

$$E_R = \frac{P^2}{2M} = \frac{P_\gamma^2}{2M} = \frac{E_{\gamma e}^2}{2Mc^2}.$$

Da die Rückstoßenergie E_R sehr klein gegenüber $E_{\gamma e}$ ist, folgt aus (1.1) die Beziehung

$$E_R \approx \frac{E_0^2}{2Mc^2}, \tag{1.2}$$

aus der die Abhängigkeit der Rückstoßenergie von der Energiedifferenz der beiden Zustände hervorgeht. Es folgt daraus, daß die Energie des ausgesandten Gammaquants nicht durch den energetischen Niveauabstand E_0 gegeben ist, sondern daß sie infolge des Rückstoßverlustes kleiner ist:

$$E_{\gamma e} = E_0 - E_R. \tag{1.3}$$

Es ist bekannt, daß ein angeregter Zustand E_I nicht durch eine scharf definierte Energie E_0 gekennzeichnet werden kann, sondern durch die

Wahrscheinlichkeit $W(E)$ einer um E_0 verteilten Energie (Breit-Wigner-Formel) gegeben ist:

$$W(E) = \frac{\Gamma^2/4}{(E - E_0)^2 + \Gamma^2/4}. \tag{1.4}$$

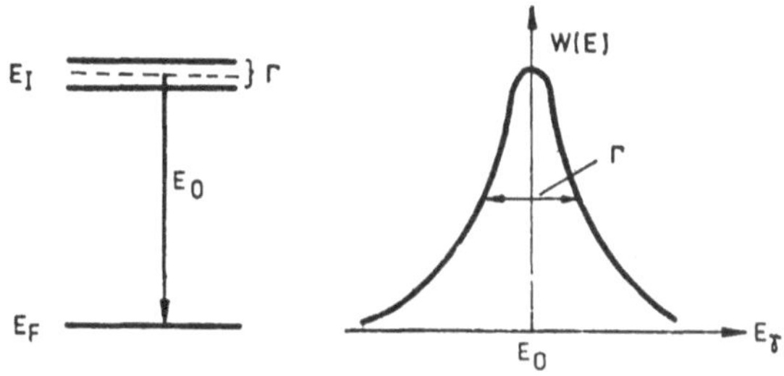

Abb. 1.2 – Anregungswahrscheinlichkeit in Abhängigkeit von der Energie E_γ.

Dabei bedeutet Γ die natürliche Linienbreite, die mit der Lebensdauer τ des angeregten Zustands durch $\Gamma\tau = \hbar$ zusammenhängt (Abb. 1.2).

Bezieht man den Rückstoß in die Betrachtung ein, so folgt, daß das beim Übergang $E_I \to E_F$ ausgesandte Gammaquant als eine um $E_0 - E_R$ zentrierte Energieverteilung der Breite Γ als natürliche Linie erscheint. Bei einem Resonanzabsorptionsexperiment, bei dem das Energiequant $E_{\gamma e}$ mit dem Impuls $\mathbf{P}_\gamma$ auf einen einzelnen, anfangs ruhenden Kern der Masse M trifft, wird der Impuls $\mathbf{P}_\gamma$ des Quants unverändert auf den absorbierenden Kern übertragen. Aus dem Energieerhaltungssatz ergibt sich, daß für die Anregung des Energieniveaus E_0 des absorbierenden Kerns die auftreffende Strahlung die Energie

$$E_{\gamma a} = E_0 + E_R \tag{1.5}$$

haben muß. Folglich weicht also die Energie $E_{\gamma e}$ des von einem emittierenden Kern ausgesandten Quants wegen der Rückstoßverluste von der für den absorbierenden Kern erforderlichen Anregungsenergie ab

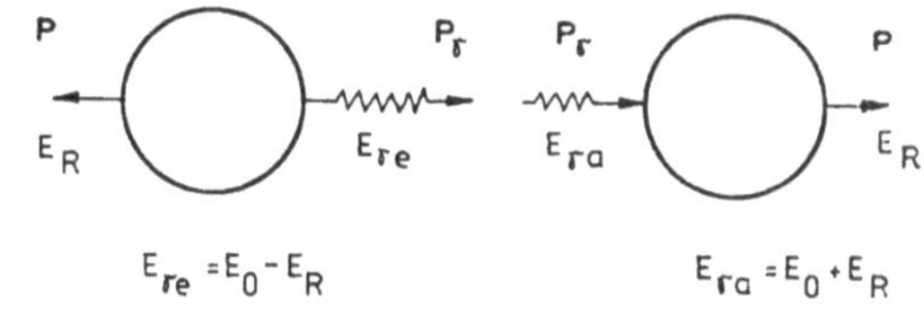

Abb. 1.3 – Emission und Absorption eines Gammaquants.

(Abb. 1.3). Eine Resonanz ist somit nur für die sich überlappenden Anteile der Emissions- und Absorptionslinie möglich, wie es in Abb. 1.4 gezeigt ist. Daraus erhält man die Bedingung

$$2E_R \leqslant \Gamma \tag{1.6}$$

für das Auftreten einer merklichen Resonanz. Im Falle optischer Übergänge ist diese Bedingung wegen der relativ kleinen Übergangsenergie E_0 und der sich daraus ergebenden kleinen Werte von E_R stets erfüllt. Bei Kernübergängen, die hinsichtlich des Mößbauereffektes von Interesse sind, gilt für die Linienbreite $10^{-12}\text{eV} < \Gamma < 10^{-5}$ eV und für

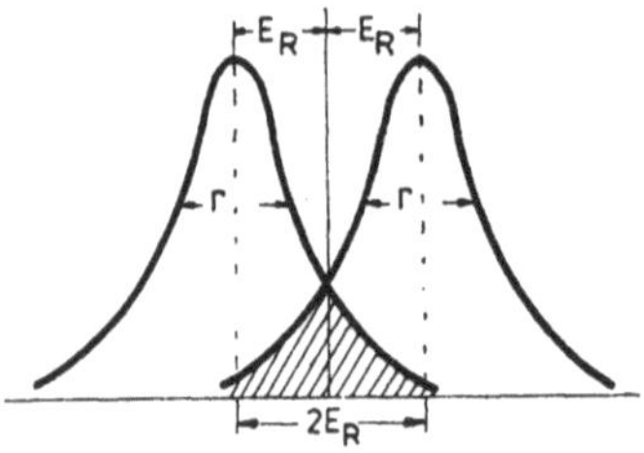

Abb. 1.4 – Überlagerung von zwei durch Rückstoß gegeneinander verschobenen Resonanzlinien.

die Rückstoßenergien $5 \cdot 10^{-5}\text{eV} < E_R < 10^{-1}\text{eV}$. Daraus folgt, daß in diesen Fällen (1.6) wegen der großen Rückstoßverluste nicht erfüllt ist. Man vergleiche als Beispiel die Rückstoßenergien zweier typischer Fälle, den Übergang in den Grundzustand des Natriums durch Emission der bekannten gelben Natriumlinie und den Kernübergang des ^{119}Sn mit 23,8 keV. Während die Linienbreite bei der Emission für beide Fälle praktisch die gleiche ist, $\Gamma_{\text{Na}} = 4{,}4 \cdot 10^{-8}\text{eV}$ und $\Gamma_{^{119}\text{Sn}} = 2{,}2 \cdot 10^{-8}\text{eV}$, sind die mit (1.2) berechneten Rückstoßenergien sehr verschieden nämlich $1{,}0 \cdot 10^{-10}\text{eV}$ bzw. $2{,}5 \cdot 10^{-3}\text{eV}$; $2\,E_R$ ist also nur für den optischen Fall genügend klein, um die Bedingung (1.6) mit Sicherheit zu erfüllen.

Bei dem bisher Gesagten wurde vorausgesetzt, daß sowohl das emittierende als auch das absorbierende System sich im Ruhezustand befinden. In Wirklichkeit jedoch befinden sich die Atome beider Systeme in einer ständigen thermischen Bewegung, durch welche eine zusätzliche Verbreiterung der Emissions- und Absorptionslinie entsteht, die sogenannte Dopplerverbreiterung. Man betrachte einen emittierenden Kern im angeregten Zustand der Energie E_I, der sich bewegt und dessen Anfangsimpuls $\mathbf{P}_i$ ist. Nach Emission eines Gammaquants mit dem Impuls $\mathbf{P}_\gamma$ und der Energie E_γ gelangt der Kern in den Grundzustand E_F zurück und besitzt dann den Impuls $\mathbf{P}_0$. Die Erhaltungssätze in nichtrelativistischer Form ergeben hierfür die Beziehungen

$$\mathbf{P}_i = \mathbf{P}_0 + \mathbf{P}_\gamma \tag{1.7}$$

und

$$E_I + \frac{P_i^2}{2M} = E_F + \frac{P_0^2}{2M} + E_\gamma. \tag{1.8}$$

Aus (1.7) und (1.8) ergeben sich dann

$$E_\gamma = E_0 + \frac{\mathbf{P}_i \mathbf{P}_\gamma}{M} - \frac{P_\gamma^2}{2M}$$

bzw.

$$E_\gamma = E_0 - E_R + 2D \cos(\mathbf{P}_i, \mathbf{P}_\gamma) \quad (1.9)$$

mit

$$D = \frac{1}{2M} |\mathbf{P}_i| \, |\mathbf{P}_\gamma|. \quad (1.10)$$

Der Faktor D (auch Dopplerfaktor genannt) kann etwas anschaulicher dargestellt werden, wenn die kinetische Energie ε, die der Kern vor der Emission besaß, verwendet wird,

$$\varepsilon = \frac{P_i^2}{2M}. \quad (1.11)$$

Unter Berücksichtigung von (1.1) ergibt sich dann

$$D = \sqrt{\varepsilon E_R}. \quad (1.12)$$

Wenn die Kerne in der emittierenden Quelle nach Richtung und Größe verteilte Geschwindigkeiten und eine mittlere kinetische Energie $\bar{\varepsilon}$ haben, dann ergibt sich aus (1.9) und (1.12), daß die ausgesandte Strahlung nicht monochromatisch ist, sondern als ein um den Wert $E_0 - E_R$ zentriertes Spektrum der Breite $\bar{D} = \sqrt{\bar{\varepsilon} E_R}$ erscheint.

Aus dem Voranstehenden geht hervor, daß die Dopplerverbreiterung viel größer als die natürliche Breite der Gammalinie ist, und daß sie eine wichtige Rolle in bezug auf die Resonanzbedingung spielen muß.

1.2 Der Wirkungsquerschnitt für Resonanzanregung

Aus dem ersten Abschnitt geht hervor, daß bei Gammaübergängen infolge der Rückstoßverluste ein großer Abstand zwischen der Emissionslinie und der Absorptionslinie entsteht, was zu einem sehr kleinen Wirkungsquerschnitt für einen Resonanzabsorptionsprozeß führt. Um größere Wirkungsquerschnitte zu erhalten wurde versucht, den Rückstoß durch den linearen Dopplereffekt zu kompensieren. Welchen Einfluß hat eine Dopplerverschiebung der Emissions- und Absorptionsenergie auf den Anregungsquerschnitt bei Resonanz?

Der Absorptions- bzw. Emissionsquerschnitt für Gammastrahlung der Energie E ist durch die Breit-Wigner-Formel

$$\sigma(E) = \sigma_0 W(E) = \sigma_0 \frac{\Gamma^2/4}{(E - E_0)^2 + \Gamma^2/4} \tag{1.13}$$

gegeben (der Index γ wird der Einfachheit halber hier und nachfolgend weggelassen). Hierbei ist

$$\sigma_0 = \frac{\lambda^2}{2\pi} \times \frac{1 + 2I_e}{1 + 2I_g} \times \frac{1}{1 + \alpha}\,. \tag{1.14}$$

I_e und I_g bedeuten den Kernspin des angeregten bzw. des Grundzustandes, α den Koeffizienten für innere Konversion des Gammaüberganges. Die Emissionswahrscheinlichkeit $W(E)$ in (1.13) ist auf Eins normiert. Es seien u die Geschwindigkeit des Systems der emittierenden Kerne in Richtung der Gammastrahlung und v die Projektion der Differenz der thermischen Geschwindigkeiten des emittierenden und des absorbierenden Kernes auf diese Richtung. Wenn die thermischen Relativgeschwindigkeiten v der betrachteten Kerne einer bestimmten Verteilung $P(v)\,\mathrm{d}v$ gehorchen, dann muß für den Wirkungsquerschnitt $\sigma(E)$ der Mittelwert

$$\sigma = \int_{-\infty}^{\infty} \sigma(E)\,P(v)\,\mathrm{d}v$$

verwendet werden. Die Verteilung der Relativgeschwindigkeiten ergibt sich aus der Faltung der den thermischen Geschwindigkeiten zugehörigen Verteilungen im emittierenden und absorbierenden System. Wenn für die Verteilung der thermischen Geschwindigkeiten sowohl für den Emitter als auch für den Absorber eine Maxwellverteilung mit der Breite $2k(T_1 + T_2)$ vorausgesetzt wird, ergibt die Faltung ebenfalls eine maxwellsche Verteilung. T_1 und T_2 sind die Temperaturen der beiden Systeme. Für $T_1 = T_2 = T$ hat die Verteilungsfunktion der thermischen Relativgeschwindigkeiten die Form

$$P(v)\,\mathrm{d}v = \left(\frac{M}{4\pi k_B T}\right)^{\frac{1}{2}} \exp\left(-\frac{Mv^2}{4k_B T}\right) \mathrm{d}v.$$

Berücksichtigt man diesen Ausdruck, dazu noch die Beziehungen des vorigen Abschnitts, und außerdem das mögliche Vorhandensein einer überlagerten Geschwindigkeit u, so ergibt sich

$$\sigma = \sigma_0 \int_{-\infty}^{\infty} \frac{\Gamma^2/4\,P(v)\,\mathrm{d}v}{\left(\frac{E_0}{c}\right)^2 \left[v + u - \frac{E_0}{Mc}\right]^2 + \Gamma^2/4}\,. \tag{1.15}$$

Das Integral wird durch Anwendung des Mittelwertsatzes für $v = \frac{E_0}{Mc} - u$ gelöst. Man erhält

$$\sigma = \sigma_0 \left(\frac{M}{4\pi k_B T} \right)^{\frac{1}{2}} \exp \left\{ - \frac{M}{4k_B T} (E_0/Mc - u)^2 \right\} \times$$

$$\times \int_{-\infty}^{\infty} \frac{dv}{\left(\frac{2E_0}{c\Gamma} \right)^2 \left[v + u - \frac{E_0}{Mc} \right]^2 + 1} = \tag{1.16}$$

$$= \frac{\sigma_0}{4} \sqrt{\frac{\pi}{2}} \frac{\Gamma}{D} \exp \left\{ - \frac{M}{4k_B T} \left(\frac{E_0}{Mc} - u \right)^2 \right\}.$$

Eine Diskussion von (1.16) ergibt folgendes:

a) Für die Geschwindigkeit $u = \frac{E_0}{Mc}$ erhält man ein Maximum des Wirkungsquerschnittes, nämlich

$$\sigma = \frac{\sigma_0}{4} \sqrt{\frac{\pi}{2}} \frac{\Gamma}{D}. \tag{1.17}$$

Daraus folgt, daß der durch den Rückstoß des Atoms bedingte Energieverlust des emittierten Quants durch einen linearen Dopplereffekt kompensiert werden kann. Anhand von Abb. 1.4 sieht man, daß sich bei Verschiebung der beiden Resonanzlinien aufeinander zu die schraffierte Fläche, die die Resonanzabsorptionswahrscheinlichkeit angibt, vergrößert.

Die Kompensation der Rückstoßverluste durch den Dopplereffekt wurde 1951 von Moon benutzt, um die Resonanzabsorption beim 411 keV-Übergang des ^{198}Hg zu messen. Moon konnte in einem Experiment, bei dem er ein in ^{198}Hg zerfallendes, schnell rotierendes Präparat von ^{198}Au und einen Absorber aus Hg benutzte, nachweisen, daß die Intensität der gestreuten Strahlung mit der Bahngeschwindigkeit des Präparates wächst. Der Versuch zeigte, daß die zur Kompensation der Rückstoßverluste nötige Geschwindigkeit in der Größenordnung von $8 \cdot 10^4$ cm/s liegt. Diese Geschwindigkeit liegt an der oberen Grenze der durch eine Ultrazentrifuge gegebenen Möglichkeiten der Bewegungserzeugung.

b) Ein anderer Fall ist durch $u = 0$ gegeben, d.h. die Strahlenquelle und der Absorber befinden sich in einer zueinander fixierten Lage. Für diesen Fall ist der Wirkungsquerschnitt

$$\sigma = \frac{\sigma_0}{4} \sqrt{\frac{\pi}{2}} \frac{\Gamma}{D} \exp \left(- \frac{E_R}{2k_B T} \right). \tag{1.18}$$

Bei Temperaturänderung wächst der Wirkungsquerschnitt mit der Temperatur an und geht für $\bar{D} = E_R$, also $E_R = k_B T$, durch ein Maximum mit

$$\sigma_{max} = \sigma_0 \frac{\Gamma}{8E_R} \sqrt{\frac{2\pi}{e}}. \tag{1.19}$$

Malmfors [3] konnte anhand des gleichen 411 keV-Überganges des ^{198}Hg zeigen, daß die Intensität der Resonanzstreuung mit der Temperatur entsprechend (1.18) anwächst. Diese Methode, bei welcher eine Überlappung der Emissions- mit der Absorptionslinie durch thermische Verbreiterung infolge einer Temperaturerhöhung erreicht wird, hat bei einer ganzen Reihe von Experimenten zum Erfolg geführt.

Eine andere Methode zur Kompensation der Energieverluste, die durch Rückstoß entstehen, besteht in der Ausnutzung von Dopplerverschiebungen der Quantenenergie infolge von Prozessen, die vor der Gammaemission bzw. -absorption stattfinden, wie z.B. Kernübergänge oder der Einfang von Partikeln durch den Kern. Übersichten über die verschiedenen Verfahren zur Kompensation der Rückstoßverluste wurden von Malmfors [3] und Metzger [4] gegeben.

Die Allgemeingültigkeit der sich aus (1.18) ergebenden Abhängigkeit des Absorptionsquerschnittes von der Temperatur wurde durch die von Mößbauer in den Jahren 1956 und 1957 durchgeführten Experimente unerwartet widerlegt. Nachfolgend seien kurz diese Versuche und die sich daraus ergebenden Schlußfolgerungen behandelt.

1.3 Mößbauers Experimente

R. L. Mößbauer hat die Absorption von Gammastrahlen des 129 keV-Übergangs von ^{191}Ir in einem natürlichen Iridiumkristall gemessen [5]. Als Quelle verwendete er dabei das Nuklid ^{191}Os, das mit einer Halbwertszeit von 16 Tagen (s. Zerfallsschema Abb. 1.5) in einen langlebigen Zustand des ^{191}Ir (5,6 s) mit einer Energie von 171 keV übergeht. Anschließend wird eine Gammastrahlung von 42 keV ausgesandt, und der Iridiumkern gelangt in seinen ersten angeregten Zustand (129 keV), der eine Lebensdauer von $1{,}4 \cdot 10^{-10}$s und eine Niveaubreite von $5{,}1 \cdot 10^{-6}$ eV hat.

Die von Mößbauer verwendete experimentelle Anordnung ist schematisch in Abb. 1.6 dargestellt. Die von der bewegten Quelle S ausgesandten Photonen durchsetzen den Absorber A, der ^{191}Ir enthält, und fallen danach auf den Photonendetektor D. Sowohl die Quelle als auch der Absorber befinden sich dabei auf einer Temperatur von 88 K. Die Quelle ist auf einer rotierenden Scheibe befestigt, so daß die relative Geschwindigkeit der Quelle in bezug auf den Absorber geregelt werden kann.

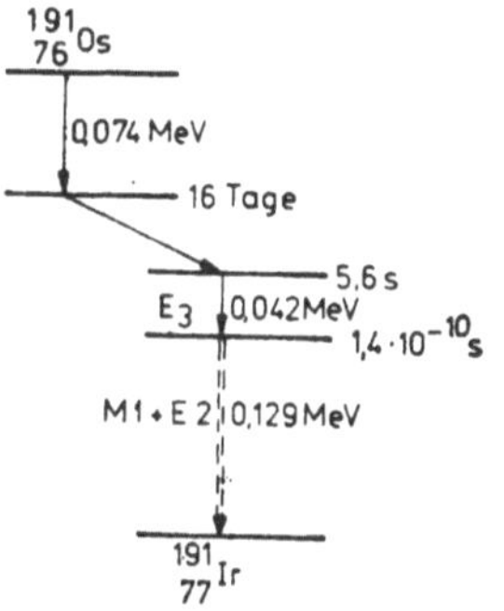

Abb. 1.5 – Zerfallsschema des Nuklids ^{191}Os.

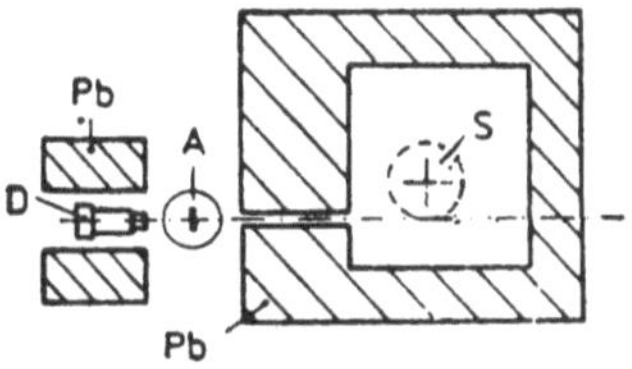

Abb. 1.6 – Die von Mößbauer verwendete experimentelle Anordnung: S = Quelle, A = Absorber, D = Detektor.

In Abb. 1.7 ist die Änderung der Absorption in Abhängigkeit von der Bahngeschwindigkeit der Quelle dargestellt. Die experimentell ermittelte Kurve kann durch eine Breit-Wigner-Funktion mit einer Breite von $(9{,}2 \pm 1{,}2) \cdot 10^{-6}$ eV angeglichen werden. Dies ist etwa das Doppelte der natürlichen Breite des 129 keV-Niveaus. Die Verdopplung kommt dadurch zustande, daß die Absorption das Ergebnis der Faltung

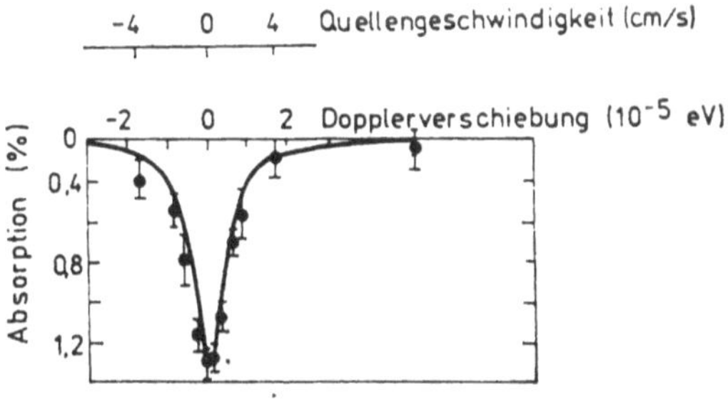

Abb. 1.7 – Die hinter dem Iridiumabsorber gemessene relative Intensität der 129 keV γ-Strahlung in Abhängigkeit von der Geschwindigkeit der Quelle (nach [5]).

eines Emissions- mit einem Absorptionsspektrum ist, von denen jedes die Breite Γ besitzt. Aus der Abbildung geht hervor, daß bereits sehr geringe Änderungen der Quellengeschwindigkeit die Resonanzabsorption zum Verschwinden bringen können.

Das wichtigste der von Mößbauer erzielten Resultate ist der sog. „Temperatureffekt". Quelle und Absorber wurden bei diesem seinem Experiment in Ruhe gehalten. Bei einer Temperatur des Absorbers von 88 K wurde die Temperatur der Quelle allmählich bis auf Zimmertemperatur erhöht und gleichzeitig die Strahlungstransmission durch

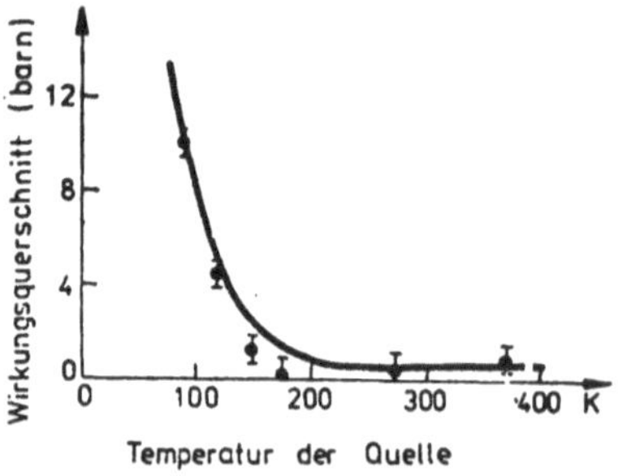

Abb. 1.8 — Absorptionsquerschnitt für Iridiumkerne in Abhängigkeit von der Quellentemperatur [1].

den Absorber gemessen. In Abb. 1.8 ist der gemessene Absorptionsquerschnitt für den Kern ^{191}Ir in Abhängigkeit von der Quellentemperatur dargestellt. Völlig unerwartet zeigt sich hier ein Anwachsen des Wirkungsquerschnitts mit fallender Temperatur, ein Resultat, das den klassischen Vorstellungen entsprechend Gleichung (1.18) widerspricht.

Die Erklärung der angeführten Versuchsergebnisse wurde im Jahre 1958 in einer von Mößbauer veröffentlichten Arbeit [1], welche den Ausgangspunkt für alle späteren Untersuchungen dieses dann nach ihm benannten Effektes bildet, gegeben. Das große Verdienst Mößbauers besteht darin, daß er die beschriebenen Phänomene auf der Basis der 1939 erschienenen Lambschen Theorie [6] zum Resonanzeinfang thermischer Neutronen richtig gedeutet hat.

Das Verschwinden der Energieverluste durch Rückstoß führt dazu, daß keine Verschiebung mehr zwischen der Emissions- und der Absorptionslinie auftritt und ihre Überlappung einen ausgeprägten Resonanzeffekt ergibt. Es kommt zu einer Impulsübertragung, die nicht von einer Energieübertragung begleitet ist. In diesem Zusammenhang sei daran erinnert, daß Phänomene dieser Art schon vor Mößbauers Entdeckung in anderen Gebieten der Physik bekannt waren, so z.B. bei der kohärenten Streuung von Röntgenstrahlung. Bei der Streuung eines Röntgenstrahlbündels hat ein Teil der Gesamtintensität dieselbe Frequenz wie die einfallende Strahlung. Dieser Anteil wird durch den sogenannten Debye-Waller-Faktor bestimmt. Als ein weiteres Beispiel sei hier noch die kohärente Streuung thermischer Neutronen an Kristallen, bei welcher das gleiche Phänomen auftritt, angeführt.

1.4 Rückstoßfreie Gammaübergänge

Im voranstehenden Abschnitt wurde gezeigt, daß eine Resonanzabsorption von Gammastrahlen nur dann auftreten kann, wenn die Rückstoßverluste kompensiert oder beseitigt werden. Der Versuch von Mößbauer im Jahre 1957 zeigte, daß unter gewissen Bedingungen (Gammaübergänge relativ geringer Energien und Bindung der am Prozeß beteiligten Kerne an den festen Aggregatzustand) Emission, Absorption oder Streuung von Gammaphotonen mit einer von Null verschiedenen Wahrscheinlichkeit stattfinden kann, ohne daß dabei eine Änderung der Vibrationszustände des Wirtsgitters herbeigeführt wird (die sogenannten „rückstoßfreien Prozesse"). Die Gammastrahlung, die solche Prozesse begleitet, ist streng monochromatisch, die zugehörige Resonanzlinie erscheint somit genau bei der Übergangsenergie E_0 und hat die natürliche Breite Γ des angeregten Kernzustandes. Auch die in (1.16) gegebene Dopplerverbreiterung kann im Ergebnis der Bindung des Kerns an ein Kristallgitter verschwinden. Der gebundene Kern befindet sich in einer ständigen oszillatorischen Bewegung um seine Gleichgewichtslage, und im Gegensatz zu einem freien Kern ändert er dabei seine Bewegungsrichtung sehr häufig im Vergleich zur Lebensdauer τ seines angeregten Zustandes. Auf den Gammaübergang wirkt sich also nur der Mittelwert des Impulses aus, und der Mittelwert des Dopplereffektes kann im Vergleich zu seinen Augenblickswerten vernachlässigt werden. Der Dopplereffekt verschwindet also, wenn die Bedingung

$$\tau \gg \frac{1}{\Omega} \tag{1.20}$$

erfüllt ist, wobei Ω die Schwingungsfrequenz der Kerne im Gitter bezeichnet. (1.10) kann auch in der Form

$$\Gamma \ll \hbar\,\Omega \tag{1.21}$$

geschrieben werden.

Der Mößbauerfaktor f, der den Anteil der „rückstoßfreien" Übergänge an der Gesamtzahl der Übergänge angibt, ist dem bekannten Debye-Waller-Faktor analog. Dieser tritt bei der Streuung von Röntgenstrahlen und thermischen Neutronen an Kristallen auf und charakterisiert in gleicher Weise den zugehörigen Anteil der elastischen Streuung.

1.4.1 Die klassische Deutung des Faktors f

Die Analogie zwischen der elastischen Streuung von Röntgenstrahlen und rückstoßfreien Gammaprozessen hat zur klassischen Deutung des Mößbauereffektes mit Hilfe der klassischen Elektrodynamik geführt [7]. Das Kernstück dieser Deutung besteht in der Annahme, daß die von einem in Bewegung um seine Gleichgewichtslage befindlichen Kern ausgesandte elektromagnetische Welle eine Frequenzmodulation erfährt. Diese führt zu einem Frequenzspektrum, das eine zentrale, unverschobene Linie und zusätzlich Seitenbänder zeigt. Die Intensität der Zentrallinie, die nur einen Bruchteil der Gesamtintensität ausmacht, gibt die Wahrscheinlichkeit der „rückstoßfreien" Prozesse an, während die Seitenbänder jenen Gammaübergängen entsprechen, die von Änderungen des Schwingungszustands des Grundgitters begleitet sind. Nachfolgend wird die mathematische Behandlung einer solchen Frequenzmodulation zusammen mit einigen Schlußfolgerungen aus diesen Rechnungen gegeben.

Den klassischen Vorstellungen entsprechend befindet sich ein Kern im Kristallgitter bei Null Grad Kelvin im Zustand absoluter Ruhe. Die Emission der Gammastrahlung kann als Ursprung einer elektromagnetischen Welle der Frequenz ω_0 angesehen werden. Das Vektorpotential einer elektromagnetischen Welle, die von einem Oszillator der konstanten Frequenz ω_0 ausgesandt wird, ist

$$\mathbf{A}(t) = \mathbf{A}_0 e^{i\omega_0 t} \quad \text{mit } |\mathbf{A}_0|^2 = 1. \tag{1.22}$$

Die thermischen Schwingungen des Gitters führen entsprechend dem Dopplereffekt zu Änderungen der Frequenz der emittierten Strahlung. Wenn man mit v die Geschwindigkeit des emittierenden Kernes in x-Richtung bezeichnet und der Einfachheit halber voraussetzt, daß diese Geschwindigkeit klein im Vergleich zur Lichtgeschwindigkeit c ist, dann erhält man aus der Theorie des Dopplereffektes für die Frequenz der ausgesandten Strahlung den Ausdruck

$$\omega(t') = \omega_0 \left[1 + \frac{v(t')}{c} \right]. \tag{1.23}$$

Das Vektorpotential wird damit zu

$$\mathbf{A}(t) = \mathbf{A}_0 \exp \left[i \int_0^t \omega(t')\, dt' \right]. \tag{1.24}$$

Nach Integration erhält man

$$\mathbf{A}(t) = \mathbf{A}_0 \exp(i\omega_0 t) \exp\{ikx(t)\}, \tag{1.25}$$

wobei $x(t)$ die Auslenkung des Kerns aus der Gleichgewichtslage und $\mathbf{k}$ den Wellenvektor bedeuten. Wenn der Oszillator eine harmonische Bewegung der Amplitude x_0 und der Frequenz Ω ausführt, d.h.

$$x(t) = x_0 \sin \Omega t, \tag{1.26}$$

dann ist das Vektorpotential

$$\mathbf{A}(t) = \mathbf{A}_0 \exp(i\omega_0 t) \exp(ikx_0 \sin \Omega t). \tag{1.27}$$

Ausdrücke dieser Art sind aus der Theorie der Hochfrequenzmodulation bekannt. Das Spektrum, das anfangs nur die Trägerfrequenz ω_0 enthielt, spaltet sich in eine Reihe von Linien der Frequenzen ω_0, $\omega_0 \pm \Omega$, $\omega_0 \pm 2\Omega, \ldots$ auf. Es kann durch den Ausdruck

$$e^{iy \sin \theta} = \sum_{-\infty}^{\infty} J_n(y)\, e^{in\theta}$$

beschrieben werden. Das Einsetzen dieser Reihe in (1.27) ergibt

$$\mathbf{A}(t) = \mathbf{A}_0 \sum_{n=-\infty}^{\infty} J_n(kx_0) \exp\{i(\omega_0 + n\Omega)t\}. \tag{1.28}$$

Die Gleichung (1.28) stellt eine durch Überlagerung von Teilwellen der Frequenz $\omega_0, \omega_0 \pm \Omega$, $\omega_0 \pm 2\Omega, \ldots$ entstandene elektromagnetische Welle dar. Die Amplitude jeder Teilwelle ist durch die Besselfunktion $J_n(kx_0)$ gegeben. Die unverschobene Linie $J_0(kx_0)$ kann nun mit der Mößbauerlinie identifiziert werden. Ihre Intensität ist dann durch den Ausdruck

$$f = |A_{n=0}|^2 = J_0^2(kx_0) \tag{1.29}$$

gegeben. Da A_0 normiert ist, gibt J_0^2 direkt die Emissionswahrscheinlichkeit der unverschobenen Komponente an.

Bislang wurde vorausgesetzt, daß die ausgesandte Welle nur mit einer einzigen Frequenz Ω moduliert ist. Auf Festkörper angewandt entspricht dies dem Einsteinmodell der Gitterschwingungen. Bei einem realen Festkörper müssen die Frequenz und die Amplitude x_0 der

Schwingung in (1.28) durch eine Summe von Frequenzen Ω_m mit Amplituden x_m ersetzt werden. In diesem Falle ergibt sich dann für die Intensität

$$f = \prod_{m=1}^{3N} J_0^2(kx_m). \tag{1.30}$$

Die Anzahl $3N$ der Eigenfrequenzen in einem Festkörper ist sehr groß. Jeder der Faktoren J_0^2 in der obigen Beziehung ist nur sehr wenig von Eins verschieden, weil die maximale Amplitude jeder Einzelkomponente sehr klein ist. Daher kann man die Reihenentwicklung

$$J_0(kx_m) = 1 - \frac{1}{4}(kx_m)^2 + \ldots$$

benutzen, und man erhält

$$\ln f \approx -2 \sum \frac{1}{4}(kx_m)^2.$$

Verwendet man nun die mittlere quadratische Auslenkung des Kernes aus seiner Gleichgewichtslage,

$$\langle x^2 \rangle = \frac{1}{2} \sum_m x_m^2, \tag{1.31}$$

so ergibt sich mit

$$\ln f \approx -k^2 \langle x^2 \rangle \tag{1.32}$$

ein Ausdruck, der für eine unendliche Anzahl von Oszillatoren exakt gültig ist. Daraus erhält man

$$f \doteq \mathrm{e}^{-k^2 \langle x^2 \rangle}, \tag{1.33}$$

was dem Debye-Waller-Faktor für Röntgenstrahlung analog ist.

Gleichung (1.33) läßt sich in einfacher Weise deuten. Die kontinuierlich ausgestrahlte elektromagnetische Welle kommt aus einem Bereich, dessen Lineardimension durch $\langle x^2 \rangle^{\frac{1}{2}}$ charakterisiert ist. Wenn nun diese Dimension die Größe der Wellenlänge λ überschreitet, d.h. $k^2\langle x^2 \rangle > 1$, dann kommt es zu störenden Interferenzen zwischen den aus verschiedenen Bereichen kommenden Wellenzügen, und der ohne Energieverlust ausgesandte Anteil f von Photonen verkleinert sich rasch.

Der durch Gleichung (1.24) beschriebene Wellenzug ist unendlich lang, die zugehörige Linie ist somit unendlich schmal. Für endliche

Wellenzüge verbreitert sich diese Linie. Eine Mößbauerlinie ist nur dann klar definiert, wenn ihre Breite Γ kleiner als der Abstand der benachbarten Satelliten ist, also

$$\Gamma < \hbar\Omega \quad \text{oder} \quad \Omega > \frac{\Gamma}{\hbar} = \frac{1}{\tau}\,.$$

Auf diese Weise ergeben sich hier wieder die Bedingungen (1.20) und (1.21). Abb. 1.9 zeigt das Spektrum einer klassischen elektromagnetischen

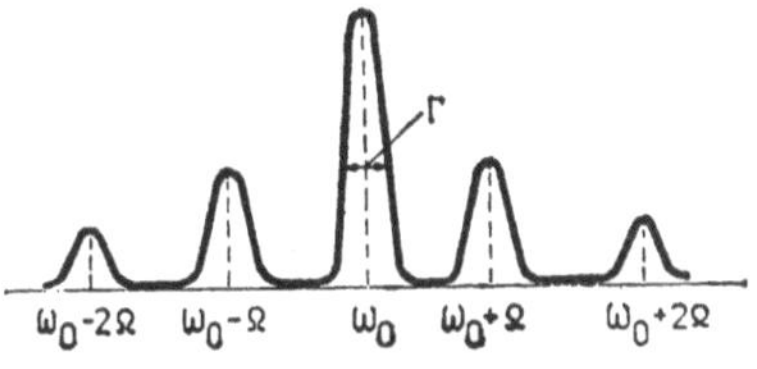

Abb. 1.9 – Das Spektrum einer klassischen elektromagnetischen Welle, die von einem Festkörper nach dem Einsteinmodell ausgesandt wird.

Welle, die entsprechend dem Einsteinmodell durch einen Festkörper ausgesandt wird. Diesem Modell liegt die Vorstellung zugrunde, daß die einzelnen Oszillatoren nicht miteinander wechselwirken.

Bei einem realen Festkörper hat nur die unverschobene Linie die natürliche Breite Γ, die Satellitenlinien überlagern sich gegenseitig, was zu einem breiten Kontinuum führt.

Aus (1.33) ergeben sich folgende Schlußfolgerungen:

1) Um einen großen Wert für f zu erzielen (d.h. möglichst nahe Eins), muß $k^2 \langle x^2 \rangle \ll 1$ erreicht werden. Somit muß das mittlere Amplitudenquadrat der Bewegung des Kernes kleiner als die Wellenlänge des emittierten Gammaquants sein. Da f exponentiell mit k^2 fällt, ergibt sich für die Beobachtbarkeit des Mößbauereffektes eine praktisch unüberschreitbare obere Grenze bei einer Gammaenergie von ca. 150 keV.

2) Wenn $\langle x^2 \rangle$ unbegrenzt wächst, verschwindet der rückstoßfreie Anteil. Eine Begrenzung von $\langle x^2 \rangle$ bedeutet, daß der Kern gebunden sein muß. Man erhält also keinen Mößbauereffekt in Gasen oder Flüssigkeiten, wo Diffusionsbewegungen auftreten.

3) Nach (1.33) muß die Struktur nicht kristallin sein, um eine rückstoßfreie Emission zu ermöglichen. Dieser Gesichtspunkt wird experimentell durch den Nachweis des Mößbauereffektes in nichtkristallinen Substanzen wie Gläsern und Polymeren bestätigt.

4) In anisotropen Festkörpern, in welchen die Kraftkonstanten in den verschiedenen kristallografischen Richtungen nicht gleich sind, erhält man auch für die Amplituden die größten Werte für jene Bewegungsrichtungen, für welche die Kraftkonstanten am kleinsten sind. In diesen Richtungen ist dann auch der rückstoßfreie Anteil am kleinsten.

Weitere Schlußfolgerungen können noch aus der Temperaturabhängigkeit des Debye-Waller-Faktors gezogen werden. Um aber diese Abhängigkeit zu erhalten, sind zusätzliche Annahmen über das Schwingungsspektrum des Kristalls erforderlich.

1.4.2 Die Quantennatur des Mößbauereffektes

Die klassische Beschreibung der rückstoßfreien Gammaübergänge im vorangehenden Abschnitt muß mit Zurückhaltung betrachtet werden, da sie nur einige qualitative Gesichtspunkte des Problems liefert. Eine korrekte Beschreibung des Mößbauereffektes kann nur durch die Quantenmechanik erfolgen. Die Unzulänglichkeit der klassischen Beschreibung geht bei einer näheren Betrachtung von (1.33) aus der Temperaturabhängigkeit von $\langle x^2 \rangle$ hervor. Wenn das Gitter als ein System von harmonischen Oszillatoren betrachtet wird, erhält man nach der klassischen Theorie für die Beziehung zwischen der gesamten Energie E_t pro Freiheitsgrad und der mittleren quadratischen Auslenkung $\langle x^2 \rangle$ den Ausdruck

$$E_t = M\Omega^2 \langle x^2 \rangle = k_B T. \tag{1.34}$$

Man findet dann also eine direkte Proportionalität zwischen $\langle x^2 \rangle$ und der Temperatur T. Bei der quantentheoretischen Behandlung des Problems wird die mittlere Energie eines Oszillators durch den Planckschen Ausdruck für die Energie der Vibrationsmoden beschrieben,

$$E_s = \hbar\Omega_s \left(n_s + \frac{1}{2} \right). \tag{1.35}$$

Die mittlere Besetzungszahl n_s des Zustands S ist durch die Bose-Einstein-Statistik gegeben:

$$n_s = \frac{1}{e^{\hbar \omega_s / k_B T} - 1}. \tag{1.36}$$

Mit ihr erhält man für den Faktor f den folgenden, auch bei niedriger Temperatur gültigen Ausdruck,

$$f = \exp\left[-\frac{\hbar^2 k_B^2}{3NM} \sum_s \frac{1}{\omega_s} \left(n_s + \frac{1}{2} \right) \right] \tag{1.37}$$

Verwendet man für die Rückstoßenergie die Beziehung

$$E_R = \frac{\hbar^2 k^2}{2M}$$

und für die Vibrationszustände im Festkörper die Frequenzverteilung $\rho(\omega)$, so erhält man

$$f = \exp\left\{-\frac{2E_R}{3N\hbar}\int_0^{\omega_{max}} \frac{1}{\omega}\left[n(\omega) + \frac{1}{2}\right]\rho(\omega)\,d\omega\right\}. \qquad (1.38)$$

Hinsichtlich des Spektrums der Seitenbänder der Mößbauerlinie (Abb. 1.9) gibt die klassische Theorie ein falsches Resultat. In Kapitel III wird gezeigt werden, daß die Quantentheorie ein völlig anderes Aussehen des Spektrums liefert: Es wird asymmetrisch im Vergleich zu dem symmetrischen Aussehen nach der klassischen Theorie. Nach der Quantentheorie kann das Spektrum der Scitenbänder nur dann eine symmetrische Form annehmen, wenn die Besetzungszahlen für die Phononenniveaus groß sind, was im vorliegenden Fall nicht zutrifft.

Das Auftreten rückstoßfreier Gammaquanten kann in der Quantentheorie intuitiv durch eine Reihe von qualitativen Überlegungen erklärt werden. In Abschnitt 1.1 wurde daran erinnert, daß entsprechend den Erhaltungssätzen die Gammaübergänge durch das Auftreten von Impuls und Rückstoßenergie gekennzeichnet sind. Im Falle der fest in ein Kristallgitter eingebauten Kerne wird der Rückstoßimpuls, der bei einem Gammaemissions- oder -absorptionsprozeß entsteht und der gleichgroß, aber entgegengesetzt gerichtet wie der Photonenimpuls ist, direkt vom gesamten Kristall übernommen, ohne daß eine merkliche Teilenergie für die Bewegung des Massenmittelpunktes des gesamten Kristalls verloren geht. Dies ist durch die große Differenz zwischen der Masse des Kristalls und der Masse des Photons bedingt. Die Überführung der Rückstoßenergie in innere Energie des Kristalls geschieht indirekt durch das System der Oszillatoren im Gitter, ohne daß ein Impulsübergang auf die Oszillatoren erfolgt, da der Mittelwert des Impulsoperators für alle Oszillationszustände Null ist [8]. Lipkin [9] hat gezeigt, daß der mittlere Wert der Energie, die dem Gitter übertragen wird, gleich der Rückstoßenergie ist, die einem freien Kern bei einem Gammaemissions- oder -absorptionsprozeß übertragen würde. Die mittlere an das Gitter abgegebene Energie hängt also von der Größe des Rückstoßimpulses des freien Kernes ab. Bezeichnet man mit ΔP die Unbestimmtheit des Kernimpulses, dann wird unter der Bedingung

$$|\hbar k| \leqslant \Delta P \qquad (1.39)$$

die Wahrscheinlichkeit, mit der ein Unterschied zwischen dem Schwingungszustand des Gitters vor und nach dem Gammaprozeß nachgewiesen werden kann, sehr klein. In diesem Falle „merkt" das Gitter den Rückstoßeffekt nicht.

Ein anderer Gesichtspunkt ergibt sich, wenn man betrachtet, daß die Menge der Oszillatoren des Gitters ein diskretes Energiespektrum besitzt, und daß die Rückstoßenergie nur dann übertragen werden kann, wenn die Menge genügend groß ist, um einen Übergang des Gitters von einem Zustand in einen passenden anderen zu ermöglichen. Wenn (1.39) gilt, dann kann die Rückstoßenergie den Vibrationszustand des Gitters nicht ändern, und es scheint, als ob bei dem Gammaübergang überhaupt keine Rückstoßenergie übertragen würde. Man spricht dann von einem Gammaübergang „ohne Rückstoß" (=Mößbauereffekt).

Zur Verdeutlichung sei ein Einsteinfestkörper, der durch $3N$ Vibrationszustände der Frequenz ω_E gekennzeichnet ist, betrachtet. Zwei für den Anregungszustand des Gitters wichtige Extremfälle sind:

Fall a):

Die mittlere, dem Gitter übertragene Rückstoßenergie $\langle E_R \rangle$ sei viel größer als die Übergangsenergie $\hbar\omega_E$ der Einsteinoszillatoren,

$$\langle E_R \rangle \gg \hbar\, \omega_E. \tag{1.40}$$

In diesem Falle ist die Wahrscheinlichkeit für eine Änderung des Gitterschwingungszustandes groß. Der Gammaübergang ist dann von gleichzeitigen Phononenübergängen begleitet, so wie in Abb. 1.10b gezeigt.

Fall b):

Die dem Gitter übertragene mittlere Rückstoßenergie sei kleiner oder gleich der Oszillatorenübergangsenergie,

$$\langle E_R \rangle \lesssim \hbar\, \omega_E. \tag{1.41}$$

In diesem Falle ist die Wahrscheinlichkeit für Gammaprozesse, die nicht gleichzeitig von Phononenübergängen begleitet sind, groß (Abb. 1.10a).

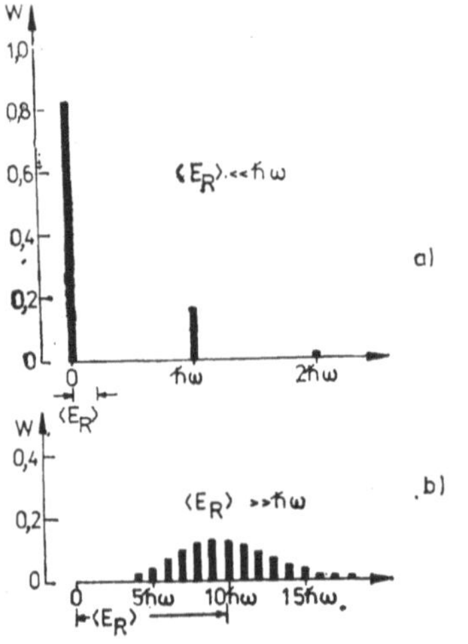

Abb. 1.10 – Die relative γ-Übergangswahrscheinlichkeit W bei gleichzeitigen Phononenübergängen für zwei Extremwerte der dem Gitter übertragenen mittleren Rückstoßenergie $\langle E_R \rangle$.

Die voranstehenden Betrachtungen können auch auf ein reales Gitter übertragen werden, wenn ω_E durch eine charakteristische Schwingungsfrequenz des Gitters, üblicherweise von der Größenordnung $k_B\theta_D/\hbar$ (θ_D = Debye-Temperatur), ersetzt wird.

1.5 Der Mößbauerfaktor f für einige einfache Kristallgittermodelle

Aus (1.38) ergibt sich, daß für die theoretische Berechnung des Faktors f die Phononenverteilungsfunktion $\rho(\omega)$ bekannt sein muß. Nachfolgend wird $\rho(\omega)$ für zwei einfache Modelle hergeleitet.

a) Einsteinmodell

Es gibt eine Reihe von Fällen, für welche die inneren Schwingungen eines Festkörpers durch eine Anzahl von Einsteinoszillatoren einer bestimmten Frequenz beschrieben werden können. Als Beispiele seien die optischen Oszillationen in Molekülkristallen sowie die lokalisierten Schwingungen, die durch Fremdatome in einem Wirtsgitter entstehen, angeführt.

Im Einsteinmodell hat die Verteilungsfunktion die Form

$$\rho(\omega) = 3N\,\delta(\omega - \omega_E), \tag{1.42}$$

wobei $\hbar\omega_E = k_B\theta_E$ ist. θ_E ist die charakteristische Temperatur des Einsteinoszillators. Durch Einsetzen von (1.42) in (1.38) und Integration erhält man

$$f = \exp\left[-\frac{E_R}{k_B\theta_E}\operatorname{cth}\left(\frac{\theta_E}{2T}\right)\right]. \tag{1.43}$$

Für zwei Extremfälle vereinfacht sich diese Beziehung zu

$$f = \exp\left\{-\frac{E_R}{k_B\theta_E}\left[1 + 2\exp\left(-\frac{\theta_E}{T}\right)\right]\right\} \quad \text{für} \quad \frac{T}{\theta_E} < \frac{1}{5}, \tag{1.44}$$

$$f = \exp\left\{-\frac{E_R}{k_B\theta_E}\left[\frac{2T}{\theta_E} + \frac{\theta_E}{6T}\right]\right\} \quad \text{für} \quad \frac{T}{\theta_E} \gg 1. \tag{1.45}$$

b) Debyemodell

Dieses oft verwendete Modell setzt ein kontinuierliches Phononenspektrum voraus, wobei die Zustandsdichte durch

$$\begin{aligned} \rho(\omega) &= \frac{9N}{\omega_D^3}\,\omega^2 && \text{für } \omega < \omega_D, \\ \rho(\omega) &= 0 && \text{für } \omega > \omega_D \end{aligned} \tag{1.46}$$

gegeben ist. ω_D ist die größtmögliche Frequenz, die sich aus

$$\hbar\omega_D = k_B\theta_D \tag{1.47}$$

errechnet. (1.47) definiert die charakteristische Debye-Temperatur θ_D. Durch Einsetzen von (1.47) in (1.38) erhält man

$$f = \exp\left\{-\frac{3E_R}{2k_B\theta_D}\left[1 + 4\left(\frac{T}{\theta_D}\right)^2 \int_0^{\frac{\theta_D}{T}} \frac{x\,dx}{e^x - 1}\right]\right\} \tag{1.48}$$

mit $x = \frac{\hbar\omega}{k_B T}$. Das Integral in (1.48) wurde von Muir tabelliert [10].

Eine gute Näherung für (1.48) erhält man, wenn $\frac{\theta_D}{T} \gg 1$ ist, also bei sehr tiefen Temperaturen. Dann kann man die obere Integrationsgrenze gegen ∞ laufen lassen, und man erhält

$$\int_0^{\infty} \frac{x\,dx}{e^x - 1} = \frac{\pi^2}{6}. \tag{1.49}$$

Auf diese Weise ergibt sich

$$f \approx \exp\left\{-\frac{3E_R}{2k_B\theta_D}\left[1 + \frac{2\pi^2}{3}\left(\frac{T}{\theta_D}\right)^2\right]\right\}. \tag{1.50}$$

Eine weniger gute Näherung erhält man, wenn in (1.50) $T = 0$ gesetzt wird, also

$$f \approx \exp\left[-\frac{3E_R}{2k_B\theta_D}\right]. \tag{1.51}$$

Bei hohen Temperaturen ($T > \theta_D$) ergibt sich für f die Näherungsformel

$$f \approx \exp\left[-\frac{6E_R T}{k_B\theta_D^2}\right]. \tag{1.52}$$

Ein Vergleich von (1.50) mit (1.44) zeigt, daß für die gleiche charakteristische Frequenz ($\omega_E = \omega_D$) das Einsteinmodell einen größeren Wert für den Faktor f liefert als das Debyemodell. In realen Kristallen kann der Wert von f noch durch akustische Schwingungsmoden oder Relaxationsprozesse vermindert sein.

Eine Diskussion von (1.50) liefert folgende Aussagen:
1. Der rückstoßfreie Anteil wächst bei Temperaturerniedrigung. Dieses Verhalten von f stimmt mit Mößbauers experimentellen Ergebnissen überein.
2. Je höher die Debyetemperatur θ_D eines Festkörpers ist und je kleiner die Rückstoßenergie E_R ist, umso größer ist der rückstoßfreie Anteil f.

1.6 Anwendungsmöglichkeiten des Mößbauereffektes

Aus dem Voranstehenden ergibt sich zunächst eine ganze Reihe von Anwendungsmöglichkeiten, die auf der Untersuchung von Null- und Einphononenprozessen beruhen. In den meisten Anwendungen wird jedoch die äußerst geringe, nahezu natürliche Breite der Gammalinien ausgenutzt. Im Falle des Nuklids ^{57}Fe z.B. ist die natürliche Linienbreite des 14,4 keV-Niveaus, das eine mittlere Lebensdauer $\tau = 10^{-7}$ s hat, nur $\Gamma = 5 \cdot 10^{-9}$ eV. Deswegen wird die Wahrscheinlichkeit für das Auftreten von Resonanzprozessen sehr stark von Änderungen der Resonanzenergie beeinflußt, selbst dann, wenn diese Änderungen auch nur sehr gering sind. Solche Änderungen können als Resultat von Hyperfeinwechselwirkungen, d.h. von Wechselwirkungen der elektrischen und magnetischen Momente des betreffenden Kernes mit den inneren Feldern, die in der Umgebung des Kernes existieren, auftreten. Diese Wechselwirkungen stellen Störungen der Kernniveaus dar, die dadurch verschoben oder aufgespalten werden können und somit zu Änderungen des Mößbauer-Resonanzspektrums führen. Man kennt drei verschiedene Arten von Hyperfeinwechselwirkungen, die oft in Systemem auftreten, die durch Mößbauerspektroskopie untersucht werden:
1. Elektrische Monopolwechselwirkung (Wechselwirkung zwischen der elektrischen Kernladung und einer den Kern durchsetzenden äußeren Ladungsverteilung),
2. Elektrische Quadrupolwechselwirkung (Wechselwirkung zwischen dem elektrischen Kernquadrupolmoment und dem Gradienten eines elektrischen Feldes am Kernort),
3. Magnetische Dipolwechselwirkung (Wechselwirkung zwischen dem magnetischen Kerndipolmoment und einem magnetischen Feld am Kernort).

Somit kann die Hyperfeinstruktur von Mößbauerspektren Informationen sowohl über den betreffenden Kern als auch über die umgebenden elektronischen Zustände liefern. Damit ist die Grundlage für Anwendungen in der Kernphysik und in vielen Zweigen der Festkörperphysik und Chemie gegeben. Die Problematik der Hyperfeinwechselwirkungen in der Mößbauerspektroskopie wird in Kapitel IV genauer behandelt.

Das Verhältnis Γ/E_0 ist ein Maß für die Genauigkeit, mit der relative Änderungen der oben erwähnten Energien bestimmt werden können. Für das Nuklid ^{57}Fe ist dieses Verhältnis von der Größenordnung $3 \cdot 10^{-13}$. Dieses hohe Auflösungsvermögen, das für einige Nuklide sogar noch höher liegt, macht aus dem Mößbauereffekt eine der leistungsfähigsten spektroskopischen Methoden.

Ohne auf Einzelheiten einzugehen soll die folgende Zusammenstellung eine Übersicht über die wichtigsten Anwendungsmöglichkeiten des Mößbauereffektes in den verschiedenen Bereichen der Physik, Chemie, Biologie usw. geben:

a) Anwendungen in der Kernphysik
- Bestimmung der mittleren Lebensdauer des angeregten Zustandes,
- Bestimmung der magnetischen Kernmomente für den angeregten und den Grundzustand,
- Bestimmung der elektrischen Quadrupolmomente für den angeregten und den Grundzustand,
- Bestimmung der relativen Kernradiusänderung beim Übergang aus dem angeregten in den Grundzustand.

b) Anwendungen in der Festkörperphysik
- Untersuchung der Gitterdynamik von Kristallen,
- Bestimmung des inneren Magnetfeldes,
- Bestimmung des Gradienten des elektrischen Feldes, das durch die Elektronen des Atoms und durch dessen Umgebung erzeugt wird,
- Bestimmung der Elektronendichte am Kernort,
- Untersuchung der magnetischen Eigenschaften von Metallen, intermetallischen Verbindungen, Legierungen, Ferriten, Ferroelektrika, atomaren Verunreinigungen u.a.m.,
- Untersuchung von Phasenübergängen,
- Untersuchung von Defekten in Festkörpern,
- Untersuchung von Relaxationsprozessen,
- Untersuchung von nichtkonventionellen Strukturen, Texturen Mosaikkristallen u.ä.,
- Untersuchung der Dispersion von Gammastrahlen in magnetisch oder elektrisch geordneten Materialien,
- Untersuchung der Streuung in Festkörpern.

c) Anwendungen in der Chemie und Biologie
- Untersuchung der Art der chemischen Bindung,
- Bestimmung des Valenzzustandes von verschiedenen Ionen,
- Studien an Polymeren, Gläsern, amorphen Substanzen,
- Kinetik von chemischen Reaktionen,
- Untersuchung von Katalysatoren,

— Untersuchung von Strahlungsprozessen und ihren chemischen Konsequenzen,
— chemische Analysen, qualitative und quantitative Phasenanalyse,
— Untersuchungen an Nukleinsäuren, Proteiden, Enzymen u.a.

d) Anwendungen in der physikalischen Metallurgie
— Studien über Eigenschaften von Stählen,
— Untersuchungen an dünnen Schichten und superparamagnetischen Systemen,
— Korrosionsuntersuchungen.

e) Anwendungen in der Mineralogie und Geologie
— analytische Bestimmungen,
— Bestimmung des Konzentrationsverhältnisses Fe^{2+}/Fe^{3+} in Gesteinen und Mineralien,
— Bestimmung der Kationenverteilung in Mineralien,
— Petrografische Analysen,
— Untersuchung von Reaktionen in Mineralien,
— Untersuchung von Silikaten, Tonerden, Oxiden, Sulfaten und Erzen (besonders Fe- und Sn-haltige),
— Untersuchungen an Meteoritgesteinen und lunarem Material.

f) Exotische Anwendungen, u.a.
— Untersuchungen an keramischen Objekten von archäologischem Wert,
— Methoden zur Identifizierung von Kunstwerken.

Es ist hier nicht möglich, alle Anwendungen des Mößbauereffektes aufzuführen, die bis jetzt bekanntgeworden sind bzw. bereits in den etlichen Tausend Originalmitteilungen auf diesem Gebiet veröffentlicht wurden. Es gibt eine Reihe von zusammenfassenden Arbeiten und Monografien, die sich mit den Grundlagen und Anwendungsmöglichkeiten der Mößbauerspektroskopie befassen [11—24]. Es sei hier noch eine jährlich erscheinende Daten- und Literaturzusammenstellung angeführt, die von großem praktischem Wert für alle Anwender der Mößbauerspektroskopie ist, der „Mössbauer Effect Data Index" [25, 26]. Außerdem erscheint in monatlichen Lieferungen die „Schnellinformation Mößbauerspektrometrie" [27], in der die jeweils neuesten Publikationen zu diesem Gebiet für eine direkte Einordnung in eine Literaturkartei zusammengestellt sind.

Literatur

[1] R. L. Mössbauer, Z. Physik 151, 124 (1958).
[2] R. W. Wood, „Physical Optics", New York, Mc Millan (1954).
[3] K. C. Malmfors, Resonant scattering of gamma rays, in „Beta and gamma ray spectroscopy", K. Siegbahn (Hrsg.), North-Holland, Amsterdam (1955).
[4] F. R. Metzger, Progr. Nucl. Phys. 7, 53 (1959).
[5] R. L. Mössbauer, Z. Naturforsch. 14a, 211 (1959).

[6] W. E. LAMB, Phys. Rev. 55, 190 (1939).
[7] F. L. SHAPIRO, Uspechi Fiz. Nauk 72, 685 (1960).
[8] R. L. MÖSSBAUER, D. H. SHARP, Rev. Mod. Phys. 36, 410 (1964).
[9] H. J. LIPKIN, Ann. of Phys. 9, 332 (1960).
[10] A. H. MUIR, jr., ,,Tables and graphs for computing Debye-Waller factors in Mössbauer effect studies", AI-6699 (1962), At. Int. Div., Canoga Park, Calif.
[11] H. FRAUENFELDER, ,,The Mössbauer effect", W. A. Benjamin, New York (1962).
[12] A. J. F. BOYLE, H. E. HALL, Rept. Progr. Phys. 25, 441 (1962).
[13] A. ABRAGAM, ,,L'effet Mössbauer", Gordon and Breach, New York, (1964).
[14] G. K. WERTHEIM, ,,Mössbauer effect, principles and applications", Academic Press, New York (1964).
[15] H. WEGENER, ,,Der Mößbauereffekt und seine Anwendung in Physik und Chemie", Bibliographisches Institut AG, Mannheim (1965).
[16] I. J. GRUVERMAN (Hrsg.), ,,Mössbauer effect methodology", vol. 1–11, Plenum Press, New York (1965–1976).
[17] W. MEISEL, J. JAKOB, Kernenergie 9, 113 (1966).
[18] ,,Applications of the Mössbauer effect", Intern. Atom. Energy Agency, Techn. Reports, Vienna (1966 und 1972).
[19] L. MAY (Hrsg.), ,,An introduction to Mössbauer spectroscopy", Adam Hilger, London (1971).
[20] V. I. GOLDANSKII, R. H. HERBER (Hrsg.), ,,Chemical applications of Mössbauer spectroscopy", Academic Press, New York (1968).
[21] E. MATTHIAS, D. A. SHIRLEY, (Hrsg.), ,,Hyperfine structure and nuclear radiation", North-Holland Publishing Co., Amsterdam (1968).
[22] C. JANOT, ,,L'effet Mössbauer et ses applications à la physique du solide et la métallurgie physique", Masson, Paris (1972).
[23] N. N. GREENWOOD, T. C. GIBB, ,,Mössbauer spectroscopy", Chapman and Hall, London (1971).
[24] U. GONSER, (Hrsg.), ,,Mössbauer spectroscopy", Springer-Verlag, Berlin–Heidelberg–New York (1975).
[25] A. H. MUIR, jr., K. J. ANDO, H. M. COOGAN, ,,Mössbauer effect data index 1958–1965", Interscience, New York (1966).
[26] J. G. STEVENS, V. E. STEVENS, ,,Mössbauer effect data index 1966–1976", Plenum Press, New York.
[27] Schnellinformation Mößbauerspektroskopie, monatlich herausgegeben vom Zentralinst. f. Phys. Chem. d. Akad. d. Wissensch. d. DDR, 1199 Berlin.

Zweites Kapitel

Experimentelle Methoden

2.1 Das Meßprinzip zum Nachweis des Mößbauereffektes

Im ersten Kapitel wurde gezeigt, daß die Linienbreite der rückstoßfreien γ-Quanten sehr klein sein kann. So zeigt z.B. die spektrale Verteilung der rückstoßfreien 14,4 keV-γ-Strahlung des Kernes ^{57}Fe eine Breite von nur $5 \cdot 10^{-9}$ eV, was zu einem Verhältnis Γ/E_γ der Größenordnung von $3 \cdot 10^{-13}$ führt. Daher genügen schon sehr geringe Änderungen der Gammaquantenenergie, um die Resonanzabsorptionsbedingung zu stören. Mößbauer benutzte die Möglichkeit, Änderungen der γ-Quantenenergie mit Hilfe des Doppler-Effektes zu erzielen. Hinsichtlich des eben angeführten Beispiels des ^{57}Fe genügen Dopplerbewegungen mit einer Geschwindigkeit von nur einigen Zehnteln Millimeter pro Sekunde, um die Resonanzbedingung radikal zu ändern.

Es gibt zwei Möglichkeiten der experimentellen Beobachtung des Mößbauereffektes: Die Transmissionstechnik und die Streutechnik. Im ersten Fall wird die γ-Strahlung gemessen, die durch einen Absorber hindurchtritt, während die relative Geschwindigkeit zwischen Quelle und Absorber konstant auf einem geeigneten Wert zur Gewährleistung der Resonanzbedingung gehalten wird. Ähnlich kann die bei Resonanz gestreute Strahlung beobachtet werden, wenn man die zu untersuchende Probe als Streuer verwendet und unter einem festen Streuwinkel mißt. Abb. 2.1 zeigt die experimentelle Anordnung für Transmissions- und

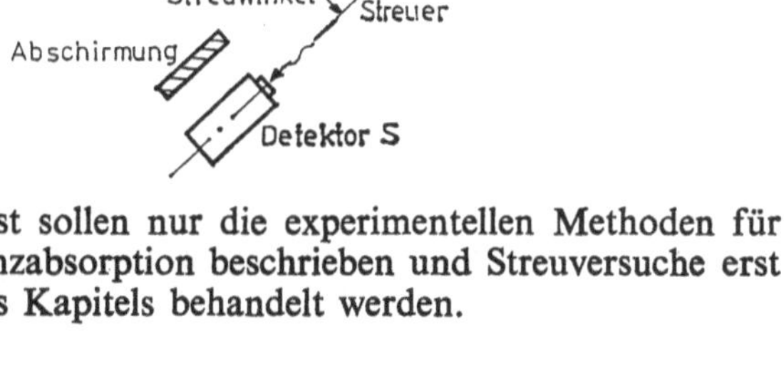

Abb. 2.1 – Experimentelle Anordnung bei Mößbauer-Transmissions (T)- und -Streumessungen (S).

Streuversuche. Zunächst sollen nur die experimentellen Methoden für den Fall einer Resonanzabsorption beschrieben und Streuversuche erst im Abschnitt 2.7 dieses Kapitels behandelt werden.

Im Prinzip wird der Mößbauereffekt wie folgt gemessen:

Die von der Quelle ausgesandten γ-Quanten durchsetzen den Absorber und werden mit einem Zähler für Gammaquanten, z.B. einem Szintillationskristall mit Fotovervielfacher, nachgewiesen. Der Absorber wird mit einer bestimmten Relativgeschwindigkeit v in bezug zur Quelle bewegt. Durch diese Bewegung mit der Geschwindigkeit v ändert sich für die absorbierenden Kerne die Energie der einfallenden γ-Strahlen im Verhältnis $\Delta E/E = v/c$. Eine starke Modifizierung der Resonanzabsorption wird dann erzeugt, wenn ΔE mit der Linienbreite Γ vergleichbar wird.

Im praktischen Experiment mißt man die Zahl N der vom Detektor abgegebenen Impulse als Funktion der Geschwindigkeit v und erhält auf diese Weise ein Intensitäts-Geschwindigkeits-Spektrum, das sogenannte Mößbauerspektrum. Eine variierbare Relativbewegung zwischen Quelle und Absorber ermöglicht so also eine Abtastung der γ-Quantenenergien und somit eine Bestimmung des Linienspektrums des Absorbers oder der Quelle. Es ist dabei gleichgültig, ob die Quelle fest steht und der Absorber bewegt wird, oder ob bei feststehendem Absorber die Quelle bewegt wird. Im jedem Falle kann man, je nach Aufgabenstellung, mit der Emissionslinie (oder den Emissionslinien) der Quelle das Linienspektrum des Absorbers abtasten oder umgekehrt mit einem Standardabsorber das Emissionsspektrum der Quelle untersuchen.

Zur Durchführung eines Mößbauerexperimentes ist im Prinzip folgende Ausrüstung nötig: Eine Strahlenquelle, ein Absorber oder Streuer, ein Bewegungsmechanismus zur Erzeugung einer definierten Geschwindigkeit zwischen Quelle und Absorber und ein Strahlungsdetektor mit der zugehörigen Elektronik zur Speicherung und Bearbeitung der erhaltenen Daten. Es treten also solche Probleme auf, die für die Messung niederenergetischer Gammastrahlung typisch sind, und das Problem der Erzeugung genau definierter, zeitlich veränderlicher Geschwindigkeiten.

Im ersten Kapitel wurde berichtet, daß der Mößbauereffekt bei der Absorption von γ-Strahlen der Energie von 129,6 keV durch ^{191}Ir-Kerne entdeckt wurde. Da die Energie dieser Gammaquanten relativ groß ist, also nach (1.33) nur eine geringe Intensität der Linie erwartet werden kann, konnte hier die Resonanzabsorption nur bei niedriger Temperatur nachgewiesen werden. Zur Zeit kennt man 45 Mößbauerelemente, 88 Mößbauernuklide, und die Anzahl der bisher gefundenen Mößbauerübergänge hat bereits 100 überschritten. Unter ihnen sind auch einige, die bequeme Messungen bei höheren und bei Zimmertemperatur erlauben. Im Anhang ist eine Reihe charakteristischer Daten der bis jetzt bekannten Mößbauernuklide zusammengestellt. Unter ihnen besitzen die Nuklide ^{57}Fe, ^{119}Sn, ^{121}Sb, ^{125}Te, ^{129}J, ^{197}Au und eine Anzahl seltener Erden, wie z.B. ^{161}Dy und ^{151}Eu, Eigenschaften, die besonders günstig hinsichtlich des experimentellen Aufwandes und der Applikationsmöglichkeiten sind.

2.2 Herstellung und charakteristische Eigenschaften von Mößbauerquellen

Die Mößbauerquelle oder das die gewünschte γ-Strahlung erzeugende System liefert γ-Strahlen, von denen ein praktisch verwertbarer Teil aus rückstoßfreien Vorgängen stammt. Die meisten der üblichen Quellen enthalten ein Ausgangsnuklid (Mutterkern), das mit einer vernünftigen Lebensdauer durch radioaktive Umwandlung zu einem angeregten Zustand (des Tochterkerns) führt, vom dem aus dann der Mößbauerübergang erfolgt. Andere Quellen erhält man, wenn man die Mößbauerzustände durch eine Zerfallsreihe erzeugt, die einem Neutroneneinfang oder einer Coulombanregung des Grundzustandes eines Kernes folgt. Bei der Auswahl geeigneter Quellen müssen stets die Lebensdauer des infragekommenden Ausgangsisotops, der Anteil, der bei verzweigten Zerfällen zum gewünschten Übergang führt, die Herstellungsschwierigkeiten der Quelle und die Eigenheiten der mit der Quelle zu lösenden Problemstellung berücksichtigt werden. Geeignete Nuklide erhält man in den meisten Fällen durch Kernreaktionen (Bestrahlung mit Neutronen in einem Reaktor oder mit geladenen Teilchen aus einem Beschleuniger).

Praktisch wird eine Quelle mit hoher spezifischer Aktivität erwünscht sein, wobei kleine geometrische Abmessungen mit einer geringen Selbstabsorption verbunden sein sollen. Die Anforderungen hinsichtlich der Dichte des Quellengrundmaterials und hinsichtlich der Aktivität hängen von dem verwendeten Nuklid und von dem Anwendungszweck ab. So z.B. genügt für mößbauerspektroskopische Untersuchungen unter Verwendung der 14,4 keV-Strahlung des ^{57}Fe in der Regel eine ^{57}Co-Quelle mit einer Aktivität von einigen mCi.

Manchmal ist es erforderlich, daß Quelle und Absorber die gleiche chemische Zusammensetzung haben, z.B. dann, wenn geringe Isomerieverschiebungen beobachtet werden sollen, oder wenn man genaue Intensitätsbestimmungen vornehmen will. In den meisten Fällen, z.B. für Untersuchungen der Hyperfeinstruktur in Absorberspektren, soll die Quelle nur eine einzige Linie emittieren.

Nachfolgend werden kurz die üblichen Quellen, die bei Untersuchungen an den in der Praxis oft verwendeten Kernen ^{57}Fe, ^{119}Sn, ^{121}Sb, ^{125}Te, ^{197}Au benutzt werden, beschrieben.

2.2.1 Gammaquellen für die ^{57}Fe-Mößbauerspektroskopie

^{57}Fe ist dasjenige Nuklid, das in der Mößbauerspektroskopie am häufigsten verwendet wird. Abb. 2.2 zeigt das Zerfallsschema der Isotope ^{57}Mn und ^{57}Co, an dessen Ende das stabile Isotop ^{57}Fe steht. Der unterste Schritt in diesen Zerfallsreihen liefert die Mößbauerstrahlung. Wegen

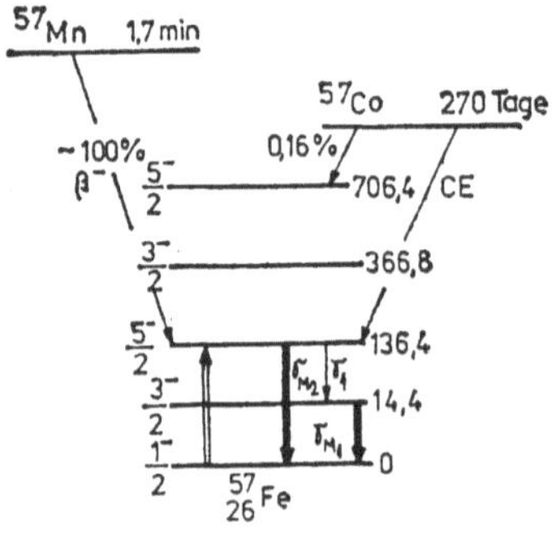

Abb. 2.2 – Zerfallsschema der Nuklide ^{57}Mn und ^{57}Co.

seiner großen Halbwertszeit von 270 Tagen wird ausschließlich das Nuklid ^{57}Co für die Herstellung von Mößbauerquellen verwendet [1–10].

Die Mößbauerlinie entspricht dem Übergang zwischen dem ersten angeregten Zustand der Energie 14,4 keV (Spin 3/2) und dem Grundzustand des ^{57}Fe (Spin 1/2).

Das für die Herstellung der Quelle erforderliche ^{57}Co entsteht durch Kernreaktionen, die man mittels Deuteronen, Protonen oder α-Teilchen induziert. Am einfachsten erzeugt man das ^{57}Co durch Beschuß von Ni mit 22 MeV-Protonen, da sich in diesem Fall eine relativ hohe Reaktionsausbeute erzielen läßt. Gleichzeitig fallen auch die unerwünschten Begleitprodukte (^{56}Co und ^{58}Co) in relativ geringeren Mengen als bei anderen Reaktionen an. Die Abtrennung des ^{57}Co von den Verunreinigungen und vom Restmaterial erfolgt auf radiochemischem Wege. Die eigentliche Mößbauerquelle wird dann durch elektrochemische Abscheidung des ^{57}Co auf eine Metallfolie mit anschließender Glühung zum Eindiffundieren der Aktivität hergestellt.

Quellen mit nur einer einzigen Emissionslinie erhält man bei Verwendung von Folien aus magnetisch nichtgeordnetem Material, da nur bei solchen Folien eine magnetische Aufspaltung der Kernzustände vermieden werden kann. Um auch noch eine mögliche Quadrupolaufspaltung zu vermeiden, sollte am besten ein Matrixmaterial kubischer Struktur gewählt werden.

Am häufigsten werden heute Quellen von ^{57}Co in Rh, Pd, Pt, Cu und Cr verwendet. Solche Quellen ermöglichen einen relativ großen Meßeffekt bei Zimmertemperatur und liefern eine Einzellinie mit fast natürlicher Linienbreite.

2.2.2 Gammaquellen für die ^{119}Sn-Mößbauerspektroskopie

Das ^{119}Sn steht hinsichtlich der Anwendungshäufigkeit an zweiter Stelle hinter dem ^{57}Fe. Auch dieses Nuklid liefert wegen der geringen Energie der Gammaquanten einen relativ großen Meßeffekt bei Zimmertemperatur. Abb. 2.3 zeigt das Zerfallsschema der Nuklide $^{119*}In$, $^{119*}Sn$ und ^{119}Sb. Die Mößbauerstrahlung entsteht beim Übergang aus dem angeregten Zustand der Energie 23,8 keV (Spin 3/2) in den Grundzustand (Spin 1/2). Das langlebige Isomer $^{119*}Sn$ erzeugt man durch Bestrahlung von Zinn mit thermischen Neutronen. Bekanntlich besteht das natürliche Zinn aus einem Gemisch mehrerer Isotope, unter denen das ^{118}Sn (23,9%) und das ^{120}Sn (32,9%) am häufigsten sind. Wegen ihrer großen Wirkungsquerschnitte für den Einfang thermischer Neutronen werden aber auch die Isotope ^{112}Sn (1%) und ^{124}Sn (6%) aktiviert [11]. Daher ist es erforderlich, ein Target mit angereichertem ^{118}Sn zu verwenden. Da die charakteristische Röntgenstrahlung des Zinns (Sn-K_α)

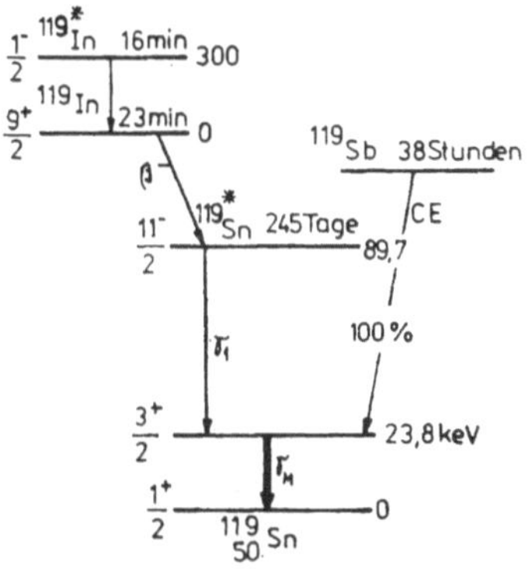

Abb. 2.3 — Zerfallsschema der Nuklide $^{119*}In$, $^{119*}Sn$ und ^{119}Sb.

energetisch sehr nahe dem Mößbauerübergang liegt, empfiehlt es sich, sie mit einem Filter aus Palladium, dessen Absorptionskante bei 24,35 keV liegt, zu unterdrücken [12].

Als ^{119}Sn-Mößbauerquellen verwendet man verschiedene chemische Verbindungen des Zinns, wie z.B. SnO_2 und Mg_2Sn, aber auch zinnhaltige keramische Substanzen, feste Lösungen von Sn in Metallmatrizen oder auch metallisches Zinn (β-Zinn).

Die Herstellung einer SnO_2-Quelle ist relativ einfach. Das mit ^{118}Sn angereicherte Target wird mit thermischen Neutronen bestrahlt, bis man die gewünschte Aktivität erhält. Es folgt eine thermische Behandlung über 100—150 Stunden an Luft bei 500—600°C. Das auf diese Weise erhaltene radioaktive Oxid wird pulverisiert und dann mit einem Bindemittel auf einen Träger aufgebracht [13].

Quellen aus Mg_2Sn erhält man durch Vakuumschmelzen eines Mg-Sn-Gemisches in einem Eisentiegel bei 778°C. Eine solche Quelle weist keine durch Quadrupolwechselwirkung hervorgerufene Linienverbreiterung auf, sie liefert also nahezu die natürliche Breite der Emissionslinie [14]. Wegen ihres niedrigen f-Faktors bei Zimmertemperatur empfiehlt es sich jedoch, diese Quelle vornehmlich bei Tieftemperaturmessungen anzuwenden. Die heute am häufigsten verwendeten ^{119}Sn-Quellen sind solche auf der Basis von $CaSnO_3$ und $BaSnO_3$ [15]. Sie werden nach der üblichen Keramiktechnik hergestellt.

Schließlich seien noch Gammaquellen in Form fester Lösungen radioaktiven Zinns in verschiedenen diamagnetischen oder paramagnetischen Metallmatrizen erwähnt. Als Matrix können Platin, Palladium, Vanadium und Kupfer verwendet werden. Diese Quellen liefern eine Linie mit nahezu natürlicher Breite und weisen bei Zimmertemperatur einen großen f-Faktor auf. Am besten eignet sich Palladium, da dessen Isomerieverschiebung nicht von der Konzentration der festen Lösung abhängt [16]. Gleichzeitig dienen die Filtereigenschaften der Palladiummatrix zur Reduzierung der Röntgenstrahlung des Zinns.

Im Zuge der Entwicklung der Emissionsmößbauerspektroskopie gelangte auch das Nuklid ^{119}Sb als Mößbauer-Gammaquelle zum Einsatz [17].

2.2.3 Gammaquellen für die ^{197}Au-Mößbauerspektroskopie

In Abb. 2.4 ist der Zerfall von ^{197}Pt und ^{197}Hg, der zu ^{197}Au führt, gezeigt. Die Mößbauerlinie erscheint beim Übergang vom 77,3 keV-Niveau (Spin 1/2) in den Grundzustand (Spin 3/2).

Eine brauchbare Quelle erhält man über den Prozeß $^{196}Pt(n, \gamma)^{197}Pt$ durch Aktivierung einer Platinfolie im Reaktor. Außerdem verwendet man noch feste Lösungen von ^{197}Au in verschiedenen Elementen [18, 19]. Messungen mit ^{197}Au werden wegen des geringen Wertes des f-Faktors gewöhnlich bei niedrigen Temperaturen ausgeführt.

Das Zerfallsschema (Abb. 2.4) zeigt, daß man auch das Nuklid ^{197}Hg als Mutterkern für die Mößbauerstrahlung des Goldes verwenden kann. Wegen der begleitenden starken Röntgenstrahlung aber (infolge der Elektroneneinfanghäufigkeit) und der relativ niedrigen Debye-Temperatur wird dieses Nuklid nicht sehr häufig verwendet.

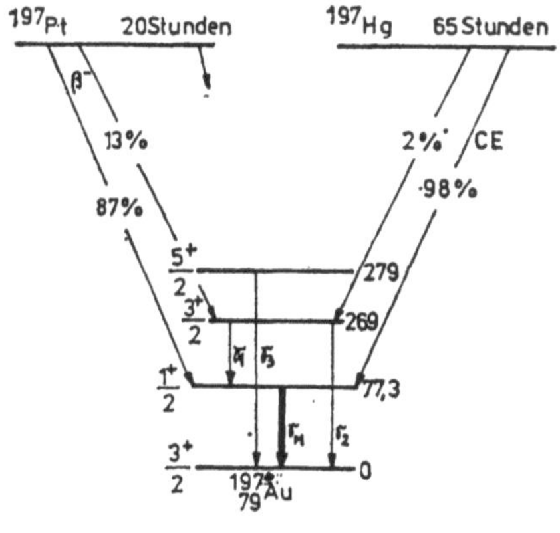

Abb. 2.4 – Zerfallsschema der Nuklide ^{197}Pt und ^{197}Hg.

2.2.4 Gammaquellen für die ^{125}Te-Mößbauerspektroskopie

Abb. 2.5 zeigt den Zerfall der Nuklide ^{125}Sb, ^{125*}Te und ^{125}J, der zum ^{125}Te führt.

Die Mößbauerlinie ist das Resultat des 35,6 keV-Übergangs aus dem ersten angeregten Zustand (Spin 3/2) in den Grundzustand (Spin 1/2). Das Isomer ^{125*}Te erhält man durch die Reaktion ^{124}Te$(n, \gamma)^{125*}$Te, die einen großen Wirkungsquerschnitt für thermische Neutronen aufweist (σ = 5 barn). Außer der Mößbauerstrahlung erscheinen im Gammaspektrum noch zwei starke Röntgenlinien von 27,4 keV (K_α) und 31,2 keV(K_β),

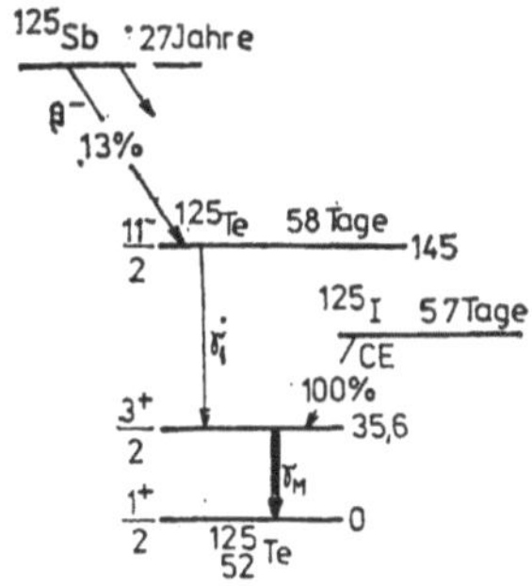

Abb. 2.5 – Zerfallsschema der Nuklide ^{125}Sb, ^{125*}Te und ^{125}J.

da die beim Übergang zwischen den Zuständen 145 keV und 35,6 keV freiwerdende Energie fast gänzlich konvertiert wird. Diese Röntgenstrahlungen müssen durch Kupfer- und Aluminiumfolien ausgefiltert werden.

Die Eigenschaften von ^{125*}Te-Quellen wurden in einer Reihe von Arbeiten untersucht [20—22]. Die am häufigsten verwendeten Quellen sind ^{125}J(Cu), ^{125}Sb(Pd), ^{125}TePb, ^{125}TeZn, $^{125}TeO_3$ und ^{125}Sb(Cu).

2.2.5 Gammaquellen für die ^{121}Sb-Mößbauerspektroskopie

Aus Abb. 2.6 geht der Zerfall der Nuklide ^{121*}Sn und ^{121}Te, der zu ^{121}Sb führt, hervor. Die Mößbauerlinie wird durch den Übergang vom 37,2 keV-Niveau (Spin 7/2) zum Grundniveau (Spin 5/2) geliefert. Das Nuklid ^{121}Sn erhält man durch Bestrahlung eines mit ^{120}Sn angereicherten Targets mit thermischen Neutronen (σ = 0,005 barn). Die Verunreini-

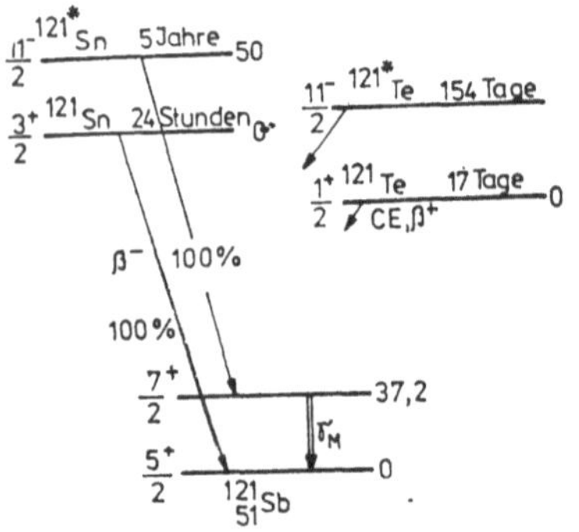

Abb. 2.6 — Zerfallsschema der Nuklide ^{121*}Sn und ^{121*}Te.

gungen ^{125*}Te und ^{125}Sb, die durch die Reaktion $^{124}Sn(n, \gamma)^{125}Sn \xrightarrow{\beta^-} {}^{125*}Sb \rightarrow {}^{125*}Te$ entstehen, müssen chemisch abgetrennt werden. Die Eigenschaften von ^{121}Sb-Mößbauerquellen wurden in den Publikationen [23—25] untersucht.

2.2.6 Erzeugung von Mößbauerstrahlung mittels Coulombanregung

In manchen Fällen ist es vorteilhaft oder notwendig, die Mößbauerstrahlung durch Coulombanregung zu erzeugen. Als Beispiel seien die Experimente von Lee u.Mitarb. am ^{57}Fe angeführt [26]. Für die Coulombanregung wurde ein Van-de-Graaf-Beschleuniger mit einem 3 MeV-α-Teilchenstrahl von 1,5 μA benutzt. Das Target und der Absorber von 1,9 mg/cm^2 wurden bis zu 91% mit ^{57}Fe angereichert. Durch die Coulombanregung wird das 136,4 keV-Niveau des ^{57}Fe besetzt, das dann entsprechend Abb. 2.2 zerfällt. Die γ-Strahlung von 14,4 keV wurde in Koinzidenz mit der 122 keV-Strahlung gemessen, um den aus Röntgen- und Bremsstrahlung bestehenden Untergrund zu eliminieren.

Bei derartigen Experimenten ist stets zu beachten, daß man hier den Mößbauereffekt der Quelle unter dem Einfluß eines intensiven Teilchenstrahles beobachtet. Daher muß man prinzipiell mit den durch die Bestrahlung entstehenden Gitterfehlern, die den f-Faktor und die Linienform beeinflussen, rechnen.

Die Coulombanregung wurde außer für ^{57}Fe-Experimente z.B. auch zur Beobachtung des 67 keV-Mößbauerübergangs von ^{73}Ge durch Czjzek u.Mitarb. [27] benutzt. Seyboth u.Mitarb. [28] verwendeten diese Technik für den 67,4 keV-Übergang von ^{61}Ni. Den 67,4 keV-Übergang des ^{61}Ni kann man aber auch durch β-Zerfall von ^{61}Co erhalten [29].

Im Prinzip ergibt der Vergleich experimenteller Ergebnisse von Mößbauermessungen, die mit ein und denselben, aber auf unterschiedliche Weise synthetisierten Nukliden erhalten wurden, Informationen über den Abbremsungsprozeß des getroffenen Kernes und die durch die Bestrahlung entstandenen Gitterfehler.

In Versuchen mit Coulombanregung tritt auch eine Reihe von Nebenerscheinungen auf, so begleitende Röntgenstrahlung, Erwärmung des Targets, Selbstabsorption, Bevölkerung unerwünschter Zustände usw. Diese Effekte führen zu zusätzlichen Problemen bei der Durchführung von Mößbauerexperimenten.

Der Einsatz der Coulombanregung ist stets erforderlich, wenn für Mößbauerübergänge keine genügend langlebigen Mutterkerne zur Verfügung stehen (z.B. ^{154}Sm, ^{160}Gd, ^{172}Yb, ^{176}Yb).

Die Herstellung nichtkonventioneller Quellen für die Mößbauerspektroskopie wurde von S. L. Ruby in [30] behandelt.

2.3 Der Mößbauerabsorber und die Bestimmung des f-Faktors

Nachfolgend wird die Beobachtung des Mößbauereffektes bei Transmissionsmessungen behandelt.

Eine Mößbauerquelle sendet γ-Strahlung aus, deren Quanten eine bestimmte Energieverteilung aufweisen. Der auf den Absorber treffende Strahl enthält einen Anteil $\varkappa f_s$ an resonanten Quanten, den Rest bilden die nichtresonant emittierten Strahlungsanteile. Mit f_s wird der von der Quelle rückstoßfrei emittierte Anteil (Mößbauer-Anteil) bezeichnet, während $\varkappa$ die Untergrundstrahlung der Quelle berücksichtigt ($\varkappa \leqslant 1$). Unter dem „Untergrund“ versteht man die Gesamtheit aller Strahlungskomponenten außer der γ-Strahlung des Mößbauerüberganges. Er besteht also aus (nichtresonanten) Quanten, deren Transmission durch den Absorber nicht von der Relativgeschwindigkeit zwischen

Quelle und Absorber abhängt. Bezeichnet man mit $I(\infty) = 1$ die auf Eins normierte Zählrate des Detektors weitab von der Resonanzenergie (d.h. $v \to \infty$), so erhält man für die Intensität des Untergrundes

$$I_u = I(\infty) - \varkappa f_s = 1 - \varkappa f_s. \tag{2.1}$$

Der Detektor registriert eine Zählrate $I(v)$, die gleich der Summe der Untergrundintensität $(1 - \varkappa f_s)$ und der Intensität I_γ der rückstoßfrei emittierten und den Absorber durchdringenden γ-Quanten ist, also

$$I(v) = 1 - \varkappa f_s + I_\gamma.$$

Die Größe des beobachteten Effektes wird durch

$$\varepsilon(v) = \frac{I(\infty) - I(v)}{I(\infty)} = \varkappa f_s - I_\gamma \tag{2.2}$$

definiert. Die auf den Absorber treffende Strahlung habe die Energieverteilung $W(E)\mathrm{d}E$. Die den Absorber durchsetzende Strahlungsintensität ist proportional zu $\exp[-n_a\sigma(E)]$ (n_a = Anzahl der Resonanzkerne pro cm^2, $\sigma(E)$ = Wirkungsquerschnitt). Dann ergibt sich

$$\mathrm{d}I_\gamma(E) = \varkappa f_s \exp\,[-n_a\sigma(E)]W(E)\,\mathrm{d}E.$$

Integration und Einsetzen in (2.2) führen zu

$$\varepsilon(v) = \varkappa f_s \left[1 - \int_0^\infty \mathrm{e}^{-\sigma(E)n_a} W(E)\,\mathrm{d}E\right] \tag{2.3}$$

für die Größe des beobachteten Effektes.

Für nicht zu große Dicken der Quelle und des Absorbers kann man voraussetzen, daß das Emissions- und auch das Absorptionsspektrum eine Lorentzform haben. Dann gilt

$$W(E) = \frac{\Gamma_s}{2\pi} \frac{1}{\left(E - E_0 + E_0 \dfrac{v}{c}\right)^2 + \Gamma_s^2/4} \tag{2.4}$$

(Γ_s = Halbwertsbreite, die Indizes s und a bezeichnen den Bezug auf die Quelle bzw. den Absorber). Hierbei wird bereits berücksichtigt, daß sich die Quelle mit einer Geschwindigkeit v auf den Absorber zu bewegt. Der Wirkungsquerschnitt für Absorptionsprozesse durch den Kern ist

$$\sigma(E) = \frac{\Gamma_a^2}{4} \frac{\sigma_0 f_a}{(E - E_0)^2 + \Gamma_a^2/4} \tag{2.5}$$

($f_a = f$-Faktor des Absorbers, σ_0 = Resonanzabsorptionsquerschnitt). Einsetzen von (2.4) und (2.5) in (2.3) ergibt

$$\varepsilon(v) = \varkappa f_s \left(1 - \int_0^\infty \frac{\Gamma_s}{2\pi} \frac{\exp\left[-\frac{\Gamma_a^2}{4} \frac{\sigma_0 f_a n_a}{(E - E_0)^2 + \Gamma_a^2/4} \right]}{\left(E + E_0 \frac{v}{c} - E_0 \right)^2 + \Gamma_s^2/4} \mathrm{d}E \right). \quad (2.6)$$

Verwendet man die Bezeichnungen

$$x = \frac{2(E - E_0)}{\Gamma}, \quad y = \frac{2vE_0}{c\Gamma}, \quad t_a = \sigma_0 f_a n_a$$

(t_a = effektive Dicke des Absorbers) und vereinfacht man das Problem durch Annahme gleicher Halbwertsbreiten $\Gamma_s = \Gamma_a = \Gamma$, dann ergibt sich

$$\varepsilon(v) = \varkappa f_s \left(1 - \frac{1}{\pi} \int_{-\infty}^{\infty} \frac{\exp\left[- \frac{t_a}{1 + x^2} \right]}{1 + (x + y)^2} \mathrm{d}x \right). \quad (2.7)$$

Der von Mößbauer und Wiedemann [31] abgeleitete Maximalwert des beobachteten Effektes geht aus (2.7) direkt hervor:

$$\varepsilon(0) = \frac{I(\infty) - I(0)}{I(\infty)} = \varkappa f_s \left(1 - \mathrm{e}^{-\frac{t_a}{2}} J_0 \left(\mathrm{i} \frac{t_a}{2} \right) \right). \quad (2.8)$$

J_0 ist die Besselfunktion nullter Ordnung. Mit (2.8) kann f_a berechnet werden, wenn man die Abhängigkeit der Effektgröße von der Absorberdicke experimentell bestimmt. Diese Formel zeigt deutlich, daß die Optimierung der Absorberdicke eine wichtige Rolle spielt, wenn man einen maximalen Mößbauereffekt erhalten möchte. Diese Problematik wurde in Einzelheiten von Shimony [32] und von Proţop und Nistor [33] untersucht.

Eine Abschätzung der Abhängigkeit der Linienbreite von der Absorberdicke ist möglich anhand der nachfolgenden, von Visscher abgeleiteten Beziehungen (unveröffentlichte Mitteilung):

$$\frac{\Gamma_{\mathrm{exp}}}{\Gamma_{\mathrm{nat}}} = 2 + 0{,}27\, t_a \qquad \text{für} \quad 0 \leqslant t_a \leqslant 5,$$

$$\frac{\Gamma_{\mathrm{exp}}}{\Gamma_{\mathrm{nat}}} = 2 + 0{,}29\, t_a - 0{,}05\, t_a^2 \quad \text{für} \quad 4 \leqslant t_a \leqslant 10. \quad (2.9)$$

Hierin bezeichnen Γ_{exp} und Γ_{nat} die experimentell gemessene und die natürliche Halbwertsbreite. Für eine Lorentzkurve und eine Quelle ohne Selbstabsorption wurde von Bykov und Fam-Zui-Chien [34] für $\Gamma_{exp}/\Gamma_{nat}$ der Ausdruck

$$\frac{\Gamma_{exp}}{\Gamma_{nat}} = \frac{t_a e^{-\frac{t_a}{2}} \left[J_0\left(i \frac{t_a}{2}\right) + J_1\left(i \frac{t_a}{2}\right) \right]}{1 - e^{-\frac{t_a}{2}} J_0\left(i \frac{t_a}{2}\right)} \qquad (2.10)$$

hergeleitet, der die Grenzfälle

$$\Gamma_{exp}/\Gamma_{nat} = 2 \qquad \text{für} \quad t_a \to 0$$

und

$$\Gamma_{exp}/\Gamma_{nat} = 2\sqrt{\frac{t_a}{\pi}} \qquad \text{für} \quad t_a \to \infty$$

ergibt.

Eine genaue Bestimmung des rückstoßfreien Mößbaueranteils ist sehr problematisch. Die Genauigkeit solcher Bestimmungen ist durch eine Reihe von Faktoren begrenzt. Zu diesen gehören die resonante Selbstabsorption in der Quelle, die nichtresonante Absorption in Quelle und Absorber, die Streuung der γ-Strahlen durch Absorber und Quelle, die Re-Emission der resonant absorbierten Strahlung durch den Absorber [35—37] und der Einfluß der Korngröße des Absorbermaterials [38]. Für die Bestimmung des Faktors f ist eine Reihe von Methoden ausgearbeitet worden, wie z.B. die Methoden der Flächenbestimmung und der Linienbreitenbestimmung, die Methode des „schwarzen Absorbers" oder auch Methoden unter Verwendung zweier Absorber u.a.m. Den Flächeninhalt der Resonanzkurve eines dünnen Absorbers (d.h. $t_a \ll 1$) kann man nach (2.7) berechnen, und man erhält

$$A = \varkappa \frac{\pi}{2} n_a f_a f_s \sigma_0 \Gamma = \varkappa \frac{\pi}{2} t_a f_s \Gamma. \qquad (2.11)$$

Dieser lineare Zusammenhang zwischen A und t_a gilt nur bei geringen Dicken. Im Bereich $0 \leqslant t_a \leqslant 0{,}4$ macht die Abweichung von der Linearität maximal 5% aus. Bei Anwendung der Flächenmethode vergleicht man die Flächeninhalte der Resonanzkurven mehrer dünner Absorber bei Verwendung ein und derselben Quelle (d.h. f_s identisch). Man führt hier also Relativmessungen durch [39—41].

Die Verwendung derselben Quelle und verschiedener dünner Absorber ermöglicht auch durch Ausnutzung der Linienbreiteneffekte die Bestimmung von f_a [37, 42].

Als „schwarzen Absorber" definiert man einen Absorber, der für Mößbauerquanten völlig undurchlässig ist und den nur nichtresonante Quanten durchdringen können. Aus (2.3) ergibt sich für einen Absorber dieser Art $\varepsilon(0) = f_s$. Der schwarze Absorber ermöglicht die Bestimmung der Linienintensität durch zwei Messungen (bei $v = 0$ und $v = \infty$). Als schwarzer Absorber wird häufig Fluoroferrat, das eine Linienbreite von 1,4 mm/s hat, verwendet. Die Technik des schwarzen Absorbers ist in [39, 43, 44] beschrieben.

Die Methoden mit zwei Absorbern ähneln der Schwarzabsorbermethode, jedoch ohne daß man hierbei einen Absorber mit speziellen (schwarzen) Eigenschaften benötigt.

Eine Bestimmung des Faktors f_a ist auch aus der Messung der Winkelabhängigkeit der Mößbauer-Streustrahlung möglich [45].

2.4 Systeme zur Erzeugung der Relativbewegung zwischen Quelle und Absorber

Eines der wichtigsten Probleme der Mößbauerspektroskopie besteht in der Konstruktion einer Bewegungseinrichtung (auch als Vibrator, Modulator oder Translationsgeber bezeichnet), mit der man genau bestimmte und reproduzierbare Geschwindigkeiten erzeugen kann. Die Geschwindigkeitsbereiche, die für verschiedene Zwecke und verschiedene Nuklide benötigt werden, sind ziemlich unterschiedlich und reichen von einigen µm/s bis zu ca. 60 cm/s.

Bei den ersten Mößbauerversuchen (vgl.Kap.1) wurde zur Energiemodulation die tangentiale Geschwindigkeit der auf einer rotierenden Scheibe befestigten Quelle verwendet. Im Verlaufe der Zeit wurde für Mößbauermessungen eine große Vielfalt von Vibratoren, die sich den nachstehenden Haupttypen zuordnen lassen, entwickelt:

— mechanische Vibratoren,
— hydraulische Vibratoren,
— magnetostriktive und piezoelektrische Vibratoren,
— elektromechanische Vibratoren.

Alle diese Bewegungssysteme müssen eine Reihe von zum Teil recht harten Forderungen erfüllen. Zu den charakteristischen Parametern zählen:

— die maximale Auslenkung und die Form der Geschwindigkeitsänderung,

— das Auflösungsvermögen hinsichtlich der Geschwindigkeit,
— die Reproduzierbarkeit der Geschwindigkeitsstufen,
— die mechanische Rauschamplitude und Nichtlinearitäten,
— die Drift des Geschwindigkeitsnullpunktes.

Diese Parameter bestimmen gleichzeitig auch die Leistungsanforderungen an die elektronische Steuerung solcher Bewegungseinrichtungen.

Man kennt heute eine Vielfalt von konstruktiven Lösungen, von denen als Beispiel für mechanische Vibratoren solche unter Verwendung einer rotierenden Scheibe, einer Kurvenscheibe, eines Pendels und einer Schraubenführung kurz beschrieben werden sollen.

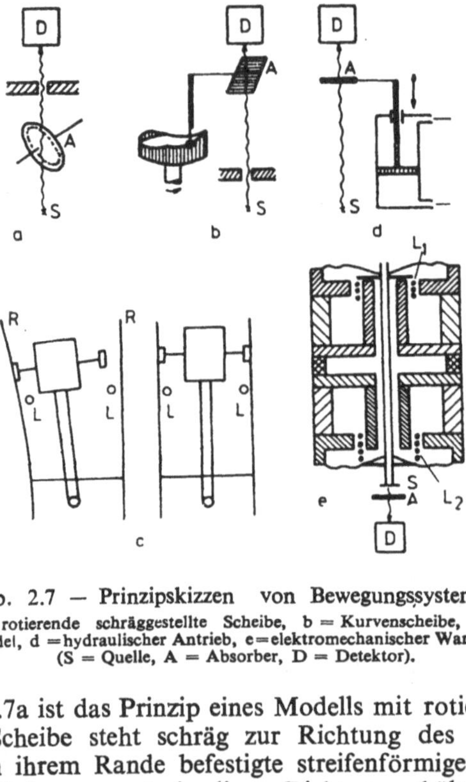

Abb. 2.7 — Prinzipskizzen von Bewegungssystemen:
a = rotierende schräggestellte Scheibe, b = Kurvenscheibe, c = Pendel, d = hydraulischer Antrieb, e = elektromechanischer Wandler; (S = Quelle, A = Absorber, D = Detektor).

In Abb. 2.7a ist das Prinzip eines Modells mit rotierender Scheibe gezeigt. Die Scheibe steht schräg zur Richtung des Gammastrahls, so daß der an ihrem Rande befestigte streifenförmige Absorber eine Geschwindigkeitskomponente in dieser Richtung erhält. Nachteilig bei diesem Prinzip ist die Größe der benötigten Absorberfläche, was sowohl hinsichtlich der Probenmenge als auch hinsichtlich der Formgebung zu Schwierigkeiten führt.

Unter den rein mechanischen Bewegungssystemen sind besonders solche unter Verwendung von Kurvenscheiben oder Nockenwellen gebaute bekannt geworden. Ihr Arbeitsprinzip ist in Abb. 2.7b dargestellt. Die Kurvenscheibe wird durch einen Gleichstrommotor angetrieben und bewegt eine Schubstange, an der der Absorber befestigt ist. Obenshain und Wegener [29] verwendeten eine in vier gleiche Sektoren aufgeteilte Scheibe, mit der während einer Rotationsperiode die Geschwindigkeiten v_0, 0, $-v_0$ und 0 erzeugt werden. Die Geschwindigkeit v_0 wird durch die Umlaufgeschwindigkeit des Motors variiert. Vorrichtungen dieser Art sind mechanisch einfach und verlangen keine großflächigen Absorber. Allerdings ist die Herstellung der Mechanik ziemlich diffizil. Schneller Verschleiß und das Auftreten von Vibrationen führen zu experimentellen Schwierigkeiten. In [46, 47] sind Anwendungsbeispiele von solchen Bewegungssystemen beschrieben.

Die Relativgeschwindigkeit kann auch mit einer Pendelvorrichtung erzeugt werden. Ein langes Pendel, das mit einer kleinen Amplitude schwingt, gibt eine fast lineare Bewegung mit einer sehr geringen Vertikalkomponente. Das Pendel nach Maier-Leibnitz [48] (Abb. 2.7c) besteht aus einem sehr schweren Umkehrpendel und erzeugt eine Bewegung mit konstanter Beschleunigung. Die Rückstellkraft wird durch Blattfedern in Verbindung mit zwei Anschlägen L aufgebracht. Wenn das Pendel den Nullpunkt passiert, wird eine von den Federn durch einen von den Anschlägen L aufgehalten, und auf das Pendel wirkt nur die zweite Feder, deren Kraft der Bewegung entgegengerichtet ist. Das System wird durch einen kleinen magnetischen Impuls auf das Pendel, wenn dieses den Nullpunkt passiert, in Bewegung gehalten. Die Amplitude der Schwingung wird durch eine fotoelektrische Vorrichtung konstant gehalten. Ein Pendelvibrator mit konstanter Geschwindigkeit bis zu 10 mm/s und mit einer Genauigkeit von 0,1% wurde von Flinn [49] gebaut. Die Robustheit des Pendels gestattet das Anbringen eines Kryostaten oder einer Heizeinrichtung.

In den Publikationen [50—54] findet man andere Ausführungsbeispiele mechanischer Vibratoren.

Hydraulische Bewegungssysteme sind nicht so stark verbreitet wie die mechanischen. Abb. 2.7d zeigt die Arbeitsweise eines hydraulischen Vibrators. Der Absorber ist mit einem Kolben, der sich in einem ölgefüllten Zylinder bewegt, verbunden. Die Kolbenbewegung entsteht mit Hilfe einer ventilgesteuerten Ölpumpe, die geringe regelbare Druckdifferenzen zwischen den beiden Enden des Zylinders erzeugt. Als Beispiel sei die einfache Vorrichtung von Kocher [55] angeführt, mit der man mit hinreichender Genauigkeit Geschwindigkeiten zwischen 0 und 10 mm/s bei einer Meßzeit von 10—15 Minuten realisieren kann. Sie arbeitet fast völlig geräuschlos. Wichtig für hydraulische Vorrichtungen dieser Art sind die chemische Beständigkeit der Arbeitsflüssigkeit und die Konstanz der Schmiereigenschaften und der Zähigkeit während des Betriebs. Der von Broadhurst u.Mitarb. [56] gebaute hydraulische

Vibrator kann Gewichte bis zu 20 kg bei einer Maximalgeschwindigkeit von 25 mm/s bewegen.

Piezoelektrische Kristalle wurden ebenfalls zur Erzeugung von regelbaren Geschwindigkeiten verwendet. Die von Ruby und Bolef [57] verwendete Vorrichtung besteht aus einem in der x-Achse geschnittenen Quarzkristall, auf dem eine Edelstahl-Mößbauerquelle (^{57}Co) befestigt ist. Der Quarz schwingt mit einer konstanten Frequenz von 20 MHz. Mit dieser Vorrichtung kann, bei Verwendung eines feststehenden Absorbers, der Einfluß der Ultraschallschwingung auf das Mößbauerspektrum der Quelle analysiert werden. Gerson und Denno [58] verwendeten einen mit einer Spannung von nur 1 V betriebenen piezoelektrischen Kristall aus Bleizirkoniumtitanat. Sie erzielten damit Geschwindigkeiten, die mit denen von elektrodynamischen Translationsgebern vergleichbar sind. Beschreibungen anderer piezoelektrischer Vibratoren findet man in den Arbeiten [59—62].

Heute verwendet man fast ausschließlich elektrodynamische Bewegungssysteme. Abb. 2.7e zeigt das Schema eines typischen elektrodynamischen Vibrators. Er besteht aus zwei gekoppelten Tauchspul-Magnetsystemen (Tandem-Prinzip). Der bewegliche Teil besteht aus einer durch zwei Membranen oder „Spinnen" zentrierten Achse, auf der zwei starr miteinander verbundene Spulen sitzen, von denen L_1 als Treiberspule und L_2 als Sensorspule arbeiten. Die Treiberspule L_1 wird durch ein Steuersignal zur Bewegungserzeugung angetrieben, während an den Kontakten der Sensorspule eine Spannung, die der Momentangeschwindigkeit des beweglichen Teiles der Vorrichtung proportional ist, abgenommen wird. Die Impedanz der Treiberspule ist der Impedanz des Ausgangskreises einer elektronischen Treiberstufe angepaßt. Die Sensorspule verlangt besondere Sorgfalt bei Konstruktion und Herstellung, da die Linearität der von ihr gelieferten Spannung die Genauigkeit des gesamten Spektrometers bestimmt. Das Rauschen dieser Spule und ihre elektromagnetische Kopplung mit der Treiberspule müssen vernachlässigbar gering sein.

Einzelheiten hinsichtlich Konstruktion und Einsatz von elektrodynamischen Translationsgebern sind in einer Vielzahl von Publikationen beschrieben, z.B. [63—72].

2.5 Nachweis der Gammastrahlung

Die Detektoren für die zu registrierende Gammastrahlung bestimmen die Qualität des Mößbauerspektrums und müssen daher einer Reihe von Anforderungen genügen. Dazu zählen ein möglichst hohes energetisches Auflösungsvermögen, ein hoher Quantenzählwirkungsgrad im Energiebereich der untersuchten Strahlung, eine möglichst große effektive Fläche und eine möglichst kurze Totzeit, um Quellen hoher Intensität verwenden zu können.

Bei Mößbauerexperimenten benutzt man zum Strahlungsnachweis meist Detektoren, die üblicherweise in der γ-Spektrometrie im Energiebereich von 5...200 keV verwendet werden, nämlich gasgefüllte Proportionalzählrohre, Szintillationszähler, Halbleiterdetektoren und Resonanzzähler [73, 74].

In Abb. 2.8 sind die Charakteristika von γ-Detektoren für niedrige Energien, nämlich das Auflösungsvermögen für eine einzelne Linie und die Nachweiseffektivität, in Abhängigkeit von der Energie dargestellt.

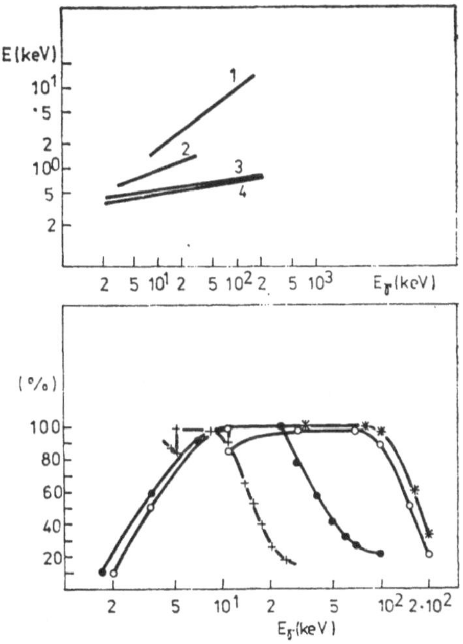

Abb. 2.8 — Charakteristische Eigenschaften verschiedener Detektoren zum Nachweis niederenergetischer Gammastrahlung:
oben — Halbwertsbreite einer einzelnen Gammalinie als Funktion der Gammaquantenenergie: 1 NaJ(Tl) — Szintillator, 2 Xe — Proportionalzählrohr, 3 Ge(Li) — Detektor (∅ = 2 cm, d = 6 mm), 4 Si(Li) — Detektor (∅ = 1 cm, d = 5 mm).
unten — Quantenzählwirkungsgrad als Funktion der Gammaquantenenergie:
* NaJ(Tl) — Szintillator (d = 5 mm),
+ Xe — Proportionalzählrohr (∅ = 2,5 cm, p = 2 atm),
○ Ge(Li) — Detektor (d = 5 mm),
● Si(Li) — Detektor (d = 5 mm).

Gasgefüllte Proportionalzählrohre verwendet man im allgemeinen für Energien von 1 bis 20 keV. Sie werden häufig in der Mößbauerspektroskopie des ^{57}Fe benutzt. Das Zählrohr besteht aus einem auf Nullpotential liegenden Zylinder, in dessen Achse sich ein Anodendraht befindet, der auf hohem Potential liegt. Übliche Füllgase sind Argon, Krypton und Xenon. Die Effektivität des Proportionalzählrohres für den Nachweis von γ-Quanten hängt von der Absorption im Eintrittsfenster und im Füllgase ab. Als Material für Eintrittsfenster sind Beryllium-, Aluminium- und metallisierte Kunststoffolien gebräuchlich.

Die in das Zählrohr gelangenden γ-Strahlen ionisieren das Füllgas und erzeugen dadurch Ladungsträgerpaare. Die zur Anode beschleunigten Elektronen erzeugen ihrerseits durch Stöße mit den Atomen des Füllgases Ionen und weitere Elektronen. Der auf diese Art zustandekommende Vervielfachungsfaktor kann bis zu 10^5 betragen. Die im Füllgas absorbierten γ-Quanten geben den Hauptteil ihrer Energie durch Fotoeffekt an die Atome des Gases ab. Die durch die γ-Quanten aus der K-Schale herausgelösten Elektronen besitzen die Energie $E_e = E_\gamma - E_K$. Das Atom erreicht dann wieder seinen Grundzustand entweder durch die Aussendung eines Auger-Elektrons, wenn seine Anregungsenergie auf ein Elektron übertragen wird, oder durch Emission der charakteristischen Röntgenstrahlung. Im ersten Fall erhält man am Ausgang des Detektors einen der Quantenenergie proportionalen Impuls, während im zweiten Falle (escape-Pik) die Impulsamplitude der Differenz $E_\gamma - \hbar\nu_K$ oder $E_\gamma - \hbar\nu_L$ proportional ist ($\hbar\nu_K$ und $\hbar\nu_L$ bezeichnen die Elektronenbindungsenergien in der K- bzw. L-Schale). Es empfiehlt sich Gase zu verwenden, für die die Fluoreszenzausbeute klein im Vergleich zur Augerelektronenausbeute ist. Eine selbständige elektrische Entladung im Zählrohr wird dadurch vermieden, daß man ein Löschgas z.B. Methan oder auch CO_2, dem Füllgas beimengt. Durch den Zerfallsprozeß des Löschgases wird ein Energieabfluß ermöglicht und damit das Zünden verhindert.

Für das Nuklid ^{57}Fe liefert ein mit Krypton bei Atmosphärendruck gefülltes Zählrohr von 5 cm Durchmesser einen Wirkungsgrad von 60% und ein Auflösungsvermögen von 12%. Für das Nuklid ^{161}Dy wurden mit Erfolg auch Kr-gefüllte Proportionalzählrohre mit mehreren Anodendrähten verwendet (multiwire proportional counter) [75]. Für empfindliche Streumessungen wurden speziell geformte Zählrohre entwickelt, z.B. [76].

Szintillationszähler enthalten zum γ-Strahlennachweis organische oder anorganische Szintillatoren. Die γ-Strahlenenergie wird im Szintillationskristall in Licht umgesetzt. Dieses erzeugt dann in einem optisch gekoppelten Fotovervielfacher einen elektrischen Impuls. Szintillationszähler haben im Vergleich mit gasgefüllten Proportionalzählrohren folgende Vorteile: Verwendbarkeit in einem weiten Energiebereich, Proportionalität zwischen γ-Quantenenergie und Ausgangsimpuls, größere Effektivität und kürzere Totzeit. Gleichzeitig haben sie aber auch einige Nachteile: Drifterscheinungen, relativ geringes Auflösungsvermögen bei niedrigen Energien, hohe Empfindlichkeit gegenüber magnetischen Streufeldern und starke Temperaturabhängigkeit. Als Material für Szintillationskristalle eignet sich für den vorliegenden Zweck am besten mit Tl aktiviertes Natriumjodid. Solche NaJ(Tl)-Szintillationskristalle haben einen hohen Wirkungsgrad und eine gute zeitliche Auflösung. γ-Quanten niedriger Energie registriert man in Gegenwart härterer Gammastrahlen unter Verwendung sehr dünner Kristalle. Zum Nachweis der vom ^{57}Fe emittierten γ-Quanten von 14,4 keV verwendet man gewöhnlich Kristalle geringer Dicke (0,1...0,5 mm), während zum Nachweis der 23,8 keV-γ-Strahlung des ^{119}Sn Kristalle bis zu 1 mm Dicke gewählt werden. Ein 2-mm dicker NaJ(Tl)-Kristall hat einen Quantenzählwirkungsgrad von ungefähr 97% für die 23,8 keV-Strahlung des ^{119}Sn, aber ein energetisches Auflösungsvermögen von bestenfalls nur 20%.

Unerwünschte Strahlungskomponenten werden am besten ausgefiltert. So kann z.B. die Röntgen-*K*-Strahlung des Eisens mit einem Aluminiumfilter von 0,1...0,2 mm Dicke völlig beseitigt werden, ohne daß der Einfluß des Filters auf die 14,4 keV-Linie des ^{57}Fe merklich ist.

Der Vorteil der Verwendung von Szintillationsdetektoren zum Nachweis von γ-Strahlen besteht in ihrer Einfachheit, in ihrer Effektivität und in der Möglichkeit, sie für große Zählraten zu verwenden, wenn die nachfolgende Elektronik entsprechend angepaßt ist.

In letzter Zeit setzt sich immer mehr die Verwendung von Halbleiterdetektoren in der Kernspektrometrie durch. Eine besondere Eigenschaft dieser Detektoren ist ihr sehr hohes Auflösungsvermögen. Dadurch konnten neue Resonanzen nachgewiesen werden, besonders in Fällen, in welchen die Energie der γ-Strahlung fast gleich der Energie der charakteristischen Röntgenstrahlung ist. Es gibt jedoch einige Faktoren, die einer breiten Verwendung dieser Detektoren in der Mößbauerspektroskopie im Wege stehen: Sie sind relativ teuer, das Kühlsystem verlangt eine ständige Wartung, die für die Mößbauerspektrometrie nötigen Abmessungen des Detektors (ein relativ dünner Kristall von 5 mm Dicke und einer Oberfläche von 10 cm²) führen zu hohen Preisen, und schließlich bedingen die hohen in der Mößbauerspektrometrie vorkommenden Zählraten einen schnellen Abfall des Auflösungsvermögens. Andererseits sind die Halbleiterdetektoren unempfindlich gegenüber magnetischen Feldern und können deshalb in magnetischen supraleitenden Systemen verwendet werden.

Das Wirkungsprinzip von Resonanzdetektoren besteht in der Registrierung der Konversionselektronen oder Röntgenstrahlen, die bei der Remission resonant angeregter Kerne entstehen. Diese Kerne sind dabei direkt in gewöhnliche Proportionalzählrohre oder Plastszintillatoren eingebaut. Im Falle des Proportionalzählrohres bedeckt die Substanz, die den zu untersuchenden Kern enthält, die Kathode oder ein Gitter im Innern des Zählrohres. Diese Substanz ist entweder die zu untersuchende Probe selbst oder ein Material, das die gleiche chemische Zusammensetzung wie die Quelle hat. Sie ist gewöhnlich mit dem zu untersuchenden Isotop angereichert. Proportionalzähler dieser

Art wurden für ^{57}Fe [73, 77, 78] und ^{119}Sn [79, 80] gebaut. Bei Verwendung von Plastszintillatoren werden jene Elektronen nachgewiesen, die infolge der inneren Konversion entstehen [81—83].

Die bisher beschriebenen Detektoren erlauben nicht die Messung von Spektren bei sehr hohen Zählraten. In solchen Fällen muß man organische Szintillatoren oder die Integrationstechnik (integrale Strommessung) verwenden [84].

2.6 Mößbauerspektrometer

2.6.1 **Allgemeines**

Die Aufnahme von Absorptions- oder Streuspektren erfolgt mit Apparaturen, die die Intensität der durch den Absorber hindurchgegangenen bzw. der durch eine Probe gestreuten Gammastrahlung in Abhängigkeit von der Relativbewegung zwischen Quelle und Absorber bzw. Streuer zu messen gestattet. Solche als „Mößbauerspektrometer" bezeichnete Geräte müssen einer Reihe von Anforderungen genügen, unter denen die nachfolgenden die wichtigsten sind:

- Erzeugung einer Relativbewegung Quelle-Absorber in den benötigten Geschwindigkeitsbereichen,
- hinreichende Reproduzierbarkeit der Bewegung,
- hinreichendes Geschwindigkeitsauflösungsvermögen,
- Realisierung der physikalischen Meßbedingungen (Temperatur, Druck, äußeres Magnetfeld etc.).

Die Ausnutzung des linearen Dopplereffektes zur Energievariation der Gammastrahlung ist das übliche Standardverfahren in der Mößbauerspektrometrie. In einigen (nichtkonventionellen) Spektrometern kommt die Änderung der Hyperfeinaufspaltung durch Änderung eines äußeren Magnetfeldes zur Anwendung [85, 86]. Außerdem werden noch die Dopplerverschiebung (quadratischer Dopplereffekt) durch Temperaturdifferenz zwischen Quelle und Absorber [87, 88] und die durch Beschleunigung entstehende Rotverschiebung [89] verwendet.

Die heute üblichen Spektrometertypen können hinsichtlich der Arbeitsweise unterschieden werden in „Spektrometer mit konstanter Geschwindigkeit" und „Spektrometer mit veränderlicher Geschwindigkeit". Zu letzteren gehören auch die Geräte, die mit konstanter Beschleunigung arbeiten. Viele moderne Geräte sind auf beide Arbeitsweisen umschaltbar.

Wenn mit konstanter Geschwindigkeit gearbeitet wird, erfolgt die Relativbewegung zwischen Quelle und Absorber mit konstanter, schrittweise veränderlicher Geschwindigkeit, während das Spektrum Punkt für Punkt registriert wird. Mößbauerspektrometer, die nur konstante

Geschwindigkeiten ermöglichen, sind relativ einfach und erlauben sehr genaue Geschwindigkeitsbestimmungen, mit denen man auch Teilbereiche des Spektrums detailliert untersuchen kann [49—52, 55, 56, 90—92].

Bei veränderlichem Geschwindigkeitsregime ändert sich die Relativgeschwindigkeit Quelle-Absorber periodisch (linear, sinusförmig usw.)

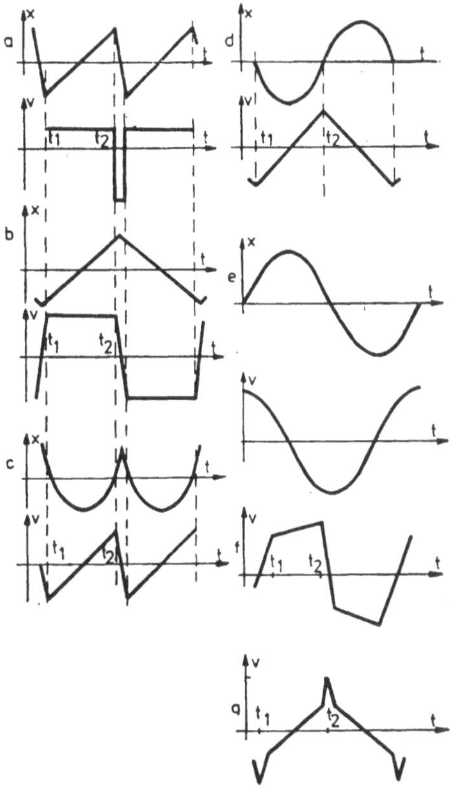

Abb. 2.9 — Verschiedene Arbeitsweisen der Vibratoren: a = sägezahnförmige Bewegung, b = dreieckförmige Bewegung, c = einseitig-parabelförmige Bewegung, d = doppelt-parabelförmige Bewegung, e = sinusförmige Bewegung, f, g = besondere Bewegungsarten.

zwischen zwei Extremwerten gleichen Betrages. Die den verschiedenen Augenblickswerten der Geschwindigkeit zugehörigen Detektorimpulse gelangen in einen Vielkanalanalysator oder in eine andere Speichereinheit, wobei eine Zuordnung der Größe der Momentangeschwindigkeit zur Adresse des Speicherkanals erfolgt. Spektrometer mit veränderlicher Geschwindigkeit sind weit verbreitet, da sie bei hinreichender Genauigkeit in einfacher Weise für automatische Langzeitmessungen benutzt werden können (Prinzip der Spektrenakkumulation). In Abb. 2.9 sind die am häufigsten bei Mößbauerspektrometern verwendeten Formen der Geschwindigkeitsänderung dargestellt (a und b entsprechen „konstanter Geschwindigkeit", c und d „konstanter Beschleunigung"). Bei einigen Formen wurde auch die Auslenkung x aus der Gleichgewichtslage miteingezeichnet.

Die Anforderungen an ein Spektrometer hängen stark vom zu untersuchenden Nuklid ab. Einige charakteristische Werte sind in Tab. 2.1 zusammengestellt.

Tabelle 2.1

Eigenschaften einiger Mößbauernuklide, die für die Konzeption von Mößbauerspektrometern maßgeblich sind

Nuklid	Übergangs-energie E (keV)	Minimale Linienbreite Γ theor. (mm/s)	Minimale Linienbreite Γ exper. (mm/s)	Geschwin-digkeits-bereich *) $\pm v_{max}$ (mm/s)	Geschwindigkeitsauf-lösungsvermögen **) $\frac{\Delta v}{v_{max}}$ theor.	Geschwindigkeitsauf-lösungsvermögen **) $\frac{\Delta v}{v_{max}}$ prakt.
^{67}Zn	93,3	$3\cdot10^{-4}$	10^{-3}	$2\cdot10^{-2}$	$3\cdot10^{-3}$	10^{-2}
^{181}Ta	6,3	$6,5\cdot10^{-3}$	$5\cdot10^{-2}$	25	$3\cdot10^{-5}$	$3\cdot10^{-4}$
^{237}Np	59,5	$7\cdot10^{-2}$	1,2	200	$5\cdot10^{-5}$	$1\cdot10^{-3}$
^{57}Fe	14,4	0,2	0,22	10	$5\cdot10^{-3}$	$5\cdot10^{-3}$
^{161}Dy	25,7	0,4	2,1	250	$5\cdot10^{-4}$	$5\cdot10^{-3}$
^{119}Sn	23,9	0,6	0,8	15	$1\cdot10^{-2}$	$1\cdot10^{-2}$
^{151}Eu	21,6	1,4	2,5	50	$5\cdot10^{-3}$	$8\cdot10^{-3}$
^{170}Yb	84,3	2,0	2,5	40	$1\cdot10^{-2}$	$1\cdot10^{-2}$
^{169}Tm	8,4	8,3	20	700	$2\cdot10^{-3}$	$5\cdot10^{-3}$

*) Für die Aufnahme vorkommender Hyperfeinaufspaltungen erforderlicher Geschwindigkeitsbereich.

**) Unter der Voraussetzung, daß die geometrische Geschwindigkeitsverzerrung nicht mehr als 1% der minimalen Linienbreite ausmacht.

Demnach sollte ein Universalspektrometer einen Geschwindigkeitsbereich zwischen 10^{-4} mm/s (^{67}Zn) und 10^{3} mm/s (^{169}Tm) überstreichen und ein Geschwindigkeitsauflösungsvermögen von $\Delta v/v = 10^{-4}$ (^{181}Ta) gewährleisten. Spektrometer mit elektrodynamischen Translationsgebern nähern sich diesen Forderungen am besten an, zeigen aber bei sehr niedrigen Geschwindigkeiten Nachteile.

Zur Impulsspeicherung werden meistens Vielkanalanalysatoren oder Kleinrechner, machmal auch direkt ins Spektrometer integrierte Vielkanalspeicher benutzt. Vielkanalanalysatoren können auf zwei Arten mit dem Mößbauerspektrometer gekoppelt werden, als Amplitudenanalysator (Modulationsverfahren, *amplitude-mode)* oder als Zeitanalysator *(time-mode)*.

Wie bereits erwähnt ändert man bei Spektrometern mit variabler Geschwindigkeit die Geschwindigkeit während jeder Periode kontinuierlich zwischen $-v_{max}$ und $+v_{max}$. Bei der Amplitudenanalyse verwendet man zur Modulation der von einem Einkanalanalysator abgegebenen Impulse eine zur Momentangeschwindigkeit $v(t)$ proportionale Spannung, so daß die Impulsamplitude proportional zur Ge-

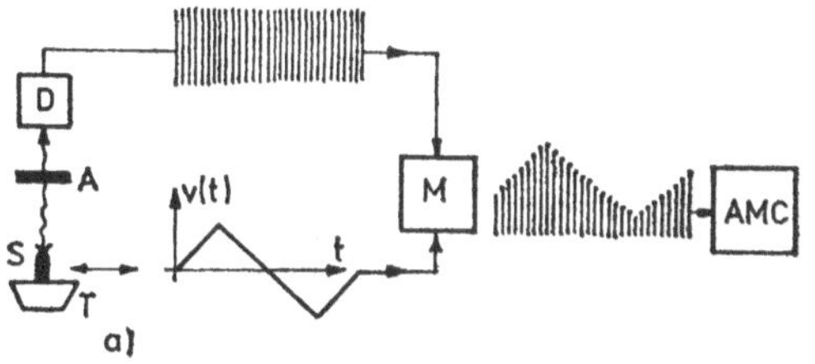

Abb. 2.10 a – Das Amplitudenmodulationsprinzip:
T = Geschwindigkeitswandler, S = Quelle, A = Absorber, D = Gammastrahlen-Nachweiselektronik, M = Modulator, AMC = Vielkanalanalysator.

schwindigkeit wird. Diese Impulse werden dann entsprechend ihrer Amplitude im Vielkanalanalysator sortiert und gespeichert. Das Prinzip dieser Methode zeigt Abb. 2.10a.

Die von der Nachweiselektronik gelieferten Impulse werden durch das Signal $v(t)$ moduliert. Gewöhnlich ist $v(t)$ eine Dreiecksfunktion, die linear zwischen $-v_{max}$ und $+v_{max}$ auf und ab verläuft. Das Sortieren der Impulse nach ihrer Amplitude erfolgt dann durch den Vielkanalanalysator, wobei jedem Kanal eine bestimmte Geschwindigkeit zugeordnet wird. Ein Nachteil dieser Methode besteht darin, daß jede Nichtlinearität von $v(t)$ eine Veränderung der Nullinie des Spektrums bewirkt, die u.U. mit einer wirklichen Absorptionslinie verwechselt werden kann. Durch diesen Nachteil entstehen Schwierigkeiten beim Nachweis schwacher Absorptionslinien. Um Geschwindigkeits-Nichtlinearitäten zu kompensieren, kann man gleichzeitig mit dem Mößbauerspektrum auch das Spektrum einer nichtresonanten Strahlung aufnehmen, beide Spektren mit dem gleichen Geschwindigkeitssignal modulieren und in zwei verschiedene Bereiche des Analysatorspeichers einlesen. Dann kann das Mößbauerspektrum normiert werden, indem man die Kanalinhalte des Mößbauerspektrums durch die zugehörigen Kanalinhalte des Vergleichsspektrums dividiert. Dadurch werden dann die Einflüsse der Geschwindigkeits-Nichtlinearitäten weitestgehend ausgeschaltet.

Beim *time-mode* Verfahren werden die Kanäle des Analysators durch ein Signal vom Funktionsgenerator laufend nacheinander geöffnet und geschlossen. Bei geöffnetem Kanal werden die von der Nachweiselektronik kommenden Impulse zu dem bisherigen Kanalinhalt zuaddiert. Verwendet man einen quarzgesteuerten Signalgeber, dann kann die mittlere Öffnungszeit eines Kanals mit einer Genauigkeit von $\pm 0{,}03\%$ konstant gehalten werden. Die Geschwindigkeit der Quelle wird synchron mit der Kanalweiterschaltung verändert. Der Synchronismus zwischen dem Bewegungssystem und der Weiterschaltung der

Kanaladressen des Analysators bzw. Speichers wird entweder durch einen separaten Generator oder durch ein internes Signal des Vielkanalanalysators erzwungen. Da in diesem Falle die effektive Öffnungszeit für jeden Kanal sehr genau bestimmt ist, benötigt man beim *time-mode*-Verfahren keine Normierung mehr. Das Hauptproblem des

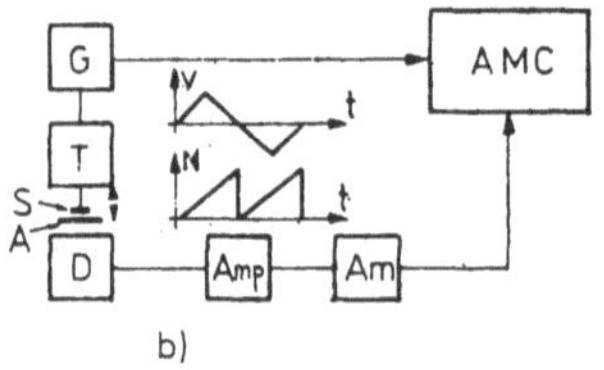

Abb. 2.10 b – Das *time-mode*-Prinzip:

T = Geschwindigkeitswandler, S = Quelle, A = Absorber, D = Detektor, Amp = Impulsverstärker, Am = Einkanalanalysator, AMC = Vielkanalanalysator, G = Steuergenerator.

Verfahrens ist die Notwendigkeit, jedem Kanal korrekt immer wieder dieselbe Geschwindigkeit zuzuordnen. Die Wirkungsweise des *time-mode*-Verfahrens ist in Abb. 2.10b dargestellt.

Das Amplitudenmodulationsverfahren wurde besonders in den ersten Jahren nach der Entdeckung des Mößbauereffektes verwendet [93–95]. Heutzutage verwendet man fast ausschließlich *time-mode*-Verfahren. Es sei noch erwähnt, daß es auch die Möglichkeit gibt, beide Methoden und ihre Vorteile in einem Spektrometer zu kombinieren [90, 96].

Es wurde auch mit Erfolg versucht, [97, 98], bei der Konstruktion von Mößbauerspektrometern ein Modulationsprinzip anzuwenden, das

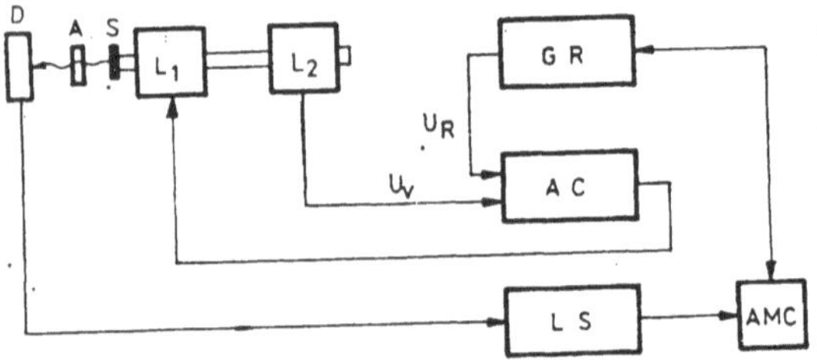

Abb. 2.11 – Blockschema eines *time-mode*-Mößbauerspektrometers:

L_1 = Treiberspule, L_2 = Sensorspule, S = Quelle, A = Absorber, D = Detektor, GR = Steuergenerator, AC = Regelverstärker, AMC = Vielkanalanalysator, LS = Nachweiselektronik.

gewöhnlich bei Elektronenspinresonanzspektrometern verwendet wird und das die erste Ableitung des Absorptionsspektrums liefert.

Nachfolgend sollen einige konstruktive Probleme behandelt werden, die beim Bau von Mößbauerspektrometern nach dem *time-mode*-Verfahren auftreten. Das Blockschema eines solchen Spektrometers zeigt Abb. 2.11.

Der Steuergenerator GR (Funktionsgenerator) liefert ein elektrisches Bezugssignal U_R, das den Sollwert der Geschwindigkeit darstellt. Dieses wird nun im Verstärker AC mit dem von der Sensorspule L_2

gelieferten Spannungssignal U_v verglichen, und das verstärkte Differenzsignal dient dann dem Antrieb der Treiberspule L_1. Auf diese Weise folgt der bewegliche Teil des Spektrometers dem Steuersignal. Der Sollwert wird durch einen separaten Funktionsgenerator [63, 64, 67, 70, 90, 99—102] oder direkt durch Verarbeitung eines vom Vielkanalanalysator abgeleiteten Signals erzeugt [66, 67, 103—108]. Der Regelverstärker arbeitet entweder als negativ rückgekoppelter Verstärker mit Anpassung an die Vibratorcharakteristik [63, 64, 109—111] oder als Rechenverstärker mit integrierenden, differenzierenden und summierenden Komponenten [112—114]. Der Vielkanalanalysator AMC kann so betrieben werden, daß er bei einem Dreiecks-Bezugssignal nur ein Spektrum [115, 116] oder auch gleichzeitig mehrere [117—119] speichert. Es zeichnet sich die Tendenz ab, Vielkanalanalysatoren durch Kleinrechner zu ersetzen, da diese eine flexiblere Datenspeicherung und eine Vorbearbeitung der Spektren ermöglichen [68, 120—124].

2.6.2 Spezielle Mößbauerspektrometer

Zur Lösung von Sonderproblemen wurde eine Reihe von speziellen Mößbauerspektrometern gebaut. Nachfolgend soll kurz darauf eingegangen werden.

Kaindl u. Mitarb. [117] beschrieben ein Spektrometer, das die gleichzeitige Messung mit drei Paaren von Quellen und Absorbern gestattet und mit dem sich sehr geringe Isomerieverschiebungen bestimmen lassen. Die drei Quellen werden gemeinsam von einem einzigen elektrodynamischen Vibrator bewegt. Sowohl die Quellen als auch die Absorber können in einem Kryostaten mit flüssigem Helium gekühlt werden. Durch eine spezielle elektronische Steuerung werden sowohl die drei Transmissionspektren als auch ein Eichspektrum in einem einzigen Vielkanalanalysator, der nach dem *time-mode*-Verfahren arbeitet, registriert. Abb.2.12 zeigt den Aufbau des Kryostaten und des Bewegungssystems. Durch die simultane Messung der Spektren erübrigen sich Relativmessungen, bei denen man sonst die Lage der mit einer einzigen Quelle und verschiedenen Absorbern nacheinander erhaltenen Spektren vergleichen muß, und in die dann eine Drift des Geschwindigkeitsnullpunktes als Fehler eingeht. Zur gleichzeitigen Eichung der Geschwindigkeitsskala können eine zusätzliche ^{57}Co-Quelle und ein ^{57}Fe-Absorber benutzt werden.

Swartzendruber [107] baute ein Präzisions-Mößbauerspektrometer, bei dem sich der Absorber in einem Magnetfeld, die Quelle aber außerhalb befinden. Das parallel zur γ-Strahlung gerichtete Magnetfeld wird durch einen Supraleitungsmagneten erzeugt. Absorber- und Quellentemperatur können unabhängig voneinander im Bereiche von 1,5 . . . 300K

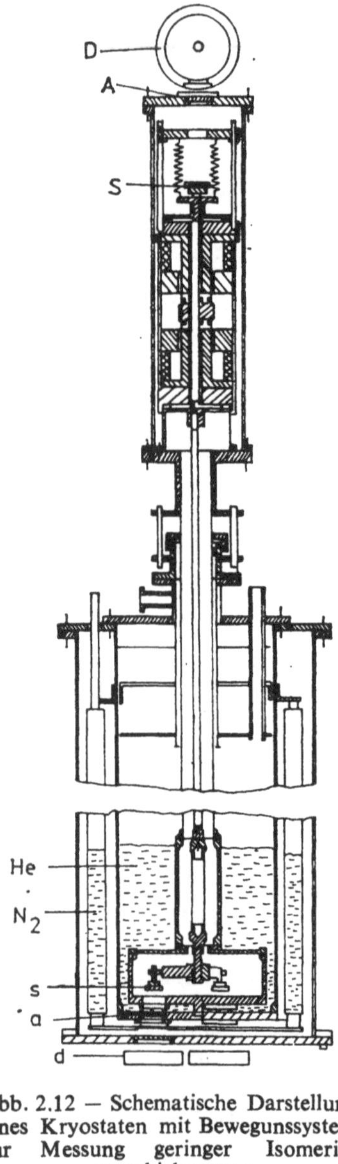

Abb. 2.12 – Schematische Darstellung eines Kryostaten mit Bewegunssystem zur Messung geringer Isomerieverschiebungen:

s, a, d = Quelle, Absorber,Detektor (3 Sätze), S, A, D = Quelle, Absorber Detektor zur Geschwindigkeitseichung.

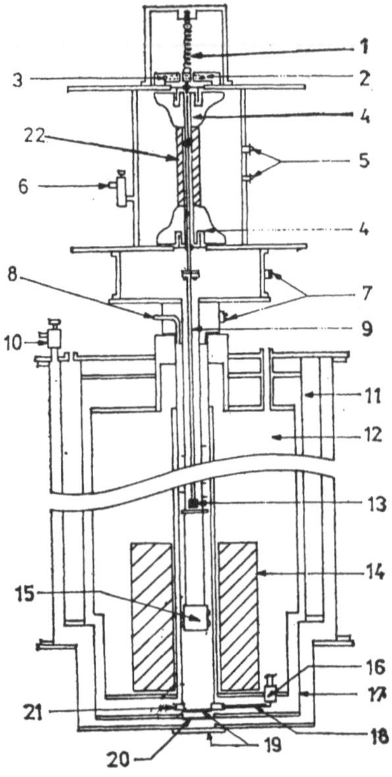

Abb. 2.13 – Mößbauerkryostat für Untersuchungen im Magnetfeld:

1 = Aufhängung, 2 = Lichtquelle, 3 = Fotozelle, 4 = Antriebsgestänge, 5 = vakuumdichte Anschlußstecker, 6 = Anschluß für Vakuumpumpe, 7 = elektrische Durchführungen, 8 = = Heliumzuführung, 9 = Antriebsstange für Quelle, 10 = Anschluß für Vakuumpumpe, 11 = Behälter für flüssigen Stickstoff, 12 = = Behälter für flüssiges Helium, 13 = Quelle, 14 = supraleitende Spule, 15 = Probenhalter, 16 = Ventil, 17 = Strahlungsschirm, 18 = Kapillarröhrchen für He, 19 = Berylliumfenster, 20 = Fenster aus Al-bedampfter Mylarfolie, 21 = Heizer, 22 = Geschwindigkeitswandler.

bzw. 10...300 K geregelt werden. Das Schema dieses Spektrometers für Untersuchungen in einem äußeren Magnetfeld ist in Abb. 2.13 gezeigt.

Es sei hier noch das von H. de Waard [125] gebaute Spektrometer erwähnt, das mit einem starken, von einer supraleitenden Spule erzeugten Magnetfeld arbeitet, und bei welchem sich der Absorber auf Flüssig-Helium-Temperatur befindet. Zur Zeit bauen verschiedene Firmen Kryostaten mit Höchstleistungs-Supraleitungsmagneten, deren Achse man im Dewargefäß vertikal oder horizontal orientieren kann (Magnetfelder bis zu 170 kOe, innerer Magnetdurchmesser bis zu 4 cm und Homogenität des Magnetfeldes bis zu $10^{-7}/cm^3$). Tieftemperaturmessungen in magnetischen Feldern führen zu einer Reihe schwieriger experimenteller Probleme [68, 126, 127].

Da die Parameter eines Mößbauerspektrums auch von den Atomabständen im Gitter abhängen, ändert sich das Aussehen des Spektrums, wenn die Meßproben hohem Druck ausgesetzt werden. Deswegen wurden auch Mößbauerspektrometer gebaut, die es ermöglichen, Untersuchungen an Proben bei einem Druck von einigen Hundert kbar durchzuführen. Es seien hierzu die von Pound u. Mitarb. [128], Pipkorn u. Mitarb. [129], Debrunner u. Mitarb. [130] und Williamson u. Mitarb. [131] benutzten Spektrometer angeführt. Mit ihnen wurden Mößbauerspektren einer Reihe von Eisenverbindungen unter hohem Druck untersucht.

Zur Bestimmung von Strahlenschäden in Metallen bei tiefen Temperaturen wurden besondere, an die Bedingungen von Schwimm-

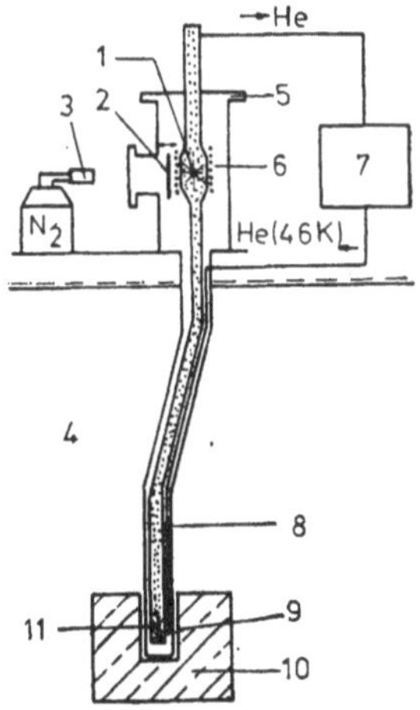

Abb. 2.14 – Schematische Darstellung einer Vorrichtung zur mößbauerspektrometrischen Untersuchung von Strahlenschäden bei niedrigen Temperaturen:

1 = Mößbauerquelle in Meßposition, 2 = Mößbauerabsorber, 3 = Germaniumdetektor, 4 = Wasserbecken des Kernreaktors, 5 = Kryostat für Mößbauer-Messungen, 6 = Ofen zum Erwärmen der Probe, 7 = Heliumverflüssiger, 8 = Bestrahlungskryostat, 9 = Kadmiummantel, 10 = aktive Zone des Kernreaktors, 11 = Mößbauerquelle in Bestrahlungsposition.

badreaktoren angepaßte Vorrichtungen gebaut [132, 133]. Es sei hier die von Mansel u.Mitarb. [134] gebaute Einrichtung zur Untersuchung von Strahlenschäden in Platin erwähnt. Sie ist in Abb. 2.14 schematisch gezeigt.

Einige andere Forschungsprobleme, zu deren Lösung Mößbauerspektrometer bestimmte konstruktive Eigenheiten aufweisen müssen, sind die Untersuchung amorpher, sehr dünner und monomolekularer Schichten [68, 135, 136], der Nachweis von Mößbauerspektren mittels Konversionselektronen [68, 137], Mößbauer-Doppelresonanzen mit NMR (MONDOR), EPR und Ultraschall [138—140], Spektrenmessung mit prompten und verzögerten Koinzidenzen [119, 141] u.a.m.

2.6.3 **Genauigkeit und Eichung von Mößbauerspektrometern**

Die Genauigkeit, mit der die Parameter eines Mößbauerspektrums bestimmt werden können, wird durch apparative Fehler des Spektrometers begrenzt. Am stärksten wirken sich dabei Ungenauigkeiten der Dopplerbewegung aus. Unter den im Zusammenhang mit der Dopplerbewegung entstehenden Fehlerquellen seien hier folgende angeführt:
a) Eine parabolische Verzerrung der Nullinie infolge der reziproken Abhängigkeit der Strahlungsintensität am Detektor vom Quadrat des Abstandes Quelle-Absorber. Sie spielt eine Rolle bei bewegter Quelle und ist umso stärker, je geringer der Abstand Quelle-Detektor ist. Bei Verwendung eines bewegten Absorbers (feststehende Quelle) entfällt diese Verzerrung.
b) Die Comptonstreuung, die dann auftritt, wenn die Quelle zusätzliche hochenergetische Strahlungskomponenten emittiert. Sie führt ebenfalls zu einer parabolischen Verzerrung der Untergrundlinie.
c) Eine Verzerrung der Resonanzlinien und eine Verschiebung der Linienlagen infolge geometrischer Ungenauigkeiten, infolge der Winkelabhängigkeit des Dopplereffektes [142 — 146] und infolge von Brummeinstreuungen oder mechanischen Erschütterungen [147].
d) Ungenauigkeiten des zu einem bestimmten Speicherkanal gehörigen Geschwindigkeitsintervalls durch Änderungen der Eichkonstante (in mm/s je Kanal) und durch Änderung der Geschwindigkeit während der Öffnungszeit des Kanals.

Die Benutzung von Standardsubstanzen spielt in der Mößbauerspektrometrie eine sehr wichtige Rolle, da ohne sie die in verschiedenen Laboratorien erhaltenen Ergebnisse, die sich auf unterschiedliche Eichungen beziehen, nur sehr schwierig zu vergleichen wären. Es wurden bereits Schritte zur Einführung von Standards unternommen, eine generelle Festlegung wurde jedoch noch nicht erzielt [148, 149]. Lediglich die Benutzung von Natriumnitroprussid als Bezugssubstanz für die Angabe von Isomerieverschiebungen bei Eisenverbindungen hat sich weitgehend durchgesetzt [150, 151].

Die Eichung eines Spektrometers erfolgt entweder durch eine direkte Geschwindigkeitsmessung oder durch Verwendung eines Standard-Mößbauerspektrums. Eine Möglichkeit zur Absoluteichung bietet die Verwendung optischer interferometrischer Verfahren. Die Zählung der Interferenzstreifen eines Michelson-Interferometers unter Benutzung einer Laserlichtquelle [152—156] oder die Anwendung der Methode der Moiré-Ringe mit einem Vielkanalanalysator [49, 157] ermöglichen die Bestimmung der Geschwindigkeit für jeden einzelnen Speicherkanal. Eine Absoluteichung ist auch durch Ultraschallmodulation einer Mößbauerlinie möglich, so z.B. durch die Kopplung der Quelle oder des Absorbers mit einem Quarzkristall, der bei einigen MHz schwingt [57, 158, 159].

Eine einfache und effektive Methode zur Geschwindigkeitseichung eines Mößbauerspektrometers ist die Messung der magnetischen Hyperfeinaufspaltung von reinem, metallischem Eisen. Diese Methode konnte sich weitgehend durchsetzen, da die Aufspaltung g_0 des Grundzustandes metallischen Eisens mit hoher Genauigkeit vermessen wurde [160]. Dies erlaubt auch die Bestimmung der magnetischen Aufspaltung g_1 des angeregten Zustands. Die genauesten Werte für g_0 (3,9178; 3,9176 mm/s) und für g_1 (2,2329; 2,2385; 2,2382; 2,2377 mm/s) wurden von Spijkerman u.Mitarb. [161] angegeben. In Tab. 2.2 sind die für die Eichung von ^{57}Fe-Mößbauerspektren nötigen Werte zusammengestellt.

Tabelle 2.2. a

Werte für die Geschwindigkeitseichung mittels ^{57}Fe

Metallisches Eisen *)						
Liniennummer	1	2	3	4	5	6
Linienlage in mm/s**) (±0,0016 mm/s)	– 5,0494	– 2,8167	– 0,5800	1,1007	3,3376	5,5754
Natriumnitroprussid						
Linienabstand (mm/s)	1,7015±0,0002					

*) Iron Foil Mössbauer Standard (1541 NBS), Ranger Electronics Corp.
**) Linienlagen auf Natriumnitroprussid bezogen.

Tabelle 2.2.b

Isomerieverschiebungen relativ zu metallischem Eisen

X	$\delta^{X}_{\text{Fe-met}}$ (mm/s)
NNP	$-0{,}260 \pm 0{,}002$
Cr	$-0{,}154 \pm 0{,}009$
ES	$-0{,}09 \pm 0{,}02$
KFC	$-0{,}035 \pm 0{,}007$
Fe_{met}	0,000
Rh	0,11
Pd	$0{,}177 \pm 0{,}002$
Cu	$0{,}225 \pm 0{,}002$
Pt	$0{,}349 \pm 0{,}006$

NNP = Natriumnitroprussid
ES = Edelstahl
KFC = Kaliumferrocyanid

[Beispiel: δ (bezogen auf NNP) = δ (gemessen mit ^{57}Co/ Pd-Quelle) + 0,177 mm/s + 0,260 mm/s;
allgemein:

$$\delta^{\text{Probe}}_{X} = \delta^{\text{Probe}}_{\text{Quelle } z} + \delta^{z}_{\text{Fe}_{\text{met}}} - \delta^{x}_{\text{Fe}_{\text{met}}}$$]

In der Literatur findet man auch Angaben über Methoden zur Bestimmung des zur Geschwindigkeit Null gehörigen Speicherkanals, ohne daß man eine genaue komplette Eichung vornehmen muß [162, 163].

2.7 Die Technik der Mößbauer-Streuung

Die Streumethode zur Untersuchung der rückstoßfreien γ-Strahlung hat für manche spezielle Probleme eine Reihe von Vorteilen im Vergleich zur Transmissionsmessung, besonders dann, wenn die Energie des Mößbauerübergangs groß bzw. der f-Faktor klein ist. Vorteile bietet die Streuung auch bei der Untersuchung von Oberflächenschichten, bei dicken und bei ungünstig geformten Proben. Sie ist eine echt zerstörungsfreie Untersuchungsmethode.

Eine optimale Geometrie für Streuversuche ist nicht allgemein angebbar, sondern sie hängt jeweils von dem konkreten Problem ab. Beim Nachweis rückstoßfreier Prozesse bei sehr kleinen Werten des Faktors f spielt das Verhältnis zwischen Effekt und Untergrund eine große Rolle. Im Idealfall erreicht beim Streuexperiment keine direkte, sondern nur die von der Probe gestreute Strahlung den Detektor. Die gestreute Strahlung besteht aus Mößbauer-, Compton- und Rayleigh-

Strahlung. Die Compton-gestreute Strahlung hat eine merklich niedrigere Energie als die eingestrahlte und kann daher vernachlässigt werden. Der Hauptanteil der gemessenen Intensität besteht daher aus Mößbauer- und Rayleigh-Strahlung. Nach Debrunner [164] wird das Verhältnis von Effekt zu Untergrund durch das Intensitätsverhältnis I_M/I_R der Mößbauer- und Rayleigh-Streuanteile bestimmt. Es ist bei einem dünnen Streuer durch

$$\frac{I_M}{I_R} = 4{,}25 \cdot 10^{10} P(\theta) \frac{a f_s f'}{(1+\alpha)^2 Z^3} \frac{E}{m_e c^2} \tag{2.12}$$

gegeben. $P(\theta)$ ist ein Faktor erster Ordnung, der von den Kernspins die im Streuprozeß auftreten, und vom Streuwinkel abhängt; a bezeichnet die relative Häufigkeit des Mößbauerisotops, f_s und f' den rückstoßfreien Anteil der Quelle bzw. des Streuers, α den totalen Konversionskoeffizienten, $E/\mathrm{m}_e c^2$ das Verhältnis zwischen der Quantenenergie und der Ruheenergie des Elektrons und Z die Ordnungszahl. In Wirklichkeit ist das Verhältnis I_M/I_R kleiner als das nach (2.12) berechnete, da durch die Anwesenheit von γ-Quanten höherer Energie als E stets ein Untergrundanteil durch Comptonstreuung zustande kommt. Der relative Einfluß der Comptonstreuung kann durch Verwendung eines Detektors hoher Auflösung stark herabgesetzt werden.

Zum Nachweis der Gammaresonanz in Fällen, bei denen der rückstoßfreie γ-Emissionsanteil gering ist, verwendet man am besten die in Abb. 2.15 dargestellte experimentelle Anordnung [165]. Diese erlaubt eine hohe Ausbeute der gestreuten Resonanzstrahlung, da die Kegelform des Streuers eine hohe Raumwinkelausnutzung der einfallenden und der gestreuten Strahlung ermöglicht. In der axialsymmetrischen Anordnung befindet sich vor dem Streuer die Quelle und im Rücken der Quelle ein NaJ(Tl)-Detektor, der vor der direkten Strahlung durch einen Wolframblock abgeschirmt ist. Eine genauere Darstellung der Streugeometrie für die eben beschriebenen Versuche zur Messung der Rückstreuung bei tiefen Temperaturen zeigt Abb. 2.16 [165]. Die Wände der Streukammer sind mit Blei ausgelegt, um den durch Comptonstreuung hervorgerufenen Untergrund zu reduzieren. Dadurch gewinnt aber die Absorption durch Fotoeffekt an Bedeutung. Durch diese entstehen dann Röntgenstrahlen, die mit einem Amplitudendiskriminator ausgefiltert werden müssen. Die Ausgangsspannung der Sensorspule verwendet man für eine Amplitudenmodulation der vom Einkanalanalysator abgegebenen Impulse, wodurch dann die Aufnahme des Spektrums mit einem Vielkanalanalysator möglich wird. Die beschriebene experimentelle Anordnung führt zu einer starken Linienverbreiterung, da die Geschwindigkeit des Streuers in bezug zur Richtung der einzelnen Gammaquanten nicht einheitlich ist.

Setzt man eine einheitliche Relativgeschwindigkeit voraus, dann ergibt sich die Linienbreite bei Streuung an einer dünnen Probe genau wie bei Absorption durch die Summe der Linienbreiten von Quelle und Streuer, $\Gamma + \Gamma'$. Bei dicken Streuern ist die Linienbreite gleich $\Gamma + \beta\Gamma'$, wobei β ein aus der Geometrie des Experimentes zu bestimmender Parameter ist [165].

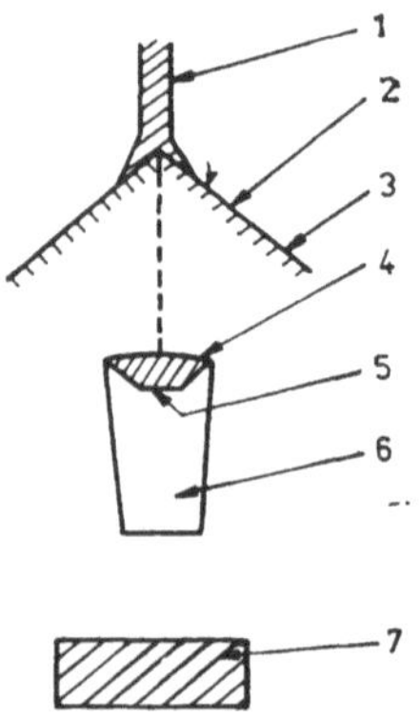

Abb. 2.15 – Streugeometrie mit axialer Symmetrie:

1 = Aluminiumstange, 2 = Aluminiumkegel, 3 = Streuer, 4 = Graphitscheibe, 5 = Quelle 6 = Wolframabschirmung, 7 = NaJ(Tl)-Kristall.

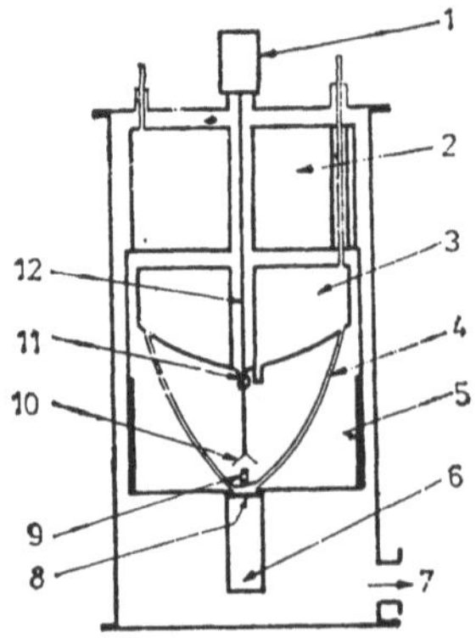

Abb. 2.16 – Experimentelle Anordnung für Streumessungen bei niedrigen Temperaturen:

1 = elektromechanischer Antrieb, 2 = flüssiger Stickstoff, 3 = flüssiges Helium 4 = Rohr für Kühlung mit Helium 5 = Bleiabschirmung, 6 = Szintillationsdetektor, 7 = Anschluß für Vakuumpumpe 8 = Wolframabschirmung 9 = Quelle, 10 = Streuer, 11 = Kupferband, 12 = Bewegungsgestänge aus thermisch isolierendem Material.

Beschreibungen der Aspekte von Rückstreuversuchen findet man in [45, 166–173]. Die Linienform bei Streumessungen wird etwas näher in Kapitel 5 behandelt.

2.8 Spezielle Meßtechniken

2.8.1 Selektive Anregung

Im Prinzip kann man aus einem Mößbauer-Streuexperiment nicht nur Aussagen über die Energieniveaus des Streuers, die für den resonanten Anregungsprozeß verfügbar sind, erhalten, sondern auch über Differenzen der Quantenenergie zwischen der einfallenden und der remittierten Strahlung. Informationen über die letztere gehen im allgemeinen jedoch verloren, da die interessierenden Energiedifferenzen (z.B. Hyperfeinwechselwirkungen) $< 10^{-5}$ eV sind und die üblichen Detektoren nur eine Energieauflösung von 0,1...5 keV erlauben. Die Auflösung geringster

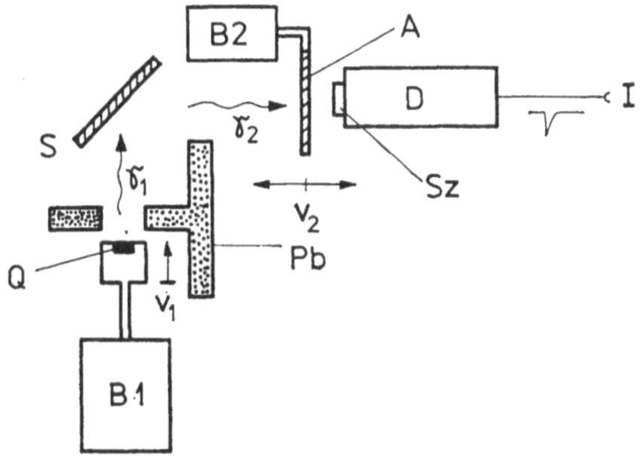

Abb. 2.17 – Schema zum Nachweis der selektiven Anregung: Q = Mößbauerquelle, B1 = Bewegungssystem zur Erzeugung der konstanten Geschwindigkeit v_1, S = Streuer, γ_1=anregende γ-Strahlung, γ_2=remittierte γ-Strahlung, A = Einlinienabsorber (z.B. Kaliumferrocyanid), B2 = Bewegungssystem zur Erzeugung der variablen Geschwindigkeit v_2, D = Detektor mit Szintillationskristall *Sz* und Impulsausgang *I*, Pb = Pb-Abschirmung.

Energiedifferenzen läßt sich jedoch durch ein nachgeschaltetes Mößbauer-Absorptionsspektrometer unter Verwendung eines Standardabsorbers erzielen. Das gesamte Meßprinzip ist in Abb. 2.17 dargestellt. Die Quelle wird mit einer konstanten Geschwindigkeit v_1 so bewegt, daß gerade das zu untersuchende Kernniveau im Streuer selektiv durch Mößbauereffekt angeregt wird. Die danach (d.h. nach der mittleren Lebensdauer τ) remittierte γ-Strahlung durchsetzt einen Einlinienabsorber A, dessen Geschwindigkeit v_2 in üblicher Weise variiert wird, um in einem gewöhnlichen Mößbauerspektrum dann die energetische Zusammensetzung der remittierten Strahlung zu erhalten. Dieses als selektive Anregung bezeichnete Meßprinzip wird z.B. zur Untersuchung von Relaxationsprozessen [45] und Doppelresonanzen [140] verwendet.

2.8.2 **Doppelresonanzen**

Von Mößbauer-Doppelresonanzen spricht man, wenn während der Lebensdauer des angeregten Kernzustands (im Absorber bzw. im Streuer) von außen ein zusätzlicher Quantenübergang induziert wird.

So kann man z.B. die Einflüsse von Ultraschallschwingungen auf das Mößbauerspektrum als simultan induzierte Erzeugung bzw. Vernichtung von Phononen betrachten.

Insbesondere für die Untersuchung von Relaxationsvorgängen geeignet ist die Untersuchung von simultan induzierten Elektronenübergängen. Hierfür wird die Probe während des Mößbauerexperiments einem intensiven Mikrowellenfeld ausgesetzt und dessen Frequenz so gewählt, daß EPR- bzw. ESR-Übergänge induziert werden. Man spricht hier von Mößbauer-Elektronen-Doppelresonanz [138, 139].

Wenn man die Probe in ein intensives Hochfrequenzfeld bringt und NMR-Übergänge induziert [140], dann spricht man von Mößbauer-NMR-Doppelresonanzen, auch als MONDOR bezeichnet. Um eine meßbare Intensität solcher simultanen Mößbauer-NMR-Übergänge zu erhalten, benutzt man die Technik der selektiven Anregung. In einer Anordnung gemäß Abb. 2.17 wird dann der Streuer *S* einem entsprechenden Hochfrequenzfeld ausgesetzt.

Man kann die MONDOR-Technik auch als eine Anwendung des Mößbauereffektes zum empfindlichen Nachweis von NMR-Übergängen auffassen. Die extreme Empfindlichkeit ist erforderlich, da NMR-Übergänge in angeregten Kernzuständen nur mit sehr geringer Wahrscheinlichkeit auftreten. NMR-Übergänge in angeregten Kernzuständen sind von Interesse, weil sie Untersuchungen auch an Kernen erlauben, die der üblichen magnetischen Kernresonanz (die den Kern-Grundzustand benutzt) nicht zugänglich sind.

Eine zusammenfassende Darstellung über Mößbauer-Doppelresonanzen ist in [140] gegeben.

2.9 Der Einsatz der elektronischen Datenverarbeitung in der Mößbauerspektroskopie

Der Zweck jedes Mößbauerversuches ist die Bestimmung der physikalischen Größen, die die Form des Mößbauerspektrums bestimmen. Zur Lösung dieses Problems ist man gezwungen, Elektronenrechner einzusetzen, da die manuelle Spektrenauswertung eine viel geringere Genauigkeit liefert als die experimentellen Daten herzugeben vermögen. Die grafische Handauswertung wird heute nur noch zur Bestimmung einiger Ausgangsparameter für das Rechenprogramm angewandt.

Die EDV-Bearbeitung von Mößbauerspektren wird in unterschiedlicher Weise vorgenommen, je nachdem, ob die Spektrenform analytisch einfach oder nur mit Modellen, komplizierten theoretischen Betrachtungen und Formeln dargestellt werden kann [174—204]. Bei komplizierten Fällen müssen die Spektren zuerst simuliert werden, und erst danach ist die Anpassung an die experimentellen Mößbauerspektren möglich.

Im ersten Fall besteht die Spektrenbearbeitung aus folgenden Schritten:

a) Aufsuchen von Linien im Spektrum. Oft muß die genaue Linienanzahl theoretisch bestimmt werden, da sich die Intensitätsmaxima überlappen oder die Intensität einzelner Linien nicht größer als die der statistischen Schwankungen ist.

b) Bestimmung der Linienlagen v_{0i}, ihrer Halbwertsbreiten Γ_i, der Effektgrößen $\varepsilon(v_{0i})$ und der Linienflächen S_i.

c) Bestimmung der Standardfehler $\sigma(v_{0i})$, $\sigma(\Gamma_i)$ und $\sigma(S_i)$.

d) Bestimmung der physikalischen Zustandsgrößen des Gitteratoms oder Kernzustandes.

In einem Großteil der Programme zur Anpassung von Mößbauerspektren verwendet man die Methode der kleinsten Quadrate (Gaußsche Methode). Die „wahren" Spektrenparameter bestimmt man durch Aufsuchen des Minimums der Funktion

$$\chi^2 = \sum_{i=1}^{N} [f(x_i, \alpha_1, \ldots, \alpha_n) - y_i]^2 P(x_i) \frac{1}{N - n + 1}, \tag{2.13}$$

wobei $P(x_i) = 1/y_i$ das Gewicht des Punktes i darstellt. y_i ist die gemessene Impulszahl im Kanal i, N die Anzahl der Kanäle, n die Anzahl der zu variierenden Parameter.

Für die anzupassende Spektralfunktion $f(x, \alpha_1, \ldots, \alpha_n)$ (kurz als $f(x, \bar{\alpha})$ bezeichnet) verwendet man die Glieder nullter und erster Ordnung ihrer um den Ausgangswert entwickelten Taylor-Reihe, wobei α^0 die durch grafische Auswertung aus dem Spektrum bestimmte nullte Näherung ist. Man erhält daraus die Extremwertsbedingung

$$\sum_{l=1}^{n} F_{lp}^0 \, \Delta\alpha_p^{(1)} = F_l^0 \tag{2.14}$$

mit

$$F_{lp} = \sum_{i=1}^{N} \left(\frac{\partial f(x_i, \bar{\alpha})}{\partial \alpha_l}\right)_{\bar{\alpha}_0^0} \cdot \left(\frac{\partial f(x_i, \bar{\alpha})}{\partial \alpha_p}\right)_{\bar{\alpha}_0^0} P(x_i), \tag{2.15}$$

$$F_l^0 = \sum_{i=1}^{N} [f(x_i, \bar{\alpha}^0) - y_i] \left(\frac{\partial f(x_i, \bar{\alpha})}{\partial \alpha_l}\right)_{\bar{\alpha}^0} P(x_i). \tag{2.16}$$

$\Delta\alpha_p^{(1)} = \alpha_p^{(1)} - \alpha_p^0$ ist die erste Korrektur der Ausgangsparameter α_p^0. Das System (2.14) wird iterativ gelöst, indem man α_p^0 jeweils durch den korrigierten Wert $\alpha_p^{(1)}$ ersetzt. Die Rechnung läuft bis zur Erfüllung einer Abbruchbedingung.

Die freien Glieder des Systems (2.14), die durch die Veränderlichen y_i, deren statistischer Standardfehler σy_i, ist, bestimmt sind, führen zu einer Streuung $\sigma\alpha_p$ der Parameter α_p. Es kann gezeigt werden, daß

$$(\sigma\alpha_p)^2 = F_{pp}^{(-1)}(\overline{\alpha}), \tag{2.17}$$

wobei $F_{pp}^{(-1)}(\overline{\alpha})$ das p-te Diagonalelement der zu F inversen Matrix darstellt und dem wahren Wert $\overline{\alpha}$ entspricht.

Mit der hier beschriebenen Gauß-Newton-Methode zur Bestimmung der Spektrenparameter erhält man eine schnelle Konvergenz, oder mit anderen Worten strebt χ^2 bei jeder Wiederholung des Rechenganges sehr schnell dem Minimum zu. Dieser Minimalwert ist im Mittel eins, und zwar immer dann, wenn die über die Spektrenform gemachten Annahmen richtig waren. Die Konvergenz dieser Methode ist auch dann gesichert, wenn die Ausgangsparameter nicht genügend genau gewählt wurden, nur muß man in einem solchen Falle die verbesserte Gauß-Newton-Methode anwenden, die zusätzliche Korrekturkoeffizienten G (Dämpfungsfaktoren) benutzt:

$$\overline{\alpha}^{k+1} = \overline{\alpha}^k + G\Delta\overline{\alpha}^{k+1}. \tag{2.18}$$

$\Delta\overline{\alpha}^{k+1}$ bezeichnet die Korrektur beim $(k+1)$-ten Iterationsschritt. G wird so gewählt, daß bei jedem Schritt eine Verkleinerung von χ^2 gewährleistet ist.

Ein Nachteil der Gauß-Newton-Methode ist, daß die Rechenzeit pro Iterationszyklus ungefähr mit n^2 wächst. Immer dann, wenn man eine große Anzahl von Parametern zu variieren hat, ist die sogenannte „Gradientenmethode" schneller. Leider kann man mit dieser die Standardfehler der angepaßten Parameter nicht direkt berechnen. Sie lassen sich jedoch für die Parameter einer Lorentzkurve nach [178] und [182] durch

$$\begin{aligned} \sigma x_0 &= \frac{0{,}798\,\Gamma}{|\varepsilon_0|\sqrt{N_0 N_F}}, \\ \sigma\Gamma &= \frac{2{,}258\Gamma}{|\varepsilon_0|\sqrt{N_0 N_F}}, \\ \sigma\varepsilon_0 &= \frac{1{,}594}{\sqrt{N_0 N_F}} \end{aligned} \tag{2.19}$$

angeben. Hierin bedeuten σx_0, $\sigma \Gamma$ und $\sigma \varepsilon_0$ die Standardfehler der Linienlage, -breite und -höhe, N_F die Impulszahl des Untergrundes und N_0 die Linienbreite Γ in Einheiten der Kanalbreite.

Die Rechenzeit für ein Spektrum wird durch folgende Faktoren bestimmt: Die Zahl N der Meßpunkte des Spektrums, die Anzahl der zu variierenden Parameter, die Anzahl der Iterationszyklen, die Effizienz des Programms und die Rechengeschwindigkeit der Maschine.

Oft sind Mößbauerspektren so komplex, daß man für die Rechnung eine sehr große Anzahl von Parametern benötigt. Für jede Linie müssen mindestens drei Parameter bekannt sein, für den Verlauf der Untergrundlinie meist noch weitere drei Parameter, das macht zusammen $3N+3$ Parameter für N Linien im Spektrum. Bei jedem Iterationszyklus müssen $3N+3$ simultane Gleichungen gelöst werden. Ein Problem dieser Art kann nur mit einem schnellen Rechner mit großer Speicherkapazität bewältigt werden. Es wurden deshalb auch Rechenprogramme geschrieben, in denen man sich der theoretischen Beziehungen zwischen den Parametern der einzelnen Mößbauerlinien eines Spektrums bedient. So genügen z.B. manchmal zur Berechnung eines magnetischen Eisenspektrums nur 5 anstatt 18 Parameter (Amplitude, Lage des Spektrenschwerpunkts, Linienbreite, Quadrupolaufspaltung und magnetisches Feld). Solche Programme sind besonders dann sehr nützlich, wenn man nur Rechenmaschinen mittlerer Größe zur Verfügung hat.

Auf das andere oben erwähnte Angehen des Problems, nämlich die Simulierung von Mößbauerspektren mit anschließendem Vergleich, soll hier nicht weiter eingegangen werden, sondern erst in den Kapiteln 4 und 5.

Literatur

[1] A. Mustachi, Nucl. Instr. Meth. 26, 219 (1964).
[2] J. Stephen, Nucl. Instr. Meth. 26, 269 (1964).
[3] P. M. Dryburgh, J. Sci. Instr. 41, 640 (1964).
[4] D. Dobrev, T. Tomov, T. Ruskov, D. Lefterov, Prib. Techn. Exp. 5, 235 (1967).
[5] I. Dézsi, B. Molnar, Nucl. Instr. Meth. 54, 105 (1967).
[6] R. M. Housley, Nucl. Instr. Meth. 62, 321 (1968).
[7] S. M. Quaim, P. J. Black, M. J. Evans, Proc. Phys. Soc. (Sol. State Phys.) 1, 1388 (1968).
[8] G. Longworth, B. Window, J. Phys. D 4, 835 (1971).
[9] W. R. Helms, J. G. Mullen, Nucl. Instr. Meth. 91, 291 (1971).
[10] J. C. Carrel, D. K. Dieterly, Nucl. Instr. Meth. 111, 333 (1973).
[11] C. Hohenemser, Phys. Rev. 139A, 185 (1965).
[12] J. Sitek, Nucl. Instr. Meth. 114, 163 (1974).

[13] S. M. Irkaev, R. N. Kuzmin, A. A. Opalenko, Jadernii gamma resonanz, Verl. Mosk. Univ. 1970, S. 66.
[14] V. A. Bryuchanov, N. N. Delyagin, R. N. Kuzmin, JETF 46, 137 (1964.)
[15] M. V. Plotnikova, K. P. Mitrofanov, V. S. Shpinel, JETF, Pisma 3, 323 (1966).
[16] R. H. Herber, J. J. Spijkerman, J. Chem. Phys. 43, 4057 (1965).
[17] F. Ambe, S. Ambe, H. Shoji, Radiochem. Radional. Lett. 15, 349 (1973).
[18] D. A. Shirley, M. Kaplan, A. Axel, Phys. Rev. 123, 816 (1961).
[19] L. D. Roberts, J. O. Thomson, Phys. Rev. 129, 664 (1963).
[20] Fam-Zui-Chien, V. G. Shapiro, V. S. Shpinel, JETF 42, 703, (1962).
[21] C. E. Violet, R. Booth, Phys. Rev. 144, 225 (1966).
[22] P. Boolchand, Nucl. Instr. Meth. 114, 159 (1974).
[23] R. E. Suyder, G. B. Beard, Phys. Letts. 15, 264 (1965).
[24] S. L. Ruby, G. M. Kalvius, Phys. Rev. 155, 353 (1967).
[25] V. A. Bryuchanov, B. Z. Jofa, V. Kothekar, S. I. Semenov, V. S. Shpinel, JETF 53, 1582 (1967).
[26] Y. K. Lee, P. W. Keaton jr., E. T. Ritter, J. C. Walker, Phys. Rev. 139A, 185 (1965).
[27] G. Czjzek, J. L. C. Ford, F. E. Obenshain, D. Seyboth, Phys. Letts. 19, 673 (1966).
[28] D. Seyboth, F. E. Obenshain, G. V. Czjzek, Phys. Rev. Letts. 14, 954 (1965).
[29] F. E. Obenshain, H. H. F. Wegener, Phys. Rev. 121, 1344 (1961).
[30] S. L. Ruby, J. de Physique 35, C6 – 209 (1974).
[31] R. L. Mössbauer, W. H. Wiedemann, Z. Phys. 159, 33 (1960).
[32] U. Shimony, Nucl. Instr. Meth. 37, 348 (1965).
[33] C. Proţop, C. Nistor, Rev. Roum. Phys. 12, 653, (1967).
[34] G. A. Bykov, Fam-Zui-Chien, JETF 43, 909 (1962).
[35] S. Lejeune, Nucl. Instr. Meth. 40, 141 (1966).
[36] R. M. Housley, Nucl. Instr. Meth. 35, 77 (1965).
[37] L. Brossard, G. A. Fatseas, Ann. de Phys. 5, 63 (1970).
[38] J. S. van Wieringen, Phys. Letts. 26A, 370 (1968).
[39] R. M. Housley, N. E. Erickson, J. G. Dash, Nucl. Instr. Meth. 27, 29 (1964); 30, 367 (1964).
[40] D. A. O'Connor, G. Skyrme, Nucl. Instr. Meth. 106, 77 (1973).
[41] P. Hannaford, R. G. Horn, J. Phys. C: Solid State Phys. 6, 2223 (1973).
[42] D. A. O'Connor, G. Longworth, Nucl. Instr. Meth. 30, 290 (1964).
[43] J. G. Dash, Mössbauer Effect Methodology 1, 107 (1965).
[44] B. Kolk, B. Harwig, Nucl. Meth. 94, 211 (1971).
[45] W. Meisel, Proceedings Internat. Mössb. Conf., Bucharest 1977, Vol. 2.
[46] Y. Bara, A. Z. Hrynkiewicz, P. S. Kulgawczuk, H. Lizurej, Nucleonika 7, 135 (1962).
[47] A. J. Bearden, M. G. Hauser, P. L. Mattern, Mössbauer Effect Methodology, Plenum Press, New York 1, 67 (1965).
[48] H. Maier-Leibnitz, Proceedings of the Second International Conference on the Mössbauer Effect, New York–London, John Wiley and Sons, Inc., 1962, S. 49.
[49] P. A. Flinn, Rev. Sci. Instr. 34, 1423 (1963).
[50] R. H. Nussbaum, G. Gerstenfeld, J. K. Richardson, Americ. J. Phys. 34, 45 (1966).
[51] K. Cassell, A. H. Jiggins, J. Sci. Instr. 44, 212 (1967).
[52] H. M. Kappler, A. Trautwein, A. Mayer u.a., Nucl. Instr. Meth. 53, 157 (1967).
[53] G. J. Perlow, Chemical Applications of Mössbauer Spectroscopy, Academic Press, New York 377 (1968).
[54] J. J. Tamul, L. A. York, E. J. Seykora, Nucl. Instr. Meth. 84, 317 (1970).

[55] C. W. KOCHER, Rev. Sci. Instr. 36, 1018 (1965).
[56] J. H. BROADHURST, G. H. GUEST, D. A. O'CONNOR, E. C. SHAKESPEARE, H.R. SHAYLOR, Nucl. Instr. Meth. 73, 275 (1969).
[57] S. L. RUBY, D. I. BOLEF, Phys. Rev. Letts. 5, 5 (1960).
[58] R. GERSON, W. S. DENNO, Rev. Sci. Instr. 36, 1344 (1965).
[59] J. J. EZOP, J. W. HAFFNER, Trans. Am. Nucl. Soc. 5, 285 (1962).
[60] D. I. BOLEF, J. MISHORY, Appl. Phys. Letts. 11, 321 (1967).
[61] K. SCHMIDT, C. DIERIECK, J. P. LAGANT, Nucl. Instr. Meth. 81, 211 (1970).
[62] G. J. PERLOW, W. POTZEL, R. M. KASH, H. DE WAARD, J. de Phys. C6, 35, 197 (1974).
[63] R. L. COHEN, P. G. MULLIN, G. K. WERTHEIM, Rev. Sci. Instr. 34, 671 (1963).
[64] R. L. COHEN, Rev. Sci. Instr. 37, 957 (1966).
[65] V. VALI, T. W. NYBAKKEN, Rev. Sci. Instr. 35, 1085 (1964).
[66] E. KANKELEIT, Rev. Sci. Instr. 35, 194 (1964).
[67] G. M. KALVIUS, E. KANKELEIT, in „Mössbauer Effect Methodology" 1, 47 (1965).
[68] E. KANKELEIT in „Mössbauer spectroscopy and its applications" IAEA-Vienna, 9 (1972).
[69] E. KANKELEIT, Proceedings International Conference on Mössbauer Spectroscopy Cracow-Poland 2, 56 (1975).
[70] C. A. MILLER, J. H. BROADHURST, Nucl. Instr. Meth. 36, 283 (1965).
[71] D. S. P. BUNBURY, J. Sci. Instr. 43, 783 (1966).
[72] W. BORKAM, Dissert. TH Ilmenau 1976.
[73] J. J. MURAY, B. W. WORSTER, I.E.E.E. Trans. Nucl. Sci. N S 14, 4, 11 (1967).
[74] A. SCHMIDT, Am. J. Phys. 39, 1003 (1971).
[75] G. C. BONAZZOLA, T. BRESSANI, E. CHIAVASSA u.a., J. de Phys. C6, 35, 687 (1974).
[76] B. KEISCH, Nucl. Instr. Meth. 104, 237 (1972).
[77] J. FENGER, Nucl. Instr. Meth. 69, 268 (1969).
[78] Y. ISOZUMI, D. I. LEE, I. KADAR, Nucl. Instr. Meth. 120, 23 (1974).
[79] P. MITROFANOV, M. V. PLOTNIKOVA, V. S. SHPINEL, JETF, 48, 791 (1965).
[80] C. M. YOGNIK, R. A. MAZAK, Nucl. Instr. Meth. 114, 1 (1974).
[81] L. LEVY, L. MITRANI, S. ORMANDJIEV, Nucl. Instr. Meth. 31, 233 (1964).
[82] J. J. MURAY, B. W. WORSTER, Bul. Am. Phys. Soc. 11, 911 (1966).
[83] J. BECKER, L. ERICKSSON, L. C. MOBERG, Z. H. CHO, Nucl. Instr. Meth. 123, 199 (1975).
[84] E. KANKELEIT, Proceedings International Conference on Mössbauer Spectroscopy, Cracow, 2, 43 (1975).
[85] P. P. CRAIG, D. E. NAGLE, D .R. F. COCHRAN, Phys. Rev. Letts. 4, 561 (1960).
[86] C. SAUER, E. MATTHIAS, R. L. MÖSSBAUER, Phys. Rev. Letts. 21, 961 (1968).
[87] R. V. POUND, G. A. REBKA jr., Phys. Rev. Letts. 4, 274 (1960).
[88] B. D. JOSEPHSON, Phys. Rev. Letts. 4, 341 (1960).
[89] H. J. HAY, J. P. SCHIFFER, T. E. CRANSHAW, P. A. EGELSTAFF, Phys. Rev. Letts. 4, 165 (1960).
[90] J. JAKOB, W. MEISEL, D. NEUHOLD, W. SCHNABL, Jenaer Rundschau 5, 272 (1966).
[91] R. C. KNAUER, J. G. MULLEN, Rev. Sci. Instr. 38, 1624 (1967).
[92] T. LIPKIN, B. SHECHTER, S. SHTRIKMAN, D. TREVES, Rev. Sci. Instr. 35, 1336 (1964).
[93] F. J. LYNCH, J. B. BAUMGARDNER, Proceedings of the Second International Conference on the Mössbauer Effect, New York, John Wiley and Sons, Inc., 1962, S. 54.
[94] W. KERLER, W. NEUWIRTH, Z. Phys. 167, 176 (1962).
[95] M. BORNAZ, G. FILOTI, A. GELBERG, V. GRABRARI, C. NISTOR, Nucl. Instr. Meth. 40, 61 (1966).

[96] R. S. PRESTON, W. P. MC DOWELL, Nucl. Instr. Meth. 81, 285 (1970).
[97] T. BRESSANI, P. BROVETTO, E. CHIAVASSA, Nucl. Instr. Meth. 47, 164 (1967).
[98] T. YOSHIMURA, M. FUJIWARA, N. WAKABAYASHI, Jap. J. Appl. Phys. 14, 691 (1975).
[99] R. L. COHEN, Rev. Sci. Instr. 37, 260 (1966).
[100] R. ZANE, Nucl. Instr. Meth. 43, 333 (1966).
[101] J. THENARD, G. VICTOR, Nucl. Instr. Meth. 93, 311 (1971).
[102] H. MIYAJIMA, Jap. J. Appl. Phys. 10, 1405 (1971).
[103] T. E. CRANSHAW, Nucl. Instr. Meth. 30, 101 (1964).
[104] F. C. RUEGG, J. J. SPIJKERMAN, J. R. de Voe, Rev. Sci. Instr. 36, 356 (1965).
[105] H. BROFMAN, M. GREENSHPAN, R. H. HERBER, Nucl. Instr. Meth. 42, 245 (1966).
[106] N. GAITANIS, A. KOSTIKAS, A. SIMOPOULOS, Nucl. Instr. Meth. 75, 274 (1969).
[107] L. J. SWARTZENDRUBER, Nucl. Instr. Meth. 69, 101 (1969).
[108] A. BIRAN, E. BERG, D. ARAD, Nucl. Instr. Meth. 111, 393 (1973).
[109] D. RUBIN, Rev. Sci. Instr. 33, 1358 (1962).
[110] L. LÖVEORG, Nucl. Instr. Meth. 34, 307 (1965).
[111] J. CARMELIET, S. LEJEUNE, Nucl. Instr. Meth. 62, 166 (1968).
[112] R. L. CHASE, Rev. Sci. Instr. 40, 85 (1969).
[113] H. DE WAARD, B. A. PIJPKER, P. F. GREVE, Nucl. Instr. Meth. 94, 195 (1971).
[114] J. PAHOR, D. KELŠIN, A. KODRE, D. HANŽEL, A. MOLJK, Nucl. Instr. Meth. 46, 289 (1967).
[115] Y. REGGER, S. BUKSHPAN, M. PASTERNAK, D. SEGAL, Nucl. Instr. Meth. 52, 193 (1967).
[116] E. NADAV, M. PALMAI, Nucl. Instr. Meth. 56, 165 (1967).
[117] G. KAINDL, M. R. MAIER, H. SCHALLER, F. WAGNER, Nucl. Instr. Meth. 66, 277 (1968).
[118] W. HENNING, G. M. KALVIUS, G. K. SHENOY, Phys. Rev. C2, 2414 (1970).
[119] J. CARMELIET, S. LEJEUNE, Nucl. Instr. Meth. 86, 93 (1970).
[120] R. H. GOODMAN, J. S. RICHARDSON, Rev. Sci. Instr. 37, 283 (1966).
[121] A. BIRAN, A. SHOSHANI, P. A. MONTANO, Nucl. Instr. Meth. 88, 21 (1970).
[122] B. WINDOW, B. L. DICKSON, P. ROUTCLIFFE, K. K. P. SRIVASTAVA, J. Phys. E, 7, 916 (1974).
[123] K. P. SCHMIDT, M. HUYSE, J. DE RAEDT, G. LANGOUCHE, M. VAN ROSSUM, R. COUSSEMENT, Nucl. Instr. Meth. 120, 287 (1974).
[124] M. WROBLEWSKI, J. MIRKOWSKI, J. WROBLEWSKA, Proceedings International Conference on Mössbauer Spectroscopy, Cracow, 1, 31 (1975).
[125] H. DE WAARD, J. HEBERLE, Phys. Rev. 136B, 1615 (1964).
[126] G. M. KALVIUS, T. E. KATILA, O. V. LOUNASMAA, Mössbauer Effect Methodology, Plenum Press, New York, 5, 231 (1970).
[127] G. J. EHNHOLM, T. E. KATILA, O. V. LOUNASMAA, P. REIVARI, Cryogenics 8, 136 (1968).
[128] R. V. POUND, G. B. BENEDEK, R. DREVER, Phys. Rev. Letts. 7, 405 (1961).
[129] D. N. PIPKORN, G. K. EDGE, P. DEBRUNNER, G. DE PASQUALI, H. G. DRICKAMER, H. FRAUENFELDER, Phys. Rev. 135A, 1604 (1964).
[130] P. DEBRUNNER, R. W. VAUGHAN, A. R. CHAMPION, J. COHEN, J. MOYZIS, H. G. DRICKAMER, Rev. Sci. Instr. 37, 1310 (1966).
[131] D. L. WILLIAMSON, S. BUKSHPAN, R. INGALLS, H. SHECHTER, Rev. Sci. Instr. 43, 194 (1972).
[132] D. R. DOLL, H. MEISSNER, N. RIEHL, W. SCHILLING, F. SCHMEISSNER, Z. Angew. Phys. 17, 321 (1964).
[133] H. MEISSNER, W. SCHILLING, H. WENZL, Euronuclear 2, 277 (1965).
[134] W. MANSEL, G. VOGL, W. VOGL, H. WENZL, D. BARB, Phys. Stat. Sol. 40, 461 (1970).
[135] S. BUKSHPAN, C. GOLDSTEIN, D. SONNINS, J. Chem. Phys. 49, 5477 (1968).

[136] T. K. Mc Nab, P. H. Barret, Mössbauer Effect Methodology, Plenum Press, New York, 7 (1970).
[137] V. Bäverstam, T. Ekdall, C. Bohm, Nucl. Instr. Meth. 115, 373 (1974).
[138] C. P. Poole jr., H. A. Farach, J. of Mag. Res. 1, 551 (1969).
[139] J. A. Lock, J. F. Reichert, J. of Mag. Res. 7, 74 (1972).
[140] W. Meisel, in ,,Modern Physics in Chemistry", Hrsg. E. Fluck, V. I. Goldanskii, Academic Press 1976, und Tagungsbericht Herbstschule Hochfrequenzspektroskopie, Reinhardsbrunn 1973, Phys. Gesellsch. DDR.
[141] L. M. Levinson, S. Shtrikman, Nucl. Instr. Meth. 87, 205 (1970).
[142] C. Nistor, T. Tinu, Rev. Roum. Phys. 11, 551 (1966).
[143] H. Hershkowitz, Nucl. Instr. Meth. 53, 172 (1967).
[144] R. Riesenman, J. Steger E. Kostiner, Nucl. Instr. Meth. 72, 109 (1969).
[145] F. Aramu, V. Mascia, Nucl. Instr. Meth. 80, 35 (1970); 83, 109 (1970).
[146] N. N. Delyagin, K. P. Mitrofanov, V. I. Nesterov, Nucl. Instr. Meth. 100, 315 (1972).
[147] W. Meisel, Monatsber. Dt. Akad. Wiss. 6, 641 (1964).
[148] R. L. Cohen, G. M. Kalvius, Nucl. Instr. Meth. 86, 209 (1970).
[149] R. H. Herber, Mössbauer Effect Methodology, 6, 3 (1971).
[150] J. J. Spijkerman, D. K. Snedicker, F. C. Ruega, J. R. de Voe, N.B.S. Misc. Pub. 260–13 (1967).
[151] R. W. Grant, R. M. Housley, U. Gonser, Phys. Rev., 178, 523 (1969).
[152] J. R. de Voe, Ed. N.B.S. Tech. Note, 276, 84 (1966).
[153] R. Fritz, D. Schulze, Nucl. Instr. Meth. 62, 317 (1968).
[154] J. P. Biscar, W. Kündig, H. Bommel, R. S. Hargrove, Nucl. Instr. Meth. 75, 165 (1969).
[155] J. G. Cosgrove, R. L. Collins, Nucl. Instr. Meth. 95, 269 (1971).
[156] T. E. Cranshaw, J. of Phys. E: Sci. Instr. 6, 1053 (1973).
[157] H. de Waard, Rev. Sci. Instr. 36, 1728 (1965).
[158] J. Mishory, D. I. Bolef, Mössbauer Effect Methodology, Plenum Press, New York H, 13 (1968).
[159] T. E. Cranshaw, P. Reivari, Proc. Phys. Soc. 90, 1059 (1967).
[160] J. I. Budnick, L. J. Bruner, R. J. Blume, B. L. Boyd, J. Appl. Phys. 32, 1205 (1961).
[161] J. J. Spijkerman, J. R. de Voe, J. C. Travis, Standard Reference Materials: Standards for Mössbauer Spectroscopy, NBS Special Report 260–20 (1970).
[162] J. C. Carrel, R. A. Mazak, R. L. Collins, Nucl. Instr. Meth. 72, 298 (1969).
[163] W. E. Sauer, R. J. Reynik, Rev. Sci. Instr. 40, 360 (1969).
[164] P. Debrunner, Mössbauer Effect Methodology, Plenum Press, New York 1, 97 (1965).
[165] P. Debrunner, H. Frauenfelder, Applications of the Mössbauer Effect in Chemistry and Solid State Physics, Vienna 1966, p. 58.
[166] K. J. Major, Nucl. Phys. 33, 323 (1962).
[167] P. J. Black, D. E. Evans, D. A. O'Connor, Proceed. Royal Soc. A 270, 168 (1962).
[168] R. H. Forsyth, J. H. Terrell, Bul. Am. Phys. Soc. 13, 61 (1968).
[169] R. N. Ord, Appl. Phys. Letts. 15, 279 (1969).
[170] R. N. Ord, C. L. Christensen, Nucl, Instr. Meth. 91, 293 (1971).
[171] W. Meisel, Werkstoffe und Korrosion 21, 249 (1970).
[172] W. Meisel, L. Keszthélyi, Hyperfine Interactions 3, 413 (1977).
[173] L. Grodzins, Y. M. Chow, Phys. Rev. 142, 86 (1966).
[174] J. R. Gabriel, S. L. Ruby, Nucl. Instr. Meth. 36, 23 (1965).
[175] B. J. Duke, T. C. Gibb, J. Chem. Soc. A, 9, 1478 (1967).
[176] S. L. Ruby, M. Selig, Phys. Rev. 147, 348 (1966).
[177] A. Cavron, D. Kedem, Nucl. Instr. Meth. 61, 213 (1968).
[178] C. Nistor, C. Protop. G. Martin, St. cerc. fiz. (Akad. SRR) 20, 117 (1968).

[179] M. F. Bent, B. I. Persson, D. C. Agresti, Computer Phys. Comm, 1, 67 (1969).
[180] D. C. Agresti, M. F. Bent, B. I. Persson, Nucl. Instr. Meth. 72, 235 (1969).
[181] C. Nistor A. Druker, Anal. Univ. Buc. (Fiz.), 19, 27 (1970).
[182] C. Nistor, C. Lulea, Anal. Univ. Buc. (Fiz.) 19, 35 (1970).
[183] B. L. Chrisman, T. A. Tumolillo, Computer Phys. Comm. 2, 322 (1971).
[184] K. Kulcsar, D. L. Nagy L. Pócs, Report 71–67 KFKI, Budapest (1971).
[185] J. L. Groves, Computer Phys. Comm. 3, 339 (1972).
[186] R. E. Meads, B. M. Place, F. W. D. Woodhams, R. C. Clarck, Nucl. Instr. Meth. 98, 29 (1972).
[187] C. R. Davidson, Nucl. Instr. Meth. 107, 557 (1973).
[188] E. Münck, J. L. Groves, T. A. Tumolillo, P. G. Debrunner, Computer Phys. Comm. 5, 225 (1973).
[189] B. T. Cleveland, Nucl. Instr. Meth. 107, 253 (1973).
[190] G. Hembree, D. C. Price, Nucl. Instr. Meth. 108, 99 (1973).
[191] D. Barb, L. Diamandescu, Rev. Roum. Phys. 20, 259 (1975).
[192] G. K. Shenoy, J. M. Friedt, Nucl. Instr. Meth. 116, 573 (1974).
[193] W. Wilson, L. J. Swartzendruber, Computer Phys. Comm. 7, 151 (1974).
[194] D. Barb, S. Constantinescu, D. P. Lazăr, Rev. Roum. Phys. 19, 261 (1974); Preprint IFA, S. R. 10–1974.
[195] E. von Meerwall, Computer Phys. Comm. 9, 117 (1975).
[196] D. Barb, D. Ţarină, D. P. Lazăr, Rev. Roum. Phys. 20, 673 (1975).
[197] D. Barb, L. Diamandescu, Preprint IFA, S.R. 13–1975.
[198] J. Sivardiere, M. Blume, M. J. Clauser, Hyperfine Interactions 1, 227 (1975).
[199] J. M. Daniels, Nucl. Instr. Meth. 128, 473 (1975).
[200] G. K. Shenoy, B. D. Dunlap, Proc. Int. Conf. Mössbauer Spectr., Krakau, 1975, Vol. 1, 407–08; Vol. 2, 275–84.
[201] D. P. Lazăr, M. Morariu, Preprint IFA, S.R. 17–1976.
[202] D. Niarchos, V. Petrouleas, Proc. Internat. Conf. Appl. Mössbauer Effect Corfu, Greece, 1976.
[203] W. Meisel, Exp. Techn. Phys. 19, 23 (1971); phys. stat. sol. (b) 43, K 129 (1971).
[204] W. Brückner, E. Wieser, Exp. Techn. Phys. 19, 31 (1971).

Drittes Kapitel

Die Quantentheorie des Mößbauereffektes

3.1 Die Quantennatur des Mößbauereffektes

Im ersten Kapitel wurde gezeigt, daß resonante Emissions-, Absorptions- und Streuprozesse von γ-Quanten durch ein System von freien Kernen eine Kompensation des Rückstoßes, den die Kerne dabei erhalten, voraussetzt. Es wurde gezeigt, daß Prozesse dieser Art auch durch eine Anzahl von Kernen in einem Festkörper nur dann möglich sind, wenn der innere Zustand des Festkörpers dabei keine Veränderungen erfährt. Der Mößbauereffekt besteht somit darin, daß bei Resonanzemission, -absorption oder -streuung von γ-Quanten die einzelnen am Prozeß mitwirkenden Kerne keinen Rückstoß erhalten. Praktisch kann ein Rückstoß nur dann vermieden werden, wenn die Kerne sich in einem dichten Aggregatzustand, z.B. in einem Kristallgitter, befinden.

Im Folgenden soll gezeigt werden, daß der Rückstoßimpuls und die zugehörige Energie direkt oder indirekt dem Kristallgitter, in welches die am Resonanzprozeß beteiligten Kerne eingebaut sind, übertragen werden. Der Rückstoßimpuls wird dabei direkt vom Kristall übernommen, ohne daß gleichzeitig dem Massenmittelpunkt (= MMP) des Kristalls eine merkliche Energiemenge zugeführt wird. Die Rückstoßenergie wird währenddessen indirekt von der Oszillatormenge des Kristalls übernommen, ohne daß dabei auch ein zugehöriger Impuls auf diese übertragen wird.

Es seien mit $|\Psi_i\rangle$ der Anfangszustand des Systems, der von den Koordinaten $\mathbf{X}_{CM}$ des MMP und von der Lage $\mathbf{R}^{(s,l)}$ der Einzelkerne abhängt, und mit $\mathbf{P}_{CM}$ der Impuls des MMP des Kristalls bezeichnet. Vor der Aussendung eines γ-Quants gilt

$$\langle\Psi_i\,|\,\mathbf{P}\,|\Psi_i\rangle = \langle\Psi_i\,|\,\mathbf{P}_{CM}\,|\,\Psi_i\rangle + \langle\Psi_i|\sum_{sl}\mathbf{P}^{(s,l)}\,|\Psi_i\rangle. \tag{3.1}$$

Das zweite Glied stellt den Mittelwert des gesamten inneren Impulses dar und ist gleich Null. Folglich ist der dem Anfangszustand entsprechende Mittelwert des Kristallimpulses gerade der Impuls seines MMP. Beachtet man den Impulserhaltungssatz und die Voraussetzung, daß die Emissionswahrscheinlichkeit nicht vom mechanischen Bewegungszustand des beobachteten Systems abhängt (nichtrelativistischer Fall), dann ist die Wellenfunktion des Endzustandes

$$|\,\Psi_f\rangle = |\,e^{-i\mathbf{k}\mathbf{x}}\,\Psi_i\rangle. \tag{3.2}$$

k bedeutet dabei den Wellenvektor des Photons und **x** den von $\mathbf{X}_{CM}$ und $\mathbf{R}^{(s,l)}$ abhängigen Ortsoperator. Nach der Gammaemission ist der Mittelwert des Kristallimpulses dann

$$\langle\Psi_f\,|\,\mathbf{P}\,|\,\Psi_f\rangle = \langle\Psi_i\,e^{i\mathbf{k}\mathbf{x}}\,|\,\mathbf{P}\,|\,e^{-i\mathbf{k}\mathbf{x}}\,\Psi_i\rangle = \langle\Psi_i\,|\,\mathbf{P}_{CM}\,|\,\Psi_i\rangle - \hbar\mathbf{k}. \tag{3.3}$$

Man sieht, daß durch die Gammaemission dem MMP des Kristalls ein Impuls übertragen wird, der dem Photonenimpuls entgegengesetzt gleich ist.

Der Impulsübertragung auf den MMP des Kristalls bei der Emission (oder Absorption) des γ-Quants entspricht eine gleichzeitige Energieübertragung, die als Translationsenergie des gesamten Festkörpers erscheint. Wegen der sehr großen Masse $M = \sum_{sl} M_{sl}$ des gesamten Festkörpers im Vergleich zur Masse eines Einzelkernes ist die dem MMP übertragene Energie vernachlässigbar klein. Die Rückstoßenergie erscheint also fast ausschließlich als Änderung der inneren Energie. Die Änderung der inneren Energie ergibt sich aus der Differenz zwischen der durch den Rückstoß übertragenen gesamten Energieänderung und der dem MMP zugeführten Energie,

$$\Delta E_{\text{int}} = \Delta E - \Delta E_{CM} = \frac{(\mathbf{P}^{(s,l)} - \hbar\mathbf{k})^2}{2M_{sl}} - \frac{(\mathbf{P}^{(s,l)})^2}{2M_{sl}} - \frac{(\mathbf{P}_{CM} - \hbar\mathbf{k})^2}{2\sum M_{sl}} +$$

$$+ \frac{(\mathbf{P}_{CM})^2}{2\sum M_{sl}} \approx \frac{(\hbar\mathbf{k})^2}{2M_{sl}} - \mathbf{P}^{(s,l)}\frac{\hbar\,\mathbf{k}}{M_{sl}}. \tag{3.4}$$

Folglich ist die Änderung der inneren Energie des Kristalls (die sich hauptsächlich in seinem Schwingungszustand wiederfindet) durch die Größe des Photonenimpulses bei Emission (oder Absorption) bzw. durch den Rückstoßimpuls, den ein freier Kern erhalten würde, bestimmt.

Lipkin [1] stellte als erster eine Summenformel auf, die nachweist, daß die im Mittel bei einem Emissionsakt auf den Festkörper übertragene Energie gleich der Rückstoßenergie E_R eines freien Kernes ist. Unter der Voraussetzung, daß die Kräfte im Inneren des Kristalls nur von den Koordinaten der Atome und nicht von deren Geschwindigkeiten abhängen, leitete Lipkin folgenden Ausdruck ab:

$$[\hat{H}_{\text{Gitter}}, e^{i\,\mathbf{k}\mathbf{R}^{(s,l)}}]\,e^{-i\,\mathbf{k}\mathbf{R}^{(s,l)}} = \frac{\hbar}{M_{sl}}(\mathbf{k}\,\mathbf{P}^{(s,l)}) - \frac{(\hbar\mathbf{k})^2}{2M_{sl}}. \tag{3.5}$$

$\mathbf{R}^{(s,l)}$ bedeutet dabei den Ortsvektor des emittierenden Kernes s in der Elementarzelle **l**. Durch Mittelung von (3.5) über die inneren Zustände des Festkörpers $|r\rangle$ erhält man

$$\sum_r P_{r_0 r}(E_r - E_{r_0}) = \frac{(\hbar\mathbf{k})^2}{2M_{sl}} = E_R, \tag{3.6}$$

wobei

$$P_{r_0 r} = |\langle r_0|\,e^{i\,\mathbf{k}\mathbf{R}^{(s,l)}}\,|r\rangle|^2 \tag{3.7}$$

die Übergangswahrscheinlichkeit des Festkörpers aus dem Anfangszustand $|r_0\rangle$ in den Zustand $|r\rangle$ darstellt.

$$P_{r_0 r_0} = |\langle r_0|\,e^{i\,\mathbf{k}\mathbf{R}^{(sl)}}\,|r_0\rangle|^2 = 1 - \sum_{\neq r_0} P_{r_0 r} \tag{3.8}$$

gibt dann die Wahrscheinlichkeit dafür an, daß der Ausgangszustand $|r_0\rangle$ auch nach der Emission erhalten geblieben ist.

Nach den Gesetzen der klassischen Mechanik muß bei jedem γ-Prozeß dem Kristall zusammen mit dem Rückstoßimpuls auch die entsprechende Rückstoßenergie in Form von innerer Energie übertragen werden. Dadurch muß sich natürlich auch der innere Zustand des Festkörpers ändern. Die klassische Mechanik ist außerstande, γ-Prozesse zu erklären, die ohne eine Änderung des inneren Zustandes des Festkörpers ablaufen, ausgenommen in dem Fall, in welchem der Rückstoßeffekt gerade durch den Dopplereffekt kompensiert wird. Andererseits kann der experimentelle Befund des Mößbauereffektes dadurch erklärt werden, daß sich der innere Zustand des Festkörpers nicht merklich durch die dem Kristall in einem γ-Prozeß übertragene Rückstoßenergie ändert.

Man muß also beim Mößbauereffekt von dessen Quantennatur ausgehen. Er kann nur dann richtig erklärt werden, wenn man die Genauigkeit, mit der man den Impuls und die Rückstoßenergie bestimmen kann, betrachtet und gleichzeitig die Quantelung der inneren Energie des Festkörpers berücksichtigt.

Nach der Heisenbergschen Unschärferelation kann der Impuls eines Kernes zum Zeitpunkt der γ-Emission nur mit einem Fehler $\Delta \mathbf{P}^{(s,l)}$ bestimmt werden. Zur Beobachtung des Mößbauereffektes muß $\Delta \mathbf{P}^{(s,l)}$ der Energieunschärfe entsprechen, die in diesem Falle durch die natürliche Breite Γ der Mößbauerlinie gegeben ist. Daher muß $\Delta \mathbf{P}^{(s,l)}$ die Relation

$$|\Delta \mathbf{P}^{(s,l)}|^2 \frac{1}{M_{sl}} \leqslant \Gamma$$

erfüllen (z.B. $\Gamma \approx 10^{-8}$ eV, $|\Delta \mathbf{P}^{(s,l)}| \approx 10^{-22}$ g cm/s). Für einen Kern, der in einem Bereich mit der maximalen Auslenkung a schwingt, wobei a von der Größenordnung der Gitterkonstanten ist, ist die Unschärfe des Anfangsimpulses $|\Delta \mathbf{P}^{(s,l)}| \approx \dfrac{\hbar}{a} \approx 10^{-19}$ g cm/s. Dieser Wert ist viel größer als die geforderte Impulsunschärfe. Die Unbestimmtheit des Anfangsimpulses führt somit zu einer großen Energieunbestimmtheit bei der Energieübertragung auf das Kristallgitter durch den Emissionsakt.

Es gibt folgende zwei Möglichkeiten:

a) Der Impuls $\mathbf{P} = \hbar \mathbf{k}$ des emittierten Photons, der sich auf den emittierenden Kern als $-\mathbf{P}$ überträgt, ist dem Betrag nach größer als die Impulsunschärfe des um seine Gleichgewichtslage schwingenden Kerns, also

$$|\hbar \mathbf{k}| > |\Delta \mathbf{P}^{(s,l)}|. \tag{3.9}$$

In diesem Falle existiert eine hohe Wahrscheinlichkeit dafür, daß die Rückstoßenergie auf das Kristallgitter übertragen wird, d.h. die Änderungswahrscheinlichkeit des inneren Zustandes des Gitters ist groß.

b) Der dem Kern bei der Emission übertragene Impuls ist von derselben Größenordnung wie oder kleiner als die Unbestimmtheit $|\Delta \mathbf{P}^{(s,l)}|$. In diesem Falle ist die Wahrscheinlichkeit, daß sich die innere Energie des Gitters nicht ändert, relativ hoch, d.h. es tritt eine große Wahrscheinlichkeit für eine γ-Emission als „rückstoßfreier“ Resonanzprozeß auf. Hierbei bedeutet der Ausdruck „rückstoßfrei”, daß

$$|\hbar \mathbf{k}| < |\Delta \mathbf{P}^{(s,l)}| \tag{3.10}$$

ist, daß man den Rückstoß also nicht nachweisen kann. Die Wahrscheinlichkeit, daß sich der innere Zustand des Kristalls durch die Emission nicht ändert, ist durch (3.6) gegeben. Für nur einen einzigen angeregten

Zustand des Gitters folgt daraus

$$f = P_{r_0 r_0} = 1 - P_{r_0 r} = 1 - \frac{E_R}{E_r - E_{r_0}}. \tag{3.11}$$

Das Kristallgitter kann als eine Menge von Oszillatoren dargestellt werden und hat somit als Quantensystem ein diskretes Energiespektrum. Man sieht aus (3.11), daß die Wahrscheinlichkeit für einen Resonanzprozeß von der Rückstoßenergie E_R und der Energiedifferenz zwischen dem Grundzustand und dem ersten angeregten Zustand des Kristalls abhängt.

Zur Verdeutlichung dieser Gedankengänge sei ein Kristall nach dem Einsteinmodell mit $3N$ Vibratoren der Frequenz ω betrachtet, und zwar in zwei für die Anregungszustände der Phononen des Kristallgitters wichtigen Extremfällen:

1. Die mittlere Rückstoßenergie E_R sei größer als die charakteristische Energie der Kristallgitterschwingungen $\hbar\omega$. In diesem Falle kann der Kern seine Rückstoßenergie an das Gitter abgeben, das Gitter wird also durch den Rückstoß aufgeheizt. Folglich sind die Kernübergänge von Phononenübergängen im Gitter begleitet.

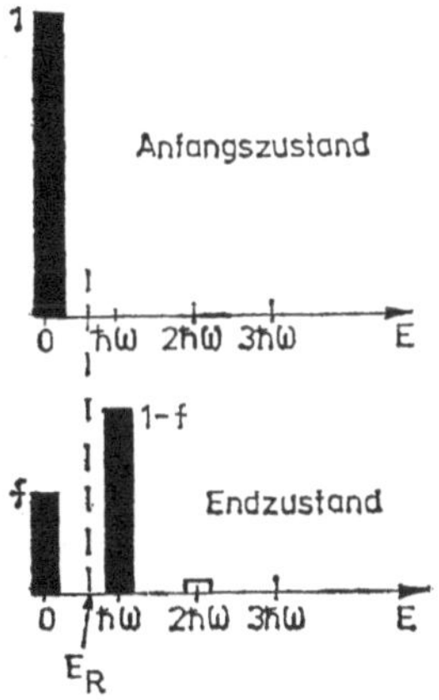

Abb. 3.1 — Der rückstoßfreie Anteil im Falle des Einsteinmodells.

2. Die mittlere Rückstoßenergie sei kleiner als $\hbar\omega$. In diesem Falle sind Kernübergänge nur teilweise von Änderungen des inneren Gitterzustandes begleitet, und die Auftrittswahrscheinlichkeit für resonante (d.h. „rückstoßfreie“) γ-Prozesse ist merklich. In Abb. 3.1 ist der Anteil der rückstoßfreien Emission nach dem Einsteinmodell dargestellt. Der Bruchteil f der γ-Übergänge ruft keine Änderung im

Quantenzustand des Gitters hervor. In $(1-f)$ Fällen erhält das Gitter die Energie $\hbar\omega$, Zwei- oder Mehrphononenprozesse können vernachlässigt werden.

Diese qualitativen Betrachtungen sind auch für einen realen Kristall gültig, wenn die Frequenz ω durch eine für das Schwingungsspektrum des Kristalls charakteristische Frequenz ersetzt wird. Diese ist gewöhnlich von der Größenordnung $k_B\Theta_D/\hbar$, wobei Θ_D die Debye-Temperatur ist.

Aus (3.4) ist ersichtlich, daß der Dopplerterm wegen der Bindung des emittierenden Kerns an das Gitter verschwindend klein wird. Der im Gitter um seine Gleichgewichtslage schwingende Kern ändert während der Lebensdauer des angeregten Zustands seine Geschwindigkeitsrichtung viele Male. Auf den γ-Übergang überträgt sich unter diesen Bedingungen nur der Mittelwert des Dopplereffektes, der praktisch (d.h. im Vergleich zu den Augenblickswerten) vernachlässigt werden kann. Die Vernachlässigung des Dopplereffektes ist somit unter der Bedingung

$$\tau \gg \frac{1}{\Omega} \tag{3.12}$$

gerechtfertigt. Ω ist eine der charakteristischen Schwingungsfrequenzen des Kerns im Gitter, τ die mittlere Lebensdauer des angeregten Kernzustands. Man kann (3.12) auch in der Form

$$\Gamma \ll \hbar\Omega \tag{3.13}$$

schreiben. Γ ist die Breite des angeregten Zustandes ($\Gamma\tau = \hbar$).

Als Schlußfolgerung bleibt also festzustellen, daß ein resonanter (Mößbauer-) Prozeß immer nur dann möglich ist, wenn die innere Energie des Gitters unverändert bleibt (vgl. (3.10)) und der Dopplereffekt ausgemittelt wird (vgl. (3.13)), oder mit anderen Worten, die am Prozeß beteiligte γ-Strahlung muß monochromatisch und ihre Energie gleich der Energiedifferenz zwischen den Kernzuständen sein.

3.2 Das am Mößbauereffekt beteiligte Quantensystem

Die Grundidee zum Verständnis des Mößbauereffektes ist, wie gezeigt, daß bei einem γ-Prozeß von in ein Gitter eingebauten Kernen der Rückstoßimpuls an den MMP des Kristalls abgegeben wird, während die Rückstoßenergie an die Menge der Gitteroszillatoren abgeführt wird, ohne daß sich dabei der innere Zustand des Kristalls ändert. Die quantentheoretische Behandlung des Mößbauereffektes geht von folgenden Gegebenheiten aus: Ein emittierendes bzw. absorbierendes oder streuendes Atom als komplexes Quantensystem, das aus einer Anzahl von Nukleonen und den umgebenden Elektronen besteht; ein Kristallgitter, das durch eine Menge von Massepunkten dargestellt wird, die um ihre Gleichgewichtslagen schwingen; die emittierten γ-Quanten als elektromagnetisches Strahlungsfeld. Die Wechselwirkung zwischen den Kernen und dem elektromagnetischen Strahlungsfeld führt dann zu den Gammaprozessen (γ-Emission, -Absorption bzw. -Streuung).

Das Quantensystem soll sich nun in einem stationären Zustand, welchem zu jedem Zeitpunkt eine definierte Energie zugeordnet werden kann, befinden. Man setzt also voraus, daß der Hamiltonoperator des Quantensystems keine Terme enthält, die einer Wechselwirkung zwischen einem elektromagnetischen Strahlungsfeld und Kernen oder gar Elektronen entsprechen. Zur Bestimmung der Eigenzustände dieses Systems muß die zeitunabhängige Schrödingergleichung gelöst werden. Die Lösung dieser Gleichung, die den Quantenzustand des Systems beschreibt, muß von den Koordinaten der Elektronen, des Gitters, der Nukleonen und der Gammaquanten abhängen.

Das Auffinden der Lösung einer Schrödingergleichung für ein Quantensystem dieser Art ist sehr schwierig. Man kann nun davon ausgehen, daß einerseits die Kernkräfte nur sehr kurze Reichweiten haben (selbst in Anbetracht der Tatsache, daß sie wesentlich stärker als die Gitterkräfte sind), und daß andererseits die Elektronenzustände nicht durch die Oszillationsbewegung der Kerne im Gitter beeinflußt werden (adiabatische Näherung). Unter diesen vereinfachenden Bedingungen kann das Quantensystem als ein aus vier quasi-unabhängigen Teilsystemen bestehendes System betrachtet werden. Die Wellenfunktion erscheint demzufolge als ein Produkt von vier Funktionen, von denen jede von einer anderen Variablen abhängt, nämlich Ψ_{El} von den Variablen der Elektronen, Ψ_{Gitter} von den Gittervariablen, Ψ_{Feld} von den Feldvariablen und Ψ_{Kern} von den Kernvariablen.
Also ist

$$\Psi = \Psi_{\text{El}}\Psi_{\text{Gitter}}\Psi_{\text{Feld}}\Psi_{\text{Kern}}. \tag{3.14}$$

Zur Lösung der Schrödingergleichung müssen also vier Gleichungen gelöst werden: Die zu der Elektronenmenge gehörige Gleichung (sie ist für die folgenden Betrachtungen nicht von Interesse), die die Kernbewegung im Gitter beschreibende Gleichung mit den Kernen als Massepunkten,

$$\hat{H}_{\text{Gitter}}\,\Psi_{\text{Gitter}} = E_{\text{Gitter}}\,\Psi_{\text{Gitter}}, \tag{3.15}$$

die die Photonen beschreibende Gleichung

$$\hat{H}_{\mathrm{Feld}}\,\Psi_{\mathrm{Feld}} = E_{\mathrm{Feld}}\,\Psi_{\mathrm{Feld}} \tag{3.16}$$

und schließlich die den Nukleonen im Kern entsprechende Gleichung

$$\hat{H}_{\mathrm{Kern}}\,\Psi_{\mathrm{Kern}} = E_{\mathrm{Kern}}\,\Psi_{\mathrm{Kern}}\,. \tag{3.17}$$

Im Folgenden soll nun auf die in (3.15 — 17) auftretenden Hamilton-operatoren und auf die Bestimmung ihrer Eigenwerte eingegangen werden.

3.2.1 Die Quantelung der Kristallgitterschwingungen

Es werden die thermischen Schwingungen der Atome in einem Kristallgitter mit N Elementarzellen, von denen jede n Atome enthält, betrachtet. Die Auslenkung aus der Gleichgewichtslage $\mathbf{R}_0^{(s,\mathbf{l})} = \mathbf{l} + \mathbf{r}_0^{(s)}$ eines Atoms der Masse M_s wird durch den Vektor $\mathbf{u}^{(s,\mathbf{l})}$ mit den kartesischen Komponenten $u_i^{(s,\mathbf{l})}$ dargestellt ($i = 1, 2, 3$; $\mathbf{l}$ bestimmt die Lage einer Elementarzelle und $\mathbf{r}_0^{(s)}$ die Position des Atoms s in der Elementarzelle). Setzt man voraus, daß die potentielle Energie U des Kristalls nur von diesen als klein angenommenen Auslenkungen abhängt, dann kann man U nach $u_i^{(s,\mathbf{l})}$ entwickeln. Es soll außerdem angenommen werden, daß das Gitter sich in der Nähe des Gleichgewichtszustands befindet und daß die Gitterschwingungen rein harmonisch sind. Da eine additive Konstante die Beschreibung des Kristallzustandes nicht qualitativ ändert, kann U durch die quadratischen Terme der Entwicklung nach Potenzen der Auslenkung beschrieben werden,

$$U(u_i^{(s,\mathbf{l})}) = \frac{1}{2} \sum_{(s,\mathbf{l}),i,(s',\mathbf{l}'),i'} G_{i,i'}(s,\mathbf{l},s',\mathbf{l}')\,u_i^{(s,\mathbf{l})}\,u_{i'}^{(s',\mathbf{l}')}, \tag{3.18}$$

wobei $G_{i,i'}(s,\mathbf{l},s',\mathbf{l}')$ einen symmetrischen, durch (3.19) definierten Tensor zweiten Grades darstellt,

$$G_{i,i'}(s,\mathbf{l},s',\mathbf{l}') = \left(\frac{\partial^2 U}{\partial u_i^{(s,\mathbf{l})}\,\partial u_{i'}^{(s',\mathbf{l}')}}\right)_0 . \tag{3.19}$$

Unter Verwendung der Newtonformel für die von einem Potentialfeld erzeugte Kraft ergibt sich die klassische Bewegungsgleichung eines

Gitteratoms als

$$M_s \ddot{u}_i^{(s,\mathbf{l})} + \sum_{(s',\mathbf{l}'),i'} G_{i,i'}(s,\mathbf{l},s',\mathbf{l}')\, u_{i'}^{(s',\mathbf{l}')} = 0, \qquad i,i' = 1,2,3. \tag{3.20}$$

Wiederholt man dieses Verfahren für jedes Gitteratom, so sieht man, daß sich der Bewegungszustand der $N \cdot n$ Gitteratome aus der Lösung eines Gleichungssystems von $3Nn$ Gleichungen des Typs (3.20) mit ebensovielen Unbekannten $u_i^{(s,\mathbf{l})}$ ergibt.

Es ist nun noch zu berücksichtigen, daß die Periodizität des Gitters für die Lösung des Bewegungsgleichungssystems (3.20) eine Blochfunktion verlangt und daß die harmonische Näherung darüberhinaus eine zeitliche Periodizität für diese voraussetzt. So erhält man

$$u_i^{(s,\mathbf{l})}(t) = u_i^{(s)}(\mathbf{q})e^{i\mathbf{q}\mathbf{l} - i\omega t} + \text{konj. kompl.} \tag{3.21}$$

Für $\mathbf{q}$ wird einer der N möglichen Werte gewählt, durch die das dem Gitter entsprechende reziproke Gitter definiert wird. Das System aus $3Nn$ Gleichungen reduziert sich dann für ein gegebenes $\mathbf{q}$ zu einem System mit $3n$ homogenen Gleichungen

$$\sum_{i'\,s'} [D_{ii'}(s,s';\mathbf{q}) - \omega^2 \delta_{ss'}\, \delta_{ii'}]\, u_{i'}^{(s')}(\mathbf{q}) = 0, \tag{3.22}$$

wobei

$$D_{ii'}(s,s';\mathbf{q}) = \sum_{(s',\mathbf{l}'),\,i'} \frac{1}{\sqrt{M_s}}\, G_{ii'}(s,\mathbf{l},s',\mathbf{l}')\, \frac{1}{\sqrt{M_s}}\, e^{i\mathbf{q}(\mathbf{l}'-\mathbf{l})}. \tag{3.23}$$

Die notwendige und hinreichende Bedingung für die Existenz einer nichttrivialen Lösung eines solchen Systems ist, daß die Determinante des Gleichungssystems (3.22) Null sein muß,

$$\det |\, D_{ii'}(s,s';\mathbf{q}) - \omega^2 \delta_{ss'}\, \delta_{ii'} \,| = 0. \tag{3.24}$$

Die Lösung des Gleichungssystems (3.24) hängt von $\mathbf{q}$ ab und ist eine mehrdeutige Funktion mit $3n$ Zweigen, da $\omega^2 = f(\mathbf{q})$. Der wesentliche Schritt beim Auffinden der Lösung von (3.24) ist die Wahl einer Transformation E, die den Übergang zu einem kanonischen Koordinatensystem $\xi_{\mathbf{q}\alpha}(t)$ vermittelt,

$$u^{(s)}(\mathbf{q},t) = \sum_{\alpha=1}^{3n} \mathbf{e}_i(s;\mathbf{q}\alpha)\, \xi_{\mathbf{q}\alpha}(t) \frac{1}{\sqrt{NM_s}}. \tag{3.25}$$

In diesem System ist die Matrix des Tensors $D(q)$ entsprechend

$$\sum_{s,\,i,\,s',\,i'} e_i(s;\mathbf{q}\alpha)D_{ii'}(s,s';\mathbf{q})\,e_{i'}^{*}(s;\mathbf{q}\alpha') = \omega_\alpha^2(\mathbf{q})\delta_{\alpha\alpha'}, \tag{3.26}$$

diagonalisiert. Hierin bedeuten die $e_i(s, \mathbf{q}\alpha)$ die Matrixelemente dieser Transformation. Sie genügen den Bedingungen

$$\sum_{s,\,i} e_i(s;\mathbf{q}\alpha)\,e_i^{*}(s;\mathbf{q}\alpha') = \delta_{\alpha\alpha'},$$

$$\sum_{s,\,i,\,s',\,i'} e_i(s;\mathbf{q}\alpha)\,e_{i'}^{*}(s';\mathbf{q}\alpha) = \delta_{ss'}\,\delta_{ii'}. \tag{3.27}$$

Wenn eine solche Transformation gefunden ist, dann ergibt sich aus (3.24)

$$\omega^2 = \omega_\alpha^2(\mathbf{q}), \qquad \alpha = 1, 2, \ldots, 3n \tag{3.28}$$

mit den zugehörigen

$$\xi_{\mathbf{q}\alpha}(t) = b_{\mathbf{q}\alpha}\,e^{-i\omega_\alpha(\mathbf{q})t} \tag{3.29}$$

Die $b_{\mathbf{q}\alpha}$ sind durch die in das kanonische Koordinatensystem umgeschriebene Gleichung (3.23) bestimmt.

Die physikalische Bedeutung der Elemente der Transformation E wird klar, wenn man die Hamiltonfunktion des Gitters aufschreibt:

$$H_{\text{Gitter}} = \frac{1}{2}\sum_{sl,\,i} M_s \dot{u}_i^{(s,l)}\,\dot{u}_i^{(s,l)} + \frac{1}{2}\sum_{sl,\,i,\,s'l',\,i'} G_{i,i'}(s,l;s',l')\,u_i^{(sl)}u_{i'}^{(s'l')}, \tag{3.30}$$

Im neuen Koordinatensystem lautet sie

$$H_{\text{Gitter}} = \sum_{\mathbf{q}\alpha}\frac{1}{2}\left(\dot{\xi}_{\mathbf{q}\alpha}(t)\dot{\xi}_{\mathbf{q}\alpha}^{*}(t) + \omega_\alpha^2(\mathbf{q})\xi_{\mathbf{q}\alpha}(t)\xi_{\mathbf{q}\alpha}^{*}(t)\right). \tag{3.31}$$

Aus (3.31) geht hervor, daß die Transformation E für jeden von den $3Nn$ gekoppelten harmonischen Kristalloszillatoren $3Nn$ fiktive, unabhängige harmonische Oszillatoren der Frequenz $\omega_\alpha(\mathbf{q})$ und der Amplitude $e_i(s;\mathbf{q}\alpha)$ ergibt. Die Schwingungen dieser Oszillatoren nennt man Normalschwingungen oder Normalmoden.

Mit Hilfe der Beziehungen (3.21), (3.25) und (3.29) erhält man die allgemeine Lösung der Bewegungsgleichungen als eine Überlagerung von Normalschwingungen

$$u_i^{(s,l)}(t) = \frac{1}{\sqrt{NM_s}}\sum_{\mathbf{q}s}\left[e_i(s;\mathbf{q}\alpha)\,b_{\mathbf{q}\alpha}\,e^{i(\mathbf{q}l-\omega_\alpha(\mathbf{q})t)} + \text{konj.kompl.}\right], \tag{3.32}$$

$$i = 1, 2, 3.$$

Der Übergang zur Quantenmechanik erfolgt nun, indem jeder physikalischen Größe ein hermitischer Operator zugeordnet wird. Der Auslenkung $u_i^{(s\,l)}$ entspricht der Operator $\hat{u}_i^{(s\,l)}$, den Größen $b_{q\alpha}$ und $b_{q\alpha}^*$ der Vernichtungs- und Erzeugungsoperator $\hat{b}_{q\alpha}$ und $\hat{b}_{q\alpha}^+$, wenn diese mit der Konstanten $(\hbar/2\omega_\alpha(\mathbf{q}))^{\frac{1}{2}}$ multipliziert werden. Die beiden letzten Operatoren müssen den Vertauschungsrelationen

$$[\hat{b}_{q\alpha}, \hat{b}_{q',\alpha'}^+] = \delta_{qq'}\,\delta_{\alpha\alpha'}, \tag{3.33}$$

$$[\hat{b}_{q\alpha}, \hat{b}_{q'\alpha'}] = [\hat{b}_{q\alpha}^+, \hat{b}_{q'\alpha'}^+] = 0$$

genügen. Die Gesamtenergie des Kristallgitters wird mit dem durch $\hat{b}_{q\alpha}$ und $\hat{b}_{q\alpha}^+$ definierten Operator

$$\hat{H}_{\text{Gitter}} = \sum_{q\alpha} \left((\hat{b}_{q\alpha}^+ \hat{b}_{q\alpha} + \frac{1}{2} \right) \hbar\omega_\alpha(\mathbf{q}) \tag{3.34}$$

beschrieben. Der Operator

$$\hat{N}_{q\alpha} = \hat{b}_{q\alpha}^+ \hat{b}_{q\alpha} \tag{3.35}$$

wird als Operator der Besetzungszahl oder der Teilchenzahl bezeichnet. Seine Eigenwerte sind $n_{q\alpha} = 0, 1, 2, \ldots$.

Aus (3.34) sieht man, daß vom Standpunkt der Quantentheorie aus die Schwingungen der Atome im Kristall durch eine Menge von unter sich unabhängigen Teilchen, Schwingungsquanten oder Phononen genannt, beschrieben werden. Diese befinden sich in den Normalzuständen $(\mathbf{q}\alpha)$, wobei jedem Zustand $n_{q\alpha}$ Phononen zukommen, die eine Energie von $\hbar\omega_\alpha(\mathbf{q})$ sowie einen Impuls der Größe $\hbar\mathbf{q}$ haben.

Der Zustand des zum Kristallgitter gehörigen Phononengases wird durch die Eigenwerte und Eigenfunktionen des Gitterhamiltonoperators ausgedrückt,

$$E_{\text{Gitter}} = \sum_{q\alpha} \hbar\omega_\alpha(\mathbf{q}) \left(n_{q\alpha} + \frac{1}{2} \right), \tag{3.36}$$

$$\Psi_{\text{Gitter}} = | \ldots, n_{q\alpha}, \ldots \rangle .$$

Das Phononengas kann auch wie eine statistische Mannigfaltigkeit mit dem Dichtematrixoperator $\hat{\rho}_{\text{Gitter}}$ beschrieben werden. Die Form dieses Operators gewinnt man aus der klassischen Statistik, wenn man voraussetzt, daß die Zahl der Phononen, die sich in ein und demselben Energiezustand befinden, durch eine Boltzmannfunktion gegeben ist [2],

$$g_{q\alpha} = \langle n_{q\alpha} | \hat{\rho}_{\text{Gitter}} | n_{q\alpha} \rangle = e^{-E_{q\alpha}/k_B T} \Big/ \prod_{q\alpha} \sum_{n_{q\alpha}} e^{-E_{q\alpha}/k_B T} . \tag{3.37}$$

Es ergibt sich

$$\hat{\rho}_{\text{Gitter}} = \frac{e^{-\frac{\hat{H}_{\text{Gitter}}}{k_B T}}}{\prod_{q\alpha} Z_{q\alpha}} = \frac{1}{Z} e^{-\frac{\hat{H}_{\text{Gitter}}}{k_B T}} \tag{3.38}$$

mit

$$Z_{q\alpha} = \sum_{n q\alpha} \exp\left\{ - \frac{\hbar \omega_\alpha(\mathbf{q}) \left(n_{q\alpha} + \frac{1}{2} \right)}{k_B T} \right\} = \frac{e^{-\frac{\hbar\omega_\alpha(\mathbf{q})}{2k_B T}}}{1 - e^{-\frac{\hbar\omega_\alpha(\mathbf{q})}{k_B T}}} . \tag{3.39}$$

Die Eigenwerte von $\hat{\rho}_{\text{Gitter}}$ liefern die Besetzungswahrscheinlichkeiten der Gitterzustände.

Mit Hilfe des Operators $\hat{\rho}_{\text{Gitter}}$ findet man für jeden Normalzustand ($\mathbf{q}\alpha$) dessen mittlere Phononenzahl

$$\bar{n}_{q\alpha} = \sum_{n_{q\alpha}} (\hat{\rho}_{\text{Gitter}} \hat{N}_{q\alpha}) = \frac{1}{e^{\hbar\omega_\alpha(\mathbf{q})/k_B T} - 1} \tag{3.40}$$

und die zugehörige mittlere Energie

$$\bar{E}_{q\alpha} = \hbar\omega_\alpha(\mathbf{q}) \left(\bar{n}_{q\alpha} + \frac{1}{2} \right). \tag{3.41}$$

Zum Abschluß sei bemerkt, daß die N Vektoren $\mathbf{q}$ wegen der sehr großen Anzahl von Elementarzellen in einem Kristall ($N \to \infty$) fast kontinuierlich im reziproken Raum verteilt sind. Folglich muß auch die Frequenz für alle $3n$ Zweige eine fast kontinuierliche Funktion von $\mathbf{q}$ sein. Es folgt hieraus, daß die Summierung nach $\mathbf{q}$ in ein Integral über die Dichtefunktion der Normalzustände $\rho_\alpha(\omega)$, erstreckt über den Bereich der Normalfrequenzen, übergeht,

$$\sum_{q\alpha} \ldots \to \sum_{\alpha} \int_0^{\omega_{\max}} \rho_\alpha(\omega) \ldots d\omega. \tag{3.42}$$

3.2.2 Die Quantelung der elektromagnetischen Strahlung

Das elektromagnetische Feld im Vakuum wird durch die Maxwellgleichungen, in denen die Ladungsdichten und die elektrischen Ströme Null gesetzt werden, dargestellt,

$$\nabla \times \mathbf{E} = -\frac{1}{c}\frac{\partial \mathbf{H}}{\partial t}, \qquad \nabla\, \mathbf{H} = 0, \tag{3.43}$$

$$\nabla \times \mathbf{H} = \frac{1}{c}\frac{\partial \mathbf{E}}{\partial t}, \qquad \nabla\, \mathbf{E} = 0.$$

Diese Gleichungen haben eine von Null verschiedene Lösung, wenn **E** und **H** zeitlich veränderlich sind. Ein zeitlich veränderliches elektromagnetisches Feld im Vakuum nennt man elektromagnetisches Wellenfeld oder elektromagnetisches Strahlungsfeld.

Es sollen nun die Potentiale des elektromagnetischen Wellenfeldes bestimmt werden.

Da die Maxwellgleichungen keine eindeutig bestimmte Lösung für elektromagnetische Potentiale liefern, kann man stets zusätzliche Randbedingungen stellen. Es sollen nun diejenigen Lösungen aufgesucht werden, für welche das Skalarpotential $\varphi(\mathbf{r}, t)$ und die Divergenz des Vektorpotentials $\mathbf{A}(\mathbf{r}, t)$ Null sind. In diesem Falle wird die elektromagnetische Strahlung durch das Vektorpotential mit

$$\Delta\, \mathbf{A} - \frac{1}{c^2}\frac{\partial^2 \mathbf{A}}{\partial t^2} = 0 \tag{3.44}$$

beschrieben. Es soll nun das elektromagnetische Wellenfeld in einem endlichen Volumen V, z.B. in einem Parallelepiped mit den Kantenlängen L_1, L_2, L_3, betrachtet werden. Das Vektorpotential kann dann in eine dreidimensionale Fourierreihe entwickelt werden,

$$\mathbf{A} = \sum_{\mathbf{k}} (\mathbf{A}_{\mathbf{k}}\, e^{i\mathbf{k}\mathbf{r}} + \text{konj. kompl.}). \tag{3.45}$$

Die Summe wird dabei über alle Werte von **k** erstreckt,

$$k_i = \frac{2\pi n_i}{L_i}, \quad i = 1, 2, 3. \tag{3.46}$$

n_i durchläuft alle positiven und negativen ganzen Zahlen.

Nach (3.44) muß das fouriertransformierte Vektorpotential die Gleichung (3.47) mit den Bedingungen (3.48) erfüllen:

$$\ddot{\mathbf{A}}_{\mathbf{k}} + c^2k^2 \mathbf{A}_{\mathbf{k}} = 0; \quad \ddot{\mathbf{A}}_{\mathbf{k}}^* + c^2k^2\mathbf{A}_{\mathbf{k}}^* = 0, \tag{3.47}$$

$$\mathbf{k}\mathbf{A}_{\mathbf{k}} = 0; \ \mathbf{k}\mathbf{A}_{\mathbf{k}}^* = 0. \tag{3.48}$$

Man sieht, daß in (3.47) die Gleichung für $\mathbf{A}_{\mathbf{k}}$ die Bewegungsgleichung eines harmonischen Oszillators ist, der sich in einem Normalfrequenzzustand $\omega(\mathbf{k}) = ck$ befindet. Nach der Bedingung (3.48) muß (3.47) für jeden Normalzustand $\omega(\mathbf{k})$ zwei voneinander linear unabhängige Lösungen $\mathbf{A}_{\mathbf{k}\lambda}$, $\lambda=1, 2$, liefern. Das heißt, daß der elektromagnetischen Strahlung eine Menge von virtuellen unabhängigen harmonischen Oszillatoren durch (3.45) zugeordnet wird. Das Vektorpotential der Strahlung entsteht also durch eine Überlagerung von Normalmoden

$$\mathbf{A} = \sum_{\mathbf{k}\lambda} (\boldsymbol{\varepsilon}_\lambda \, a_{\mathbf{k}\lambda} \, e^{i(\mathbf{k}\mathbf{r} - \omega(\mathbf{k})t)} + \text{konj. kompl.}). \tag{3.49}$$

Hierbei sind die $\boldsymbol{\varepsilon}_\lambda$ die Potentialvektoren der Strahlung und die $a_{\mathbf{k}\lambda}$ die Schwingungsamplituden der virtuellen harmonischen Oszillatoren des Zustandes $\mathbf{k}\lambda$.

Mit der Kenntnis des Vektorpotentials $\mathbf{A}$ ergeben sich der elektrische und der magnetische Feldvektor der Strahlung aus

$$\mathbf{E} = \sum_{\mathbf{k}\lambda} \mathbf{E}_{\mathbf{k}\lambda} = -\frac{1}{c}\frac{\partial \mathbf{A}}{\partial t} = i \sum_{\mathbf{k}\lambda} \frac{\omega(\mathbf{k})}{c} (\boldsymbol{\varepsilon}_\lambda \, a_{\mathbf{k}\lambda} \, e^{i(\mathbf{k}\mathbf{r} - \omega(\mathbf{k})t)} - \text{konj. kompl.}), \tag{3.50}$$

$$\mathbf{H} = \sum_{\mathbf{k}\lambda} \mathbf{H}_{\mathbf{k}\lambda} = \nabla \times \mathbf{A} = i \sum_{\mathbf{k}\lambda} (\mathbf{k} \times \boldsymbol{\varepsilon}_\lambda \, a_{\mathbf{k}\lambda} \, e^{i(\mathbf{k}\mathbf{r} - \omega(\mathbf{k})t)} - \text{konj. kompl.}).$$

Der Übergang zur Quantenmechanik erfolgt nun wieder so wie im voranstehenden Abschnitt unter Benutzung des Operators $\hat{\mathbf{A}}$ anstelle des Vektorpotentials und mit dem Vernichtungsoperator $\hat{a}_{\mathbf{k}\lambda}$ und dem Erzeugungsoperator $\hat{a}_{\mathbf{k}\alpha}^+$. Letztere sind noch mit $(2\pi\hbar c/Vk)^{\frac{1}{2}}$ zu multiplizieren, damit sich für jeden Zustand $(\mathbf{k}\lambda)$ des Feldes die Energie $\hbar\omega(\mathbf{k})$ ergibt. Die Vertauschungsrelationen sind jetzt

$$[\hat{a}_{\mathbf{k}\lambda}, \hat{a}_{\mathbf{k}'\lambda'}^+] = \delta_{\mathbf{k}\mathbf{k}'}\delta_{\lambda\lambda'},$$

$$[\hat{a}_{\mathbf{k}\lambda}, \hat{a}_{\mathbf{k}'\lambda'}] = [\hat{a}_{\mathbf{k}\lambda}^+, \hat{a}_{\mathbf{k}'\lambda'}^+] = 0. \tag{3.51}$$

Der Energie des elektromagnetischen Wellenfeldes entspricht der Operator

$$\hat{H}_{\text{Gitter}} = \sum_{\mathbf{k}\lambda} \left(\hat{a}^+_{\mathbf{k}\lambda} \hat{a}_{\mathbf{k}\lambda} + \frac{1}{2} \right) \hbar \omega. \tag{3.52}$$

Der Ausdruck für den Operator der Besetzungszahl für den Zustand ($\mathbf{k}\lambda$) ist

$$\hat{N}_{\mathbf{k}\lambda} = \hat{a}^+_{\mathbf{k}\lambda} \hat{a}_{\mathbf{k}\lambda} \tag{3.53}$$

mit den Eigenwerten $n_{\mathbf{k}\lambda} = 0, 1, 2, \ldots$.

Vom Standpunkt der Quantenmechanik aus ergibt sich also, daß die elektromagnetische Strahlung durch eine Menge von unter sich unabhängigen Partikeln, Photonen genannt, beschrieben wird. Diese sind auf die Zustände ($\mathbf{k}\lambda$) mit der Energie $\hbar\omega(\mathbf{k})$ und dem Impuls $\hbar\mathbf{k}$ verteilt. Jeder Zustand ist mit $n_{\mathbf{k}\lambda}$ Photonen besetzt. Den Zustand des zur elektromagnetischen Strahlung gehörigen Photonengases erhält man aus den Eigenwerten und Eigenfunktionen des Hamiltonoperators für das Strahlungsfeld,

$$\begin{aligned} E_{\text{Feld}} &= \sum_{\mathbf{k}\lambda} \hbar\omega(\mathbf{k}) \left(n_{\mathbf{k}\lambda} + \frac{1}{2} \right), \\ \Psi_{\text{Feld}} &= | \ldots, n_{\mathbf{k}\lambda}, \ldots \rangle. \end{aligned} \tag{3.54}$$

3.2.3 Die Wechselwirkung zwischen Kernen und elektromagnetischen Feldern

Quantentheoretisch werden die Zustände eines Kernes durch die Eigenwerte und Eigenfunktionen des ihn charakterisierenden Hamiltonoperators $\hat{H}_{\text{Kern}}$, der die Art und die Stärke der inneren Kernkräfte enthält, bestimmt. Bei einer gegebenen Energie E_{Kern} wird der Kern durch eine Wellenfunktion Ψ_{Kern} in Abhängigkeit vom Kernspin **I** und von dessen Projektionen auf eine vorgegebene Quantisierungsachse beschrieben.

Im Falle einer sehr großen (unendlichen) Anzahl von Kernen können die Zustände eines von ihnen mit einem Dichtematrixoperator $\hat{\rho}_{\text{Kern}}$, dessen Eigenwerte die Besetzungswahrscheinlichkeiten der Kernzustände darstellen, beschrieben werden.

Die Wechselwirkungen zwischen einem Kern und einem elektromagnetischen Feld sind entweder statischer Natur oder zeitabhängig. 1) Eine statische Wechselwirkung kommt zustande zwischen einem Kern und statischen elektrischen oder magnetischen Feldern, die ihren Ursprung in der elektrischen Ladung der umgebenden Atomelektronen oder in der Ladung benachbarter Ionen des Gitters oder in einem von außen angelegten Feld haben. Durch eine solche Wechselwirkung wird die Entartung des Kernzustandes teilweise oder ganz aufgehoben, oder es kommt auch bloß zu einer Verschiebung der Kernniveaus. Im Falle einer statischen Wechselwirkung wird der Kern durch die Wellenfunktion

$$\Psi_{\text{Kern}} = |I, j\rangle = \sum_{m_I = -I}^{I} C_{(I,j)}^{m_I} |I, m_I\rangle \tag{3.55}$$

beschrieben [2, 3]. Die zugehörige Energie ist dabei

$$E_{\text{Kern}} = E_{(I,j)}. \tag{3.56}$$

Die Faktoren $C_{(I,j)}^{m_I}$ sind die Gewichte, mit denen die definierten Zustände der Spinprojektionen auf die Quantisierungsachse auftreten. Sie hängen von den Parametern der mit dem Kern wechselwirkenden statischen Felder ab und genügen der Normierungsbedingung

$$\sum_{m_I = -I}^{I} |C_{(I,j)}^{m_I}|^2 = 1. \tag{3.57}$$

Die Berechnung der Wellenfunktion (3.55) wird ausführlich später im 4. Kapitel besprochen, zusammen mit der Intensität von Mößbauerübergängen bei solchen Hyperfeinwechselwirkungen.

2) Die zeitabhängige Wechselwirkung zwischen einem Kern (s, $\mathbf{l}$) und einem elektromagnetischen Feld wird durch

$$\begin{aligned} \hat{H}' &= \sum_{\mathbf{k}\lambda, \mathbf{x}} [(\boldsymbol{\varepsilon}_\lambda j(x)) \hat{a}_{\mathbf{k}\lambda} \, e^{i\mathbf{k}(\mathbf{x} + \mathbf{R}_0^{(s\,\mathbf{l})} + \mathbf{u}^{(s\mathbf{l})} + \mathbf{r})} + \text{konj. kompl.}] \\ &= \sum_{\mathbf{k}\lambda} [H_1(\mathbf{k}\lambda) \hat{a}_{\mathbf{k}\lambda} + \text{konj. kompl.}] \end{aligned} \tag{3.58}$$

dargestellt. Dabei bezeichnet $\mathbf{x}$ den Ortsvektor innerhalb des Kerns. Durch eine solche Wechselwirkung finden Übergänge des Kerns zwischen verschiedenen energetischen Zuständen statt, wobei jeder dieser Übergänge von einer Emission, Absorption oder Streuung von Photonen begleitet ist. Die Photonenenergie ist dabei gleich der Energiedifferenz zwischen den am Prozeß beteiligten Kernzuständen.

Zur übersichtlichen Behandlung des Problems wird das Quantensystem in seiner Gesamtheit betrachtet. Es besteht aus der Menge der

Phononen (Kristallgitter), dem elektromagnetischen Strahlungsfeld und dem an das Gitter gebundenen Kern. Dieses System wird beschrieben durch die Eigenfunktionen

$$\Psi_0 = \Psi_{\text{Gitter}}\Psi_{\text{Feld}}\Psi_{\text{Kern}}$$

und die Eigenwerte

$$E_0 = E_{\text{Gitter}} + E_{\text{Feld}} + E_{\text{Kern}} \tag{3.59}$$

des Hamiltonoperators

$$\hat{H}_0 = \hat{H}_{\text{Gitter}} + \hat{H}_{\text{Feld}} + \hat{H}_{\text{Kern}}.$$

Die Wechselwirkung zwischen dem Kern und dem Feld führt zu einem γ-Prozeß, durch welchen das Quantensystem von dem Ausgangszustand I in den Endzustand F übergeht. Die Übergangswahrscheinlichkeit $I \rightarrow F$ wird mit Hilfe der zeitabhängigen Störungstheorie der Schrödingergleichung bestimmt. Nach dieser Theorie kann die gestörte Wellenfunktion des Systems als eine Linearkombination der ungestörten Funktionen geschrieben werden,

$$\Psi(t) = \sum_m C_m(t)\Psi_m^0(t). \tag{3.60}$$

Aus

$$(\hat{H}_0 + \hat{H}')\,\Psi(t) = i\hbar\frac{\partial\Psi}{\partial t} \tag{3.61}$$

erhält man für die Koeffizienten $C_m(t)$ die Darstellung

$$C_{m'}(t) = \frac{1}{i\hbar}\int_0^t \sum_m C_m(t')\,e^{\frac{i}{\hbar}(E_{m'} - E_m)t'} \langle m'|\hat{H}'|m\rangle\, dt'. \tag{3.62}$$

Die Übergangswahrscheinlichkeit aus dem Anfangszustand m in den Endzustand m' wird durch das Quadrat des Betrages von $C_{m'}(\infty)$ dargestellt. Im vorliegenden Falle ist die Übergangswahrscheinlichkeit der durch den Dichtematrixoperator gekennzeichneten statistischen Menge aus den Anfangszuständen I in die Endzustände F durch

$$W = \sum_{F,I,I'} |C_F(\infty)|^2 \tag{3.63}$$

gegeben, wobei

$$|C_F(\infty)|^2 = \frac{1}{\hbar^2}\iint C_I(t)C_{I'}^*(t')\langle I'|\hat{H}'^+|F\rangle \times$$

$$\times \langle F|\hat{H}'|I\rangle e^{\frac{i}{\hbar}(E_F - E_I)t}\, e^{-\frac{i}{\hbar}(E_F - E_{I'})t'}\, dt\, dt'. \tag{3.64}$$

$\hat{\rho}$ ist der weiter oben eingeführte statistische Operator. Seine Eigenwerte liefern die Besetzungswahrscheinlichkeiten der Zustände des Quantensystems.

3.3 Die Emissions- und Absorptionswahrscheinlichkeit

Man betrachte ein Quantensystem, bestehend aus Gitter, elektromagnetischem Wellenfeld und γ-absorbierendem bzw. -emittierendem Kern. Als Ergebnis der Wechselwirkung zwischen dem Kern und dem elektromagnetischen Strahlungsfeld geht das Quantensystem aus dem durch (3.65) charakterisierten Anfangszustand I

$$E_I = E_0 + \sum_{\mathbf{q}\alpha} \hbar\omega_\alpha(\mathbf{q}) \left(n^0_{\mathbf{q}\alpha} + \frac{1}{2} \right),$$

$$\Psi^0_I = |I\rangle \, e^{-\frac{it}{\hbar} E_I} = |I_e i\rangle | \ldots, n^0_{\mathbf{q}\alpha}, \ldots\rangle |0\rangle \, e^{-\frac{it}{\hbar} E_I} \tag{3.65}$$

in den durch (3.66) charakterisierten Endzustand F über,

$$E_F = \sum_{\mathbf{q}\alpha} \hbar\omega_\alpha(\mathbf{q}) \left(n_{\mathbf{q}\alpha} + \frac{1}{2} \right) + \hbar\omega(\mathbf{k}'),$$

$$\Psi^0_F = |F\rangle \, e^{-\frac{it}{\hbar} E_F} = |I_g, j\rangle | \ldots, n_{\mathbf{q}\alpha}, \ldots \rangle | 1_{\mathbf{k}\lambda'}\rangle \, e^{-\frac{it}{\hbar} E_F}. \tag{3.66}$$

E_0 stellt die Energiedifferenz zwischen dem angeregten $|I_e i\rangle$ und dem Grundzustand $|I_g j\rangle$ dar. Die Wahrscheinlichkeit für die Emission eines Photons des Impulses $\hbar\mathbf{k}'$ und der Polarisation λ' ist durch die Übergangswahrscheinlichkeit (3.63) des Quantensystems aus dem Anfangszustand I in den Endzustand F gegeben, wobei sich C_F aus

$$i\hbar \dot{C}_F(t) = C_I(t) \langle F | \hat{H}'(t) | I \rangle \tag{3.67}$$

ergibt. Dabei ist

$$\hat{H}'(t) = e^{\frac{i}{\hbar}\int_0^t \hat{H}_0(t')dt'} \hat{H}'(0) \, e^{-\frac{i}{\hbar}\int_0^t \hat{H}_0(t')dt'}. \tag{3.68}$$

Zur Lösung von Gleichung (3.67) wird vorausgesetzt, daß der angeregte Zustand eine Lebensdauer von $\tau = \dfrac{\hbar}{\Gamma}$ hat, wobei Γ die Breite des angeregten Kernniveaus bezeichnet. Mit $C_m(0) = \delta_{mI}$ folgt

$$C_I(t) = e^{-\frac{\Gamma}{2\hbar}t}. \tag{3.69}$$

Nach Einsetzen von (3.63) in (3.67) erhält man

$$C_F(\infty) = \frac{1}{i\hbar}\int_0^\infty \langle F|\hat{H}'(t')|I\rangle e^{-\frac{\Gamma}{2\hbar}t'}\,dt'. \tag{3.70}$$

Setzt man voraus, daß alle Kerne des Gitters an den γ-Prozessen beteiligt sind, dann hat man für $\tilde{C}_F(t)$ definitionsgemäß [11] die Beziehung

$$\tilde{C}_F(t) = \sum_{s,l} C_F(t), \tag{3.71}$$

mit der man die γ-Emissionswahrscheinlichkeit aller Kerne im Kristall durch

$$W_e = \sum_{F,I,I'} \rho_{II'}\,|\tilde{C}_F(\infty)|^2 = \sum_{sl,s'l'}\ \sum_{F,I,I'} \rho_{II'}\,|C_F(\infty)|^2 \tag{3.72}$$

findet. Zieht man noch (3.70) in Betracht, so erhält man

$$|C_F(\infty)|^2 = \frac{1}{\hbar^2}\int_0^\infty\int_0^\infty \langle I'|\hat{H}'^+(t'')|F\rangle\langle F|\hat{H}'(t')I\rangle e^{-\frac{\Gamma}{2\hbar}(t'+t'')}\,dt'dt''. \tag{3.73}$$

Wenn man nun als neue Variable $t = t' - t''$ und t'' einführt und sich der zyklischen Eigenschaft des Integrationsweges bedient [5], erhält man mit Hilfe von (3.58) durch partielle Integration

$$W_e = \sum_{sl,s'l'} \frac{2}{\Gamma\hbar}\,\mathcal{Re}\int_0^\infty \langle \hat{H}_1'(0)\hat{H}_1'^+(t)\rangle e^{i\omega t - \frac{\Gamma}{2\hbar}t}\,dt, \tag{3.74}$$

wobei

$$\langle \hat{H}_1'^+(0)\hat{H}_1'(t)\rangle = \sum_i \langle I|\hat{\rho}\,\hat{H}_1'(0)\hat{H}_1'^+(t)|I\rangle \tag{3.75}$$

die Kern-Gitter-Korrelationsfunktion genannt wird.

Unter der Voraussetzung verschwindender Kern-Gitter-Wechselwirkung ist der Dichtematrixoperator das Produkt aus den Dichteoperatoren des Kernes und des Gitters,

$$\hat{\rho} = \hat{\rho}_{\text{Gitter}}\hat{\rho}_{\text{Kern}}. \tag{3.76}$$

Als Resultat ergibt sich die Korrelationsfunktion als Produkt zweier Korrelationsfunktionen, nämlich einer zum Kern gehörigen Funktion $\mathcal{B}^{(\text{em})}(t)$ und einer zum Gitter gehörigen Funktion $\mathcal{A}^{(\text{em})}(t)$. Mit (3.76),

(3.75), (3.58) und (3.38) erhält man

$$\mathscr{B}^{(\mathrm{em})}(t) = \langle \hat{H}_1(0)\hat{H}_1^+(t)\rangle =$$

$$= \mathrm{Sp}\left\{\hat{\rho}_{\mathrm{Kern}}\,\hat{H}_1(0)\,\mathrm{e}^{\frac{\mathrm{i}}{\hbar}\int_0^t \hat{H}_{\mathrm{Kern}}\,dt'}\,\hat{H}_1^+(0)\,\mathrm{e}^{-\frac{\mathrm{i}}{\hbar}\int_0^t \hat{H}_{\mathrm{Kern}}\,dt'}\right\},$$

$$\mathscr{A}^{(\mathrm{em})}(t) = \langle \mathrm{e}^{\mathrm{i}\mathbf{k}'\mathbf{u}^{(s\mathrm{l})}(0)}\,\mathrm{e}^{-\mathrm{i}\mathbf{k}'\mathbf{u}^{(s'\mathrm{l}')}(t)}\rangle =$$

$$= Z^{-1}\,\mathrm{Sp}\left\{\mathrm{e}^{-\frac{\hat{H}_{\mathrm{Gitter}}}{k_B T}}\,\mathrm{e}^{\mathrm{i}\mathbf{k}'\mathbf{u}^{(s'\mathrm{l}')}(0)}\,\mathrm{e}^{\frac{\mathrm{i}t}{\hbar}\hat{H}_{\mathrm{Gitter}}}\,\mathrm{e}^{-\mathrm{i}\mathbf{k}'\mathbf{u}^{(s\mathrm{l})}(0)}\,\mathrm{e}^{-\frac{\mathrm{i}t}{\hbar}\hat{H}_{\mathrm{Gitter}}}\right\}, \tag{3.77}$$

wobei

$$\hat{H}_1(0) = \mathrm{e}^{\mathrm{i}\mathbf{k}'(\mathbf{R}_0^{(s,\,\mathrm{l})} + \mathbf{r})}\sum_{\mathbf{x}}(\boldsymbol{\varepsilon}_\lambda\,\mathbf{j}(\mathbf{x}))\,\mathrm{e}^{\mathrm{i}\mathbf{k}\mathbf{x}}. \tag{3.78}$$

Die γ-Emissionswahrscheinlichkeit der Kerne in einem Kristallgitter der Temperatur T ist dann

$$W_e = \frac{2}{\Gamma\hbar}\,\mathscr{R}e\sum_{s,\,\mathrm{l}\;s',\,\mathrm{l}'}\mathrm{e}^{\mathrm{i}\mathbf{k}'\Delta\mathbf{R}_0^{(s,\,\mathrm{l})}}\int_0^\infty \mathscr{A}^{(\mathrm{em})}(t)\,\mathscr{B}^{(\mathrm{em})}(t)\,\mathrm{e}^{\mathrm{i}\omega t - \frac{\Gamma}{2\hbar}t}\,\mathrm{d}t,$$

$$\Delta\mathbf{R}_0^{(s,\,\mathrm{l})} = \mathbf{R}_0^{(s'\,\mathrm{l}')} - \mathbf{R}_0^{(s,\,\mathrm{l})}. \tag{3.79}$$

Es soll nun näher auf die Funktion $\mathscr{A}^{(\mathrm{em})}(t)$ eingegangen werden. Sie wird Korrelationsfunktion des Operators $\mathrm{e}^{\mathrm{i}\mathbf{k}\mathbf{u}^{(s,\,\mathrm{l})}}$ genannt und zeigt, daß die Auslenkung des Kernes (s, l) zur Zeit t von der Auslenkung des Kernes (s', l') im Zeitpunkt Null abhängt. Zur Herleitung dieser Korrelationsfunktion ist davon auszugehen, daß die Kerne im Gitter harmonische Schwingungen ausführen. Folgende zwei Hilfssätze werden benötigt:

Hilfssatz I: *Wenn der Kommutator zweier Operatoren $\hat{A}$, $\hat{B}$ mit jedem von diesen kommutiert, dann gilt folgende Identität:*

$$\mathrm{e}^{\hat{A}+\hat{B}} = \mathrm{e}^{\hat{A}}\,\mathrm{e}^{\hat{B}}\,\mathrm{e}^{-\frac{1}{2}[\hat{A},\,\hat{B}]}. \tag{3.80}$$

Hilfssatz II: *Wenn die Vibrationsmoden im thermischen Gleichgewicht sind, dann gilt für jeden hermitischen Operator, der als Summe von Vernichtungs- und Erzeugungsoperatoren auftritt:*

$$Z^{-1}\,\mathrm{Sp}\left\{\mathrm{e}^{-\frac{\hat{H}_{\mathrm{Gitter}}}{k_B T}}\,\mathrm{e}^{\mathrm{i}(\eta_{\mathbf{q}\alpha}\hat{b}_{\mathbf{q}\alpha} + \eta^*_{\mathbf{q}\alpha}\hat{b}^*_{\mathbf{q}\alpha})}\right\} = \mathrm{e}^{-|\eta_{\mathbf{q}\alpha}|^2\left(\bar{n}_{\mathbf{q}\alpha} + \frac{1}{2}\right)}, \tag{3.81}$$

wobei $\overline{n}_{q\alpha}$ *durch* (3.40) *gegeben ist und* $\eta_{q\alpha}$ *durch*

$$\eta_{q\alpha} = P^{(s')}_{k',q\alpha} e^{i\, q\alpha R_0^{(s'\, l')}} - P^{(s)}_{k'q\alpha} e^{i(q\alpha\, R_0^{(s\, l)} - \omega(q)t)} .$$

Im vorliegenden Fall sind die Operatoren $\hat{A}$ und $\hat{B}$ durch

$$\hat{A} = i k' u^{(s'\, l')}(0) = i \sum_{q\alpha} P^{(s')}_{k'q\alpha} (e^{iql'}\, \hat{b}_{q\alpha} + e^{-iql'} \hat{b}^{+}_{q\alpha}),$$

$$\hat{B} = -i\, k' u^{(s',\, l')}(t) = -i \sum_{q\alpha} P^{(s)}_{k'q\alpha} (\hat{b}_{q\alpha} e^{i(ql - \omega_\alpha(q)t)} + \hat{b}^{+}_{q\alpha} e^{-i(ql - \omega_\alpha(q)t)}) \tag{3.82}$$

gegeben. Es wurden dabei (3.32) in der Operatorenschreibweise und die Abkürzung

$$P^{(s')}_{k'q\alpha} = \frac{\hbar\, k' e(s'; q\alpha)}{(2NM_s\, \hbar\, \omega_\alpha(q))^{\frac{1}{2}}} \tag{3.83}$$

benutzt.

Nach Berechnung des Kommutators $[\hat{A}, \hat{B}]$, Umstellung der Terme mit $\hat{A} + \hat{B}$ entsprechend den Vernichtungs- und Erzeugungsoperatoren der Phononen und Anwendung der beiden Hilfssätze erhält man

$$\mathscr{A}^{(em)}(t) = \exp[-g(s) - g(s') + \sum_{q\alpha} \overline{n}_{q\alpha} d_{q\alpha} + \sum_{q\alpha} (\overline{n}_{q\alpha} + 1)\, d^{*}_{q\alpha}] \tag{3.84}$$

mit

$$g^{(s')} = \sum_{q\alpha} \left(\overline{n}_{q\alpha} + \frac{1}{2} \right) (P^{(s')}_{k'q\alpha})^2,$$

$$d_{q\alpha} = (P^{(s')}_{k'q\alpha})(P^{(s)}_{k'q\alpha}) e^{-i(q\Delta l + \omega_\alpha(q)t)}, \tag{3.85}$$

$$\Delta l = l' - l.$$

Die γ-Emissionswahrscheinlichkeit ist demnach

$$W_e = \frac{2}{\Gamma \hbar} \mathscr{Re} \sum_{sl,\, s'l'} \exp[i k' \Delta R_0^{(s\, l)} - g(s) - g(s')] \times$$

$$\times \int_0^\infty \mathscr{B}^{(em)}(t) \exp\left[i\omega t - \frac{\Gamma t}{2\hbar} + \sum_{q\alpha} d_{q\alpha} \overline{n}_{q\alpha} + \sum_{q\alpha} (\overline{n}_{q\alpha} + 1) d^{*}_{q\alpha} \right] dt, \tag{3.86}$$

Der Ausdruck (3.86) vereinfacht sich, wenn man Kristalle mit nur einem einzigen Atom pro Elementarzelle betrachtet und

$$\frac{1}{N}\sum_{h\neq 0} e^{i\mathbf{k}'h} = 0 \tag{3.87}$$

verwendet. Man erhält

$$W_e = \frac{2}{\Gamma\hbar}\times$$

$$\times \mathcal{Re}\, N e^{-2g}\int_0^\infty \mathcal{B}^{(\mathrm{em})}(t)\exp\Big[i\omega t - \frac{\Gamma t}{2\hbar} + \sum_{q\alpha} P^2_{\mathbf{k}'\mathbf{q}\alpha}[\bar{n}_{\alpha\mathbf{q}} e^{-i\omega_\alpha(\mathbf{q})t} +$$

$$+ (\bar{n}_{\mathbf{q}\alpha}+1)\, e^{i\omega_\alpha(\mathbf{q})t}]\Big]\mathrm{d}t. \tag{3.88}$$

Man sieht aus (3.88), daß die gesamte γ-Emissionswahrscheinlichkeit N-mal größer als die Emissionswahrscheinlichkeit für einen einzelnen Kern ist.

Die Formel (3.74), die die totale Wahrscheinlichkeit für eine Gammaemission darstellt, kann so geändert werden, daß sie die Gesamtabsorptionswahrscheinlichkeit wiedergibt, wenn man die Anfangszustände I durch die Endzustände F ersetzt, d.h. wenn $t \to -t$ und $\mathbf{k}'\lambda' \to -\mathbf{k}_0\lambda_0$ gesetzt werden. Somit ergibt sich die totale Absorptionswahrscheinlichkeit zu

$$W_a = \frac{2}{\Gamma\hbar}\mathcal{Re}\sum_{s,l\, s'l'} e^{-i\mathbf{k}_0\Delta\mathbf{R}_0^{(s,l)}}\int_0^\infty e^{-i\omega t+\frac{\Gamma t}{2\hbar}}\mathcal{B}^{(\mathrm{abs})}(t)\mathcal{A}^{(\mathrm{abs})}(t)\mathrm{d}t \tag{3.89}$$

infolge der Ersetzungen

$$\mathcal{B}^{(\mathrm{em})}(t)\xrightarrow[\lambda'\mathbf{k}'\to\mathbf{k}_0\lambda_0]{}\mathcal{B}^{(\mathrm{abs})}(-t) \tag{3.90}$$

$$\mathcal{A}^{(\mathrm{em})}(t)\xrightarrow[\mathbf{k}'\to-\mathbf{k}_0]{}\mathcal{A}^{(\mathrm{abs})}(-t).$$

Analog zu (3.88) erhält man dann die Gesamtabsorptionswahrscheinlichkeit in der Form

$$W_a = \frac{2}{\Gamma\hbar}\mathcal{Re} N e^{-2g}\int_0^\infty \mathcal{B}^{(\mathrm{abs})}(t)\exp\Big\{-i\omega t + \frac{\Gamma t}{2\hbar} +$$

$$+ \sum_{q\alpha} P^2_{\mathbf{k}_0\mathbf{q}\alpha}[\bar{n}_{\mathbf{q}\alpha} e^{i\omega_\alpha(\mathbf{q})t} + (\bar{n}_{\mathbf{q}\alpha}+1)e^{-i\omega_\alpha(\mathbf{q})t}]\Big\}\,\mathrm{d}t. \tag{3.91}$$

Zur Ermittlung der ω-Abhängigkeit von W_e und W_a muß die Zeitabhängigkeit der Kernkorrelationsfunktionen bekannt sein. Hierfür ist der Fall zu betrachten, daß der Kern sich in einem stationären Zustand befindet, also

$$\mathscr{B}^{(\mathrm{em})}(t) = \mathscr{M}^{(\mathrm{em})} e^{-\frac{it}{\hbar} E_0} \tag{3.92}$$

und

$$\mathscr{B}^{(\mathrm{abs})}(t) = \mathscr{M}^{(\mathrm{abs})} e^{-\frac{it}{\hbar} E_0}$$

gelten. $\mathscr{M}$ stellt die Übergangswahrscheinlichkeit des Kernes aus dem Anfangs- in den Endzustand dar. Es ist also W_e (bzw. W_a) durch die Faltung von $\mathscr{A}^{(\mathrm{em})}$ (bzw. von $\mathscr{A}^{(\mathrm{abs})}$) mit einer zu $E_0/\hbar$ symmetrischen Lorentzfunktion gegeben.

Die quantentheoretisch hergeleiteten Beziehungen (3.88) und (3.91) stimmen mit den von Lamb [7] angegebenen Formeln überein, die den Resonanzeinfang von Neutronen beschreiben und die ursprünglich von Mößbauer zur Beschreibung der γ-Übergänge in Kristallen verwendet wurden [8, 9].

Mit der Kenntnis von W_a und W_e sind die Wahrscheinlichkeiten für die resonante Absorption und Emission von γ-Quanten bekannt. Obwohl die emittierenden und die absorbierenden Kerne gleich sind, können sie sich in verschiedener Nachbarschaft befinden, kann also $E_0^{(\mathrm{abs})} \neq E_0^{(\mathrm{em})}$ sein. Für die weitere Rechnung werden

$$S = E_0^{(\mathrm{abs})} - E_0^{(\mathrm{em})} \tag{3.93}$$

und die Fouriertransformierten $W(t)$ und $W'(t)$ durch

$$\begin{aligned} W_e &= \int_{-\infty}^{\infty} W(t) e^{it(\omega - E_0^{(\mathrm{em})}/\hbar)} \,\mathrm{d}t, \\ W_a &= \int_{-\infty}^{\infty} W'(t) e^{-it(\omega - E_0^{(\mathrm{abs})}/\hbar)} \,\mathrm{d}t \end{aligned} \tag{3.94}$$

eingeführt.

Zur Berechnung der kombinierten Emissions-Absorptions-Wahrscheinlichkeit $W(S)$ kann das Fouriertheorem angewendet werden. Es besagt, daß die Faltung der Funktion W_e mit W_a durch das Produkt der Fouriertransformierten der Emissions- und Absorptionsverteilung gegeben ist, also

$$\begin{aligned} W(S) &= 2\mathscr{Re}\int_0^{\infty} e^{\frac{it}{\hbar} S} W(t) W'(t) \mathrm{d}t = \\ &= \frac{\mathscr{M}}{\Gamma^2\hbar^2} \sum_{sl,\, s'l'} \sum_{rL,\, r'L'} e^{ik(\Delta R_0^{(s,l)} - \Delta R_0^{(r,L)})} \int_{-\infty}^{\infty} \mathscr{A}^{(\mathrm{em})}(t) \mathscr{A}^{(\mathrm{abs})}(t) e^{\frac{it}{\hbar} S - \frac{\Gamma}{\hbar}|t|} \,\mathrm{d}t, \end{aligned} \tag{3.95}$$

wobei

$$\begin{aligned} \Delta\mathbf{R}_0^{(s,\mathbf{l})} &= \mathbf{R}_0^{(s'\mathbf{l}')} - \mathbf{R}_0^{(s\mathbf{l})}, \\ \Delta\mathbf{R}_0^{(r,\mathbf{L})} &= \mathbf{R}_0^{(r'\mathbf{L}')} - \mathbf{R}_0^{(r\mathbf{L})}, \\ \mathscr{M} &= \mathscr{M}^{(\mathrm{em})}\mathscr{M}^{(\mathrm{abs})}. \end{aligned} \tag{3.96}$$

Mit (3.88) und (3.91) ergibt sich

$$W(S) = \frac{\mathscr{M}N^2}{\Gamma^2\hbar^2}\int_{-\infty}^{\infty} \mathscr{A}^{(\mathrm{em})}(t)\mathscr{A}^{(\mathrm{abs})}(t)\mathrm{e}^{\frac{\mathrm{i}S}{\hbar}t - \frac{\Gamma}{\hbar}|t|}\,\mathrm{d}t. \tag{3.97}$$

In diesem Ausdruck hängen die Korrelationsfunktionen nicht mehr von r, r', s und s' ab. Sowohl für den Emissionsfall als auch für die Absorption wurde hier die gleiche Anzahl von Elementarzellen im Kristall angenommen.

Zum Abschluß dieses Abschnitts sollen die angeführten Formeln auf eine konkrete Mößbauer-Transmissionsmessung angewandt werden.

Wenn die Kerne fest in ein Gitter eingebaut sind, dann ist die Korrelationsfunktion $\mathscr{A}(t)$ eine Konstante. (Dies wird weiter hinten gezeigt werden.) Dann wird die von einer Quelle rückstoßfrei emittierte γ-Strahlung vom Absorber mit der Wahrscheinlichkeit

$$W(S) \sim \frac{1}{S^2 + \Gamma^2} \tag{3.98}$$

absorbiert. Aus (3.98) ergibt sich, daß maximale Absorption für $S = 0$ auftritt. Um diese Bedingung zu erfüllen, muß die Quelle relativ zum Absorber mit einer Geschwindigkeit v bewegt werden, so daß durch den Dopplereffekt S gerade kompensiert wird. Die Emissions-Absorptionswahrscheinlichkeit ist dann

$$W(S, v) \sim \frac{1}{\left(S - \frac{v}{c}E_0\right)^2 + \Gamma^2}. \tag{3.99}$$

E_0 bezeichnet die Energie des γ-Überganges des freien Kerns.

Schließlich sei noch erwähnt, daß in einem Transmissionsmößbauerexperiment die experimentell beobachtete physikalische Größe der Resonanzwirkungsquerschnitt

$$\sigma(S, v) = \frac{\sigma_0\Gamma^2}{4}[1 - W(s, v)], \tag{3.100}$$

ist. σ_0 ist durch (1.14) gegeben.

3.4 Die Streuwahrscheinlichkeit

In diesem Abschnitt soll die Wahrscheinlichkeit von Streuprozessen elektromagnetischer Strahlung an Kernen in einem Gitter behandelt werden. Zunächst soll dabei von einem Quantensystem bestehend aus einem Kristallgitter, einem einzigen streuenden Kern $(s, \mathbf{l})$ und einem elektromagnetischen Strahlungsfeld ausgegangen werden.

Zur Herleitung der Streuwahrscheinlichkeit des Photons wird vorausgesetzt, daß das Quantensystem dabei zwei aufeinanderfolgenden, voneinander unabängigen Übergängen unterliegt. Der erste Übergang des Quantensystems erfolgt zwischen einem durch

$$E_I = \sum_{\mathbf{q}\alpha} \hbar\omega_\alpha(\mathbf{q}) \left(n^0_{\mathbf{q}\alpha} + \frac{1}{2} \right) + \hbar\omega(\mathbf{k}_0),$$

$$\Psi^0_I = |I\rangle e^{-\frac{it}{\hbar} E_I} = |I_g, j\rangle |\ldots, n^0_{\mathbf{q}\alpha}, \ldots\rangle |1_{\mathbf{k}_0\lambda_0}\rangle\, e^{-\frac{it}{\hbar} E_I} \tag{3.101}$$

charakterisierten Anfangszustand I und einem Zwischenzustand M, für den

$$E_M = E_0 + \sum_{\mathbf{q}\alpha} \hbar\omega_\alpha(\mathbf{q}) \left(n_{\mathbf{q}\alpha} + \frac{1}{2} \right),$$

$$\Psi^0_M = |M\rangle e^{-\frac{it}{\hbar} E_M} = |I_e i\rangle |\ldots, n_{\mathbf{q}\alpha}, \ldots\rangle |0\rangle e^{-\frac{it}{\hbar} E_M} \tag{3.102}$$

gilt. Bei diesem Übergang wird ein Photon des Impulses $\hbar\mathbf{k}_0$ und der Polarisation λ_0 von dem Teilsystem Kern+Gitter absorbiert. Der Kern geht dabei in seinen (angenommen einzigen) angeregten Zustand über, während das Gitter einen der Zustände $\langle M|$ annimmt. Der zweite Übergang des Quantensystems erfolgt zwischen dem durch E_M und Ψ^0_M charakterisierten Zustand M (3.102) und dem durch

$$E_F = \sum_{\mathbf{q}\alpha} \hbar\omega_\alpha(\mathbf{q}) \left(n'_{\mathbf{q}\alpha} + \frac{1}{2} \right) + \hbar\omega(\mathbf{k}'),$$

$$\Psi^0_F = |F\rangle e^{-\frac{it}{\hbar} E_F} = |I_g, j\rangle |\ldots, n'_{\mathbf{q}\alpha}, \ldots\rangle |1_{\mathbf{k}'\lambda'}\rangle\, e^{-\frac{it}{\hbar} E_F} \tag{3.103}$$

beschriebenen Endzustand F. Bei diesem Übergang sendet das Teil-Quantensystem Kern+Gitter ein Photon des Impulses $\hbar\mathbf{k}'$ und der

Polarisation λ' aus. Der Kern geht dabei in den Grundzustand über, während das Gitter dabei einen der Zustände $|F\rangle$ annimmt. Zur Bestimmung der Streuwahrscheinlichkeit des Photons $\mathbf{k}_0\lambda_0$ muß die Übergangswahrscheinlichkeit des Quantensystems aus dem Zustand I in den Zustand F über den Zwischenzustand M bestimmt werden. Man verwendet hierfür den Ausdruck (3.63), aus dem C_F durch Lösung eines Differentialgleichungssystems [10] gefunden werden kann,

$$\begin{aligned} i\hbar\dot{C}_I(t) &= \sum_M C_M(t)\,\langle I|\hat{H}'(t)|M\rangle, \\ i\hbar\dot{C}_M(t) &= C_I(t)\langle M|\hat{H}'(t)|I\rangle + \sum_F C_F(t)\langle F|\hat{H}'(t)|M\rangle. \\ i\hbar\dot{C}_F(t) &= \sum_M C_M(t)\langle F|\hat{H}'(t)|M\rangle. \end{aligned} \tag{3.104}$$

Zur Lösung dieses Systems werden Lösungsansätze der Form

$$C_I(t) = e^{-\frac{\Gamma}{2\hbar}t}, \tag{3.105}$$

$$C_M(t) = C(n_{q\alpha})\,\{e^{\frac{it}{\hbar}\left[(E_M - E_I) + \frac{i\Gamma}{2}\right]} - e^{-\frac{\Gamma'}{2\hbar}t}\}$$

benutzt, wobei berücksichtigt wird, daß $C_m(0) = \delta_{mI}$ $(m = I, M, F)$. Γ' und Γ sind die Breiten der Kernzustände F bzw. I.

Führt man (3.105) in (3.104) ein, so erhält man

$$C(n_{q\alpha}) = \frac{1}{i\hbar}\int_0^\infty \langle M|\hat{H}'(t)|I\rangle e^{-\frac{\Gamma'+\Gamma}{2\hbar}t}\,dt, \tag{3.106}$$

$$C_F(\infty) = \frac{1}{(i\hbar)^2}\sum_M \int_0^\infty\int_0^\infty \langle M|\hat{H}'(t)|I\rangle\langle F|\hat{H}'(t')|M\rangle e^{-\frac{\Gamma}{2\hbar}t}\,e^{-\frac{\Gamma'}{2\hbar}t'}\,dt\,dt'.$$

Die Erweiterung der Betrachtung auf die Teilnahme aller Kerne am Streuprozeß führt mit

$$\tilde{C}_F(\infty) = \sum_{sl} C_F(\infty) \tag{3.107}$$

zu

$$W = \sum_{sl,\,s'l'}\ \sum_{I,I',F} \rho_{II'}|C_F(\infty)|^2.$$

Unter Benutzung der Ergebnisse des Abschnitts 3.3 kann $|C_F(\infty)|^2$ gefunden werden. Man erhält für die Gesamtstreuwahrscheinlichkeit der elektromagnetischen Strahlung an den in einem Gitter befindlichen Kernen [11] den Ausdruck

$$W = \sum_{sl,\, s'l'} \frac{1}{\hbar^2} \mathrm{e}^{\mathrm{i}\Delta\mathbf{k}\Delta\mathbf{R}_0^{(s,\,l)}} \int_{-\infty}^{\infty} \mathrm{d}\mu \int_{-\infty}^{\infty} \mathrm{d}x \frac{\mathrm{e}^{\mathrm{i}\frac{\mu x}{\hbar}}}{(\varepsilon_0 + x)^2 + \frac{\Gamma^2}{4}} \times$$

$$\times \int_0^{\infty}\int_0^{\infty} \mathrm{d}t\, \mathrm{d}t' \mathscr{B}(t, t', \mu)\, \mathscr{A}(t, t', \mu) \mathrm{e}^{\mathrm{i}\omega(t'-t) - \frac{\Gamma'}{2\hbar}(t+t')} \tag{3.108}$$

mit

$$\Delta\mathbf{k} = \mathbf{k}' - \mathbf{k}_0; \quad \varepsilon_0 = \hbar(\omega - \omega_0). \tag{3.109}$$

$\mathscr{B}(t, t', \mu)$ stellt die Korrelationsfunktion des Kernes dar, die im stationären Fall den Wert $\sim\exp\left[-\frac{\mathrm{i}E_0}{\hbar}(t'-t)\right]$ annimmt. $\mathscr{A}(t, t', \mu)$ ist die durch (3.110) gegebene Korrelationsfunktion des Gitters,

$$\mathscr{A}(t, t', \mu) = \langle \exp[-\mathrm{i}\mathbf{k}_0\mathbf{u}^{(s'l')}(\mu) + \mathrm{i}\mathbf{k}'\mathbf{u}^{(s'l')}(t+\mu) - \mathrm{i}\mathbf{k}'\mathbf{u}^{(sl)}(t) + \mathrm{i}\mathbf{k}_0\mathbf{u}^{(sl)}(0)]\rangle =$$

$$= Z^{-1}\,\mathrm{Sp}\left\{\exp\left[-\frac{\hat{H}_{\mathrm{Gitter}}}{k_B T} - \mathrm{i}\mathbf{k}_0\mathbf{u}^{(s'l')}(\mu) + \mathrm{i}\mathbf{k}'\mathbf{u}^{(s'l')}(t+\mu) + \right.\right.$$

$$\left.\left. + \mathrm{i}\mathbf{k}_0\mathbf{u}^{(s,l)}(0) - \mathrm{i}\mathbf{k}'\mathbf{u}^{(sl)}(t)\right]\right\}. \tag{3.110}$$

Es werden nun der Operator $\mathbf{u}$ in Abhängigkeit von den Operatoren $\hat{b}_{\mathbf{q}\alpha}$ und $\hat{b}^+_{\mathbf{q}\alpha}$ ausgedrückt und folgende Ausdrücke eingeführt:

$$\hat{A} = -\mathrm{i}\mathbf{k}_0\mathbf{u}^{(s'l')}(\mu) = -\mathrm{i}\sum_{\mathbf{q}\alpha} P^{(s')}_{\mathbf{k}_0\mathbf{q}\alpha}(\hat{b}_{\mathbf{q}\alpha}\mathrm{e}^{\mathrm{i}(\mathbf{q}\mathbf{l}' - \omega_\alpha(\mathbf{q})\mu)} + \text{konj.kompl.}),$$

$$\hat{B} = \mathrm{i}\mathbf{k}'\mathbf{u}^{(s'l')}(t+\mu) = \mathrm{i}\sum_{\mathbf{q}\alpha} P^{(s')}_{\mathbf{k}'\mathbf{q}\alpha}(\hat{b}_{\mathbf{q}\alpha}\mathrm{e}^{\mathrm{i}(\mathbf{q}\mathbf{l}' - \omega_\alpha(\mathbf{q})(t+\mu))} + \text{konj.kompl.}),$$

$$\hat{C} = -\mathrm{i}\mathbf{k}'\mathbf{u}^{(sl)}(t) = -\mathrm{i}\sum_{\mathbf{q}\alpha} P^{(s)}_{\mathbf{k}'\mathbf{q}\alpha}(\hat{b}_{\mathbf{q}\alpha}\mathrm{e}^{\mathrm{i}(\mathbf{q}\mathbf{l} - \omega_\alpha(\mathbf{q})t)} + \text{konj.kompl.}),$$

$$\hat{D} = \mathrm{i}\mathbf{k}_0\mathbf{u}^{(sl)}(0) = \mathrm{i}\sum_{\mathbf{q}\alpha} P^{(s)}_{\mathbf{k}_0\mathbf{q}\alpha}(\hat{b}_{\mathbf{q}\alpha}\mathrm{e}^{\mathrm{i}\mathbf{q}\mathbf{l}} + \text{konj.kompl.}). \tag{3.111}$$

Unter Anwendung der Hilfssätze I und II erhält man

$$\mathscr{A}(t, t', \mu) = \exp\{-\mathscr{G}^{(s)} - \mathscr{G}^{(s')} + \mathscr{K}^{(s)}(t') + \mathscr{K}^{(s')}(t) + \\ + \sum_{q\alpha}[\bar{n}_{q\alpha}\mathscr{D}_{q\alpha} + (\bar{n}_{q\alpha} + 1)\mathscr{D}^*_{q\alpha}]\}, \quad (3.112)$$

wobei

$$\mathscr{G}^{(s)} = \sum_{q\alpha}\left(\bar{n}_{q\alpha} + \frac{1}{2}\right)[(P^{(s)}_{k_0q\alpha})^2 + (P^{(s)}_{k'q\alpha})^2],$$

$$\mathscr{K}^{(s)}(t') = \sum_{q\alpha}(P^{(s)}_{k_0q\alpha})(P^{(s)}_{k'q\alpha})[(\bar{n}_{q\alpha} + 1)e^{-i\omega_\alpha(q)t'} + \bar{n}_{q\alpha}e^{i\omega_\alpha(q)t'}],$$

$$\mathscr{D}_{q\alpha} = (P^{(s)}_{k_0q\alpha} - P^{(s)}_{k'q\alpha}e^{-i\omega_\alpha(q)t'})(P^{(s')}_{k_0q\alpha} - P^{(s')}_{k'q\alpha}e^{i\omega_\alpha(q)t})e^{i(q\Delta l + \omega_\alpha(q)\mu)}. \quad (3.113)$$

$\mathscr{G}^{(s')}$ und $\mathscr{K}^{(s')}(t)$ ergeben sich aus $\mathscr{G}^{(s)}$ bzw. $\mathscr{K}^{(s)}(t')$ durch Vertauschung von s mit s' und t' mit $-t$.

Die Gesamtstreuwahrscheinlichkeit elektromagnetischer Strahlung durch Kerne in einem Gitter ergibt sich dann schließlich zu

$$W = \frac{1}{\hbar^2}\sum_{sl, s'l'} e^{i\Delta k \Delta R_0^{(sl)} - \mathscr{G}^{(s)} - \mathscr{G}^{(s')}} \int_{-\infty}^{\infty}\int_{-\infty}^{\infty} \frac{e^{\frac{i\mu x}{\hbar}}}{(\varepsilon_0 + x)^2 + \Gamma^2/4} dx d\mu \times \\ \times \int_0^{\infty}\int_0^{\infty} \exp\left\{\frac{i\omega}{\hbar}(t' - t) - \frac{\Gamma'}{2\hbar}(t' + t) + \mathscr{K}^{(s)}(t') + \mathscr{K}^{(s')}(t) + \\ + \sum_{q\alpha}[\bar{n}_{q\alpha}\mathscr{D}_{q\alpha} + (\bar{n}_{q\alpha} + 1)\mathscr{D}^*_{q\alpha}]\right\} \mathscr{B}(t, t', \mu)\, dt\, dt'. \quad (3.114)$$

Die Auswertung der Funktion W ist sehr kompliziert. Man erkennt jedoch, daß W vom Braggwinkel $\Delta \mathbf{k} = \mathbf{g}'$ abhängt. Bei praktischen Anwendungen sind zusätzliche Annahmen über die Stärke der Bindungen der Kerne im Gitter erforderlich.

3.5 Der Debye-Waller-Faktor

Es wird nun nochmals die Korrelationsfunktion (3.78) für die γ-Emission durch fest in das Gitter eingebaute Kerne betrachtet. Mit Hilfssatz I kann diese Funktion auch in der Form

$$\mathscr{A}^{(em)}(t) = Z^{-1}\,\mathrm{Sp}\,\{e^{-\frac{\hat{H}_{Gitter}}{k_B T}} e^{ik'(u^{(s'l')}(0) - u^{(sl)}(t))}\}\, e^{-\frac{k'}{2}[u^{(s'l')}(0), u^{(sl)}(t)]} \quad (3.115)$$

geschrieben werden. Von speziellem Interesse ist das asymptotische Verhalten der Korrelationsfunktion. Um dieses zu erfassen, wird ihr Grenzwert für sehr große Zeiten (im Vergleich zu einer Schwingungsperiode des Kernes im Gitter, $t\omega_{max} \gg 1$) berechnet. Für solche t-Werte verschwindet jegliche Korrelation zwischen den Kernauslenkungen bei $t = 0$ und $t \to \infty$. Dies ergibt

$$[\mathbf{u}^{(s'\mathbf{l}')}(0), \mathbf{u}^{(s\mathbf{l})}(t)]_{t\to\infty} \to 0. \tag{3.116}$$

Das heißt, daß die zu $t = 0$ und $t = \infty$ gehörigen Auslenkungen aus der Gleichgewichtslage voneinander unabhängig sind,

$$\langle \mathbf{u}^{(s'\mathbf{l}')}(0),\ \mathbf{u}^{(s\mathbf{l})}(t)\rangle_T \xrightarrow[t\to\infty]{} \langle \mathbf{u}^{(s'\mathbf{l}')}(0)\rangle_T\ \langle \mathbf{u}^{(s\mathbf{l})}(t)\rangle_T = 0. \tag{3.117}$$

Die spitze Klammer $\langle \ldots \rangle_T$ symbolisiert dabei die Bildung des statistischen Mittelwertes bei der Temperatur T. Wendet man auf (3.115) den Hilfssatz II an, so erhält man für den asymptotischen Wert der Korrelationsfunktion den Ausdruck

$$\lim_{t\to\infty} \mathscr{A}^{(\mathrm{em})}(t) = \mathrm{e}^{-\frac{1}{2}\{\langle(\mathbf{k}'\mathbf{u}^{(s\mathbf{l}')}(0))^2\rangle_T + \langle(\mathbf{k}'\mathbf{u}^{(s\mathbf{l})}(t))^2\rangle_T\}}. \tag{3.118}$$

Es sind nun zwei mögliche Fälle zu unterscheiden:

a) $\langle(\mathbf{u}^{(s\mathbf{l})}(t))^2\rangle_T$ ist zeitabhängig. Dies ist der Fall, wenn der emittierende Kern frei ist, sich in einem Gas oder in einer Flüssigkeit unter Druck befindet. $\langle(\mathbf{u}^{(s\mathbf{l})}(t))^2\rangle_T$ wächst dann mit der Zeit unbegrenzt an (Es tritt ein nicht vernachlässigbarer Dopplereffekt auf). Der zeitliche Beitrag der Korrelationsfunktion zum Integranden der Beziehung, die die Emissionswahrscheinlichkeit ausdrückt, führt zu einer gegenüber E_0 verschobenen Spektrallinie, deren Breite größer als Γ ist.

b) $\langle(\mathbf{u}^{(s\mathbf{l})}(t))^2\rangle_T$ ist zeitlich konstant. Dieser Fall tritt auf, wenn die emittierenden (oder absorbierenden) Kerne fest in ein Gitter eingebaut sind. Dann ist der mittlere Dopplereffekt Null und der Grenzwert der Korrelationsfunktion wird konstant. Aus (3.89) mit (3.92) ergibt sich, daß das Emissionsspektrum (bzw. das Absorptionsspektrum) dann aus einer um die Resonanzenergie E_0 zentrierten Linie der Breite Γ, auch Mößbauerlinie genannt, besteht. Es ist

$$f_s = \lim_{t\to\infty} \mathscr{A}^{(\mathrm{em})}(t) = \mathrm{e}^{-\frac{1}{2}\{\langle(\mathbf{k}'\mathbf{u}^{(s'\mathbf{l}')}(0))^2\rangle_T + \langle(\mathbf{k}'\mathbf{u}^{(s\mathbf{l})}(t))^2\rangle_T\}} \tag{3.119}$$

oder, mit (3.84) und (3.32),

$$f_s = \mathrm{e}^{-g^{(s')} - g^{(s)}}. \tag{3.120}$$

Analog erhält man für die Absorption

$$f_a = \mathrm{e}^{-g^{(s)} - g^{(s')}} \tag{3.121}$$

und für den Fall der Streuung

$$f = e^{-g^{(s)} - g^{(s')}}. \tag{3.122}$$

Die Größe $\frac{1}{2}(g^{(s)} - g^{(s')})$ stellt den sogenannten Debye-Waller-Faktor der Photonen dar (manchmal wird auch f_s direkt so bezeichnet). Diese Benennung ist dem Sprachgebrauch der Röntgenbeugung an Kristallen entnommen. Man weiß schon lange, daß auch bei der Beugung von Röntgenstrahlen an Kristallen das Atom im Gitter einen Rückstoß erhält. Wenn dieser Rückstoß das Gitter anregt, können die Röntgenquanten, die durch den Rückstoß einen Teil ihrer Energie verlieren, nicht mehr zum Beugungsspektrum beitragen. Genau wie bei den resonanten γ-Prozessen gibt es auch hier einen Prozentsatz von Röntgenquanten, der nicht zu einer Anregung des Gitters führt. Dieser rückstoßfreie Streuanteil ist erstmals durch Debye und Waller untersucht worden. Die Analogie zwischen dem rückstoßfreien Streuprozeß der Röntgenquanten an Kristallgittern und der Emission (bzw. Absorption oder Streuung) von γ-Quanten in Kristallen zeigt sich auch in der Ähnlichkeit der Formeln für die zugehörigen Debye-Waller-Faktoren.

Trotz dieser Ähnlichkeiten gibt es doch auffallende Unterschiede zwischen der Röntgenstreuung und der Gammastreuung. Die Röntgenstreuung, die sich an den Elektronenniveaus der Atome im Kristall abspielt, ist ein sehr schneller Prozeß ($\tau_X \ll \tau_{\text{Gitter}}$), und deshalb „spürt" das Gitter nur die Impulsänderung $\hbar\Delta\mathbf{k} = \hbar(\mathbf{k}' - \mathbf{k}_0)$ des gestreuten Röntgenquants. Die Gammastreuung an den Kernniveaus der Kerne im Gitter ist ein langsamer Prozeß ($\tau_\gamma \gg \tau_{\text{Gitter}}$), deshalb spürt das Gitter sowohl den zum Zeitpunkt $t = 0$ erhaltenen Anfangsimpuls $\hbar\mathbf{k}_0$ als auch den zum Zeitpunkt t erhaltenen Impuls $\hbar\mathbf{k}'$. Das heißt, daß das Kristallgitter selbst an der Gammastreuung teilnimmt.

Es soll nun der Debye-Waller-Faktor für die γ-Emission durch Kerne in einem Gitter mit einatomigen Elementarzellen näher untersucht werden. Aus (3.120) und (3.85) erhält man

$$f_s = e^{-2g} = \exp\left\{-2 \sum_{\mathbf{q}\alpha} \frac{(\hbar\mathbf{k}'\mathbf{e}(\mathbf{q}\alpha))^2}{2MN\omega_\alpha(\mathbf{q})}\left(\overline{n_{\mathbf{q}\alpha}} + \frac{1}{2}\right)\right\}. \tag{3.123}$$

Mit (3.42) und unter der Voraussetzung, daß die Elementarzelle kubisch ist,

$$\overline{(\mathbf{k}'\mathbf{u}^{(sl)})^2} = \frac{1}{3}\,\mathbf{k}'^2\overline{(\mathbf{u}^{(sl)})^2}, \tag{3.124}$$

erhält man

$$f_s = \exp\left\{-\frac{2E_R}{3N\hbar}\int_0^\infty \frac{1}{\omega}\left[\bar{n}(\omega)+\frac{1}{2}\right]\rho(\omega)\,\mathrm{d}\omega\right\}. \tag{3.125}$$

Dies ist wiederum die in Kapitel 1 abgeleitete Formel (1.48), und die dort angegebenen Schlußfolgerungen gelten also auch hier.

Schließlich sei noch hervorgehoben, daß dann, wenn die Gitterschwingungen eine Vorzugsrichtung haben, (3.124) nicht mehr gilt. Man setzt dann

$$(\mathbf{k}'\mathbf{u}^{(s\mathbf{l})})^2 = \mathbf{k}'^2(u_{\parallel}^{(s\mathbf{l})}\cos^2\beta' + u_{\perp}^{(s\mathbf{l})}\sin^2\beta'), \tag{3.126}$$

worin $u_{\parallel}^{(s\mathbf{l})}$ und $u_{\perp}^{(s\mathbf{l})}$ die Auslenkungen des Gitteratoms $(s, \mathbf{l})$ parallel und senkrecht zur $\mathbf{k}'$-Richtung sind. Der Debye-Waller-Faktor hängt dann von der Richtung des γ-Quants relativ zur bevorzugten Schwingungsrichtung (charakterisiert durch den Winkel β') ab,

$$\begin{aligned} f_s &= f_s(\beta'),\\ f_a &= f_a(\beta_0),\\ f &= f(\beta', \beta_0). \end{aligned} \tag{3.127}$$

3.6 Die Spektrenform bei γ-Prozessen

Die Wahrscheinlichkeit für γ-Prozesse aller Art wurde bis hierher ohne Rücksicht auf die Stärke der Bindung der Kerne im Gitter bestimmt. Es sollen nun die von der Quantenenergie abhängigen Funktionen W_e, W_a und W für zwei Extremfälle eines isotropen Kristallgitters näher betrachtet werden:

— Erster Fall: Die Bindungskräfte der Kerne im Kristallgitter seien schwach,

$$E_R\bar{\varepsilon} > (\hbar\omega_D)^2,$$

— Zweiter Fall: Die Bindungskräfte der Kerne im Kristallgitter seien stark,

$$E_R\bar{\varepsilon} < (\hbar\omega_D)^2,$$

$\bar{\varepsilon}$ ist die mittlere kinetische Energie des Kernes im Gitter,

ω_D die der Debye-Temperatur entsprechende Kreisfrequenz.

Die Emissionswahrscheinlichkeit ergibt sich aus (3.89) mit (3.92) zu

$$W_e = \frac{2N\mathcal{M}^{(\mathrm{em})}}{\Gamma\hbar}\,\mathcal{Re}\int_0^\infty \mathrm{e}^{it\left(\omega - \frac{E_0}{\hbar}\right) - \frac{\Gamma t}{2\hbar}}\mathcal{A}^{(\mathrm{em})}(t)\,\mathrm{d}t, \tag{3.128}$$

wobei

$$\mathcal{A}^{(\mathrm{em})}(t) = \exp\left\{\sum_{\mathbf{q}\alpha}(P_{\mathbf{k}',\mathbf{q}\alpha})^2[\bar{n}_{\mathbf{q}\alpha}\,\mathrm{e}^{\mathrm{i}\omega_\alpha(\mathbf{q})t} + (\bar{n}_{\mathbf{q}\alpha} + 1)\mathrm{e}^{-\mathrm{i}\omega_\alpha(\mathbf{q})t} - 2\bar{n}_{\mathbf{q}\alpha} - 1]\right\}. \tag{3.129}$$

Sind die Bindungskräfte schwach, dann empfiehlt es sich, zur Berechnung von W_e den Integrationsbereich in die beiden Intervalle $[0, t_0]$ und $[t_0, \infty]$ aufzuteilen. t_0 wird dabei so gewählt, daß für jedes $t \in [0, t_0]$ die Ungleichung $t\omega_D < 1$ und für jedes $t \in [t_0, \infty]$ die Ungleichung $t\omega_D > 1$ gilt [11, 12]. Im ersten Intervall kann die Exponentialfunktion $\exp[\pm it\omega_\alpha(\mathbf{q})]$ in eine Reihe entwickelt werden, da wegen der schwachen Bindungskräfte $E_R\bar{\varepsilon} > (\hbar\omega_D)^2$ gilt, was mit

$$\frac{1}{2}\sum(P_{\mathbf{k}'\mathbf{q}\alpha})^2(2\bar{n}_{\mathbf{q}\alpha} + 1)(\hbar\omega_{\mathbf{q}\alpha})^2 > (\hbar\omega_D)^2 \tag{3.130}$$

äquivalent ist. Mit den Bezeichnungen

$$\begin{aligned} B_e^2 &= E_R\bar{\varepsilon},\\ C_e &= \frac{1}{3!}\sum_{\mathbf{q}\alpha}(P_{\mathbf{k}'\mathbf{q}\alpha})^2(\hbar\omega_\alpha(\mathbf{q}))^3, \\ D_e &= \frac{1}{4!}\sum_{\mathbf{q}\alpha}(P_{\mathbf{k}'\mathbf{q}\alpha})^2(2\bar{n}_{\mathbf{q}\alpha} + 1)(\hbar\omega_\alpha(\mathbf{q}))^4 \end{aligned} \tag{3.131}$$

erhält man [12]

$$\begin{aligned} W_{e\mathrm{I}} = \frac{4N\mathcal{M}^{(\mathrm{em})}}{\Gamma\hbar}&\left\{1 - \frac{C_e}{8B_e^6}\left(\hbar\omega - E_0 + E_R\right)^3 + \right.\\ &\left. + \frac{D_e}{16B_e^8}\left(\hbar\omega - E_0 + E_R\right)^4 + \ldots\right\}\Psi(x, \eta), \end{aligned} \tag{3.132}$$

wobei

$$\begin{aligned} \Psi(x, \eta) &= \int_0^\infty \cos xy\,\mathrm{e}^{-y - \frac{y^2\eta^2}{4}}\,\mathrm{d}y,\\ x = 2\left(\hbar\omega - E_0 + E_R\right)\frac{1}{\Gamma}&, \qquad \eta = \frac{4B_e}{\Gamma}. \end{aligned} \tag{3.133}$$

Im zweiten Intervall $[t_0, \infty]$ ist das Integral einfach zu berechnen, wenn vorausgesetzt wird, daß die Lebensdauer des angeregten Kernzustands groß im Vergleich zur Schwingungsperiode im Gitter ist (d.h. ein sehr kleiner mittlerer Dopplereffekt), [12], $\tau_\gamma \gg \tau_{\text{Gitter}}$. Berücksichtigt man

$$\frac{1}{2} \sum_{q\alpha} (P_{k'q\alpha})^2 (2\bar{n}_{q\alpha} + 1)\, \Gamma < \hbar\omega_D \tag{3.134}$$

und entwickelt man die Korrelationsfunktion $\mathscr{A}^{(em)}(t)$ nach Potenzen von

$$\sum_{q\alpha} (P_{kq\alpha})^2 [(\bar{n}_{q\alpha} + 1)\, e^{i\hbar\omega_\alpha(q)} + \bar{n}_{q\alpha} e^{-i\hbar\omega_\alpha(q)}],$$

dann erhält man

$$W_{eII} \approx 2 \frac{\mathscr{M}^{(em)}}{\Gamma\hbar} N e^{-2g} \left\{ \frac{\Gamma\hbar}{(\hbar\omega - E_0)^2 + \frac{\Gamma^2}{4}} + \right.$$

$$+ \frac{E_R}{3N\hbar} \sum_{q\alpha} \frac{1}{\omega_\alpha(\mathbf{q})} \left[\frac{\bar{n}_{q\alpha} + 1}{(\hbar\omega - E_0 + \hbar\,\omega_\alpha(\mathbf{q}))^2 + \frac{\Gamma^2}{4}} + \right.$$

$$\left. \left. + \frac{\bar{n}_{q\alpha}}{(\hbar\omega - E_0 - \hbar\omega_\alpha(\mathbf{q}))^2 + \frac{\Gamma^2}{4}} \right] + \ldots \right\}. \tag{3.135}$$

Aus (3.132) und (3.135) folgt, daß die Photonenemissionswahrscheinlichkeit in der Nähe des Punktes $E = \hbar\omega - E_R$ durch eine rasch abfallende, unsymmetrische, durch Phononenerzeugungs- und -vernichtungsprozesse bedingte Kurve dargestellt wird. Ein unverschobenes Maximum bei $E = E_0$ (=Möẞbauerlinie) hat eine zu e^{-2g} proportionale Intensität. Verringert sich die Kernbindungsenergie im Kristall (z.B. durch Temperaturerhöhung), dann erscheint die Emissionswahrscheinlichkeit als eine Gaußkurve der Breite $2B_e\sqrt{\ln 2}$ mit dem Maximum bei $E = \hbar\omega - E_R$, während die Intensität der Möẞbauerlinie rasch abnimmt.

In derselben Weise wie bei der Emission kann die γ-Absorptionswahrscheinlichkeit der Kerne im Gitter berechnet werden. Im Resultat tritt nur der Unterschied auf, daß der zu den Photonenprozessen gehörige Kurventeil um $E = \hbar\omega + E_R$ zentriert ist.

Die Streuwahrscheinlichkeit W ist schwerer quantitativ zu erfassen. Man erhält jedoch qualitative Aussagen, wenn die RDM-Integrationsmethode (root diminuation method) angewandt wird. Genau wie bei

W_e wird auch hier die Zeitachse in zwei Teilbereiche aufgeteilt. Im ersten Bereich $[0, \alpha]$, $\alpha = \mu, t, t'$, kann W nicht analytisch erfaßt werden. Trotzdem kann aber auf Grund numerischer Rechnungen ausgesagt werden, daß W eine kontinuierliche Funktion von ω oder ω_0 ist, die von Null abweicht, wenn die Streuwinkel nicht dem Braggwinkel entsprechen. Im Bereich $[\alpha, \infty]$ erscheint W als Überlagerung einer Mößbauerlinie mit einer zu den Phononenanteilen gehörigen Gaußkurve, wenn experimentell unter einem Braggwinkel beobachtet wird [11].

Die Spektren, die die γ-Prozesse von Kernen mit schwacher Bindung liefern, erscheinen also als Überlagerung zweier Anteile: Eine bei E_0 zentrierte Lorentzkurve der Breite Γ und eine strukturierte (gezackte) Gaußkurve. Die letztere entspricht der Beteiligung von Phononen am γ-Prozeß, ist bei $E = \hbar\omega \pm E_R$ zentriert und zu B_e proportional. Bei hohen Temperaturen überwiegt der Gaußanteil, während bei niedrigen Temperaturen der Lorentzanteil dominiert. Mößbauer konnte das Resonanzverhalten $\left(\text{d.h. ein Extremum bei } \omega = \frac{E_0}{\hbar}\right)$ erstmals an dem 129 keV-γ-Übergang des ^{191}Ir nachweisen.

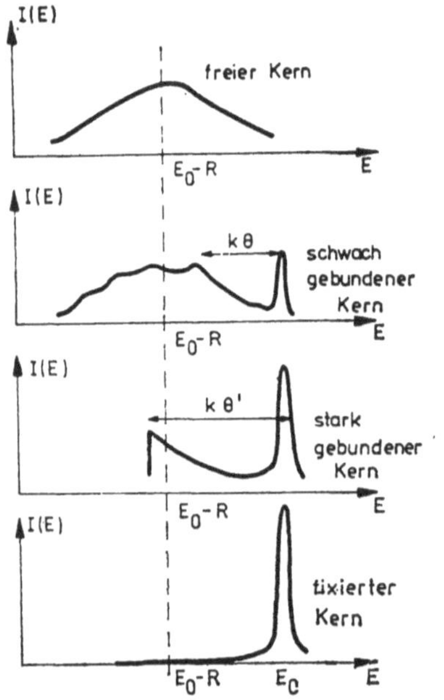

Abb. 3.2 – Gamma-Emissionsspektren unterschiedlich stark im Gitter gebundener Kerne.

In Abb. 3.2 sind einige γ-Emissionsspektren von Kernen mit unterschiedlich starker Bindung im Gitter gezeigt. Diese Bindungsstärken werden im Realfall durch die Debye-Temperatur Θ_D des Kristalls charakterisiert. Für die Spektrenform ist dann das Verhältnis $k_B\Theta_D/E_R$ maßgebend. Es sei noch erwähnt, daß diese Bindungsstärken natürlich auch mit den Kraftkonstanten, die z.B. in der Infrarotspektroskopie eine große Rolle spielen, zusammenhängen. Die dort übliche Normalkoordinatenanalyse ist dem in Abschnitt 3.2.1 angewandten Verfahren eng verwandt.

Soll das Emissionsspektrum von weichen γ-Quanten, für die die Bedingung $E_R\,\bar{\varepsilon} < (\hbar\omega_D)^2$ erfüllt ist (verglichen mit dem voranstehenden Absatz entspricht das also dem Fall der starken Bindung im Gitter), untersucht werden, dann muß der zeitabhängige Teil $\mathscr{A}^{(\mathrm{em})}(t)$ der Korrelationsfunktion nach $E_R\bar{\varepsilon}$, also nach Potenzen der Größen

$$\sum_{\mathbf{q}\alpha} (\bar{n}_{\mathbf{q}\alpha} + 1) \mathrm{e}^{-\mathrm{i}\omega_\alpha(\mathbf{q})t}$$

und (3.136)

$$\sum_{\mathbf{q}\alpha} \bar{n}_{\mathbf{q}\alpha} \mathrm{e}^{\mathrm{i}\omega_\alpha(\mathbf{q})t},$$

in eine Reihe entwickelt werden [12]. Man erhält

$$W_e = N\mathscr{M}^{(\mathrm{em})}\,\mathrm{e}^{-2g} \prod_{\mathbf{q}\alpha} \sum_{\tau,\,\tau'} \frac{C_1^{\tau'}\,C_2^{\tau}}{\tau'!\tau!} \frac{1}{[\hbar\omega - E_0 + \sum\limits_{\mathbf{q}\alpha} \hbar\omega_\alpha(\mathbf{q})(\tau'-\tau)]^2 + \dfrac{\Gamma^2}{4}},$$

wobei

$$C_1 = (P_{\mathbf{k}'\mathbf{q}\alpha})^2 \bar{n}_{\mathbf{q}\alpha} \tag{3.137}$$

und

$$C_2 = (P_{\mathbf{k}'\mathbf{q}\alpha})^2 (\bar{n}_{\mathbf{q}\alpha} + 1) \tag{3.138}$$

sind. Es bedeuten hierbei τ und τ' die Exponenten der Reihenentwicklung nach (3.136).

Für den Fall der Absorption erhält man ein analoges Resultat. Für Streuprozesse erhält man durch Reihenentwicklung der Korrelationsfunktion nach den Größen

$$\mathscr{K}^{(s')}(t),\ \mathscr{K}^{(s)}(t),\ \sum_{\mathbf{q}\alpha} (\bar{n}_{\mathbf{q}\alpha} + 1)\mathscr{D}^*_{\mathbf{q}\alpha},\ \sum_{\mathbf{q}\alpha} \bar{n}_{\mathbf{q}\alpha}\mathscr{D}_{\mathbf{q}\alpha} \tag{3.139}$$

eine Beziehung, die eine resonante Streuwahrscheinlichkeit W_1 (elastische Prozesse) und eine Erzeugungs- und Vernichtungswahrscheinlichkeit von γ-Quanten (unelastische Streuung) W_2 enthält [11],

$$W = W_1 + W_2, \tag{3.140}$$

wobei

$$W_1 = \frac{\mathcal{M}}{\varepsilon_0^2 + \frac{\Gamma^2}{4}} \left| \sum_l e^{i\Delta k l} \right|^2 \left| \sum_s e^{i\Delta k r^{(s)} - g^{(s)}} F(\varepsilon_1) \right|^2 \tag{3.141}$$

$$W_2 = \mathcal{M} \sum_{q\alpha} \left\{ \left| \sum_l e^{-i(\Delta k + q)l} \right|^2 \left[\frac{\bar{n}_{q\alpha} + 1}{(\varepsilon_1 + \hbar\omega_\alpha(q))^2 + \frac{\Gamma^2}{4}} \times \right.\right.$$
$$\times \left| \sum_s e^{-i(\Delta k + q)r^{(s)} - g^{(s)}} N^+(\varepsilon_1) \right|^2 + \frac{\bar{n}_{q\alpha}}{(\varepsilon_1 - \hbar\,\omega_\alpha(q))^2 + \frac{\Gamma^2}{4}} \times$$
$$\left.\left. \times \left| \sum_s e^{-i(\Delta k - q)r^{(s)} - g^{(s)}} N^-(\varepsilon_1) \right|^2 \right] \right\}. \tag{3.142}$$

Dabei wurden die Bezeichnungen

$$\varepsilon_1 = -E_0 + \hbar\omega, \qquad C_1^{(s)} = \bar{n}_{q\alpha} P^{(s)}_{k_0 q\alpha} P^{(s)}_{k' q\alpha}, \qquad C_2^{(s)} = (\bar{n}_{q\alpha} + 1) P^{(s)}_{k_0 q\alpha} P^{(s)}_{k' q\alpha},$$

$$F(\varepsilon_1) = \prod_{q\alpha} \sum_{\tau, \tau'} \frac{[C_1^{(s)}]^{\tau'} (C_2^{(s)})^{\tau}}{\tau!\,\tau'!} \, \frac{\frac{\Gamma}{2} + i\left[\varepsilon_1 + \sum_{q\alpha} \hbar\omega_\alpha(q)(\tau' - \tau)\right]}{\left[\varepsilon_1 + \sum_{q\alpha} \hbar\omega_\alpha(q)(\tau' - \tau)\right]^2 + \frac{\Gamma^2}{4}}, \tag{3.143}$$

$$N^\pm(\varepsilon_1) = P^{(s)}_{k_0 q\alpha} F(\varepsilon_1) - P^{(s)}_{k' q\alpha} F(\varepsilon_1 \pm \hbar\omega_\alpha(q))$$

verwendet.

Eine genauere Betrachtung von (3.137), (3.141) und (3.142) zeigt, daß für im Gitter stark gebundene Kerne der dominierende Beitrag zu den γ-Prozessen für $\tau = \tau' = 0$ auftritt. Er wird im Verhältnis von $1/N$ von Einphononenprozessen und dann erst von höheren (Mehrphononen-) Übergängen gefolgt. Die zu $\tau = \tau' \neq 0$ gehörigen Anteile tragen ebenfalls zur Mößbauerlinie bei, nur ist dieser Beitrag geringer als der für $\tau = \tau' = 0$.

Die Intensität der Mößbauerlinie ist der Größe (3.141), die den rückstoßfreien Anteil bei der Emission (bzw. Absorption), also der Mößbauerfaktor f, darstellt, proportional,

$$f = e^{-2g} \prod_{q\alpha} \sum_{\tau = \tau'} \frac{(C_1 C_2)^{\tau}}{(\tau!)^2}. \tag{3.144}$$

Der obere Grenzwert (für $N \to \infty$) dieses Anteils ist der Debye-Waller-Faktor.

Bei Streuung erreicht die Intensität der Mößbauerlinie ihren Maximalwert bei einem Braggwinkel $\Delta\mathbf{k}' = \mathbf{g}$.

Zusammenfassend kann für die Energiespektren der durch mehr oder weniger stark im Gitter gebundene Kerne emittierten Photonen gefolgert werden:

1) Das Emissionsspektrum des freien Kernes wird durch eine bei $E = E_0 - E_R$ zentrierte Gaußkurve der Breite $\sim 2\sqrt{E_R\bar{\varepsilon}}$ dargestellt.

2) Das Emissionsspektrum eines schwach im Gitter gebundenen Kernes ist durch eine strukturierte Gaußfunktion gegeben, der sich eine bei $E = E_0$ liegende Lorentzfunktion der Breite Γ (Nullphononenprozesse, Mößbauerlinie) und ein weiteres Maximum (entsprechend den Einphononenprozessen) überlagern.

3) Durch eine Erhöhung der Bindungskräfte des Kernes im Kristall entsteht eine Intensitätsschwächung der strukturierten Gaußverteilung, der Einphononenpik verschiebt sich relativ zu E_0 und die Lorentzlinie gewinnt an Intensität (d.h. die Phononen werden immer weniger zur Rückstoßaufnahme benötigt).

4) Das Emissionsspektrum eines sehr fest gebundenen Kernes enthält praktisch nur eine Lorentzverteilung (bei $E = E_0$).

Literatur

[1] H. J. Lipkin, Ann. of Phys. (New York) 9, 332 (1960).
[2] L. Landau, E. Lifschitz, Lehrbuch d. theoret. Physik, Bd. V, Akad. Verl. Berlin (1971).
[3] W. Kündig, Nucl. Instr. Meth. 48, 216 (1967).
[4] D. Barb, S. Constantinescu, D. Ţarină, Rev. Roum. Phys. 16, 263 (1973).
[5] M. Blume, Phys. Rev. 174, 2, 351 (1968).
[6] A. Messiah, Quantum Mechanics, North Holland Publishing Company (1967).
[7] W. E. Lamb, Phys. Rev. 55, 190 (1939).
[8] R. L. Mössbauer, Z. Physik, 151, 124 (1958).
[9] R. L. Mössbauer, Z. Naturforsch. 14a, 211 (1959).
[10] W. Heitler, Quantum Theory of Radiation, Clarendon Press (1954).
[11] I.P. Dzyub, A. F. Lubchenko, Soviet Physics — Solid State 3, 8, 1651 (1962), Fiz. tverd. tela 2, 8, 2275 (1961); 4, 8, 2081 (1962).
[12] I. P. Dzyub, A. F. Lubchenko, Soviet Physics — Doklady 6, 1, 33 (1961), Doklady AN UdSSR 136, 66 (1961).

Viertes Kapitel

Hyperfeinstrukturen im Mößbauerspektrum

4.1 Einleitung

Unter Hyperfeinwechselwirkungen versteht man in der Spektroskopie die elektrischen und magnetischen Wechselwirkungen des Atomkernes mit seiner Elektronenumgebung. Die Hamiltonfunktion $\hat{H}^{hf}$, die diese Wechselwirkungen beschreibt, wird meistens als eine Störfunktion in der vollständigen Hamiltonfunktion $\hat{H}_{\text{Kern}} = \hat{H}^0_{\text{Kern}} + \hat{H}^{hf}$ betrachtet. $\hat{H}_{\text{Kern}}$ charakterisiert den Zustand eines Kernes, der einen durch die Beziehungen (3.78, 3.79) beschriebenen Übergang ausführt. Da in den meisten Fällen die natürlichen Linienbreiten der „rückstoßfreien" Übergänge im Vergleich zu den charakteristischen Energien der Hyperfeinwechselwirkungen klein sind, können letztere, selbst wenn sie verhältnismäßig schwach sind, das Aussehen des Mößbauerspektrums merklich verändern. Die Untersuchung solcher spektraler Veränderungen erlaubt die Bestimmung von Atom- und Kernparametern, die anderen Untersuchungsmethoden oft unzugänglich sind, und bildet die Grundlage für die Anwendung der Mößbauerspektroskopie in weiten Bereichen der Forschung, besonders aber bei festkörperphysikalischen und physikochemischen Fragestellungen.

In diesem Kapitel werden die statischen Hyperfeinwechselwirkungen beschrieben, wobei die Umgebung des Kernes durch effektive und zeitunabhängige elektrische und magnetische Felder dargestellt wird. Wenn man den Kern als eine Verteilung von statischen oder in stationärer Bewegung befindlichen Ladungen betrachtet, dann können seine elektrischen und magnetischen Eigenschaften durch die Multipolmomente der Ordnung 2^l aus der Entwicklung des Skalar- bzw. Vektorpotentials dieser Verteilung beschrieben werden. Um den physikalischen Sinn der Hyperfeinwechselwirkung zu verstehen, erscheint es von Nutzen, einige Erläuterungen zum Problem der elektrischen und magnetischen Multipole zu machen, was im allgemeinen aber auch in Lehrbüchern der Elektrodynamik (z.B. [1]) behandelt wird.

4.1.1 Elektrische Kernmultipolmomente

Der Kern soll als eine statische Ladungsverteilung betrachtet werden, wobei mit e_i und $\mathbf{r}_i$ die Ladungen bzw. Orte der Teilchen dieser Verteilung in einem Koordinatensystem bezeichnet werden, dessen Nullpunkt sich im Innern des Teilchensystems befindet.

Das Skalarpotential φ des Feldes, das sämtliche Ladungen im vom Radiusvektor $\mathbf{R}_0$ beschriebenen Punkt erzeugen, ist gegeben durch

$$\varphi = \sum_i \frac{e_i}{|\mathbf{R}_0 - \mathbf{r}_i|}. \tag{4.1}$$

Es werde der Fall $|\mathbf{R}_0| \gg |\mathbf{r}_i|$ betrachtet, der dem Fall eines Atoms entspricht, das aus einem Kern und seiner Elektronenhülle derart aufgebaut ist, daß der Kernradius viel kleiner als die Entfernung bis zur Elektronenhülle ist. Dann ist das allgemeine Glied der Entwicklung des Potentials gerade die erzeugende Funktion der Legendreschen Polynome,

$$\frac{1}{|\mathbf{R}_0 - \mathbf{r}_i|} = \frac{1}{R_0} \sum_{l=0}^{\infty} \left(\frac{r_i}{R_0}\right)^l P_l(\cos\chi), \tag{4.2}$$

worin χ den Winkel zwischen $\mathbf{R}_0$ und $\mathbf{r}_i$ bezeichnet. Aus dem Additionstheorem für Kugelfunktionen folgt

$$P_l(\cos\chi) = \sum_{m=-l}^{l} \frac{(l-|m|)!}{(l+|m|)!} P_l^{|m|}(\cos\theta_0) P_l^{|m|}(\cos\theta_i)\, \mathrm{e}^{-im(\varphi_0-\varphi_i)}, \tag{4.3}$$

worin (θ_0, φ_0) und (θ_i, φ_i) die Winkel sind, die von $\mathbf{R}_0$ bzw. $\mathbf{r}_i$ mit den Koordinatenachsen gebildet werden. $P_l^{|m|}$ sind die zugeordneten Legendreschen Polynome. Mit (4.2) und (4.3) wird das Potential (4.1) zu

$$\varphi = \sum_{l=0}^{\infty} \frac{1}{R_0^{l+1}} \sum_{m=-l}^{l} \sqrt{\frac{(l-|m|)!}{(l+|m|)!}} P_l^{|m|}(\cos\theta_0)\, \mathrm{e}^{-im\varphi_0} Q_m^{(l)}, \tag{4.4}$$

wobei

$$Q_m^{(l)} = \sum_i e_i r_i^l \sqrt{\frac{(l-|m|)!}{(l+|m|)!}} P_l^{|m|}(\cos\theta_i)\, \mathrm{e}^{im\varphi_i}. \tag{4.5}$$

Die Gesamtheit der $(2l+1)$ Größen $Q_m^{(l)}$ bildet die Multipolmomente der Ordnung 2^l der Ladungsverteilung. Man sieht, daß das elektrische Monopolmoment $(l=0)$ gerade die Gesamtladung der Ladungsverteilung darstellt,

$$Q^{(0)} = \sum_i e_i. \tag{4.6}$$

Das elektrische Quadrupolmoment $(l=2)$ hat die Form

$$Q_m^{(2)} = \sum_i e_i r_i^2 \sqrt{\frac{(2-|m|)!}{(2+|m|)!}} P_2^{|m|}(\cos\theta_i)\, \mathrm{e}^{im\varphi_i} \tag{4.7}$$

und beschreibt die Abweichung der Kernladungsverteilung von der Kugelsymmetrie.

Alle Multipolmomente der Ordnung 2^l mit ungeradzahligem l sind ungerade Funktionen (d.h. sie sind Polynome ungerader Ordnung in den Koordinaten und wechseln das Vorzeichen bei Koordinatenumkehr). Aus Gründen der Paritätserhaltung sind die Mittelwerte aller ungeraden elektrischen Multipolmomente der Ordnung 2^l gleich Null. Dies erklärt, warum bei der Wechselwirkung des Kernes mit seiner Umgebung nur elektrische Multipole mit geradzahligem l (Monopolmoment ($l = 0$), Quadrupolmoment ($l = 2$) usw.) auftreten.

4.1.2 Magnetische Kernmultipolmomente

Der Kern soll nun als eine Ladungsverteilung in stationärer Bewegung betrachtet werden. Das über die Zeit gemittelte Vektorpotential $\overline{\mathbf{A}}$ des Feldes, das die sich bewegenden Ladungen am Aufpunkt $\mathbf{R}_0$ erzeugen, ist

$$\overline{\mathbf{A}} = \frac{1}{c} \sum_i \frac{\overline{e_i \mathbf{v}_i}}{|\mathbf{R}_0 - \mathbf{r}_i|} \,. \tag{4.8}$$

Geht man wie im Falle des Skalarpotentials vor, dann erhält man in großem Abstand vom Ladungssystem für $\overline{\mathbf{A}}$ den Ausdruck

$$\overline{\mathbf{A}} = \sum_{l=0}^{\infty} \frac{1}{cR_0^{l+1}} \sum_{m=-l} \sqrt{\frac{(l-|m|)!}{(l+|m|)!}} P_l^{|m|}(\cos\theta_0)\, e^{-im\varphi_0} M_m^{(l)}, \tag{4.9}$$

worin die Faktoren

$$M_m^{(l)} = \sum_i \overline{e_i \mathbf{v}_i \mathbf{r}_i^l} \sqrt{\frac{(l-|m|)!}{(l+|m|)!}}\, \overline{P_l^{|m|}(\cos\theta_i)\, e^{im\varphi_i}} \tag{4.10}$$

die Ausdrücke für die magnetischen Momente darstellen. Das Moment erster Ordnung ($l = 0$) ergibt

$$\overline{\mathbf{A}}^{(0)} = \frac{1}{cR_0} \sum_i \overline{e_i \mathbf{v}_i}. \tag{4.11}$$

Man sieht, daß die Summe $\sum_i \overline{e_i \mathbf{v}_i}$ verschwindet, weil sie das Mittel der Ableitung von $(\sum_i \overline{e_i \mathbf{r}_i})$ nach der Zeit ist und diese Größe nur in einem begrenzten Intervall variiert. Folglich ist das magnetische Nullmoment gleich Null. Dasselbe gilt für alle geradzahligen magnetischen Momente in der Reihenentwicklung von $\overline{\mathbf{A}}$.

Das erste ungerade magnetische Moment entspricht $l = 1$. Legt man $\mathbf{R}_0$ parallel zur z-Achse ($\theta_0 = 0$), dann kann man das mittlere Vektorpotential in der Form

$$\overline{\mathbf{A}^{(1)}} = \left[\nabla \frac{1}{R_0} \times \boldsymbol{\mu}\right] \tag{4.12}$$

schreiben, worin

$$\boldsymbol{\mu} = \frac{1}{2c} \sum_i \overline{e_i(\mathbf{r}_i \times \mathbf{v}_i)} \tag{4.13}$$

das magnetische Dipolmoment des Systems bezeichnet. Ersetzt man die Summation durch Integration und setzt man außerdem die Kernstromdichte $\mathbf{j} = e \dfrac{\mathrm{d}\mathbf{r}}{\mathrm{d}t}$ ein, so kann man das magnetische Dipolmoment in einer Form schreiben, die seine physikalische Bedeutung besser hervorhebt,

$$\boldsymbol{\mu} = \frac{1}{2c} \int (\mathbf{r} \times \mathbf{j}) \, \mathrm{d}\tau = \int \mathbf{M} \, \mathrm{d}\tau. \tag{4.14}$$

$\mathbf{M}$ ist hier die Magnetisierungsdichte des Kerns.

Das nächste von Null verschiedene magnetische Moment ist das Oktupolmoment ($l = 3$), das die Form eines Legendre-Polynoms dritten Grades hat. Setzt man wieder $\mathbf{M}$ ein, dann nimmt es die Form

$$\Omega = \int \frac{r^3}{2} (5 \cos^3 \theta - 3 \cos \theta) \operatorname{div} \mathbf{M} \, \mathrm{d}\tau \tag{4.15}$$

an.

Bei Atomkernen wurden bisher keine elektrischen und magnetischen Momente höherer Ordnung als die bereits erwähnten (d.h. elektrischer Monopol und Quadrupol, magnetischer Dipol und Oktupol) gefunden. Das Oktupolmoment ist in den meisten Fällen vernachlässigbar.

Die quantenmechanische Definition dieser Momente ist ganz ähnlich, nur daß sie als Operatoren betrachtet werden müssen.

Die Wechselwirkung zwischen dem elektrischen Monopolmoment und einer Ladungsverteilung, die den Kern durchdringt, ruft Verschiebungen der Kernniveaus hervor und äußert sich im Mößbauerspektrum in der sogenannten Isomerieverschiebung. Die Wechselwirkung zwischen dem elektrischen Quadrupolmoment und einem elektrischen Feldgradienten, sowie die Wechselwirkung zwischen dem magnetischen Dipolmoment und einem Magnetfeld verursachen Aufspaltungen der Kernniveaus, so daß das Mößbauerspektrum dann eine gewisse Hyperfeinstruktur (eine Quadrupol- bzw. eine magnetische Hyperfeinaufspaltung) zeigt.

4.2 Elektrische und magnetische Wechselwirkungen des Kernes mit seiner Umgebung

In diesem Abschnitt werden Beziehungen für die Hyperfeinwechselwirkungsenergien hergeleitet, wobei der Kern als eine statische Ladungsverteilung (für die elektrische Wechselwirkung) oder als eine stationär bewegte Ladungsverteilung (für die magnetische Wechselwirkung) betrachtet wird.

4.2.1 Die elektrische Wechselwirkung

Die Kernladung mit der Dichte $\rho(\mathbf{r})$ sei in einem elektrischen Feld verteilt, das durch das Potential $V(\mathbf{r})$ beschrieben wird. Der Nullpunkt des Koordinatensystems befinde sich innerhalb dieser Kernladungsverteilung beliebiger Symmetrie.

Die klassische Formel für die Wechselwirkungsenergie E einer Ladungsverteilung der Dichte $\rho(\mathbf{r})$ mit einem Potential $V(\mathbf{r})$ ist [2]

$$E = \int \rho(\mathbf{r}) V(\mathbf{r})\, d\tau. \tag{4.16}$$

$d\tau$ ist das Volumenelement, und die Integration erfolgt über den gesamten Raum, in dem $\rho(\mathbf{r})$ erklärt ist. Wenn das durch das Potential $V(\mathbf{r})$ erzeugte elektrische Feld schwach im von der Verteilung $\rho(\mathbf{r})$ besetzten Bereich variiert, dann kann man das Potential $V(\mathbf{r})$ in eine Taylorreihe um den Ursprung von $\mathbf{r}$ entwickeln,

$$V(\mathbf{r}) = V(0) + \sum_{\alpha} X^{\alpha} \left(\frac{\partial V}{\partial X^{\alpha}}\right)_0 + \frac{1}{2!} \sum_{\alpha,\beta} X^{\alpha} X^{\beta} \left(\frac{\partial^2 V}{\partial X^{\alpha} \partial X^{\beta}}\right) + \ldots, \tag{4.17}$$

worin die X^{α} ($\alpha = 1, 2, 3$) die kartesischen Koordinaten x, y, z sind. Mit dem Ansatz

$$V_{\alpha} = \left(\frac{\partial V}{\partial X^{\alpha}}\right)_0, \quad V_{\alpha\beta} = \left(\frac{\partial^2 V}{\partial X^{\alpha} \partial X^{\beta}}\right)_0 \tag{4.18}$$

erhält man die Wechselwirkungsenergie in der Form

$$E = V(0)\int \rho(\mathbf{r})\,d\tau + \sum_{\alpha} V_{\alpha}\int X^{\alpha}\rho(\mathbf{r})\,d\tau + \\ + \frac{1}{2!}\sum_{\alpha,\beta} V_{\alpha\beta}\int X^{\alpha}X^{\beta}\rho(\mathbf{r})\,d\tau + \ldots . \tag{4.19}$$

Legt man den Nullpunkt des Koordinatensystems in den Massenmittelpunkt des Kerns (wobei der Massenmittelpunkt mit dem Ladungsschwerpunkt übereinstimmt), dann haben die Terme der Wechselwirkungsenergie folgende Bedeutung:

– Dar erste Glied ist die elektrostatische Energie des als punktförmige Ladung angenommenen Kerns. Es ist für den vorliegenden Zweck uninteressant.

– Der zweite Term der Entwicklung enthält das elektrische Dipolmoment des Kerns. Sein Mittelwert (die Integrale des Produktes $X^{\alpha}\rho$ über das ganze Verteilungsvolumen) verschwindet unter der Bedingung, daß die Verteilung $\rho(\mathbf{r})$ eine gerade Funktion ist.

– Das dritte Glied ist der sogenannte elektrische Quadrupolterm

$$E^{(2)} = \frac{1}{2}\sum_{\alpha,\beta} V_{\alpha\beta}\int X^{\alpha}X^{\beta}\rho(\mathbf{r})\,d\tau. \tag{4.20}$$

Addiert und subtrahiert man den Term $\frac{1}{3}\,\delta_{\alpha\beta}r^2\rho(\mathbf{r})$, der von der Orientierung des Kerns unabhängig ist, dann erhält $E^{(2)}$ die bequemere Form

$$E^{(2)} = \frac{1}{6}\sum_{\alpha,\beta}\left[V_{\alpha\beta}\int(3X^{\alpha}X^{\beta} - \delta_{\alpha\beta}\mathbf{r}^2)\rho(\mathbf{r})\,d\tau + \delta_{\alpha\beta}V_{\alpha\beta}\int r^2\,\rho(\mathbf{r})\,d\tau\right]. \tag{4.21}$$

4.2.1.1 Die Isomerieverschiebung

Wenn das Potential $V(\mathbf{r})$ von Ladungen herrührt, welche den Kern durchdringen, dann genügt es der Poissongleichung

$$\sum_{\alpha} V_{\alpha\alpha} = -\,4\pi q\,|\,\Psi(0)\,|^2, \tag{4.22}$$

in der q die innere Ladung und $|\,\Psi(0)\,|^2$ die Wahrscheinlichkeitsdichte der Ladungen q im Kern bezeichnen. Der zweite Term in (4.21) bedeutet in diesem Falle die Wechselwirkungsenergie des Kernes mit dem Potential der Verteilung der inneren Ladungen,

$$E_D = -\,\frac{2\pi}{3}\,Zqe|\,\Psi(0)\,|^2\,\langle R^2\rangle, \tag{4.23}$$

wobei

$$\langle R^2\rangle = \frac{1}{Z}\int r^2\rho'\,d\tau; \quad \rho' = \frac{\rho}{e}, \tag{4.24}$$

der mittlere quadratische Kernradius, Z die Kernladungszahl und ρ' die Anzahl der Ladungen pro Volumeneinheit sind. Hier ist q eigentlich die Elektronenladung, so daß ihre Wechselwirkung mit einer als kugel-

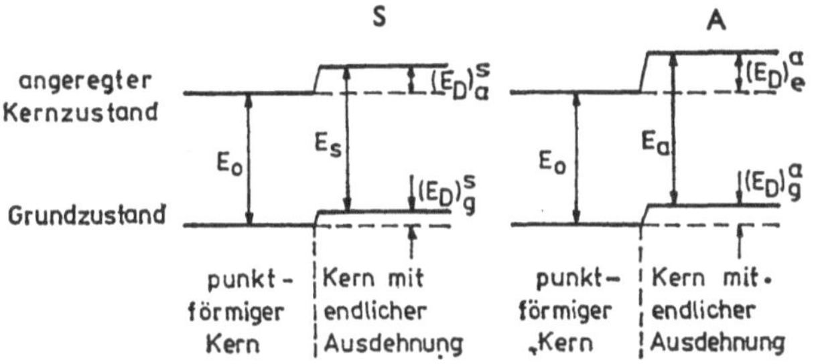

Abb. 4.1 — Die Isomerieverschiebung für Kerne in verschiedenen Kernzuständen und Nachbarschaften (z.B. S = Quelle, A = Absorber).

förmig und homogen verteilt angenommenen Kernladungsverteilung vom Radius R durch die Formel

$$E_D = -\frac{2\pi}{3} Z e^2 |\Psi(0)|^2 \langle R^2 \rangle \tag{4.25}$$

beschrieben wird.

Das Ergebnis dieser Wechselwirkung ist eine Verschiebung der Kernenergieniveaus, und zwar ist diese unterschiedlich für Kerne mit gleicher Ladung aber verschiedenen Verteilungen der elektrischen Ladungen, die das Kernvolumen durchdringen, aber auch für Kerne mit gleicher Ladung und verschiedener Masse (Isotope), oder auch für Kerne mit gleicher Ladung und Masse, aber in verschiedenen Kernzuständen (Isomere). Abb. 4.1 zeigt diese Verschiebungen für zwei identische Kerne in verschiedenen Kernzuständen und s- und a-Umgebungen.

Im allgemeinen ist $E_s \neq E_a$. Die Differenz $\delta = E_s - E_a$ nennt man Isomerieverschiebung,

$$\delta = [(E_D)_e - (E_D)_g]_s - [(E_D)_e - (E_D)_g]_a.$$

Wenn man annimmt, daß $\langle R^2 \rangle$ nicht von der Umgebung des Kernes und $|\Psi(0)|^2$ nicht von dessen Anregungszustand abhängen, dann ergibt sich

$$\delta = \frac{2\pi}{3} Z e^2 [\langle R^2 \rangle_e - \langle R^2 \rangle_g] [|\Psi(0)|^2 - |\Psi(0)|^2_s] =$$

$$= \text{const}\, Z e^2 R^2_{\text{eff}} \frac{\Delta R}{R} [|\Psi(0)|^2_a - |\Psi(0)|^2_s], \tag{4.26}$$

worin $R_{\text{eff}} \approx 1{,}2 \cdot A^{1/3} \cdot 10^{-15}$ m und A die Massenzahl sind.

Wie aus (4.26) ersichtlich, ist die Isomerieverschiebung das Produkt zweier Faktoren: Ein Faktor nuklearer Herkunft, der insbesondere von der Differenz zwischen dem Radius des angeregten Isomerzustandes und dem des Grundzustandes abhängig ist, und ein Faktor atomarer Herkunft, der durch die Elektronenladungsdichten an den Kernorten gegeben ist.

Bei den schweren Elementen sind die Wellenfunktionen $\Psi(0)$ stark durch Effekte relativistischer Natur verändert, was sich auch auf die Kernladungsdichte auswirkt. Daher ist hier eine Korrektur der Isomerieverschiebung notwendig. In [3] wurde gezeigt, daß diese relativistische Korrektur zu einem dimensionslosen Faktor $S(Z)$ in (4.26) führt,

$$\delta = \frac{2\pi}{3} Ze^2 S(Z) [\langle R^2 \rangle_e - \langle R^2 \rangle_g][|\Psi(0)|_a^2 - |\Psi(0)|_s^2]. \tag{4.27}$$

Der relativistische Faktor $S(Z)$ ist in [3] für $Z=1...96$ tabelliert. Für Fe ($Z = 26$), Sn ($Z = 50$) und Np ($Z = 93$) sind seine Werte 1,32; 2,48 und 19,4. Da dieser Faktor für alle Verbindungen eines Mößbauernuklids der gleiche ist, so tritt er bei vergleichenden Untersuchungen zwischen verschiedenen Verbindungen nicht auf.

4.2.1.2 Die Quadrupolwechselwirkung

Wenn das Potential V von Ladungen erzeugt wird, die sich außerhalb der Verteilung $\rho(\mathbf{r})$ befinden, dann genügt es der Laplacegleichung

$$\sum_\alpha V_{\alpha\alpha} = 0, \tag{4.28}$$

und der zweite Term in (4.21) verschwindet. Folglich hat die Wechselwirkungsenergie des Kernes mit dem Potential einer äußeren Ladungsverteilung die Form

$$E_Q = \frac{1}{6} \sum_{\alpha,\beta} V_{\alpha\beta} \int (3X^\alpha X^\beta - \delta_{\alpha\beta} r^2) \rho(\mathbf{r})\, d\tau. \tag{4.29}$$

E_Q wird elektrische Quadrupolwechselwirkung genannt.

Um den quantenmechanischen Ausdruck für die elektrische Quadrupolwechselwirkung aufzufinden, geht man von der klassischen Dichte $\rho(\mathbf{r})$ zum entsprechenden quantenmechanischen Operator über,

$$\rho(\mathbf{r}) \to \hat{\rho}(\mathbf{r}) = \sum_p e_p \delta(\mathbf{r} - \mathbf{r}_p), \tag{4.30}$$

wobei die Summe über alle Nukleonen $p = 1, \ldots, n$ läuft und e_p die Werte

$$e_p = \begin{cases} e \text{ für Protonen,} \\ 0 \text{ für Neutronen} \end{cases}$$

annimmt. Somit erhält man

$$\hat{H}_Q^{hf} = \frac{e}{6} \sum_{\alpha\beta} V_{\alpha\beta} \sum_p \int (3X^\alpha X^\beta - \delta_{\alpha\beta} r^2)\, \delta(\mathbf{r} - \mathbf{r}_p)\, d\tau. \tag{4.31}$$

Berücksichtigt man die Eigenschaften der Deltafunktion, so gilt für den Hamiltonoperator der Quadrupolwechselwirkung

$$\hat{H}_Q^{hf} = \frac{e}{6} \sum_{\alpha\beta} V_{\alpha\beta} \sum_p (3X_p^\alpha X_p^\beta - \delta_{\alpha\beta} r_p^2). \tag{4.32}$$

Da $\hat{H}_Q^{hf}$ die Summe über alle Kernteilchen enthält, ist diese Form für praktische Anwendungen sehr unbequem. Zur leichteren Handhabung brauchen nur die Matrixelemente $\langle Im\eta \,|\, \hat{H}_Q^{hf} \,|\, Im'\eta \rangle$ für die gleichen Quantenzahlen I und η untersucht zu werden, weil lediglich die räumliche Kernorientierung in einem bestimmten Energiezustand interessiert. Für diese Matrixelemente gilt das Wigner-Eckart-Theorem, demzufolge der Tensor des elektrischen Quadrupolmomentes in $\hat{H}_Q^{hf}$ durch einen Tensoroperator ersetzt werden kann [2].

Es werde ein stationärer Kernzustand mit dem Spin I und einer $(2I + 1)$-fachen Entartung betrachtet. Das Wigner-Eckart-Theorem besagt, daß in dem Multiplett der $(2I + 1)$ Teilzustände des entarteten Kernzustandes I alle symmetrischen Tensoren zweiter Ordnung mit der Spur Null Matrixelemente haben, die proportional denjenigen des Drehimpulstensors sind. Man hat also

$$\begin{aligned} &\left\langle Im\eta \,\middle|\, \sum_p^{\text{Protonen}} (3X_p^\alpha X_p^\beta - \delta_{\alpha\beta} r_p^2) \,\middle|\, Im'\eta \right\rangle = \\ &= C \left\langle Im\eta \,\middle|\, 3\,\frac{I_\alpha I_\beta + I_\beta I_\alpha}{2} - \delta_{\alpha\beta} I^2 \,\middle|\, Im'\eta \right\rangle, \end{aligned} \tag{4.33}$$

worin C eine Konstante ist, und zwar dieselbe für jeden beliebigen Satz m, m', α und β. Um den Betrag von C zu ermitteln, wird die obige Beziehung für den speziellen Fall $m = m' = I$ und $\alpha = \beta = z$ betrachtet,

$$\left\langle II\eta \,\middle|\, \sum_p^{\text{Protonen}} (3z_p^2 - r_p^2) \,\middle|\, II\eta \right\rangle = C \,\langle II\eta \,|\, 3I_z^2 - I^2 \,|\, II\eta \rangle. \tag{4.34}$$

Der linke Teil der Gleichung (4.34) ist laut Definition das Quadrupolmoment Q des Kernes. Im rechten Teil von (4.34) kann man die Quantenzahlen η weglassen, weil die Operatoren, denen sie entsprechen, mit I_z und I^2 kommutieren. Unter Berücksichtigung von

$$\begin{aligned} I_z|m\rangle &= m|m\rangle \quad ; \quad I^2|m\rangle = I(I+1)|m\rangle; \\ I_z|I\rangle &= I|I\rangle \quad ; \quad I^2|I\rangle = I(I+1)|I\rangle \end{aligned} \tag{4.35}$$

ergibt sich die Konstante C zu

$$C = \frac{Q}{I(2I-1)}, \tag{4.36}$$

und für $\hat{H}_Q^{hf}$ erhält man

$$\hat{H}_Q^{hf} = \frac{eQ}{6I(2I-1)} \sum_{\alpha,\beta} V_{\alpha\beta} \left[\frac{3}{2} (I_\alpha I_\beta + I_\beta I_\alpha) - \delta_{\alpha\beta} I^2 \right]. \tag{4.37}$$

Zu diesem Hamiltonoperator (4.37) der Quadrupolwechselwirkung sind nun einige Bemerkungen zu machen.

a) Es überrascht, daß man zur Ermittlung des Tensors „elektrisches Quadrupolmoment" nur die Größe von eQ kennen muß. Dies rührt daher, daß die Festlegung des Kernspins I mit der Annahme einer Axialsymmetrie der Kernladung verbunden ist. Der Tensor des elektrischen Quadrupolmomentes hat aber für axiale Symmetrie nur eine einzige Komponente,

$$\frac{1}{2} \int (3z^2 - r^2) \rho(\mathbf{r}) \, d\tau, \tag{4.38}$$

deren entsprechende quantenmechanische Größe eQ ist.

b) Der Hamiltonoperator der Quadrupolwechselwirkung verschwindet für eine Kernladungsverteilung mit Kugelsymmetrie (d.h. $Q = 0$) und für kubische Symmetrie des Potentials der äußeren Ladungen ($V_{xx} = V_{yy} = V_{zz}$).

c) Man sieht, daß Q nicht nur für $I = 0$ verschwindet, sondern auch für $I = 1/2$.

d) Die Quadrupolwechselwirkungsenergie enthält den Operator I_z nur als Quadrat. Das bedeutet, daß Kernzustände, deren magnetische Quantenzahlen m sich nur durch ihr Vorzeichen unterscheiden, 2-fach entartet bleiben.

In einem beliebigen Koordinatensystem kann der Hamiltonoperator folgendermaßen geschrieben werden:

$$\begin{aligned} \hat{H}_Q^{hf} = \frac{eQ}{6I(2I-1)} [&V_{XX}(3I_X^2 - I^2) + V_{YY}(3I_Y^2 - I^2) + V_{ZZ}(3I_Z^2 - I^2) + \\ &+ 3V_{XY}(I_X I_Y + I_Y I_X) + 3V_{YZ}(I_Y I_Z + I_Z I_Y) + 3V_{ZX}(I_X I_Z + I_Z I_X)]. \end{aligned} \tag{4.39}$$

Mit den Schiebeoperatoren $I_\pm = I_X \pm \mathrm{i} I_Y$ ergibt sich dann

$$I_X I_Y + I_Y I_X = -\frac{\mathrm{i}}{2}(I_+^2 + I_-^2),$$

$$I_X I_Z + I_Z I_X = \frac{1}{2}[(I_+ I_Z + I_Z I_+) + (I_- I_Z + I_Z I_-)],$$

$$I_Y I_Z + I_Z I_Y = \frac{\mathrm{i}}{2}[(I_- I_Z + I_Z I_-) - (I_+ I_Z + I_Z I_+)].$$

Setzt man diese Beziehungen in (4.39) ein und berücksichtigt dabei die Laplacegleichung (4.28), so erhält man

$$H_Q^{hf} = \frac{eQ}{4I(2I-1)}\Bigg[V_{ZZ}(3I_Z^2 - I^2) + \frac{1}{2}(V_{XX} - V_{YY})(I_+^2 + I_-^2)$$

$$- \mathrm{i}V_{XY}(I_+^2 - I_-^2) + V_{ZX}(I_+ I_Z + I_Z I_+) + V_{ZX}(I_- I_Z + I_Z I_-)$$

$$+ \mathrm{i}V_{ZY}(I_- I_Z + I_Z I_-) - \mathrm{i}V_{ZY}(I_+ I_Z + I_Z I_+)\Bigg] =$$

$$= \frac{eQ}{4I(2I-1)}\Bigg\{V_{ZZ}(3I_Z^2 - I^2) + \left[\frac{1}{2}(V_{XX} - V_{YY}) - \mathrm{i}V_{XY}\right] I_+^2$$

$$+ \left[\frac{1}{2}(V_{XX} - V_{YY}) + \mathrm{i}V_{XY}\right] I_-^2 + (V_{ZX} - \mathrm{i}V_{ZY})(I_+ I_Z + I_Z I_+)$$

$$+ (V_{ZX} + \mathrm{i}V_{ZY})(I_- I_Z + I_Z I_-)\Bigg\}.$$

Mit den Bezeichnungen

$$V_0 = V_{ZZ},$$

$$V_{\pm 1} = V_{ZX} \pm \mathrm{i}V_{ZY}, \tag{4.40}$$

$$V_{\pm 2} = \frac{1}{2}(V_{XX} - V_{YY}) \pm \mathrm{i}V_{XY}$$

erhält man den Hamiltonoperator der Quadrupolwechselwirkung in einem beliebigen Koordinatensystem als

$$\hat{H}_Q^{hf} = \frac{eQ}{4I(2I-1)} [V_0(3I_Z^2 - I^2) + V_{+1}(I_-I_Z + I_ZI_-) + V_{-1}(I_+I_Z + I_ZI_+) + V_{+2}I_-^2 + V_{-2}I_+^2]. \tag{4.41}$$

Die Größen V_0, $V_{\pm 1}$, $V_{\pm 2}$ entsprechen den 5 Komponenten eines irreduziblen Tensors T_{2n} [2]. Mit diesem Ansatz wird der Hamilton-Operator (4.41):

$$\hat{H}_Q^{hf} = \frac{eQ}{4I(2I-1)} \left[\sqrt{\frac{3}{2}} T_{20}(3I_Z^2 - I^2) - \frac{3}{2} T_{21}(I_-I_Z + I_ZI_-) + \frac{3}{2} T_{2-1}(I_+I_Z + I_ZI_+) + \frac{3}{2} T_{22}I_-^2 + \frac{3}{2} T_{2-2}I_+^2 \right]. \tag{4.42}$$

Der EFG-Tensor (=Tensor des elektrischen Feldgradienten) $V_{\alpha\beta}$ kann bei entsprechender Wahl des Koordinatensystems (x, y, z) immer in eine Diagonalform mit von Null verschiedenen Komponenten V_{xx}, V_{yy}, V_{zz} gebracht werden. Dann vereinfacht sich (4.42) zu

$$\hat{H}_Q^{hf} = \frac{eQ}{4I(2I-1)} \left[V_{zz}(3I_z^2 - I^2) + \frac{1}{2}(V_{xx} - V_{yy})(I_-^2 + I_+^2) \right]. \tag{4.43}$$

Man ersieht aus dieser Beziehung, daß für die Bestimmung von $\hat{H}_Q^{hf}$ in einem mit den Hauptachsen des Tensors $V_{\alpha\beta}$ zusammenfallenden Koordinatensystem (x, y, z) zwei Parameter notwendig sind, und zwar der sogenannte elektrische Feldgradient (EFG)

$$eq = V_{zz} \tag{4.44}$$

und der Asymmetrieparameter

$$\eta = \frac{V_{xx} - V_{yy}}{V_{zz}}, \tag{4.45}$$

welcher bei axialer Symmetrie ($V_{xx} = V_{yy}$) verschwindet. Gewöhnlich wählt man die Achsen x, y, z so, daß $|V_{zz}| \geqslant |V_{yy}| \geqslant |V_{xx}|$ und demnach $0 \leqslant \eta \leqslant 1$ wird. Mit den Ansätzen (4.44) und (4.45) nimmt der Hamiltonoperator die häufig benutzte Form

$$\hat{H}_Q^{hf} = \frac{e^2qQ}{4I(2I-1)} \left[3I_z^2 - I^2 + \frac{\eta}{2}(I_+^2 + I_-^2) \right]. \tag{4.46}$$

an.

4.2.2 Die magnetische Wechselwirkung

Der Hamiltonoperator der magnetischen Wechselwirkung zwischen einem Kern mit dem magnetischen Dipolmoment $\boldsymbol{\mu}$ und einem Magnetfeld $\mathbf{H}$ ist

$$\hat{H}_M^{hf} = -\boldsymbol{\mu}\mathbf{H}. \tag{4.47}$$

Das magnetische Dipolmoment $\boldsymbol{\mu}$ ist dem Drehimpuls $\mathbf{J}$ des betrachteten Kernes proportional,

$$\boldsymbol{\mu} = \gamma_n \mathbf{J}, \tag{4.48}$$

wobei γ_n das sogenannte gyromagnetische Verhältnis ist. Man kann auch

$$\boldsymbol{\mu} = \gamma_n \hbar \mathbf{I}, \tag{4.49}$$

worin $h = 2\pi\hbar$ die Plancksche Konstante ist, schreiben. (4.49) läßt sich noch umschreiben in

$$\boldsymbol{\mu} = g\beta\mathbf{I}, \tag{4.50}$$

wobei g der spektroskopische Aufspaltungsfaktor oder der sogenannte Kern-g-Faktor und

$$\beta = \frac{e\hbar}{2mc} \tag{4.51}$$

das Bohrsche Kernmagneton sind. Man sieht, daß $\gamma_n \hbar = g\beta$ bzw.

$$\gamma_n = g\frac{e}{2mc}. \tag{4.52}$$

Schließlich ergibt sich für $\hat{H}_M^{hf}$ und den Kerndrehimpuls (Spin) die Beziehung

$$\hat{H}_M^{hf} = -\gamma_n \hbar\,\mathbf{IH} = -g\beta\,\mathbf{IH}. \tag{4.53}$$

In einem beliebigen Koordinatensystem (X, Y, Z), mit dem das Magnetfeld $\mathbf{H}$ die Winkel (θ_H, Φ_H) bildet (s. Abb.4.2), gilt für den Hamiltonoperator der magnetischen Wechselwirkung

$$\hat{H}_M^{hf} = -g\beta H[I_Z \cos\theta_H + (I_X \cos\Phi_H + I_Y \sin\Phi_H)\sin\theta_H], \tag{4.54}$$

oder unter Verwendung der Schiebeoperatoren

$$\hat{H}_M^{hf} = -g\beta H\left[I_Z \cos\theta_H + \frac{1}{2}(I_+ e^{-i\Phi_H} + I_- e^{i\Phi_H})\sin\theta_H\right]. \tag{4.55}$$

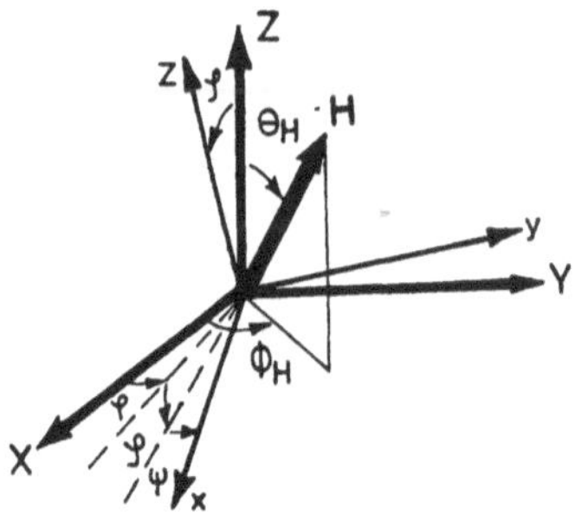

Abb. 4.2 — Lage der Hauptachsen (x, y, z) des EFG-Tensors und Lage des Magnetfeldes **H** in bezug auf das (X, Y, Z)-System der Quantisierungsachse (φ, ζ, ψ sind die drei Eulerschen Winkel).

4.3 Gestörte Kernniveaus

Die im voranstehenden Abschnitt beschriebenen Hyperfeinwechselwirkungen wirken auf die Kernniveaus als zeitunabhängige Störungen. Im Falle s-facher Entartung der ungestörten Kernniveaus (d.h. demselben Eigenwert $E^{(0)}$ entsprechen s Wellenfunktionen $\Psi_m^{(0)}(m = 1, \ldots, s)$ liefert die zeitunabhängige Störungstheorie die Energiekorrekturen $E_i^{(1)}$ in erster Näherung und die entsprechenden Wellenfunktionen Ψ_i aus folgenden Relationen [4]:

$$\Psi_i = \sum_{m=1}^{s} C_{im}^{(0)} \Psi_m^{(0)}, \ (i = 1, \ldots, s), \tag{4.56}$$

$$\sum_{m=1}^{s} | C_{im}^{(0)} |^2 = 1, \tag{4.57}$$

$$\sum_{m=1}^{s} C_{im}^{(0)}(H_{m'm}^{hf} - E_i^{(1)}\delta_{m'm}) = 0, \ (m' = 1, \ldots, s), \tag{4.58}$$

$$\det | H_{m'm}^{hf} - E_i^{(1)}\delta_{m'm} | = 0. \tag{4.59}$$

Hierin ist $H_{m'm}^{hf}$ das Matrixelement des Hamiltonoperators der Hyperfeinstörung zwischen den Zuständen $\Psi_{m'}^{(0)}$ und $\Psi_m^{(0)}$. Die Bedingung für das Verschwinden der Matrixdeterminante (4.59) liefert eine Gleichung s-ten Grades (die Säkulargleichung) zur Ermittlung der Energiekorrekturen $E_i^{(1)}$. Die Koeffizienten $C_{im}^{(0)}$ aus (4.56) ergeben sich aus dem linearen homogenen Gleichungssystem (4.58) mit der Normierungsbedingung (4.57).

Es ergibt sich, daß sich die Störung eines entarteten Energieniveaus in einer völligen oder teilweisen Aufhebung der Entartung auswirkt, je nachdem ob alle Wurzeln der Säkulargleichung voneinander verschieden sind oder nicht.

Aus obigen Betrachtungen ist ersichtlich, daß für die Berechnung der Störungen von Kernniveaus die Wechselwirkungsmatrix des Kernes mit den Spinzuständen I bekannt sein muß. Dies bedeutet die Kenntnis des entsprechenden Hamiltonoperators der Wechselwirkung, wobei folgende Regeln für die Operatoren I_z, I_+ und I_- gelten:

$$I_z|I, m\rangle = m|I, m\rangle,$$

$$I_+|I, m\rangle = [I(I+1) - m(m+1)]^{\frac{1}{2}}\,|I, m+1\rangle,$$

$$I_-|I, m\rangle = [I(I+1) - m(m-1)]^{\frac{1}{2}}\,|I, m-1\rangle. \tag{4.60}$$

Nachfolgend werden als Beispiel die Wechselwirkungsmatrizen der Kernzustände mit Spin $I_g = 1/2$ und $I_a = 3/2$ angeführt (dies entspricht den Mößbauerübergängen der Nuklide ^{57}Fe, ^{171}Yb, ^{183}W, ^{195}Pt; ^{119}Sn, ^{125}Te, ^{129}Xe, ^{169}Tm und ^{131}Xe, ^{193}Ir, ^{197}Au) bei gleichzeitiger Einwirkung eines Magnetfeldes und eines elektrischen Feldgradienten, deren Orientierung relativ zum (X, Y, Z)-System der Quantisierungsachse in Abb. 4.2 gezeigt ist. Der vollständige Hamiltonoperator der Hyperfeinwechselwirkung ist in diesem Falle die Summe

$$\hat{H}^{hf} = \hat{H}^{hf}_M + \hat{H}^{hf}_Q, \tag{4.61}$$

wobei für $\hat{H}^{hf}_M$ und $\hat{H}^{hf}_Q$ die Ansätze (4.55) bzw. (4.42) gelten. Den Tensor $T_{2n}(X, Y, Z)$ in Gleichung (4.42) kann man durch seine Komponenten $T_{2,n}(x, y, z)$,

$$T_{2,0} = \sqrt{\frac{2}{3}}\,q,\quad T_{2\pm1} = 0,\quad T_{2\pm2} = \frac{q\eta}{3},$$

im Hauptachsensystem des EFG ausdrücken, d.h.

$$T_{2n}(X, Y, Z) = \sum_{n'} T_{2,n'}(x, y, z)\,\mathscr{D}^{(2)}_{n'n}(\varphi, \zeta, \psi), \tag{4.62}$$

worin $\mathscr{D}^{(2)}_{n'n}$ die in [5] angegebenen Drehmatrizen sind. Man hat dann

$$T_{2\pm2} = q\left\{\frac{1}{2}\sin^2\zeta\cos 2\psi + \right.$$

$$+ \frac{\eta}{3}\left[\frac{1}{2}\cos 2\varphi(1+\cos^2\zeta)\cos 2\psi - \sin 2\varphi\cos\zeta\sin 2\psi\right]$$

$$\mp i\left[\frac{1}{2}\sin^2\zeta\sin 2\psi + \right.$$

$$\left.\left. + \frac{\eta}{3}\left[\frac{1}{2}\cos 2\varphi(1+\cos^2\zeta)\sin 2\psi + \sin 2\varphi\cos\zeta\cos 2\psi\right]\right]\right\},$$

$$T_{2,\pm 1} = \pm q \left\{ \left[\frac{1}{2} \sin 2\zeta \cos \psi - \right. \right.$$

$$\left. - \frac{\eta}{3} \left(\frac{1}{2} \cos 2\varphi \sin 2\zeta \cos \psi - \sin 2\varphi \sin \zeta \sin \psi \right) \right]$$

$$+ \mathrm{i} \left[- \frac{1}{2} \sin 2\zeta \sin \psi + \right.$$

$$\left. \left. + \frac{\eta}{3} \left(\frac{1}{2} \cos 2\varphi \sin 2\zeta \sin \psi + \sin 2\varphi \sin \zeta \cos \psi \right) \right] \right\},$$

$$T_{2,0} = \frac{q}{2} \sqrt{\frac{2}{3}} [3 \cos^2 \zeta - 1 + \eta \cos 2 \varphi \sin^2 \zeta] \tag{4.63}$$

mit den Definitionen (4.44) und (4.45) für q bzw. η. Setzt man

$$b_0 = g_{\frac{1}{2}} \beta H \quad \text{und} \quad b = g_{\frac{3}{2}} \beta H, \tag{4.64}$$

dann erhält man die Matrixelemente $\langle Im' | \hat{H}^{hf} | Im \rangle$ des Hamiltonoperators (4.61) für die Zustände $I = 1/2$ und $I = 3/2$ in folgender Form:

(4.65)

$\left\langle \frac{1}{2}, m' \middle| \hat{H}^{hf}_{1/2} \middle| \frac{1}{2}, m \right\rangle$	$\frac{1}{2}$	$-\frac{1}{2}$
$\frac{1}{2}$	$-\frac{1}{2} b_0 \cos \theta_H$	$-\frac{1}{2} b_0 \mathrm{e}^{-\mathrm{i}\Phi_H} \sin \theta_H$
$-\frac{1}{2}$	$-\frac{1}{2} b_0 \mathrm{e}^{\mathrm{i}\Phi_H} \sin \theta_H$	$\frac{1}{2} b_0 \cos \theta_H$

und

$$\left\langle \frac{3}{2}, \frac{3}{2} \middle| \hat{H}^{hf}_{\frac{3}{2}} \middle| \frac{3}{2}, \frac{3}{2} \right\rangle = - \frac{3}{2} b \cos \theta_H + \frac{1}{4} \sqrt{\frac{3}{2}} e^2 Q T_{2,0},$$

$$\left\langle \frac{3}{2}, \frac{3}{2} \middle| \hat{H}^{hf}_{\frac{3}{2}} \middle| \frac{3}{2}, \frac{1}{2} \right\rangle = - \frac{\sqrt{3}}{2} b\, \mathrm{e}^{-\mathrm{i}\Phi_H} \sin \theta_H + \frac{\sqrt{3}}{2} e^2 Q T_{2,-1},$$

$$\left\langle \frac{3}{2}, \frac{3}{2} \middle| \hat{H}^{hf}_{\frac{3}{2}} \middle| \frac{3}{2}, -\frac{1}{2} \right\rangle = \frac{\sqrt{3}}{4} e^2 Q T_{2,-2},$$

$$\left\langle \frac{3}{2}, \frac{3}{2} \middle| \hat{H}^{hf}_{\frac{3}{2}} \middle| \frac{3}{2}, -\frac{3}{2} \right\rangle = 0;$$

$$\left\langle \frac{3}{2}, \frac{1}{2} \middle| \hat{H}^{hf}_{\frac{3}{2}} \middle| \frac{3}{2}, \frac{3}{2} \right\rangle = -\frac{\sqrt{3}}{2} b\, e^{i\Phi_H} \sin\theta_H - \frac{\sqrt{3}}{2} e^2QT_{2,1},$$

$$\left\langle \frac{3}{2}, \frac{1}{2} \middle| \hat{H}^{hf}_{\frac{3}{2}} \middle| \frac{3}{2}, \frac{1}{2} \right\rangle = -\frac{1}{2} \mathrm{b} \cos\theta_H - \frac{1}{4}\sqrt{\frac{3}{2}}\, e^2QT_{2,0},$$

$$\left\langle \frac{3}{2}, \frac{1}{2} \middle| \hat{H}^{hf}_{\frac{3}{2}} \middle| \frac{3}{2}, -\frac{1}{2} \right\rangle = -b\, e^{-i\Phi_H} \sin\theta_H,$$

$$\left\langle \frac{3}{2}, \frac{1}{2} \middle| \hat{H}^{hf}_{\frac{3}{2}} \middle| \frac{3}{2}, -\frac{3}{2} \right\rangle = \frac{\sqrt{3}}{4} e^2QT_{2,-2};$$

$$\left\langle \frac{3}{2}, -\frac{1}{2} \middle| \hat{H}^{hf}_{\frac{3}{2}} \middle| \frac{3}{2}, \frac{3}{2} \right\rangle = \frac{\sqrt{3}}{4} e^2QT_{2,2},$$

$$\left\langle \frac{3}{2}, -\frac{1}{2} \middle| \hat{H}^{hf}_{\frac{3}{2}} \middle| \frac{3}{2}, \frac{1}{2} \right\rangle = -b\, e^{i\Phi_H} \sin\theta_H, \tag{4.66}$$

$$\left\langle \frac{3}{2}, -\frac{1}{2} \middle| \hat{H}^{hf}_{\frac{3}{2}} \middle| \frac{3}{2}, -\frac{1}{2} \right\rangle = \frac{1}{2} b \cos\theta_H - \frac{1}{4}\sqrt{\frac{3}{2}}\, e^2QT_{2,0},$$

$$\left\langle \frac{3}{2}, -\frac{1}{2} \middle| \hat{H}^{hf}_{\frac{3}{2}} \middle| \frac{3}{2}, -\frac{3}{2} \right\rangle = -\frac{\sqrt{3}}{2} b\, e^{-i\Phi_H} \sin\theta_H - \frac{\sqrt{3}}{4} e^2QT_{2,-1};$$

$$\left\langle \frac{3}{2}, -\frac{3}{2} \middle| \hat{H}^{hf}_{\frac{3}{2}} \middle| \frac{3}{2}, \frac{3}{2} \right\rangle = 0,$$

$$\left\langle \frac{3}{2}, -\frac{3}{2} \middle| \hat{H}^{hf}_{\frac{3}{2}} \middle| \frac{3}{2}, \frac{1}{2} \right\rangle = \frac{\sqrt{3}}{4} e^2QT_{2,2},$$

$$\left\langle \frac{3}{2}, -\frac{3}{2} \middle| \hat{H}^{hf}_{\frac{3}{2}} \middle| \frac{3}{2}, -\frac{1}{2} \right\rangle = -\frac{\sqrt{3}}{2} b\, e^{i\Phi_H} \sin\theta_H + \frac{\sqrt{3}}{4} e^2QT_{2,1},$$

$$\left\langle \frac{3}{2}, -\frac{3}{2} \middle| \hat{H}^{hf}_{\frac{3}{2}} \middle| \frac{3}{2}, -\frac{3}{2} \right\rangle = \frac{3}{2} b \cos\theta_H + \frac{1}{4}\sqrt{\frac{3}{2}}\, e^2QT_{2,0}.$$

Die Größen T_{2n} sind in (4.63) gegeben.

Die Auswahl des mit der Quantisierungsachse verbundenen Koordinatensystems (X, Y, Z) ist eine Frage der Zweckmäßigkeit. Wenn es einfacher oder bequemer ist, die Quantisierungsachse in Richtung des Magnetfeldes **H** oder einer der Hauptachsen (z.B. V_{zz}) des EFG-Tensors zu legen, dann erhält man die Matrizen der Hyperfeinwechselwirkung aus (4.65—66) für die Spezialfälle (θ_H, Φ_H, $\psi_H = 0$) bzw. (φ, ζ, $\psi = 0$). Wählt man die Quantisierungsachse parallel zu V_{zz} und setzt

$$a = \frac{e^2 qQ}{12}, \tag{4.67}$$

dann ergibt sich für die Wechselwirkungsmatrix des Zustandes $I = 3/2$ folgende oft benutzte Form:

m_i \ m_j	$\frac{3}{2}$	$\frac{1}{2}$	$-\frac{1}{2}$	$-\frac{3}{2}$
$\frac{3}{2}$	$3a - \frac{3}{2} b \cos\theta_H$	$-\frac{\sqrt{3}}{2} b \sin\theta_H e^{-i\Phi_H}$	$\eta a \sqrt{3}$	0
$\frac{1}{2}$	$-\frac{\sqrt{3}}{2} b \sin\theta_H e^{i\Phi_H}$	$-3a - \frac{1}{2} b \cos\theta_H$	$-b \sin\theta_H e^{-i\Phi_H}$	$\eta a \sqrt{3}$
$-\frac{1}{2}$	$\eta a \sqrt{3}$	$-b \sin\theta_H e^{i\Phi_H}$	$-3a + \frac{1}{2} b \cos\theta_H$	$-\frac{\sqrt{3}}{2} b \sin\theta_H e^{-i\Phi_H}$
$-\frac{3}{2}$	0	$\eta a \sqrt{3}$	$-\frac{\sqrt{3}}{2} b \sin\theta_H e^{i\Phi_H}$	$3a + \frac{3}{2} b \cos\theta_H$

während für $I = 1/2$ (4.65) gültig bleibt.

Die entsprechende Säkulargleichung zur Bestimmung der Energieniveaus in erster Näherung ist für den Zustand $I = 3/2$

$$E^4 - \left[6a^2 (\eta^2 + 3) + \frac{5}{2} b^2\right] E^2 + 6ab^2 \left[(1 - \eta \cos 2\varphi) \sin^2\theta - 2\cos^2\theta\right] E + \tag{4.68a}$$

$$+ 9a^4 (\eta^2 + 3)^2 + \frac{9}{16} b^4 + \frac{9}{2} a^2 b^2 \left[\eta^2 \cos 2\theta + 2(3 + 4\eta \cos 2\varphi) \sin^2\theta - 5\right] = 0$$

während für den Zustand $I = 1/2$

$$E^2 - \frac{1}{4} b_0^2 = 0 \tag{4.68b}$$

gilt.

Im allgemeinen Fall können für (4.68a) keine analytischen Lösungen angegeben werden. Die Spezialfälle der rein magnetischen Aufspaltung sowie der reinen Quadrupolaufspaltung werden in den Abschnitten 4.4.2.1 bzw. 4.4.2.2 behandelt.

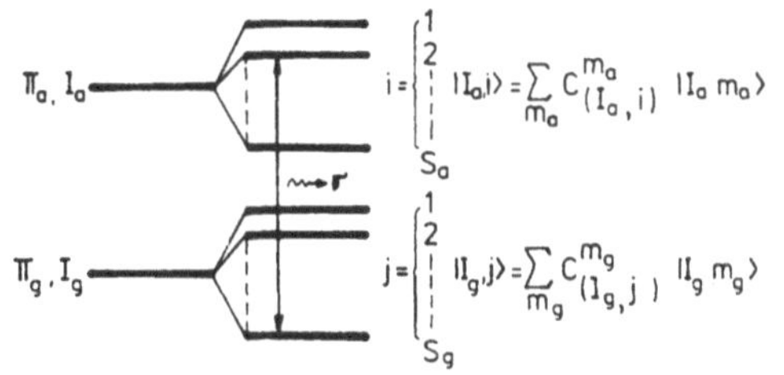

Abb. 4.3 — Kernübergänge zwischen Zuständen mit gemischten Wellenfunktionen.

Die gleichzeitige Existenz von elektrischer und magnetischer Hyperfeinwechselwirkung oder die Anwesenheit eines elektrischen Feldgradienten ohne Axialsymmetrie ($\eta \neq 0$) bewirken, daß die Unterniveaus, welche sich infolge der Aufhebung der Entartung des Spinzustandes I ergeben, nicht mehr einfach durch die magnetischen Quantenzahlen m charakterisiert werden können. Es erfolgen dann Kernübergänge von einem Zustand mit Spin I_a und Parität π_a zu einem Zustand I_g der Parität π_g (Abb. 4.3) im allgemeinen zwischen gemischten Wellenfunktionen $|I_a, i\rangle \to |I_g, j\rangle$ von der Art

$$|I_a i\rangle = \sum_{m_a} C^{m_a}_{(I_a i)} \, |I_a m_a\rangle,$$

$$|I_g j\rangle = \sum_{m_g} C^{m_g}_{(I_g j)} \, |I_g m_g\rangle. \tag{4.69}$$

Die Indizes i und j beziehen sich auf die Unterniveaus des angeregten Kernzustands bzw. des Grundzustands und laufen von 1 bis $s_a = 2I_a + 1$ bzw. $s_g = 2I_g + 1$ bei vollständiger Aufhebung der Entartung. Die Größen $E(I_a, i)$ und $E(I_g, j)$ stellen die Energien der betreffenden Unterniveaus dar. Die Koeffizienten $C^{m_a}_{(I_a i)}$ und $C^{m_g}_{(I_g j)}$ stehen für die Gewichte der reinen Zustände $|I_a, m_a\rangle$ bzw. $|I_g, m_g\rangle$ und werden nach dem allgemeinen Verfahren (4.57—58) berechnet. Sie enthalten die Abhängigkeit von den sogenannten Hyperfeinparametern, das sind der Quadrupolwechselwirkungsparameter $a_I = e^2Qq/(4I(2I-1))$, der elektrische Feldgradient q, der Asymmetrieparameter η, der Parameter der magnetischen Wechselwirkung $b_I = g_I \beta H$, und die in Abb.4.2. definierten Winkel (φ, ζ, ψ) und (Φ_H, θ_H).

4.4 Mößbauerübergänge bei Anwesenheit von Hyperfeinwechselwirkungen

In diesem Abschnitt werden die Intensität und der Polarisationszustand der Strahlung, welche einen Mößbauerübergang der Energie $E(i, j) = E(I_a, i) - E(I_g, j)$ begleitet, hergeleitet. Dazu dient die Polarisationsdichtematrix, die aus den Komponenten des elektrischen Feldvektors, der die betreffende Resonanz charakterisiert, aufgebaut wird.

4.4.1 Der Vektor des elektrischen Transversalfeldes beim Übergang $|I_a i\rangle \rightarrow |I_g j\rangle$

Wie im vorhergehenden Kapitel gezeigt wurde, sind die von Gammaemission (bzw. -absorption) begleiteten Kernübergänge die Folge einer zeitabhängigen Störung in dem System, das der Kern, das Gitter und das elektromagnetische Feld bilden. Der Hamiltonoperator der Störung stellt die Wechselwirkung $H' = \mathbf{A} \cdot \mathbf{j}$ zwischen dem mit dem Kernstromvektor $\mathbf{j}$ beschriebenen Kern und dem durch das Vektorpotential $\mathbf{A}$ beschriebenen elektromagnetischen Feld dar. Der Übergang des Kernes von einem Zustand $|I_a i\rangle$ der Parität π_a zu einem Zustand $|I_g j\rangle$ der Parität π_g, der von einer Strahlung mit dem Wellenvektor $\mathbf{k}$ und der Polarisation $\hat{\mathbf{n}}$ $(\hat{\mathbf{n}}\,\mathbf{k} = 0)$ begleitet wird, läßt sich mit einem elektromagnetischen Wechselwirkungsmatrixelement folgender Form beschreiben:

$$H'_{ga}(i, j) = \langle I_g j | \hat{\mathbf{n}} e^{i\mathbf{kr}} \mathbf{j} | I_a i \rangle = \hat{\mathbf{n}}\, \mathfrak{J}_{ga}(i, j). \qquad (4.70)$$

Nach (4.69) gilt für den Stromoperator

$$\mathfrak{J}_{ga}(i, j) = \langle I_g j | e^{i\mathbf{kr}} \mathbf{j} | I_a i \rangle = \sum_{m_a, m_g} C^{m_g}_{(I_g j)}{}^* C^{m_a}_{(I_a i)}\, \mathbf{j}_{ga} \qquad (4.71)$$

mit

$$\mathbf{j}_{ga} = \langle I_g m_g | e^{i\mathbf{kr}} \mathbf{j} | I_a m_a \rangle. \qquad (4.72)$$

$\mathbf{r}$ ist der Ortsvektor des Nukleons, welches mit dem elektromagnetischen Feld wechselwirkt.

Der dem Übergang zugeordnete elektrische Vektor muß dem transversalen Matrixelement des Stromoperators proportional sein [6],

$$\mathbf{E}_{ga}(i, j) = \mathfrak{J}_{ga}(i, j) - \hat{\mathbf{k}}^* (\hat{\mathbf{k}} \mathfrak{J}_{ga}(i, j)) = \sum_{m_a, m_g} C^{m_g}_{(I_g j)}{}^* C^{m_a}_{(I_a i)}\, \boldsymbol{\varepsilon}_{ga}. \qquad (4.73)$$

Dabei ist

$$\boldsymbol{\varepsilon}_{ga} = \mathbf{j}_{ga} - \hat{\mathbf{k}}^* (\hat{\mathbf{k}}\, \mathbf{j}_{ga}). \tag{4.74}$$

Durch verschiedene Umwandlungen von $\mathbf{j}_{ga}$ wird nun der Vektor $\boldsymbol{\varepsilon}_{ga}$ in eine bequemere Form gebracht. Setzt man in (4.72) die Kugelkomponenten des Vektors $\mathbf{j}$ ein,

$$\mathbf{j}_{ga} = \sum_{\mu=-1}^{1} \hat{\mathbf{h}}_\mu \langle I_g m_g | e^{i\mathbf{kr}} \mathbf{j}_\mu | I_a m_a \rangle \tag{4.75}$$

($\hat{h}_0$ parallel zur Quantisierungsachse), und ersetzt man den Exponentialfaktor durch die entsprechende Legendre-Entwicklung (da die ebene elektromagnetische Welle ja eine Überlagerung von Kugelwellen mit dem Drehimpuls l und seiner Projektion m ist), dann erhält man

$$\mathbf{j}_{ga} = 4\pi \sum_{\mu=-1}^{1} \hat{\mathbf{h}}_\mu \sum_{l=0}^{\infty} i^l \sum_{m=-l}^{l} Y_l^{m*}(\hat{\mathbf{k}}) \langle I_g m_g | Y_l^m(\mathbf{r})\, j_l(kr)\, \mathbf{j}_\mu | I_a m_a \rangle, \tag{4.76}$$

wobei Y_l^m die normierten Kugelfunktion und $j_l(kr)$ die Besselfunktionen sind. Als Kugelkomponente eines Vektors transformiert sich $\mathbf{j}_\mu$ wie Y_l^m, und das Produkt $Y_l^m(\mathbf{r})\mathbf{j}_\mu$, das die Wechselwirkung zwischen den Komponenten Y_l^m und $\mathbf{j}_\mu$ darstellt, kann in eine Clebsch-Gordan-Reihe entwickelt werden:

$$Y_l^m(\mathbf{r})\, \mathbf{j}_\mu = \sum_{L,M} C^{l\ 1\ L}_{m\ \mu\ M}\, \varphi_L^M. \tag{4.77}$$

φ_L^M bildet einen Satz normierter Tensoren, die sich bei Drehungen wie Y_L^M transformieren. Setzt man diese Entwicklung in (4.76) ein, dann folgt

$$\mathbf{j}_{ga} = 4\pi \sum_{\mu=-1}^{1} \hat{\mathbf{h}}_\mu \sum_{l=0}^{\infty} i^l \sum_{m=-l}^{l} \sum_{L,M} C^{l\ 1\ L}_{m\ \mu\ M}\, Y_l^m(\hat{\mathbf{k}}) \langle I_g m_g | j_l(kr)\, \varphi_L^M | I_a m_a \rangle. \tag{4.78}$$

Den Hauptbeitrag zur Summe über l liefern die kleinstmöglichen l-Werte, weil $j_l \sim (kr)^l$ und $kr \ll 1$ (da der Kernradius viel kleiner als die Wellenlänge der Gammastrahlung ist). Nach (4.77) und (4.78) sind die kleinsten Werte von l

$$l_{\min} = |I_g - I_a|, \quad ||I_g - I_a| - 1|. \tag{4.79}$$

Von diesen nimmt l denjenigen Wert an, den der auf (4.76) angewandte Paritätserhaltungssatz erlaubt, um der Bedingung

$$\pi_g \pi_a = (-1)^{l+1} \tag{4.80}$$

zu genügen. Unter Beachtung dieser Hinweise und mit der Anwendung des Wigner-Eckart-Theorems auf das Matrixelement in (4.78),

$$\langle I_g m_g | j_l(kr) \varphi_L^M | I_a m_a \rangle = C_{m_g\, M\, m_a}^{I_g\, L\, I_a} \chi(L, l), \tag{4.81}$$

wobei $\chi(L, l)$ ein von m_g und m_a unabhängiges Element der reduzierten Kernmatrix ist, nimmt $\mathbf{j}_{ga}$ die Form

$$\mathbf{j}_{ga} = \sum_{L=l}^{l+1} \sum_{M, m, \mu} C_{m\,\mu\,M}^{l\;1\;L} C_{m_g\,M\,m_a}^{I_g\,L\,I_a} Y_l^{m*}(\hat{\mathbf{k}}) \chi(L, l) \hat{\mathbf{h}}_\mu \tag{4.82}$$

an, in der $\chi(L, l)$ nur noch einige unwesentliche Faktoren enthält. In einem Koordinatensystem $\hat{\boldsymbol{\eta}}_\mu$, das in die Ausbreitungsrichtung der Strahlung gelegt ist, $(\hat{\boldsymbol{\eta}}_0 \| \hat{\mathbf{k}})$, und mit Hilfe der entsprechenden Wigner-Koeffizienten wird (4.82) zu

$$\mathbf{j}_{ga} = \sum_{L=l}^{l+1} \sum_{\mu} (-1)^{-\mu-m_a} \begin{pmatrix} I_g & L & I_a \\ m_g & M & -m_a \end{pmatrix} \begin{pmatrix} l & 1 & L \\ 0 & \mu & -\mu \end{pmatrix} \mathscr{D}_{\mu M}^{(L)}(\alpha, \beta, \gamma) \chi(L, l) \hat{\boldsymbol{\eta}}_\mu. \tag{4.83}$$

Wieder ist

$$\mathscr{D}_{\mu M}^{(L)}(\alpha, \beta, \gamma) = e^{i\mu\alpha} d_{\mu M}^{(L)}(-\beta) e^{iM\gamma} \tag{4.84}$$

die Drehmatrix, welche den Übergang zwischen den Achsensystemen $\hat{\boldsymbol{\eta}}$ und $\hat{\mathbf{h}}_\mu$ herstellt (Abb. 4.4).

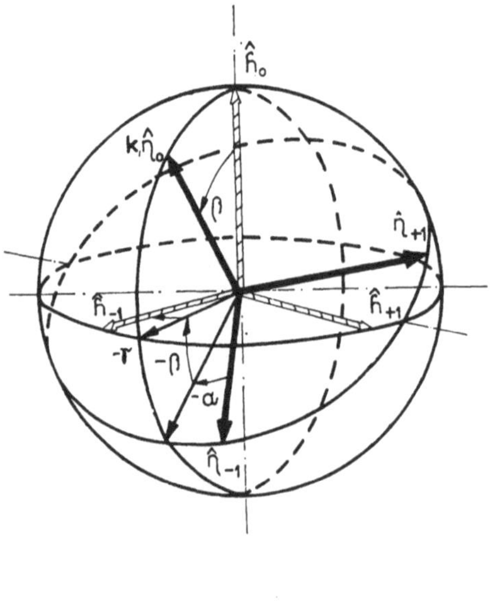

Abb. 4.4 — Koordinatensysteme zur Intensitätsberechnung bei Mößbauerübergängen.

Setzt man (4.83) in (4.74) ein, so ergibt sich für den Vektor

$$\boldsymbol{\varepsilon}_{ga} = \sum_{\mu=1,-1} i^l (-1)^{-I_g+l+1-m_a} \left[\begin{pmatrix} I_g & l+1 & I_a \\ m_g & M & -m_a \end{pmatrix} \chi(l+1) \mathcal{D}^{(l+1)}_{\mu M}(\alpha, \beta, \gamma) + \right.$$

$$\left. + \mu \begin{pmatrix} I_g & l & I_a \\ m_g & M & -m_a \end{pmatrix} \chi(l) \mathcal{D}^{(l)}_{\mu M}(\alpha, \beta, \gamma) \right] \hat{\boldsymbol{\eta}}_\mu . \qquad (4.85)$$

$\hat{\boldsymbol{\eta}}_\mu$, ($\mu = \pm 1$), sind die beiden orthogonalen Einheitsvektoren in Kugelkoordinaten ($\hat{\boldsymbol{\eta}}^*_\mu \hat{\boldsymbol{\eta}}_\nu = \delta_{\mu\nu}$), die senkrecht zur Strahlungsausbreitungsrichtung stehen (d.h. $\hat{\boldsymbol{\eta}}^*_\mu \hat{\mathbf{k}} = 0$) und das Basissystem der Polarisationsvektoren bilden. Der Betrag $L = l, l+1$ stellt den von der Strahlung abgeführten Drehimpuls dar, und $M = m_l - m_g$ ist seine Projektion auf die Quantisierungsachse. Die Winkel β und γ definieren die Richtung von $\hat{\mathbf{k}}$ im System der Kernquantisierungsachse und α ist ein Azimutwinkel um $\hat{\mathbf{k}}$ (d.h. um die Ausbreitungsrichtung der Strahlung).

Aus der Theorie der Gammaemission ist bekannt, daß sich die aus einem Kernübergang stammende Strahlung im allgemeinen aus einer Mischung von elektrischer Multipolstrahlung EL und magnetischer Multipolstrahlung ML der Ordnung 2^L zusammensetzt. Die Strahlungen mit $L = 1, 2, 3, 4, \ldots$ nennt man Dipol-, Quadrupol-, Oktupol-, Hexadekapolstrahlung usw. Für ein gegebenes L ist die Wahrscheinlichkeit $P(EL)$ der elektrischen Multipolstrahlung größer als die Wahrscheinlichkeit $P(ML)$ der magnetischen Multipolstrahlung, und zwar ist $P(E[L+1]) = P(ML)$, was das häufige Auftreten von Multipolmischungen vom Typ $ML + E(L+1)$ erklärt. Der Ausdruck (4.85) stellt ein solches Gemisch dar, in dem der Anteil von elektrischen und magnetischen Wellen durch die Terme mit $L = l+1$ bzw. $L = l$ gegeben ist. Die bisher bekannten Mößbauerübergänge [7] emittieren Gammastrahlen vom Typ $E1$, $E2$, $E3$ und $M1+E2$.

Setzt man (4.85) in (4.73) ein, dann erhält man das elektrische Transversalfeld, welches einem Kernübergang zwischen Zuständen mit gemischten Wellenfunktionen entspricht. Entwickelt man die Doppelsumme in (4.73) und ordnet die Terme nach den Werten von $M = m_a - m_g$, dann erhält der elektrische Feldvektor die Form [8]

$$\mathbf{E}(I_a i, I_g j) = \sum_{\mu=1,-1} E_\mu(I_a i, I_g j) \hat{\boldsymbol{\eta}}_\mu \qquad (4.86)$$

mit

$$E_\mu(I_a i, I_g j) =$$

$$= \mathrm{i}^l(-1)^{l+1-I_g}\Big\{\chi^{(l)}\sum_{p=0}^{2(I_a-I_g)}\mu\mathscr{D}^{(l)}_{\mu,(I_g-I_a+p)}(\alpha,\beta,\gamma)K^{(l)}_{(I_g-I_a+p)}(i,j)+$$

$$+\chi(l+1)\Big[\mathscr{D}^{(l+1)}_{\mu,(I_g-I_a-1)}(\alpha,\beta,\gamma)K^{(l+1)}_{(I_g-I_a-1)}(i,j)+$$

$$+\sum_{p=0}^{2(I_g-I_a)}\mathscr{D}^{(l+1)}_{\mu,(I-I_a+p)}(\alpha,\beta,\gamma)K^{(l+1)}_{(I_g-I_a+p)}(i,j)+$$

$$+D^{(l+1)}_{\mu,(I_a-I_g+1)}(\alpha,\beta,\gamma)K^{(l+1)}_{(I_a-I_g+1)}(i,j)\Big]\Big\} \tag{4.87}$$

und

$$K^{(l)}_{(I_g-I_a+p)}(i,j) =$$

$$= \sum_{n=0}^{2I_g}(-1)^{I_a-p-n}\begin{pmatrix} I_g & l & I_a \\ n-I_g & I_g-I_a+p & I_a-p-n\end{pmatrix} C^{-I_g+n*}_{(I_g j)}C^{-I_a+p+n}_{(I_a i)},$$

$$K^{(l+1)}_{(I_g-I_a-1)}(i,j) =$$

$$= \sum_{n=0}^{2I_g-1}(-1)^{I_a-n}\begin{pmatrix} I_g & l+1 & I_a \\ 1-I_g+n & I_g-I_a-1 & I_a-n\end{pmatrix} C^{1-I_g+n*}_{(I_g j)}C^{-I_a+n}_{(I_a i)},$$

$$K^{(l+1)}_{(I_g-I_a+p}(i,j) =$$

$$= \sum_{n=0}^{2I}(-1)^{I_a-p-n}\begin{pmatrix} I_g & l+1 & I_a \\ n-I_g & I_g-I_a+p & I_a-p-n\end{pmatrix} C^{-I_g+n*}_{(I_g j)}C^{-I_a+p+n}_{(I_a i)},$$

$$K^{(l+1)}_{(I_a-I_g+1)}(i,j) =$$

$$= \sum_{n=0}^{2I_g-1}(-1)^{2I_g-I_a-1-n}\begin{pmatrix} I_g & l+1 & I_a \\ n-I_g & I_a-I_g+1 & 2I_g-I_a-1-n\end{pmatrix}\times$$

$$\times C^{-I_g+n*}_{(I_g j)}C^{-2I_g+I_a+1+n}_{(I_a i)}, \tag{4.88}$$

Die Form (4.86—88) für den elektrischen Vektor ist besonders dazu geeignet, den Beitrag des Mischungskoeffizienten aus (4.69) zur Berechnung der Intensität und des Polarisationszustandes der betreffenden Strahlung hervorzuheben.

4.4.2 Die Polarisationsdichtematrix für den Übergang $|I_a i\rangle \to |I_g j\rangle$

Im allgemeinsten Falle kann die aus einem Kernübergang stammende elektromagnetische Strahlung als eine Mischung von transversalen elektrischen Vektoren $\mathbf{E}^{(s)}$ von der Art (4.86) mit den Gewichten w_s betrachtet werden. Für einen gegebenen Wellenvektor $\mathbf{k}$ können die Intensität und der Polarisationszustand einer solchen Strahlung mit Hilfe der zweidimensionalen Dichtematrix

$$\rho_{\mu\nu}(I_a i, I_g j) = \sum_s w_s E_\mu^{(s)}(I_a i, I_g j)\, E_\nu^{(s)*}(I_a i, I_g j) \tag{4.89}$$

bestimmt werden [9], die sich aus den Komponenten der entsprechenden Vektoren im Raum der Polarisationseinheitsvektoren zusammensetzt. Eine diagonale Dichtematrix mit gleichen Elementen beschreibt eine unpolarisierte Strahlung. Eine positive Determinante der Dichtematrix ($\det \rho > 0$) deutet auf eine teilweise polarisierte Strahlung hin. Die Dichtematrix einer vollständig polarisierten Strahlung hat eine Determinante vom Wert Null ($\det \rho = 0$) und die Elemente

$$\rho_{\mu\nu}(I_a i, I_g j) = E_\mu(I_a i, I_g j) E_\nu^*(I_a i, I_g j). \tag{4.90}$$

Wenn man als Haupteinheitsvektoren der Polarisation die Vektoren $\hat{\boldsymbol{\eta}}_{\pm 1} = \mp(\hat{\mathbf{i}} \pm \mathrm{i}\,\hat{\mathbf{j}})$ wählt, die den beiden Zuständen einer Zirkularpolarisation entsprechen, dann gelten für die Intensität I_0 und die Polarisationsparameter ξ, φ der durch (4.90) beschriebenen Strahlung die Relationen [10]

$$I_0 = \rho_{++} + \rho_{--},$$

$$\operatorname{tg} \xi = \frac{\sqrt{\rho_{++}} - \sqrt{\rho_{--}}}{\sqrt{\rho_{++}} + \sqrt{\rho_{--}}}, \quad \operatorname{tg} 2\varphi = \frac{\mathcal{I}_m(\rho_{-+})}{\mathcal{R}e(\rho_{-+})}. \tag{4.91}$$

Der Exzentrizitätsparameter $\operatorname{tg} \xi$ bestimmt die Art undDurchlaufrichtung der Polarisationsellipse, da er mit ihrer Exzentrizität „e“ durch $\operatorname{tg} \xi = \pm\sqrt{1-e^2}$ verbunden ist, während das Polarisationsazimut φ die Abweichung der Ellipsenachsen vom Bezugsachsensystem darstellt. Für $\operatorname{tg} \xi = 0$ ist die Strahlung in der durch φ gegebenen Richtung linear polarisiert, sie ist zirkular polarisiert (rechts- oder linksdrehend) bei $\operatorname{tg}\xi = \pm 1$ und elliptisch polarisiert für $1 > e > 0$. Unter Anwendung der Formeln (4.86–88, 4.90–91) lassen sich Rechenprogramme zur Bestimmung der Intensität und des Polarisationszustandes von Mößbauerstrahlung beliebiger Multipolarität, die unter Einwirkung beliebiger statischer Hyperfeinwechselwirkungen emittiert oder absorbiert wird, ausarbeiten. Hierfür müssen allerdings die Mischungskoeffizienten in

(4.69) bekannt sein. In [11] sind die Größen $K_M^L(I_a i; I_g j)$ in Abhängigkeit von den Mischungskoeffizienten für alle bekannten Mößbauerübergänge berechnet und nach Spin und Parität der beteiligten Kernniveaus aufgeführt.

Zur Veranschaulichung sollen hier die Polarisationsmodelle der Strahlung des Nuklids ^{57}Fe für einige Spezialfälle der Hyperfeinwechselwirkung angeführt werden. Dem 14,4 keV-Übergang zwischen den Zuständen $I_a^{(\pi_a)} = 3/2^-$ und $I_g^{(\pi_g)} = 1/2^-$ dieses Nuklids entspricht ein Multipolgemisch ($M1 + E2$) mit dem Verhältnis $|\chi(E2)/\chi(M1)| = 10^{-4}$ [6], d.h. eine fast reine magnetische Dipolstrahlung. Überträgt man die Relationen (4.90) und (4.87) auf diesen Sonderfall, so erhält man für die Matrixelemente der Polarisationsdichte [10]

$$\rho_{++}(i,j) = \frac{1}{12}|\chi(M1)|^2 \left[|K_{-1}^{(1)}(i,j)|^2 \sin^4\frac{\beta}{2} + \frac{1}{2}|K_0^{(1)}(i,j)|^2 \sin^2\beta + \right.$$
$$+ |K_1^{(1)}(i,j)|^2 \cos^4\frac{\beta}{2} + \mathcal{Re}\left(\sqrt{2}\,K_{-1}^{(1)*}(i,j)K_0^{(1)}(i,j)\,e^{i\gamma}\sin^2\frac{\beta}{2} + \right.$$
$$\left.\left. + \frac{1}{2}K_{-1}^{(1)*}(i,j)K_1^{(1)}(i,j)\,e^{2i\gamma}\sin\beta + \sqrt{2}\,K_0^{(1)*}(i,j)K_1^{(1)}(i,j)e^{i\gamma}\cos^2\frac{\beta}{2}\right)\sin\beta\right],$$

$$\rho_{--}(i,j) = \frac{1}{12}|\chi(M1)|^2 \left[|K_{-1}^{(1)}(i,j)|^2 \cos^4\frac{\beta}{2} + \frac{1}{2}|K_0^{(1)}(i,j)|^2 \sin^2\beta + \right.$$
$$+ |K_1^{(1)}(i,j)|^2 \sin^4\frac{\beta}{2} - \mathcal{Re}\left(\sqrt{2}\,K_{-1}^{(1)*}(i,j)K_0^{(1)}(i,j)\,e^{i\gamma}\cos^2\frac{\beta}{2} - \right.$$
$$\left.\left. - \frac{1}{2}K_{-1}^{(1)*}(i,j)K_1^{(1)}(i,j)\,e^{2i\gamma}\sin\beta + \sqrt{2}K_0^{(1)*}(i,j)K_1^{(1)}(i,j)\,e^{i\gamma}\sin^2\frac{\beta}{2}\right)\sin\beta\right],$$

$$\rho_{+-}(i,j) = \frac{1}{12}|\chi(M1)|^2 e^{i(2\alpha+\pi)}\left[\frac{1}{4}\left(|K_{-1}^{(1)}(i,j)|^2 - 2|K_0^{(1)}(i,j)|^2 + \right.\right.$$
$$\left. + |K_1^{(1)}(i,j)|^2\right) + \frac{1}{\sqrt{2}}\left(K_{-1}^{(1)*}(i,j)K_0^{(1)}(i,j) - K_0^{(1)*}(i,j)K_1^{(1)}(i,j)\right)e^{i\gamma}\sin\beta\cos^2\frac{\beta}{2} +$$
$$+ \frac{1}{\sqrt{2}}\left(K_{-1}^{(1)*}(i,j)K_1^{(1)}(i,j) - K_0^{(1)*}(i,j)K_{-1}^{(1)}(i,j)\right)e^{-i\gamma}\sin^2\frac{\beta}{2}\sin\beta +$$
$$\left. + K_{-1}^{(1)*}(i,j)K_1^{(1)}(i,j)\,e^{2i\gamma}\cos^4\frac{\beta}{2} + K_1^{(1)*}(i,j)K_{-1}^{(1)}(i,j)\,e^{-2i\gamma}\sin^4\frac{\beta}{2}\right],$$

$$\rho_{-+}(i,j) = \rho_{+-}^*(i,j) \qquad (4.92)$$

mit

$$K^{(1)}_{-1}(i,j) = \sqrt{3}\, C^{-\frac{1}{2}*}_{\left(\frac{1}{2}\, j\right)}\, C^{-\frac{3}{2}}_{\left(\frac{3}{2}\, i\right)} + C^{\frac{1}{2}*}_{\left(\frac{1}{2}\, j\right)}\, C^{-\frac{1}{2}}_{\left(\frac{3}{2}\, i\right)},$$

$$K^{(1)}_{0}(i,j) = \sqrt{2}\left(C^{-\frac{1}{2}*}_{\left(\frac{1}{2}\, j\right)}\, C^{-\frac{1}{2}}_{\left(\frac{3}{2}\, i\right)} + C^{\frac{1}{2}*}_{\left(\frac{1}{2}\, j\right)}\, C^{\frac{1}{2}}_{\left(\frac{3}{2}\, i\right)}\right),$$

$$K^{(1)}_{1}(i,j) = C^{-\frac{1}{2}*}_{\left(\frac{1}{2}\, j\right)}\, C^{\frac{1}{2}}_{\left(\frac{3}{2}\, i\right)} + \sqrt{3}\, C^{\frac{1}{2}*}_{\left(\frac{1}{2}\, j\right)}\, C^{\frac{3}{2}}_{\left(\frac{3}{2}\, i\right)}. \qquad (4.93)$$

In allen nachfolgenden Beispielen in 4.4.2.1 und 4.4.2.2 wird die Kernquantisierungsachse parallel zur Hauptachse, die der größten Komponente des EFG-Tensors entspricht ($\varphi, \zeta, \psi = 0$), gewählt.

In allen Fällen, in denen die Hyperfeinfelder in der Probe relativ zur Ausbreitungsrichtung der Strahlung statistisch verteilt sind (polykristalline Proben), erhält man die Intensitäten I_0 der Hyperfeinlinien durch Integration von $I_0(\beta, \gamma)$ gemäß

$$\overline{I_0} = \frac{1}{4\pi} \int_0^{2\pi} \int_0^{\pi} I_0(\beta, \gamma) \sin\beta \, d\beta \, d\gamma. \qquad (4.94)$$

Es ist noch zu bemerken, daß alle Übergänge unter der Annahme berechnet wurden, daß die Temperatur des behandelten Systems hoch genug ist, um eine gleiche Besetzung aller Unterniveaus zu gewährleisten. Andernfalls sind die Intensitäten der Übergänge noch mit unterschiedlichen Gewichten entsprechend den verschiedenen (Boltzmannschen) Besetzungswahrscheinlichkeiten der Unterniveaus zu belegen.

4.4.2.1 Die rein magnetische Hyperfeinwechselwirkung beim ^{57}Fe

Für das Nuklid ^{57}Fe erhält man die Matrix der rein magnetischen Hyperfeinwechselwirkung aus (4.65) und (4.66) mit den Hyperfeinparametern $a=0$, $\text{sign}(b)=-1$, $\text{sign}(b_0)=+1$, $r = |b_0/b| = 1{,}7493$ und $(\theta_H, \Phi_H) = 0$. Das Aufspaltungsmodell der Hyperfeinniveaus, die Eigenwerte und

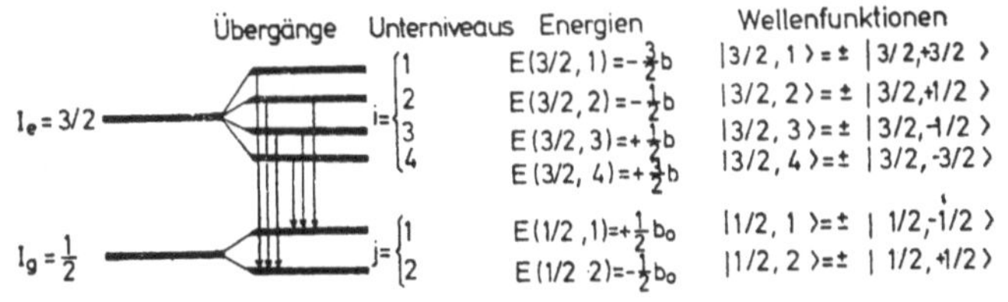

Abb. 4.5 – Mößbauerübergänge des Nuklids ^{57}Fe bei rein magnetischer Hyperfeinwechselwirkung.

Eigenfunktionen, die sich durch Lösung der Gleichung (4.68) für die Teilzustände ergeben, sowie die Übergänge zwischen ihnen sind in

Abb. 4.5 dargestellt. Die den Resonanzen $(i;j)$ entsprechenden Polarisationsdichtematrizen ergeben sich aus (4.92—93) und sind

$$\rho(1,2) = 3\rho(2,1) = \frac{1}{4}\,|\chi(M1)|^2 \begin{pmatrix} \cos^4\frac{\beta}{2} & \frac{1}{4}\,e^{i(2\alpha+\pi)}\sin^2\beta \\ \frac{1}{4}\,e^{-i(2\alpha+\pi)}\sin^2\beta & \sin^4\frac{\beta}{2} \end{pmatrix},$$

$$\rho(4,1) = 3\rho(3,2) = \frac{1}{4}\,|\chi(M1)|^2 \begin{pmatrix} \sin^4\frac{\beta}{2} & \frac{1}{4}\,e^{i(2\alpha+\pi)}\sin^2\beta \\ \frac{1}{4}\,e^{-i(2\alpha+\pi)}\sin^2\beta & \cos^4\frac{\beta}{2} \end{pmatrix},$$

$$\rho(2,2) = \rho(3,1) = \frac{1}{12}\,|\chi(M1)|^2 \begin{pmatrix} 1 & e^{2i\alpha} \\ e^{-2i\alpha} & 1 \end{pmatrix} \sin^2\beta. \tag{4.95}$$

Unter Verwendung der Beziehungen (4.91) und (4.95) kann man jeder Übergangsenergie E_i die Intensität der entsprechenden Linie und deren Polarisationszustand zuordnen, so daß man das Polarisationsverhalten für jede beliebige Ausbreitungsrichtung der Strahlung erhält. Es gilt

$$I_0(1,2) = I_0(4,1) = 3I_0(2,1) = 3I_0(3,2) = \frac{1}{8}\,|\chi(M1)|^2(1+\cos^2\beta),$$

$$I_0(2,2) = I_0(3,1) = \frac{1}{6}\,|\chi(M1)|^2\sin^2\beta. \tag{4.96}$$

Abb. 4.6 zeigt einige Beispiele von Polarisationsmodellen. Auf der Abszisse E_γ sind die Übergangsenergien $TE(i;j) = E(3/2, i) - E(1/2, j)$, die den Resonanzen $(i;j)$ entsprechen, aufgetragen, während die Länge der senkrechten Striche und die Zahlenverhältnisse in den Klammern deren relative Intensitäten angeben. Die verbotenen Übergänge sind mit einem Stern bezeichnet. Der Betrachter beobachtet die auf ihn zukommende Strahlung. Die Quantisierungsachse des emittierenden Systems befindet sich in der Ebene, die die Abszisse χ und die Ausbreitungsrichtung der Strahlung bilden, und schließt mit letzterer den Winkel β ein. Die Ellipsen, die in Spezialfällen in Kreise oder Geraden übergehen, und die gekrümmten Pfeile zeigen die Art der Polarisation der betreffenden Linien an. Da der Winkel α nur in Transmissionsprozessen zu beobachten ist, wurde er in den hier betrachteten Fällen gleich Null gesetzt.

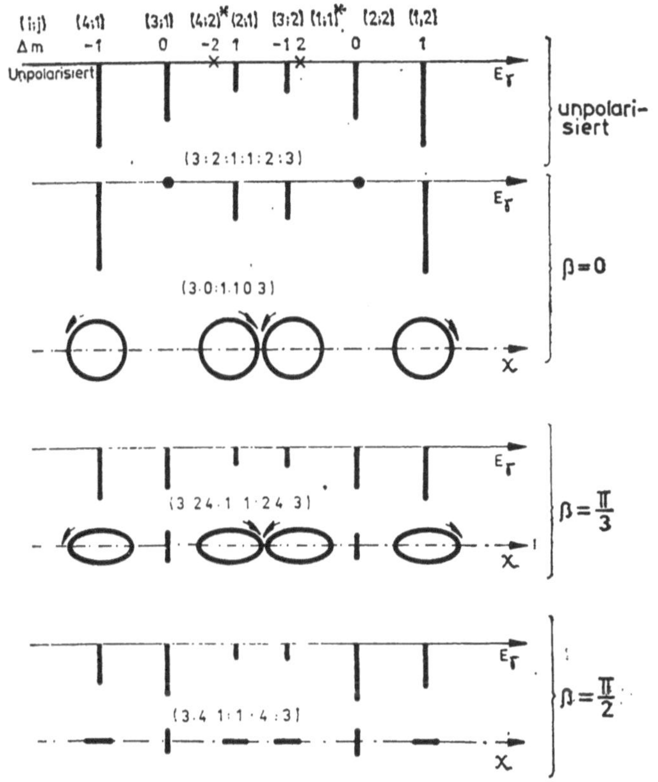

Abb. 4.6 – Polarisationsmodelle des Mößbauerspektrums bei rein magnetischer Hyperfeinaufspaltung des ^{57}Fe ($R = 0$, $\theta = 0$) in Abhängigkeit vom Winkel β zwischen der Ausbreitungsrichtung der Gammastrahlung und der Quantisierungsachse.

4.4.2.2 Die Quadrupolhyperfeinwechselwirkung beim ^{57}Fe

Der reinen Quadrupolwechselwirkung entsprechen folgende Hyperfeinparameter: $b = b_0 = 0$, $a \neq 0$, $\eta \neq 0$. Abb. 4.7 zeigt die Aufspaltung der Energieniveaus, die durch Lösung der Gleichung (4.68) für sign$(a) =$ $= +1$ erhalten wird. Die Entartung der Kernszustände ist dabei nicht vollständig aufgehoben.

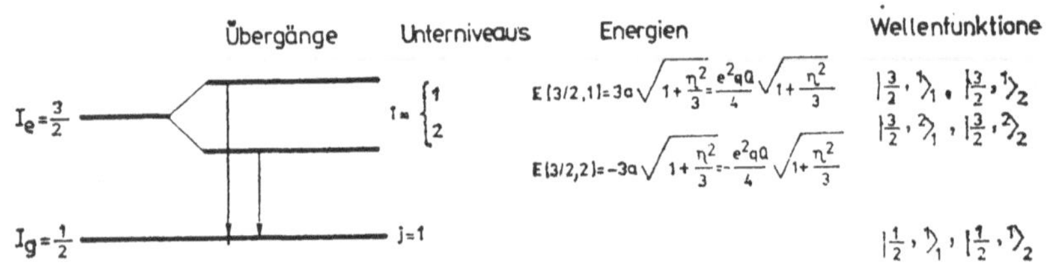

Abb. 4.7 — Mößbauerübergänge des Nuklids ^{57}Fe bei reiner Quadrupolhyperfeinwechselwirkung.

Die Existenz eines elektrischen Feldgradienten mit nichtaxialer Symmetrie ($\eta \neq 0$) am Kernort bewirkt, daß die Unterniveaus des angeregten Zustandes durch gemischte Wellenfunktionen zu beschreiben sind:

$$\left|\frac{3}{2}, 1\right\rangle_1 = \pm\lambda \left|\frac{3}{2}, \frac{3}{2}\right\rangle \pm \lambda\delta \left|\frac{3}{2}, -\frac{1}{2}\right\rangle,$$

$$\left|\frac{3}{2}, 1\right\rangle_2 = \pm\lambda\delta \left|\frac{3}{2}, \frac{1}{2}\right\rangle \pm \lambda \left|\frac{3}{2}, -\frac{3}{2}\right\rangle,$$

$$\left|\frac{3}{2}, 2\right\rangle_1 = \mp\lambda \left|\frac{3}{2}, \frac{1}{2}\right\rangle \pm \lambda\delta \left|\frac{3}{2}, -\frac{3}{2}\right\rangle,$$

$$\left|\frac{3}{2}, 2\right\rangle_2 = \pm\lambda\delta \left|\frac{3}{2}, \frac{3}{2}\right\rangle \mp \lambda \left|\frac{3}{2}, -\frac{1}{2}\right\rangle \tag{4.97}$$

mit

$$\lambda = \frac{\sqrt{3}\,(1+\sqrt{1+\eta^2/3})}{\sqrt{\eta^2 + 3(1+\sqrt{1+\eta^2/3})^2}}, \quad \delta = \frac{\eta}{\sqrt{3}\,(1+\sqrt{1+\eta^2/3})}. \tag{4.98}$$

Wegen der zweifachen Entartung der Unterniveaus ist jede Resonanz das Ergebnis von vier Übergängen mit derselben Energie und demselben

Gewicht. Die Polarisationsdichtematrizen solcher Resonanzen erhält man aus Gleichung (4.89), wobei alle Gewichte w_s gleich groß sind [10],

$$\rho_{++}(1,1) = \rho_{--}(1,1) = = \frac{1}{12}\,|\chi(M1)|^2\lambda^2 \left[\frac{\delta^2+3}{2}(1+\cos^2\beta) + \delta\left(2\delta + \sqrt{3}\cos 2\gamma\right)\sin^2\beta\right],$$

$$\rho_{+-}(1,1) = \rho^*_{-+}(1,1) = = \frac{1}{12}\,|\chi(M1)|^2\lambda^2 e^{i(2\alpha+\pi)}\left[\frac{3}{2}(1-\delta^2)\sin^2\beta + \sqrt{3}\,\delta(1+\cos^2\beta)\cos 2\gamma + \right.$$
$$\left. + 2\sqrt{3}\,i\delta\cos\beta\,\sin 2\gamma\right],$$

$$\rho_{++}(2,1) = \rho_{--}(2,1) = = \frac{1}{12}\,|\chi(M1)|^2\lambda^2\left[\frac{3\delta^2+1}{2}(1+\cos^2\beta) + \left(2-\sqrt{3}\,\delta\cos 2\gamma\right)\sin^2\beta\right],$$

$$\rho_{+-}(2,1) = \rho^*_{-+}(2,1) = = \frac{1}{12}\,|\chi(M1)|^2\lambda^2 e^{2i\alpha}\left[\frac{3}{2}(1-\delta^2)\sin^2\beta + \sqrt{3}\,\delta(1+\cos^2\beta)\cos 2\gamma + \right.$$
$$\left. + 2\sqrt{3}\,i\delta\cos\beta\sin 2\gamma\right]. \tag{4.99}$$

Wie man aus diesen Formeln ersieht, ist für beide Linien des Quadrupoldubletts die Determinante der Dichtematrix positiv ($\det\rho > 0$) und die Diagonalelemente sind gleichgroß für alle beliebigen Winkel (β, γ) und Asymmetrieparameter η. Dieser Umstand beweist, daß die Dublettlinien immer teilweise linear polarisiert sind, unabhängig von der Ausbreitungsrichtung der Gammastrahlung und vom Mischungsgrad der Kernübergänge. Die Art der linearen Polarisation hängt allerdings von den Winkel- und Hyperfeinparametern ab, die in den Matrixelementen außerhalb der Hauptdiagonale vorkommen. Die Intensitäten der Quadrupollinien erhält man unmittelbar aus der Summe der Diagonalelemente der entsprechenden Matrizen, und zwar als

$$I_0(1,1) = \frac{1}{4}\,|\chi(M1)|^2\lambda^2\left[\left(1+\frac{\delta^2}{3}\right)(1+\cos^2\beta) + \frac{4}{5}\,\delta^2\sin^2\beta + \right.$$
$$\left. + \frac{2\delta}{\sqrt{3}}\sin^2\beta\cos 2\gamma\right],$$

$$I_0(2,1) = \frac{1}{4}\,|\chi(M1)|^2\lambda^2\left[\left(\delta^2+\frac{1}{3}\right)(1+\cos^2\beta) + \frac{4}{3}\sin^2\beta - \right.$$
$$\left. - \frac{2\delta}{\sqrt{3}}\sin^2\beta\cos 2\gamma\right]. \tag{4.100}$$

Bei polykristallinen Proben sind die Intensitäten der beiden Linien gleich.

Abb. 4.8 zeigt das Quadrupoldublett mit Angabe des Polarisationszustandes der Linien für $\eta = 0$ und für zwei übliche Ausbreitungsrichtungen der Gammastrahlung. Im Falle $\beta = \frac{\pi}{2}$ läßt sich die Linie (2;1)

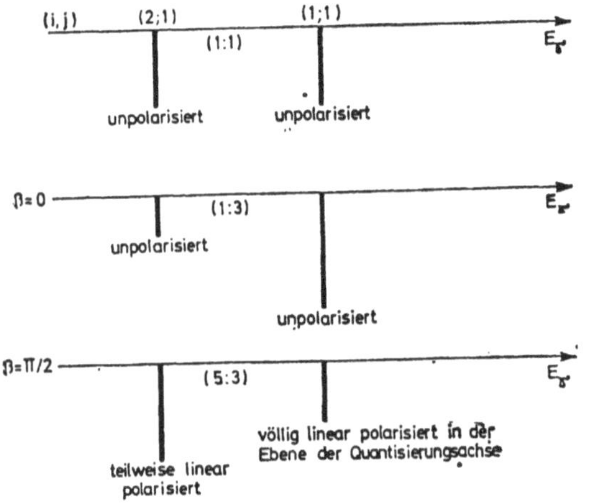

Abb. 4.8 – Das Quadrupoldublett des ^{57}Fe für $\eta = 0$.

in eine unpolarisierte und eine vollständig linear polarisierte (senkrecht zur Ebene der Quantisierungsachse stehende) Komponente mit dem Intensitätsverhältnis 2/3 aufteilen.

4.4.2.3 **Komplexe Hyperfeinwechselwirkungen**

Analytische Ausdrücke, wie sie in den Abschnitten 4.4.2.1 und 4.4.2.2 für die Energie, die Intensität und den Polarisationszustand der Spektrallinien gefunden wurden, sind im allgemeinen nicht mehr angebbar, wenn es sich um irgendwelche komplexe, zusammengesetzte Hyperfeinwechselwirkungen handelt. Zur Berechnung der Spektren sind in diesem Fall dann numerische Methoden erforderlich [12–18].

In Abb. 4.9 sind zur Veranschaulichung einige Mößbauerspektren gezeigt, die mit Hilfe des in [18] beschriebenen Programms simuliert wurden. In diesem Diagramm sind die Übergangsenergien und die Linienintensitäten so normiert, daß der Abstand zwischen den äußersten Spektrallinien jeweils eine Konstante ist und die Gesamtintensität in jedem Spektrum gleich 50 ist. Der ungefähre Betrag der Intensitäten ist durch die Ziffern 0 bis 9 und Buchstaben ($A = 10$, $B = 11$, usf.)

angegeben. Der Parameter R steht für das Verhältnis zwischen Quadrupol- und magnetischer Wechselwirkung. Dieses Diagramm und die in Abb. 4.10 gezeigten Polarisationszustände wurden mit den weiter oben angegebenen Formeln berechnet. Vergleicht man das Polarisationsverhalten in Abb. 4.10 mit demjenigen, das für Übergänge zwischen

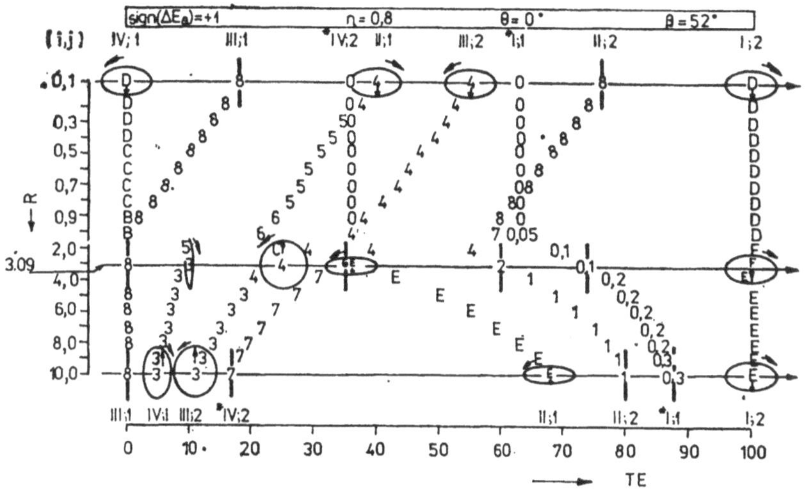

Abb. 4.9 — Übergänge bei nichtsymmetrischem elektrischem Feldgradienten und parallel zur Hauptachse des EFG orientiertem Magnetfeld.

reinen Kernzuständen (Abb. 4.6) charakteristisch ist, dann ist es offensichtlich, daß die Komplexität der Hyperfeinwechselwirkungen merkliche Änderungen hervorruft, und zwar nicht nur in den Linienlagen, sondern auch hinsichtlich der Anzahl der Linien, hinsichtlich ihrer Intensitäten und auch ihrer Polarisationszustände.

Aus dem bisher Gesagten geht hervor, daß, sofern die Kernmomente bekannt sind, die Angabe der Hyperfeinwechselwirkungen eines Mößbauerkernes es ermöglicht, auf analytischem oder numerischem Wege sein Resonanzspektrum aufzubauen. Die meisten praktischen Fälle gehen allerdings aus dem umgekehrten Problem hervor, nämlich aus der Problematik der Bestimmung der Hyperfeinparameter aus einem gemessenen Spektrum. Wenn es sich um komplexe Hyperfeinstrukturen handelt, dann ermöglichen die Linienlagen und -intensitäten im Mößbauerspektrum keine eindeutige Lösung für alle beteiligten Hyperfeinparameter [19—21, 63]. Berechnet man die Wurzeln der Säkulargleichung direkt aus dem experimentellen Spektrum [20] und benutzt die zwischen den Wurzeln und den Koeffizienten eines Polynoms bestehenden Beziehungen, dann lassen sich analytische Formeln ableiten [21], die zur Bestimmung des vollständigen Satzes von Lösungen führen, die mit einem gegebenen komplexen Hyperfeinspektrum verträglich sind.

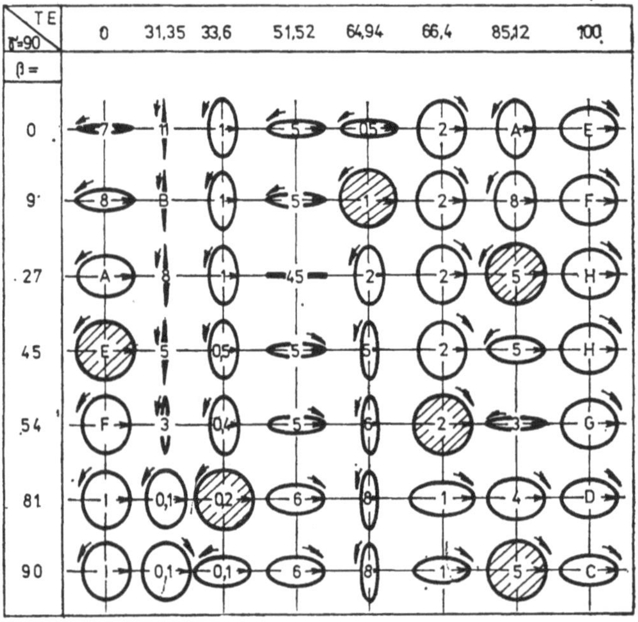

Abb. 4.10 – Polarisationsmodelle in Abhängigkeit von der Ausbreitungsrichtung $\mathbf{k}(\beta,\gamma)$ der Gammastrahlung für ein durch die Parameter $R = 1,3$, sign $(\Delta E_Q) = +1$, $\eta = 0,2$, $\theta = 72°$, $\Phi = 90°$ charakterisiertes System.

4.4.3 Der Goldanskii-Karyagin-Effekt

Wenn man eine Vielzahl von Kernen, wie es einem realen Experiment entspricht, betrachtet, dann muß man bei der Berechnung der Intensitäten in den Mößbauerspektren auch den Anteil der rückstoßfreien resonanten Ereignisse berücksichtigen. Der Faktor f, der diesen Anteil angibt, wurde in Kapitel 1 abgeleitet und durch

$$f = e^{-\langle(\mathbf{ku})^2\rangle}$$

beschrieben, worin $\mathbf{k}$ der Wellenvektor der Gammastrahlung und $\mathbf{u}$ die Verschiebung des Atoms aus seiner Gleichgewichtslage im Gitter sind. Wenn der Exponent $\langle(\mathbf{k}\,\mathbf{u})^2\rangle$, der die mittlere quadratische Auslenkung in **k**-Richtung darstellt, derselbe für jede beliebige Ausbreitungsrichtung ist, dann ist der Faktor f, mit dem man die Intensitäten sämtlicher Übergänge zu multiplizieren hat, eine Konstante. Wenn er jedoch von der Ausbreitungsrichtung der Strahlung abhängig ist, dann ändern sich die nach (4.94) berechneten Intensitäten entsprechend

$$\bar{I}_0 = \int\limits_{\gamma}\int\limits_{\beta} f(\beta, \gamma)\, I_0(\beta, \gamma) \sin\beta \, d\beta \, d\gamma. \tag{4.101}$$

Für eine Anisotropie der mittleren quadratischen Auslenkung ist also das Intensitätsverhältnis der Linien im Spektrum polykristalliner Proben

$$R^{(\mathrm{GKE})} = \frac{\bar{I}_{01}}{\bar{I}_{02}} \frac{\int\limits_{\gamma}\int\limits_{\beta} f(\beta, \gamma)\, I_{01}(\beta, \gamma) \sin\beta \, d\beta \, d\gamma}{\int\limits_{\gamma}\int\limits_{\beta} f(\beta, \gamma)\, I_{02}(\beta, \gamma) \sin\beta \, d\beta \, d\gamma} \tag{4.102}$$

verschieden von demjenigen, das die Beziehungen vom Typ (4.94) ergeben. Zum Beispiel hat das Quadrupoldublett von ^{57}Fe in einer polykristallinen Probe mit anisotropem f dann keine gleichgroßen Linien.

Der Einfluß der Anisotropie des Mößbauerfaktors auf die Linienintensitäten im Mößbauerspektrum ist als Goldanskii-Karyagin-Effekt bekannt [21, 22]. Bezeichnet man mit β und γ die beiden Winkel, die die Richtung von **k** im (x, y, z)-System der Kernquantisierungsachse definieren, und berücksichtigt man den Umstand, daß die Verschiebungen u_x, u_y, u_z unabhängig voneinander sind, dann erhält man unmittelbar die explizite Winkelabhängigkeit des Faktors f als

$$\begin{aligned}\langle(\mathbf{ku})^2\rangle &= \langle(k_x u_x + k_y u_y + k_z u_z)^2\rangle = \\ &= k^2\langle(u_x \sin\beta\cos\gamma + u_y \sin\beta\sin\gamma + u_z\cos\beta)^2\rangle = \\ &= k^2[(\langle u_x^2\rangle \cos^2\gamma + \langle u_y^2\rangle \sin^2\gamma)\sin^2\beta + \langle u_z^2\rangle\cos^2\beta].\end{aligned} \tag{4.103}$$

Bei Axialsymmetrie ($\langle u_x^2\rangle = \langle u_y^2\rangle$) des Tensors der mittleren quadratischen Auslegung wird obige Relation zu

$$\langle(\mathbf{ku})^2\rangle = k^2\,\langle u_\perp^2\rangle + \varepsilon\cos^2\beta, \tag{4.104}$$

worin ε den sogenannten Anisotropieparameter bezeichnet, d.h.

$$\varepsilon = k^2(\langle u_\parallel^2\rangle - \langle u_\perp^2\rangle) = k^2\langle u_\parallel^2\rangle(1 - w_\parallel) = -k^2\langle u_\perp^2\rangle(1 - w_\perp). \quad (4.105)$$

Es bedeuten hier $\langle u_\parallel^2\rangle$, $\langle u_\perp^2\rangle$ die mittleren quadratischen Auslenkungen in Richtung der Quantisierungsachse bzw. in der dazu senkrechten Ebene, und

$$w_\parallel \equiv \frac{\langle u_\perp^2\rangle}{\langle u_\parallel^2\rangle}, \quad w_\perp \equiv \frac{\langle u_\parallel^2\rangle}{\langle u_\perp^2\rangle} \quad (4.106)$$

die Asymmetriequotienten, die für die physikalische Deutung des Effektes bequemer als ε sind.

Mit diesen Bezeichnungen wird das Verhältnis (4.102) zu

$$R^{(\mathrm{GKE})} = \frac{\int\limits_\beta\int\limits_\gamma e^{-\varepsilon\cos^2\beta} I_{01}(\beta, \gamma) \sin\beta \, d\beta \, d\gamma}{\int\limits_\beta\int\limits_\gamma e^{-\varepsilon\cos^2\beta} I_{02}(\beta, \gamma) \sin\beta \, d\beta \, d\gamma}. \quad (4.107)$$

Aus (4.105) und (4.106) geht hervor, daß der Goldanskii-Karyagin-Effekt umso **deutlicher** auftritt, je ausgeprägter die Anisotropie von f

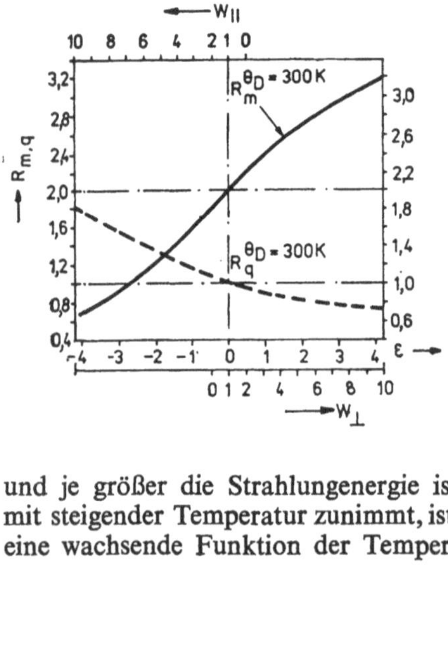

Abb. 4.11 – Die Größen $R_q^{(\mathrm{GKE})}$ und $R_m^{(\mathrm{GKE})}$ in Abhängigkeit vom Anisotropieparameter ε (bzw. von den Anisotropieverhältnissen $w_\perp$ und $w_\parallel$) für eine Debye-Temperatur von 300 K [75].

und je größer die Strahlungenergie ist. Da der Anisotropieparameter mit steigender Temperatur zunimmt, ist der Goldanskii-Karyagin-Effekt eine wachsende Funktion der Temperatur.

Abb. 4.11 zeigt die Abhängigkeit des Verhältnisses (4.107) von ε, $w_{\parallel}$ und $w_{\perp}$ für den Fall der Intensitäten $I_{01} = I_0(\pm 1/2, \pm 1/2)$, $I_{02} = I_0(\pm 3/2, \pm 1/2)$, die den ^{57}Fe-Übergängen bei rein magnetischer Hyperfeinwechselwirkung ($R_m^{(GKE)}$) und bei reiner Quadrupolwechselwirkung ($R_q^{(GKE)}$) mit $\eta = 0$ entsprechen.

Es sei nochmals betont, daß die Gleichungen (4.101) und (4.107) den Goldanskii-Karyagin-Effekt nur für polykristalline Materialien mit völlig statistischer Ausrichtung der Hyperfeinfelder beschreiben. Das Vorhandensein einer Textur [23], d.h. einer Vorzugsrichtung der inneren Felder, kann die relativen Intensitäten der Mößbauerlinien auf ähnliche Weise verändern:

$$R^{(\text{Textur})} = \frac{\int_\gamma \int_\beta D(\beta, \gamma)\, I_{01}(\beta, \gamma) \sin\beta \, \mathrm{d}\beta \, \mathrm{d}\gamma}{\int_\gamma \int_\beta D(\beta, \gamma)\, I_{02}(\beta, \gamma) \sin\beta \, \mathrm{d}\beta \, \mathrm{d}\gamma}. \tag{4.108}$$

$D(\beta,\gamma)$ ist die sogenannte Texturfunktion des betreffenden Materials. Vom experimentellen Standpunkt aus ist es schwierig, die beiden Effekte zu unterscheiden. Das Aufreten des Goldanskii-Karyagin-Effektes darf man nur dann mit Bestimmtheit annehmen, wenn für das untersuchte Material ein Textureffekt mit Sicherheit ausgeschlossen werden kann.

4.5 Die Transmission polarisierter Mößbauerstrahlung durch dünne Absorber

Sobald es sich um ein Ensemble resonanter Systeme (d.h. um Proben mit endlichen Abmessungen) handelt, kann der gesamte resonante Vorgang nicht mehr als einfache Summe der Einzelvorgänge betrachtet werden. Die Betrachtungen aus Abschnitt 4.4 bleiben jedoch vollauf gültig für Versuche, bei denen als Quelle und Absorber genügend dünne Medien verwendet werden, damit der Polarisationszustand der sie durchdringenden Strahlung nicht von Streuvorgängen gestört wird [24]. In solchen Versuchen kann eine Quelle in Form eines völlig ausgerichteten Materials die Rolle eines Strahlungspolarisators spielen, während der Absorber als Polarisationsanalysator betrachtet und verwendet werden kann, da seine Wirkung proportional zur Intensität der einfallenden Strahlung ist und von deren Polarisationszustand abhängt. Tastet man also die Hyperfeinresonanzen $V(i;j)$ des Absorbers mit den Linien $V(i';j')$ einer Quelle ab, so gilt für die Resonanzabsorption bei der Energie

$$V(i,j;i'j') = V(i,j) - V(i',j') \tag{4.109}$$

die bekannte Formel für das Absorptionsvermögen eines Polarisationsanalysators [6, 25]

$$A(i,j;i',j') = I_0(i,j)I_0'(i',j')\cos^2\theta \tag{4.110}$$

mit

$$\cos^2\theta = \frac{1}{2}\Big[1 + \sin^2 2\xi(i,j)\sin 2\xi'(i',j') + \\ + \cos 2\xi(i,j)\cos 2\xi'(i',j')\cos 2(\varphi(i,j) - \varphi'(i',j'))\Big]. \tag{4.111}$$

Die anderen Größen haben die gleiche Bedeutung wie in 4.4 und beziehen sich auf den Absorber bzw. die mit Strich gekennzeichneten Größen auf die Quelle.

Die Transmissionsintensität, die der Energie (4.109) entspricht, ist

$$T(V) = 1 - A(V), \tag{4.112}$$

wobei $A(V)$ die Summe aller zur Energie V gehörenden Anteile der Art (4.110) ist. Als Beispiel für die Benutzung der Ansätze (4.109—111) werden in Abb. 4.12 die Transmissionsspektren einer 6-Linien-Quelle (mit den Linien α, β, γ, δ, ε, η) von ^{57}Co in α-Fe in Verbindung mit einem α-Fe-Absorber (mit den Linien A, B, C, D, E, F), die beide senkrecht zur Strahlungsausbreitungsrichtung magnetisiert sind, gezeigt. Die Felder in Quelle und Absorber sind dabei parallel (Abb. 4.12a) bzw. senkrecht (Abb. 4.12b) zueinander orientiert. Zur Auswertung mittels Abtastung komplexer Hyperfeinspektren mit Mehrlinienquellen gewonnener Transmissionsspektren setzt man am besten die elektronische Rechentechnik ein.

Es gibt eine Reihe von Beispielen für die Benutzung von Gleichung (4.110) zur Gewinnung von Informationen, die auf anderen Wegen nicht erhältlich sind. Messungen mit polarisierter Mößbauerstrahlung wurden erfolgreich eingesetzt zur Bestimmung des Vorzeichens von magnetischen Hyperfeinfeldern [26, 28, 35, 41] und der Quadrupolkopplungskonstante [27], zur Ermittlung der Spinausrichtung und der elektrischen Feldgradientenachsen [29—34, 36—40, 43] sowie zur Erzielung einer besseren Auflösung bei von elektronischer Relaxation beeinflußten Mößbauerspektren [42]. Die Empfindlichkeit des Polarisationszustandes bei Änderung von Hyperfein- oder Orientierungsparametern (so wie sie in Abb. 4.9—10 dargestellt sind) kann dazu dienen, Auskunft über innere Felder in komplexen magnetisch geordneten Strukturen zu erhalten, wenn die Lagen und Intensitäten der Spektrallinien nicht eindeutig auswertbare Meßdaten liefern [44—46].

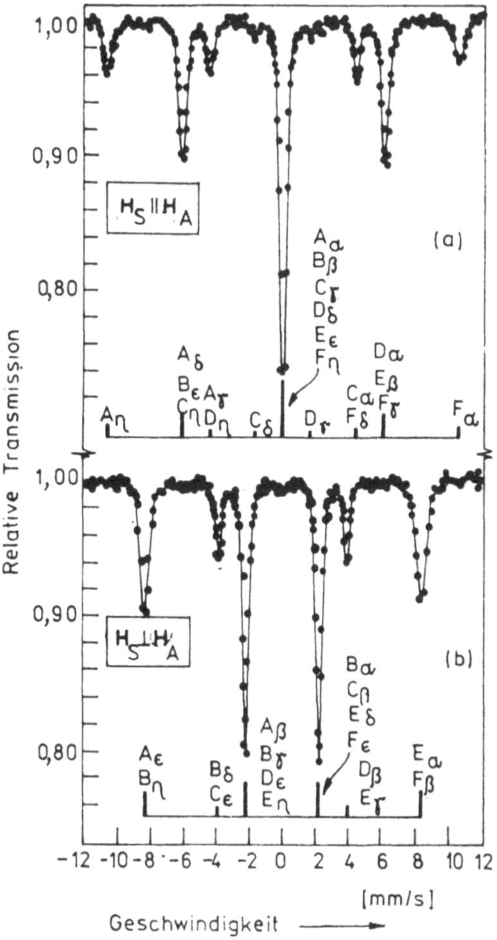

Abb. 4.12 — Mößbauerspektrum bei Benutzung einer ^{57}Co/α Fe-Quelle und eines α-Fe-Absorbers, beide senkrecht zur Ausbreitungsrichtung der Gammastrahlung magnetisiert, Messung bei Zimmertemperatur (nach U. Gonser [33]):

a) Magnetfelder in Quelle und Absorber parallel oder antiparallel ($H_S \parallel H_A$),
b) Magnetfelder in Quelle und Absorber senkrecht zueinander.

Die unterlegten Strichdiagramme geben die Linienlagen und die relativen Intensitäten an.

4.6 Hyperfeinstrukturparameter aus Mößbauerspektren

Das Vorhandensein von nichtvernachlässigbaren Hyperfeinwechselwirkungen führt zu Störungen der Kernniveaus, zwischen denen der rückstoßfreie γ-Übergang erfolgt, und somit zu Veränderungen im Spektrum, die von der Natur und Stärke jener Wechselwirkungen abhängig sind. Abb. 4.13 zeigt die spektralen Veränderungen, welche den in den vorangehenden Abschnitten beschriebenen Wechselwirkungsarten entsprechen. Einfachheitshalber sind hier als Beispiel ^{57}Fe-Kerne in einer polykristallinen Probe, die mit einer Einlinienquelle abgetastet wurde, zugrunde gelegt.

Wie aus Abb. 4.13 ersichtlich, verschiebt die elektrische Monopolwechselwirkung den Spektrenschwerpunkt, ohne die Entartung der Kernniveaus aufzuheben, während die elektrische Quadrupol- und die

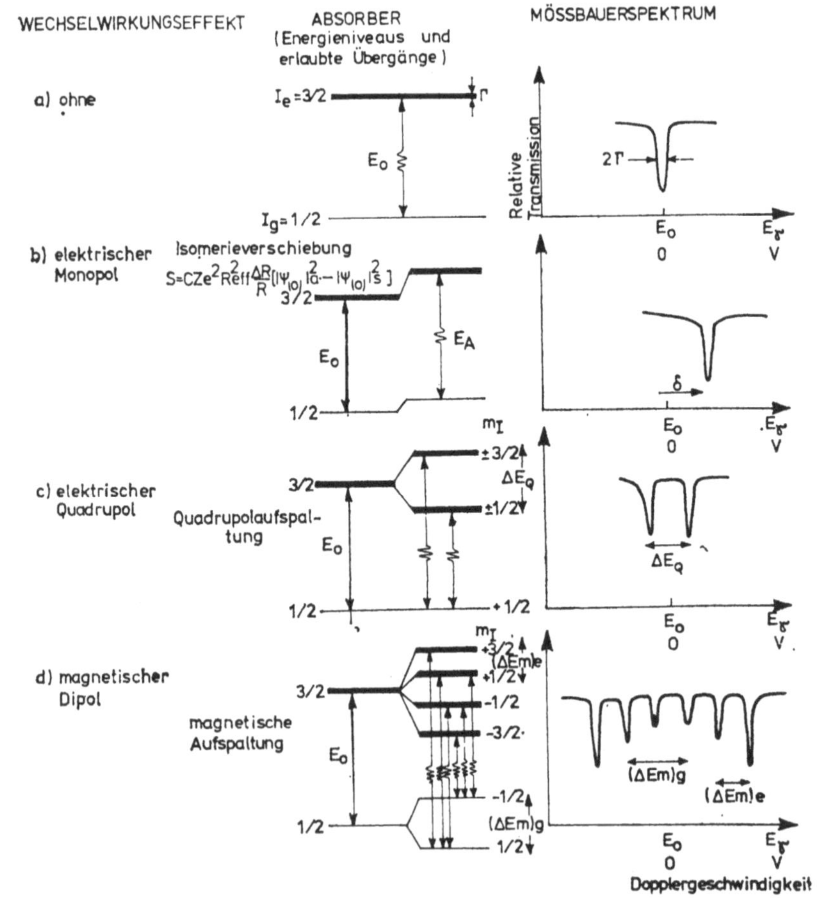

Abb. 4.13 – Einfluß der Arten der Hyperfeinwechselwirkungen auf das Mößbauerspektrum (^{57}Fe).

magnetische Dipolwechselwirkung die Entartung teilweise bzw. völlig aufheben und zu einer Strukturierung der Spektren um den Spektrenschwerpunkt herum führen. Alle mathematischen Ausdrücke für diese Wechselwirkungen bestehen jeweils aus dem Produkt zweier Faktoren, wovon der eine stets nuklearer Herkunft, der andere immer elektronischer Natur ist. Eine einfache Spektrenmessung genügt nicht, um gleichzeitig die Faktoren beider Kategorien zu bestimmen, sondern sie müssen auf unabhängige Weise ermittelt werden.

Nachfolgend soll näher auf die Kern- und Atomparameter, die diese drei Arten der Wechselwirkung bestimmen und die aus Mößbauerspektren gewonnen werden können, eingegangen werden.

4.6.1 **Die Isomerieverschiebung**

Die Isomerieverschiebung wird immer in bezug auf eine Standardsubstanz gemessen. Der Kernfaktor im Ausdruck (4.26) enthält die Kernladung Z_e und die relative Differenz $\Delta R/R$ der Kernradien zwischen angeregtem und Grundzustand, während der Atomfaktor aus der Elektronenladungsdichte $e|\Psi(0)|^2$ am Kernort besteht. Die Ladungsdichte am Kernort rührt hauptsächlich von den s-Elektronen her, die im Gegensatz zu den p-, d- oder f-Elektronen die Eigenschaft besitzen, den Kern teilweise zu durchdringen (Wenn man relativistische Effekte in Betracht zieht, dann gibt es auch eine äußerst geringe, aber dennoch von Null verschiedene Wahrscheinlichkeit dafür, daß sich im Kernbereich auch p -Elektronen aufhalten). Liegt erst einmal ein theoretischer Wert von $e|\Psi(0)|^2$ für eine bestimmte Nachbarschaft eines Kernes vor, dann liefert die experimentelle Messung von δ einen Wert für den Faktor $\Delta R/R$. Da er nicht von der Elektronenumgebung beeinflußt wird, kann dieser $\Delta R/R$ -Wert dann auch zur Bestimmung der Elektronenladungsdichten an diesem Kern in verschiedenen Verbindungen (aus der Messung von δ) benutzt werden.

Die Informationen über den Kernradius haben sich als äußerst wertvoll für seine Korrelierung mit Daten erwiesen, die sich aus verschiedenen Kernmodellen ergeben. Zum Beispiel führten Messungen der Isomerieverschiebung zu dem Schluß, daß der angeregte Kernzustand des ^{57}Fe eine kleinere räumliche Ausdehnung als der Grundzustand hat ($\langle R^2\rangle_a < \langle R^2\rangle_g$), was mit den Voraussagen des Schalenmodells übereinstimmt. Ferner stellte sich heraus, daß ein anderer Parameter, und zwar die mittlere Lebensdauer τ des angeregten Zustands, mit der Isomerieverschiebung in Verbindung steht [47]. Man fand, daß τ von der chemischen Umgebung des Resonanznuklids abhängt. Dies erklärt sich dadurch, daß die Koeffizienten α_s der inneren Konversion den s-Elektronendichten der betreffenden Schalen proportional sind,

$$\frac{\Delta \frac{1}{\tau}}{\frac{1}{\tau}} = \frac{\alpha_s}{\alpha_t + 1} \frac{\Delta|\Psi_s(0)|^2}{|\Psi_s(0)|^2}. \qquad (4.113)$$

Dieser Effekt muß sich in der Linienbreite Γ der Mößbauerresonanz, die mit τ über $\tau\Gamma = \hbar$ verbunden ist, zeigen.

Es soll hier nicht näher auf die Informationen nuklearer Natur, die der Mößbauereffekt liefern kann, eingegangen werden. Dieses Problem wird eingehend in Kapitel 6 behandelt.

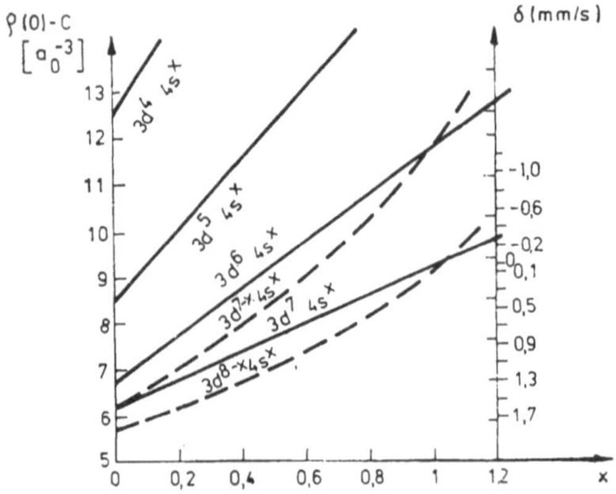

Abb. 4.14 — Die Isomerieverschiebung δ in Abhängigkeit von der Elektronenkonfiguration $3d - 4s$ (nach [49] $C = 11873.e.a_0^{-3}$, rechte Skala bezogen auf met. Fe).

Wenn man die Quelle als Bezugssystem wählt, $|\Psi(0)|_s^2 = \text{const.}$, dann ist die Isomerieverschiebung eine lineare Funktion der Ladungsdichte $|\Psi(0)|_A^2$ im Absorber. Eine positive Änderung der Isomerieverschiebung bedeutet das Zunehmen oder Abnehmen der Ladungsdichte am Kernort, je nachdem ob der Faktor $\Delta R/R$ positiv oder negativ ist (dabei wird ein positives Vorzeichen der Geschwindigkeit für Bewegung der Quelle auf den Absorber zu angenommen). Man kann annehmen, daß die Ladungsdichte am Kernort zweierlei Ursachen hat:

a) vollbesetzte *s*-Orbitale der inneren Elektronenschalen;

b) teilweise besetzte äußere *s*-Orbitale (Valenzzustände).

Unter den Punkt *b*) fallen sowohl die eigenen Valenzelektronen des Probenatoms als auch die an der chemischen Bindung beteiligten Elektronen der umgebenden Liganden. Ihr Beitrag zur Ladungsdichte am Kernort ist sehr empfindlich gegenüber jeder Veränderung der Elektronenstruktur. Die Ladungsdichte am Kernort wird entweder direkt durch die Besetzungszahl der *s*-Elektronen in der Valenzschale oder indirekt durch Abschirmung der *s*-Elektronen vom Kern durch die *p*-, *d*- oder *f*-Elektronen beeinflußt.

Aus bekannten Daten über die Elektronenladungsdichte am Kernort kann man auf den relativen Anteil der *s*-, *p*- und *d*- Wellenfunktionen bei der Bildung einer kovalenten Bindung schließen, aber auch auf das Ausmaß, in welchem Elektronen zum Liganden hin delokalisiert sind. Derartige Ergebnisse für ^{57}Fe sind in Abb. 4.14 [6] wiedergegeben.

Dieses Diagramm zeigt eine Art Eichkurven der Isomerieverschiebung δ. Die Abszisse ist in $4s$-Elektronenzahlen eingeteilt. Die linke Ordinate entspricht der Wahrscheinlichkeitsdichte der s-Elektronen am Kernort, während die rechte die Werte der Isomerieverschiebung angibt. Die Beträge $|\Psi_{4s}(0)|^2$ wurden nach der Formel von Fermi-Segré-Goudsmith [3, 48] berechnet, die für freie Atome und für Ionen gute Resultate liefert:

$$|\Psi_{ns}(0)|^2 = \frac{ZZ_0^2}{\pi\, a_0^3 n_0^3}\left(1 - \frac{d\sigma}{dn}\right). \tag{4.114}$$

Z ist die Kernladung, Z_0 die effektive Ionenladung, in deren Feld sich das Elektron bewegt, n_0 die effektive Quantenzahl des stationären Zustands n, $\sigma = n - n_0$ ist die Differenz der beiden Hauptquantenzahlen und a_0 der Bohrsche Radius des Wasserstoffatoms. Man sieht, daß einer Zunahme der Isomerieverschiebung gegen positive Werte eine Verringerung der Ladungsdichte am Kernort entspricht, wogegen eine Änderung von δ nach negativen Werten eine Vergrößerung der Ladungsdichte bedeutet (woraus wiederum hervorgeht, daß im Falle des ^{57}Fe der dem angeregten Zustand entsprechende Kernradius kleiner sein muß als derjenige des Grundzustandes).

Die Ladungsdichte am Kernort nimmt ab, wenn die $3d$-Orbitale stärker besetzt werden. Dies erklärt sich durch den Abschirmeffekt, den die $3d$-Elektronen auf die $4s$-Elektronen ausüben, die sich in ihrer Bahnbewegung eine Zeitlang in größeren Abständen vom Kern aufhalten als die $3d$-Elektronen. Sobald die Coulombanziehung zwischen dem Kern und der Ladung der $4s$-Elektronen geringer wird, werden die $4s$-Wellenfunktionen ausgedehnt und infolgedessen die am Kern vorhandene Ladungsdichte geringer. Eine Vergrößerung des Anteils von $4s$-Elektronen hat die entgegengesetzte Wirkung und führt zu einer wachsenden Ladungsdichte am Kernort, und zwar erfolgt dies umso stärker, je schwächer die $3d$-Abschirmung ist (die Steilheit der Geraden in Abb. 4.14 nimmt beim Übergang von der Konfiguration $3d^8$ nach $3d^5$ zu). Im Grunde genommen gibt die Abszisse dieses Diagramms den Kovalenzgrad der Bindung des Eisenions an seine Umgebung an. Eine Änderung der Isomerieverschiebung gegen negative Werte (größere Ladungsdichte am Kernort) entspricht einem erhöhten Kovalenzgrad. Umgekehrt entspricht die Änderung der Isomerieverschiebung gegen positive Werte (kleinere Ladungsdichte) einem höheren Grad des heteropolaren Charakters der Bindung des betreffenden Ions.

Isomerieverschiebungsmessungen sind auch bei der Bestimmung von Bandstrukturen in Festkörpern sehr nützlich. So wurde z.B. versucht, mittels Messungen der Isomerieverschiebung von ^{57}Fe im metallischen Zustand das Eisenatom in einem s-d-Diagramm zu lokalisieren. Dies ist dadurch möglich, daß die Wellenfunktionen, die die Ladungsdichte am

Kernort bestimmen, ungefähr dieselben für das Atom im Metall und für das freie Ion sind. Dabei stellte sich heraus, daß sich der Schnittpunkt der für eine Gesamtzahl von 8 Elektronen $3d^{8-x}4s^{x}$ interpolierten Kurve (Fall des Eisenatoms) mit dem Wert der gemessenen Isomerieverschie-

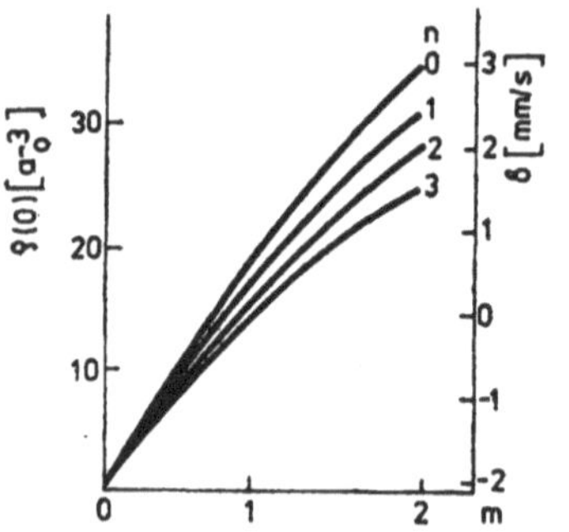

Abb. 4.15 — Isomerieverschiebungen für Antimonverbindungen der Konfiguration $5s^m5p^n$ (bezogen auf InSb).

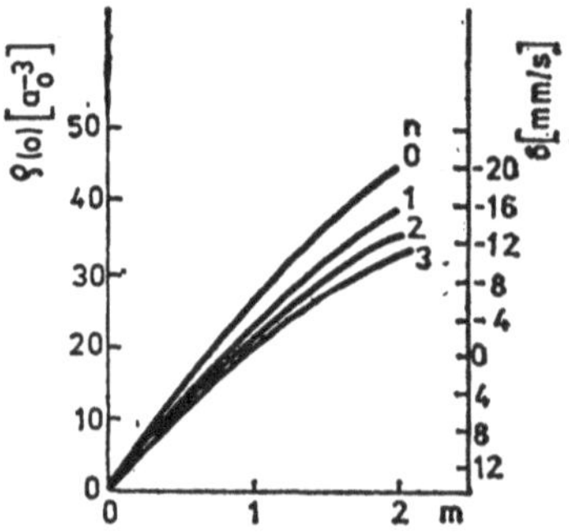

Abb. 4.16 — Isomerieverschiebungen für Zinnverbindungen der Konfiguration $5s^m5p^n$ (nach [50], δ bezogen auf Mg_2Sn).

bung sehr nahe am Punkt $3d^7$ befindet. Mit anderen Worten, das d-Band des metallischen Eisens sollte mit 7 Elektronen je Atom besetzt sein, ein Ergebnis, das die Bandstrukturberechnung für diesen Fall bestätigt.

Ähnliche Diagramme wie in Abb. 4.14 werden in den Abbildungen 4.15 und 4.16 für die Isomerieverschiebung in Abhängigkeit von der Elektronenkonfiguration $4d^{10}5s^m5p^n$ für Zinn- bzw. Antimonverbindungen gezeigt. Der Nullpunkt auf der Ordinate entspricht 93 291 $e \cdot a_0^{-3}$ (Elektronen pro Atomvolumen) [50].

Es ist erwiesen, daß die Isomerieverschiebung nicht nur auf die Oxydationszustände empfindlich reagiert, sondern auch auf die Spinzustände. Die Wechselbeziehung zwischen δ und den Oxydations- und Spinzuständen von Eisen in komplexen Verbindungen wird als Beispiel in Abb. 4.17 dargestellt. Aus diesem Diagramm lassen sich einige interessante Schlüsse ziehen. So sind z.B. die Isomerieverschiebungen für heteropolare high-spin Eisenverbindungen umso positiver, je niedriger der Oxydationszustand ist. Die Bereiche der δ-Werte für high-spin ($S=2$) und low-spin ($S=0$) Fe(II)-Verbindungen sind deutlich voneinander getrennt. Hingegen haben die Fe(II)- und Fe(III)-Verbindungen in low-spin Konfiguration ($S=0$ bzw. $S=1/2$) ganz ähnliche Isomerieverschiebungen. Für solche Verbindungen sind die Messungen von δ allein nicht ausreichend, um zwischen Fe(II) und Fe(III) unterscheiden zu können. Dieses Dilemma kann allerdings im allgemeinen durch den Betrag der Quadrupolaufspaltung beseitigt werden, der für niedrige Spinzustände meistens klein ist, so für Fe(II) ($0 \lesssim \Delta E_Q \lesssim 0{,}8$ mm/s) und erheblich größer für Fe(III) ($\approx 0{,}7 \lesssim \Delta E_Q \lesssim 1{,}7$ mm/s) [51]. Das Diagramm Abb. 4.17 kann auf Grund der von Watson [53] durchge-

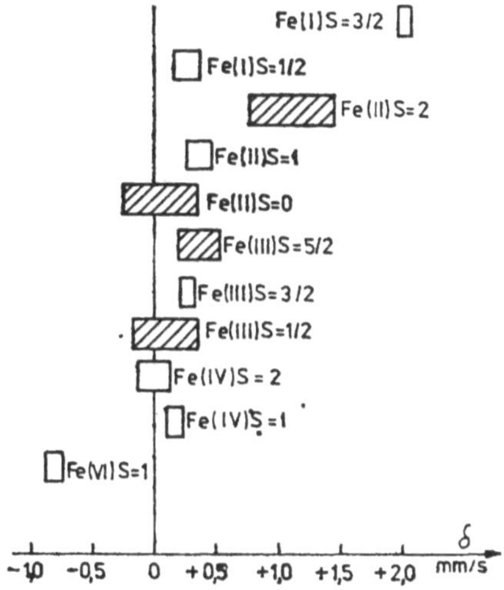

Abb. 4.17 – Isomerieverschiebung in Eisenkomplexen (nach [51], [52], S = Spinquantenzahl, δ bezogen auf metallisches Eisen bei Zimmertemperatur).

führten Berechnungen von Hartree-Fock-Atomstrukturen gut interpretiert werden.

Die Streuung der δ-Werte für jeden Oxydationszustand ist dem Mechanismus der chemischen Bindung zuzuschreiben. Auf welche Weise die Bindung die Isomerieverschiebung beeinflußt, wird eingehend in [51] beschrieben. Ähnliche Diagramme wie in Abb. 4.17, die die Korrelation zwischen der Isomerieverschiebung und dem Oxydationszustand des Mößbaueratoms darstellen, existieren auch für die Nuklide ^{119}Sn, ^{127}J, ^{129}Xe, ^{99}Ru, ^{151}Eu, ^{197}Au, ^{237}Np u.a.m. [52].

4.6.1.1 Die Abhängigkeit der Isomerieverschiebung von Volumenänderungen

Volumenänderungen, die über den Elektronenfaktor die Isomerieverschiebung beeinflussen, können verschiedene Ursachen haben: Der Einfluß eines äußeren Druckes, Temperaturänderungen, Austausch mit Substituenten mit unterschiedlichen Ionenradien, Phasenübergänge erster Ordnung usw. Selbstverständlich führt eine Änderung der Gitterparameter einerseits zur Änderung des Abstandes zwischen Nachbarladungen, andererseits aber auch zu einer Kompression bzw. Ausdehnung der Elektronenwolke, die den Kern umgibt. Beides aber verändert die

Elektronenladungsdichte am Kernort. Man kann die Abhängigkeit der Isomerieverschiebung von der Volumenänderung benutzen, um wertvolle Informationen über die Elektronenstruktur in Festkörpern zu erhalten [54]. Die in dieser Richtung unternommenen Messungen zielen auf eine Bestimmung des Volumenkoeffizienten K der Isomerieverschiebung, der durch

$$\left(\frac{\partial \delta}{\partial P}\right)_T = \left(\frac{\partial \delta}{\partial V_a}\right)_T \left(\frac{\partial V_a}{\partial P}\right)_T = \chi \left(\frac{\partial \delta}{\partial \ln V_a}\right)_T = \chi K$$

definiert ist, wobei $\chi = \frac{1}{V_a}\left(\frac{\partial V_a}{\partial p}\right)_T$ die isotherme Kompressibilität des Materials, die für jeden Stoff verschieden ist und sich im allgemeinen mit dem Druck ändert, darstellt. Ein Diagramm, das die Änderungen der Isomerieverschiebung, der Wahrscheinlichkeitsdichte $|\Psi(0)|^2$ und des Atomvolumens V_a vereint und dadurch eine Korrelation dieser Parameter erlaubt, ist in Abb. 4.18 für Eisen gezeigt [55]. Darin bedeuten n_s und n_d die Anzahl der Elektronen pro Atom im 4s- bzw. 3d-Band.

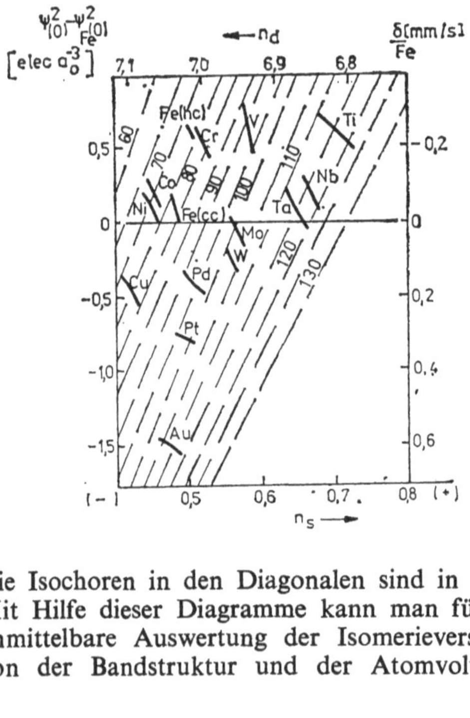

Abb. 4.18 – Korrelationsdiagramm zwischen der Isomerieverschiebung, dem Atomvolumen und der Elektronenkonfiguration für Eisen (nach [55]).

Die Isochoren in den Diagonalen sind in Einheiten von a_0^3 indiziert. Mit Hilfe dieser Diagramme kann man für eisenhaltige Metalle eine unmittelbare Auswertung der Isomerieverschiebung in Abhängigkeit von der Bandstruktur und der Atomvolumenänderung vornehmen.

4.6.1.2 Die Temperaturabhängigkeit der Isomerieverschiebung

Die Verschiebung des Schwerpunktes eines Mößbauerspektrums relativ zur Geschwindigkeit Null ist die Summe von zwei Beiträgen: Die Isomerieverschiebung δ (4.26), die aus der Hyperfeinwechselwirkung resultiert, und die Dopplerverschiebung zweiter Ordnung δ_R [56, 57], die ein relativistischer Effekt ist,

$$\delta_C = \delta + \delta_R. \tag{4.115}$$

Die Dopplerverschiebung zweiter Ordnung (auch quadratischer Dopplereffekt genannt) ist durch das mittlere Geschwindigkeitsquadrat $\overline{v^2}$ des Kerns gegeben,

$$\delta_R = \frac{\overline{v^2}}{2c^2} E_\gamma, \tag{4.116}$$

oder, wenn man die innere Kristallenergie U in der Debye-Näherung einführt, dann ist

$$\delta_R = -\frac{U}{2Mc^2} = -\frac{9}{16}\frac{k_B E_\gamma}{Mc^2}\left[\theta_D + 8T\left(\frac{T}{\theta_D}\right)^3 \int_0^{\theta_D/T} \frac{x^3 dx}{e^x - 1}\right]. \tag{4.117}$$

δ_R ist empfindlich gegenüber Änderungen verschiedener Parameter wie z.B. Temperatur, Druck, Debye-Temperatur θ_D des Kristalls, Gitterstörstellen usw. Die T- und θ_D-Abhängigkeit der Dopplerverschiebung zweiter Ordnung ist in Abb. 4.19 für Eisen in verschiedenen Nachbarschaften gezeigt [58].

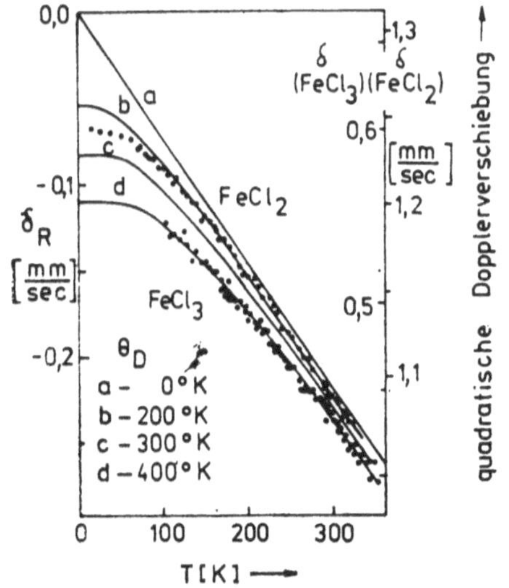

Abb. 4.19 — Temperaturabhängigkeit der quadratischen Dopplerverschiebung für Eisen in verschiedenen Verbindungen (nach [58]).

Die Abhängigkeit der Isomerieverschiebung von diesen Parametern, insbesondere die Temperaturabhängigkeit von δ, kann infolgedessen durch einen hohen δ_R-Beitrag verfälscht werden. Um die Beträge der Isomerieverschiebung bei verschiedenen Temperaturen zu erhalten, müssen deshalb die Meßdaten hinsichtlich des Beitrags durch den relativistischen Dopplereffekt korrigiert werden.

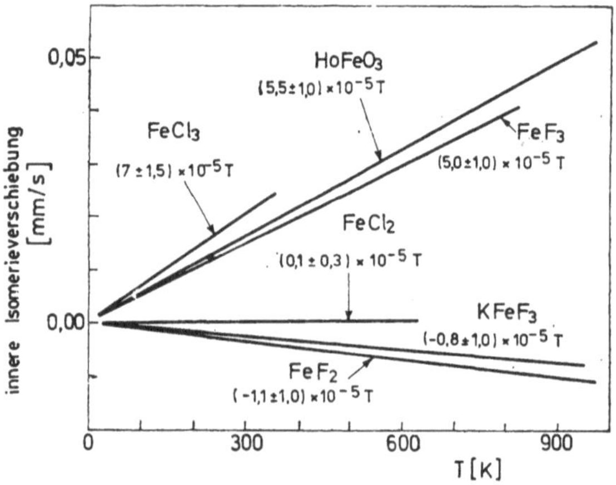

Abb. 4.20 – Temperaturabhängigkeit der inneren Isomerieverschiebung bei zwei- und dreiwertigen Eisenverbindungen (nach [58]).

Bei konstantem Druck ist die Temperaturabhängigkeit der Isomerieverschiebung auf mindestens zwei Ursachen zurückzuführen: Der Beitrag der Wärmeausdehnung des Gitters und die eigentliche (eigene oder innere) Temperaturabhängigkeit [59]. Selbst wenn diese beiden Effekte dazu neigen, sich zu kompensieren, können sie in sehr genauen Bestimmungen von δ und δ_R doch nicht vernachlässigt werden. Die innere Temperaturabhängigkeit des Parameters δ ist in Abb. 4.20 [58] für zwei- und dreiwertige Eisenverbindungen gezeigt.

Die Ergebnisse zeigen, daß die eigentliche Temperaturabhängigkeit der Isomerieverschiebung für diese Verbindungen praktisch weder vom Kovalenzgrad der Bindung noch von Kristallfeldeffekten zweiter Ordnung abhängt. Tatsächlich ist die thermische Änderung der Isomerieverschiebung in Abb. 4.20 deutlich verschieden für die beiden zwei- und dreiwertigen Verbindungsgruppen, jedoch praktisch die gleiche für die Substanzen innerhalb einer dieser Gruppen, obwohl die Unterschiede im Kovalenzgrad und in der Abweichung von der Oktaedersymmetrie in beiden Fällen, d.h. zwischen den Substanzen innerhalb jeder Gruppe, groß sind. So ist der Kovalenzgrad sehr unterschiedlich für $FeCl_2$ und FeF_2 oder für $FeCl_3$ und FeF_3, und die Symmetrie der Umgebung des Fe^{2+}-Ions ist im $KFeF_3$ kubisch, sie zeigt aber eine erhebliche orthorhombische Verzerrung im FeF_2 und eine trigonale Verzerrung im $FeCl_2$. Das verschiedenartige Verhalten der zwei- und dreiwertigen Verbindungen ist mit den unterschiedlichen Konfigurationen der Elektronenbahnen $3d^6(e_g^2t_{2g}^4)$ bzw. $3d^5(e_g^2t_{2g}^3)$ und den entgegengesetzten Wirkungen der Temperatur auf die Ladungsdichteverteilungen $3d(e_g)$ und $3d(t_{2g})$ in der oktaedrischen Anordnung der Liganden zu erklären. Die Temperaturerhöhung führt zu einer Expansion der $3d(t_{2g})$-Bahnen und zu einer Kontraktion der $3d(e_g)$-Bahnen. Ein Mechanismus, der diese Kontraktion der Ladungsverteilung mit wachsender Temperatur hervorrufen könnte, ist von Shrivastava [60] auf Grund einer theoretischen Behandlung der Elektron-Phonon-Wechselwirkung vorgeschlagen worden.

4.6.2 **Die Quadrupolaufspaltung und der Ursprung des elektrischen Feldgradienten am Kernort**

Wie die Isomerieverschiebung, so ist auch die Quadrupolaufspaltung (vgl. Abb. 4.7) dem Produkt zweier Faktoren proportional: Der Faktor $eq(1 + \eta^2/3)^{1/2}$ ist atomarer Herkunft, der andere Faktor $eQ/2$ spiegelt eine Eigenschaft des Kernes wider. Die Ermittlung eines der Faktoren ist möglich, wenn der andere unabhängig davon bestimmt werden kann.

Die Bestimmung des elektrischen Feldgradienten (=EFG) z.B. erfordert die Kenntnis seiner Herkunft. Wie bereits in Abschnitt 4.1 erwähnt wurde, ist der elektrische Feldgradient V_{ij} ein symmetrischer Tensor zweiter Stufe mit verschwindender Spur (d.h. von seinen 9 Komponenten sind fünf unabhängig voneinander):

$$V_{ij} = \frac{\partial^2 V}{\partial i \partial j}, \qquad (i, j = x, y, z). \tag{4.118}$$

$V = \rho/r$ ist das Potential einer punktförmigen Ladung ρ, die sich im Abstand $r=(x^2+y^2+z^2)^{1/2}$ vom Kern befindet. In einem Koordinatensystem, das mit den Hauptachsen des Tensors zusammenfällt, kann man dieses Potential durch nur zwei unabhängige Parameter beschreiben, die man üblicherweise als $q = V_{zz}/e$ und $\eta = (V_{xx} - V_{yy})/V_{zz}$ wählt. Aus seiner Definition folgt, daß der EFG durch nichtsphärische Ladungsverteilungen und/oder durch eine nichtkubische Symmetrie der Umgebung zustande kommt. Es gibt zwei Hauptbeiträge zum EFG am Ort eines Mößbauerkernes:

a) Der Beitrag q_L von den Liganden (bzw. vom Gitter) des Mößbaueratoms,

b) der Beitrag q_{el} der eigenen Elektronenhülle.

Rein kubische Umgebungen, volle oder halbvolle ungestörte Elektronenschalen und *s*-Elektronen (die ja immer in Kugelsymmetrie angeordnet sind) erzeugen keinen EFG. Der EFG-Tensor am Kernort ist nicht die einfache Summe der Beiträge *a*) und *b*), weil diese sich gegenseitig beeinflussen. Der Liganden- bzw. Gitteranteil des EFG verformt die abgeschlossenen und nichtabgeschlossenen Elektronenschalen der eigenen Hülle und wird seinerseits von diesen induzierten Feldgradienten selbst wieder verändert. Zugleich wird der Beitrag der unabgeschlossenen oder verformten Elektronenschalen zum EFG am Kernort von der Abschirmung durch die inneren, kernnahen Schalen beeinflußt. Berücksichtigt man diesen gegenseitigen Einfluß und die von Sternheimer [61] eingeführten Abschirm- und Antiabschirmkorrekturen R bzw. γ (meist als Sternheimer-shielding und -antishielding bezeichnet), so kann man für die Parameter q und η schreiben

$$q = (1 - \gamma)q_L + (1 - R)q_{el},$$
$$\eta q = (1 - \gamma)q_L\eta_L + (1 - R)q_{el}\eta_{el}. \tag{4.119}$$

Der Antishielding-Faktor γ verstärkt die Quadrupolwechselwirkung aus der Nachbarschaft des Mößbaueratoms, so daß bei Eisenverbindungen der Ausdruck $(1 - \gamma)$ von der Größenordnung 10 wird. Der Shielding-Faktor R ergibt sich für Eisen und Zinn zu 0,2 . . . 0,3. Sofern er überhaupt existiert, dann ist der Anteil der eigenen Elektronenhülle meist viel größer als der Anteil der Umgebung, weil die innere Ladungsverteilung natürlich dem Kern näher gelegen ist. Es kann vorkommen, daß die beiden Anteile veschiedene Vorzeichen haben und sich teilweise oder ganz kompensieren. In solchen Fällen weist die Temperaturabhängigkeit der resultierenden Quadrupolaufspaltung ein Minimum auf.

Es ist möglich, das Vorzeichen der V_{zz}-Komponente des EFG zu bestimmen, wenn man das Vorzeichen der Quadrupolkopplungskonstante Q kennt. Der experimentelle Parameter ΔE_Q liefert nur den Betrag der Quadrupolaufspaltung, nicht aber das Vorzeichen der Kopplungskonstanten. Die Bestimmung des Vorzeichens der Kopplungskonstanten ist für kombinierte Hyperfeinwechselwirkungen möglich. So ist z.B. beim ^{57}Fe für den Fall $a \ll b$ (vgl. (4.64, 4.67)) der Abstand zwischen den ersten beiden Linien des Sextetts $(\Delta E_m)_{12}$ (man numeriert üblicherweise die Linien im Sextett mit 1. . .6 in der Reihenfolge zunehmender Energie bzw. im Mößbauerspektrum von links nach rechts) nicht mehr gleich $(\Delta E_m)_{56}$. Berücksichtigt man, daß für ^{57}Fe $Q > 0$ ist, dann gelten die Ansätze:

$$(\Delta E_m)_{56} > (\Delta E_m)_{12} \text{ für } q > 0$$

und

$$(\Delta E_m)_{56} < (\Delta E_m)_{12} \text{ für } q < 0.$$

Wenn eine polykristalline Probe nur eine Quadrupolaufspaltung aufweist und der Parameter η sehr klein ist, dann kann man das Vorzeichen der Kopplungskonstanten mit Hilfe der sogenannten Technik der magnetischen Störung ermitteln [16, 62]. Nach Anlegen eines äußeren genügend großen Magnetfeldes (≈ 30 kOe) kommt es zu einer kombinierten Hyperfeinwechselwirkung mit $a > b$ und $\eta \approx 0$. Das Quadrupoldublett geht dann in ein Spektrum über, dessen Form als ein Triplett und ein verhältnismäßig gut aufgelöstes Dublett gedeutet werden kann. Liegt das Dublett auf der Seite höherer Energien, dann ist $e^2qQ > 0$. Bei komplizierteren kombinierten Hyperfeinwechselwirkungen ist die Bestimmung des Vorzeichens des EFG und der anderen Hyperfeinstrukturparameter allein aus den Linienlagen und -intensitäten im allgemeinen Fall nicht mehr eindeutig [63]. Es scheint, daß in solchen Fällen die Anwendung polarisierter Mößbauerstrahlung, durch die verschiedene Unbestimmtheiten beseitigt werden können [46], zu näheren Informationen führt.

4.6.2.1 **Der Liganden- bzw. Gitterbeitrag**

Wenn man voraussetzt, daß in jedem Gitterpunkt eine Punktladung e_i sitzt, deren Lage in bezug auf den Mößbauerkern durch die kartesischen Koordinaten (x_i, y_i, z_i) oder Polarkoordinaten $(r_i, \theta_i, \varphi_i)$ gegeben ist, dann können unter Beachtung von (4.118) aus dem Coulombpotential dieser Ladungen die Größen q_L und η_L bestimmt werden,

$$V = \sum_i \frac{e_i}{r_i} = \sum_i \frac{e_i}{(x_i^2 + y_i^2 + z_i^2)^{1/2}} \,,$$

$$V_z = \sum_i - e_i \frac{z_i}{(x_i^2 + y_i^2 + z_i^2)^{3/2}} \,. \qquad (4.120)$$

Daraus folgt

$$(V_{zz})_L = q_L e = \sum_i e_i \frac{3z_i^2 - r_i^2}{r_i^5} = \sum_i e_i \frac{3\cos^2\theta_i - 1}{r_i^3} \,, \qquad (4.121)$$

$$\eta_L = \frac{3}{V_{zz}} \sum_i e_i \frac{x_i^2 - y_i^2}{r_i^5} = \frac{3}{V_{zz}} \sum_i e_i \frac{\sin^2\theta_i \cos 2\varphi_i}{r_i^3} \,. \qquad (4.122)$$

Bei komplizierteren Kristallstrukturen ist zu erwarten, daß die Lage der Hauptachsen nicht von vornherein klar ist. Dann müssen alle

Tensorkomponenten V_{ij} in bezug auf ein bequem gewähltes Achsensystem ermittelt und die sich ergebende Matrix diagonalisiert werden, um die Eigenwerte des elektrischen Feldgradienten zu erhalten. Für die Summen in (4.121—122) benutzt man die (z.B. aus der Röntgenstrukturanalyse bekannten) Lagekoordinaten der Ionen im Kristall. Weil diese Summen relativ langsam konvergieren, werden solche Rechnungen gewöhnlich mit elektronischen Rechenanlagen ausgeführt. Die Berechnung des Gitterbeitrags zum EFG am Kernort wird wesentlich schwieriger, wenn

— das Punktladungsmodell keine gute Näherung ist,
— der Kristall nicht als rein ionisch betrachtet werden kann, weil dann keine Aussagen mehr über den Betrag der Ladung, die einem Gitterpunkt zuzuordnen ist, gemacht werden können,
— die Summen im Gitter sehr empfindlich sind gegenüber Ionenlageänderungen, welche in der Nähe der experimentellen Meßfehler der Strukturbestimmung liegen.

Für die am häufigsten vorkommenden Strukturen wird in [64] eine Reihe von Formeln für die Komponenten des Gradiententensors in der Punktladungsnäherung angegeben.

4.6.2.2 Der Beitrag der eigenen Elektronenhülle

Die eigene Elektronenhülle des Mößbauerkerns trägt zum EFG am Kernort durch verformte oder unabgeschlossene Schalen bei. Die Elektronenniveaus spalten im Kristallfeld auf, und die entstehenden Unterniveaus sind der Temperatur entsprechend unterschiedlich besetzt. In Analogie zu (4.121—122) berechnet man den Anteil einer Elektronenbahn durch Summieren der Mittelwerte des Betrages von $-e(3\cos^2\theta-1)/r^3$ für alle Zustände Ψ_i der betreffenden Elektronenbahnfunktion. Somit hat man

$$\begin{aligned}(V_{zz})_{\mathrm{el}} &= eq_{\mathrm{el}} = -e\sum_i \langle\Psi_i|(3\cos^2\theta-1)/r^3|\Psi_i\rangle,\\ (V_{xx})_{\mathrm{el}} &= -e\sum_i \langle\Psi_i|(3\cos^2\theta\cos^2\varphi-1)/r^3|\Psi_i\rangle,\\ (V_{yy})_{\mathrm{el}} &= -e\sum_i \langle\Psi_i|(3\cos^2\theta\sin^2\varphi-1)/r^3|\Psi_i\rangle.\end{aligned} \tag{4.123}$$

In den meisten Fällen brauchen nur die Beiträge der p- und d-Orbitale in Betracht gezogen zu werden. Die f-Elektronen, die dem Kern näher liegen, werden stark vom Einfluß des Ligandenfeldes bzw. des Gitters abgeschirmt, und ihr Beitrag zum EFG am Kernort ist somit viel kleiner als der der p- oder d-Elektronen. In Tab. 4.1 sind die Werte der Diagonalelemente des Gradiententensors und die Werte von η für p- und d-Elektronen angegeben.

Tabelle 4.1

Beiträge der *p*- und *d*-Orbitale zum elektrischen Feldgradienten am Kernort

Elektronen-bahn	Wellen-funktionen	$\frac{(V_{xx})_{el}}{e\langle r^{-3}\rangle}$	$\frac{(V_{yy})_{el}}{e\langle r^{-3}\rangle}$	$\frac{(V_{zz})_{el}}{e\langle r^{-3}\rangle}$	η
	p_x	$-4/5$	$+2/5$	$+2/5$	-3
p	p_y	$+2/5$	$-4/5$	$+2/5$	$+3$
	p_z	$+2/5$	$+2/5$	$-4/5$	0
	d_{xy}	$-2/7$	$-2/7$	$+4/7$	0
	d_{xz}	$-2/7$	$+4/7$	$-2/7$	$+3$
d	d_{yz}	$+4/7$	$-2/7$	$-2/7$	-3
	$d_{x^2-y^2}$	$-2/7$	$-2/7$	$+4/7$	0
	d_{z^2}	$+2/7$	$+2/7$	$-4/7$	0

Die Größe $\langle r^{-3}\rangle$ bedeutet den Mittelwert von $1/r^3$, d.h. $\langle r^{-3}\rangle = 4\pi \int R(r) r^{-3} R(r)\, r^2\, dr$, wobei $R(r)$ der Radialteil der Wellenfunktion des betreffenden Bahnelektrons ist. Im allgemeinen kann $\langle r^{-3}\rangle$ nicht sehr genau berechnet, aber auf experimentellem Wege bestimmt werden (z.B. für das freie Fe^{2+}-Ion wurde dafür ca. 4,8 at. Einh. gefunden).

Der Einfluß der nichtsphärischen Besetzung der von einem Kristallfeld aufgespaltenen d-Orbitale tritt sehr deutlich bei Eisenverbindungen hervor. Die fünf d-Wellenfunktionen der Ladungsverteilungen, die in die Berechnung der Formeln (4.123) eingehen, nehmen unter der Einwirkung eines Kristallfeldes folgende Form an [65]:

$$d\gamma \begin{cases} d_{z^2} = \sqrt{3}\, C(r)\,(3z^2 - r^2) \sim R(r)\,|2,0\rangle, \\ d_{x^2-y^2} = C(r)\,(x^2 - y^2) \sim R(r)\,(|2,2\rangle - |2,-2\rangle), \end{cases}$$

$$d\varepsilon \begin{cases} d_{xy} = 2C(r)\, xy \sim R(r)\,(|2,2\rangle + |2,-2\rangle), \\ d_{yz} = 2C(r) yz \sim R(r)\,(|2,1\rangle + |2,-1\rangle), \\ d_{zx} = 2C(r)\, zx \sim R(r)\,(|2,1\rangle - |2,-1\rangle), \end{cases} \tag{4.124}$$

wobei

$$|2,0\rangle = \left(\frac{5}{16\pi}\right)^{\frac{1}{2}} (3\cos^2\theta - 1),$$

$$|2,\pm1\rangle = \mp \left(\frac{5}{16\pi}\right)^{\frac{1}{2}} \sin\theta \cos\theta e^{\pm i\varphi},$$

$$|2,\pm2\rangle = \left(\frac{5}{32\pi}\right)^{\frac{1}{2}} \sin^2\theta\, e^{\pm 2i\varphi} \tag{4.125}$$

die winkelabhängigen Teile der $3d$-Wellenfunktionen für das freie Atom und $R(r)$ der gemeinsame radiale Teil dieser Funktionen bedeuten,

$$R(r) = \frac{4\sqrt{2\pi}}{\sqrt{30}}\, C(r),$$

$$C(r) = \frac{1}{81\sqrt{2\pi}} \left(\frac{Z^*}{a_0}\right)^{\frac{7}{2}} \exp\left(-\frac{Z^* r}{3a_0}\right). \qquad (4.126)$$

Die Aufhebung der Entartung des $3d$-Niveaus durch ein Kristallfeld wird in Abb. 4.21 veranschaulicht. Ein kubisches Feld hebt die Entartung teilweise auf, indem es das Niveau in ein Dublett $d\gamma$ und ein Triplett $d\varepsilon$ aufspaltet. Aus (4.124) ist ersichtlich, daß die Wellenfunktionen des Dubletts ihre maximalen Erwartungswerte entlang der Gitterachsen ($\langle 100\rangle, \langle 010\rangle, \langle 001\rangle$) haben, während diejenigen der $d\varepsilon$-Gruppe eine Verteilung größter Wahrscheinlichkeit entlang der Winkelhalbierenden dieser Achsen ($\langle 110\rangle, \langle 011\rangle, \langle 101\rangle$) aufweisen. Aus diesem Grund bildet das Triplett $d\varepsilon$ in einem Oktaederfeld den untersten Energiezustand, während in einem Tetraederfeld das Dublett den Grundzustand bildet. Die Verteilung der $3d$-Elektronen auf die Niveaus $d\gamma$ und $d\varepsilon$

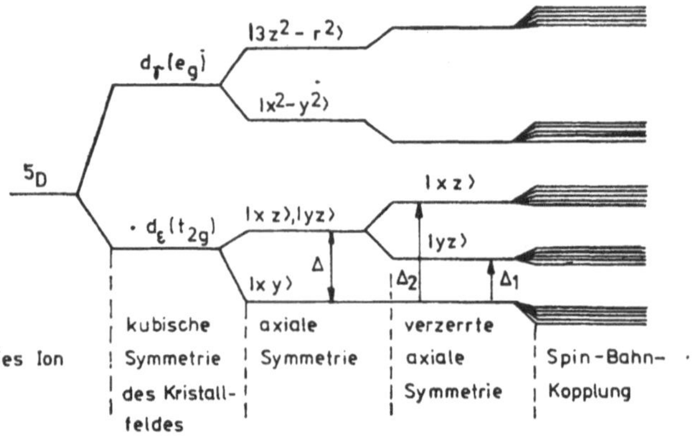

Abb. 4.21 — Aufspaltung der $3d$-Elektronenbahnen des Eisenions in Abhängigkeit von der Symmetrie des Kristallfeldes.

erfolgt in Abhängigkeit vom Verhältnis zwischen der Stärke des Kristallfeldes, ausgedrückt durch die Energiedifferenz Δ, und der Kopplungsenergie π zwischen den Elektronenspins. Wenn die Aufspaltung Δ verhältnismäßig gering ist (wie bei Ionensalzen), dann ist das Auftreten einer Elektronenkonfiguration mit der höchstmöglichen Anzahlungepaarter Spins bevorzugt (high-spin Konfiguration). Wenn Δ die Energie π übertrifft, (wie z.B. bei Ferro- und Ferricyaniden), dann tritt eine Konfiguration mit minimalem Spinwert (low-spin Konfiguration) auf.

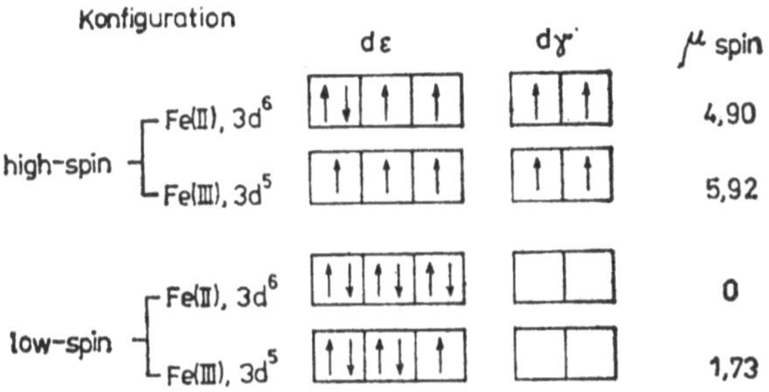

Abb. 4.22 – Die Elektronenkonfigurationen des Fe(II) und Fe(III).

Eine schematische Darstellung dieses Verhaltens bei zwei- und dreiwertigem Eisen zeigt Abb. 4.22.

Um zwischen den beiden Spinkonfigurationen zu unterscheiden, kann man oft das effektive magnetische Moment des Atoms benutzen. Im allgemeinen ist der Beitrag der Bahnfunktionen zum magnetischen Moment der Ionen der Übergangsmetalle eingefroren, so daß man das magnetische Moment dieser Ionen näherungsweise durch $\mu_{\text{spin}} = [n(n+2)]^{1/2}$ ausdrücken kann, worin n die Zahl der ungepaarten Elektronen ist und μ_{spin} in Bohrschen Magnetonen ausgedrückt wird.

Es sind keine Verbindungen der $3d$-Übergangsmetalle mit Tetraedersymmetrie und low-spin Konfiguration bekannt, weil stets $\Delta = \Delta_{\text{tetr}} = \frac{4}{9}\Delta_{\text{okt}} < \pi$, [51], gilt.

Bei der Aufspaltung durch ein kubisches Feld haben die beiden entarteten Gruppen $d\gamma$ und $d\varepsilon$ jede für sich eine kugelsymmetrische Ladungsverteilung, sie tragen nicht zur Erzeugung eines EFG am Kernort bei. Das geht aus den in Tab. 4.1 angegebenen Werten hervor, wenn berücksichtigt wird, daß die beteiligten Elektronenbahnen dieselbe Besetzungsdichte haben. Bei high-spin Konfiguration des zweiwertigen Eisenions ist das außerhalb der halbvollen $d\varepsilon$-Schale (t_{2g}) verbleibende Elektron gleichmäßig auf die drei beteiligten Bahnen verteilt, so daß sich eine mittlere Besetzung von 4/3 Elektronen für jede Bahn ergibt. Dasselbe geschieht auch mit der Elektronenleerstelle in der $d\varepsilon$-Schale des dreiwertigen Eisenions in low-spin Konfiguration.

Ein axialsymmetrisches Kristallfeld hebt die Entartung der Elektronenzustände mit unterschiedlichen magnetischen Quantenzahlen auf (Abb. 4.21), eine Verzerrung der Axialsymmetrie hebt die Entartung der Bahnzustände völlig auf, und eine Spin-Bahn-Kopplung hebt dann auch die Spinentartung jedes Bahnzustandes auf. In diesen Fällen führt die Temperaturabhängigkeit der Niveaubesetzung zur Entstehung von elektrischen Feldgradienten am Kernort, die von Fall zu Fall unterschiedlich sind. Bei einem dreiwertigen Eisenion ($3d^5$) in high spin Konfiguration sind alle Zustände gleichmäßig besetzt, und der erzeugte EFG ist somit gleich Null. Im zweiwertigen Eisenion ($3d^6$, high-spin) jedoch besetzt das überschüssige Elektron in der $d\varepsilon$-Gruppe am absoluten Temperaturnullpunkt den Bahnzustand $|xy\rangle$ und verursacht dadurch, daß die 3 Teilniveaus von $d\varepsilon$ nicht mehr alle gleichmäßig besetzt sind und (lt. Tab. 4.1) ein nichtkompensierter EFG von $4/7\langle r^{-3}\rangle$ übrig bleibt. Mit wachsender Temperatur wächst entsprechend der thermischen Energie auch die Anregungswahrscheinlichkeit der Elektronen vom Grundzustand $|xy\rangle$ zu den höheren Zuständen (Abstände Δ_d). Bei einer Temperatur T erhält man die V_{ij}-Komponenten des Gradiententensors durch Wichtung der Anteile jedes Bahnzustandes $|d\rangle$ mit den relativen Besetzungszahlen P_d und Summierung über alle $|d\rangle$-Zustände:

$$V_{ij} = \sum_{d=1}^{n} P_d (V_{ij})_d. \tag{4.127}$$

Für P_d gilt die Boltzmann-Gleichung

$$P_d = \exp - \left(\frac{\Delta_d}{k_B T}\right) \Big/ \sum_{k=1}^{n} \exp\left(-\frac{\Delta_k}{k_B T}\right). \tag{4.128}$$

Im Sonderfall der $3d^6$-Bahnzustände in einem Axialfeld mit dem Grundzustand $|xy\rangle$ (z.B. tetragonale Stauchung) in high-spin Konfiguration hat der mit (4.127—128) berechnete Anteil $(V_{zz})_d$ folgende Temperaturabhängigkeit

$$(V_{zz})_d = \frac{4}{7} e\langle r^{-3}\rangle_d \left[1 - \exp\left(-\frac{\Delta}{k_B T}\right)\right] \Big/ \left[1 + 2\exp\left(-\frac{\Delta}{k_B T}\right)\right]. \tag{4.129}$$

Bei einer tetragonalen Dehnung bildet das Dublett ($|xz\rangle, |yz\rangle$) den Grundzustand, und man erhält

$$(V_{zz})_d = -\frac{4}{7} e\langle r^{-3}\rangle_d \left[1 - \exp\left(-\frac{\Delta}{k_B T}\right)\right] \Big/ \left[2 + \exp\left(-\frac{\Delta}{k_B T}\right)\right]. \tag{4.130}$$

Aus obigen Formeln ist zu entnehmen, daß die Temperaturabhängigkeit der Quadrupolaufspaltung im Mößbauereffekt eine Bestimmung des Verzerrungsparameters Δ gestattet, welcher wegen seiner geringen Größe sehr oft durch andere Methoden nicht ermittelt werden kann. Diese Methode kann auch angewandt werden auf die Fälle mit Verzerrung von der Axialsymmetrie und auf die Berücksichtigung der Spin-Bahn-Kopplung.

In low-spin Konfiguration sind beim Fe(II) alle Bahnzustände voll mit gepaarten Spins besetzt (Abb. 4.22). Hier kommt also kein Beitrag zum EFG am Kernort zustande, während die Elektronenkonfiguration des dreiwertigen Eisens einen Gradienten $-2/7\,\langle r^{-3}\rangle$ erzeugt. Dieser Beitrag zum EFG hängt praktisch nicht von der Temperatur ab, selbst wenn eine Verzerrung von der Axialsymmetrie existiert, sofern nicht eine Hybridisierung mit 4p-Elektronen den Sachverhalt kompliziert [46] (vgl. Kap. 10).

In [51] ist eine eingehende Diskussion der Informationen, die aus der Quadrupolaufspaltung im Mößbauerspektrum in bezug auf chemische Fragestellungen gewonnen werden können, enthalten.

Besitzt ein Kristall magnetische Eigenschaften, dann verringern die mit den Gitterpunkten verknüpften Spinmomente die Gittersymmetrie. Die dadurch verringerte Kristallfeldsymmetrie kann eine Aufspaltung der Elektronenniveaus verursachen, die einer unabgeschlossenen Schale und folglich einer nichtsphärischen Elektronenladungsverteilung entspricht. So war das Auftreten einer Quadrupolaufspaltung beim ^{161}Dy in Dysprosium-Eisen-Granat (und auch beim ^{169}Tm in $TmFe_2$) zunächst völlig überraschend, da der Gitterplatz der Seltenerdmetalle in diesen Verbindungen kristallografisch eine kubische Symmetrie besitzt. Die Aufspaltung der entarteten Zustände der 4f-Elektronen durch die ferrimagnetische Spinorientierung führt hier zur Entstehung einer nichtsphärischen Elektronenladungsverteilung und somit eines EFG am Kernort. Die Temperaturabhängigkeit der Quadrupolwechselwirkung ist in diesem Fall analog zur Temperaturabhängigkeit der Magnetisierung, die ein gewogenes Mittel des J_z-Zustandes, also eine Brillouin-Funktion, ist,

$$\frac{M}{M_s} = \frac{\sum\limits_{-J}^{J} J_z \exp\left[-\dfrac{g\mu_B H J_z}{k_B T}\right]}{J\sum\limits_{-J}^{J} \exp\left[-\dfrac{g\mu_B H J_z}{k_B T}\right]}, \quad -J \leqslant J_z \leqslant J. \tag{4.131}$$

M ist die Magnetisierung, M_s die Sättigungsmagnetisierung bei $T = 0$, g der Landé-Faktor, μ_B das Bohrsche Magneton, J der Gesamtdrehimpuls des Atoms und J_z seine z-Komponente.

Für den EFG gilt eine ähnliche Formel, und zwar

$$\frac{V_{zz}}{V_{zz}(T=0)} = \frac{\sum_{-J}^{J} [3J_z^2 - J(J+1)] \exp\left[-\frac{g\mu_B HJ_z}{k_BT}\right]}{J(2J-1)\sum_{-J}^{J} \exp\left[-\frac{g\mu_B HJ_z}{k_BT}\right]}. \tag{4.132}$$

Der Shielding-Effekt (Sternheimereffekt) spielt eine große Rolle bei der Quadrupolwechselwirkung der Seltenen Erden. Die theoretische Bestimmung der Sternheimerfaktoren ist hier sehr schwierig, weil für die schweren Atome die Wellenfunktionen nicht genügend genau bekannt sind. Die meisten Mößbaueruntersuchungen der Salze Seltener Erden wurden unter Bedingungen durchgeführt, in denen die Spin-Gitter-Relaxationszeit kurz genug war, um die Wirkung des EFG auf die Elektronenniveaus auszumitteln. Unter diesen Umständen erhält man für die $q^{(4f)}$-Komponenten des Feldgradienten

$$\langle q_{ij}^{(4f)}\rangle_T = \frac{\sum_{\alpha} \langle \Psi^{\alpha} | q_{ij}^{(4f)} | \Psi^{\alpha}\rangle}{\sum_{\alpha} \mathrm{e}^{-\frac{E(\alpha)}{k_BT}}} \mathrm{e}^{-\frac{E(\alpha)}{k_BT}} \tag{4.133}$$

Bei Temperaturen unterhalb Zimmertemperatur ist eine starke Änderung des Feldgradienten $\langle q_{ij}^{(4f)}\rangle$ zu erwarten. Bei hohen Temperaturen zeigen die Elektronenniveaus gleichgroße Besetzung, und die $4f$-Schale besitzt sphärische Symmetrie, wenn $\langle q_{ij}^{(4f)}\rangle_{T\to\infty} = 0$. Die hierfür erforderlichen Temperaturen liegen in der Größenordnung der Zimmertemperatur. Trotzdem verschwindet der gesamte Feldgradient nicht, da in (4.119) noch der Term $(1 - \gamma)q_L$ wirksam bleibt. Man kann also den Anteil dieses Terms getrennt untersuchen, wenn man bei genügend hohen Temperaturen mißt. Ansonsten ist der Beitrag eq_L der Ionenladungen gewöhnlich vernachlässigbar klein im Vergleich zum Beitrag $eq^{(4f)}$.

4.6.3 **Die magnetische Hyperfeinaufspaltung und der Ursprung des Magnetfeldes am Kernort**

Die Energiedifferenz ΔE_m zwischen zwei Kernübergängen, die unmittelbar aus der magnetischen Hyperfeinstruktur eines Mößbauerspektrums entnommen werden kann (Abb. 4.13d), ist dem Produkt zweier Faktoren proportional, dem Magnetfeld H am Kernort, das elektronischer

Herkunft ist, und dem Faktor $g\beta$, der nuklearer Herkunft ist (vgl. (4.48—52)). Wie auch bei den anderen Hyperfeinwechselwirkungen können die Parameter atomarer und nuklearer Natur nicht beide gleichzeitig aus dem Mößbauerspektrum bestimmt werden. Durch magnetische Kernresonanz oder Atomstrahlversuche nach Rabi läßt sich das magnetische Kernmoment μ_g des Grundzustands bestimmen. Die Beträge der Parameter H und μ_a ergeben sich dann unmittelbar aus der Messung der Aufspaltungen $(\Delta E_m)_g = g_g\beta H$ und $(\Delta E_m)_a = g_a\beta H$.

Das gesamte Magnetfeld **H** am Kernort hat zwei Hauptursachen. Man unterscheidet einen Anteil des „lokalen Feldes" $\mathbf{H}_{lok}$ und einen des „elektronischen Feldes" $\mathbf{H}_{el}$,

$$\mathbf{H} = \mathbf{H}_{lok} + \mathbf{H}_{el}. \tag{4.134}$$

Der Beitrag $\mathbf{H}_{lok}$ tritt beim Anlegen eines äußeren Feldes auf, das ein Lorentzfeld $\frac{4\pi}{3}\mathbf{M}$ und ein Entmagnetisierungsfeld $\mathbf{H}_{EM} = -D\,\mathbf{M}'$ induziert,

$$\mathbf{H}_{lok} = \mathbf{H}_a + \frac{4\pi}{3}\mathbf{M} - D\mathbf{M}'. \tag{4.135}$$

Hierbei sind **M** und **M′** die Domänenmagnetisierung bzw. das magnetische Moment pro Volumeneinheit der Probe, D ist der Entmagnetisierungsfaktor, und der Koeffizient $\frac{4\pi}{3}$ ergibt sich bei einer kubischen Kristallsymmetrie. Das Lorentzfeld wird von den vollständig ausgerichteten Spins in den ferromagnetischen Domänen bestimmt, während $\mathbf{H}_{EM}$ von der Ausrichtung der Gitterbausteine in der Probe abhängt. Das lokale Feld ist verhältnismäßig schwach und erreicht bei Sättigung kaum mehr als 20 kOe.

Der Anteil $\mathbf{H}_{el}$ enthält die Summe der magnetischen Momente elektronischer Herkunft [67],

$$\mathbf{H}_{el} = -g_{el}\,\mu_B \sum_i \left[\frac{\mathbf{l}_i}{r_i^3} + \left(\frac{\mathbf{s}_i}{r_i^3} - \frac{3\mathbf{r}_i(\mathbf{s}_i\mathbf{r}_i)}{r_i^5}\right) + \frac{8\pi}{3}\,\delta(\mathbf{r}_i)\mathbf{s}_i\right]. \tag{4.136}$$

Es ist über alle Elektronen zu summieren, die einen Beitrag zum Feld leisten. Die Größen haben folgende Bedeutungen: μ_B ist das Bohrsche Magneton für das Elektron, g_{el} der Landé-Faktor, $\mathbf{r}_i$ der vom Kern ausgehende Ortsvektor des Elektrons, $\mathbf{l}_i$ der Bahndrehimpuls des Elektrons und $\mathbf{s}_i$ der Elektronenspin. Die Herkunft und die Berechnung dieses Ausdrucks wird in einer Reihe von Arbeiten behandelt [68—71]. Der erste Term

$$\mathbf{H}_{orb} = -g_{el}\,\mu_B \sum_i \frac{\mathbf{l}_i}{r_i^3}$$

stellt den Beitrag des Bahndrehimpulses der Ionen dar. In den Übergangselementen der Eisengruppe beträgt der Anteil $\mathbf{H}_{orb}$ ungefähr 10 kOe, sofern nicht die Elektronenkonfiguration diesen Anteil überhaupt ausschließt (wie z.B. der S-Zustand der high-spin Fe(III)-Verbindungen). Bei den Seltenen Erden jedoch liefert $\mathbf{H}_{orb}$ den überwiegenden Beitrag, der in der Größenordnung von $10^3 - 10^4$ kOe liegt.

Der zweite Term in (4.136),

$$\mathbf{H}_{dip} = -g_{el}\,\mu_B \sum_i \left(\frac{\mathbf{s}_i}{r_i^3} - \frac{3\mathbf{r}_i(\mathbf{s}_i\mathbf{r}_i)}{r_i^5} \right),$$

stellt das Feld dar, das die Dipol-Dipol-Wechselwirkung zwischen dem magnetischen Moment des Kernes und dem der Elektronen hervorruft. Sein Anteil beläuft sich auf ungefähr 10 kOe.

Der dritte Term

$$\mathbf{H}_c = -\frac{8\pi}{3} g_{el}\mu_B \sum_i \delta(\mathbf{r}_i)\mathbf{s}_i,$$

der sogenannte Fermi-Kontaktterm, beschreibt den Beitrag der am Kernort nicht kompensierten Spindichte der s-Elektronen (die eine von Null verschiedene Wahrscheinlichkeit besitzen, sich im Innern des Kernvolumens aufzuhalten). Der Fermi-Kontaktterm liegt in der Größenordnung von 100 kOe und stellt in den meisten Substanzen den wesentlichsten Anteil. Die Spindichte am Kernort rührt von drei Quellen her:

a) von den s-Elektronen der unabgeschlossenen Schalen,
b) von den s-Elektronen der abgeschlossenen Schalen,
c) von Leitungselektronen mit s-Charakter.

Der Mechanismus b) z.B. wurde vorgeschlagen [68] zur Erklärung der starken negativen Felder an den Kernen von Ionen wie Mn^{2+}, Fe^{3+}, Fe^{2+}. Der Beitrag der gepaarten s-Elektronen ist der Polarisation dieser Elektronen durch $3d$-Elektronen mit ungepaarten Spins zuzuschreiben.

Um den Mechanismus dieser Polarisation zu beschreiben, vereinbart man folgende Bezeichnungen: Man versieht das Hyperfeinfeld mit positivem Vorzeichen, wenn es parallel zur Magnetisierung der Probe ist; damit den positiven Feldwerten positive Spins entsprechen, erhalten die Spins positives Vorzeichen, wenn sie antiparallel zur Magnetisierung orientiert sind (wegen der negativen Ladung der Elektronen). Im Grunde genommen hat die Polarisation der s-Elektronen eine doppelte, nämlich eine Austausch- und eine elektrostatische Natur. Die Austauschwechselwirkung bringt die Elektronen mit antiparallelen Spins einander näher und trachtet danach, diejenigen mit parallelen Spins voneinander zu entfernen (gemäß dem Pauliprinzip). Infolgedessen ist die Coulombabstoßung zwischen den Ladungen der ersteren viel ausgeprägter, während zwischen den *s*- und *d*-Elektronen mit parallelen Spins eine effektive Anziehung zustande kommt. Dieser Vorgang wird schematisch in Abb. 4.23 gezeigt.

Im Resultat sind die Radialanteile der Wellenfunktionen der beiden Elektronensorten (mit Spin ↑ bzw. ↓) voneinander verschieden, so daß sich ihre Spindichten am Kernort nicht mehr kompensieren.

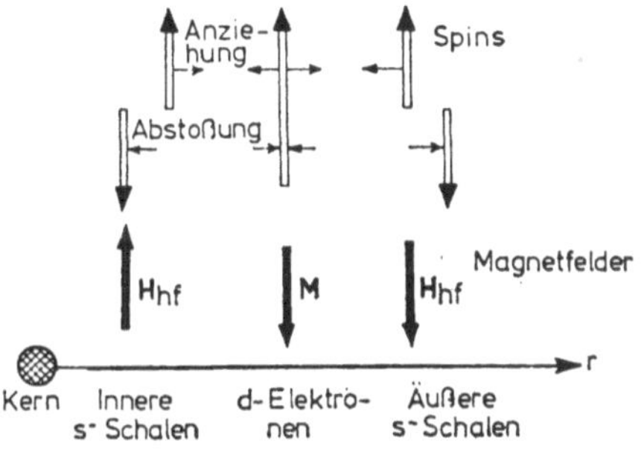

Abb. 4.23 – Der Polarisationsmechanismus der *s*-Elektronen durch die 3*d*-Elektronen mit ungepaarten Spins.

Wie aus Abb. 4.23 zu entnehmen ist, erzeugen die Elektronen der inneren Schalen eine negative Spindichte am Kernort (die gegen den Kern verschobenen Spins haben negatives Vorzeichen) und somit ein negatives Hyperfein-Magnetfeld H_{hf}; ähnlich erzeugen die Elektronen der äußeren Schalen ein resultierendes positives Hyperfeinfeld. Das effektive Hyperfeinfeld hängt von den Absolutwerten der beiden einander entgegengesetzten Beiträge ab. Tabelle 4.2 führt die von den verschiedenen Elektronen herrührenden Beiträge zum Hyperfeinfeld (nach Rechnungen von Watson und Freeman [68]) auf.

Tabelle 4.2

Beiträge der verschiedenen Elektronen zum Hyperfeinfeld (nach [68])

Elektronen	$Mn^{2+}(3d^5)$ H [kOe]		$Fe^{3+}(3d^5)$ H [kOe]	$Fe^{2+}(3d^6)$ H [kOe]
1 *s* ↑	2502840	−30	−50	−30
1 *s* ↓	−2502870			
2 *s* ↑	226670	−1410	−1790	−1310
2 *s* ↓	−228080			
3 *s* ↑	31210	+740	+1215	+ 790
3 *s* ↓	− 30470			
insgesamt		− 700	− 625	− 550

Aus dem Gesamtergebnis der Tabelle geht deutlich das Überwiegen der Beiträge der beiden inneren s-Schalen hervor, also das Auftreten eines eindeutig negativen Hyperfeinfeldes.

Die Bestimmung des Vorzeichens des Hyperfeinfeldes am Kernort durch ein Mößbauerexperiment ist durch Anlegen eines äußeren Magnetfeldes möglich. Da die Magnetisierung der Probe immer parallel zum äußeren Feld ist, ergibt sich eine Erhöhung des effektiven Feldes am Kernort, wenn äußeres Feld und Hyperfeinfeld parallel gerichtet sind. Sind sie antiparallel gerichtet, dann wird das effektive Feld geschwächt. Eine Verringerung der magnetischen Aufspaltung im Mößbauerspektrum beim Anlegen eines äußeren Feldes zeigt also das negative Vorzeichen des Hyperfeinfeldes an.

Nach diesem Verfahren wurde erstmals das Vorzeichen des Hyperfein-Magnetfeldes am ^{57}Fe-Kern in α-Fe bestimmt. Es stellte sich im Einklang mit den theoretischen Vorhersagen heraus, daß H_{hf} im metallischen Eisen der Domänenmagnetisierung entgegengerichtet ist.

Man kann das Vorzeichen von Hyperfeinfeldern auch bestimmen, indem man die Transmission polarisierter Mößbauerstrahlung durch dünne Absorber verfolgt (vgl. Abschnitt 4.5) oder indem man den Mößbauer-Faraday-Effekt in dicken Absorbern beobachtet [72—75]. In den letzten Jahren wurden die **H**-Felder für eine große Anzahl von Kernen in verschiedenen Systemen gemessen, doch in vielen Fällen können die erhaltenen Werte noch nicht mit den bestehenden Vorstellungen über die Entstehung dieser Felder erklärt werden.

Literatur

[1] L. D. Landau, E. M. Lifshitz, Teoria polya, G.I.F.M.L., Moskau (1962).
[2] C. P. Slichter, Hrsg., Principles of Magnetic Resonance, Harper and Row, New York (1963).
[3] D. A. Shirley, Rev. Mod. Phys. 36, 339 (1964).
[4] A. Messiah, Quantum Mechanics, Amsterdam, North Holland Publ. Comp., (1967).
[5] E. P. Wigner, Group Theory and Its Applications to Quantum Mechanics of Atomic Spectra, New York, Academic Press, (1959).
[6] H. Frauenfelder, D. E. Nagle, R. D. Taylor, D. R. F. Cochran, W. M. Visscher, Phys. Rev. 126, 1065 (1962).
[7] Nuclear Data Sheet, Pergamon Press, New York.
[8] D. Barb, Ş. Constantinescu, D. Ţarină, Rev. Roum. Phys. 16, 263 (1971); 17, 3 (1972).
[9] D. ter Haar, Rept. Progr. Phys. (London), 24, 304 (1961).
[10] D. Barb, D. Ţarină, Rev. Roum. Phys. 18, 1209 (1973).
[11] D. Barb, Ş. Costantinescu, D. Ţarină, Rev. Roum. Phys. 16, 1005 (1971).
[12] I. R. Gabriel, S. L. Ruby, Nucl. Instr. Meth. 36, 23 (1965).

[13] G. A. BYKOV, G. K. RYASNYIAN, V. S. SHPINEL, Soviet Phys., Solid State 7, 1343 (1965).
[14] G. R. HOY, S. CHANDRA, J. Chem. Phys. 47, 961 (1967).
[15] W. KÜNDIG, Nucl. Instr. Meth. 48, 216 (1967).
[16] R. L. COLLINS, J. Chem. Phys. 42, 1072 (1965).
[17] K. P. SINGH, G. R. HOY, „Computational Techniques in Single Crystal Mössbauer Spectroscopy", Scientific Report 1, Air Force Cambridge Research Laboratories, AFCRL-70-0010.
[18] D. BARB, D. ŢARINĂ. D. P. LAZĂR, Rev. Roum. Phys. 20, 673 (1974); 19, 261 (1974).
[19] S. V. KARYAGIN, Fiz. Tverd. Tela 8, 493 (1966); Sov. Phys. Solid State 8, 391 (1966); L. DAMBROWSKI, J. PIEKOSZEWSKI, I. SUWALSKI, Nucl. Instr. Meth. 91, 93 (1971); 103, 545 (1972).
[20] P. G. L. WILLIAMS, G. M. BANCROFT, Mössbauer Effect Methodology Vol. 7, S. 39 (I. I. GRUVERMAN, Hrsg.), Plenum Press, New York, 1971.
[21] I. VAN DONGEN TORMAN, R. JAGANNATHAN, I. M. TROOSTER, Hyperfine Interactions, 1, 135 (1975).
[22] V. I. GOLDANSKII, E. F. MAKAROV, V. V. KHRAPOV, Phys. Letters 3, 344 (1963); S. V. KARYAGIN, Dokl. Akad. Nauk SSSR 148, 1102 (1963).
[23] U. GONSER, H. D. PFANNES, J. de Phys. C-6, Suppl. 12, 35, 113 (1974).
[24] R. M. HOUSLEY, R. W. GRANT, U. GONSER, Phys. Rev. 178, 514 (1969).
[25] W. H. MC MASTER, Am. J. Phys. 22, 351 (1954).
[26] S. S. HANNA, J. HEBERLE, C. LITTLEJOHN, G. J. PERLOW, R. S. PRESTON, D.H. VINCENT, Phys. Rev. Letters 4, 177 (1960).
[27] C. E. JOHNSON, W. MARSHALL, G. J. PERLOW, Phys. Rev. 126, 1503 (1962).
[28] N. BLUM, L. GRODZINS, Phys. Rev. 136, A133 (1964).
[29] U. GONSER, R. W. GRANT, H. WIEDERSICH, S. GELLER, Appl. Phys. Letters, 9, 18 (1966).
[30] U. GONSER, R. W. GRANT, phys. stat. sol. 21, 331 (1967).
[31] R. W. GRANT, S. GELLER, H. WIEDERSICH, U. GONSER, L. D. FULLMER, J. Appl. Phys. 39, 1122 (1968).
[32] J. B. FORSYTH, I. G. HEDLEY, C. E. JOHNSON, J. Phys. C, Proc. Phys. Soc. 1, 179 (1968).
[33] U. GONSER, in „Hyperfine Structure and Nuclear Radiations", North Holland, Amsterdam (1968), S. 343.
[34] C. E. JOHNSON, J. Phys. C 2, 1996 (1969).
[35] U. GONSER, R. M. HOUSLEY, R. W. GRANT, Phys. Letters 29A, 36 (1969).
[36] R. W. GRANT, S. GELLER, Solid. State Comm. 7, 1291 (1969).
[37] J. B. FORSYTH, C. E. JOHNSON, C. WILKINSON, J. Phys. C 3, 1127 (1970).
[38] S. GELLER, R. W. GRANT, L. D. FULLMER, J. Phys. Chem. Solid. 31, 793 (1970).
[39] R. W. GRANT, H, WIEDERSICH, R. M. HOUSLEY, G. P. ESPINOSA, J. O. ARTMAN. Phys. Rev. B. 3, 678 (1971).
[40] K. WEBER, Proceed. 5th Int. Conf. Mössb. Spectr. (1973) Bratislava, CSSR, Teil 3, S. 504.
[41] J. M. WILLIAMS, J. S. BROOKS, J. de Phys. 35, C 6-693 (1974).
[42] S. MØRUP, J. de Phys. 35, C6-683 (1974).
[43] T. C. GIBB, J. Phys. C, Solid State Phys. 8, 229 (1975).
[44] D. BARB, D. ŢARINĂ, Proceed. Int. Mössb. Conf. Bratislava (1973).
[45] D. BARB, D. ŢARINĂ, Rev. Roum. Phys. 20, 399 (1975).
[46] D. BARB, Poceed. Int. Conf. Mössb. Spectr., Krakau. (1975).
[47] P. RÜEGSEGGER, W. KÜNDIG, Helv. Phys. Acta 46, 165 (1973).
[48] E. FERMI, E. SEGRÉ, Z. Physik 82, 729 (1933).
[49] L. R. WALKER. G. K. WERTHEIM, V. JACCARINO, Phys. Rev. Letters 6, 98 (1961).

[50] R. A. PRUIT, S. W. MARSHALL, C. M. O'DONNEL, Phys. Rev. 2383 (1970).
[51] P. GÜTLICH, in „Mössbauer Spectroscopy" Hrsg. U. Gonser, Springer-Verlag (1975) S. 68.
[52] N. M. GREENWOOD, T. C. GIBB, „Mössbauer Spectroscopy", Chapman and Hall Ltd., London (1971).
[53] R. E. WATSON, Phys. Rev. 118, 1036 (1960); 119, 1934 (1960), Techn. Rep. 12, N.I.T., Solid State and Molecular Theory Group, Cambridge, Mass. (1959).
[54] G. M. KALVIUS, U. P. KLEIN, G. WORTMANN, J. de Phys. C6, Suppl. 12, 139 (1974).
[55] R. INGALLS, H. G. DRICKAMER, G. DE PASQUALI, Phys. Rev. 155, 165 (1967).
[56] R. V. POUND, G. A. REBKA jr., Phys. Rev. Letters 4, 274 (1960).
[57] B. D. JOSEPHSON, Phys. Rev. Letters 4, 341 (1960).
[58] Y. HAZONY, Phys. Rev. B 7, 3309 (1973).
[59] A. A. MARADUDIN, Rev. Mod. Phys. 36, 417 (1964).
[60] K. N. SHRIVASTAVA, Phys. Rev. B 1, 955 (1970).
[61] R. M. STERNHEIMER, Phys. Rev. 130, 1423 (1963).
[62] S. L. RUBY, P. A. FLINN, Rev. Mod. Phys. 36, 351 (1964).
[63] G. R. DAVIDSON, M. EIBSCHÜTZ, H. I. GUGGENHEIM, Phys. Rev. B 8, 1864 (1973).
[64] G. M. BANCROFT, R. H. PLATT, Adv. Inorg. Chem. Radiochem. 15, 59 (1972).
[65] C. JANOT, „L'effet Mössbauer et ses applications", Paris (1972), S. 162.
[66] V. I. GOLDANSKII, E. F. MAKAROV, R. A. STUKAN, Teor. Exp. Chim. (Akad. Nauk, Ukr. SSR) 2, 504 (1966).
[67] A. J. FREEMAN, R. B. FRANKEL, (Hrsg.), „Hyperfine Interactions" Acad. Press Inc., New York, (1967); „Hyperfine Structure and Nuclear Radiations", E. MATTHIAS, D. A. SHIRLEY (Hrsg.), North Holland, Amsterdam (1968).
[68] R. E. WATSON, A. J. FREEMAN, Phys. Rev. 123, 2027 (1961).
[69] W. MARSHALL, C. E. JOHNSON, J. Phys. Radium 23, 733 (1962).
[70] C. E. JOHNSON, M. S. RIDOUT, T. E. CRANSHAW, Proceed. Phys. Soc. 81, 1079 (1963).
[71] A. OKIJI, J. KANAMORI, J. Phys. Soc. Japan 19, 908 (1964).
[72] P. IMBERT, Theses, Univ. de Paris (1966).
[73] M. BLUME, O. C. KISTNER, Phys. Rev. 171, 417 (1968).
[74] D. BARB, M. ROGALSKI, J. Chim. Phys. 72, 4 (1975); Proc. Int. Conf. Mössb. Spectr., Krakau, 1975, Teil 1, S. 469.
[75] U. GONSER, Topics in Applied Physics, Vol. 5, „Mössbauer Spectroscopy", Springer Verlag (1975), S. 31.

Fünftes Kapitel

Linienprofil und Relaxationsprozesse

5.1 Das Profil einer Mößbauerlinie

Unter dem Profil (oder der Form) einer Mößbauerlinie versteht man die energetische Verteilung der Gammaquanten in einem Mößbauerspektrum. Zunächst soll ein Ausdruck für die Linienform, die bei einem typischen Mößbauer-Transmissionsexperiment auftritt, hergeleitet werden. Die Quelle habe eine beliebige Fläche, eine Dicke $t_s = \infty$, eine Dichte $d(\xi)$ emittierender Kerne und befinde sich in Bewegung. Die Strahlung durchsetze einen Absorber beliebiger Fläche und einer Dicke t_a und werde danach unter Verwendung eines geeigneten Detektors hinsichtlich ihrer Intensität gemessen. Das aus der Quelle austretende Bündel enthält sowohl resonant als auch nichtresonant emittierte Photonen. Die nichtresonant emittierten Photonen werden teilweise bereits in der Quelle absorbiert (nichtresonante Selbstabsorption), und die aus der Quelle austretende Intensität dieser Photonen ist dann

$$(1 - f_s) \int_0^\infty d(\xi)\, \mathrm{e}^{-\mu_e \xi}\, \mathrm{d}\xi. \tag{5.1}$$

Es bedeuten μ_e den Koeffizienten für elektronische Absorption in der Quelle, ξ eine Variable, die die Tiefe im Quellenmaterial angibt, und

$$f_s = \frac{\Gamma}{2\pi} \int_0^\infty W_e\, \mathrm{d}\omega_{\lambda'}(\mathbf{k}'). \tag{5.2}$$

Die resonant emittierten Photonen werden ihrerseits zum Teil in der Quelle resonant und zum Teil nichtresonant absorbiert, so daß die aus der Quelle austretende Intensität resonanzfähiger Photonen durch

$$W_e \frac{\Gamma}{2\pi} \int_0^\infty d(\xi)\, \mathrm{e}^{-(n_e a_e \sigma_e + \mu_e)\, \xi}\, \mathrm{d}\xi \tag{5.3}$$

gegeben ist. Hierin bedeuten

n_e die Anzahl der Kerne pro cm³ in der Quelle,

a_e den Anteil der zur Resonanzabsorption fähigen Kerne in der Quelle (Nuklidhäufigkeit),

σ_e den Absorptionswirkungsquerschnitt der Quelle bei Resonanz und

$\frac{\Gamma}{2\pi}$ einen Normierungsfaktor.

Der Normierungsfaktor wurde so gewählt, daß das Energieintegral der zu W_e gehörigen Spektralintensität gleich f_s wird. Es ist zu beachten, daß W_e noch von der Quellengeschwindigkeit abhängt. In den folgenden Ausführungen werden nur diejenigen γ-Photonen betrachtet, deren Wellenvektor kollinear zur Quellengeschwindigkeit ist.

Die von der Quelle gelieferten Photonen werden beim Durchgang durch den Absorber teilweise absorbiert. Dies führt dazu, daß die Intensität der nichtresonanten Photonen auf den Wert

$$e^{-\mu_a t_a}(1 - f_s)\int_0^\infty d(\xi)\, e^{-\mu_e \xi}\, d\xi \tag{5.4}$$

abfällt. μ_a bedeutet hierin den elektronischen Absorptionskoeffizienten des Absorbers und t_a die Absorberdicke. Die resonant emittierten Photonen werden beim Durchgang durch den Absorber teilweise resonant und teilweise nichtresonant absorbiert. Ihre Intensität nach Absorption ist dann

$$\frac{\Gamma\hbar}{2\pi}\int_{-\infty}^{\infty} d\omega_{\lambda'}(\mathbf{k}')\, e^{-(n_a a_a \sigma_a + \mu_a)\, t_a} W_e(v) \int_0^\infty d(\xi)\, e^{-(n_e a_e \sigma_e + \mu_e)\,\xi}\, d\xi. \tag{5.5}$$

Dabei bedeuten n_a die Anzahl der Kerne pro cm³ im Absorber,

a_a die Nuklidhäufigkeit im Absorber und

σ_a den Absorptionsquerschnitt des Absorbers.

Die den Detektor erreichende γ-Strahlung ist durch die Summe von (5.4) und (5.5) gegeben. Sie hängt von der Geschwindigkeit v ab und von dem Abstand zwischen den Energieniveaus, die im Absorber und in der Quelle an dem Übergang beteiligt sind. Der allgemeine Ausdruck für die Form einer Mößbauerlinie in einem Transmissionsspektrum ist also

$$I(v) = e^{-\mu_a t_a}\Bigg\{(1 - f_s)\int_0^\infty d(\xi)\, e^{-\mu_e \xi}\, d\xi + \\ + \frac{\Gamma\hbar}{2\pi}\int_{-\infty}^{\infty} d\omega_{\lambda'}(\mathbf{k}')\, e^{-n_a \sigma_a t_a a_a}\, W_e(v) \int_0^\infty d(\xi)\, e^{-(n_e a_e \sigma_e + \mu_e)\,\xi}\, d\xi\Bigg\} \tag{5.6}$$

unter Berücksichtigung der Normierungsbedingungen

$$\frac{\Gamma}{2\pi}\int_0^\infty W_e(v)\,\mathrm{d}v = f_s \quad \text{und} \quad \sigma_a\left[\omega_{\lambda'}(\mathbf{k}') = \frac{E_0^{(\mathrm{abs})}}{\hbar}\right] = \sigma_0 f_a. \qquad (5.7)$$

Man sieht, daß das Linienprofil sowohl von dem makroskopischen (Dicke und Nukliddichte) als auch von den mikroskopischen Eigenschaften (Emissions- und Absorptionswahrscheinlichkeit W_e und W_a) der Quelle und des Absorbers abhängig ist.

Für die praktische Berechnung von (5.6) werden die Emissions- und Absorptionswahrscheinlichkeiten, deren Form in Kapitel 3 behandelt wurde, benötigt. Benutzt man den Ausdruck (3.63), der die Übergangswahrscheinlichkeit des Systems aus irgendeinem Zustand I in einen Zustand F angibt, dann erhält man nach einer quantentheoretischen Umrechnung in Heisenbergdarstellung

$$W_e = \frac{2}{\Gamma\hbar}\,\mathcal{R}e\int_0^\infty \exp\left(\mathrm{i}\omega t - \frac{\Gamma}{2\hbar}t\right)\langle \hat{H}_1(0)\,\hat{H}_1^+(t)\rangle\,\mathrm{d}t, \qquad (5.8)$$

wobei zur Vereinfachung $f_s = 1$ gesetzt wurde und

$$\langle \hat{H}_1(0)\,\hat{H}_1^+(t)\rangle = \sum_I \langle I|\hat{\rho}\,\hat{H}_1(0)\,\hat{H}_1^+(t)\,|I\rangle \qquad (5.9)$$

gilt.

Die Einführung der Korrelationsfunktion $\langle \hat{H}_1(0)\,\hat{H}_1^+(t)\rangle$ in (5.8) ist vorteilhaft, da sie die Verwendung eines explizit von der Zeit abhängigen Hamiltonoperators $\hat{H}_{\mathrm{Kern}}(t)$ ermöglicht. Man kann somit einen Operator der Form

$$\hat{A}(t) = \mathrm{e}^{\frac{\mathrm{i}}{\hbar}\int_0^t \hat{H}_{\mathrm{Kern}}(t')\,\mathrm{d}t'}\,\hat{A}(0)\,\mathrm{e}^{-\frac{\mathrm{i}}{\hbar}\int_0^t \hat{H}_{\mathrm{Kern}}(t')\,\mathrm{d}t'} \qquad (5.10)$$

benutzen.

Wenn man voraussetzt, daß der Kern im Gitter fixiert ist und $\hat{H}_{\mathrm{Kern}}$ zeitunabhängig ist, dann läßt sich die Korrelationsfunktion relativ einfach bestimmen, und man findet für W_e eine Summe von Lorentzkurven der Breite Γ.

So erhält man z.B. mit

$$\hat{H}_{\mathrm{Kern}} = \hat{H}^0_{\mathrm{Kern}} + g\mu_N\,HI + \frac{e^2qQ}{4I(2I-1)}\,[3I_z^2 - I^2], \qquad (5.11)$$

wobei $\hat{H}^0_{\text{Kern}}$ der ungestörte Kernhamiltonoperator mit den in

$$\hat{H}^0_{\text{Kern}} \, |I_e m_e\rangle = E(I_e) \, |I_e m_e\rangle,$$

$$\hat{H}^0_{\text{Kern}} \, |I_g m_g\rangle = E(I_g) \, |I_g m_g\rangle \tag{5.12}$$

gegebenen Eigenfunktionen und Eigenwerten ist, für W_e die Form

$$W_e(\omega) \sim \frac{1}{4} \sum_{m_e, m_g} \frac{|\langle I_g m_g | \hat{H}_1 | I_e m_e \rangle|^2}{\left\{\omega - \omega_0 - (g_e m_e - g_0 m_g)\mu_N H - \dfrac{e^2 qQ}{4I(2I-1)}\left[3m_e^2 - \dfrac{15}{4}\right]\right\}^2 + \dfrac{\Gamma^2}{4}} \, . \tag{5.13}$$

$\hat{H}_1$ wurde dabei durch (3.58) definiert und das Nuklid ^{57}Fe als Beispiel gewählt. Die Matrixelemente $\langle I_g m_g | \hat{H}_1 | I_e m_e \rangle$ bestimmen die Intensitäten und die Polarisation der Mößbauerlinien.

Es sei hier nochmals betont, daß bei einem Mößbauerexperiment nicht die γ-Übergangswahrscheinlichkeit nachgewiesen wird, sondern die Emissions- bzw. Absorptionswahrscheinlichkeit. Zwischen diesen Wahrscheinlichkeiten besteht der durch (1.13) gegebene Zusammenhang.

Beim Auftreten zeitabhängiger Hyperfeinwechselwirkungen, die z.B. durch Elektronenrelaxationen oder Jahn-Teller- Störungen bedingt sein können, wird die Bestimmung der Korrelationsfunktion zu einem komplizierten Problem. Da vorwiegend der Einfluß elektronischer Relaxationserscheinungen auf die Form der Mößbauerlinie von Interesse ist, sollen zunächst einmal einige Betrachtungen über die wichtigsten Relaxationsprozesse von Elektronen in Festkörpern angestellt werden.

5.2 Relaxationserscheinungen

Zur Behandlung der charakteristischen Eigenschaften der paramagnetischen Relaxation sei ein System von paramagnetischen Ionen in einem Kristallgitter vorausgesetzt.

Die wichtigsten Relaxationsprobleme lassen sich in zwei Gruppen aufteilen;

1) Die Spin-Gitter-Relaxation, bei der ein Energieaustausch zwischen dem Spinsystem und den Vibrationsmoden des Gitters mit einer charakteristischen Zeit T_1 erfolgt, und

2) die Spin-Spin-Relaxatio, bei der es sich um Zwischenspinprozesse mit der charakteristischen Zeit T_2 handelt. Die Relaxationszeiten $T_{1,2}$ geben die Zeitkonstanten an, mit denen das System nach einer Störung über den betreffenden Mechanismus wieder in den Gleichgewichtszustand zurückkehrt.

Mößbaueruntersuchungen führt man meistens ohne ein äußeres Magnetfeld durch. Deshalb sei hier vorausgesetzt, daß das Spinsystem durch die Gesamtheit der Ionenniveaus im Kristallfeld (die evtl. durch lokale Felder gestört werden) dargestellt wird, auch dann, wenn die Ionenniveaus nicht mit den Zeemanniveaus eines äußeren Magnetfeldes zusammenfallen.

5.2.1 **Spin-Gitter-Relaxation**

Die mittlere Zeitspanne zwischen Elektronenübergängen mit gleichzeitiger Erzeugung oder Vernichtung von Gitterphononen wird mit T_1 bezeichnet. Der Parameter T_1 kann mit Hilfe der Übergangswahrscheinlichkeit, die sich aus der zeitabhängigen Störungstheorie ergibt, ausgedrückt werden, wenn man einen Hamiltonoperator $\hat{H}_{or}$, der die Kopplung zwischen dem Gitter und dem Spinsystem beschreibt, verwendet [1]. Entsprechend der Ordnung von $\hat{H}_{or}$ ergeben sich aus der zeitabhängigen Störungsnäherung zwei allgemeine, in Abb. 5.1 dargestellte Relaxationsprozesse:

Ein direkter Prozeß (Abb. 5.1a), bei dem ein Übergang zwischen den Zuständen $|S_B\rangle$ und $|S_A\rangle$ des Spinsystems stattfindet, und bei dem

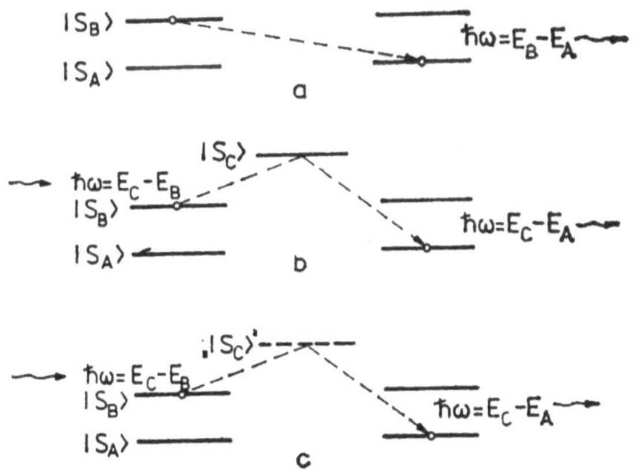

Abb. 5.1 – Das Prinzip von Relaxationsprozessen: a = direkter Prozeß, b = indirekter Prozeß (Orbach-Prozeß), c = indirekter Prozeß (Raman-Prozeß).

gleichzeitig ein Gitterphonon der Energie $\hbar\omega = E_B - E_A$ entsteht;
– ein indirekter Prozeß (ein Prozeß zweiter Ordnung), an dem drei oder mehrere Spinniveaus und zwei oder mehrere Phononen (entsprechend einer unelastischen Phononenstreuung) beteiligt sind. Hier findet ein Übergang zwischen $|S_C\rangle$ und $|S_A\rangle$ unter Freisetzung eines Phonons der Energie $E_C - E_A$ statt. Wenn der Zustand $|S_C\rangle$ ein definierter Eigenzustand ist, dann wird ein solcher Relaxationsprozeß als Orbachprozeß bezeichnet (Abb. 5.1 b). Wenn $|S_C\rangle$ ein virtueller Zustand ist, also das gesamte Phononenspektrum am Streuprozeß teilnehmen kann, handelt es sich um einen sogenannten Ramanprozeß (Abb 4.1 c).

Spin-Gitter-Relaxationsprozesse wurden erstmals von Waller [2] beschrieben, der Magnetfeldschwankungen infolge der Wärmeschwingungen der Ionen im Kristallgitter betrachtete. Kronig [3] und J. H. van Vleck [4] befaßten sich mit dem Einfluß elektrischer Feldschwankungen, die infolge der Gitterschwingungen über die Spin-Bahn-Kopplung zustande kommen.

5.2.2 Spin-Spin-Relaxation

Die Wirkung einer magnetischen Dipol-Dipol-Wechselwirkung, d.h. einer Wechselwirkung zwischen zwei Spins, ist die gleiche wie diejenige, die ein veränderliches Magnetfeld auf ein Spinsystem ausübt. Wenn ein Dublettzustand durch ein lokales Feld aufgespalten wird, dann kann die Spin-Spin-Wechselwirkung in gleicher Weise wie bei der Spin-Gitter-Relaxation zu einem direkten Relaxationsprozeß führen. Dem Phonon, das die Energieerhaltung sicherstellt, entspricht in diesem Falle das entgegengesetzte Umspringen eines benachbarten Spins. Bei diesem direkten Prozeß muß die Bedingung $\langle + | S_+ | - \rangle \neq 0$ für das Dublett $|\pm\rangle$ erfüllt sein. Ein indirekter Relaxationsprozeß ist besonders dann zu erwarten, wenn $\langle + | S_+ | - \rangle = 0$ ist.

In Systemen, in welchen mehrere Spinarten oder mehrere Energieniveaus vorkommen, kann Kreuzrelaxation [5] auftreten. Der einfachste Fall dieser Art liegt bei Vorhandensein von zwei verschiedenen Spintypen vor: Eine der Spinarten zeigt eine schnelle (Spin-Spin- oder Spin-Gitter-)Relaxation, während für die andere Art die Relaxation viel langsamer vor sich geht [1].

Für praktische Anwendungen der Mößbauerspektroskopie (z.B. Untersuchung magnetischer Materialien, vgl.Kap. 8, und Phasenanalyse, vgl. Kap. 10) sind auch Relaxationserscheinungen von Bedeutung, die durch das superparamagnetische Verhalten hochdisperser Systeme (kleine Teilchen magnetisch geordneter Substanzen) zustande kommen. Hierauf wird im Abschnitt 5.5 kurz eingegangen.

Wichtig für die vorliegende Problematik ist, daß durch Relaxationsprozesse veränderliche Hyperfeinfelder am Kern auftreten [79], die einem zeitabhängigen Hamiltonoperator entsprechen. Das heißt, daß der Einfluß von Hyperfeinfeldschwankungen auf die Form des Mößbauerspektrums untersucht werden muß.

5.3 Die Form der Mößbauerlinie bei elektronischer Relaxation

Die im 4. Kapitel besprochenen statischen Hyperfeinwechselwirkungen setzen zeitunabhängige Hamiltonoperatoren voraus. Diese Annahme ist nicht mehr gerechtfertigt, wenn die Hyperfeinfelder infolge von Elektronenrelaxationsprozessen zeitlichen Schwankungen unterliegen.

Im allgemeinen sind in paramagnetischen Systemen die Spin-Gitter- und die Spin-Spin-Wechselwirkungen stärker als die zwischen den Ionen auftretenden hyperfeinen Wechselwirkungen. Es genügt somit, wenn man in erster Näherung nur die Elektronenfluktuationen in Betracht zieht, um die Wirkung dieser Relaxation auf das resonante γ-System durch Verwendung von zeitabhängigen Hyperfeinwechselwirkungen zu bestimmen.

Der Einfluß von Relaxationsprozessen auf die Form der Mößbauerspektren wurde von Afanasyev und Kagan [6, 7] und Bradford und Marshall [8] behandelt. Eine phänomenologische Theorie darüber wurde von H. H. Wickman u. Mitarb. [9, 10] entwickelt. Die Linienform unter Einwirkung von Elektronenrelaxationsprozessen wurde von Levinson und Luban [11] und Tumolillo [12] mit Hilfe der zeitabhängigen Störungstheorie untersucht. Bei dieser Art der Problemstellung wird ein möglichst kompletter Hamiltonoperator des Systems, welcher die Wechselwirkungen zwischen Kern und Elektronen sowie zwischen Spin und Gitterschwingungen enthält, betrachtet.

Durch die Wechselwirkung zwischen dem Spin des Ions, das den betrachteten Kern enthält, und den anderen Freiheitsgraden des Festkörpers entstehen fluktuierende Hyperfeinfelder. Bedient man sich der Technik der zeitabhängigen Störungsrechnung und berücksichtigt man dabei diese Wechselwirkungen, dann kann man Näherungsausdrücke für die Linienform ableiten. Gewöhnlich erhält man brauchbare Lösungen nur für sehr schnelle oder für sehr langsame Fluktuationen. Eine genauere Behandlung der Linienform unter der Einwirkung von Elektronenrelaxationen wurde von Gabriel [13, 14], Schwegler [15, 16], Afanasyev [17, 18] und Hartmann-Boutron [19] gegeben. Diese Autoren benutzten die Dichtematrixtechnik der Liouville- und Projektionsoperatoren.

Hirst [20] entwickelte für die Untersuchung von verdünnten Legierungen ein besonders nützliches Modell zur Deutung von Mößbauerspektren, die bei Elektronenrelaxation durch die Kopplung zwischen den Leitfähigkeitselektronen und dem Spin des resonanten Ions entstehen. Brauchbare Theorien zur Linienform wurden noch von Wegener [22], Blume [23—25], F. van der Woude [26] und Clauser [27, 28] auf der Basis der stochastischen Natur von Magnetfeldfluktuationen ausgearbeitet. Die stochastische Theorie hat den Vorteil, daß sie Lösungen für alle Fluktuationsraten des Hyperfeinfeldes am Kernort liefert. Ihre Grenzwerte stimmen mit denen, die sich aus anderen Theorien errechnen lassen, überein.

Nachfolgend soll kurz auf die repräsentativen Theorien und Modelle, die zur Bestimmung der Mößbauerlinienform unter der Einwirkung von Elektronenrelaxationsprozessen dienen, eingegangen werden.

5.3.1 Die stochastische Theorie der Linienform

5.3.1.1 Ableitung einer allgemeinen Formel

In der stochastischen Theorie der Linienform wird angenommen, daß durch Wechselwirkung zwischen den Elektronenniveaus des Mößbauerions und seiner Umgebung zeitabhängige Kräfte auftreten. Diese Kräfte sind also bedingt durch die Elektronenrelaxation in der Umgebung des Mößbauerkerns. Um den entsprechenden mathematischen Formalismus verständlicher zu machen, soll zunächst das physikalische Phänomen der γ-Emission bei Einwirkung fluktuierender Hyperfeinfelder nach der Theorie von Blume [24] beschrieben werden.

Wenn der emittierende Kern zu einem Ion mit Spin 1/2 und $g_\perp = 0$ gehört, „spürt" er ein Magnetfeld h in $+z$-Richtung immer dann, wenn das Ion sich auf dem Niveau $+1/2$ befindet, und ein Feld $-h$, wenn das Ion sich auf dem Niveau $-1/2$ befindet. Wegen der Wechselwirkung zwischen dem Ionenspin und seiner Umgebung finden in dem Ion Übergänge zwischen den Niveaus $+1/2$ und $-1/2$ statt, und als Resultat wirkt auf den Kern ein zeitlich veränderliches Magnetfeld, das zwischen den Werten $+h$ und $-h$ entlang der z-Achse hin und her springt. Die Linienform hängt von der Häufigkeit der Sprünge zwischen diesen beiden Werten ab, die ihrerseits von der Temperatur, Spinkonzentration und weiteren Faktoren abhängt. Grenzfälle treten auf, wenn die Sprunghäufigkeit sehr klein und sehr groß ist. Für den ersten Fall sei angenommen, daß der angeregte Kern sich z.B. gerade in einem Magnetfeld $+h$ befinde. Während der Präzession seines magnetischen Momentes um dieses Feld wird dann das Photon emittiert, noch bevor eine Änderung der Magnetfeldrichtung von $+h$ nach $-h$ stattfindet, falls die Sprunghäufigkeit hinreichend gering ist. Dies ist aber gleichbedeutend mit der Einwirkung eines statischen Magnetfeldes $+h$, und so kann erwartet werden, daß die Linienform so aussieht, als ob ein äußeres statisches Magnetfeld $+h$ angelegt worden sei.

Im zweiten Fall, in dem die Sprunghäufigkeit sehr groß ist, kann das magnetische Moment keine volle Präzessionsdrehung um das Magnetfeld $+h$ ausführen, da das Ion inzwischen in den Zustand $-1/2$ springt und der Kern danach in einem Felde $-h$ in umgekehrter Richtung solange präzidiert, bis ein erneuter Ionenübergang stattfindet. Als Resultat hat man also ein Magnetfeld, das im Mittel verschwindet, und das Spektrum erscheint als eine einzige, unaufgespaltene Linie.

Entsprechend diesem Modell kann der Kernhamiltonoperator unter Einbeziehung fluktuierender Felder in der Form

$$\hat{H}_{\text{Kern}}(t) = \hat{H}^0_{\text{Kern}} + \sum_k \hat{V}_k f_k(t) \tag{5.14}$$

geschrieben werden, wobei $\hat{H}^0_{\text{Kern}}$ den ungestörten Kernhamiltonoperator darstellt. Die $\hat{V}_k$ sind Operatoren, die von den fluktuierenden Feldern abhängen, während die $f_k(t)$ Funktionen sind, die von einer Zufallsveränderlichen $f(t)$ abhängen. Letztere kann eine endliche Zahl von Werten, die den Elektronenzuständen $\alpha_1, \ldots, \alpha_n$ entsprechen, annehmen. Jeder Zustand entspricht einer bestimmten Feldkonfiguration, und das Hauptproblem ist die Bestimmung der Auftrittswahrscheinlichkeiten dieser Zustände sowie der Übergangswahrscheinlichkeiten zwischen ihnen. (5.14) drückt in formaler Weise aus, daß vom Kern aus gesehen der elektronische Relaxationsprozeß als eine zufällige Änderung (in Größe und Richtung) der Hyperfeinfelder angesehen werden kann. Aus dieser Beschreibung folgt, daß man die γ-Emissionswahrscheinlichkeit als einen Mittelwert von W_e aus (5.8) erhält, wenn über die Werte der Funktionen $f_k(t)$ gemittelt wird (unter der Voraussetzung, daß die Kerne im Gitter fixiert sind),

$$W_e = \frac{2}{\Gamma\hbar} \mathcal{Re} \int_0^\infty \exp\left(i\omega t - \frac{\Gamma}{2\hbar} t\right) (\langle \hat{H}_1(0) \hat{H}_1^+(t) \rangle)_{\text{av}} \, dt. \tag{5.15}$$

Diese Mittelwertbildung wird durch den Index av bezeichnet. Führt man in den Ausdruck der Korrelationsfunktion (3.77) den durch

$$e^{\frac{i}{\hbar}\int_0^t \hat{H}_{\text{Kern}}\,dt'} \hat{H}_1^*(0)\, e^{-\frac{i}{\hbar}\int_0^t \hat{H}_{\text{Kern}}\,dt'} = e^{\frac{i}{\hbar}\int_0^t \hat{H}^{\times}_{\text{Kern}}\,dt'} \hat{H}_1^*(0) \tag{5.16}$$

definierten Liouville-Operator $\hat{H}^{\times}_{\text{Kern}}$ ein, dann reduziert sich das Problem auf die Bestimmung von

$$(\langle \hat{H}_1(0)\hat{H}_1^+(t)\rangle)_{\text{av}} = \frac{1}{2I_e + 1} (\text{Sp}\,\{\hat{H}_1(0)\, e^{\frac{i}{\hbar}\int_0^t \hat{H}^{\times}_{\text{Kern}}\, dt'}\, \hat{H}_1^*(0)\})_{\text{av}}. \quad (5.17)$$

Die Klammer $(\ldots)_{\text{av}}$ bedeutet, daß über die Zufallseigenschaften des zum System gehörigen Hamiltonoperators $\hat{H}_{\text{Kern}}$ zu mitteln ist. Der Liouvilleoperator dient der einfacheren Berechnung der stochastischen Mittelwerte. Um einen allgemeinen Ausdruck für die γ-Emissionswahrscheinlichkeit im stochastischen Modell herzuleiten, setzt man zusätzlich voraus, daß der Zufallsprozeß ein Markoffprozeß ist. Unter diesen Umständen genügt die Wahrscheinlichkeit, daß die Funktion $f(t)$ den Wert b im Moment $t + \Delta t$ annimmt, wenn sie zum Zeitpunkt t den Wert a hatte, folgenden Bedingungen:

I. Sie hängt nicht von den Werten ab, die sie vor dem Zeitpunkt t angenommen hatte.

II. Sie hängt ausschließlich von der Differenz Δt zwischen den beiden betrachteten Zeitpunkten und von dem Wert, den sie im Moment t hatte, ab.

Die Wahrscheinlichkeit läßt sich also in der Form $P(a|b, \Delta t)$ schreiben. Für kleine Δt-Werte und diskrete Werte von $f(t)$ kann man entsprechend der oben gegebenen Definition

$$P(a|b, \Delta t) = \delta_{ab} + \Omega(a, b)\,\Delta t \quad (5.18)$$

schreiben, wobei die Relation

$$\sum_b P(a|b, \Delta t) = 1 \quad (5.19)$$

gilt. Nach den Aussagen der Wahrscheinlichkeitstheorie ist

$$\sum_b \Omega(a, b) = 0, \quad (5.20)$$

worin die Absolutwerte der Matrixelemente $\Omega(a, b)$ die Bedeutung einer Geschwindigkeit der Sprünge der Funktion $f(t)$ zwischen den Werten a und b haben und die Information über den Ablauf des Relaxationsprozesses enthalten.

Die Wahrscheinlichkeiten p_a und p_b, mit denen die speziellen Werte a bzw. b der Zufallsfunktion $f(t)$ auftreten, ergeben sich aus der Stationaritätsbedingung für den stochastischen Prozeß

$$p_a\,\Omega(a, b) = p_b\,\Omega(b, a) \quad (5.21)$$

mit der Normierung

$$\sum_a p_a = 1. \tag{5.22}$$

Das stochastische Mittel läßt sich entweder unter Anwendung des von Abragam [21] verwendeten Formalismus oder mit dem von Blume [24] vorgeschlagenen berechnen. Die Rechnung soll hier nicht wiedergegeben werden, sondern nur der allgemeine Ausdruck für W_e [24, 29].

$$W_e = \frac{2}{(2I_e + 1)\Gamma\hbar} \mathcal{Re} \sum_{i,j} \sum_{i',j'} \sum_{b,a} \langle I_e i | \hat{H}_1(0) | I_g j \rangle p_b \times$$

$$\times \left\langle I_g j I_e i b \left| \left[p\tilde{I} - \tilde{\Omega} - \frac{\mathrm{i}}{\hbar} \sum_k \tilde{V}_k^{\times} \tilde{F}_k \right]^{-1} \right| I_g j' I_e i' a \right\rangle \langle I_g j' | \hat{H}_1^*(0) I_e i' \rangle. \tag{5.23}$$

Es ist

$$|I_e i\rangle = \sum_{m_e=-I_e}^{I_e} C_{(I_e i)}^{m_e} |I_e m_e\rangle,$$

$$|I_g j\rangle = \sum_{m_g=-I_g}^{I} C_{(I_g j)}^{m_g} |I_g m_g\rangle,$$

$$p = -\mathrm{i}\omega + \frac{\Gamma}{2\hbar}. \tag{5.24}$$

Die Matrix $\tilde{F}_k$ ist den Werten der Funktionen $f_k(t)$ zugeordnet. Die zu invertierende Matrix ist durch drei Indizes gekennzeichnet, zwei Quantenindizes, die dem angeregten und dem Grundzustand des Emitters entsprechen, und ein Zufallsindex, der den möglichen Werten von $f(t)$ entspricht. Die Dimension dieser Matrix ist $[(2I_e + 1)(2I_g + 1)n]$. n ist die Anzahl der möglichen Werte von $f(t)$. Die Elemente der Matrix sind

$$\left\langle I_g\, j, I_e i,\, b \left| \left[p\tilde{I} - \tilde{\Omega} - \frac{\mathrm{i}}{\hbar} \sum_k \hat{V}_k^{\times} \tilde{F}_k \right]^{-1} \right| I_g j'\; I_e i',\, a \right\rangle =$$

$$= p\delta_{ii'}\,\delta_{jj'}\,\delta_{ab} - \langle b | \tilde{\Omega} | a\rangle\, \delta_{jj'}\,\delta_{ii'} - \frac{\mathrm{i}}{\hbar} \sum_k \langle I_g j, I_e i | \hat{V}_k^{\times} | I_g j', I_e i' \rangle \langle b | \tilde{F}_k | a \rangle. \tag{5.25}$$

Die Matrixinversion kann auf numerischem Wege mit einem Rechenautomaten durchgeführt werden. Die Dimension der Matrix läßt sich unter Beachtung gewisser Symmetrieeigenschaften reduzieren.

Wenn der Kernhamiltonoperator zu verschiedenen Zeitpunkten kommutiert, dann sind die $|Im\rangle$ Eigenfunktionen des Systems, und die Operatoren $\hat{V}_k^\times$ sind in diesem Funktionensystem diagonalisiert. Folglich können keine Übergänge zwischen den Unterniveaus $\hat{H}_{\text{Kern}}$ auftreten, und die Feldfluktuationen führen zu zeitlichen Änderungen der Frequenzen der γ-Strahlung. Dieser Fall tritt bei adiabatischen Prozessen auf und wurde erstmals theoretisch von Kubo und Anderson [30, 31] behandelt. Das Matrixelement (5.23) ist nun

$$\left\langle I_e m_e I_g m_g b \left| \left[p\tilde{I} - \tilde{\Omega} - \frac{\mathrm{i}}{\hbar} \sum_k \hat{V}_k^\times \tilde{F}_k \right]^{-1} \right| I_e m_e' I_g m_g' a \right\rangle =$$

$$= \langle b | [p\tilde{I} - \tilde{\Omega} - \mathrm{i} \sum_k \delta_k \tilde{F}_k]^{-1} | a \rangle \, \delta_{m_e m_e'} \delta_{m_g m_g'}, \tag{5.26}$$

womit sich die Emissionswahrscheinlichkeit zu

$$W_e = \frac{2}{(2I_e + 1)\, \Gamma \hbar} \mathcal{R}e \sum_{m_g m_e} |\langle I_g m_g | \hat{H}_1^*(0) | I_e m_e \rangle|^2 \times$$

$$\times \sum_{a,b} P(b) \langle b | [p\tilde{I} - \tilde{\Omega} - \mathrm{i} \sum_k \delta_k \tilde{F}_k]^{-1} | a \rangle \tag{5.27}$$

errechnet. δ_k ist der Eigenwert von $\hat{V}_k^\times$ in Einheiten von $\hbar$. Der Vergleich mit (5.25) zeigt, daß sich unter diesen Bedingungen das Problem der Inversion einer Matrix mit $[(2I_e + 1)(2I_g + 1)n]^2$ Elementen auf die Inversion einer Matrix mit n^2 Elementen reduziert.

5.3.1.2 Die Matrix $\tilde{\Omega}$

Die Matrix $\tilde{\Omega}$ enthält alle Informationen über die elektronischen Relaxationsprozesse. Die Struktur ihrer Elemente hängt sowohl von der Wechselwirkungsart, die zur Relaxation führt, als auch vom effektiven Elektronenspin ab.

Wenn der effektive Elektronenspin den Wert $S_{\text{eff}} = 1/2$ hat, dann kann eine Matrix der Form

$$\tilde{\Omega} = \begin{pmatrix} (\varkappa - 1)\, \Omega & (1 - \varkappa)\, \Omega \\ (1 + \varkappa)\, \Omega & -(1 + \varkappa)\, \Omega \end{pmatrix} \tag{5.28}$$

die Wirkung der Elektronenrelaxation sowohl in paramagnetischen als auch in magnetisch geordneten Systemen beschreiben. $\varkappa$ ist der sogenannte magnetische Ordnungsparameter, welcher numerisch gleich der

Differenz zwischen den Besetzungszahlen der Zustände +1/2 und −1/2 ist. Wenn nun das magnetische Hyperfeinfeld in bezug auf die z-Richtung des elektrischen Feldgradienten fluktuiert, dann beschreibt der Hamilton-operator

$$\hat{H}_{\text{Kern}}(t) = \hat{H}^0_{\text{Kern}} + \frac{e^2qQ}{4I(2I-1)}\left[3I_z^2 - I^2 + \frac{\eta}{2}(I_+^2+I_-^2)\right] - - g\mu_N H I_z f(t) - g\mu_N I_z H_{\text{ext}} \quad (5.29)$$

[26, 32] das physikalische System mit ausreichender Genauigkeit, [32, 36]. Abb. 5.2 zeigt den Einfluß elektronischer Relaxationen in einem paramagnetischen Polykristall ohne äußeres Magnetfeld. Die hierfür gewählten Hyperfeinwechselwirkungsparameter sind $H = 330$ kOe, Quadrupolaufspaltung $\Delta E_Q = 1$ mm/s, $\delta = 0$, $\eta=0$, $\varkappa=0$, $\Omega=10^6 \ldots 10^{10}$ Hz für $a \ldots e$. Man sieht, daß bei Frequenzerhöhung eine Linienverbreiterung auftritt, und daß bei sehr hohen Relaxationsraten das Sextett in ein Quadrupoldublett kollabiert. Bei mittleren Frequenzen erscheint ein asymmetrisches Quadrupoldublett (Blume-Effekt). Da die den Übergängen $\left|\pm\frac{3}{2}\right\rangle \to \left|\pm\frac{1}{2}\right\rangle$ entsprechenden Frequenzen höher als die der $\left|\pm\frac{1}{2}\right\rangle \to \left|\mp\frac{1}{2}\right\rangle$ Übergänge sind, gibt es einen Relaxationsbereich, in dem sich die zum Übergang $\left|\pm\frac{3}{2}\right\rangle \to \left|\pm\frac{1}{2}\right\rangle$ gehörige Linie langsamer als die zum Übergang $\left|\pm\frac{1}{2}\right\rangle \to \left|\mp\frac{1}{2}\right\rangle$ gehörige Linie verschmälert. Dies erklärt das Auftreten des asymmetrischen Dubletts. Wenn der Feldgradient positiv ist, erscheint die zu $\left|\pm\frac{3}{2}\right\rangle \to \left|\pm\frac{1}{2}\right\rangle$ gehörige Linie rechts im Spektrum, anderenfalls links. Ebenso verhält sich dann auch die Linienasymmetrie. Diese Erscheinung ermöglicht prinzipiell die Bestimmung des Vorzeichens des elektrischen Feldgradienten am Kernort.

In Abb. 5.3 werden als Beispiel simulierte Elektronenrelaxationsspektren von magnetisch geordneten polykristallinen Proben unter Benutzung folgender Parameter

$H = 330$ kOe, $\Delta E_Q = 0$, $\delta = 0$, $\eta = 0$, und für
$a: \varkappa = 0{,}79$, $\Omega = 1{,}49\ 10^7$ Hz,
$b: \varkappa = 0{,}65$, $\Omega = 2{,}2\ 10^7$ Hz,
$c: \varkappa = 0{,}53$, $\Omega = 2{,}2\ 10^7$ Hz,
$d: \varkappa = 0{,}32$, $\Omega = 3{,}7\ 10^7$ Hz gezeigt.

Das symmetrische Dublett, das bei höheren Relaxationsfrequenzen erscheint, gehört nicht zu einer Quadrupolwechselwirkung, sondern ist die Auswirkung der Elektronenrelaxationsprozesse in magnetisch geordneten Systemen [32].

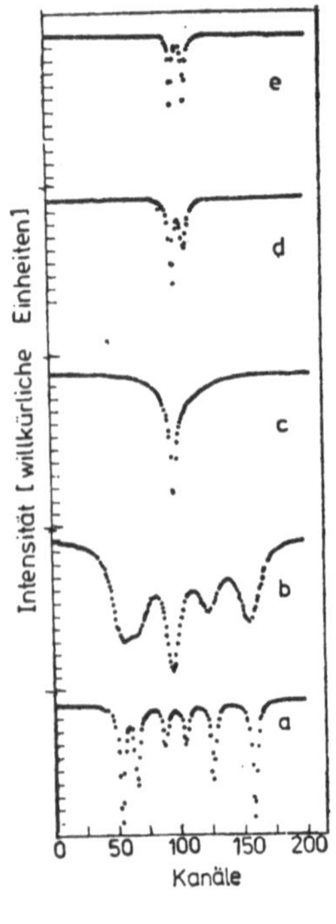

Abb. 5.2 — Der Einfluß unterschiedlich schneller elektronischer Relaxationen auf das Mößbauerspektrum eines paramagnetischen Polykristalls ohne äußeres Feld (s. Text; 1 Kanal = 0,1 mm/s).

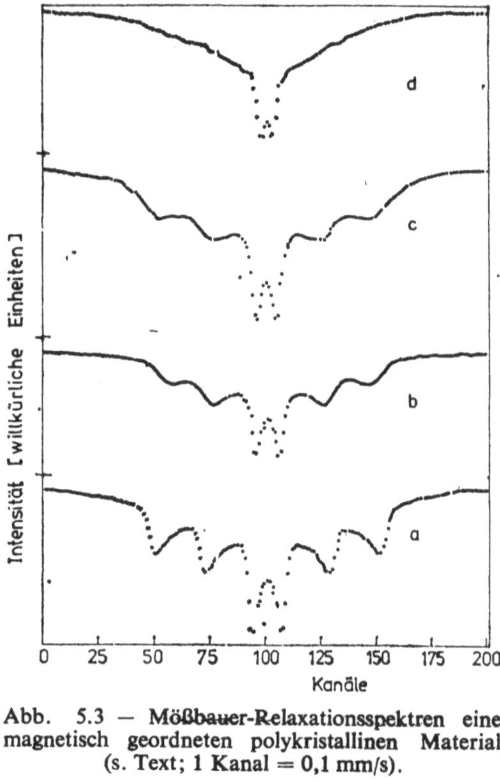

Abb. 5.3 — Mößbauer-Relaxationsspektren eines magnetisch geordneten polykristallinen Materials (s. Text; 1 Kanal = 0,1 mm/s).

In einer Reihe von physikalischen Systemen [33, 37, 38] kann die Elektronenrelaxation durch Spin-Spin-Wechselwirkung mittels eines vereinfachten Hamiltonoperators beschrieben werden:

$$\mathscr{H}_{SS'} = \sum_i (A_{\beta i} + J_{\beta i}) \left[S_z^\beta S_z^i + \frac{1}{2} (S_+^\beta S_-^i + S_-^\beta S_+^i) \right]. \quad (5.30)$$

$A_{\beta i}$ ist die Dipol- und $J_{\beta i}$ die Austauschwechselwirkungskonstante zwischen dem Elektronenspin des Ions β und den Elektronenspins seiner Nachbarn i.

Nach der sogenannten „goldenen Regel“ ist die Übergangshäufigkeit zwischen den Zuständen $|M_S\rangle$ und $|M_{S'}\rangle$ durch

$$\Omega(M_s \to M_{s'}) = k\,|\langle M_{s'}|S_\pm|M_s\rangle|^2\,\mathcal{N}(M_{s'}) \tag{5.31}$$

gegeben. Der Faktor k ist ein Maß für die Stärke der Wechselwirkung zwischen den Elektronenspins. Der Faktor $\mathcal{N}(M_{s'})$ berücksichtigt die normierte Boltzmannverteilung der Elektronen.

Man erhält z.B. für $S_{\text{eff}} = 3/2$ die Relaxationsmatrixelemente einfach zu

$$\Omega\left(\mp\frac{1}{2} \to \pm\frac{1}{2}\right) = 16\,k\mathcal{N}\left(\pm\frac{1}{2}\right),$$
$$\Omega\left(\pm\frac{3}{2} \to \pm\frac{1}{2}\right) = 9k\mathcal{N}\left(\pm\frac{1}{2}\right),$$
$$\Omega\left(\pm\frac{1}{2} \to \pm\frac{3}{2}\right) = 9k\,\mathcal{N}\left(\pm\frac{3}{2}\right). \tag{5.32}$$

Abb. 5.4 illustriert die gute Übereinstimmung zwischen dem Blume-Modell und dem Experiment anhand der berechneten und gemessenen Spektren von *(Diäthyl-dtc)*$_2$*-Cl* mit $S_{\text{eff}} = 3/2$ bei niedrigen Temperaturen [33].

Einflüsse der Elektronenrelaxation treten besonders oft in Mößbauerspektren des Fe^{3+}-Ions, wenn dieses sich im Zustand $^6S_{5/2}$ mit $S_{\text{eff}} = 5/2$ befindet, auf. Spektrensimulationen am Rechner für solche Relaxationsprobleme mit $S_{\text{eff}} = 5/2$ und eine systematische Behandlung des Einflusses von k auf die Mößbauerspektren finden sich in [39]. In Abb. 5.5 sind simulierte Relaxationsspektren für $S_{\text{eff}} = 5/2$ und axiale Symmetrie gezeigt, u.zw. für $H_{\text{eff}} = 80$ kOe, $\Delta E_Q = 0{,}70$ mm/s, $\delta = 0$, $\eta = 0$, $D = 1$ K, $k = 10^2 \ldots 10^{10}$ Hz (für $a \ldots f$);D ist der Kristallfeldparameter, die Fluktuationen des effektiven magnetischen Feldes wurden als entlang der z-Richtung des elektrischen Feldgradienten gerichtet angenommen.

Im Rahmen der stochastischen Vorstellungen ist eine spezielle Voraussetzung betreffend die Matrix $\tilde{\Omega}$, die die Übergangswahrscheinlichkeit des Hamiltonoperators aus einer Form in eine andere angibt, möglich. Man kann sich nämlich vorstellen, daß diese Wahrscheinlichkeit nicht von der Ausgangsform, die der Hamiltonoperator vor dem Sprung hat, abhängt [25]. Das heißt, daß die neue Form, die der

Hamiltonoperator annimmt, nicht mit der Ausgangsform verknüpft ist (random phase approximation). Deswegen ist die Übergangswahrscheinlichkeit zwischen den Formen $a \to b$ unabhängig von a und

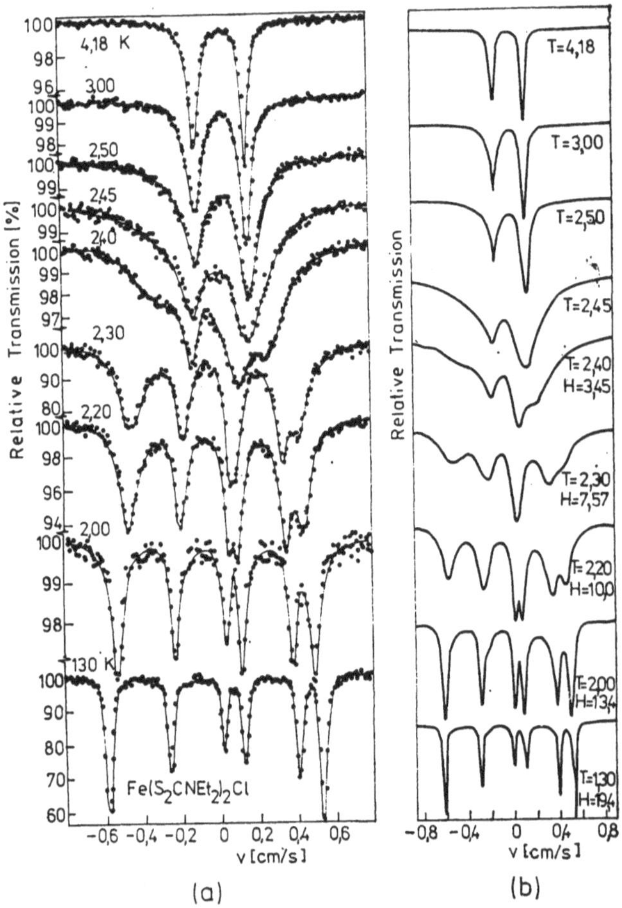

Abb. 5.4 — Mößbauerspektren von polykristallinem $Fe(Diäthyl\text{-}dtc)_2Cl$ [33],
a) gemessene Spektren, b) theoretisch berechnete Spektren.

proportional zu p_b, sie stellt also die Besetzungswahrscheinlichkeit für p_b dar. Es ist

$$\Omega_{ab} = \lambda p_b \quad \text{für} \quad a \neq b. \tag{5.33}$$

λ ist ein Maß für die auf die Zeiteinheit bezogene Übergangswahrscheinlichkeit aus irgendeinem gegebenen zufälligen Zustand; λ bedeutet somit den Kehrwert des mittleren Zeitabstandes zwischen zwei aufeinanderfolgenden Sprüngen. Man gelangt nun zu einem vereinfachten Ausdruck für die Linienform, dessen wichtigster Vorteil darin besteht,

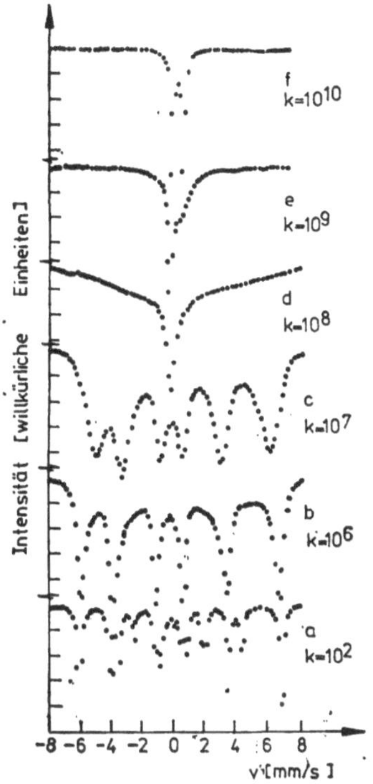

Abb. 5.5 – Simulierte Relaxationsspektren für $S_{eff} = 5/2$ und Axialsymmetrie.

daß er das Problem auf die Inversion einer Matrix der Ordnung $(2I_e + 1)(2I_g + 1)$ für beliebiges n reduziert (n ist die Anzahl der möglichen Formen des Hamiltonoperators). Die so erhaltene Formel für die Linienform [25] gilt für beliebige Werte von λ und ist unabhängig von den Winkeln zwischen den Hyperfeinfeldern. Daher stellt sie eine gute Näherung für isotrope Relaxationen dar. Die Abb. 5.6 und 5.7 zeigen simulierte Spektren mit fluktuierendem Magnetfeld für verschiedene Werte von λ [25]. Es wurden folgende Parameter verwendet: $\Gamma = 0{,}09714$ mm/s, $g_0\mu_N h = -6{,}11$ mm/s, $g_1\mu_N\, h = 3{,}45$ mm/s.

Abschließend sei bemerkt, daß das stochastische Modell mit Erfolg zur Deutung von Mößbauerspektren sowohl in paramagnetischen als auch in magnetisch geordneten Systemen verwendet wurde. Es gibt heute bereits eine ganze Reihe von Publikationen hierzu, z.B. [33–53].

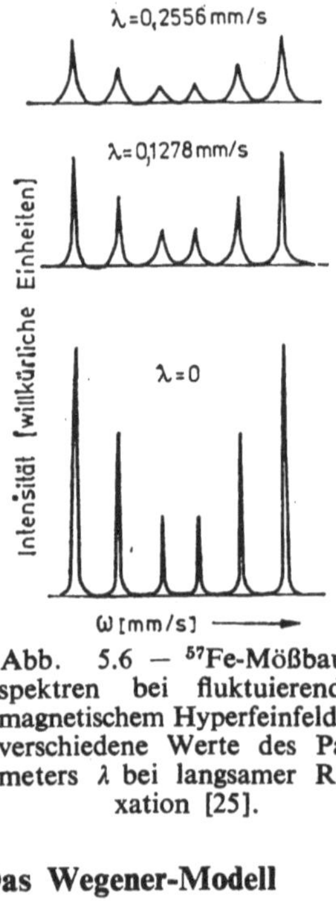

Abb. 5.6 — ^{57}Fe-Mößbauerspektren bei fluktuierendem magnetischem Hyperfeinfeld für verschiedene Werte des Parameters λ bei langsamer Relaxation [25].

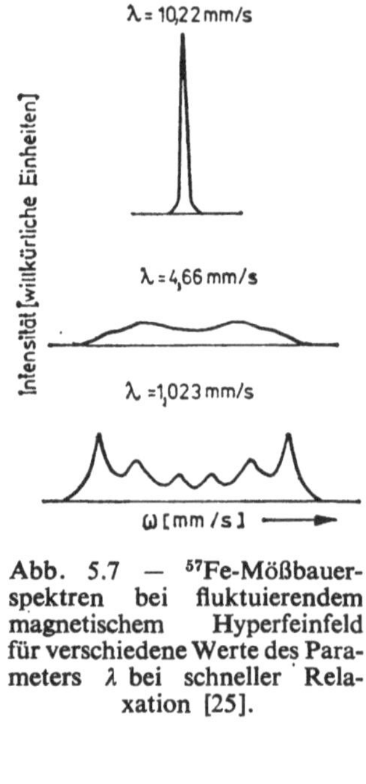

Abb. 5.7 — ^{57}Fe-Mößbauerspektren bei fluktuierendem magnetischem Hyperfeinfeld für verschiedene Werte des Parameters λ bei schneller Relaxation [25].

5.3.2 Das Wegener-Modell

Wegener benutzte zur Diskussion des Emissionsspektrums unter der Einwirkung einer Elektronenrelaxation ein etwas anderes als das bisher betrachtete Modell der stochastischen Störung [22]. Er behandelte den Einfluß der Elektronenrelaxation auf das Mößbauerspektrum eines Fe^{3+}-Ions, das sich im high-spin Zustand in einem die Spins ausrichtenden Magnetfeld befindet. Schnelle Relaxation $\left(\frac{1}{\tau} \ll \frac{A}{h}\right)$ zwischen den Niveaus führt zu einer Boltzmannverteilung der Niveaubesetzung, und der Kern „spürt" ein Feld, das zu dem in dem paramagnetischen Material induzierten Moment proportional ist. Diese Situation entspricht also auch magnetisch geordneten Verbindungen.

Der am Kern herrschende Zustand wird durch die Momentanwerte des Hyperfeinfeldes $H(t)$ und das Boltzmannmittel $\overline{H}$ bestimmt. Die Größe der Schwankungen ist

$$h(t) \approx H(t) - \overline{H}. \tag{5.34}$$

Nach Wegener ist die γ-Emissionswahrscheinlichkeit in Abhängigkeit von der Frequenz ω und der Polarisation λ gegeben durch

$$W_e(\omega, \lambda) = \sum_{m_e, m_g} |\langle m_g\lambda| \hat{H}_1(0) | m_e\rangle|^2 \int_0^\infty dt_1 \int_0^\infty dt_2 \times$$
$$\times \left(\exp \left\{ i[\omega - \omega(m_e, m_g)] (t_2 - t_1) - \frac{1}{2} \Gamma(t_1 + t_2) \right\} \times \right.$$
$$\left. \times \exp \left[(i\gamma(m_e, m_g) \int_{t_1}^{t_2} h(t)\, dt)_{av} \right] \right), \qquad (5.35)$$

wobei

$$\gamma(m_e, m_g) = \mu_N(g_1 m_e - g_0 m_g),$$
$$\omega(m_e, m_g) = E(m_e) - E(m_g). \qquad (5.36)$$

Für die Störungsrechnung braucht man dann eine Entwicklung des Integrals in (5.35) in eine Taylorreihe unter der Voraussetzung, daß die Korrelationszeit τ für $h(t)$ der Bedingung $\frac{1}{\tau} \gg \omega_L$ genügt. In der Entwicklung werden nur die ersten drei Glieder $\overline{h}\tau_1$, $\overline{h^2}\tau_2$ und $\overline{h^3}\tau_3$ berücksichtigt. Man sieht ohne weiteres, daß $\overline{h} = 0$ ist. Die Relaxationszeiten τ_2 und τ_3 hängen vom Relaxationsmechanismus ab, werden hier aber der Einfachheit halber als gleich angenommen und als veränderliche Parameter behandelt. Wegener erhält die stochastischen Mittel $\overline{h^2}$ und $\overline{h^3}$ unter der Annahme, daß die Momentanfelder eine stetige Verteilung entsprechend der im Bereich $-S \leqslant S_z(t) \leqslant S$ fluktuierenden z-Komponente des Spins haben.

Die Wahrscheinlichkeit, ein bestimmtes Feld (bzw. eine bestimmte Spinorientierung) anzutreffen, erhält man mit Hilfe der klassischen Langevin-Funktion. Die resultierende Form des Spektrums ist dann

$$W_e(\omega, \lambda) = \sum_{m_e, m_g} |\langle m_g\lambda, \omega| \hat{H}_1 | m_e\rangle|^2 \times$$
$$\times \frac{1 + 2\gamma(m_e, m_g)/\Gamma}{[\omega - \omega(m_e, m_g) - \delta(m_e, m_g)]^2 + \left[\frac{\Gamma}{2} + \gamma(m_e, m_g)\right]^2} \qquad (5.37)$$

mit

$$\omega(m_e, m_g) = g_1\mu_N m_e - g_0\mu_N m_g,$$
$$\gamma(m_e, m_g) = (g_1\mu_N m_e - g_0\mu_N m_g)^2\, \overline{h^2}\tau_2,$$
$$\delta(m_e, m_g) = (g_1\mu_N m_e - g_0\mu_N m_g)^3\, \frac{2}{3}\, \overline{h^3}\, \tau_3. \qquad (5.38)$$

Die explizite Form von $\overline{h^2}$ und $\overline{h^3}$ wurde ebenfalls von Wegener angegeben. Die Größen $\overline{h^2}$ und $\overline{h^3}$ hängen von H_{ext}/T ab, und man findet

$$\lim_{\frac{H_{ext}}{T} \to \infty} \overline{h^2} = \lim_{\frac{H_{ext}}{T} \to \infty} \overline{h^3} = 0. \qquad (5.39)$$

Wegener unterstreicht, daß das durch $W_e(\omega, \lambda)$ beschriebene Resonanzspektrum aus einer Reihe von Lorentzlinien besteht, deren Form durch den Bruch in (5.37) gegeben ist. Die Linienbreite hängt von $\gamma(m_e, m_g)$ und somit quadratisch von den Quantenzahlen ab. Die inneren Linien des ^{57}Fe-Sextetts sind also weniger verbreitert als die äußeren Linien, da $\gamma(m_e, m_g)$ für die inneren Linien kleiner als für die äußeren ist.

Die Lage der Hyperfeinlinien hängt von $\omega(m_e, m_g) + \delta(m_e, m_g)$ ab. Ohne den „anomalen" Term δ ergeben sich die Linienfrequenzen durch das äußere Feld H_{ext} und durch das Mittel $\overline{H}$ der inneren Felder. Der Term $\delta(m_e, m_g)$ führt zu einer Verschiebung, die kubisch von den magnetischen Quantenzahlen abhängt. Effekte dieser Art wurden experimentell nachgewiesen [54—64]. Die Resultate des Wegener-Modells konnten in einer Reihe von Fällen mit Erfolg auf Mößbauerspektren, die durch Hüllenspinfluktuationen beeinflußt werden, angewendet werden.

5.3.3 **Die Superoperatorentheorie der Linienform**

In den letzten Jahren kombinierten H. Gabriel [13, 14], H. Schwegler [15, 16] und A. M. Afanasyev [17, 18] die Anwendung von Liouville-Operatoren mit der von Projektionsoperatoren zur Bestimmung der Korrelationsfunktion in der Formfunktion der Mößbauerlinie. Obwohl man auf diese Weise ziemlich komplizierte Ausdrücke für die Emissions- und Absorptionswahrscheinlichkeiten erhält, hat diese Superoperatorentheorie doch den Vorteil, daß sie die Relaxationsparameter in Form eines Wechselwirkungs-Hamiltonoperators liefert, zum Unterschied von den stochastischen Modellen, in denen analoge Parameter auftreten, deren physikalische Deutung weniger klar ist.

Es wird das Quantensystem des Festkörpers, in dem sich das Mößbaueratom befindet, in seiner Gesamtheit betrachtet. Man kann dann den Hamiltonoperator in der Form

$$\hat{H}_{tot} = \hat{H}_{NE} + \hat{H}_{E-R} + \hat{H}_{Gitter} \qquad (5.40)$$

schreiben.

Hierin sind $\hat{H}_{NE}$ der Hamiltonoperator des Mößbaueratoms,

$\hat{H}_{E-R}$ der Hamiltonoperator der Gitter-Elektronen-Wechselwirkung, die für die Relaxationsprozesse verantwortlich ist, und

$\hat{H}_{\text{Gitter}}$ der Hamiltonoperator des Gitters.

$\hat{H}_{NE}$ enthält die Hyperfeinwechselwirkung, den Kernhamilton- und den Elektronenoperator. Die Dichtematrix dieses Systems hängt also sowohl von den Gitter- als auch von den Atomparametern ab,

$$\rho = \rho(NE, R). \tag{5.41}$$

Für die Untersysteme gilt

$$\rho(NE) = \frac{1}{Z}\,\mathrm{Sp}\,\mathrm{e}^{-\beta H_{NE}},$$

$$\rho(R) = \frac{1}{Z}\,\mathrm{Sp}\ \mathrm{e}^{-\beta H_{\text{Gitter}}},$$

$$Z = \mathrm{Sp}\,\mathrm{e}^{-\beta H_{\text{tot}}}. \tag{5.42}$$

Wenn der Exponentialausdruck in H_{E-R} vernachlässigt wird, dann ergibt sich für die Dichtematrix des Systems

$$\rho(NE, R) \approx \rho(NE)\cdot\rho(R) \approx \frac{1}{Z_{NE}}\,\mathrm{Sp}\,\mathrm{e}^{-\beta H_{NE}}\cdot\frac{1}{Z_R}\,\mathrm{Sp}\,\mathrm{e}^{-\beta H_{\text{Gitter}}}. \tag{5.43}$$

Diese Näherung wird Faktorisierungsapproximation genannt [13—16]. Man führt nun noch einen Projektionsoperator P_{NE}, der im k-Raum des Festkörpers wirkt und auf den k_{NE}-Unterraum projiziert, durch

$$P_{NE}\ldots = \mathrm{Sp}_R(\rho(R)\ldots) \tag{5.44}$$

ein. Wenn A ein Operator ist, der von den Atom- und Gittervariablen abhängt, dann hängt $P_{NE}A$ nur noch von den Atomvariablen ab. Auf diese Weise wird eine Entkopplung des Mößbaueratoms vom System erreicht, und aus der Rechnung verschwinden die unbekannten Variablen des „Wärmebades", das vom umgebenden Gitter dargestellt wird.

Bestimmt man die Korrelationsfunktion in der Linienformfunktion, dann erhält man die sogenannte allgemeine Wickman-Gleichung

$$W_e(\omega) \sim -\mathfrak{I}_m \mathrm{Sp}_{NE}\left\{\rho(NE)\,\hat{H}_1(0)\,\frac{1}{\omega - \hat{L}_1 - \hat{M}(\omega) + \frac{\mathrm{i}}{2}\Gamma}\,\hat{H}_1^*(0)\right\}, \tag{5.45}$$

wobei

$$\hat{L}_1 = \hat{L}_{NE} + \langle \hat{L}_{E-R} \rangle_R . \tag{5.46}$$

$\hat{L}$ ist der Liouville-Operator, $\hat{M}(\omega)$ ist das von der Elektronen-Gitter-Wechselwirkung abhängige Glied, das die Information über die Elektronenrelaxation enthält. Die explizite Form von $\hat{M}(\omega)$ ist im allgemeinen kompliziert, und für Einzelheiten sei der Leser auf die Publikationen [15, 16] verwiesen. Werden jedoch zusätzliche Annahmen über die Struktur und Größe der Wechselwirkungen gemacht, dann läßt sich W_e wesentlich leichter berechnen. So gilt z.B. für einen paramagnetischen Festkörper in einem starken äußeren Magnetfeld [14]

$$W_e(\omega) \sim -\mathfrak{I}_m \sum_{\substack{m_e, m_g \\ m'_e, m'_g}} \langle m_g | \hat{H}_1 | m_e \rangle \sum_{M, M'} \langle M | \rho_{el} | M' \rangle \times$$
$$\times \langle m_e M, m_g M | \frac{1}{\omega - \hat{L}_1 - \hat{M}(\omega) + \frac{i}{2}\Gamma} | m'_e M', m'_g M' \rangle \langle m'_e | \hat{H}_1^* | m'_g \rangle . \tag{5.47}$$

Man sieht, daß dieser Ausdruck keine Einschränkung hinsichtlich der Größe von $\hat{M}(\omega)$ enthält, er also für den ganzen Bereich der Relaxationszeiten (und also auch für die Elektronenrelaxationsfrequenzen) gültig ist.

Im Bereich der langsamen Relaxationsprozesse besteht die auffälligste Beeinflussung der Mößbauerlinie durch die Relaxation in einer Linienverbreiterung, die direkt mit der Lebensdauer der unterschiedlichen Zustände im gekoppelten System Kern-Elektronen zusammenhängt. Prinzipiell besteht also die Möglichkeit, aus Linienbreitenmessungen die Relaxationskonstanten zu bestimmen. In diesem Bereich kann jedoch die paramagnetische Hyperfeinstruktur stark durch schwache magnetische Störfelder beeinflußt werden, so daß diese zu einer Verschmierung der Spektrenkomponenten führen. Unter solchen Bedingungen ist dann eine genaue Bestimmung des Einflusses langsamer Relaxationen auf die Mößbauerspektren schwierig.

Daher ist es auch unter diesem Gesichtspunkt von Interesse, die Linienform für den Fall schneller Relaxationen zu bestimmen, also für den Fall

$$\omega_{hf} \tau_{rel} \ll 1. \tag{5.48}$$

Von Afanasyev und Gorobtschenko [17] konnte eine Lösung dieses Problems gefunden werden. Sie gelangten zu einem besonders eleganten Ausdruck sowohl von der Form als auch vom Inhalt her, da sich aus ihm neue physikalische Gesichtspunkte ergeben. Sie verwendeten den allgemeinen Hamiltonoperator

$$\hat{\mathscr{H}} = \hat{\mathscr{H}}_M^{hf} + \hat{\mathscr{H}}_Q^{hf} + \hat{\mathscr{H}}_{\mathrm{REST}}, \tag{5.49}$$

mit

$$\hat{\mathscr{H}}_M^{hf} = AA_{ij}S^iI^j,$$

$$\hat{\mathscr{H}}_Q^{hf} = \frac{e^2q_{ij}Q}{4I(2I-1)}\left[I^iI^j + I^jI^i - \frac{2}{3}\,\delta_{ij}I(I+1)\right]. \tag{5.50}$$

Der für die Elektronenrelaxation verantwortliche Term ist in $\hat{\mathscr{H}}_{\mathrm{REST}}$ enthalten. Dabei wurde von der Bedingung

$$k_BT \gg \hbar\omega_{hf} \tag{5.51}$$

ausgegangen, so daß man den Dichteoperator des Systems durch

$$\tilde{\rho} \approx \frac{1}{2I_g+1}\,\hat{\rho}_{\mathrm{REST}} \tag{5.52}$$

ausdrücken kann. Diese Form des Dichteoperators ermöglicht die Verwendung eines Projektionsoperators P_N, der auf den S_N-Unterraum des Festkörpers projiziert ($S = S_N + S_{\mathrm{REST}}$), nämlich

$$P_N\ldots = \mathrm{Sp}_{\mathrm{REST}}(\rho_{\mathrm{REST}}\ldots). \tag{5.53}$$

Die Linienform ist nun

$$W_a(\omega) \sim \mathfrak{I}_m \frac{1}{2I_g+1} \sum_{\substack{m_e, m_g\\ m_e', m_g'}} \langle m_g|\,\hat{H}_1\,|m_e\rangle\,\langle m_e'|\,\hat{H}_1^*\,|m_g'\rangle \times$$

$$\times \left\langle m_em_g\left|\frac{1}{\omega-\langle\hat{L}\rangle-\hat{M}+\frac{i}{2}\Gamma}\right|m_e'm_g'\right\rangle. \tag{5.54}$$

Die Rechnung führt dann zu folgenden Ausdrücken für $\hat{M}$ und $\langle\hat{L}\rangle$:

$$\langle\hat{L}\rangle = \frac{e^2Q_e q_{ij}}{4I_e(2I_e - 1)}\left[I_e^iI_e^j + I_e^jI_e^i - \frac{2}{3}\,\delta_{ij}I_e(I_e + 1)\right]$$

$$- \frac{e^2Q_g q_{ij}}{4I_g(2I_g - 1)}\left[I_g^iI_g^j + I_g^jI_g^i - \frac{2}{3}\,\delta_{ij}I_g(I_g + 1)\right]$$

$$+ A_{ij}\langle s^i\rangle_{\mathrm{REST}}(A_eI_e^j - A_gI_g^j), \tag{5.55}$$

$$\hat{M} \approx \frac{1}{2}\,a_{ij}[A_e^2(I_e^iI_e^j + I_e^jI_e^i) - A_g^2(I_g^iI_g^j + I_g^jI_g^i)] -$$

$$- \frac{1}{2}\,b_{ij}\varepsilon^{ijk}\,(A_e^2I_e^k - A_g^2I_g^k) - \mathrm{i}c_{ij}(A_eI_e^i - A_gI_g^i)(A_eI_e^j - A_gI_g^j). \tag{5.56}$$

Hierbei wurde die Einsteinsche Konvention über die Summierung (d.h. über die sich wiederholenden Indizes ist zu summieren) benutzt. ε^{ijk} ist ein antisymmetrischer Tensor dritter Ordnung. Es ist zu betonen, daß a_{ij}, b_{ij}, c_{ij} reale Parameter sind, welche die Eigenschaften $a_{ij} = a_{ji}$, $b_{ij} = b_{ji}$, $c_{ij} = c_{ji}$ haben und explizit in den Termen des Systemhamiltonoperators auftreten können. Interessant ist eine Diskussion des Operators $\hat{M}$. Der Term mit a_{ij} wirkt wie eine zusätzliche Quadrupolwechselwirkung und Verschiebung der Spektrallinien. Das Glied mit b_{ij} entspricht einer quasimagnetischen Hyperfeinwechselwirkung. Der Beitrag von a_{ij} und b_{ij} kann schließlich als erneute Normierung der Kernniveaus angesehen werden. Man sieht, daß b_{ij} Null ist bei verschwindendem äußerem Magnetfeld und fehlender spontaner Magnetisierung.

Unter den Bedingungen $k_BT \gg \hbar\omega_{\mathrm{rel}}$ und $a_{ij} \ll c_{ij}$ kann der Superoperator $\hat{M}$ relativ gut vereinfacht werden.

Der Term mit c_{ij} ist imaginär, und nach (5.54) führt er zu einer Linienverbreiterung. Eine einfache Rechnung zeigt, daß die c_{ij} als Koeffizienten einer Fouriertransformation für die Frequenz Null der elektronischen Korrelationsfunktion gedeutet werden können. Demnach hat der für die Linienverbreiterung verantwortliche Term in dieser Theorie eine wohldefinierte physikalische Bedeutung, zum Unterschied von der stochastischen Theorie, in welcher er nur als Anpassungsparameter auftritt.

Um den Einfluß der Struktur des Tensors c_{ij} auf die Form des Mößbauerspektrums zu zeigen, sind in Abb. 5.8 simulierte ^{57}Fe-Mößbauerspektren bei Einwirkung eines in z-Richtung axialsymmetrischen elektrischen Feldgradienten gezeichnet, wobei eine im Vergleich zu Γ große Quadrupolaufspaltung vorausgesetzt wurde.

Wenn $b_i \neq 0$ ist, dann treten Aufspaltungen der Quadrupollinien auf. Eine einfache Rechnung für ^{57}Fe unter Einbeziehung von b_i zeigt, daß man unterschiedliche Verformungen der Komponenten des Qua-

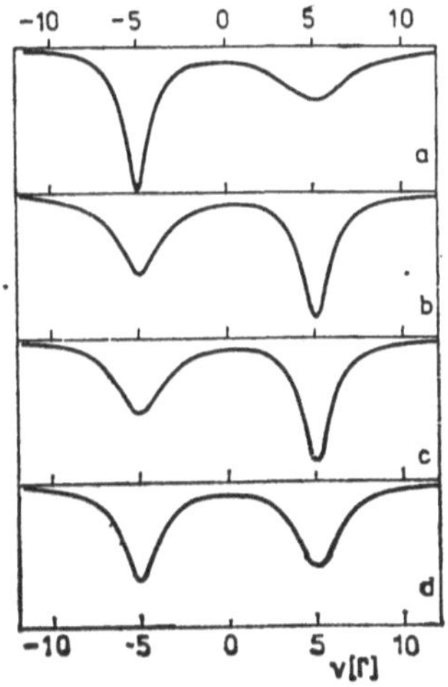

Abb. 5.8 — Simulierte Mößbauerspektren für den Fall eines elektrischen Feldgradienten mit Axialsymmetrie; ohne äußeres Magnetfeld, $b=0$, v in Einheiten von Γ gemessen, [17]:

a) $c_{zz}=\Omega\neq 0$ (Longitudinalrelaxation), *b)* $c_{xx}=\Omega\neq 0$ (Transversalrelaxation), *c)* $c_{xx}=c_{yy}=\Omega/2$ (Isotrope Transversalrelaxation), *d)* $c_{xx}=c_{yy}=c_{zz}=\Omega/3$ (Isotrope Relaxation).

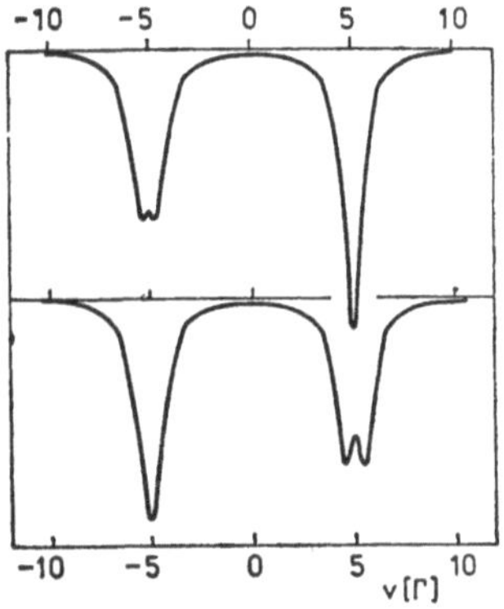

Abb. 5.9 — Simulierte Mößbauerspektren im Falle eines elektrischen Feldgradienten mit Axialsymmetrie und $\mathbf{b}\neq 0$ [17]:

a) $\mathbf{b}\|\mathbf{z}$, *b)* $\mathbf{b}\perp\mathbf{z}$.

drupoldubletts erhält je nachdem, ob $\mathbf{b}\|\mathbf{z}$ oder $\mathbf{b}\perp\mathbf{z}$ ist (Abb. 5.9). Wenn nun auch noch $c_{ij} \neq 0$ ist, dann erscheinen im Spektrum die überlagerten Effekte dieser beiden Tensoren.

Die Resultate der in diesem Abschnitt behandelten Theorie wurden mit Erfolg zum Vergleich einiger Relaxations-Mößbauerspektren im Bereich der schnellen isotropen Relaxation angewandt [64—66]. Einer der Vorzüge von Afanasyevs Vorstellungen, die zu dem durch (5.54) gegebenen Ausdruck für $W_a(\omega)$ führen, ist der, daß sich die Ordnung der zu invertierenden Matrix auf $(2I_g + 1)(2I_e + 1)$ reduziert. Dieser Umstand und die physikalisch klare Struktur der Superoperatoren, die zur Berechnung der Linienform herangezogen werden, sichern diesem Modell einen bevorzugten Platz unter den Theorien für die Form von Mößbauerspektren unter dem Einfluß von Elektronenrelaxationsprozessen.

5.3.4 **Das Hirst-Modell**

Zur Deutung der Mößbauerspektren, die Hirst [20] von paramagnetischen Verunreinigungen in Metallen erhalten hatte, betrachtete er das aus dem paramagnetischen Elektronenmoment und dem Kernspin bestehende System als ein einziges resonantes System, das als Sonde zum Nachweis der fluktuierenden und mit der Elektronenrelaxation im Wirtsmedium verbundenen Felder dienen kann. Da die Hyperfeinaufspaltung Ausdruck der Wechselwirkung zwischen dem Kern und dem gesamten Hüllenmoment des Ions ist, kann sie nicht als eine schwache Störung des Kernzustands angesehen werden, wenn von Relaxationseinflüssen auf eine vorgegebene Hyperfeinaufspaltung die Rede ist. Es muß vielmehr das aus Kern und paramagnetischem Moment bestehende System als ein sich in starker Wechselwirkung befindendes System betrachtet werden, das zusätzlich von störenden Kräften des Gitters oder anderer Spins beeinflußt wird. Es sei $\hat{\mathscr{H}}$ der Hamiltonoperator dieses Systems,

$$\hat{\mathscr{H}} = \hat{H}_{NE} + \hat{H}_i + \hat{H}_B. \tag{5.57}$$

Dabei bedeuten $\hat{H}_{NE}$ den Hamiltonoperator des paramagnetischen Ions,

$\hat{H}_B$ den Hamiltonoperator des Wärmebades (in diesem Falle die Elektronen des Leitungsbandes) und

$\hat{H}_i$ den Hamiltonoperator der Wechselwirkung zwischen dem Bad und dem resonanten System.

Setzt man $k_B\, T \gg \hbar\omega_{hf}$ voraus und verwendet man zur Berechnung der Relaxationseffekte den von Abragam [21] angegebenen Standardformalismus in Matrixform, dann erhält man für die Linienform

$$W_e(\omega) = \mathscr{R}e \sum_{L,M} \underset{\sim}{M}^{+}_{LM}\, \underset{\sim}{A}^{-1} \underset{\sim}{M}_{LM}. \tag{5.58}$$

$\underset{\sim}{M}_{LM}$ ist ein elektromagnetischer Multipoloperator L-ter Ordnung, der Übergänge mit der Polarisation M zwischen den Hyperfeinniveaus betrifft, und

$$\underset{\sim}{A} = [\Gamma - \mathrm{i}\omega]\underset{\sim}{1} - \frac{\mathrm{i}}{\hbar}\, \hat{\underset{\sim}{H}}{}^{\times}_{NE} - \underset{\sim}{R}. \tag{5.59}$$

Hier sind Γ die natürliche Breite der Resonanz und ω die Energie der resonanten Gammastrahlung. $\hat{H}^{\times}_{NE}$ ist der aus den Hyperfein-Hamiltonoperatoren des angeregten und des Grundzustands aufgebaute

Liouville-Operator, während $\underset{\sim}{R}$ den Relaxationsoperator darstellt. Alle diese Operatoren sind mit den Basisvektoren $|f\rangle$ und $|g\rangle$ des Hamiltonoperators $\hat{H}_{NE}$ für den angeregten bzw. für den Grundzustand zu berechnen.

Die Hirst-Theorie [20] und eine andere, auf Clauser [27, 28] zurückgehende Theorie, unterscheiden sich in bezug auf die Berechnung von $\underset{\sim}{R}$.

Hirst verwendet den Hamiltonoperator

$$\hat{H}_i = \sum_q \hat{K}^q \hat{F}^q. \tag{5.60}$$

Die Operatoren $\hat{F}^q$ und $\hat{K}^q$ hängen von den Variablen des Wärmebades bzw. der Elektronen des resonanten Atoms ab. Aus Gleichung (4) in [20] geht hervor, daß die Matrixelemente von $\underset{\sim}{R}$ Linearkombinationen von Fouriertransformierten der $\hat{F}^q$ zugeordneten Korrelationsfunktion sind,

$$R_{fg,f'g'} = \sum_{q,\,a} r_a \mathscr{J}_q(\omega_a, T). \tag{5.61}$$

Hierin sind $\omega_a = \omega_f - \omega_{f'}$ die Differenzen zwischen Eigenwerten des Hamiltonoperators $\mathscr{H}_0$. Die Spektraldichte $\mathscr{J}_q(\omega_a, T)$ wird als Fouriertransformierte der zu den Variablen F^q gehörigen Autokorrelationsfunktion des sich bei der Temperatur T im thermischen Gleichgewicht befindenden Wärmebades definiert,

$$\mathscr{J}_q(\omega, T) = \int_{-\infty}^{\infty} \exp(-\mathrm{i}\omega\tau) \langle\langle \hat{F}^{-q}(0)\, \hat{F}^q(\tau)\rangle\rangle \, d\tau. \tag{5.62}$$

Dabei ist

$$\hat{F}^q(\tau) = \exp(\mathrm{i}H_B\tau)\, \hat{F}^q(0) \exp(-\mathrm{i}H_B\tau).$$

Die Spektraldichte $\mathscr{J}_q(\omega, T)$ ist von speziellem Interesse, da sie alle Informationen über die Relaxationskräfte im Wirtsgitter enthält, die sich aus Messungen paramagnetischer Relaxationsprozesse im resonanten System gewinnen lassen. $\mathscr{J}_q(\omega, T)$ stellt die Wahrscheinlichkeit dar, mit der das Bad ein Quant an das resonante System durch die Kopplung $\hat{K}^q$ abgibt. Diese Wahrscheinlichkeit ist

$$\mathscr{J}_q(-\omega, T) = \exp\left(\frac{\hbar\omega}{k_B T}\right) \mathscr{J}_q(\omega, T). \tag{5.63}$$

Sie beschreibt die Tendenz des Wärmebades, das resonante System ins thermische Gleichgewicht zu bringen.

Nach Abragam [21] ist die Gültigkeitsbedingung für die von Hirst verwendete Störungstheorie $(H_i^2/\hbar^2)\,\tau_c^2 \ll 1$ oder

$$R \ll \frac{1}{\tau_c}. \tag{5.64}$$

τ_c ist die Korrelationszeit der Gitterschwingungen.

In Metallen wird die paramagnetische Relaxation eines lokalisierten Moments bei niedrigen Temperaturen durch die Austauschkopplung mit den Spins der Elektronen im Leitungsband bestimmt. Erste Messungen an magnetisch verdünnten Legierungen, in denen solche Relaxationserscheinungen mößbauerspektroskopisch nachgewiesen werden konnten, wurden von Hirst im Jahre 1969 an ZrEr durchgeführt [20] (vgl. Abb. 5.10). Setzt man eine *s-f*-Kopplung vom Typ einer Deltafunktion voraus, dann hat der Wechselwirkungshamiltonoperator die Form [20]

$$\hat{H}_i = -\,2\mathscr{I}_{s-f}(\Lambda - 1)\,\mathbf{s}\,\mathbf{J}\;\delta(\mathbf{r}_s - \mathbf{r}_f), \tag{5.65}$$

(Λ ist der Landéfaktor, die anderen Bezeichnungen wie üblich).

Bezeichnet man mit N_E die Dichte der Leitungselektronen pro Atomvolumen, dann erhält man für $\mathscr{I}(\omega, T)$ bei $k_BT \gg |\hbar\omega|$

$$\mathscr{I}(\omega, T) = \frac{\pi}{2}\,[(\Lambda - 1)/\Lambda]^2\,(\mathscr{I}_{s-f}N_E)^2\,kT. \tag{5.66}$$

In dem hier behandelten System zeigt die Relaxation einen Verlauf vom Korringa-Typ, so daß daraus die Kopplungskonstante $\mathscr{I}_{s-f}$ bestimmt werden kann. Somit ist für die Anpassung der Relaxationsspektren bei jeder Temperatur nur eine einzige Unbekannte erforderlich, nämlich die Spektraldichte, die die Stärke der fluktuierenden Felder im Wirtsgitter beschreibt und die für die Relaxationsprozesse verantwortlich ist. Die auf diese Art durchgeführte theoretische Behandlung führt zu einer guten Übereinstimmung mit den experimentellen Daten.

Gonzales-Jimenez und Imbert [67] haben das System AuYb mößbauerspektroskopisch untersucht (Abb. 5.11) und dabei anhand der Hirsttheorie eine Relaxationsrate vom Korringa-Typ gefunden. In Messungen bei tieferen Temperaturen [68] konnten sie das Auftreten einer Kondo-Korrektur in der Relaxationsrate — wie theoretisch zu erwarten war [69, 70] — finden.

Das Hirstmodell wurde auch von anderen Autoren [71—75] zur Deutung von Mößbauerspektren paramagnetischer Verunreinigungen in Metallen mit Erfolg benutzt. Hartmann-Boutron u.a. [19, 76, 77] konnten eine genaue Beziehung für $\underset{\sim}{R}$ mit Hilfe der Dichtematrixtechnik unter Verwendung von Liouville-Operatoren ableiten, die für jede

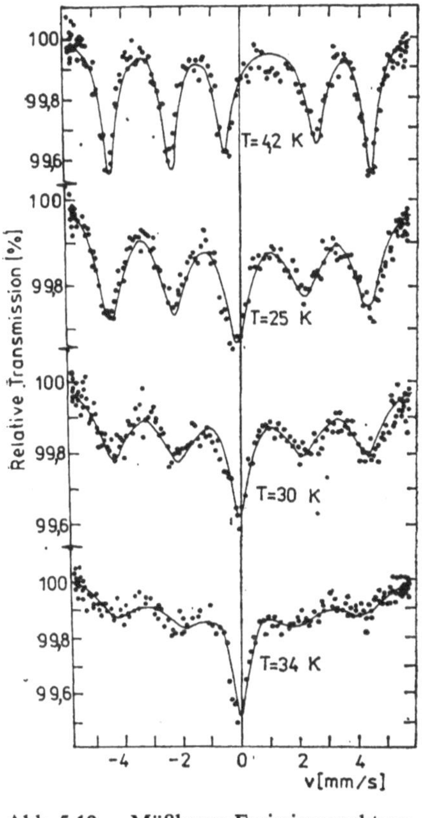

Abb. 5.10 — Mößbauer-Emissionsspektren von ^{166}Er als paramagnetische Verunreinigung in Zr (mit Einlinien-Absorber $ErAl_2$ bei 77K), [20].

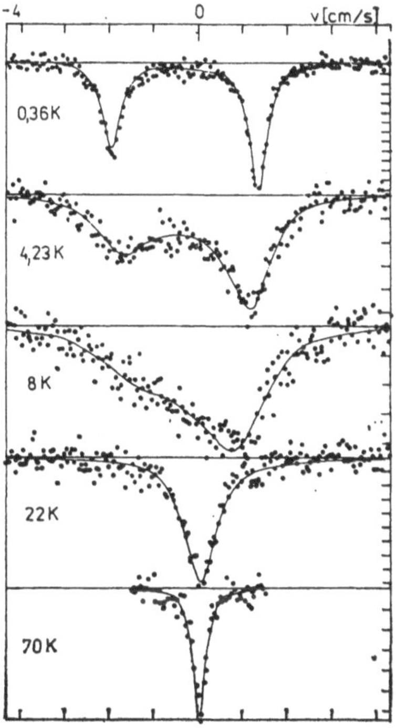

Abb. 5.11 — Mößbauer-Emissionsspektren von ^{170}Yb in Au.

Temperatur gültig ist. Sie enthält eine Superrelaxationsmatrix $\underset{\sim}{S}$, die die Relaxation der Dichtematrix σ des emittierenden Atoms charakterisiert. Der von Hirst behandelte Fall erscheint hier als ein Sonderfall für $k_B T \gg |\hbar\omega_{hf}|$.

5.4 Bemerkungen zur Anwendbarkeit der Relaxationsmodelle

Im Voranstehenden wurden die wichtigsten Modelle und Theorien über die Form des Mößbauerspektrums bei Einwirkung elektronischer Relaxationsprozesse besprochen. Zur Behandlung des Problems wurden verschiedene mathematische Modelle und ein ausgeklügelter Quantenformalismus angewandt. Einige von diesen Modellen (die stochastischen Modelle) lösen das Problem für den ganzen Bereich der elektronischen Relaxationsfrequenzen, während andere (die Störungsmodelle) nur für bestimmte Grenzsituationen gültig sind. Einige von diesen Theorien arbeiten mit physikalisch sinnvollen Größen, die in der Sprache des Wechselwirkungshamiltonoperators, der die Relaxationsprozesse beschreibt, erklärt werden können, andere dagegen benutzen zur Anpassung der Relaxationsspektren Parameter, die vom physikalischen Standpunkt aus eine weniger klare Deutung erlauben.

Wie schon Hirst unterstrich, wird das System Elektronen + Kern in vielen der Theorien zur Mößbauerlinienform unter der Einwirkung von Elektronenrelaxationsprozessen nicht als ein einheitliches resonantes Quantensystem behandelt. Andererseits aber wird vorausgesetzt, daß der Kernspin einem schwankenden Elektronenspin **S** unterworfen ist. Unter diesen Bedingungen ist der das relaxierende System beschreibende Hamiltonoperator nicht mehr $\hat{H}_i$, sondern $\hat{H}_{NE}$, und die entsprechende Korrelationszeit ist nicht mehr τ_c, sondern gleich der Relaxationszeit T_1 des Elektronenspins ($\hat{H}_{NE}$ und $\hat{H}_i$ haben die in (5.57) erläuterte Bedeutung).

Die Voraussetzung für die Anwendbarkeit der Störungstheorie ist $(H_{NE}^2/\hbar^2)\,T_1^2 \ll 1$ anstatt von $(H_i^2/\hbar^2)\,\tau_c^2 \ll 1$ oder entsprechend $(H_{NE}/\hbar)\,\tau_c \ll 1$. Andererseits aber ist $T_1 \sim 1/R$ viel größer als τ_c, da $R \ll 1/\tau_c$, und bei niedrigen Temperaturen ist es sogar möglich, daß sich T_1 der Größenordnung von $\hbar/H_{NE}$ nähert. Für diesen Fall (der eigentlich der interessanteste ist) sind nun die störungstheoretischen Rechnungen nicht mehr gültig [8, 11], und so muß man dann auf die stochastische Theorie zurückgreifen.

Die Hauptschwierigkeit bei der Bestimmung der Linienform und der Details des Relaxationsprozesses besteht im häufigen Auftreten nichtverschwindender Elemente außerhalb der Diagonalen im Hamiltonoperator der Hyperfeinwechselwirkung, was die Angabe eines geschlossenen Ausdrucks für die Linienform erschwert oder gar unmöglich macht. Aus den angegebenen Linienformfunktionen geht hervor, daß zur Lösung des Problems im allgemeinen für jeden Punkt des Spektrums Invertierungen von Matrizen der Ordnung $(2I_e+1)(2I_g+1)\,(2S+1)^2$

nötig sind. Im Falle des Nuklids ^{57}Fe mit $S=1/2$ ist die Ordnung der zu invertierenden Matrizen 32. Auf einem schnellen Rechenautomaten benötigt man für die Simulation eines Spektrums mit 200 Punkten eine Rechenzeit von einigen Minuten. Bei komplizierteren Fällen ergeben sich oft einige Stunden Rechenzeit für eine einzige Spektrensimulation, selbst für sehr schnelle Rechner, und eine Anpassung an gemessene Spektren wird praktisch unmöglich. Diese Schwierigkeiten erklären, warum in den letzten Jahren nur geringe Fortschritte bei der Deutung von Relaxationsspektren, bei der Bestimmung von Hyperfeinwechselwirkungen aus Relaxationsspektren und bei der Bestimmung von Relaxationsparametern erzielt wurden.

Shenoy und Dunlap [78] zeigten, daß die „Mastergleichung" (5.58) wesentlich vereinfacht werden kann, wenn man die Tatsache berücksichtigt, daß ω in (5.59) nur in der Diagonale als Konstante auftritt. Nach einigen Matrixtransformationen ergibt sich aus (5.58)

$$W_e(\omega) = \mathcal{R}e \sum_{L,M} \frac{(\underset{\sim}{M}^+_{LM}\underset{\sim}{V})(\underset{\sim}{V}^{-1}\underset{\sim}{M}_{LM})}{(\underset{\sim}{\lambda} - i\omega\underset{\sim}{1})} . \tag{5.67}$$

$\underset{\sim}{V}$ und $\underset{\sim}{\lambda}$ sind die Eigenvektoren bzw. Eigenwerte von $\underset{\sim}{A}$, die ω nicht mehr enthalten. Man kann nun die Linienform für den gesamten interessierenden ω-Bereich auf einfache algebraische Weise aus der obigen Gleichung erhalten, wenn $\underset{\sim}{V}$ und $\underset{\sim}{\lambda}$ nur ein einziges Mal aus $\underset{\sim}{A}$ bestimmt worden sind.

Unter diesen Bedingungen kann man die Linienform auch für einen Hamiltonoperator der Form

$$\hat{\mathcal{H}} = \mathbf{I}\tilde{\tilde{A}}\mathbf{S} + \mathbf{I}\tilde{\tilde{P}}\mathbf{I} \tag{5.68}$$

ableiten. Die Tensoren $\tilde{\tilde{A}}$ und $\tilde{\tilde{P}}$ können verschiedenen Bezugssystemen angehören.

Die Anpassung von Spektren kann also vereinfacht werden, und die Hauptaufgabe für weitere Arbeiten auf diesem Gebiet ist das Auffinden von $\underset{\sim}{R}$ für verschiedene spezielle Probleme sowie die Korrelation zwischen den gemessenen Spektren und den wichtigsten in Festkörpern auftretenden Wechselwirkungen. Hierfür ist eine sehr enge Zusammenarbeit zwischen Theoretikern und Experimentatoren erforderlich.

5.5 Superparamagnetische Relaxation

Bei der Bestimmung von Hyperfeinfeldparametern aus den Aufspaltungsparametern eines Mößbauerspektrums spielt das superparamagnetische Verhalten disperser Systeme in der Praxis eine sehr wichtige

Rolle. Durch die superparamagnetische Relaxation werden nämlich die Aufspaltungsparameter verfälscht, obwohl in den magnetischen Domänen definierte Feldverhältnisse herrschen.

Liegt eine magnetisch geordnete Substanz in Form sehr kleiner Teilchen. d.h. in hoher Dispersität, vor, dann treten nur noch Eindomänenteilchen auf. Für sie gilt, daß ihre magnetische Anisotropieenergie durch

$$E_A = K_A V \tag{5.69}$$

gegeben ist (K_A = Anisotropiekonstante, V = Teilchenvolumen). Wenn E_A so niedrige Werte annimmt, daß es in die Nähe der thermischen Energie $k_B T$ der Probe kommt, dann treten spontane Fluktuationen der Richtung des Vektors der makroskopischen Magnetisierung **M** des Teilchens auf. Nach (7.1) ist damit eine synchrone Richtungsfluktuation des magnetischen Hyperfeinfeldes verbunden. Genügend kleine Eindomänenteilchen verhalten sich also wie paramagnetische Gasmoleküle mit dem (sehr großen) magnetischen Moment $\mathbf{M}V$. Die Fluktuationsfrequenz ν der Richtung solcher superparamagnetischer Teilchen wird nach [80] durch

$$\nu = \frac{1}{\tau_s} = a\nu_L \exp\left(-\frac{K_A V}{k_B T}\right) \tag{5.70}$$

beschrieben (ν_L = Präzessionsfrequenz des Magnetisierungsvektors im Anisotropiefeld; a = Geometriefaktor, Anzahl der möglichen Richtungen von **M**). Ein kritischer Teilchendurchmesser läßt sich dann dadurch definieren, daß bei abnehmendem V die Sprungzeit τ_s entsprechend (5.70) in die Größenordnung der Kern-Larmorpräzessionszeit oder der mittleren Lebensdauer des angeregten Kernzustands kommt und die superparamagnetische Relaxation im Mößbauerspektrum merklich wird. Dieser Übergang von magnetisch geordneten „groben" Teilchen zu „feinen" superparamagnetischen Teilchen dokumentiert sich im Mößbauerspektrum in einer Verbreiterung der Sextettlinien (^{57}Fe als Beispiel) und in einer Verringerung der Aufspaltung bei gleichzeitiger Ausbildung eines zentralen Singuletts oder Dubletts. Aus (5.70) ergibt sich, daß sich eine Temperaturerhöhung ebenso wie eine Teilchenverkleinerung auswirkt.

Der Übergang zum superparamagnetischen Zustand ist also im Mößbauerspektrum sehr gut nachzuweisen. Man hat hier eine sehr günstige Möglichkeit der Untersuchung solcher disperser Systeme, die bei anderen Methoden große Schwierigkeiten bereiten. Mößbauerspektren ermöglichen neben der Abschätzung der Teilchengröße und der Teilchengrößenverteilung (entsprechend (5.70) durch Temperaturvariation) die gleichzeitige Unterscheidung mehrerer Phasen nebeneinander. Von besonderem Interesse, insbesondere bei chemischen Applikationen, sind disperse Phasen auf Trägermaterialien großer spezifischer Oberfläche. In Abb. 5.12 sind als Beispiel Spektren einer Meßreihe gezeigt, bei der mit Eisennitrat imprägnierter Zeolith 13X unterschiedlich

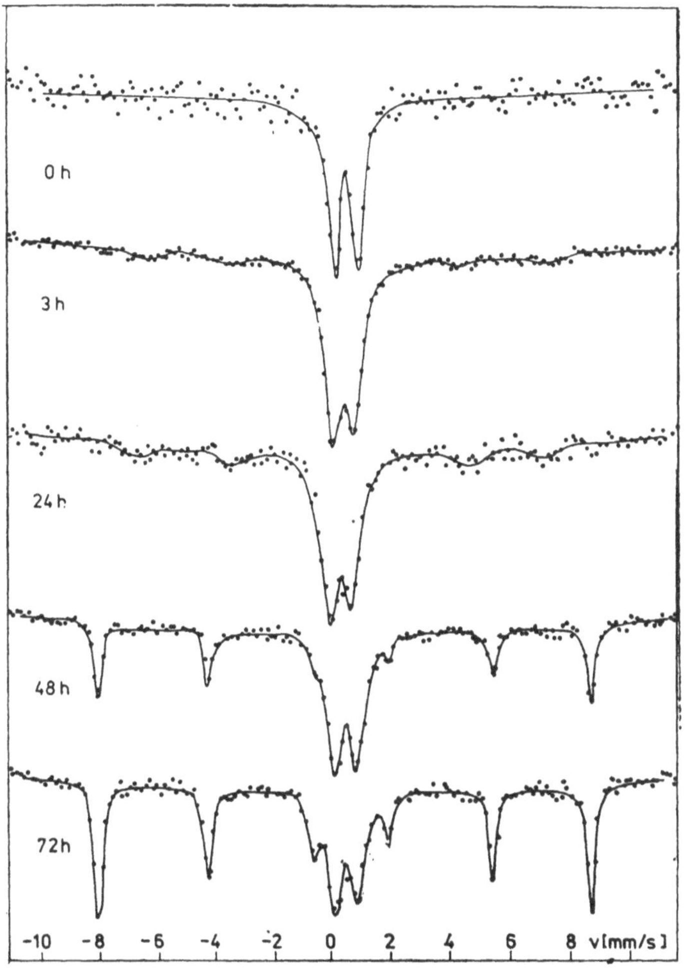

Abb. 5.12 — Superparamagnetisches Verhalten von Fe_2O_3 auf einem Zeolith-Trägermaterial.

lange bei 750°C thermisch nachbehandelt wurde [79]. Die Spektren demonstrieren durch die wachsende Intensität des antiferromagnetischen Anteils (Sextett) im Vergleich zum superparamagnetischen Anteil (Dublett) deutlich das Wachstum von α-Fe_2O_3-Kristalliten.

Literatur

[1] H. H. Wickman, G. K. Wertheim, Kap. 11 in: V. I. Goldanskii, R. H. Herber (Hrsg.), Chemical Applications of Mössbauer Spectroscopy, Acad. Press, New York, London (1968).
[2] I. Waller, Z. Physik 79, 370 (1932).
[3] R. Kronig, Physica 6, 33 (1939).
[4] J. H. van Vleck, Phys. Rev. 57, 426 (1940).
[5] N. Bloembergen, S. Shapiro, P. S. Pershan, J. O. Artman, Phys. Rev. 114, 445 (1959).
[6] A. M. Afanasyev, Yu. Kagan, Zh. Experim. Teor. Fiz. 45, 1660 (1963).
[7] Yu. Kagan, A. M. Afanasyev, Zh. Eksperim. Teor. Fiz. 47, 1108 (1964).
[8] E. Bradford, W. Marshall, Proc. Phys. Soc. London 87, 731 (1966).
[9] H. H. Wickman, M. P. Klein, D. A. Shirley, Phys. Rev. 152, 345 (1966).
[10] H. H. Wickman in ,,Mössbauer Effect Meth.", I. J. Gruverman (Hrsg.) Vol. 2, New York (1966).
[11] L. M. Levinson, M. Luban, Phys. Rev. 172, 268 (1968).
[12] T. A. Tumolillo, Nucl. Phys. A143, 78 (1970).
[13] H. Gabriel, phys. stat. sol. 23, 195 (1967); Abhandl. Braunschw. wiss. Ges. 19, 24 (1967).
[14] H. Gabriel, J. Bosse, K. Rander, phys. stat. sol. 27, 301 (1968).
[15] H. Schwegler, phys. stat. sol. 41, 353 (1970).
[16] H. Schwegler, Fortschritte der Physik 20, 251 (1972).
[17] A. M. Afanasyev, V. D. Gorobtschenko, Report I.A.E.-2215, I. V. Kurchatov, Institute of Atomic Energy, Moscow (1972).
[18] A. M. Afanasyev, V. D. Gorobtschenko, Zh. Eksperim. Teor. Fiz. 67, 2246 (1974).
[19] F. Hartmann-Boutron, D. Spanjaard, J. de Phys., 36, 307 (1975).
[20] L. L. Hirst, J. Phys. Chem. Sol. 31, 655 (1970).
[21] A. Abragam, The Principles of Nuclear Magnetism, Clarendon Press, Oxford (1961), Kap. X.
[22] H. Wegener, Z. Physik 186, 498 (1965).
[23] M. Blume, S. 911 in ,,Hyperfine Structure and Nuclear Radiations", E. Matthias, D. A. Shirley (Hrsg.), North Holland, Amsterdam (1968).
[24] M. Blume, J. A. Tjon, Phys. Rev. B, 165, 446 (1968); Phys. Rev. B, 174, 351 (1968).
[25] S. Dattagupta, M. Blume, Phys. Rev. B, 10, 4540 (1974).
[26] F. van der Woude, A. J. Dekker, phys. stat. sol. 9, 775 (1965).
[27] M. J. Clauser, Phys. Rev. B, 3, 581 (1971).
[28] M. J. Clauser, Phys. Rev. B, 3, 3748 (1971).
[29] D. Barb, Ş. Constantinescu, L. Diamandescu, D. Ţarină, Rev. Roum. Phys. 17, 769 (1972).
[30] R. Kubo, S. 23 in ,,Fluctuation, Relaxation and Resonance in Magnetic Systems", D. ter Haar (Hrsg.), Edinburgh, Oliver and Boyd (1962).
[31] P. W. Anderson, P. R. Weiss, Rev. Mod. Phys. 25, 269 (1953).
[32] D. Barb, L. Diamandescu, Rev. Roum. Phys. 20, 259 (1975).
[33] H. H. Wickman, C. F. Wagner, J. Chem. Phys. 51, 1 (1969).
[34] Hang Nam Ok, Phys. Rev. 185, 2 (1969).
[35] F. E. Obenshain, L. D. Roberts, G. F. Coleman, D. W. Forester, J. O. Thomson, Phys. Rev. Lett. 14, 365 (1965).
[36] D. W. Forester, N. C. Koon, J. Appl. Phys. 40, 1316 (1969).
[37] D. Petridis, A. Simopoulos, A. Kostikas, Phys. Rev. Lett. 27, 1171 (1971).
[38] A. Simopoulos, D. Petridis, A. Kostikas, Chem. Phys. 2, 452 (1973).

[39] D. BARB, L. DIAMANDESCU, Sonderdruck Inst. f. Atomphys., Bukarest (1975).
[40] H. YAMAMOTO, T. OKADA, H. WATANABE, M. FUKASE, J. Phys. Soc. Japan 24, 275 (1968).
[41] N. THRANE, G. TRUMPY, Phys. Rev. B, 1, 153 (1970).
[42] B. C. VAN ZORGE, F. VAN DER WOUDE, W. J. CASPERS, Z.Phys 221, 113 (1969).
[43] M. T. HIRVONEN, T. E. KATILA, V. K. TYPPI, F. E. WAGNER, IV. Int. Conf. Mössb. Spectr. Dresden, Bd. II, S. 462 (1971).
[44] P. K. IYENGAR, S. C. BHARGAVA, phys. stat. sol. 46, 117 (1971).
[45] P. RAJ, S. K. KULSHRESHTHA, phys. stat. sol. (a), 4, 501 (1971).
[46] S. C. BHARGAVA, P. K. IYENGAR, phys. stat. sol. (b), 53, 359 (1972).
[47] S. MØRUP, N. THRANE, Chem. Phys. Lett. 21, 363 (1973).
[48] V. PETROULEAS, Int. Conf. Magn., Moskau, 26m-V2, S. 226 (1973); Solid State Comm. 15, 1097 (1974).
[49] A. SIMOPOULOS, D. PETRIDIS, A. KOSTIKAS, H. H. WICKMAN, Chem. Phys. 2, 452 (1973).
[50] T. OHYA, K. ONO, J. Phys. Soc. Jap. 34, 376 (1973).
[51] B. BALKO, G. R. HOY, Phys. Lett. 47A, 171 (1974); Phys. Rev. B, 10, 136 (1974).
[52] F. VAN DER WOUDE, A. J. DEKKER, phys. stat. sol. 13, 181 (1966).
[53] P. A. MONTANO, P. H. BARETT, Z. SHANFIELD, Solid. Stat. Comm. 15, 1675 (1974).
[54] H. L. WEHNER, G. RITTER, H. H. F. WEGENER, Phys. Lett. 46A, 333 (1974).
[55] B. KHURGIN, I. NOWIK, M. RAKAVY, S. OFER, J. Phys. Chem. Sol. V 31, 49 (1970).
[56] F. J. LITTERST, W. BRÖLL, G. M. KALVIUS, J. de Phys., Coll. C6, 35, Suppl. 12, 415 (1974).
[57] W. BRÜCKNER, G. RITTER, H. WEGENER, Z. Phys. 236, 52 (1970).
[58] S. MØRUP, N. THRANE, Phys. Rev. B, 4, 2087 (1971).
[59] H. H. F. WEGENER, B. BRAUNECKER, G. RITTER, D. SEYBOTH, Z. Phys. 262, 149 (1973).
[60] J. GAL, Z. HADARI, U. ATZMONY, E. R. BAUMINGER, I. NOWIK, S. OFER, Phys. Rev. B, 8, 1901 (1973).
[61] S. MØRUP, J. de Phys. C6, 35, Suppl. 12, 683 (1974).
[62] S. MØRUP, N. THRANE, Phys. Rev. B, 8, 1020 (1973).
[63] A. ALMOG, E. R. BAUMINGER, A. LEVY, I. NOWIK, S. OFER, Sol. State Comm. 12, 693 (1973).
[64] I. DEZSI, T. LOHNER, D. L. NAGY, A. M. AFANASYEV, J. de Phys., Coll. C6, 35, Suppl. 12, 449 (1974).
[65] T. LOHNER, I. DEZSI, D. L. NAGY, A. M. AFANASYEV, Phys. Lett. 53A, 446 (1975).
[66] D. BARB, L. DIAMANDESCU, D. TĂRĂBĂŞANU, J. de Phys., Coll. C6, 37, 113 (1976).
[67] G. F. JIMENEZ, P. IMBERT, Sol. State Comm. 13, 85 (1973).
[68] G. F. JIMENEZ, P. IMBERT, Proc. Int. Conf. Magn., Moskau, 5, 73 (1973).
[69] P. WÖLFLE, W. BRENIG, W. GÖTZE, Z. Phys. 235, 59 (1970); W. BRENIG, W. GÖTZE, P. WÖLFLE, Phys. Rev. B 2, 4533–(1970).
[70] J. KONDO, Sol. State Phys. 23, Academic Press, New York (1969).
[71] J. STÖHR, G. K. SHENOY, Solid State Comm. 14, 583 (1974).

[72] P. Steiner, Arch. Sc., Geneve, 27, 2, 3, 343 (1974).
[73] F. Gonzalez-Jimenez, F. Hartmann-Boutron, J. de Phys., Coll. C6, 35, Suppl. 12, 421 (1974).
[74] F. Gonzalez-Jimenez, B. Cornut, B. Cogblin, Phys. Rev. B, 11, 4674 (1975).
[75] C. Borely, F. Gonzalez-Jimenez, P. Imbert, F. Varret, J. Phys. Chem. Sol. 36, 605 (1975).
[76] F. Hartmann-Boutron, Phys. Rev. B, 10, 2113 (1974).
[77] F. Gonzalez-Jimenez, F. Hartmann-Boutron, P. Imbert, Phys. Rev. B, 10, 2122 (1974).
[78] G. K. Shenoy, B. D. Dunlap, Proc. Int. Conf. Mössb. Spectr., Krakau, VR Polen, Vol. 2, 257 (1975).
[79] W. Meisel, Z. Chem. 11, 371 (1971).
[80] L. Neel, Ann. Geophys. 5, 99 (1949); J. Phys. Soc. Japan 17, suppl. B-I, 676 (1962).

Sechstes Kapitel

Mößbauerspektroskopische Aussagen über den Atomkern

6.1 Einleitung

Die Mößbauerspektroskopie ist in der Lage, wesentliche experimentelle Beiträge zur Kernphysik zu liefern, die die Daten aus der Kernspektroskopie ergänzen, so insbesondere über die magnetischen und die Quadrupolmomente der Kerne und über die Änderung des effektiven Kernradius bei Gammaübergängen.

Um die Bedeutung dieser experimentellen Aussagen darzustellen, soll zunächst kurz auf den heutigen Stand der Theorie der Kernstruktur eingegangen werden. Danach soll gezeigt werden, welche Rolle diese Beiträge in der Entwicklung der Kerntheorie spielen.

Die Kernstruktur stellt stets ein Vielkörperproblem dar, weil man allgemein voraussetzt, daß der Kern aus A Nukleonen zusammengesetzt ist, und daß diese Nukleonen miteinander über Zweiteilchenkräfte, die sich aus einem entsprechenden Potential ableiten, wechselwirken. Das Problem reduziert sich somit auf die Bestimmung einer Lösung der Schrödingergleichung für diese A Nukleonen. Dabei treten jedoch zwei wesentliche Schwierigkeiten auf: Zunächst enthält der Kern eine zu große Anzahl von Nukleonen (mehr als 2 oder 3), um direkte Methoden anwenden zu können, es ist aber gleichzeitig die Anzahl der Nukleonen zu gering, um auf statistische Methoden zurückgreifen zu können. Die zweite Schwierigkeit besteht darin, daß der Verlauf der Kernpotentiale nicht bekannt ist. Im Prinzip kann man zwei Richtungen einschlagen, um die Kernstruktur theoretisch zu behandeln. Die erste Richtung geht von den Kerndaten für ein System von zwei Nukleonen aus (dem Grundzustand des Deuterons, der aus der Winkelverteilung und der Polarisationsverteilung bei der elastischen Streuung eines Nukleons an einem anderen Nukleon bekannt ist), um das phänomenologische Nukleon-Nukleon-Wechselwirkungspotential zu erhalten. Bei diesem Vorgehen werden dann die Eigenschaften der Grund- und angeregten Kernzustände auf direkte Weise aus der Schrödingergleichung für A Nukleonen gewonnen. Hierfür ist es aber erforderlich, auf den Atomkern zugeschnittene Rechenmethoden aus der Vielkörpertheorie zu entwickeln. In dieser Richtung gab es zunächst wenige Fortschritte, da das lokale, durch Anpassen der Kerndaten von zwei Nukleonen erhaltene Potential (z.B. Hamada-Johnston-Potential) einen harten Kern (hard core) haben muß, der aber zu singulären Matrixelementen führt. Diese Schwierigkeit konnte in den letzten Jahren durch Einführung einer Separationsdistanz in das Wechselwirkungspotential überwunden werden. Diese Distanz wird so gewählt, daß die durch den abstoßenden Teil des Potentials entstandenen Phasenverschiebungen durch das anziehende Potential kompensiert werden (Scott-Moskowsky-Methode). Dadurch wird das Wechselwirkungspotential nicht mehr singulär, und man kann die auf der Störungsrechnung auf bauende Vielkörpertheorie anwenden.

Die zweite Betrachtungsweise geht davon aus, daß es für das Verständnis eines so komplizierten Systems wesentlich ist, die charakteristischen Phänomene zu erklären und die wichtigsten, ein solches System bestimmenden Parameter zu definieren. Das Vielkörperproblem wird dabei so angegangen, daß man Kernmodelle „erfindet", mit denen sich die gesuchten Effekte simulieren lassen.

Unter der Bezeichnung „Kernmodell" versteht man gewöhnlich eine Reihe von vereinfachenden Annahmen über die Verteilung und die Bewegung der Nukleonen im Kern, die analog einem anderweitig bekannten System sind und mit deren Hilfe man die Kerneigenschaften des zu betrachtenden Nuklids ableiten kann.

6.2 Kernmodelle

Nachfolgend soll kurz auf die Grundideen der Kernmodelle eingegangen werden, um dann im nächsten Abschnitt die Kerndaten, die sich mößbauerspektroskopisch ermitteln lassen, und ihre Rolle in den Kernmodellen zu behandeln.

6.2.1 **Das Tröpfchenmodell**

Das Modell eines Flüssigkeitstropfens ist das älteste der Kernmodelle. Es geht von der Analogie zwischen den Eigenschaften eines Flüssigkeitstropfens und den auffälligsten Eigenschaften der Atomkerne aus. Die Kernkräfte sind stark, haben kurze Reichweiten und zeigen Sättigungseffekte analog wie die molekularen Kräfte. Außerdem wächst der Kerndurchmesser mit der Kubikwurzel der Nukleonenzahl A, oder mit anderen Worten, das Kernvolumen ist proportional zu A, eine Eigenschaft, die kennzeichnend für Flüssigkeiten ist, in denen jedes

Molekül ein konstantes Volumen beansprucht. Die Gesamtbindungsenergie ist zur Nukleonenzahl proportional, ebenfalls eine Eigenschaft, die auch für Flüssigkeiten typisch ist.

Das Tröpfchenmodell wurde erstmals von Niels Bohr aufgestellt. Seinen Vorstellungen nach ist es so, als sei der Atomkern ein inkompressibler Kernflüssigkeitstropfen, dessen Zustand durch die Oberflächenkoordinaten beschrieben wird. Die Gesamtheit der individuellen Koordinaten der A Nukleonen wird durch die kollektiven Koordinaten der Tropfenoberfläche ersetzt.

Die Gleichung der Kernoberfläche kann man in der Form

$$R(\theta, \varphi) = R_0[1 + \sum_{l \geqslant 2} \sum_{m} \alpha_{lm} Y_{lm}(\theta, \varphi)] \tag{6.1}$$

schreiben. R_0 ist der Radius des als kugelförmig angenommenen Kernes, α_{lm} sind die Kollektivkoordinaten der Oberfläche und Y_{lm} die Kugelfunktionen. In (6.1) ist das Glied für $l = 0$ enthalten, während das Glied für $l = 1$, das die Translationsinvarianz einbezieht, nicht auftritt. Der zugehörige, für geringe Deformationen geltende Hamiltonoperator ist entsprechend diesen Vorstellungen

$$H = \sum_{lm} \left[\frac{1}{2} B_l |\alpha_{lm}|^2 + \frac{1}{2} C_l |\alpha_{lm}|^2 \right]. \tag{6.2}$$

Der erste Term in der Summe stellt die kinetische Energie dar und enthält den Masseparameter B_l, während der zweite Term die potentielle Energie ist. C_l ist ein Deformationsparameter, der den Widerstand des Kerns gegenüber Deformationen ausdrückt. Die Schwingungsfrequenz ist dann $\omega_l = \sqrt{\frac{C_l}{B_l}}$, und die entsprechende Vibrationsenergie $E_l = \sum_m \left(n_{lm} + \frac{1}{2}\right) \hbar\omega_l$.

$\hbar\omega_l$ kann durch

$$\hbar\omega_l = 13\, l^{3/2} A^{-1/2} [\mathrm{MeV}] \tag{6.3}$$

approximiert werden. In erster Näherung werden nur die Glieder, die Quadrupoldeformationen beschreiben (d.h. $l = 2$), berücksichtigt. Dies führt dazu, daß die Kernoberfläche durch fünf kollektive Koordinaten α_{2m} zu beschreiben ist. Für den Grundzustand von gg-Kernen ergeben sich dann Spin und Parität zu 0^+, für den ersten angeregten Zustand 2^+. Das Quadrupolmoment des Grundzustands ergibt sich somit zu Null, während das des ersten angeregten Zustands sehr klein sein muß, weil das Modell ja geringe Deformationen vom kugelförmigen Gleichgewichtszustand voraussetzt.

Im allgemeinen sind viele von den Aussagen des Tröpfchenmodells in Übereinstimmung mit experimentellen Ergebnissen, wie z.B. die Bindungsenergie pro Nukleon, der Spin des Grundzustands sowie der Spin und die Anregungsenergie des 2^+-Zustandes.

Bestimmungen des Quadrupolmomentes im Grundzustand zeigten, daß eine Reihe von Kernen ein kleines Quadrupolmoment besitzt. Es kommen aber auch solche mit einem relativ großen Quadrupolmoment vor, was die Existenz von stark deformierten Kernen beweist. Die Erklärung dafür muß also in einer veränderten Gleichgewichtsform gesucht werden.

Messungen des Quadrupolmoments des ersten angeregten 2^+-Zustands von solchen sphärischen Kernen, die auch mößbauerspektroskopisch untersucht werden können, zeigten, daß die harmonische Näherung mit dem Hamiltonoperator (6.2) nicht ausreichend ist. Die Berücksichtigung weiterer harmonischer Glieder, durch welche der erste angeregte Zustand 2^+ mit den zweiten angeregten Zuständen $(0^+, 2^+, 4^+)$ vermischt wird, ermöglicht dann die Beschreibung auch komplexerer Kernspektren im Rahmen des Tröpfchenmodells.

6.2.2 Das Schalenmodell

Eine ganze Reihe von Kerndaten und Eigenschaften lassen sich nicht mit dem Tröpfchenmodell erklären. So fällt besonders auf, daß bei bestimmten Protonenzahlen Z bzw. Neutronenzahlen N im Kern (mit $N, Z = 2, 8, 20, 28, 50, 82$ und 126) große Abweichungen in der Stabilität, in der Häufigkeit, im Neutroneneinfangquerschnitt und in den Energien der ersten angeregten Zustände auftreten.

Das Auftreten solcher spezieller Zahlen, auch „magische Zahlen“ genannt, hat zur Aufstellung des Schalenmodells der Kerne geführt. Nach diesem Modell wird, genau wie bei der Elektronenhülle, angenommen, daß der Kern eine Schalenstruktur besitzt. Bekanntlich kommt es zu analogen Eigenschaftssprüngen, wenn die einzelnen Schalen der Hülle durch Aufnahme einer bestimmten Anzahl von Elektronen gerade gefüllt sind.

Die Hauptschwierigkeit beim Verstehen eines solchen Kernmodells besteht in der Tatsache, daß im Kern kein Anziehungszentrum existiert, um das die Nukleonen kreisen können, so wie das im Atom der Fall ist, wo die Elektronen sich im Coulombfeld des Kernes bewegen. Trotzdem läßt sich ein zentriertes Anziehungspotential erklären, wenn man annimmt, daß die Gesamtwechselwirkung zwischen zwei Nukleonen $\sum V_{ij}$ in zwei Anteile aufgeteilt werden kann, von denen der erste eine

Summe von Einteilchenpotentialen $\sum V_i$ darstellt, während der zweite aus einer Summe von Zweiteilchenpotentialen $\sum V'_{ij}$ besteht,

$$\sum_{i<j=1}^{A} V_{ij} = \sum_{i=1}^{A} V_i + \sum_{i<j=1}^{A} V'_{ij}. \tag{6.4}$$

Das Restpotential $\sum V'_{ij}$ kann auf diese Art als eine Korrektur des Zentralpotentials $\sum V_i$ behandelt werden.

Es muß hier angemerkt werden, daß beim Schalenmodell die mittlere freie Weglänge der Nukleonen als groß im Vergleich zu den Kerndimensionen vorausgesetzt wird. Diese Vorstellung stimmt nicht mit dem Tröpfchenmodell überein, da dort die mittlere freie Weglänge der Nukleonen sehr klein im Vergleich zur Kernausdehnung sein muß. Dieser Widerspruch zeigt einmal mehr, welch ein kompliziertes System ein Atomkern ist.

Das einfachste Zentralpotential, mit dem man die magischen Zahlen erklären kann, ist das Potential eines dreidimensionalen harmonischen Oszillators mit einem Zusatzterm für die Spin-Bahn-Kopplung,

$$V = \frac{M\omega^2}{2}(x^2 + y^2 + z^2) + C\mathbf{ls}. \tag{6.5}$$

$\mathbf{l}$ bedeutet dabei den Operator des Bahndrehimpulses eines einzelnen Nukleons und $\mathbf{s}$ seinen Spinoperator.

Bekanntlich führt der dreidimensionale harmonische Oszillator zu einem Spektrum äquidistanter Niveaus, die hinsichtlich l entartet sind,

$$E_{n'l} = \hbar\omega\left(2n' + l - \frac{1}{2}\right), \qquad n' \geqslant 1. \tag{6.6}$$

Verwendet man die Bezeichnung

$$\Lambda = 2n' + l - 2, \tag{6.7}$$

dann erhält man für verschiedene Werte von Λ unterschiedliche Energieniveaus. In Tabelle 6.1 sind für einige Energieniveaus die zugehörigen Quantenzahlen und Niveaubezeichnungen angegeben.

Entsprechend dem Pauliprinzip kann ein gegebenes Energieniveau E_{ml} von höchstens $2(2l+1)$ Protonen oder Neutronen besetzt sein. Der Faktor 2 ergibt sich aus der Berücksichtigung der Spins der Nukleonen. Mit der durch l gegebenen Entartung erhält man dann für den isotropen dreidimensionalen harmonischen Oszillator die „magischen Zahlen" 2, 8, 20, 40, 70 und 112, also nicht die experimentell gefundenen magischen Zahlen 50, 82 und 126. Nun ist aber noch die Spin-Bahn-Kopplung zu berücksichtigen, die alle Niveaus in je ein Niveau für die

Gesamtdrehmomente $j = l + 1/2$ und $j = l - 1/2$ aufspaltet. Entsprechend dem zweiten Glied des durch (6.5) gegebenen Potentials, also der Spin-Bahn-Wechselwirkung $C\,\mathbf{l}\,\mathbf{s}$, entsteht eine Aufspaltung der Kernniveaus, die von der Größe der Spin-Bahn-Wechselwirkungskonstanten abhängt.

Tabelle 6.1

Quantenzahlen und Bezeichnungen der Energieniveaus $E = (\Lambda + \frac{3}{2})\,\hbar\omega$ eines sich im dreidimensionalen harmonischen Oszillatorpotential bewegenden Nukleons

Λ	0	1	2		3		4		
l	0	1	0	2	1	3	0	2	4
n'	1	1	2	1	2	1	3	2	1
Niveaubezeichnung	$1s$	$1p$	$2s$	$1d$	$2p$	$2f$	$3s$	$2d$	$1g$
Parität	+	−	+	+	−	−	+	+	+
Anzahl N_l der Nukleonen mit bestimmtem l, $N_l = 2(2l+1)$	2	6	2	10	6	14	2	10	18

Goeppert-Mayer [1] sowie Haxel u. Mitarb. [2] zeigten, daß man die durch Aufspaltung entstandenen Energieniveaus in Gruppen von Niveaus, die einander nahe liegen, einteilen kann, wenn die Wechselwirkungskonstante C passend gewählt wird. Die Auffüllung dieser Niveaugruppen mit Nukleonen ergibt dann Gesamtzahlen von Nukleonen, die gleich den magischen Zahlen 28, 50, 82 und 126 sind (vgl. Abb. 6.1). Man wählt das Vorzeichen von C so, daß das Niveau mit dem größten Gesamtdrehmoment ($j = l + 1/2$) in die darunterliegende Niveaugruppe fällt, und den Betrag von C so, daß erst von der vierten Niveaugruppe angefangen solche Niveauumgruppierungen auftreten, bei denen das Niveau mit dem größten l und j aus der darüberliegenden Gruppe in die darunterliegenden fällt. So erhält man mit 10, 12 und 14 Protonen oder Neutronen für $1g_{9/2}$, $1h_{11/2}$ und $1i_{13/2}$ die gesuchten magischen Zahlen 2, 8, 20, 40 + 10, 70 + 12 und 112 + 14.

Genauere Betrachtungen zeigen, daß das Zentralpotential so aussehen muß, daß es eine Interpolation zwischen dem Potential des harmonischen Oszillators und einem rechteckigen Kastenpotential darstellt. Die energetischen Korrekturen der Einteilchenmodelle für ein Potential dieser Art können durch das Hinzufügen eines im Drehmoment quadratischen Gliedes simuliert werden,

$$V = \frac{M\omega^2}{2}(x^2 + y^2 + z^2) + C\mathbf{ls} + D\mathbf{l}^2. \tag{6.8}$$

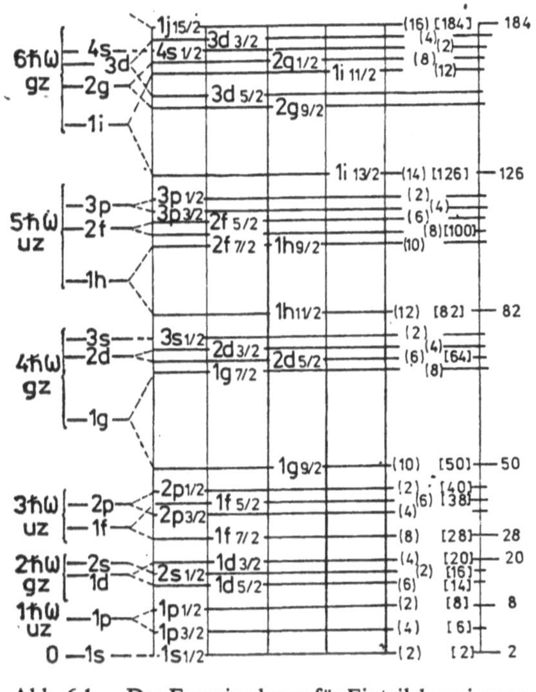

Abb. 6.1 – Das Energieschema für Einteilchenniveaus (gz = geradzahlig, uz = ungeradzahlig).

Die einfachste Variante des Schalenmodells, die sogenannte Einteilchenvorstellung, geht davon aus, daß im Grundzustand ungeradzahliger Kerne (gu- oder ug-Kerne) alle gleichnamigen Nukleonen (Neutronen bzw. Protonen) außer dem letzten, nichtpaarigen Nukleon einen Rumpfkern bilden, dessen Gesamtspin Null ist und der die Kerneigenschaften nicht wesentlich beeinflußt, insbesondere nicht das magnetische und das Quadrupolmoment. Auf diese Weise werden also die Eigenschaften der ungeraden Kerne nur durch das überzählige Nukleon bestimmt. Das magnetische Dipolmoment des überzähligen Nukleons wird durch den Mittelwert der z-Komponente des Magnetmomentoperators definiert,

$$\boldsymbol{\mu} = g_l \mathbf{l} + g_s \mathbf{s}. \tag{6.9}$$

g_l ung g_s sind die gyromagnetischen Verhältnisse des Bahnmoments und des Spins für den Zustand mit $m = j$,

$$\mu \equiv \langle nl_{jj} \,|\, g_l l_z + g_s s_z \,|\, nl_{jj} \rangle. \tag{6.10}$$

Wenn man die Wirkung des Bahndrehimpulses oder Spins auf eine gegebene Drehimpulsfunktion

$$|jm\rangle = \sum_{m_l m_s} C^{l \frac{1}{2} j}_{m_l m_s m} \,|lm_l\rangle \,\Big|\, \frac{1}{2} m_s\Big\rangle, \tag{6.11}$$

$$l_\pm |lm\rangle = (l_x \pm il_y)|lm\rangle = \sqrt{(l \mp m)(l \pm m + 1)}\,|lm \pm 1\rangle,$$

$$l_0 | lm_l\rangle = l_z | lm_l\rangle = m | lm\rangle$$

betrachtet, dann erhält man mit den Clebsch-Gordan-Koeffizienten $C^{l \frac{1}{2} j}_{m_l m_s m}$ das Ergebnis

$$\mu = \begin{cases} \left(j - \dfrac{1}{2}\right) g_l + \dfrac{1}{2} g_s & \text{für } j = l + \dfrac{1}{2} \\[2ex] \dfrac{j}{j+1}\left[\left(j + \dfrac{3}{2}\right) g_l - \dfrac{1}{2} g_s\right. & \text{für } j = l - \dfrac{1}{2}. \end{cases} \tag{6.12}$$

Die Faktoren g_l und g_s haben die Werte

$$g_s(\text{Proton}) = 5{,}5855\mu_n \qquad g_n(\text{Neutron}) = -3{,}8256\,\mu_n$$
$$g_l(\text{Proton}) = \frac{e\hbar}{2Mc} = \mu_n \qquad g_l(\text{Neutron}) = 0. \tag{6.13}$$

Stellt man die beiden Funktionen (6.12) für verschiedene j-Werte als Kurvenzug dar, dann erhält man für die Neutronen und Protonen je zwei Kurven, die sogenannten Schmidt-Kurven.

Abb. 6.2 zeigt experimentell bestimmte Werte der magnetischen Momente der ungeradzahligen Kerne mit einer ungeraden Anzahl von Protonen und Abb. 6.3 das gleiche für Kerne mit einer ungeraden Anzahl von Neutronen. Die zugehörigen Schmidt-Kurven sind gleichfalls eingezeichnet. Aus den experimentellen Daten geht hervor, daß der Hauptteil der ungeraden Kerne magnetische Momente in der Nähe einer der Schmidt-Kurven mit Abweichungen von 1/2 bis 3/2 Kernmagnetonen zeigt. Mit Ausnahme der leichten Kerne ^3H, ^3He, ^{15}N und ^{13}C liegen die Werte zwischen den beiden Schmidt-Kurven. Die Abweichungen von den Schmidt-Kurven zeigen, daß das Einteilchenmodell unzureichend ist und daß auch alle anderen Nukleonkonfigurationen

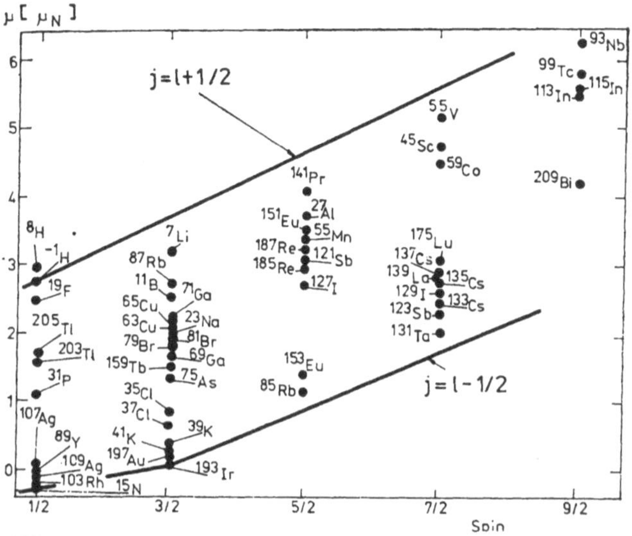

Abb. 6.2 – Die magnetischen Momente der ungeradzahligen Kerne mit einer ungeraden Anzahl von Protonen.

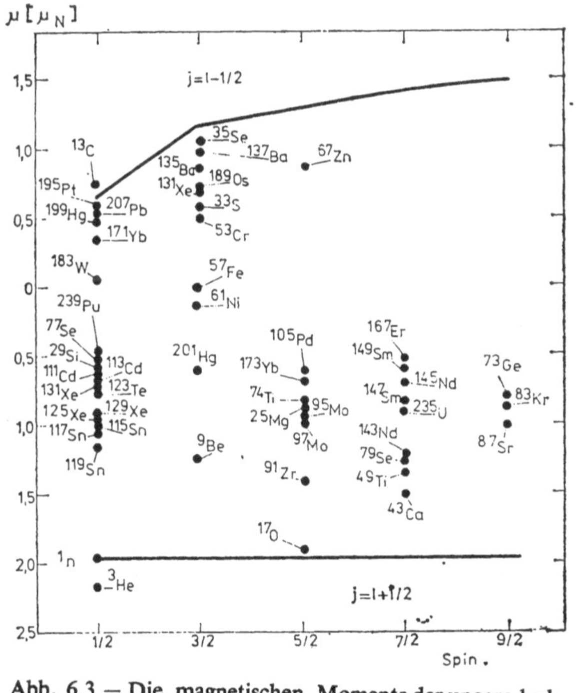

Abb. 6.3 – Die magnetischen Momente der ungeradzahligen Kerne mit einer ungeraden Anzahl von Neutronen.

in den nichtabgeschlossenen Schalen in die Betrachtung einbezogen werden müssen.

Ein Vergleich mit den experimentellen Ergebnissen ermöglicht den Erhalt von Informationen über die zwischen den Nukleonen wirkenden effektiven Kräfte. Rechnungen zeigen, daß die Kräfte von den betrachteten Einteilchenniveaus abhängen. Dieses Resultat konnte erst neuerlich durch realistische Kernberechnungen verstanden werden. Wenn man nur das Restpotential (d.h. die Differenz zwischen dem realen Potential von zwei Nukleonen und dem Zentralpotential) betrachtet, dann sieht man, daß die theoretischen Werte von der gegebenen Konfiguration abhängen. Auf diese Weise gelangt man zu der Schlußfolgerung, daß die Potentiale zwischen den Nukleonen in den nichtabgeschlossenen Schalen wegen der virtuellen Anregung der Neutronen aus den abgeschlossenen Schalen nur durch eine Renormierung der Restpotentiale erhalten werden können.

Der Vergleich der sich aus dem Einteilchenmodell ergebenden Quadrupolmomente

$$Q = -\frac{2I-1}{2I+1}\langle r^2\rangle \tag{6.14}$$

($\langle r^2\rangle$ ist der mittlere quadratische Kernradius) mit den experimentellen Ergebnissen zeigt die Existenz von stabilen deformierten Kernen, so wie sie auch beim Tröpfchenmodell auftreten.

6.2.3 **Das Rotationsmodell**

Aus der Besprechung des Schalenmodells, welches den Kern als ein System von Fermiteilchen, die sich in einem Zentralfeld bewegen, auffaßt, geht hervor, daß auch dieses die Kerneigenschaften nicht vollständig zu beschreiben vermag. Es gilt insbesondere für Kerne mit einer abgeschlossenen Schale und einem oder mehreren zusätzlichen Nukleonen. In der Konfiguration einer abgeschlossenen Schale ist der Kern als kugelförmig anzusehen, und man nimmt an, daß das Hinzufügen eines oder mehrerer Nukleonen nur geringe Deformationen verursacht. In Wirklichkeit jedoch weichen die Kerne wesentlich von der Kugelgestalt ab, und eine Kollektivbewegung mehrerer Nukleonen muß betrachtet werden. Auf Rainwater [3] geht die Vorstellung zurück, daß die Teilchen, die sich außerhalb der abgeschlossenen Schale befinden, den gesamten Kern deformieren, so daß sich das gemessene Quadrupolmoment aus der kollektiven Deformierung mehrerer Bahnen gleichzeitig ergibt.

Die großen Quadrupolmomente führen somit unvermeidlich zum Rotationsmodell des Kerns, bei dem angenommen wird, daß die Nukleonen sich in einem deformierten Felde mit Axialsymmetrie bewegen, und daß der Kern sich um eine senkrecht zur Symmetrieachse stehende Richtung dreht.

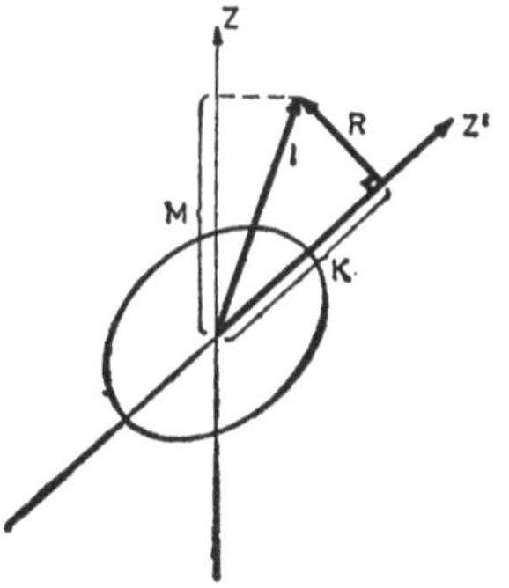

Abb. 6.4 – Das Kopplungsschema eines deformierten Kernes.

Das Kopplungsschema für deformierte Kerne wird durch den Quantenvektor **I** und seine Projektionen K und M beschrieben (Abb. 6.4). **I** ist der Gesamtdrehimpuls, M seine Komponente in einer beliebigen vorgegebenen Richtung und K die Komponente von **I** in Richtung der Symmetrieachse z'. Die senkrecht auf K stehende Komponente von **I** wird mit R bezeichnet. Sie entsteht auf Grund einer Drehbewegung des gesamten Kernes.

Die Kernzustände niedriger Energie bilden verschiedene Rotationsbanden, von denen jede durch einen Wert von K charakterisiert wird. Bei *gg*-Kernen (d.h Kernen mit gerader Protonenzahl und gerader Neutronenzahl) entspricht $K = 0$ die Bande des Grundzustands, und das Rotationsmodell liefert für diese Zone Zustände mit den Spins bzw. Paritäten $0^+, 2^+, 4^+, 6^+$, usw.

Zum Auffinden der Rotationsniveaus wird vorausgesetzt, daß die Rotationsgeschwindigkeit des Kerns hinreichend niedrig ist, um ihren Einfluß auf die Nukleonen im Kern vernachlässigen zu können. Die Hamiltonfunktion des Rotationsmodells besteht dann einfach aus der Summe der Hamiltonfunktionen, die die Rotationsbewegung des Kernes und die Eigenbewegung der Nukleonen beschreiben.

Die klassische kinetische Energie T eines rotierenden Festkörpers ist durch

$$T = \frac{1}{2}\left(\frac{M_\xi^2}{\mathcal{J}_\xi} + \frac{M_\eta^2}{\mathcal{J}_\eta} + \frac{M_\zeta^2}{\mathcal{J}_\zeta}\right) \tag{6.15}$$

gegeben. $\mathcal{J}_k$ und M_k sind die Trägheitsmomente bzw. die Drehimpulse, ξ, η und ζ bezeichnen die Hauptträgheitsachsen. Der Übergang zur Quantentheorie erfolgt, indem man die Drehimpulse M_k durch die zugehörigen Operatoren $\hat{M}_k$ ersetzt. Mit der Beziehung $\hat{M}_k = \hbar\hat{L}_k$ erhält man für den Hamiltonoperator der Rotationsbewegung

$$\hat{\mathbf{H}}_{\text{rot}} = \frac{\hbar^2}{2}\left\{\frac{1}{\mathcal{J}}(\mathbf{L}_\xi^2 + \mathbf{L}_\eta^2) + \mathbf{L}_\zeta^2\frac{1}{\mathcal{J}_\zeta}\right\}. \tag{6.16}$$

$\mathcal{J}$ ist das Gesamtträgheitsmoment, $\mathcal{J}_\zeta$ seine Komponente in Richtung der ζ-Achse.

Es läßt sich nachweisen, daß dieser Hamiltonoperator den Vertauschungsrelationen

$$\begin{aligned}
[\hat{H}_{\text{rot}}, \hat{L}^2] &= 0,\\
[\hat{H}_{\text{rot}}, \hat{L}_z] &= 0,\\
[\hat{H}_{\text{rot}}, \hat{L}_\zeta] &= 0
\end{aligned} \tag{6.17}$$

genügt. Daraus folgt, daß der Hamiltonoperator dieselben Eigenfunktionen wie die Operatoren $\hat{L}^2$, $\hat{L}_z$ und $\hat{L}_\zeta$ besitzt.

Die Eigenfunktionen dieser Operatoren bilden die Rotationsmatrix

$$\mathcal{D}^I_{MK}(\alpha\beta\gamma) = \langle IM \mid \hat{R}(\theta_1, \theta_2, \theta_3) \mid IK\rangle. \tag{6.18}$$

Dabei bedeuten $\hat{R}(\theta_1, \theta_2, \theta_3)$ den Rotationsoperator

$$\hat{R}(\theta_1, \theta_2, \theta_3) = \mathrm{e}^{-i\theta_1 J_z}\,\mathrm{e}^{-i\theta_2 J_\eta}\,\mathrm{e}^{-i\theta_3 J_z} \tag{6.19}$$

und $\theta_1, \theta_2, \theta_3$ die Eulerschen Winkel.

Die Eigenwerte der Rotationsenergie sind durch

$$E_{IK} = \frac{\hbar^2}{2}\left\{\frac{1}{\mathcal{J}}I(I+1) - \left(\frac{1}{\mathcal{J}} - \frac{1}{\mathcal{J}_\zeta}\right)K^2\right\} \tag{6.20}$$

gegeben. I ist der Gesamtdrehimpuls und K seine Projektion auf die Symmetrieachse des Kernes.

Für das Rotationsspektrum eines *gg*-Kernes mit einer vorgegebenen Projektion K auf die Symmetrieachse des Kernes ist somit

$$E_I \sim I(I+1). \tag{6.21}$$

Das einfachste Modell eines verzerrten Potentials ist das eines anisotropen dreidimensionalen harmonischen Oszillators mit einer Symmetrieachse, was einer Spin-Bahn-Kopplung mit einem im Drehimpuls quadratischen Glied entspricht, das sogenannte Nilsson-Modell [4]. Der die Eigenbewegung beschreibende Hamiltonoperator ist dann im Bezugssystem des Kernes

$$H_{\text{int}} = -\frac{\hbar^2}{2M}\Delta' + \frac{M}{2}\left[\omega_\perp^2(x'^2 + y'^2) + \omega_z^2 z'^2\right] + C\mathbf{ls} + D\mathbf{l}^2. \quad (6.22)$$

Definiert man einen Deformationsparameter δ durch

$$\omega_\perp^2 = \omega_0^2(\delta)\left(1 + \frac{2\delta}{3}\right)$$

und

$$\omega_z^2 = \omega_0^2(\delta)\left(1 - \frac{4\delta}{3}\right), \quad (6.23)$$

dann erhält man

$$\omega_0(\delta) = \mathring{\omega}_0\left(1 - \frac{4\delta^2}{3} - \frac{16}{27}\delta^3\right)^{-\frac{1}{6}}, \quad (6.24)$$

wenn man voraussetzt, daß sich das von irgendeiner Äquipotentialfläche eingeschlossene Volumen nicht ändert. $\mathring{\omega}_0$ bezeichnet die Frequenz für den Fall eines sphärischen Kerns ($\delta = 0$).

Verwendet man die Bezeichnungen

$$x = \frac{x'}{\alpha}, \quad y = \frac{y'}{\alpha}, \quad z = \frac{z'}{\alpha}, \quad \alpha = \left(\frac{\hbar}{M\omega_0}\right)^{\frac{1}{2}},$$

$$\eta = \frac{\delta}{\bar{x}}\,\frac{\omega_0^2(\delta)}{\mathring{\omega}_0^2}, \quad \bar{x} = -\frac{C}{2\hbar\mathring{\omega}_0}, \quad \mu = \frac{2D}{C}, \quad (6.25)$$

dann ist die Hamiltonfunktion (6.22) der Eigenbewegung durch

$$H = H_0 + \bar{x}\eta\hbar\mathring{\omega}_0 U - 2\hbar\mathring{\omega}_0\bar{x}\mathbf{ls} - \hbar\mathring{\omega}_0\,\bar{x}\,\mu\mathbf{l}^2 \quad (6.26)$$

gegeben. H_0 ist die Hamiltonfunktion für die Bewegung eines Teilchens im Potentialfeld des harmonischen Oszillators,

$$H_0 = \frac{\hbar\omega_0}{2}(-\Delta + r^2), \quad (6.27)$$

dessen Potential man durch

$$U = -\frac{4}{3}\sqrt{\frac{\pi}{5}}\, r^2 Y_{20} \tag{6.28}$$

ausdrücken kann.

Das Auffinden der Eigenfunktionen des Einzelteilchens reduziert sich auf diese Weise dann auf eine Diagonalisierung des Operators

$$\hat{R} = \frac{H - H_0}{\overline{x}\,\hbar\overset{\circ}{\omega}_0} = \eta U - 2\mathbf{ls} - \mu \mathbf{l}^2, \tag{6.29}$$

der nur von den beiden Parametern η und μ abhängt. Als Diagonalisierungsbasis nimmt man den vollständigen Satz von Operatoren H_0, $\hat{l}^2$, $\hat{l}_z$ und $\hat{s}_z$, die untereinander kommutieren. Es ist

$$\begin{aligned}
&\frac{1}{2}(-\Delta + r^2)|\, N l \Lambda \Sigma\rangle = \left(N + \frac{3}{2}\right)|\, N l \Lambda \Sigma\rangle,\\
&\hat{l}^2\,|\, N\ l\ \Lambda\ \Sigma\rangle = l(l+1)\,|\, N l \Lambda \Sigma\rangle,\\
&\hat{l}_z|\, N l \Lambda\ \Sigma\rangle = \Lambda|\, N l \Lambda \Sigma\rangle,\\
&\hat{s}_z|\, N l \Lambda \Sigma\rangle = \Sigma\,|\, N l \Lambda \Sigma\rangle.
\end{aligned} \tag{6.30}$$

Hierin sind N die Hauptquantenzahl des isotropen harmonischen Oszillators, l seine Bahnquantenzahl, Λ und Σ die Projektionen des Bahndrehimpulses bzw. des Spins auf die Symmetrieachse des Kernes.

In diesem Basissatz sind die Matrixelemente der Operatoren H_0 und $\hat{l}^2$ Diagonalelemente, während der Operator $r^2 Y_{20}$ sowohl diagonale ($N = N'$) als auch außerhalb der Diagonale ($N = N' \pm 2$) liegende Elemente hat. Nilsson vernachlässigt die Kopplung zwischen den beiden um $2\hbar\omega_0$ unterschiedlichen Schalen des harmonischen Oszillators und betrachtet N als eine gute Quantenzahl.

Die einzigen Operatoren, die mit der Hamiltonfunktion (6.26) kommutieren, sind die Paritätsoperatoren und die Projektion $\hat{j}_z = \hat{l}_z + \hat{s}_z$ des Gesamtdrehimpulses auf die Symmetrieachse des Kerns mit den Quantenzahlen $\Omega = \Lambda + \Sigma$. Das ganze Problem reduziert sich auf die Diagonalisierung des Operators $\hat{R}$ für bestimmte Werte N und Ω, für welche sich die Eigenwerte $r_\alpha^{N\Omega}(\eta)$ ergeben. Der Index α bezeichnet die

Lösungen zu vorgegebenen N und Ω. Die Energieeigenwerte der Gesamthamiltonfunktion sind

$$E_{\alpha}^{N\Omega} = \left(N + \frac{3}{2}\right)\hbar\omega_0 + \bar{x}\mathring{\omega}_0\hbar r_{\alpha}^{N\Omega} \tag{6.31}$$

und die zugehörigen Wellenfunktionen

$$\chi_{N\Omega\alpha} = \sum_{l\Lambda\Sigma} a_{l\Lambda} \,|\, Nl\Lambda\Sigma\rangle, \tag{6.32}$$

wobei $\Lambda + \Sigma = \Omega$ und die Normierungsbedingung

$$\sum_{l\Lambda} a_{l\Lambda}^2 = 1 \tag{6.33}$$

gelten.

Das Nilsson-Modell benutzt — ähnlich wie das Einteilchenmodell — die Vorstellung, daß in ungeraden Kernen alle Nukleonen von derselben Art sind, mit Ausnahme des letzten Nukleons. Im Grundzustand kommt es zu einer paarweisen Gruppierung von Nukleonen, deren Projektionen auf die Symmetrieachse entgegengesetzt gerichtet sind (K und $-K$), so daß sich ein Rumpfkern bildet, der die Kerneigenschaften nicht wesentlich beeinflußt.

Die Gesamtwellenfunktion eines ungeraden Kerns ist somit nach der Vorstellung des Rotationsmodells

$$\Psi_{MK}^{I} \sim \mathcal{D}_{MK}^{I}\,\chi_{N\Omega\alpha}. \tag{6.34}$$

$\chi_{N\Omega\alpha}$ beschreibt die Eigenbewegung des letzten Nukleons, $\mathcal{D}_{MK}^{I}$ die Drehbewegung des Kerns.

Das innere Quadrupolmoment im Koordinatensystem des Kerns erhält man relativ einfach, wenn man eine homogene Ladungsverteilung in einem Ellipsoid, das durch den Deformationsparameter

$$\varepsilon = \frac{a-b}{r_0}, \quad a > b \tag{6.35}$$

gekennzeichnet ist, annimmt; a und b sind die Halbachsen des Ellipsoids, r_0 ist der Radius der entsprechenden Kugel. Nach der Definition des Quadrupolmoments

$$Q_0 = \int r^2(3\cos^2\theta - 1)\,\rho_e\,\mathrm{d}v \tag{6.36}$$

und der Ladungsdichte

$$\rho_e = \frac{3Z}{4\pi r_0^3} \tag{6.37}$$

erhält man

$$Q_0 = \frac{4}{5} Z r_0^2 \varepsilon. \tag{6.38}$$

Der Parameter ε hängt mit dem zuvor benutzen Parameter

$$\frac{4}{3} Z\langle r^2\rangle \delta = \frac{4}{5} ZR_z^2 \varepsilon \left(1 + \frac{\varepsilon}{2}\right) \tag{6.39}$$

zusammen. R_z ist der Coulombradius.

Den Zusammenhang zwischen dem Quadrupolmoment im Laborsystem und dem inneren Quadrupolmoment Q_0 erhält man durch den Quadrupoloperator im Kernsystem mit Hilfe der Umrechnungsmatrizen $\mathcal{D}^I_{MK}$. Es ergibt sich schließlich

$$Q = Q_0 \frac{3K^2 - I(I+1)}{(I+1)(2I+3)}. \tag{6.40}$$

Für den Grundzustand mit $I = K$ folgt daraus

$$Q = Q_0 \frac{I(2I-1)}{(I+1)(2I+3)}. \tag{6.41}$$

Kennt man den Kernspin I, dann kann man aus Messungen des Quadrupolmoments die Größe Q_0 bzw. die Deformationsparameter ε und δ bestimmen.

Die Deformation des Kerns kann auch aus experimentellen Daten über die Intensität elektromagnetischer $E2$-Übergänge zwischen den Niveaus ein und desselben Rotationsbandes bestimmt werden. Die reduzierte Wahrscheinlichkeit für einen Übergang $E2$ von einem Zustand (I_i, K) in einen anderen Zustand (I_f, K) eines Rotationsbandes wird mit

$$B(E2; I_i \to I_f) = \frac{5}{16\pi} e^2 Q_0^2 \, |\langle I_i 2K0 | I_f K\rangle|^2 \tag{6.42}$$

beschrieben [5]. I_i ist der Spin des Ausgangszustandes und I_f der des Endzustandes. Für die Übergänge von gg-Kernen aus dem Grundzustand in einen angeregten Zustand gilt

$$B(E2; 0 \to 2) = \frac{5}{16\pi} e^2 Q_0^2. \tag{6.43}$$

Eine sehr wirksame Technik zur Bevölkerung niederenergetischer Kernniveaus ist die Coulombanregung. Der Wirkungsquerschnitt für die Coulombanregung eines $E2$-Überganges ist nach Alder u. Mitarb. [5]

$$\sigma_{E2} = C_{E2}(E_{\mathrm{MeV}} - \Delta E_{\mathrm{MeV}})\, B(E2)\, f_{E2}\,(\eta_i \xi) \tag{6.44}$$

mit

$$C_{E2} = 4{,}819 \left(1 + \frac{A_1}{A_2}\right)^{-2} \frac{A_1}{Z_2^2}\ [\mathrm{barn}],$$

wobei A_1, Z_1 und E_{MeV} die Massenzahl, Ladungszahl und Energie (in MeV) des Projektils und A_2 und Z_2 die Massenzahl bzw. Ladungszahl des Targetkerns sind, und außerdem

$$\eta_i = \frac{Z_1 Z_2}{2} \left(\frac{A_1}{10{,}008\, E_{\mathrm{MeV}}}\right)^{\frac{1}{2}},$$

$$\xi = \eta_i \left[\left(1 + \frac{\Delta E}{E}\right)^{-\frac{1}{2}} - 1\right].$$

$f_{E2}(\eta_i \xi)$ ist ein Korrekturfaktor, der durch die Winkelintegration zustande kommt. Durch Messung des Wirkungsquerschnitts σ_{E2} für die Anregung des ersten Zustands oberhalb des Grundzustandes von gg-Kernen kann man $B(E2; 0 \to 2)$ bestimmen und daraus das innere Quadrupolmoment mit Hilfe des Rotationsmodells errechnen.

Von Interesse sind einige Betrachtungen zu den magnetischen Momenten, die sich aus dem Rotationsmodell ergeben. Berücksichtigt man, daß sich der Gesamtdrehimpuls eines deformierten Kernes mit Axialsymmetrie aus zwei Anteilen zusammensetzt, von denen der eine von der inneren Bewegung herrührt und der andere von der Rotationsbewegung,

$$\tilde{\mathbf{J}} = \tilde{\mathbf{K}} + \tilde{\mathbf{R}}, \tag{6.45}$$

dann erhält man für den Operator $\hat{\boldsymbol{\mu}}$ des magnetischen Moments den Ausdruck

$$\hat{\boldsymbol{\mu}} = g_K\, \tilde{\mathbf{K}} + g_R\, \tilde{\mathbf{R}}.$$

g_K ist das gyromagnetische Verhältnis der inneren Bewegung des überzähligen Nukleons und g_R das gyromagnetische Verhältnis der Rotationsbewegung. Es ergibt sich schließlich der Ausdruck

$$\mu = \frac{1}{I + 1} [(g_K - g_R)\, K^2 + g_R I(I + 1)], \tag{6.46}$$

der für den Grundzustand ($I = K$) die Form

$$\mu = \frac{I^2}{I+1} g_K + \frac{I}{I+1} g_R \tag{6.47}$$

annimmt. gg-Kerne haben im Grundzustand $K = 0$, $I = 0$, und für sie ist daher μ identisch Null. Dem ersten angeregten Zustand von gg-Kernen entspricht mit $I = 2$ ein einfacher Ausdruck für das magnetische Moment:

$$\mu = 2 g_R \mu_n. \tag{6.48}$$

Die gyromagnetischen Verhältnisse können aus Intensitätsbestimmungen magnetischer Dipolübergänge zwischen den Niveaus ein und desselben Rotationsbandes ermittelt werden. Für $K \neq 1/2$ erhält man

$$B(M1) = \mu^2 (g_K - g_R) K^2 \frac{(I-K)(I+K)}{I(2I+1)}. \tag{6.49}$$

Setzt man einen Kern mit homogener Ladungsverteilung voraus, dann erhält man aus der Elektrohydrodynamik für den Rotationsanteil $g_R \approx Z/A$, was bei den seltenen Erden auf ungefähr $g_R = 0{,}4$ führt. Diese Näherung ergibt somit höhere Werte als das Experiment. Daraus ist ersichtlich, daß man auch die Wechselwirkungskräfte zwischen den Teilchenpaaren berücksichtigen muß, wenn sich vernünftige Werte für g_K ergeben sollen [8]. Belyayev [7] verwendete eine ähnliche Methode wie sie Bardeen, Cooper und Schrieffer [6] zur Behandlung der Supraleitfähigkeit benutzten, um die Energielücke im Spektrum der gg-Kerne zu erklären. Dieselbe Theorie wurde von Nilsson und Prior [8] angewandt, um den Einfluß der Paarwechselwirkung auf die Trägheitsmomente und gyromagnetischen Verhältnisse deformierter gg-Kerne zu behandeln.

Wenn die Kräfte zwischen den Paaren berücksichtigt werden sollen, dann muß in die Hamiltonfunktion ein zusätzlicher Term eingeführt werden, der einer Wechselwirkung kurzer Reichweite zwischen den Teilchenpaaren entspricht. Den größten Beitrag zur Energie der Paarwechselwirkung liefert die Wechselwirkung zwischen Teilchenpaaren in ein und derselben Nukleonenschale, man muß aber trotzdem auch die Wechselwirkung zwischen Teilchenpaaren aus verschiedenen Nukleonenschalen berücksichtigen.

Im Grundzustand von gg-Kernen sind alle Kernteilchen paarig angeordnet, und für jedes Paar ist $\tilde{\mathbf{J}} = 0$. Um solche Kerne in einen angeregten Zustand überzuführen, müssen einerseits die Energie zur Aufspaltung der Paare und andererseits die Energie zum Übergang der Nukleonen in energetisch höher gelegene Schalen aufgebracht werden.

Daraus läßt sich die Existenz der oben erwähnten Energielücke in den Kernspektren erklären.

Die Anwendung der Theorie der Supraleitfähigkeit auf deformierte *gg*-Kerne durch Nilsson und Prior [8] führte zu der Erkenntnis, daß man ein um den Faktor 0,5 geringeres Trägheitsmoment im Vergleich zum Trägheitsmoment eines starren Körpers erhält, wenn man die Paarwechselwirkung berücksichtigt. Die Rechnung ergibt das gyromagnetische Verhältnis der Rotationsbewegung von *gg*-Kernen mit hinreichender Genauigkeit zu

$$g_R = \frac{\mathcal{J}_p}{\mathcal{J}_p + \mathcal{J}_n} \tag{6.50}$$

$\mathcal{J}_p$ und $\mathcal{J}_n$ sind das Trägheitsmoment des Protons bzw. des Neutrons. In dieser Näherung ergibt sich g_R als relativer Anteil des Trägheitsmomentes des kollektiven Protonenstromes am Gesamtträgheitsmoment. Bei den seltenen Erden hat man jedoch etwas niedrigere Werte als dem klassischen Verhältnis Z/A entsprechend gefunden, was einem etwas größeren Wert der Paarbildungsenergie für Protonen als für Neutronen zuzuschreiben ist.

Von Greiner [9] wurde ein Modell vorgeschlagen, nach dem die Protonenverteilung im Kern etwas weniger deformiert ist als die Verteilung der Neutronen, da die Paarungskraft zwischen den Protonen größer ist als diejenige zwischen den Neutronen. So entsteht eine Differenz zwischen den Faktoren g_R und dem Verhältnis Z/A, und die g_R sind als Tensoren und nicht mehr als einfache Zahlen zu betrachten. Das gyromagnetische Verhältnis g_R für ein Band des Grundzustands ist durch die Beziehung

$$g_R = \frac{Z}{A}(1 - 2f) \tag{6.51}$$

definiert, wobei

$$f \approx \frac{N}{A}\left[\frac{B_0(n)}{B_0(p)} - 1\right], \tag{6.52}$$

$B_0(n)$ und $B_0(p)$ stellen die Deformationen der Neutronen- bzw. Protonenverteilung dar. Sie sind durch

$$\frac{B_0(p)}{B_0(n)} = \sqrt{\frac{G_n}{G_p}} \tag{6.53}$$

verbunden. G_n und G_p sind die Kopplungskonstanten der Paarbildungswechselwirkung der Neutronen bzw. Protonen. Nach Nilsson und Prior [8] haben sie die Werte

$$G_p = 25/A \text{ MeV}$$

$$G_n = 18/A \text{ MeV}$$

6.2.4 **Das einheitliche Kernmodell**

Die experimentellen Befunde zeigen, daß Atomkerne sowohl kollektive Eigenschaften entsprechend dem Tröpfchenmodell als auch Eigenschaften individueller Nukleonen entsprechend dem Schalenmodell besitzen. Davon ausgehend wurde von Bohr, Mottelson und Pines [10] ein neues Modell, das sogenannte einheitliche Kernmodell, aufgestellt. Nach dieser Vorstellung besteht der Atomkern aus einem zentralen Bereich, der durch Kollektivkoordinaten beschrieben werden kann, und einigen äußeren Nukleonen, von denen jedes mit individuellen Koordinaten beschrieben wird. Die entsprechende Hamiltonfunktion ist

$$H = H_{\text{pi}} + H_{\text{col}} + H_{\text{int}}. \tag{6.54}$$

Der erste Term hierin ist die Hamiltonfunktion der Einzelteilchen, der zweite die der Kollektivbewegung und der dritte steht für Interferenzen zwischen der Kollektiv- und der Einzelbewegung.

Das Wechselwirkungsglied H_{int} führt im allgemeinen zu einem sehr komplizierten Spektrum. In gewissen Grenzfällen treten jedoch relativ einfache Spektren auf. So kann H_{int} z.B. als eine Störung behandelt werden, wenn H_{int} genügend klein ist. Die Kollektivbewegung läßt sich in einem solchen Fall von der Eigenbewegung abseparieren, und man erhält in erster Näherung ein Spektrum, das durch Überlagerung eines durch das Tröpfchenmodell beschriebenen Spektrums mit einem entsprechend dem Schalenmodell gegebenen entsteht. Wenn H_{int} größer wird, dann spaltet die Bewegung auf in eine Eigenbewegung der Nukleonen in einem verzerrten Feld, in eine Drehbewegung dieses Feldes und in eine Vibrationsbewegung. In der adiabatischen Näherung kann man die Gesamtwellenfunktion des Kernes durch

$$\Psi \sim \varphi_{\text{vib}} \mathcal{D}^I_{MK} \chi_{N\Omega\alpha} \tag{6.55}$$

ausdrücken. φ_{vib} beschreibt die Vibrationsbewegung, $\mathcal{D}^I_{MK}$ die Rotationsbewegung und $\chi_{N\Omega\alpha}$ die Eigenbewegung der Nukleonen im verzerrten Kernfeld. Somit findet man hier die Ergebnisse des Rotationsmodells wieder. Die Grundidee des einheitlichen Kernmodells besteht darin, daß man die fünf Kollektivkoordinaten α_{2m} durch θ_1, θ_2, θ_3, β, γ ausdrückt. θ_1, θ_2, θ_3 sind die drei Eulerschen Winkel, die die Drehung des Kernes beschreiben, wenn H_{int} groß ist, und β und γ sind zwei Kollektivkoordinaten, die die Vibrationsbewegung charakterisieren.

Gewöhnlich setzt man einen Kern mit einer Symmetrieachse voraus. Von Davidov stammt ein nichtaxiales Modell, in dem der Kern als Ellipsoid mit drei ungleichen Hauptachsen betrachtet wird. Genauere Untersuchungen der Kernform durch Aufsuchen des Minimums der Gesamtenergie des Kernes zeigten, daß alle deformierten Atomkerne Symmetrieachsen besitzen. Die Existenz von Kernen ohne Symmetrieachse bleibt vorläufig eine offene Frage, speziell bei Kernen im Übergang zwischen sphärischer und deformierter Gestalt.

Das einheitliche Kernmodell, mit dem man sowohl charakteristische Eigenschaften des Tröpfchenmodells als auch solche des Schalenmodells beschreiben kann, ermöglicht das Verständnis vieler Kerneigenschaften. Trotzdem ergibt sich aus experimentellen Daten, daß einige spezifische Kerneigenschaften auch von diesem Modell nicht erklärt werden können. Dazu gehören die Existenz einer Energielücke bei den angeregten Niveaus von *gg*-Kernen, die relativ hohen Werte der Trägheitsmomente, der Übergang von sphärischen zu deformierten Kernen u.a.m.

Genauere Betrachtungen über den Einfluß von residuellen Wechselwirkungen sowohl in sphärischen als auch in deformierten Kernen zeigen, daß die eben angeführten Phänomene mit Korrelationen, die durch solche residuellen Wechselwirkungen entstehen, erklärt werden können. Diese residuellen Wechselwirkungen können geringe und auch große Reichweiten haben. Diejenigen mit kurzer Reichweite führen zu paarweisen Nukleonengruppierungen, diejenigen mit großer Reichweite zu einer Gruppierung der äußeren Nukleonenbahnen derart, daß die Winkel zwischen den Bahnen minimal werden.

Das Schalenmodell mit paarbildenden Wechselwirkungen kurzer Reichweite führt zum Suprafluidmodell. Wendet man auf das Schalenmodell den Formalismus der Besetzungsnummern an, dann erhält man eine kanonische Transformation (Bogoljubov-Valatin-Transformation), die das wechselwirkende System in ein freies System mit neuen Teilchen, den sogenannten Quasiteilchen, überführt. Das neue Modell ermöglicht dann eine Erklärung der Energielücke und auch der hohen Beträge der Trägheitsmomente. Die Einbeziehung der weitreichenden Wechselwirkungen in das Suprafluidmodell ermöglicht eine mikroskopische Beschreibung der Vibrationszustände durch individuelle Bewegungen. Der Übergang von sphärischen zu deformierten Kernen kann nun erklärt werden durch die konkurrierenden Einflüsse der Kräfte kurzer Reichweite, die den Kern in eine Kugelform zwingen, und der Kräfte großer Reichweite, die zur Ausbildung deformierter Kerne führen.

Neuere Untersuchungen zur mikroskopischen Beschreibung der Rotationszustände von deformierten und Übergangskernen brachten bereits ermutigende Resultate. Es wurde begonnen, den Zusammenhang zwischen dieser halbphänomenologischen Behandlung und der Vielkörpertheorie zu klären. Die Berechnung der Matrixelemente von Effektivkräften mit Hilfe von realistischen, für die abgeschlossenen Schalen renormierten Potentialen hat zu einer guten Übereinstimmung mit den Ergebnissen der halbphänomenologischen Behandlung geführt.

In den nächsten Abschnitten wird ein Überblick über solche Kernparameter, die mit Hilfe des Mößbauereffektes gemessen wurden, gegeben. Es handelt sich dabei um die Änderung der Kernradius $\Delta R/R$, um das Kernquadrupolmoment Q und um das magnetische Moment μ des Kerns. Es gibt natürlich auch andere Methoden, die eine Messung dieser Größen ermöglichen. Eine Diskussion dieser Daten müßte eigentlich alle existierenden Meßwerte einbeziehen, unabhängig von der Methode, mittels welcher sie bestimmt wurden. Dies überschreitet jedoch den Rahmen des vorliegenden Buches, und deshalb werden nur solche Beispiele behandelt, die die Deutung der in Mößbauerexperimenten erhaltenen Kerndaten durch geeignete Kernmodelle aufzeigen.

6.3 Die Änderung des effektiven Kernladungsradius

Im Kapitel 4 wurde bereits erwähnt, daß der Absolutwert von $\Delta\langle R^2\rangle$ wegen der ungenauen Kenntnis von $\Delta\,|\Psi(0)|^2$ ziemlich unsicher ist. Diese Ungenauigkeit führt meistens dazu, daß man sich auf Diskussionen des qualitativen Verhaltens beschränkt. Andererseits sind die theoretischen Modelle, mit denen man $\Delta\langle R^2\rangle$ für isomere Übergänge bestimmen kann, noch nicht genügend weit entwickelt, so daß man oft schon zufrieden ist, wenn man die richtige Größenordnung von $\Delta\langle R^2\rangle$ erhält.

Im Mößbauerspektrum erlaubt die Messung der Isomerieverschiebung eine Bestimmung der relativen Änderung des mittleren quadratischen Kernladungsradius infolge niederenergetischer Anregung mit einer Genauigkeit von höchstens 10^5. Eine brauchbare Methode zur Bestimmung von $\Delta\langle R\rangle^2$ stützt sich auf die Messung des Verhältnisses der Isomerieverschiebungen der γ-Übergänge zweier Isotope A und B desselben Elementes. Verwendet man die Formel (4.27), die im Kapitel 4 für die Isomerieverschiebung von zwei identischen Kernen in unterschiedlichen Umgebungen benutzt wurde, dann erhält man für das Verhältnis der Isomerieverschiebung von zwei verschiedenen Kernübergängen A und B desselben Elementes in zwei Substanzen e und f den Ausdruck

$$\frac{\delta_A}{\delta_B} = \frac{[\langle R_e^2\rangle - \langle R_f^2\rangle]_A}{[\langle R_e^2\rangle - R_f^2\rangle]_B}\,. \tag{6.56}$$

Bei solchen Messungen ist stets zu prüfen, ob die erhaltenen Isomerieverschiebungen real sind. Sie können z.B. durch Polarisationseffekte verfälscht sein.

Eine zur Messung von geringen Isomerieverschiebungen und ihren Verhältnissen geeignete Einrichtung wurde in Kapitel 2 beschrieben (vgl. Abb. 2.13). Sie erlaubt die gleichzeitige Aufnahme der Spektren von drei verschiedenen Absorbern bei 4,2 K. Durch diese Technik lassen sich apparative Verschiebungen ausschalten, die bei einer sukzessiven Messung der drei Absorber auftreten könnten. Wird die Isomerieverschiebung des Überganges A in Abhängigkeit von der Isomerieverschiebung des Übergangs B aufgetragen, dann liegen die Meßpunkte für verschiedene Umgebungen entsprechend (6.56) auf einer Geraden, aus der man dann δ_A/δ_B bestimmen kann. Liegen alle Meßpunkte tatsächlich auf dieser Geraden, dann ist dies gleichzeitig ein sicherer Test dafür, daß keine Verschiebungen infolge von Asymmetrien in den Linienformen auftreten. Solche Asymmetrien ergeben sich z.B. durch unaufgelöste Quadrupolaufspaltungen und durch Relaxationseffekte. Die Abbildungen 6.5 und 6.6 zeigen als Beispiele Messungen an Gadolinium (^{156}Gd, 89 keV; ^{155}Gd, 87 keV) und Ytterbium (^{170}Yb, 84 keV; ^{171}Yb, 67 keV), [11].

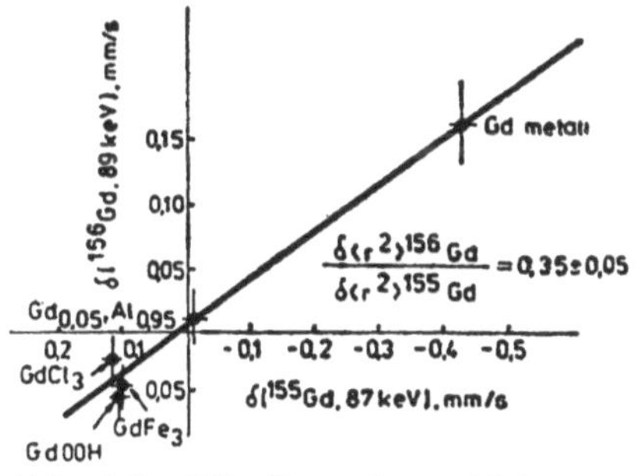

Abb. 6.5 — Die Isomerieverschiebungen für den 87 keV-Übergang in ^{155}Gd für verschiedene Absorber in Abhängigkeit von denjenigen des 89 keV-Überganges bei ^{156}Gd.

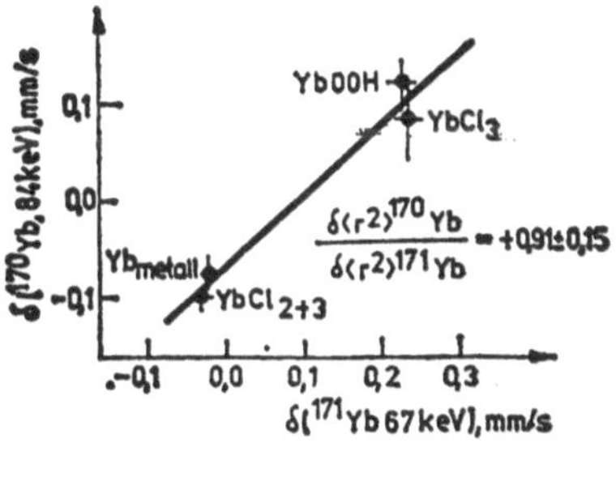

Abb. 6.6 — Die Isomerieverschiebungen für den 67 keV-Übergang in ^{171}Yb für verschiedene Absorber in Abhängigkeit von denjenigen des 84 keV-Überganges bei ^{170}Yb.

Es folgt nun der Versuch einer Systematik der Daten über die relative Änderung des Kernradius sowohl bei γ-Übergängen, bei denen eine Nukleonenkonfigurationsänderung auftritt (Einteilchenübergang), als auch für Kernzustände niedriger Energie, die dem Rotationsband angehören und für die die gesamte Kernmaterie kollektiv angeregt ist. Es wird sich zeigen, daß die Größe von $\Delta\langle R^2\rangle/\langle R^2\rangle$ sehr empfindlich von den Parametern der Kernmodelle abhängt und deshalb in manchen Fällen nur wenige Modelle zur Auswahl übrig läßt.

Bei Rotationsübergängen kann man in nullter Näherung ein Verschwinden von $\Delta\langle R^2\rangle$ erwarten, da die Nukleonenkonfiguration ungeändert bleibt. Die Beobachtung endlicher Werte von $\Delta\langle R^2\rangle$ bei kollektiven Übergängen ermöglicht eine Prüfung nichtadiabatischer Effekte.

Eine interessante Analyse der Radienänderung der Kernladung für zwei verschiedene Zustände des Kerns wurde von Uher und Sorensen [12] durchgeführt. Sie gingen von der Annahme aus, daß der Kern aus einem inneren Bereich (Rumpf, Core) und einigen Valenznukleonen außerhalb dieses Bereiches besteht. Der Kernrumpf wird als Flüssigkeitstropfen betrachtet, komprimier- und deformierbar, während für die Valenznukleonen vorausgesetzt wird, daß sie unabhängig vom inneren Tropfen unter sich durch Zweiteilchenkräfte in Wechselwirkung stehen. Als Resultat wird die Gesamtwellenfunktion des Kerns durch ein mittleres Potential, durch die Wechselwirkung der äußeren Nukleonen mit dem inneren Teil und durch die residuellen Zweiteilchenwechselwirkungen zwischen den Valenznukleonen bestimmt. Die Wechselwirkung zwischen den äußeren Nukleonen und dem inneren Core läßt sich mit einer Mehrpolentwicklung beschreiben, aus der nur der Monopol- und der Quadrupolterm berücksichtigt werden. Der erste Term entspricht einer Komprimierung bzw. Dehnung des Rumpfes, also dem Übergang von der sphärischen zur ellipsoiden Gestalt.

Bei der Berechnung des mittleren Quadrates des Kernradius muß man die Nukleonenverteilungsänderung, die durch den Monopol- und Quadrupoleinfluß des Kernrumpfes zustande kommt, berücksichtigen. Dadurch tritt eine Änderung des mittleren Potentials und damit direkt verbunden eine Änderung in den Einteilchenzuständen der äußeren Nukleonen auf. Um realistische Einteilchenwellenfunktionen zu finden, wird ein mittleres Potential der Form

$$v_\xi(r) = V_\xi(r) - \lambda \frac{1}{Mc^2} \frac{1}{r} \frac{\partial V_\xi}{\partial r} \mathbf{LS} + \delta_{\xi p} V_c(r) \tag{6.57}$$

gewählt. V_ξ ist das Raumpotential nach Wood-Saxon,

$$V_\xi(r) = -V_{0\xi}\{1 + \exp[(r - R_w)/a]\}^{-1}; \tag{6.58}$$

$V_c(r)$ ist das Potential, das durch die Coulombwechselwirkung eines Protons mit einer homogen geladenen Kugel mit dem Radius R_e entsteht,

$$\begin{aligned} V_c(r) &= \frac{Ze^2}{2R_e}\left[3-\left(\frac{r}{R_e}\right)^2\right] \quad &\text{für } r < R_e; \\ V_c(r) &= \frac{Ze^2}{r} \quad &\text{für } r > R_e. \end{aligned} \tag{6.59}$$

Die anderen Größen in (6.57) und (6.58) haben folgende Bedeutung: $V_{0\xi}$ = Tiefe der Potentialgrube, R_w = Radius der Potentialgrube, a = = Ausdehnung des diffusen Randes, λ = Stärke des Spin-Bahn-Potentials, M = Nukleonenmasse und

$$\delta_{\xi p} = \begin{cases} 1 \text{ (Proton)} \\ 0 \text{ (Neutron).} \end{cases}$$

Die Konfiguration der Valenznukleonen als unabhängige Teilchen ist infolge der Paarbildungs- und Quadrupolwechselwirkung gemischt. Die resultierenden gemischten Wellenfunktionen werden zur Berechnung der Isotopie- und Isomerieverschiebung der Kernradien verwendet.

Abb. 6.7 zeigt die theoretischen Werte von $\Delta R/R$ für eine Reihe von Kernen in Abhängigkeit vom Parameter

$$\gamma_A = \frac{1}{\alpha} \left.\frac{\partial a}{\partial \Delta}\right|_{\Delta=0}. \tag{6.60}$$

Dabei ist Δ durch das Verhältnis

$$\Delta = \frac{R - R_0}{R_0} \tag{6.61}$$

gegeben. Dieses Verhältnis definiert die Abweichung des mittleren Core-Radius vom Wert R_0, der zur minimalen Gleichgewichtsenergie gehört. Der Parameter γ_A charakterisiert die Änderung des Wood-Saxon-Potentials in der Nähe der Kernoberfläche infolge einer Änderung des Volumens, die durch die Polarisation des Rumpfes zustande kommt. Es wurden die Resultate der Rechnung für einen bestimmten Wert des Kompressibilitätskoeffizienten des Rumpfes ($K = 150\,A$ MeV) aufgetragen. Die Kreise auf der rechten Seite stellen experimentell bestimmte Werte dar. Man sieht, daß die berechneten Werte mit den experimentellen für γ_A-Werte in der Nähe von 2 übereinstimmen.

Die von Uher und Sorensen durchgeführten Berechnungen ermöglichen einige Schlußfolgerungen. Bei Kernen mit einer ungeraden Anzahl von Neutronen ist die Isomerieverschiebung groß, wenn starke

Kollektiveffekte wirken und wenn die beiden Kernzustände unterschiedliches Kollektivverhalten zeigen. Wenn keine Kollektiveffekte auftreten, dann ist die Verschiebung gering, und sie kann durch die Monopoleffekte bestimmt werden. Bei Kernen mit einer ungeraden

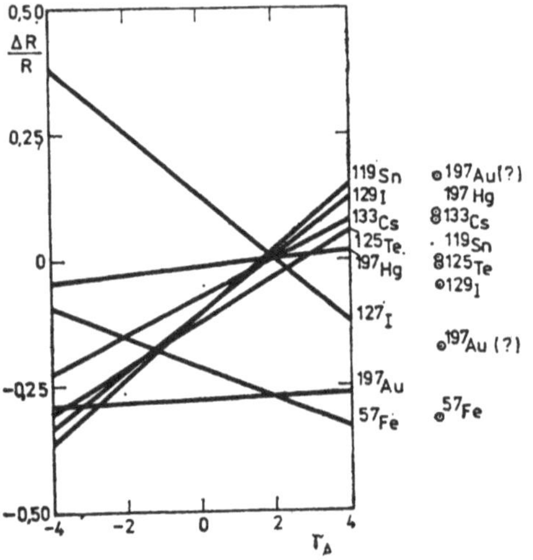

Abb. 6.7 – Die Abhängigkeit der theoretischen Werte $\Delta R/R$ (in Einheiten von $1/(3A)$) vom Parameter γ_A; rechts experimentelle Werte.

Anzahl von Protonen hängt die Isomerieverschiebung sowohl von den Kollektiveffekten als auch vom Einfluß des mittleren Quadrats der Radien der äußeren Nukleonen ab. Wenn der effektive Radius für zwei betrachtete Zustände gleich ist und keine Kollektiveffekte vorliegen, dann ist eine geringe Isomerieverschiebung wahrscheinlich. Andererseits kann eine große Isomerieverschiebung auftreten, wenn kollektive Effekte eine Rolle spielen und wenn die effektiven Radien stark unterschiedlich sind. Hierzu sollen einige Beispiele angeführt werden:

Im Falle des Nuklids ^{57}Fe hat der Zustand $1/2^-$ einen kollektiven Charakter, der den des Zustands $3/2^-$ übertrifft. Entsprechende Rechnungen zeigen, daß die Größe $\Delta R/R$ zu 70% auf die Quadrupoldeformation und nur zu 30% auf Monopoleffekte zurückzuführen ist.

Der niedrigere Wert von $\Delta R/R$ beim ^{119}Sn kann nicht durch Quadrupoleffekte erklärt werden, sondern wegen der Valenzneutronen nur durch Monopoleffekte. Die Verschiebung entsteht infolge der Radiendifferenz zwischen den Neutronen-Quasiteilchen $d_{3/2}$ und $s_{1/2}$. Im ^{125}Te treten bereits kollektive Effekte auf, und der Zustand $1/2^+$ polarisiert etwas stärker als der Zustand $3/2^+$, während sich für die Radienänderung ein theoretischer Wert in der Nähe von Null ergibt.

Bei den Kernen mit einer ungeraden Anzahl von Protonen ^{127}J, ^{129}J und ^{133}Cs erhält man aus Messungen der Isomerieverschiebung für die Zustände $7/2^+$ und $5/2^+$ niedrige Werte für das Verhältnis $\Delta R/R$. Die Erklärung hierfür ist, daß in allen drei Kernen die angegebenen Zustände nahezu gleiches kollektives Verhalten zeigen und die Quadrupoleffekte reduziert sind. Ein Widerspruch zur Theorie zeigt sich beim ^{197}Hg beim Übergang zwischen den Niveaus $13/2^+$ und $1/2^-$, für den sich theoretisch eine fast verschwindende Isomerieverschiebung ergibt, experimentell aber ein von Null verschiedener Wert gefunden wurde. Dasselbe ist der Fall beim Kern ^{121}Sb, bei dem man für die Zustände $7/2^+$ und $5/2^+$ experimentell einen sehr großen Wert für $\Delta R/R$ erhält.

Von denselben Vorstellungen ausgehend wurden von Belyakov [13] Rechnungen durchgeführt, die die Wechselwirkung zwischen dem Valenznukleon und dem Rumpfkern mit Hilfe von Migals Theorie endlicher Fermisysteme behandeln.

Tabelle 6.2 zeigt einen Vergleich zwischen den durch Uher und Sorensen [12] und Belyakov [13] berechnetentheoretischen Werten von $\Delta\langle R^2\rangle$ und den experimentellen Werten aus der Arbeit von Kalvius [14]. Man sieht, daß die experimentellen Werte von $\Delta\langle R^2\rangle$ bei Einteilchenübergängen in sphärischen Kernen von der Theorie noch keineswegs zufriedenstellend wiedergegeben werden.

Tabelle 6.2

Vergleich zwischen theoretischen und experimentellen Werten für $\langle\Delta R^2\rangle$ bei Einpartikelübergängen in sphärischen Kernen

Nuklid	Isomer-energie keV	$\Delta\langle R^2\rangle$ exp. [10^{-3} fm^2] [14]	$\Delta\langle R^2\rangle$ [10^{-3} fm^2] [12]	$\Delta\langle R^2\rangle$ [10^{-3} fm^2] [13]
^{57}Fe	14	−20	−43	–
^{61}Ni	67	− 5	–	−22
^{83}Kr	9	+13	+33	–
^{119}Sn	24	+ 6	+ 3	− 9
^{121}Sb	37	−32	+ 0,3	–
^{125}Te	35	+ 5	− 3	+ 7
^{127}I	58	−11	− 1	–
^{129}I	29	+14	+ 1,3	+40
^{129}Xe	40	+ 1,5	–	− 4
^{133}Cs	81	+ 4	+ 1	–

Zwischen ^{121}Sb und ^{151}Eu treten bei neun Kernen Einpartikelübergänge zwischen den Niveaus $2d_{5/2}$ und $1g_{7/2}$ auf. In Abb. 6.8 sind die möẞbauerspektroskopisch ermittelten Werte von $\Delta\langle R^2\rangle$ für sechs von diesen Kernen aufgetragen [14]. Es sei bemerkt, daß die Übergänge in

^{141}Pr und ^{151}Eu als Zustände mit Protonenlöchern in die grafische Darstellung aufgenommen wurden. Die sich ergebende systematische Änderung von $\Delta\langle R^2\rangle$ kann bisher noch nicht zufriedenstellend theoretisch beschrieben werden.

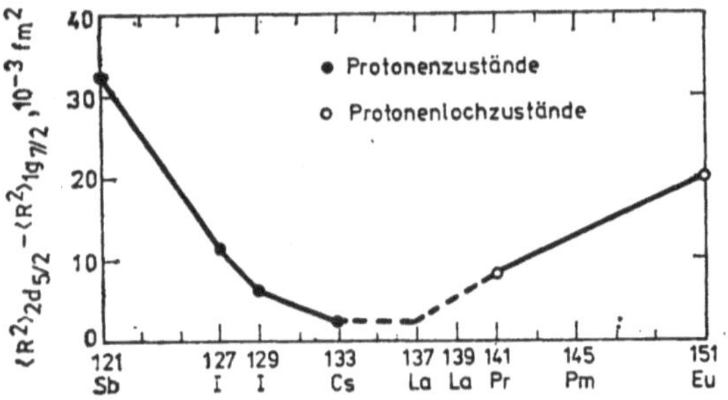

Abb. 6.8 — Mößbauer-spektroskopisch bestimmte Differenzen der mittleren Kernradien für Übergänge zwischen den Zuständen $2d_{5/2}$ und $1g_{7/2}$ einiger Nuklide.

Für Einteilchenübergänge in stark deformierten Kernen, also für solche zwischen den Grundzuständen von zwei verschiedenen Rotationsbanden, leiteten Steichele [15] mit Zuhilfenahme von Wood-Saxon-Potentialen und Speth [16] auf der Basis der Theorie endlicher Fermisysteme Werte für $\Delta\langle R^2\rangle$ ab. In Tabelle 6.3 ist ein Vergleich zwischen den von den angegebenen Autoren berechneten Werten und den in [14] aufgeführten experimentellen Daten gegeben. Man sieht, daß die Rechnungen von Speth vernünftige Werte liefern, ausgenommen für ^{161}Dy, bei dem die theoretischen Werte viel größer als die gemessenen sind.

Bezüglich der Rotationsübergänge hofft man, durch Bestimmungen von $\Delta\langle R^2\rangle$ ein detailliertes Verständnis der Dynamik der Kernrotation zu erhalten. Marshalek [17] berechnete $\Delta\langle R^2\rangle$ an $2^+ \rightarrow 0^+$ -Übergängen in stark deformierten Kernen mit Hilfe eines *selfconsistent-cranking*-Modells im Sinne der Theorie von Hartree-Fock-Bogolyubov. Er nimmt an, daß es folgende drei Einflüsse auf die Kernradiusänderung gibt:

a) Die zentrifugale Dehnung,

b) der Einfluß der Corioliskraft auf die Bewegung des unabhängigen Quasiteilchens,

c) die Abschwächung der Paarkorrelation durch Corioliskräfte. Er berechnete das Verhältnis $\Delta\langle R^2\rangle/\langle R^2\rangle$ für eine Reihe von Kernen mit $152 \leqslant A \leqslant 186$ und $230 \leqslant A \leqslant 244$. Es ergibt sich dabei die richtige Größenordnung für die Radiusänderung der Kernladung. Als wichtigste Schlußfolgerung aus diesen Rechnungen ergibt sich, daß die Radiusänderung in den meisten Fällen durch die Zentrifugaldehnung des Kernes entsteht. Man kann jedoch den Einfluß der Corioliskräfte auf die Bewegung des unabhängigen Quasiteilchens nicht vernachlässigen, da er gewöhnlich um 25% und in manchen Fällen sogar bis zu 50% des Gesamteffekts ausmacht, wenn die Dehnung gering ist. Die Schwächung der Paarkorrelation durch Corioliskräfte ergibt im allgemeinen einen negativen und meistens sehr geringen Beitrag. Tabelle 6.4 bringt

Tabelle 6.3

Vergleich zwischen theoretischen und experimentellen Werten von $\Delta\langle R^2\rangle$ bei Einteilchenübergängen in stark deformierten Kernen

Nuklid	Isomerenergie [keV]	$\Delta\langle R^2\rangle$ exp. [10^{-3} fm^2] [14]	$\Delta\langle R^2\rangle$ [10^{-3} fm^2] [15]	$\Delta\langle R^2\rangle$ [10^{-3} fm^2] [16]
^{151}Eu	21	18	− 7	+11
^{153}Eu	97 103	− 94 −102	−122 + 9	−50 −57
^{155}Gd	87	−6	−	− 8
^{157}Gd	64	+13	−	+15
^{161}Dy	26 75	+7 +8	− −	+42 +38
^{197}Au	77	+2	−	−

einen Vergleich von berechneten Werten von $\Delta\langle R^2\rangle/\langle R^2\rangle$ für $2^+ \to 0^+$-Übergänge in stark deformierten Kernen mit den experimentellen Daten aus [14]. Man sieht, daß die von Marshalek berechneten Werte von $\Delta\langle R^2\rangle/\langle R^2\rangle$ für $A < 180$ qualitativ gut wiedergegeben werden, obwohl sie im Mittel dreimal größer als die Meßwerte sind. Für stark deformierte *gg*-Kerne mit $A \geqslant 220$ gibt es keine Angaben über $\Delta\langle R^2\rangle$. Der Wert für ^{238}U in der Tabelle stimmt mit dem von Marshalek angegebenen sehr gut überein. Daraus geht wiederum hervor, daß die Zentrifugaldehnung für diese Nuklide fast vernachlässigbar ist.

In bezug auf das quantitative Verhältnis zwischen der Kernradius- und der Deformationsänderung hält die Theorie Marshaleks einer Prüfung nicht stand. So bestimmte er die durch Zentrifugaldehnung hervorgerufene Änderung der Deformationsparameter mit Hilfe eines mikroskopischen Modells der Kernrotation [18]. Die so erhaltenen theoretischen Werte sind jedoch um einem Faktor 3...7 größer als die Meßwerte.

Die nichtadiabatischen Effekte der Kernrotation können auch auf andere Art betrachtet werden, nämlich durch Verwendung von Meßwerten von $\Delta\langle R^2\rangle/\langle R^2\rangle$, aus denen man die Vergrößerung des Trägheitsmomentes durch Zentrifugaldehnung bestimmt. Setzt man voraus, daß $\Delta\langle R^2\rangle$ durch die Deformationsänderung β eines axialsymmetrischen Kernes von konstantem Volumen entsteht, dann kann der Ausdruck

$$\frac{\partial\beta}{\beta} = \left(\frac{2\pi}{5\beta^2}\right)\frac{\Delta\langle R^2\rangle}{\langle R^2\rangle} \tag{6.62}$$

abgeleitet werden.

Andererseits ist das Energiespektrum eines reinen Rotationskerns durch $E_I = (\hbar^2/2J)I(I+1)$ gegeben. J bezeichnet das Trägheitsmoment. Wegen der nichtadiabatischen Effekte ist J einer Änderung unterworfen, wenn die Rotationsanregung erhöht wird. Phänomenologisch kann man das Energiespektrum durch Einführung von Gliedern höherer Ordnung beschreiben [19],

$$E_I = (\hbar/2)I(I+1) + BI^2(I+1)^2 + \ldots . \tag{6.63}$$

Die Verwendung der realen Abstände der Rotationsniveaus und der Gleichung (6.63) erlaubt dann eine Bestimmung des Koeffizienten B. Man kann ihn in Verbindung mit der Trägheitsmomentänderung bringen

Tabelle 6.4

$10^4 \cdot \frac{\Delta\langle R^2\rangle}{\langle R^2\rangle}$ für $2+ \to 0+$-Übergänge in stark deformierten gg-Kernen

Nuklid	experimentelle Werte [14]	theoretische Werte [17]
Sm 152	8	19,7
154	0,5	2,1
Gd 154	10	8,8
156	1,5	1,6
158	0,3	1,1
160	0,2	0,8
Yb 170	0,7	1,3
172	0,3	1,5
174	0,3	1,2
Hf 176	0,6	1,9
178	0,3	1,3
180	0,3	1,3
W 182	− 0,4	2,4
184	+ 0,1	2,9
186	+ 0,1	5,5
U 238	0,1	0,09

und kann $(\partial J/J)_E$ aus den Rotationsenergien bestimmen. Leitet man $\partial J/\partial \beta$ aus dem mikroskopischen Modell des Rotationskernes (wie oben) und $\partial \beta/\beta$ aus den experimentell gefundenen Werten von $\Delta\langle R^2\rangle$ ab, dann kann man $(\partial J/J)_\beta$ aus der Deformationsänderung bestimmen. Im allgemeinen ist $(\partial J/J)_\beta$ ungefähr eine Größenordnung kleiner als $(\partial J/J)_E$. Dies zeigt, daß die Zentrifugaldehnung nicht für die Abweichung des Energiespektrums von dem einer reinen Rotation verantwortlich ist.

Die angeführten Betrachtungen zeigen deutlich, daß die Bestimmungen von $\Delta\langle R^2\rangle$ mit Hilfe der Mößbauerspektroskopie ein besseres Verständnis der Effekte der Kernstruktur, die zu Änderungen des Kernladungsradius bei niederenergetischer Anregung führen, erlauben. Die Untersuchung nichtadiabatischer Effekte bei Rotationsübergängen unter Verwendung mößbauerspektroskopischer Meßwerte erscheint gleichfalls als interessant und erfolgversprechend.

6.4 Kernquadrupolmomente

Die Bestimmung der Momente von Kernen in ihrem Grundzustand kann mit Erfolg und großer Genauigkeit mit den Hochfrequenzmethoden der Kernspektroskopie erfolgen. Es seien hier die Kerninduktion, die magnetische Kernresonanz und die Methode von Rabi angeführt. Die Anwendung der Mößbauerspektroskopie liefert für diesen Zweck Resultate mit einer Genauigkeit, die gewöhnlich um eine Größenordnung geringer ist. Kernmomente von angeregten Zuständen können durch Messung von gestörten Winkelkorrelationen beim β-Zerfall oder bei γ-Emission, durch Coulombanregung oder durch Kernreaktionen

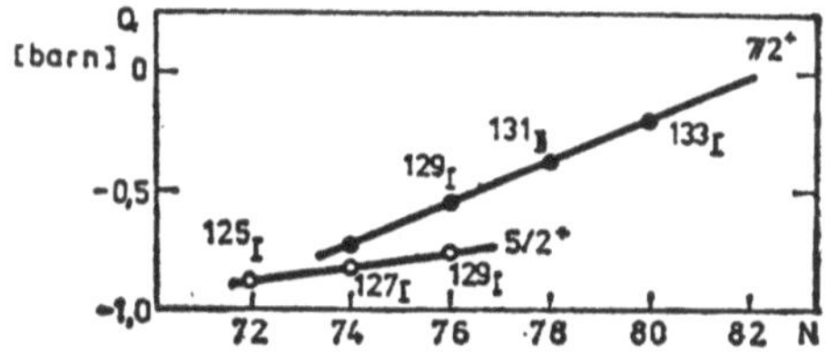

Abb. 6.9 – Die Abhängigkeit der Quadrupolmomente von der Neutronenzahl bei den Zuständen 7/2+ und 5/2+ der Jodisotope.

bestimmt werden. Aussagen über Kernmomente im angeregten Zustand setzen die Kenntnis des Feldes am Kernort voraus, ein Problem, das auch in der Mößbauerspektroskopie häufig zu Schwierigkeiten führt. Die Mößbauerspektrometrie ist jedoch ausgezeichnet zur genauen Bestimmung des Verhältnisses zwischen den Kernquadrupolmomenten geeignet. Einige Schlußfolgerungen aus mößbauerspektroskopischen Daten über Quadrupolmomente sollen hier angegeben werden.

Als erstes Beispiel sind in Abb. 6.9 die Quadrupolmomente der Zustände $7/2^+$ und $5/2^+$ von Nukliden mit einer geraden Neutronenzahl N in Abhängigkeit von N aufgetragen [20]. Man sieht, daß sich bei Auffüllung der Neutronenschale mit Neutronenpaaren die Quadrupolmomente für beide Zustände linear ändern. Die Extrapolation auf N = 82 entsprechend einer abgeschlossenen Neutronenschale ergibt Werte, die den nach der Einteilchennäherung berechneten Werten nahe kommen. Es sei bemerkt, daß die von Kisslinger und Sorensen [21] angegebenen theoretischen Werte eine nichtlineare Änderung in Abhängigkeit von der Neutronenzahl zeigen und daß sie auch quantitativ nicht mit den experimentellen Werten übereinstimmen, obwohl in der Rechnung die Paarwechselwirkung und die weitreichende Quadrupolwechselwirkung zwischen den nichtgepaarten Nukleonen und dem Kernrumpf berücksichtigt wurden.

Der auf N = 82 extrapolierte Wert $|Q_{7/2}|$ für das Niveau $7/2^+$ stimmt gut mit dem Wert von $Q = 0{,}11$ barn überein, der sich aus dem Einteilchenmodell ergibt. Der extrapolierte Wert $|Q_{5/2}|$ für das Niveau $5/2^+$ ist viel größer. Dies zeigt, daß die drei Protonen, die sich außerhalb der abgeschlossenen Protonenschale Z = 50 befinden und die den Wert von Q bestimmen, so gebunden sind, daß sie $|Q_{7/2}| < |Q_{5/2}|$ liefern. Die Rechnungen von Kisslinger und Sorensen jedoch führen gerade zu der umgekehrten Relation $|Q_{7/2}| > |Q_{5/2}|$.

Es ist von Interesse daran zu erinnern, daß Verhältnisse zwischen Quadrupolmomenten auch aus dem Quotienten der Matrixelemente bestimmt werden können, die zu dem Quadrupolübergang $B(E2)$ gehören (s. Formel (6.42)). Diese können dann mit den Meßwerten aus der Mößbauerspektroskopie verglichen werden.

In Tabelle 6.5 wird ein Vergleich zwischen den Quadrupolmomentverhältnissen des Rotationszustandes 2^+ und den Matrixelementverhältnissen für den $E2$-Übergang der Isotope des Hafniums [22] und des Wolframs [23] gebracht. Entsprechend dem adiabatischen Kollektivmodell sollte man erwarten, daß die beiden Verhältnisse gleich sind. In der Tat ist die Übereinstimmung bei den Hafniumisotopen gut, bei den Wolframisotopen tritt aber eine merkliche Abweichung auf.

Solche Untersuchungen, die den Vergleich zwischen den Verhältnissen der Quadrupolmomente und denen der zugehörigen $B(E2)$-Matrixelemente betreffen, scheinen auch für zukünftige Arbeiten aussichtsreich zu sein.

Ein weiteres Beispiel soll zeigen, daß man durch Mößbauermessungen des Quotienten der Quadrupolmomente auch Einblicke in die Änderungen des Kerndeformationszustandes erhalten kann. So erhält man aus Messungen an ^{129}Xe und ^{131}Xe [24] in den Eisenverbindungen ^{131}XeFe und ^{129}XeFe für die $3/2^+$-Niveaus den Quotienten

$$^{129}Q_{3/2}/^{131}Q_{3/2} = 3{,}45 \pm 0{,}09$$

dessen großer Wert zeigt, daß man es mit einem Übergang zu tun hat, bei dem der sphärische Kern in einen deformierten übergeht.

Tabelle 6.5

Vergleich zwischen den Quadrupolmomentverhältnissen und den Verhältnissen der Matrixelemente des Überganges $B(E2)$

Element	Resultate aus Mößbauerexperimenten	Resultate aus der Bestimmung von $B(E2)$
Hafnium	$\frac{Q_{22}^{178}}{Q_{22}^{176}} = 0{,}92 \pm 0{,}02$	$\frac{Q_{22}^{178}}{Q_{22}^{176}} = 0{,}92 \pm 0{,}04$
	$\frac{Q_{22}^{180}}{Q_{22}^{176}} = 0{,}86 \pm 0{,}01$	$\frac{Q_{22}^{180}}{Q_{22}^{176}} = 0{,}91 \pm 0{,}04$
Wolfram	$\frac{Q_{22}^{186}}{Q_{22}^{182}} = 0{,}86 \pm 0{,}01$	$\frac{Q_{22}^{186}}{Q_{22}^{182}} = 0{,}94 \pm 0{,}03$

6.5 Magnetische Kernmomente

Mit Hilfe der Mößbauerspektroskopie wurde bisher eine relativ große Anzahl von magnetischen Momenten (mehr als 40) und auch Matrixelementen magnetischer Dipolübergänge ($M1$-Übergänge) zwischen Rotationsniveaus bestimmt. Diese Daten sind sowohl für die Erklärung magnetischer Kerneigenschaften als auch für die Aufklärung dynamischer Aspekte der Kernzustände nützlich.

Zur Theorie deformierter Kerne gehört in erster Linie die Bestimmung der gyromagnetischen Verhältnisse der ersten angeregten 2^+-Zustände von *gg*-Kernen. Die übliche Mößbauertechnik mit Coulombanregung des Mößbauerniveaus liefert genügend genaue Meßwerte, die einen Vergleich mit der Theorie gestatten. In Tabelle 6.6 ist eine Reihe von mößbauerspektroskopisch gemessenen g_R-Werten für die Rotationszustände von *gg*-Kernen mit Spin 2^+ zusammengestellt.

Als Beispiel sollen die g_R-Faktoren der Ytterbiumisotope herausgegriffen werden. Der Vergleich zwischen den mößbauerspektroskopisch

Tabelle 6.6

Mößbauerspektroskopisch gemessene Werte von g_R für Rotationszustände von gg-Kernen mit Spin 2^+

Nuklid	Niveau keV	g_R		Lit.
^{152}Sm	122	0,416	(25)	[25]
^{154}Sm	82	0,389	(18)	[26]
^{156}Gd	89	0,393	(7)	[27]
^{158}Gd	79,5	0,385	(22)	[28]
^{160}Dy	86,8	0,38	(2)	[29]
		0,37	(4)	[30]
^{162}Dy	80,7	0,364	(23)	[31]
^{164}Dy	73,4	0,336	(14)	[32]
		0,346	(21)	[31]
^{164}Er	91,5	0,353	(10)	[32]
^{166}Er	80,6	0,312	(10)	[33]
		0,310	(15)	[34]
		0,320	(8)	[32]
^{168}Er	79,8	0,33	(2)	[35]
		0,333	(8)	[32]
^{170}Er	84,2	0,319	(11)	[36]
^{170}Yb	84,3	0,335	(5)	[37]
		0,335	(6)	[32]
		0,328	(18)	[38]
^{172}Yb	78,7	0,332	(8)	[32]
^{174}Yb	76,5	0,337	(8)	[32]
		0,338	(15)	[38]
^{176}Yb	82,1	0,381	(16)	[39]
^{182}W	100,0	0,266	(9)	[40]
		0,233	(27)	[41]
^{184}W	111	0,295	(10)	[40]
		0,25	(3)	[41]
^{186}W	123	0,312	(11)	[40]
		0,34	(3)	[41]
^{186}Os	137	0,280	(8)	[42]
		0,320	(15)	[41]
^{188}Os	155	0,305	(14)	[42]
		0,310	(27)	[41]
^{192}Os	206	0,10	(2)	[41]

Meßfehlerbezeichnung: z.B. 0,337(8) = 0,337 ± 0,008

gemessenen g_R-Werten und den von Nilsson und Prior [8] theoretisch berechneten Werten zeigt eine gute qualitative Übereinstimmung (Abb. 6.10), doch die Meßwerte liegen ziemlich weit oberhalb der theoretischen. Wenn man den Einfluß der Paarwechselwirkung in den theo-

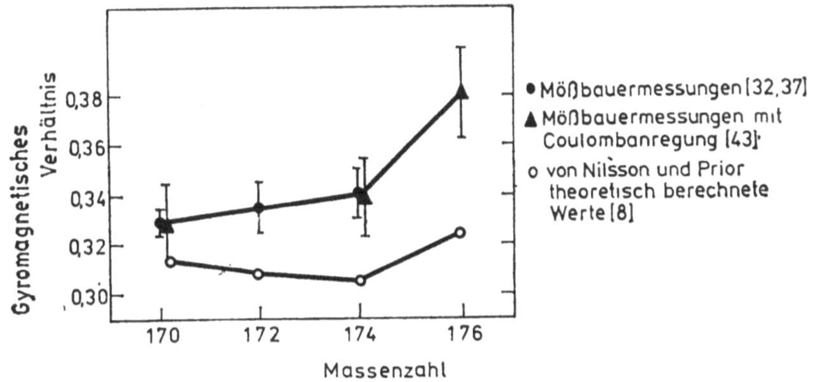

Abb. 6.10 – Die gyromagnetischen Verhältnisse für die Rotationszustände der *gg*-Kerne des Ytterbiums in Abhängigkeit von der Massenzahl.

retischen Rechnungen reduziert, dann kann man die theoretischen Werte der gyromagnetischen Verhältnisse den experimentellen gut annähern. Das Anwachsen von g_R beim Übergang von ^{170}Yb zu ^{176}Yb ist im Einklang mit den Messungen von relativen Quadrupolmomenten und zeigt, daß eine Verstärkung der Deformation vorliegt, durch die sich der Einfluß der Paarkorrelation verringert, was dann zu den vergrößerten Werten von g_R führt.

Die gemessenen Trägheitsmomente sind ebenfalls größer als die theoretischen. Tabelle 6.7 zeigt die Trägheitsmomente J_p und J_n für die *gg*-Kerne des Ytterbiums, die über die magnetischen Momente und gyromagnetischen Verhältnisse experimentell bestimmt wurden, und jene, die von Nillson und Prior [8] theoretisch berechnet wurden. Die experimentellen Werte liegen um 10% höher als die theoretischen. Dies zeigt, daß die bei den Rechnungen verwendeten Werte für die Energielücken Δ_n und Δ_p um 10% zu groß waren. Die Theorie kann somit die Meßwerte erklären, wenn Δ_n und Δ_p für die Rechnungen um 10% herabgesetzt werden, was durchaus als vernünftig erscheint.

Interessant ist ein Vergleich zwischen den experimentellen g_R-Werten für die *W*- und Os-Isotope und den von Nilsson und Prior auf der Basis von Formel (6.50) berechneten theoretischen Werten. Eine Zusammenstellung dieser Werte zeigt Tab. 6.8.

Tabelle 6.7

Vergleich zwischen theoretischen und experimentellen Werten von J_p und J_n der gg-Isotope des Ytterbiums

Massenzahl	Theoretische Werte [8] MeV^{-1}		Experimentelle Werte [43] MeV^{-1}	
	J_p	J_n	J_p	J_n
170	20,48	41,07	21,83	44,53
172	21,59	44,35	23,8	47,27
174	22,10	45,15	24,82	48,62
176	21,62	41,41	26,06	42,35

Tabelle 6.8

Die gyromagnetischen Verhältnisse der 2+ -Zustände der Isotope des Wolframs und Osmiums

Isotop	g_R(exp.) [41]	g_R(theor.) [8]
^{182}W	0,233±0,027	0,23
^{184}W	0,25 ±0,03	0,28
^{186}W	0,34 ±0,03	0,35
^{186}Os	0,32 ±0,015	0,30
^{188}Os	0,310±0,027	0,36
^{192}Os	0,10 ±0,02	–

Im Abschnitt 6.2.3 wurde ausgeführt, daß Nilsson und Prior [8] die Trägheitsmomente mit der Quasiteilchennäherung berechneten, wodurch sie der Korrelation von Superfluidpaaren Rechnung trugen. Nach dem Supraflüssigkeitsmodell scheint es, als ob ein Teil der Protonen und Neutronen nicht am Rotationsprozeß teilnimmt. Wenn dies zu gleichen Teilen die Protonen und die Neutronen beträfe, müßte g_R unverändert bleiben. In Wirklichkeit ist nun die aus der Massendifferenz zwischen den geradzahligen und ungeradzahligen Kernen bestimmte Paarbildungsenergie größer für Protonen als für Neutronen, weshalb sich J_p stärker als J_n verkleinert (Formel (6.50)) und die Werte für g_R kleiner als Z/A werden. Tabelle 6.8 zeigt eine gute Übereinstimmung zwischen Experiment und Theorie bei den Wolframisotopen, wo g_R mit der Neutronenzahl erwartungsgemäß anwächst. Bei den Osmiumisotopen ist eine Abweichung der theoretischen Werte festzustellen. Der sprunghafte Abfall von g_R bei ^{192}Os zeigt, daß dieser Kern nicht mehr stark deformiert ist, und daß g_R eine Größe ist, die empfindlich auf Zustandsänderungen reagiert.

Ohne auf Einzelheiten einzugehen sei erwähnt, daß bei den Erbiumisotopen [44] die Werte von g_R qualitativ mit den von Nilsson und Prior berechneten übereinstimmen [8], obwohl die experimentellen Werte systematisch größer als die theoretischen sind. Der Berechnung legten die Autoren das Rotationsmodell und die Paarkorrelation zugrunde. Dieselben Resultate ergaben sich auch für die Dysprosiumisotope [11].

Abschließend sei erwähnt, daß man den Mischungseffekt zwischen den Rotationsbändern bei Kernen mit ungeradem A durch Messung von g und der Matrixelemente $M1$ für einige Zustände des Rotationsbandes bestimmen kann. Es wird angenommen, daß die Vermischung durch Corioliskräfte entsteht. Genauer wurden die Bänder mit den Nilssonbahnen $1/2^+$ {411} in ^{169}Tm [45–47] und $1/2^-$ {521} in ^{171}Y untersucht [48]. Aus Mößbauermessungen wurden $\mu(3/2)$ von ^{169}Tm und $\mu(3/2)$, $\mu(5/2)$ und $B(M1;3/2 \rightarrow 1/2)$ von ^{171}Yb bestimmt. Tabelle 6.9 zeigt die Resultate [11]. Man sieht, daß alle bekannten magnetischen Eigenschaften gut durch die drei Parameter g_R, b_0 und g_K beschrieben werden. Die beiden ersten hängen von den Eigenfunktionen, die zum Vergleich mit den Voraussagen des Kernmodells verwendet werden müssen, ab.

Tabelle 6.9

Magnetische Eigenschaften der Rotationsbänder $K = 1/2$ in ^{169}Tm und ^{171}Yb [11]

Größe	experimentelle Werte $\mu[\mu_n]$; $B(M_1)$ $[\mu_n^2]$	magnetische Parameter	berechnete Werte
	^{169}Tm $1/2^+${411}		
$\mu_{1/2}$	0,229 ± 0,003	$g_K = -1{,}57$	0,229
$\mu_{3/2}$	0,553 ± 0,010	$g_R = 0{,}406$	0,553
$B(M1; 5/2-3/2)$	0,13 ± 0,01	$b_0 = -0{,}16$	0,130
$\mu_{5/2}$	0,61 ± 0,12		0,74
$\mu_{7/2}$	1,31 ± 0,18		1,45
$B(M1; 3/2-1/2)$	0,18 ± 0,62		0,11
$B(M1; 7/2-5/2)$	0,12 ± 0,02		0,13
	^{171}Yb $1/2^-$ {521}		
$\mu_{1/2}$	0,4930 ± 0,004	$g_K = 1{,}405$	0,493
$\mu_{3/2}$	0,349 ± 0,003	$g_R = 0{,}288$	0,349
$\mu_{5/2}$	1,101 ± 0,010	$b_0 = 0{,}437$	1,01
$B(M1; 3/2-1/2)$	0,0083 ± 0,0011		0,0080
$B(M1; 7/2-5/2)$	0,0115 ± 0,0014		0,0103

6.6 Andere mößbauerspektroskopisch untersuchte Kerneigenschaften

Einige andere Anwendungen der Mößbauerspektroskopie in der Kernphysik sollen noch kurz erwähnt werden, nämlich die Bestimmung des Koeffizienten der inneren Konversion, die Untersuchungen zur Nichterhaltung der Parität und die Bestimmung der Multipolmischung.

Die Bestimmung des durch die Beziehung $\alpha = \frac{N(e^-)}{N(\gamma)}$ definierten Koeffizienten der inneren Konversion, der das Verhältnis zwischen den emittierten Elektronen und den Gammaübergangswahrscheinlichkeiten angibt, erfolgt durch Messung der Fläche einer Absorptionslinie

$$A = f_s \int_{-\infty}^{\infty} (1 - \exp[-\sigma(E) f_a\, na]) \mathrm{d}E. \tag{6.64}$$

Hierin sind n die Anzahl der Atomkerne des Mößbauerelementes pro cm^2 und a der Anteil an resonanzfähigen Kernen. Der Konversionskoeffizient tritt in der Formel (1.14) für σ_0 auf. Hanna und Preston [49] verwendeten einige Fe-haltige Absorber gleicher Dicke, aber unterschiedlicher Dichte (um einen Faktor von 37). Aus dem Flächenverhältnis konnte $\alpha = 8{,}9 \pm 0{,}7$ bestimmt werden, was mit dem aus Koinzidenzmessungen ermittelten Wert übereinstimmt.

1957 haben Wu u. Mitarb. [50] die Verteilung der aus (bei tiefen Temperaturen und starken Magnetfeldern) polarisierten ^{60}Co-Quellen emittierten β-Teilchen gemessen. Es konnte festgestellt werden, daß beim β-Zerfall unter diesen Bedingungen ein größerer Anteil von Elektronen entgegengesetzt der Magnetfeldrichtung emittiert wird, also entgegengesetzt der Richtung, in welcher die Kerne orientiert sind. Die Elektronen werden also bevorzugt in eine Richtung emittiert, somit sind das rechts-links-Symmetrieprinzip sowie die Paritätserhaltung nicht mehr erfüllt. Mißt man nun β-Teilchen aus einer nichtpolarisierten Quelle und wählt man nur diejenigen Polarisationszustände aus, die parallel zur Emissionsrichtung der β-Teilchen orientiert sind, dann ergeben β-γ-Koinzidenzmessungen an solchen Kernen ungleiche Eigenschaften der Niveaus der angeregten Zustände m (durch die Meßtechnik wird ein praktisch teilweise polarisierter Anteil von Kernen aus der Gesamtheit der Kerne ausgewählt). Bringt man die Quelle in ein starkes Magnetfeld, das parallel zur β-Emissionsrichtung orientiert ist, dann tritt eine Energieaufspaltung bei den Hyperfeinübergängen $m^* \rightarrow m$

auf, die durch ein Mößbauerexperiment nachgewiesen werden kann. In diesem Experiment werden also nur die Ereignisse, die zu den teilweise in der β-γ-Richtung polarisierten Kernen gehören, erfaßt. De Waard u. Mitarb. [51] haben einen solchen Versuch an einer β-Quelle mit dem Übergang ^{129m}Te → ^{129}J durchgeführt. Das ^{129m}Te befand sich dabei in einer Fe-Folie und folglich das entstehende ^{129}J in einem starken magnetischen Hyperfeinfeld von 1100 kOe. Das erhaltene Mößbauerspektrum zeigt zwei zentrale Linien, die der Orientierung des magnetischen Momentes parallel und antiparallel zum äußeren Magnetfeld entsprechen. Tastet man den Bereich um diese beiden Maxima im Spektrum genauer ab, dann erhält man eine 45%-ige Asymmetrie, was den Erwartungen entspricht.

Einige Mößbauerkerne wie z.B. ^{99}Ru und ^{193}Ir senden Multipolstrahlung $E2$ und $M1$ aus, deren Mischungskoeffizient

$$\delta_m = \frac{\chi(E2)}{\chi(M1)} \tag{6.65}$$

einen relativ großen Wert hat. Beim ^{99}Ru ist $|\delta_m|^2 = 0{,}31$, beim ^{193}Ir ist $|\delta_m|^2 = 2{,}7$. Durch Benutzung von verdünnten Legierungen Ir—Fe und Ru—Fe konnten in starken Magnetfeldern die hyperfeine Magnetstruktur, das Vorzeichen und die Amplitude des Mischungskoeffizienten mit einer Genauigkeit von 0,1% bestimmt werden [52—54].

Zusammenfassend sei darauf hingewiesen, daß die Informationen, die sich aus Mößbauerexperimenten hinsichtlich der Änderung von Kernradien bei Gammaübergängen sowie hinsichtlich der magnetischen und Quadrupolmomente von angeregten Kernzuständen ergeben, auf grundlegende Weise diejenigen Daten ergänzen, die man unter Anwendung anderer Methoden erhalten kann. Insbesondere sind die Informationen über die Kernradiusänderung einmalig und von großem Interesse für die Kernspektroskopie. Der Vergleich dieser Ergebnisse mit Folgerungen aus Modellvorstellungen über den Atomkern ermöglicht Aussagen über die Gültigkeit der verwendeten Kernmodelle.

Literatur

[1] M. Goeppert-Mayer, Phys. Rev. 74, 235 (1948); 75, 1969 (1949); 78, 16 (1950); 78, 22 (1950).
[2] O. Haxel, J. H. D. Jensen, H. Suess, Z. f. Phys. 128, 295 (1950).
[3] J. Rainwater, Phys. Rev. 79, 432 (1950).
[4] S. G. Nilsson, Mat. Fys. Meld. 26, 16 (1955).

[5] K. ALDER, A. BOHR, J. HUUS, B. MOTTELSON, A. WINTHER, Rev. Mod. Phys. 28, 432 (1956).
[6] J. BARDEEN, L. N. COOPER, V. R. SCHRIEFFER, Phys. Rev. 108, 1175 (1959).
[7] S. T. BELYAYEV, Kgl. Danske Videnskab. Selskab, Mat. Fys. Meld. 31, 11 (1959).
[8] S. G. NILSSON, O. PRIOR, Kgl. Danske Videnskab. Selskab, Mat. Fys. Skr. 32, 16 (1961).
[9] W. GREINER, Nucl. Phys. 80, 417 (1966).
[10] A. BOHR, B. R. MOTTELSON, D. PINES, Phys. Rev. 110, 936 (1958).
[11] P. KIENLE, in E. MATTHIAS, D. A. SHIRLEY (Hrsg.) „Hyperfine Structure and Nuclear Radiations", North Holland, Amsterdam (1968), S. 27.
[12] R. A. UHER, R. A. SORENSEN, Nucl. Phys. 86, 1 (1966).
[13] V. A. BELYAKOV, Phys. Letters, 16, 279 (1965).
[14] G. M. KALVIUS, Evaluation of Isomer Shifts, Argonne National Laboratory 60, 439 (1970).
[15] E. STEICHELE, Z. Phys. 201, 331 (1967).
[16] J. SPETH, Phys. Letters 28B, 625 (1969).
[17] E. R. MARSHALEK, Phys. Rev. Lett. 20, 214 (1968).
[18] E. R. MARSHALEK, Phys. Rev. 158, 993 (1967).
[19] E. R. MARSHALEK, J. B. MILANZO, Phys. Rev. Lett. 16, 190 (1966).
[20] D. W. HAFEMEISTER, G. DE PASQUALI, H. DE WAARD, Phys. Rev. 135B, 1089 (1964).
[21] L. S. KISSLINGER, R. A. SORENSEN, Rev. Mod. Phys. 35, 853 (1963).
[22] E. GERDAU, H. J. KÖRNER, J. LERCH, P. STEINER, Z. Naturforsch. 21a, 941 (1966).
[23] B. PERSSON, H. BLUMBERG, D. AGRESTI, Phys. Letters 24B, 522 (1967).
[24] G. J. PERLOW, Phys. Rev. 135B, 1102 (1964).
[25] U. ATZMONY, E. R. BAUMINGER, D. FROINDLICH, S. OFER, Phys. Letters 26B, 81 (1967).
[26] R. M. WHEELER, U. ATZMONY, J. C. WALKER, Phys. Rev. 186, 1280 (1969).
[27] B. PERSSON, H. BLUMBERG, M. BENT, Bull. Am. Phys. Soc. 13, 671 (1968).
[28] J. FINK, J. Phys. 207, 225 (1967).
[29] S. OFER, M. RAKAVY, E. SEGAL, Nucl. Phys. 69, 173 (1965).
[30] R. L. COHEN, Phys. Rev. 137A, 1809 (1965).
[31] J. R. OLESON, Thesis, John Hopkins Univ., Baltimore (1968), S. 104.
[32] E. MÜNCK, Z. Phys. 208, 184 (1968).
[33] H. DOBLER, G. PETRICH, S. HÜFNER, P. KIENLE, W. WIEDEMANN, H. EICHER, Phys. Letters 10, 319 (1964).
[34] R. L. COHEN, J. H. WERNICK, Phys. Rev. 134B, 503 (1964).
[35] R. R. STEVENS, JR., J. S. ECK, E.T. RITTER, Y.K. LEE, J. C. WALKER, Phys. Rev. 158, 1118 (1967).
[36] I. W. WIGGINS, J. C. WALKER, Phys. Rev. 177, 1768 (1969).
[37] A. HÜLLER, W. WIEDEMANN, P. KIENLE, S. HÜFNER, Phys. Letters 15, 269 (1965).
[38] J. S. ECK, Y. K. LEE, J. C. WALKER, R. R. STEVENS, JR., Phys. Rev. 156, 246 (1967).

[39] J. S. Eck, Y. K. Lee, J. C. Walker, Bull. Am. Phys. Soc. 12, 596 (1967).
[40] B. Persson, H. Blumberg, D. Agresti, Phys. Rev. 170, 1066 (1968).
[41] Y. M. Chow, L. Grodzins, P. H. Barrett, Phys. Rev. Lett. 15, 369 (1965).
[42] D. Kucheida, F. Wagner, G. Kaindl, P. Kienle, Z. Phys. 216, 346 (1968).
[43] J. S. Eck, Thesis, John Hopkins Univ., Baltimore (1967).
[44] D. C. Russel, Thesis, Tulane University (1968).
[45] M. Kalvius, P. Kienle, H. Eicher, W. Wiedemann, C. Schüler, Z. Phys. 172, 231 (1963).
[46] I. Nowik, S. Ofer, Phys. Letters 3, 192 (1963).
[47] R. L. Cohen, Phys. Rev. 134A, 94 (1964).
[48] C. Günther, E. Kankeleit, Phys. Letters 22, 443 (1966).
[49] S. S. Hanna, R. S. Preston, Phys. Rev. 139A, 722 (1965).
[50] C. S. Wu, E. Ambler, R. W. Hayward, D. D. Hoppes, R. P. Hudson, Phys. Rev. 105, 1413 (1957).
[51] H. de Waard, J. Heberle, P. J. Schurer, H. Hasper, W. W. T. Koks, in „Hyperfine Structure and Nuclear Radiations", E. Matthias, D. A. Shirley, (Hrsg.), North Holland, Amsterdam (1968), S. 329.
[52] O. C. Kistner, in „Hyperfine Structure and Nuclear Radiations", E. Matthias, D. A. Shirley (Hrsg.), North Holland, Amsterdam (1968), S. 295.
[53] F. Wagner, G. Kaindl, P. Kienle, H. J. Körner, in „Hyperfine Structure and Nuclear Radiations", E. Matthias, D. A. Shirley (Hrsg.), North Holland, Amsterdam (1968), S. 187.
[54] M. Atac, B. Crisman, P. Debrunner, H. Frauenfelder, Phys. Rev. Lett. 20, 691 (1968).

Siebentes Kapitel

Die Festkörperphysik unter dem Blickwinkel der Mößbauerspektroskopie

Die Informationen, die man durch die Untersuchung von elektrischen und magnetischen Hyperfeinstrukturen in Mößbauerspektren erhalten kann, lassen sich je nach den verfolgten Gesichtspunkten zur Erklärung einer Reihe von Eigenschaften, die in der Festkörperphysik, Metallphysik, Chemie, Biophysik usw. eine Rolle spielen, verwenden. Man denke dabei an die Ladungsdichte und das effektive Magnetfeld am Kernort oder an die Komponenten des Tensors, der den elektrischen Feldgradienten am Kernort beschreibt.

In diesem Kapitel sollen nun einige mößbauerspektrometrische Untersuchungen von Problemen aus der Festkörperphysik als Beispiele behandelt werden, da der gesamte Problemkreis der Anwendungen der Mößbauerspektrometrie in der Festkörperphysik um ein Vielfaches den Umfang dieses Buches übertreffen würde. Es soll daher lediglich anhand von konkreten Beispielen gezeigt werden, wie sich aus dem Mößbauerspektrum physikalische Informationen gewinnen lassen, die oft nur auf diese Weise erhalten werden können, in manchen Fällen aber auch komplementär zu den Ergebnissen anderer Methoden sind. Hierfür werden Untersuchungen an Metallen, Legierungen, intermetallischen Verbindungen, Ferriten und nichtkristallinen Festkörpern ausgewählt. Zu diesem Kapitel gehören natürlich auch die Problematik von Strahlungsschäden, die Dynamik von Atomen im Festkörper, Kristallgitterschwingungen, Verunreinigungen in Gittern und Phasenübergänge in magnetisch oder elektrisch geordneten Substanzen.

7.1 Mößbauerspektroskopie an metallischen Systemen

7.1.1 **Das magnetische Hyperfeinfeld in metallischem Eisen**

Zunächst sollen einige Mößbauerprobleme, die bei Eisenmetall auftreten, besprochen werden, insbesondere das Magnetfeld am Ort des ^{57}Fe-Kernes. Eine erste Messung dieses Magnetfeldes führte zu dem Wert $H = (333 \pm 10)$ kOe [1]. Spätere Messungen derselben Autoren [2] ergaben dann bei 293,9 K einen Wert von $H = (330 \pm 3)$ kOe. Das Verhältnis der magnetischen Momente war dabei $\mu_1/\mu_0 = -1{,}715 \pm \pm 0{,}004$, und das magnetische Moment des angeregten Zustands ergab sich daraus zu $\mu_1 = (0{,}1594 \pm 0{,}0013)\ \mu_n$.

Die Temperaturabhängigkeit von H im Eisen (und auch in anderen ferromagnetischen Substanzen) hat dieselbe Form wie der Verlauf der spontanen Magnetisierung $M(T)$ (=Sättigungsmagnetisierung), [3]. Experimentell ist also

$$\mathbf{H}(T) = \text{const.}\, \mathbf{M}(T) \tag{7.1}$$

zu erwarten. Abb. 7.1 zeigt das Verhältnis $H(T)/H(0)$ in Abhängigkeit von T/T_C. Die ausgezogene Kurve gilt für die Temperaturabhängigkeit der relativen Sättigungsmagnetisierung $M(T)/M(0)$, während die Punkte aus Mößbauerspektren gewonnene Werte darstellen.

Die spontane Magnetisierung $M(T)$, die sich aus der Summe der individuellen Atommomente in der Volumeneinheit ergibt, stellt das magnetische Moment dieser Volumeneinheit dar,

$$\mathbf{M}(T) = -g_e \mu_B \sum_i \langle \mathbf{S} \rangle_i . \tag{7.2}$$

Das magnetische Moment des Eisenatoms ist dem Mittelwert des Spins $\langle \mathbf{S} \rangle_i$ proportional. Jedes Atom kann sich in solchen Zuständen befinden, deren Spinprojektion diskrete Werte $S_z = m_s$ hat (z-Achse in M-Richtung gelegt), und die Summe (7.2) ist dann gleich dem Produkt aus der Atomzahl und dem Mittelwert $\langle S_z \rangle$, so daß

$$H(T) = \text{const.}\, \langle S_z \rangle_T . \tag{7.3}$$

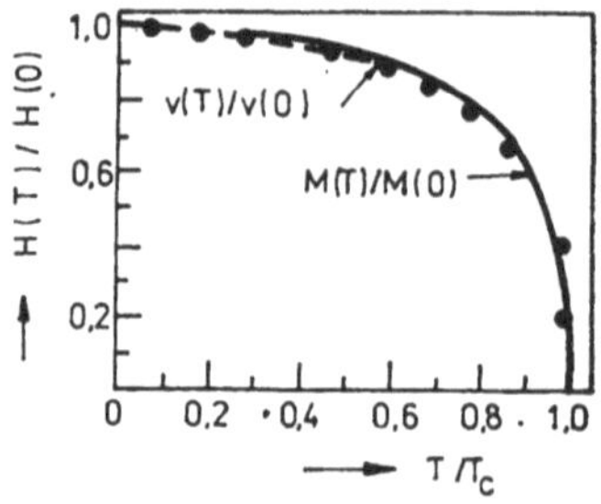

Abb. 7.1 – Das auf $H(0)$ normierte Hyperfeinfeld in metallischem Eisen in Abhängigkeit von T/T_c [2];
ausgezogene Kurve – Verlauf der Sättigungsmagnetisierung
gestrichelte Kurve – NMR-Messungen
Punkte – Mößbauermessungen
T_c – Curietemperatur

Die Wahrscheinlichkeit, daß sich ein Atom im Zustand S_z befindet, ist durch den Boltzmannfaktor gegeben, also ist

$$\langle S_z \rangle_T = \frac{\sum\limits_{m_s=-s}^{s} m_s \exp[-\alpha m_s M/(k_B T)]}{\sum\limits_{m_s=-s}^{s} \exp[-\alpha m_s M/(k_B T)]} . \tag{7.4}$$

Der Faktor $-\alpha m_s M$ ist der Wert der Wechselwirkungsenergie zwischen den Zuständen m_s. Für M erhält man nur bei Temperaturen unterhalb der Curietemperatur $T < T_C$ reelle Werte. Die Proportionalität (7.3) zwischen dem Feld H und dem Mittelwert der Spinprojektionen, die zu den Elektronen des ferromagnetischen Atoms gehören, zeigt, daß die Spin-Flip-Frequenze im Gitter viel höher sind als die Larmorfrequenz, mit der der Kernspin im Magnetfeld der Elektronen präzidiert. Die Richtung des Magnetfeldes am Kernort ändert sich also schnell, und das resultierende Feld H wird durch den Mittelwert bestimmt, der sich bei der Temperatur T einstellt.

Das Vorzeichen des Hyperfeinfeldes einer Fe-Probe in einem äußeren Magnetfeld ist negativ [1] und somit zur makroskopischen Magnetisierung antiparallel. Im Abschnitt 4.4.3 ist beschrieben, daß der negative Wert des Magnetfeldes am Kernort hauptsächlich durch die Polarisation der $1s$-, $2s$- und $3s$-Elektronenzustände, die durch die $3d$-Elektronen hervorgerufen wird, entsteht. Beim metallischen Eisen hat das magnetische Moment, das durch die $3d$-Elektronen entsteht, pro Eisenatom den Wert $\mu = 2{,}2\ \mu_B$. Das effektive Feld am Kernort ist diesem Moment proportional und hat den Wert $H = -331$ kOe. Die Konstante in (7.3), d.h. die Feldstärke, die einem Bohrschen Magneton μ_B entspricht, ist somit

$$\text{const} = -150\ \text{kOe}/\mu_B. \tag{7.5}$$

Eine Erklärung der gemessenen Isomerieverschiebung ist schwierig, da sowohl das $4s$-Leitungsband als auch die indirekte Abschirmung der $3s$- durch die $3d$-Elektronen einen Einfluß auf den Atomrumpf ausüben [4]. Obwohl der Bandenstruktur eine $3d^7 4s^1$-Konfiguration entsprechen würde, deuten die Mößbauerdaten auf eine Konfiguration $3d^{6,5}4s^{1,5}$. Die Temperaturabhängigkeit der Isomerieverschiebung zeigt bei der Curietemperatur für den $\alpha - \gamma$-Übergang bei 1200 K [2] und den $\gamma - \delta$-Übergang [5] Unstetigkeiten. Bei Einwirkung eines äußeren Druckes verringern sich sowohl das innere Magnetfeld als auch die Isomerieverschiebung linear mit dem Druck [6, 7] entsprechend

$$\begin{aligned} \partial(H/H_0)/\partial(V/V_0) &= 0{,}34 \pm 0{,}01, \\ \partial(\delta)/\partial(V/V_0) &= 1{,}50 \pm 0{,}05\ \text{mm/s}. \end{aligned} \tag{7.6}$$

Bei einem Druck von 130 kbar findet ein Übergang zu einer hexagonalen nichtmagnetischen Phase statt, in der die Anisotropie des Drucks auf die Eisenprobe zu einer Polarisation und damit zu einer Veränderung in den Linienintensitäten führt [8].

7.1.2 Spindichteänderungen in magnetisch geordneten Legierungen

Es hat sich herausgestellt, daß die Mößbauerspektroskopie eine leistungsfähige Methode zur Untersuchung von lokalen Ladungen und Spindichteverteilungen in der Umgebung von Fremdatomen, besonders in Eisenlegierungen, ist. Als Beispiel soll eine magnetisch geordnete Eisenmatrix (kubisch-raumzentriert) unter dem Einfluß von Fremdatomen auf diese Matrix behandelt werden.

Nimmt man als Fremdatome z.B. Co, Ni [9], Au, Pt, Pd [10] oder Rh [11], dann erhält man jeweils ein Mößbauerspektrum mit sechs Linien, das dem Spektrum des reinen Eisens ähnelt, wobei jedoch die Linienbreiten von der Fremdatomkonzentration abhängen. Die Linienverbreiterung entsteht durch eine relativ große Reichweite des magnetischen Einflusses der Fremdatome, die das Hyperfeinfeld am Ort der umliegenden Eisenatome stetig verändern.

Wenn es sich bei den Fremdatomen um Al, Si, Mn, V oder Cr [12] handelt, dann haben die Mößbauerlinien eine gut ausgeprägte Strukturierung. In diesen Fällen erstreckt sich also der Einfluß des Fremdatoms nur auf eine geringe Anzahl von Nachbarschaftssphären. Jede gestörte Sphäre hat ein charakteristisches Hyperfeinfeld, und das Mößbauerspektrum spiegelt die Überlagerung der Spektren dieser Nachbarschaftssphären und des ungestörten Eisens wider. Jedes Eisenatom ist von einer Nachbarschaftssphäre erster, zweiter, usw. Ordnung (mit 1, 2, 3, ... indiziert) umgeben. In jeder von ihnen können sich $m_1, m_2, \ldots$ Fremdatome befinden, wobei $m_1 \leqslant 8$, $m_2 \leqslant 6$, $m_3 \leqslant 12$, $m_4 \leqslant 24, \ldots$ sind. In Gegenwart eines Fremdatoms in der 1., 2., ... Sphäre entsteht eine Änderung $\Delta H_1, \Delta H_2, \ldots$ des Hyperfeinfeldes am Ort des Eisenkerns, und es ist anzunehmen, daß sich diese Effekte einfach überlagern. Betrachtet man nur die ersten fünf benachbarten Sphären, dann erhält man für das Hyperfeinfeld einer gewissen Konfiguration mit $m_1, m_2, \ldots, m_5$ einen Wert, der um ΔH von dem Feld H im reinen Eisen abweicht. ΔH kann durch

$$\Delta H = \sum_{n=1}^{5} m_n \Delta H_n \tag{7.7}$$

errechnet werden [12].

Bezeichnet man mit $P(m_1, m_2, \ldots)$ die Wahrscheinlichkeit, mit der die Konfiguration $m_1, m_2, \ldots$ zu ΔH_P beiträgt, dann ist

$$P(m_1, m_2, \ldots) = \frac{8!}{(8 - m_1)!\, m_1!} \cdot \frac{6!}{(6 - m_2)!\, m_2!} \cdot \frac{12!}{(12 - m_3)!\, m_3!} \cdot \ldots \tag{7.8}$$

Es entstehen Spektren mit 6 verschiedenen Teilspektren, deren relative Intensitäten zu

$$I_p = P(m_1, m_2, \ldots)\, C^{N-\Sigma m_n}(1 - C)^{\Sigma m_n} \tag{7.9}$$

proportional sind. C ist die Konzentration der Fremdatome und $N = 8 + 6 + 12 + 24 + \ldots$ die Gesamtzahl der möglichen Positionen in den Sphären 1, 2, 3, ...

Es konnte experimentell nachgewiesen werden, daß sich ΔH_P in Abhängigkeit vom Abstand des zentralen Eisenatoms vom Verunreinigungsatom in der i-ten Sphäre ändert. Abb. 7.2 zeigt dies anhand von Mößbauermessungen an Fe-Al-Legierungen (1,95 — 15,2 At.-%Al). Diese Abhängigkeit läßt sich durch Spindichteänderungen vom RKKY-Typ [13—15] erklären, die erstmals für die Spindichteverteilungen, die mit einem Kern in Fermi-Kontaktwechselwirkung stehen, vorgeschlagen wurden. Durch störungstheoretische Rechnungen kann gezeigt werden, daß die Spindichteverteilung in einem Elektronengas, das mit einem lokalisierten Spin in Wechselwirkung steht, durch

$$\rho^{\uparrow}(R) - \rho^{\downarrow}(R) = \text{konst.} \int\limits_{K_F}^{\infty} \int\limits_{0}^{K_F} \frac{u_k(0)u_{k'}(0)\, J(kk')}{E(k) - E(k')} \left[e^{i(k-k')R} - e^{-i(k-k')R}\right] dk'dk \tag{7.10}$$

beschrieben wird. Hierin bedcuten R den Abstand vom magnetischen Ion, k und k' die Wellenvektoren der Leitungselektronen, u_k den periodischen Teil der Blochfunktionen und $J(k, k')$ das Wechselwirkungs-

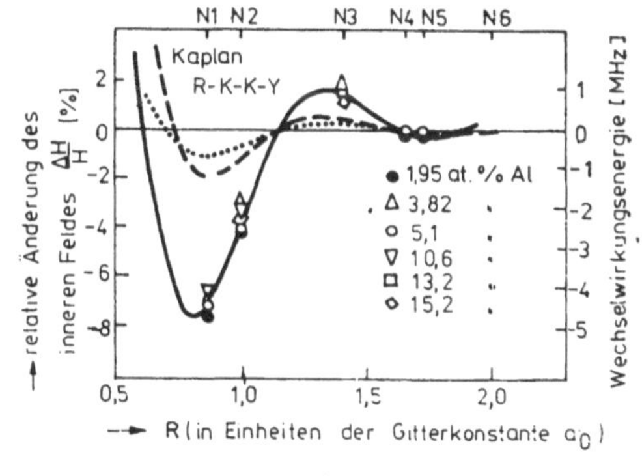

Abb. 7.2 — Durch Aluminiumatome in verschiedenen Nachbarschaftssphären hervorgerufene relative Änderungen des inneren Magnetfeldes am Ort des ^{57}Fe-Kernes [12].

integral zwischen den Leitungselektronen und dem lokalisierten Moment. Setzt man voraus, daß $J(k, k') = J$ und daß nur freie Elektronen ($u_k(0) = \text{const.}$) vorhanden sind, dann erhält man

$$\rho^{\uparrow}(R) - \rho^{\downarrow}(R) = \text{konst.}\ \chi_0(q) \cos(qR)\, d^3q. \tag{7.11}$$

χ_0 ist dabei die Suszeptibilität des nicht wechselwirkenden Elektronengases. Die Spindichteverteilung für die s-Elektronen ist in diesem Falle die periodisch veränderliche Funktion

$$\rho^{\uparrow}(R) - \rho^{\downarrow}(R) = \text{konst.} \left[\frac{2K_F R \cos(2K_F R) - \sin(2K_F R)}{(2K_F R)^4} \right]. \quad (7.12)$$

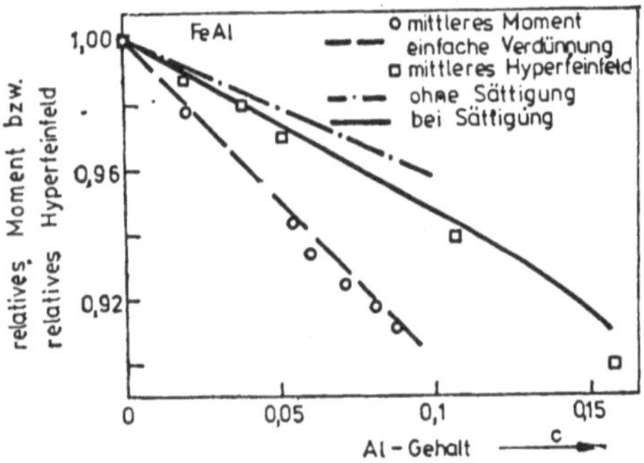

Abb. 7.3 — Änderung des mittleren magnetischen Momentes und des mittleren Hyperfeinfeldes einer Fe-Al-Legierung in Abhängigkeit von der Al-Atomkonzentration [22].

Setzt man die Blochfunktionen ein [17] und nimmt man für die Änderung von $J(k, k')$ bestimmte Modelle an [16], dann ergeben sich Kurven, wie sie in Abb. 7.2 eingezeichnet sind [12].

Ähnliche Resultate hinsichtlich der Spindichteänderung von Leitfähigkeitselektronen wurden mößbauerspektroskopisch auch an Eisen mit Verunreinigungen von Si, Mn, V, Cr [12, 18], Ga, Ge [19] und Rh [20] gefunden. Messungen an Einkristallen von Fe-Si-Legierungen zeigten stark anisotrope Wechselwirkungen [21]. Darüberhinaus zeigen die Resultate solcher Messungen, daß die Effekte verschiedener Nachbarn nicht streng additiv sind, und daß bei Fremdionenkonzentrationen oberhalb 1% die Verunreinigungen nicht mehr statistisch verteilt sind.

Interessant ist ein Vergleich zwischen den Hyperfeinfeldänderungen und Änderungen der Volumenmagnetisierung in verdünnten Eisenlegierungen. Abb. 7.3 zeigt die Sättigungsmagnetisierung und das mittlere Hyperfeinfeld in Fe-Al-Legierungen in Abhängigkeit vom Al-Gehalt [22]. Für ein lokalisiertes Moment ist das mittlere Hyperfeinfeld durch

$$H(c) = H^{\mathrm{Fe}} - \Delta\overline{H(c)} \quad (7.13)$$

gegeben. $\Delta\overline{H(c)}$ ist die Änderung des Hyperfeinfeldes durch die Fremdatome, deren Konzentration über alle Konfigurationen gemittelt wurde. Aus dem an verdünnten Eisenlegierungen gemessenen Hyperfeinfeld erhielt Stearns [22] den Wert

$$\Delta\overline{H(c)}/H^{\mathrm{Fe}} = 0{,}42 \quad (7.14)$$

bzw.

$$H(c)/H^{Fe} = 1 - 0{,}42\,c. \tag{7.15}$$

Dieser Verlauf ist in Abb. 7.3 strichpunktiert eingezeichnet. Die Meßwerte des mittleren Hyperfeinfeldes (Karos) liegen unterhalb dieser Kurve und entsprechen besser einem Verlauf, der ein Sättigungsverhalten der Beiträge der lokalisierten Momente durch Abschirmeffekte berücksichtigt (ausgezogene Kurve).

Setzt man völlig delokalisierte Momente voraus, dann hat man ein Hyperfeinfeld

$$H(c) = (1 - c)\,H^{Fe} - (1 - c)\,\Delta\overline{H(c)} \tag{7.16}$$

oder

$$H(c) = (1 - c)\,[H^{Fe} - \Delta\overline{H(c)}] \tag{7.17}$$

zu erwarten. Dies ergibt eine Kurve, die unterhalb derjenigen der Magnetisierung verlaufen müßte, was jedoch nicht experimentell beobachtet wird. Einen Fall, der zwischen diesen beiden Extremen liegt, kann man durch

$$H(c) = (1 - fc)[H^{Fe} - \Delta\overline{H(c)}] \tag{7.18}$$

darstellen, worin f den Bruchteil der delokalisierten Elektronen bezeichnet. Durch einen Vergleich mit den experimentellen Daten konnte Stearns [22] zeigen, daß nur 4% der $3d$-Elektronen delokalisiert sein können. Zur gleichen Schlußfolgerung gelangten auch Schurer u. Mitarb. [23, 24] anhand von anderen Messungen und Überlegungen.

7.1.3 **Lokalisierte Momente in verdünnten Legierungen**

Stark verdünnte Legierungen, in denen die Wechselwirkung zwischen den beigemengten Atomen vernachlässigbar ist, wurden zuerst intensiv durch Suszeptibilitätsmessungen an Übergangsmetall-Legierungen mit Eisenverunreinigungen [25] untersucht. Später erst kam dann die Mößbauerspektroskopie in äußeren Magnetfeldern hinzu [26—29].

Bei einigen Legierungen kann keine temperaturabhängige Suszeptibilität beobachtet werden. Dies zeigt, daß das Eisenatom in solchen Legierungen kein magnetisches Moment besitzt. Bei anderen Legierungen wiederum wurde ein Curie-Weiß-Gesetz für die Temperaturabhängigkeit gefunden. Hier kann also dem Eisenatom ein lokalisiertes Moment zugeschrieben werden in dem Sinne, daß jedes Eisenatom sich bei tiefen

Temperaturen wie ein Paramagnet in einem äußeren Magnetfeld verhält. Die Temperaturabhängigkeit des Feldes ist dann also durch eine Brillouin-Funktion gegeben,

$$H = H^s B_J(\mu H_{ext}/k_B T). \tag{7.19}$$

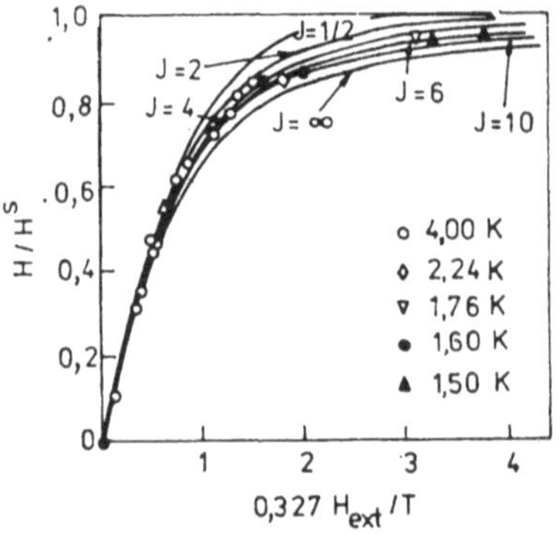

Abb. 7.4 — Verlauf des relativen Hyperfeinfeldes H/H^s mit H_{ext}/T für ^{57}Fe in Pd. Die ausgezogenen Kurven sind die Brillouinfunktionen für die angegebenen Spins [26].

J ist hier der Spin der Verunreinigung, μ das lokalisierte magnetische Moment. Der Sättigungswert H^s ist aus Messungen bestimmbar, die bei großen Werten von H_{ext}/T vorgenommen werden. Andererseits gilt für kleine Werte dieses Verhältnisses

$$H \sim H^s \frac{J+1}{3J} (\mu H_{ext}/k_B T). \tag{7.20}$$

Unter Benutzung dieser Beziehung kann man $(J + 1)\mu/3J$ aus der Anfangssteigung der Kurve bestimmen.

In einer Darstellung $H = f(H_{ext}/T)$ läßt sich durch Probieren mit verschiedenen J-Werten derjenige Wert finden, der die Meßkurve am besten wiedergibt. Abb. 7.4 zeigt den von Craig u.Mitarb. [26] bestimmten Verlauf des reduzierten Hyperfeinfeldes H/H^s mit H_{ext}/T für Fe in Pd. Obwohl diese Methode nicht besonders empfindlich ist, konnten sie für J den Wert $J = 6{,}5 \pm 1{,}5$ und für das magnetische Moment der Fe-Beimengung den Wert $\mu = (12{,}6 \pm 0{,}4)\, \mu_B$ im Einklang mit Daten aus Suszeptibilitätsmessungen finden. Diese großen Werte des Spins und des lokalen magnetischen Moments können kaum den $3d$-Elektronen des Eisens zugeschrieben werden. Sie gehören nicht zu einem einzelnen Eisenatom, sondern rühren von zusammengesetzten Gebilden (dem Eisenatom mit seinen polarisierten Nachbarn) her, die zu den paramagnetischen Eigenschaften des Systems führen.

Der Sättigungswert des Hyperfeinfeldes der untersuchten Fe-Pd-Legierung beträgt nur -295 kOe, also das zugehörige magnetische Moment nur etwa $2\mu_B$. Dieser Wert widerspricht nicht dem eben besprochenen Riesenmoment, da nach Freeman [30] in einem Mößbauerexperiment H^s durch den Spin des einzelnen Eisenatoms gegeben ist, während die Temperatur- und Feldabhängigkeit von H mit dem lokalen Gesamtspin korrelieren. Riesenmomente wurden nicht nur bei Pd mit Fe-Verunreinigungen [26, 31], sondern auch bei Pt [26, 31] festgestellt, wo sich pro Eisenatom der Wert von 6,5 μ_B ergab. Ebenso fand man Riesenmomente von 20μ_B, 39μ_B und 84μ_B bei NiCu [32], Ni_3Ga [33—35] und Ni_3Al [35]. Noch größere Momente kann man für solche Legierungen erwarten, deren Zusammensetzung sich dem kritischen Wert nähert, bei dem sie ferromagnetisch werden.

Interessant ist die Frage nach dem Mechanismus, durch welchen am Fremdion i ein Moment lokalisiert wird. Für solche Untersuchungen ist das System Mo_xNb_{1-x} besonders geeignet. Aus Suszeptibilitätsmessungen [25] ist bekannt, daß hier Eisenatome ihr Moment von 2,2 μ_B am Mo und nicht an Nb lokalisieren. Dieses Moment tritt ab einer kritischen Konzentration von etwa $x = 0{,}4$ auf und wächst stetig mit der Konzentration an. Es wurden zwei Modelle für dieses Verhalten vorgeschlagen. Das erste ist das Modell von Clogston u. Mitarb. [25], wonach das Moment des Eisens stetig mit x anwächst. Im Modell von Jaccarino und Walker [36] wird ein unstetiger Magnetisierungsprozeß angenommen, bei dem nur der Wert Null und ein Maximalwert auftreten können. Nach dem ersten Modell dürfte nur ein einfaches Spektrum, nach dem zweiten Modell müßten zwei Teilspektren im Mößbauerspektrum auftreten. Die experimentellen Ergebnisse [37—40] bestätigen das Modell von Jaccarino und Walker.

Mößbaueruntersuchungen des magnetischen Verhaltens von sehr geringen Eisenverunreinigungen in Cu, Pd und Pt ermöglichten in einigen Fällen die Beobachtung von Abweichungen vom Verhalten freier Spins. So verlaufen z.B. die Kurven, die das Hyperfeinfeld am Eisen in Kupfer in Abhängigkeit von H_{ext}/T bei drei verschiedenen Werten des äußeren Feldes darstellen, unterhalb der Brillouinkurve, die magnetischen Messungen bei höheren Temperaturen entspricht [41]. Abb. 7.5 zeigt deutlich, daß H^s vom äußeren Feld abhängt, u.zw. wächst H^s monoton mit diesem an. Dieses Verhalten wird verständlich, wenn man auf die Vorstellung von kompensierten quasilokalisierten Spinzuständen zurückgreift, die bei der Wechselwirkung zwischen dem lokalisierten Moment der Verunreinigung und den Leitungselektronen auftreten (Kondoeffekt). Eine Wechselwirkung dieser Art hat antiferromagnetischen Charakter. Dem quasilokalisierten Zustand entspricht ein Singulett. Unterhalb einer gewissen Temperatur, auch Kondo-Temperatur genannt, kann das lokalisierte magnetische Moment fast gänzlich kompensiert sein. Das Anwachsen von H^s mit H_{ext} ist auf eine Störung des lokalisierten Zustands durch das äußere Feld zurückzuführen. Zu dieser Störung tragen auch der Temperaturanstieg und die Wechselwirkung zwischen den Fremdatomen bei. Auch andere Systeme, wie z.B. CuNiFe [32], RhFe [42, 43], MoFe [44, 45] und PtFe [46] zeigen dasselbe Verhalten. Die größte Schwierigkeit bei solchen Messungen

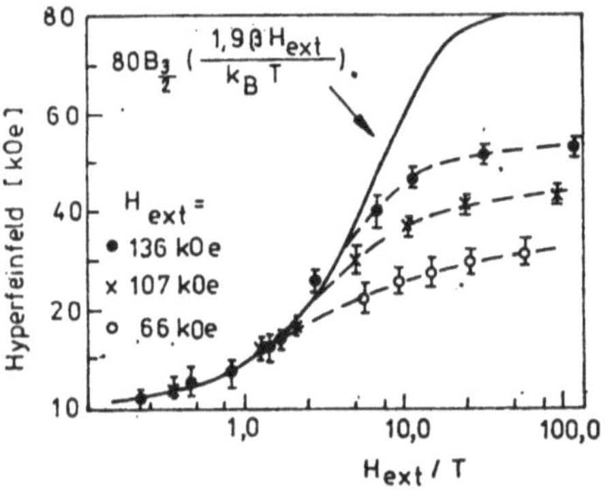

Abb. 7.5 – Verlauf des Hyperfeinfeldes H in Cu(^{57}Co) mit H_{ext}/T für drei verschiedene Werte von H_{ext}. Die ausgezogene Kurve ist die Brillouinkurve mit $J = 3/2$ und Hochtemperaturvergleichswerten [41].

bereitet die Bestimmung des wirklichen Wertes von H^s. Die an einigen konzentrierten CuFe-Legierungen beobachteten Sättigungshyperfeinfelder wurden bis zur Konzentration Null des Eisens extrapoliert [47]. Dies ergab einen Wert von (-80 ± 3) kOe, der auch für sehr stark verdünnte Legierungen gilt [41].

7.1.4 Untersuchungen an intermetallischen Verbindungen

Die Mößbauerspektroskopie kann auch erfolgreich bei Untersuchungen an intermetallischen Verbindungen eingesetzt werden. Dabei können wertvolle Informationen über die Lage von bestimmten Atomsorten im Kristallgitter und über die Hyperfeinfelder in den untersuchten Verbindungen erhalten werden. Es sollen als Beispiel einige Mößbauermessungen an intermetallischen Verbindungen des Eisens, der seltenen Erden und der Aktiniden angeführt werden.

Die meisten derartigen Untersuchungen gelten den Verbindungen des Eisens mit seltenen Erden oder mit Yttrium. Sie beziehen sich gewöhnlich auf die Wechselbeziehung zwischen den Hyperfeinparametern und der magnetischen oder Kristallstruktur. Besondere Beachtung finden Systeme mit Laves-Phasen. Bei diesen besitzen sowohl die Atome der seltenen Erde als auch die des $3d$-Übergangselements nur eine einzige kristallografische Lage ($\bar{4}\,3m$ bzw. $\bar{3}m$). Unterhalb der Curietemperatur sind bei einigen dieser Verbindungen die Mößbauerspektren ziemlich komplex, obwohl man eigentlich nur ein Spektrum mit einem einzigen

Sextett erwarten sollte. Diese Komplexität entsteht durch eine schwache Magnetisierung, deren Richtung in bezug auf die kristallografische Achse des Untergitters der seltenen Erde unterschiedlich ist. Die Eisenatome sind daher vom magnetischen Standpunkt aus nicht alle äquivalent. Zeigt die Achse der Magnetisierung in [001]-Richtung, dann sind alle Eisenatome magnetisch äquivalent, und das zugehörige Mößbauerspektrum hat nur sechs Linien. Dies tritt z.B. bei $DyFe_2$ und $HoFe_2$ auf. Weist die Magnetisierung in [011]-Richtung, dann erscheinen im Spektrum zwei Sextetts mit dem Intensitätsverhältnis 1:1 (z.B. beim $GdFe_2$). Bei einer Magnetisierung in [111]-Richtung ist das Intensitätsverhältnis der Sextetts 1:3 (z.B. bei $TbFe_2$, $TmFe_2$ oder YFe_2) [48, 49].

Abb. 7.6 zeigt, daß die Mittelwerte der Hyperfeinfelder am Eisenkern ^{57}Fe dem magnetischen Moment des Eisens proportional sind [50]. Die Temperaturabhängigkeit der Magnetisierung des aus den Eisenatomen gebildeten Untergitters läßt sich auf diese Weise in Zusammenhang mit der Hyperfeinfeldänderung bringen. Es lassen sich also Modelle nachprüfen, die das magnetische Verhalten einiger ferromagnetischer intermetallischer Verbindungen beschreiben. In Abb. 7.7 ist die Temperaturabhängigkeit der Hyperfeinfelder in $TbFe_2$ und $HoFe_2$ sowie die mit der Brillouinfunktion $B_{S_{Fe}}(x_{Fe})$ berechnete Magnetisierung des durch das Eisen gebildeten Untergitters dargestellt [51]. Die gute Übereinstimmung des Verlaufs der reduzierten spontanen Magnetisierung mit dem Verlauf der reduzierten Hyperfeinfelder zeigt, daß man das

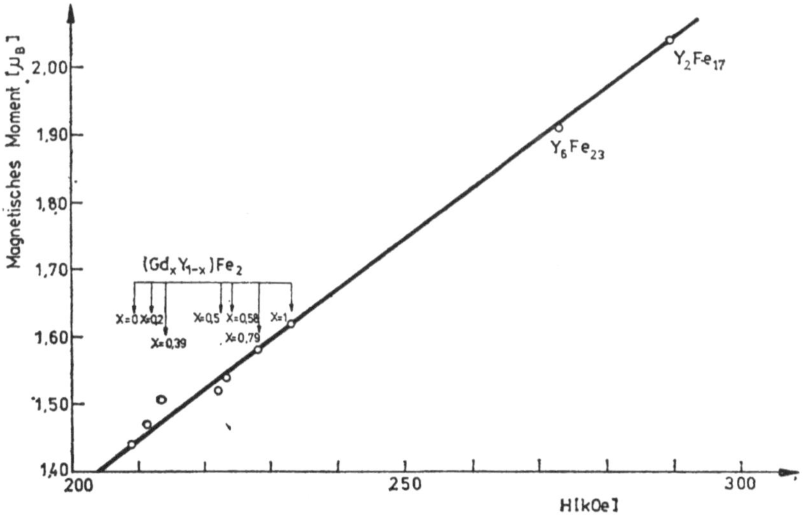

Abb. 7.6 — Die Korrelation zwischen dem mittleren Hyperfeinfeld am ^{57}Fe-Kernort und dem magnetischen Moment des Eisenatoms.

Néelmodell [52] erfolgreich zur Analyse des magnetischen Verhaltens von Ferriverbindungen anwenden kann.

In einer Reihe von Studien an binären und pseudobinären intermetallischen Verbindungen mit Laves- oder komplizierteren Strukturen

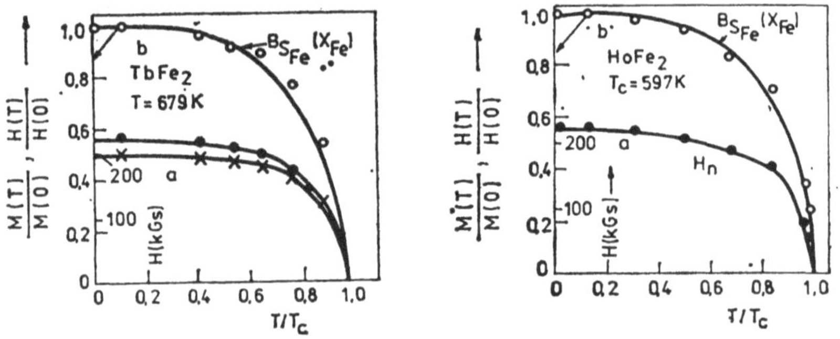

Abb. 7.7 — Temperaturabhängigkeit der Hyperfeinfelder am Fe in $TbFe_2$ und $HoFe_2$ (Kurven a) und Vergleich zwischen der Magnetisierung des Fe-Untergitters (ausgezogene Kurven b) und den Meßwerten des Hyperfeinfeldes (o).

wurden der Einfluß magnetischer Wechselwirkungen auf die Größe der Hyperfeinfelder [50, 53—61] und die Richtungsänderung der Magnetisierungsachse bei schwacher Magnetisierung in Abhängigkeit von der Temperatur bzw. von der Konzentration [50, 62—65] untersucht. Einige Autoren verfolgten die temperaturabhängige Änderung von Hyperfeinfeldern in Verbindungen mit komplexer Kristallstruktur [66—70] und den Besetzungsgrad unterschiedlicher Gitterplätze in solchen Strukturen [71—73]. Als Beispiel zeigt Abb. 7.8 die Konzentrationsabhängigkeit der Hyperfeinfelder bei 4,2 K in Verbindungen des Typs $R(Fe_xNi_{1-x})_2$ bzw. $Y(Fe_xNi_{1-x})_3$ mit R=Ho, Dy [53—55]. Bei $x = 0{,}4$ tritt in den Kurven ein Knick auf, aus dem hervorgeht, daß in den pseudobinären Verbindungen RFe_2 und RFe_3 die Hyperfeinfelder hauptsächlich von der nächsten Umgebung der Eisenatome, die eine ähnliche Bandenstruktur besitzen, abhängen.

Außerdem wurde auch die Mößbauerresonanz an Kernen der seltenen Erden wie ^{161}Dy, ^{170}Yb, ^{151}Eu und anderen untersucht. So zeigt z.B. Abb. 7.9 [74] die Konzentrationsabhängigkeit der Hyperfeinfelder am ^{161}Dy in Verbindungen des Typs Dy $(T'_xT''_{1-x})_2$ mit T', T'' = Ni, Co, Mn, Fe. Im allgemeinen sind die Hyperfeinfelder am ^{161}Dy größer als im reinen Dysprosiummetall. Man kann daher annehmen, daß die von den Eisen- bzw. Kobaltatomen auf das ^{161}Dy transferierten Hyperfeinfelder hauptsächlich durch eine Polarisation der s-Leitungselektronen infolge der Nachbarschaft der Eisen- bzw. Kobaltatome entstehen.

Ein ähnlicher Verlauf wie in Abb. 7.9 wurde auch für die Konzentrationsabhängigkeit der Hyperfeinfelder am ^{151}Eu-Kern in $Eu_xYb_{1-x}Al_2$ und $Eu_xYb_{1-x}Cu_2$ festgestellt [75]. In [76] wurde eine Umorientierung des Spins am ^{170}Yb in dem System $Tm_xHo_{1-x}Fe_2$ gefunden.

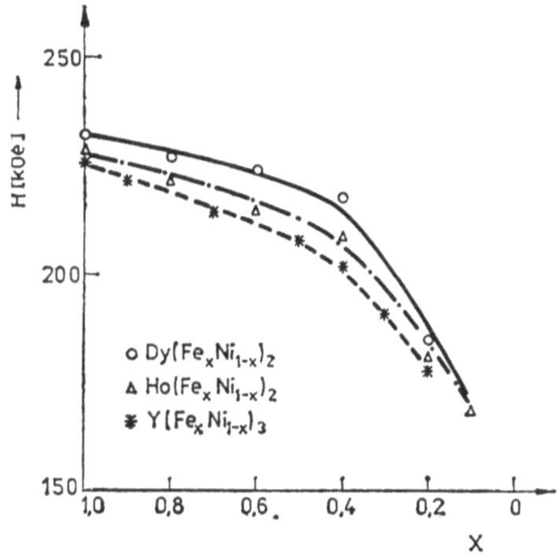

Abb. 7.8 – Konzentrationsabhängigkeit des Hyperfeinfeldes bei 4,2K für $R(Fe_x Ni_{1-x})_2$ und $Y(Fe_xNi_{1-x})_3$ mit R = Dy bzw. Ho.

1964 wurden die ersten Mößbauermessungen an einem Aktinid durchgeführt, indem man das α-strahlende ^{241}Am bzw. das β-strahlende ^{237}U als Mutterkern zur Erzeugung der 60 keV-γ-Strahlung des ^{237}Np verwendete [77]. Inzwischen gibt es Mößbaueruntersuchungen mit

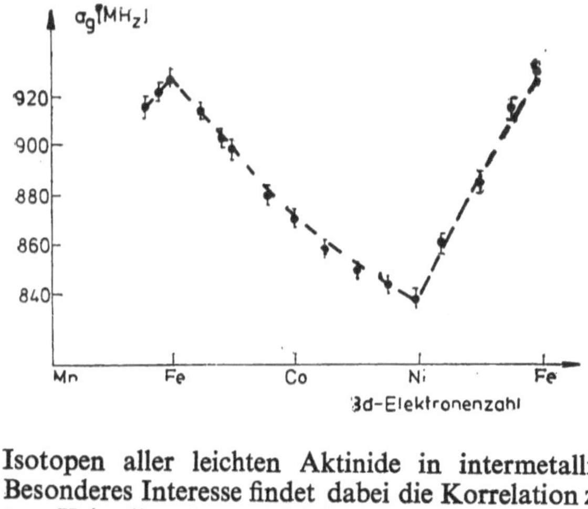

Abb. 7.9 – Konzentrationsabhängigkeit des Hyperfeinfeldes am ^{161}Dy in $Dy(T'_x T''_{1-x})_2$ [74]: T', T'' = Ti, Co, Fe, Mn
a_g = magnetischer Hyperfeinfeldparameter des Kerngrundzustands.

Isotopen aller leichten Aktinide in intermetallischen Verbindungen. Besonderes Interesse findet dabei die Korrelation zwischen Mößbauerdaten, Kristallstruktur und Neutronenbeugungsmessungen. Genau wie bei den Eisenverbindungen gibt es auch zwischen dem Hyperfeinfeld am ^{237}Np-Kern und dem durch Neutronenbeugung bestimmten magnetischen Moment eine lineare Korrelation (vgl. Abb. 7.10), [78]. Es läßt sich auch zwischen der Isomerieverschiebung in Laves-Phasen und der Änderung der Ionenradien von Aktiniden (Np und Am) eine Korrelation feststellen [79].

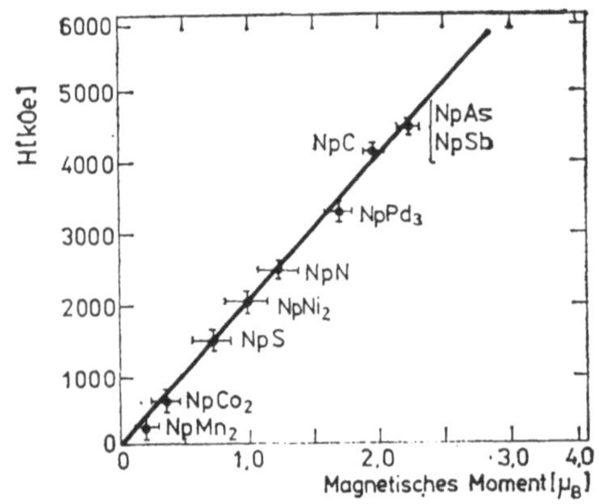

Abb. 7.10 — Zusammenhang zwischen dem mittleren Hyperfeinfeld am ^{237}Np-Kern und dem magnetischen Moment des Neptuniums [78].

7.1.5 **Der Wasserstoff in Metallen**

Untersuchungen am System Metall-Wasserstoff ($M-H$) sind von besonderer Aktualität, da dieses als Speichersystem für Wasserstoff als Energieträger zur Diskussion steht. Auch vom physikalisch-chemischen Standpunkt hat dieses System interessante Eigenschaften.

Die Mößbauerspektroskopie wird seit 1965 zur Untersuchung des System $M-H$ eingesetzt [80]. Unter den reinen Metallen, die große Mengen Wasserstoff aufzunehmen vermögen, haben nur Ni, Hf und Ta Mößbauerisotope. Als Beispiel seien hier die Arbeiten von Wertheim und Buchanan [81, 82] angeführt, in denen ^{57}CoNi untersucht wurde. In den Mößbauerspektren in Abb. 7.11 läßt sich eine nichtmagnetische Phase ($NiH_{0,6}$) erkennen, deren Menge proportional mit der Beladungszeit anwächst. Diese β-$NiH_{0,6}$-Phase weist keine magnetische Aufspaltung oberhalb 4,2 K auf und zeigt eine einzige, relativ zum ^{57}FeNi-Spektrum verschobene Linie. Die Isomerieverschiebung wächst bis zu 0,5 mm/s. Dieses Anwachsen ist nicht durch die Volumenvergrößerung bei der Entstehung der β-Phase bedingt, sondern durch die Änderung der Elektronenstruktur der Eisenatome, die durch die Wasserstoffaufnahme hervorgerufen wird. Es wurde versucht, dieses Verhalten mit der Auffüllung des d-Bandes der Ni-Matrix zu erklären, wobei dann auch die Anzahl der d-Elektronen an den Eisenatomen anwächst [82]. Ähnliche Untersuchungen betreffen die Isomerieverschiebungen von ^{57}Fe, ^{119}Sn, ^{151}Eu, ^{193}Ir, ^{195}Pt und ^{197}Au als Verunreinigungen in Pd—H [80, 83—86], sowie das Hyperfeinfeld des PdFe—H [87—89].

Die Wasserstoffaufnahme wurde auch bei anderen d-Metallsystemen durch Mößbauermessungen am ^{57}Fe untersucht. Dies betrifft $^{57}FeNbH_n$ [90], $^{57}FeVH_n$ [91], $Ni_{1-x}Fe_xH_n$ [92] und $TiFeH_n$ [93], wobei unterschiedliche Phasen festgestellt werden konnten. In allen Fällen (außer beim V) ist eine Verringerung der Elektronendichte an den Eisenatomen infolge der Wasserstoffbeladung festzustellen, die aber unterschiedlich für die verschiedenen Wirtsgitter ist. Dies ergibt sich aus den Meßwerten der Isomerieverschiebung des ^{57}Fe in den Übergangsmetallen und ihren Legierungen. Die Differenzen der Isomerieverschiebung erlauben die Feststellung, daß die Wasserstoffatome in einigen Fällen (insbesondere im Pd) nur eine Gitterdehnung hervorrufen, während in anderen Fällen (Nb, Ni) der Wasserstoff direkt mit den Fe-Atomen reagiert.

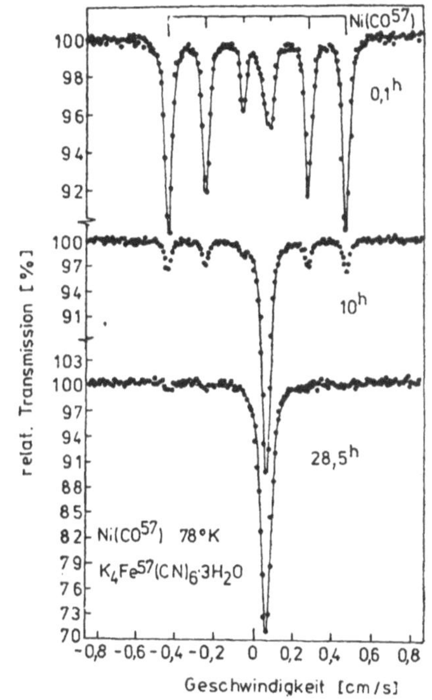

Abb. 7.11 — Mößbauerspektren von mit H_2 beladenem Ni(^{57}Co) in Abhängigkeit von der Dauer der elektrolytischen Beladung [82] (Ni(^{57}Co) bei 78K als Quelle, $K_4Fe(CN)_6 \cdot 3H_2O$ als Standardabsorber verwendet).

Das System Ta-H ist besonders günstig für Mößbaueruntersuchungen, da der 6,2 keV-Übergang des ^{181}Ta empfindliche Messungen der Isomerieverschiebung und Linienverbreiterung als Folge der Wasserstoffbeladung ermöglicht [94]. Abb. 7.12a zeigt ^{181}Ta-Mößbauerspektren von TaH-Absorbern bei Zimmertemperatur für verschiedene Wasserstoffkonzentrationen C, Abb. 7.12b die Linienbreite Γ und die Isomerieverschiebung δ der Spektren bei Zimmertemperatur in Abhängigkeit von der Wasserstoffkonzentration C [95]. Die Konzentrationsabhängigkeit der Isomerieverschiebung δ des ^{181}Ta spiegelt die Änderung der Elektronenstruktur der Matrixatome durch die Wasserstoffbeladung wider. Aus der Linienbreite und der Isomerieverschiebung (Abb. 7.12) konnten Heidemann u. Mitarb. [94] die Aktivierungsenergie und die mittlere Sprungfrequenz der Wasserstoffatome bestimmen. Diese Versuche stellen eine neue mikroskopische Methode zur Erfassung der Wasserstoffdiffusion in Übergangsmetallen dar.

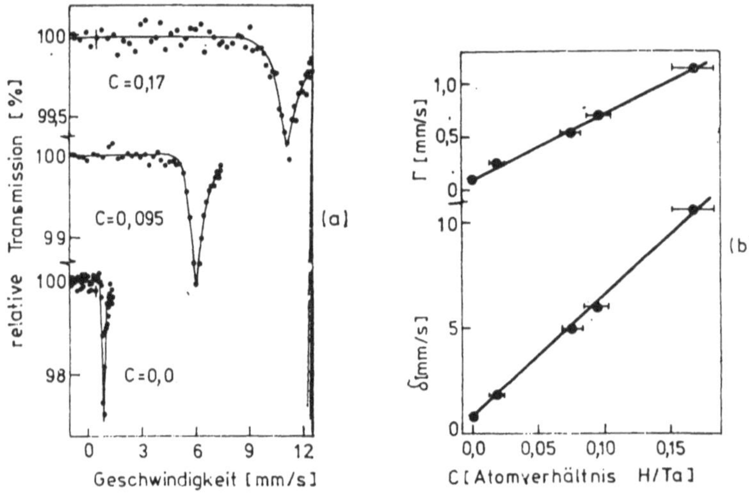

Abb. 7.12 — a) ^{181}Ta-Mößbauerspektren eines Ta—H-Absorbers bei Zimmertemperatur für verschiedene Wasserstoffkonzentrationen *C*.
b) Linienbreite und Isomerieverschiebung δ dieser Spektren in Abhängigkeit von der Konzentration *C* [95].

Mit seltenen Erden R bilden sich bei höheren Temperaturen in einer Wasserstoffatmosphäre zwei hybride Phasen RH_2 und RH_3, deren Existenz in einem breiten stöchiometrischen Bereich nachgewiesen werden kann. Mößbaueruntersuchungen unter Verwendung des Nuklids ^{161}Dy wurden an DyH_2, DyH_3 [96], $DyH_{2,05}$ [97] und $DyH_{1,99}$ [98] durchgeführt. Das Nuklid ^{155}Gd wurde bei Untersuchungen an GdH_2 und GdH_3 [99] und die Nuklide ^{151}Eu und ^{170}Yb bei EuH_2 bzw. YbH_2 [100] verwendet. Zu erwähnen ist auch die Untersuchung von NpH_{2+x} durch Anwendung der ^{237}Np-Mößbauerresonanz [101].

7.2 Mößbaueruntersuchungen an Ferriten

7.2.1 **Die magnetische Ordnung in Ferriten**

Die magnetische Ordnung in ferrimagnetischen Substanzen erklärt sich aus der Existenz zweier oder mehrerer magnetischer Untergitter, die einander räumlich durchsetzen und in unterschiedliche Richtungen spontan magnetisiert sind. Unter den Substanzen mit ferrimagnetischen Eigenschaften wurden die Spinelle und Granate bisher am meisten untersucht. Eisenhaltige Spinelle MFe_2O_4 (M=Metalle) werden Ferrite genannt. Der einfachste Ferrit ist der bekannte Magnetit Fe_3O_4. Bei der

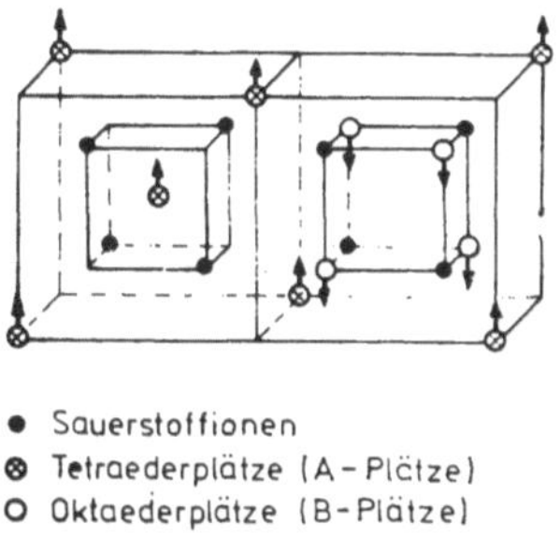

Abb. 7.13 – Elementarzelle des Spinellgitters: 2 einander durchsetzende Unterzellen mit je 8 Atomen.

Spinellstruktur bilden die Sauerstoffionen O^{2-} ein kubisch-flächenzentriertes Gitter, während die Metallionen Fe^{3+} und M^{2+} sich auf den Zwischengitterplätzen zwischen den O^{2-}-Ionen befinden. Man hat dabei zwei Arten von Zwischengitterplätzen zu unterscheiden. Die sogenannten *A*-Plätze des Metallions haben eine tetraedrische Umgebung mit vier Sauerstoffnachbarn, während die *B*-Plätze des Metallions von 6 Sauerstoffnachbarn in Oktaedergeometrie umgeben sind (Abb. 7.13). Néel [52] erklärt die magnetische Ordnung der Ferrite durch eine antiferromagnetische Wechselwirkung zwischen den Eisenionen in dem Tetraeder- und Oktaederuntergitter, deren unterschiedlich große magnetische Momente in entgegengesetzte Richtungen zeigen und sich somit (nur) teilweise kompensieren. Diese Theorie, die die magnetischen Eigenschaften von Ferriten ziemlich gut beschreibt, wurde von Yafet und Kittel [102] weiterentwickelt. Sie zeigten, daß zuweilen die Tetraeder- und Oktaedergitter ihrerseits in Untergitter derart aufgeteilt sind, daß die resultierenden magnetischen Momente in den Untergittern sich in entgegengesetzte Richtungen orientieren, also selbst ferrimagnetische Eigenschaften besitzen.

7.2.2 **Hyperfeinfelder in Ferriten**

Aus den theoretischen Arbeiten von Marshall [103] und Watson und Freeman [104] geht hervor, daß an einem gegebenen Kern das Magnetfeld als Ergebnis verschiedener Wechselwirkungen auftreten kann, die in 4.6.3 besprochen wurden. Das Hauptproblem bei den Spinellen und Granaten ist die Erklärung der Entstehung und des Betrages der

Hyperfeinfelder auf den *A*- und *B*-Plätzen. Die ersten Mößbauermessungen von Hyperfeinfeldern in Spinellen zeigten, daß diese sich für die *A*- und *B*-Plätze der Fe^{3+}-Ionen nur um Beträge unterscheiden, die nicht größer als die Meßfehler sind [105—107]. Bei den Eisengranaten hat *H* für die Oktaederplätze einen Wert gleich dem der Fe^{3+}-Ionen in Ferriten, während auf die Ionen auf den Tetraederplätzen um etwa 100 kOe schwächere Felder wirken [106, 107]. Nach einem Vorschlag von Watson und Freeman [104] ist diese Schwächung des Hyperfeinfeldes der Tetraederplätze durch folgende zwei Modelle erklärbar: a) Die in der kubischen Struktur auftretenden Tetraederplätze rufen Störungen hervor, durch die zusätzliche Dipolfelder entstehen, oder b) dieser Effekt wird durch die Kovalenz der Bindung hervorgerufen.

Für die Wirkung dieser Mechanismen sprechen sowohl experimentelle Befunde zur Isomerieverschiebung [106, 108] als auch Messungen von Geller und Gilleo [109]. Nach diesen Messungen beträgt der Abstand des Fe^{3+} von O^{2-} im tetragonalen Untergitter des Yttrium-Eisen-Granats 1,88 Å, während sich für das Oktaedergitter 2,00 Å ergibt. Die Ergebnisse deuten auf eine stärker kovalente Bindung im ersten Fall.

Spätere Messungen an Spinellferriten mit einer verbesserten Auflösung ergaben teilweise oder völlig getrennte Hyperfeinfelder für die Fe^{3+}-Ionen auf den Tetraeder- und Oktaederplätzen. Hierzu einige Beispiele: Das System $NiFe_2O_4$ wurde von Jacobs [113] durch Suszeptibilitätsmessungen und von Morel [110], Kedem und Rothem [111] und Chappert und Frankel [112] mößbauerspektroskopisch untersucht. Nach letzteren hat der Ferrit eine kollineare Néel-Struktur, die der von Morel [110] vorgeschlagenen ferromagnetischen Wechselwirkung zwischen Ni(*B*) und Fe(*B*) entspricht. Temperaturabhängige Hyperfeinfeldbestimmungen am Fe auf *A*- und *B*-Plätzen [114] zeigten, daß das Hyper-

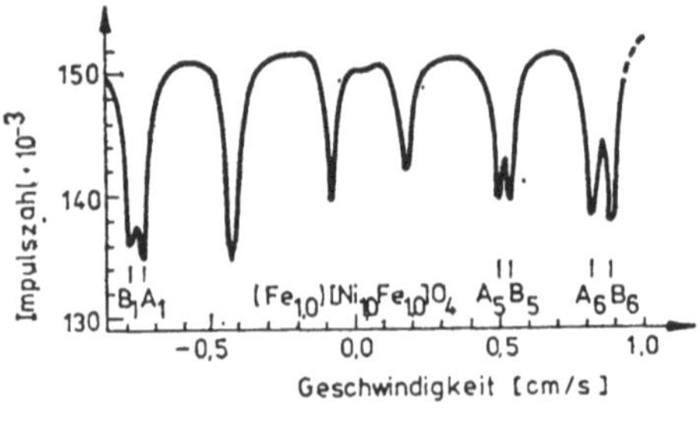

Abb. 7.14 — Mößbauerspektrum von $NiFe_2O_4$ [114].

feinfeld der *B*-Plätze sich schneller als das der *A*-Plätze mit wachsender Temperatur verringert. Das magnetische Moment hat bei 4,2 K den Wert $2{,}2\mu_B$ pro Formeleinheit, die Néeltemperatur beträgt 868 K. Abb. 7.14 zeigt als Beispiel ein Mößbauerspektrum des $NiFe_2O_4$ bei Zimmertemperatur. Man sieht, daß das Spektrum aus zwei überlagerten Hyperfeinsextetts, die dem Eisen auf *A*- bzw. *B*-Plätzen entsprechen, zusammengesetzt ist.

Van Loef [115], Sawatzky u. Mitarb. [116] untersuchten Kobaltferrit $CoFe_2O_4$. Nach [116] treten hier verschiedene Superaustauschwechselwirkungen auf. Die stärkste ist dabei die A — B-Wechselwirkung $Fe^{3+}(A)—O^{2-}—Fe^{3+}(B)$, während die *A*—*A*-und die *B*—*B*-Wechsewirkungen schwächer sind.

Das $MnFe_2O_4$ wurde sowohl mößbauerspektroskopisch [114, 117, 118] als auch mit Hilfe der Neutronenbeugung untersucht [119]. Eine Besonderheit dieses Ferrits ist, daß sein magnetisches Moment kleiner als erwartet ist. Dieses Verhalten ist erklärbar, wenn ein Teil der Mn-Ionen 3-wertig und ein Teil der Fe-Ionen 2-wertig auftreten würde. Nach Berechnungen von Lotgering [120] ist dies aber sehr unwahrscheinlich. Die von Sawatzky u. Mitarb. [114] am $MnFe_2O_4$ bei 7 K in einem äußeren Feld von 55 kOe gemessenen Mößbauerspektren bestätigen die Rechnungen von Lotgering dahingehend, daß in diesem Ferrit keine Fe^{2+}-Ionen auftreten. Die Autoren erklären den niedrigen Wert der Magnetisierung durch eine Anordnung der magnetischen Momente von Fe und Mn auf *A*- und *B*-Plätzen wie in Abb. 7.15, d.h. anstelle der kollinearen Spins treten „verkantete Spins“ auf. Dieses Modell stimmt mit den experimentellen Ergebnissen gut überein. Die Superaustauschwechselwirkungen von Co(*A*)—Fe(*B*)und Mn(*A*)—Fe(*B*) betragen im $CoFe_2O_4$ bzw. $MnFe_2O_4$ nach Sawatzky u. Mitarb. nur das 0,68- bzw. 0,66-fache der Fe(*A*)—Fe(*B*)-Wechselwirkung.

Unter den Ferriten wurde das Magnetit Fe_3O_4 am häufigsten untersucht [106, 121—123]. Hier wurde auch das Verhältnis zwischen den rückstoßfreien Anteilen (*f*-Faktoren) der Oktaeder- und Tetraederplätze bestimmt, das nach [124, 125] bei Zimmertemperatur den Wert $0{,}94 \pm \pm 0{,}02$ hat.

Der Erklärung der Hyperfeinwechselwirkung auf den Tetraederplätzen dient eine Reihe von mößbauerspektroskopischen Messungen an verschiedenen Spinellen, in denen eines der Metallatome durch ein nichtmagnetisches Atom ersetzt wurde. Abb. 7.16 zeigt in [126] angegebene Mößbauerspektren von $(Zn_x^{2+}Fe_{1-x})[Ni_{1-x}^{2+}Fe_{1+x}^{3+}]O_4$ für $0<x<1$. Da das Magnetfeld am Eisenkern negativ ist [127], führt ein erniedrigter Absolutwert des Hyperfeinfeldes zu einer Vergrößerung des Beitrages der positiven Komponente an den Tetraederplätzen im Vergleich zu der an den Oktaederplätzen bzw. Eisenionen. Experimentell ist nachweisbar, daß beim Anwachsen von x das Feld am Eisenkern in den beiden Untergittern abgeschwächt wird, was mit den von Abe u. Mitarb. [128] erhaltenen Daten jedoch nicht übereinstimmt. Über Untersuchungen an Ferriten vom Typ $Fe_{3-x}Al_xO_4$ wird in [258] berichtet.

Ruby u. Mitarb. [129] untersuchten den Mößbauereffekt von ^{121}Sb im Spinell $Ni_{1+2x}Fe_{2-3x}Sb_xO_4$. Sie konnten am Kernort des $^{121}Sb^{5+}$-Ions, das tetraedrisch von Sauerstoff umgeben ist, ein Magnetfeld von nur (315 ± 10) kOe feststellen. Dieses Feld entsteht wahrscheinlich vorwiegend

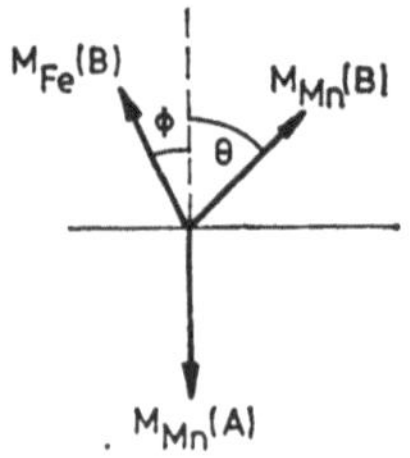

Abb. 7.15 — Spinanordnung in $MnFe_2O_4$.

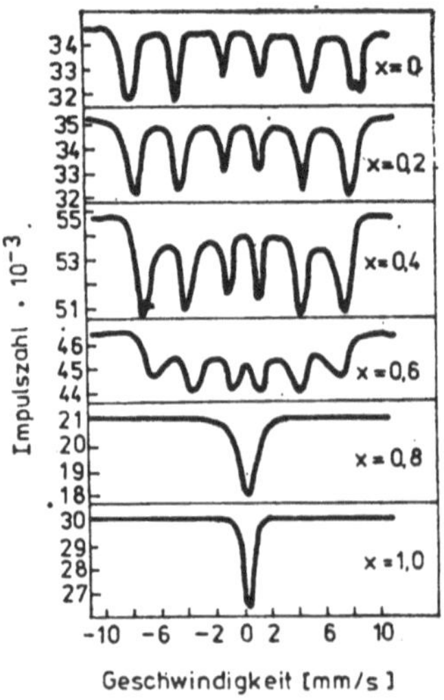

Abb. 7.16 — Mößbauerspektren von $(Zn_x^{2+}Fe_{1-x})$ $[Ni^{2+}Fe^{3+}]O_4$.

durch eine Spinpolarisation der 5*s*-Elektronen des Sb^{5+} infolge einer Superaustauschwechselwirkung, die zu einer Mischung der 3*d*-Elektronen des Fe^{3+}-Ions mit den 2*p*-Elektronen des Sauerstoffs und den 5*s*-Elektronen des Sb^{5+}-Ions führt.

Ferrite des Typs $Ni_{1+x}Ge_xFe_{2-x}O_4$ mit $0 \leqslant x \leqslant 0{,}41$ wurden von Fatseas und Krishnan [130] untersucht. Der sich ergebende kleinere Wert von $H(A)$ im Vergleich zu $H(B)$ wird von ihnen durch den Kovalenzeffekt der Bindung des Fe^{3+}-Ions auf den *A*-Plätzen mit dem O^{2-}-Ion, der eine Änderung der Elektronenstruktur des Fe^{3+}-Ions zur Folge hat, erklärt.

Bezüglich hexaedrischer Ferrite gibt es neben [140] in der Literatur auch eine Reihe von Angaben über Mößbauermessungen an reinen und substituierten Ferriten dieser Art [131—139, 141]. Die Untersuchungen verfolgten hauptsächlich zwei Aspekte, nämlich die Identifizierung von Mößbauerspektren des Eisens auf unterschiedlichen Gitterplätzen und die Besetzung von Gitterplätzen durch Substitutionsatome. Am Ferrit $SrO_{6-x}Fe_2O_3xAl_2O_3$ mit $0 \leqslant x \leqslant 5$ konnte festgestellt werden [138, 139], daß die Eigenschaftsänderungen für verschiedene Werte von x hauptsächlich durch den bevorzugten Einbau der Al^{3+}-Ionen auf die Oktaederplätze des Fe^{3+} entstehen, obwohl der Grund für die Veränderungen nicht struktureller, sondern magnetischer Natur ist.

7.3 Transferierte Hyperfeinwechselwirkungen

Der Mößbauerkern eines diamagnetischen Ions kann eine magnetische Hyperfeinstruktur zeigen, wenn das Ion in einen magnetisch geordneten Festkörper eingebaut ist. Man nimmt an, daß das Hyperfeinfeld durch einen Transfer von den benachbarten magnetischen Ionen erzeugt wird. Bei einem Nichtleiter erfolgt dieser Transfer entweder durch einen kovalenten Zumischungsmechanismus, durch den eine direkte Überlappung der Elektronenwellenfunktionen des diamagnetischen Ions mit jenen der magnetischen Ionen zustande kommt, oder durch einen Polarisationsübertragungsmechanismus über die dazwischenliegenden Liganden hinweg. Der letztere ist der am häufigsten anzutreffende Mechanismus. Bei einem diamagnetischen Ion in einem magnetisch geordneten leitenden System erfolgt der Transfer infolge einer lokalen Polarisation der Leitungselektronen durch die magnetischen Ionen im Kristall oder infolge der Polarisation der abgeschlossenen *ns*-Schalen der diamagnetischen Ionen durch direkte Überlappung mit den Leitungselektronen.

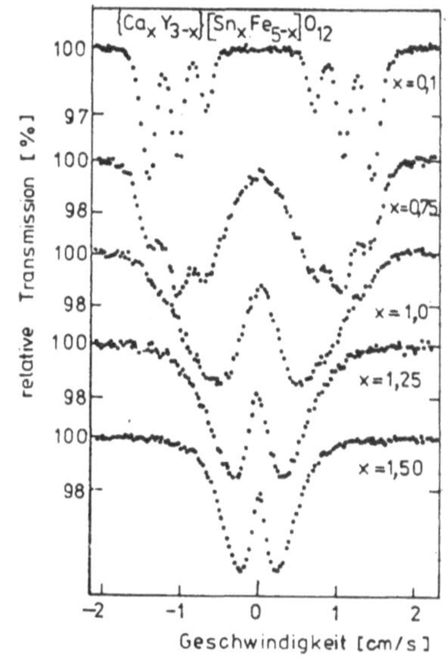

Abb. 7.17 — ^{119}Sn-Mößbauerspektren von $Ca_xY_{3-x}Sn_xFe_{5-x}O_{12}$ [145].

Mößbauerspektroskopische Messungen von transferierten Hyperfeinfeldern liefern eine Reihe nützlicher Informationen über magnetische Festkörpereigenschaften. Die hierfür verwendeten Mößbauerelemente sind Sn, Sb, Te und J. Ein Überblick über den Stand der Theorie transferierter Felder wird von Sawatzky und van der Woude in [142] gegeben, während sich Nowik [143] mit der Anwendung transferierter Hyperfeinwechselwirkungen bei der Untersuchung magnetischer Strukturen befaßt. Der gegenwärtige Stand der Theorie des Feldtransfers reicht jedoch in den meisten Fällen noch nicht zur Wiedergabe des wirklichen Mechanismus in realen Fällen aus.

Gut geeignet zur Untersuchung transferierter Felder sind Mößbauermessungen an ^{119}Sn in Ferriten [259]. Sehr häufig wurde ^{119}Sn auch in Eisengranaten der seltenen Erden und des Yttriums untersucht. Aus diesen Untersuchungen konnten Information über die Temperaturabhängigkeit des transferierten Hyperfeinfeldes, die lokale Nachbarschaft, die Kristallzusammensetzung und die magnetische Struktur gewonnen werden. Als Beispiel seien die Mößbauermessungen an ^{119}Sn in $Ca_xY_{3-x}Sn_xFe_{5-x}O_{12}$ [144] angeführt. Abb. 7.17 zeigt bei 4.2 K gemessene Spektren dieses Systems [145]. Die Spektren für $x \geqslant 0{,}5$ sind nicht ein einfaches Sextett, das einem Hyperfeinfeld, hervorgerufen durch die nächstbenachbarten nichtsubstituierten Eisenionen auf Tetraederplätzen, entspricht. Die Spektren lassen sich jedoch gut anpassen, wenn man eine verkantete Spinstruktur annimmt [146—148]. Falls das Hyperfeinfeld am ^{119}Sn-Kern tatsächlich durch die nächstbenachbarten Fe^{3+}-Ionen erzeugt wird, muß seine Temperaturabhängigkeit proportional zur Magnetisierungskurve dieser Ionen verlaufen. Dies konnte experimentell bestätigt werden [149].

Die geschilderten Ergebnisse sind als Test für das weiter oben behandelte Verhalten magnetischer Ionen in der nächsten Nachbarschaft von diamagnetischen Ionen zu betrachten [150]. Ähnliche Untersuchengen liegen für ^{119}Sn in $Y_3Fe_{5-x}Ga_xO_{12}$ und $Ca_xY_{3-x}Si_xFe_{5-x}O_{12}$ [151] vor. Messungen an Sn in $R_3Fe_5O_{12}$ [152] erlauben Rückschlüsse auf den Einfluß der Seltenerdionen R auf das transferierte Hyperfeinfeld am Zinnkern. Dabei konnte eine Bahnanisotropie der Superaustauschwechselwirkung festgestellt werden. In anderen Untersuchungen zur Transferierung von Hyperfeinfeldern wurde die Spinorientierung in ^{119}Sn-haltigem Fe_2O_3 [153] und in MJ_2 (M=Mn, Fe, Co, Ni) mittels ^{129}J-Mößbauermessungen [154] bestimmt. In [155] wurde die magnetische Struktur von $MnTe_2$ mittels ^{125}Te-Mößbauermessungen analysiert.

Bei fast allen in geringer Konzentration vorliegenden diamagnetischen Ionen treten transferierte Hyperfeinfelder auf, wenn sie sich in magnetisch geordneten *3d*- oder *4f*-Übergangsmetallen befinden. Die Kenntnis dieser Felder liefert dann Aussagen zur magnetischen Struktur des betrachteten Kristalls. Andererseits konnte festgestellt werden, daß die Temperaturabhängigkeit des Hyperfeinfeldes am ^{119}Sn in Fe [156], Ni [156] und Co [157] sowie in binären Systemen wie FeRh [158] oder in Chromlegierungen [159] nicht der Magnetisierungskurve der Wirtsmatrix folgt. Für dieses Verhalten kommen wahrscheinlich drei Erklärungen in Frage:

a) Es bildet sich ein an der Verunreinigung lokalisiertes Moment;
b) es ändert sich die Temperaturabhängigkeit der Magnetisierung jener Nachbarn, durch die das transferierte Hyperfeinfeld an der Verunreinigung erzeugt wird;
c) das Überlappungsintegral, durch das das transferierte Hyperfeinfeld gegeben ist, ist temperaturabhängig.

Fast alle bis jetzt verfügbaren Meßergebnisse können angenähert quantitativ mit dem Mechanismus b) erklärt werden.

Auch in den 4*f*-Übergangsmetallen Gd [160], Tb [161], Dy [162] und Ho [162] folgt die Temperaturabhängigkeit des Hyperfeinfeldes am beigemengten ^{119}Sn nicht der Magnetisierungskurve des Wirtsgitters.

^{119}Sn-Mößbauermessungen an $Gd_{0,97}Tb_{0,03}$ mit 1% Sn zeigten, daß das Hyperfeinfeld in der Gd-Nachbarschaft hier um 4% größer ist als in $Gd_{0,95}Tm_{0,05}$ [163]. Diese Differenz entsteht dadurch, daß beim $Gd_{0,97}Tb_{0,03}$ die Momente des Gd in der Basisebene liegen, während sie beim $Gd_{0,95}Tm_{0,05}$ einen Winkel von 10° mit der *c*-Achse bilden [163]. Dieses Verhalten zeigt, daß bei Metallen eine anisotrope Transferierung des Hyperfeinfeldes auftritt, die ausschließlich durch die anisotrope Aufenthaltswahrscheinlichkeit der Leitungselektronen zustande kommt.

7.4 Fragestellungen bei nichtkristallinen Festkörpern und flüssigen Kristallen

Als nichtkristallin wird ein Festkörper gewöhnlich dann bezeichnet, wenn in ihm keine dreidimensional-periodische Anordnung der Atome vorliegt. Entsprechend dieser Definition gehören dann zu diesem Abschnitt amorphe Festkörper, Gläser und glasartige Festkörper sowie unte rkühlte Flüssigkeiten. Natürlich trifft die Definition stets nur näherungsweise zu, da auch in nichtkristallinen Festkörpen noch eine Struktur in kleinen Bereichen, eine Nahordnung, vorkommt.

Die Mößbauerspektroskopie kann erfolgreich zur Untersuchung der elektrischen und magnetischen Eigenschaften von nichtkristallinen Festkörpern eingesetzt werden. In ungeordneten Systemen dieser Art entstehen Verteilungen der Isomerieverschiebung, der Quadrupolaufspaltung und der magnetischen Hyperfeinaufspaltung, die sich in der Form und Breite der Banden im Mößbauerspektrum widerspiegeln. Außerdem liefert der Mößbauerfaktor *f* noch Informationen über die Bindungsstärke der untersuchten Atome.

Bisher sind Mößbauerarbeiten an nichtkristallinen Festkörpern mit Eisen-, Zinn-, Antimon- , Tellur- und Jodgehalt bekannt geworden. Die Messungen beziehen sich vorwiegend auf Halbleiter, Magnetmaterialien und Gläser. Die ersten Mößbauermessungen an Gläsern wurden von Pollak u. Mitarb. [164] vorgenommen, die qualitative Untersuchungen an ^{57}Fe in Quarz und Pyrexglas durchführten. Zusammenfassende Arbeiten sind die von Kurkjian [165], Taneja u. Mitarb. [166] und Kalvius [167].

Die Messungen wurden sowohl an Substanzen durchgeführt, in denen die Mößbauerelemente als Bestandteil der Verbindung auftreten, als auch an solchen, in denen sie nur eine geringe Beimengung bzw. Verunreinigung darstellen.

Zuerst sollen einige Resultate, die von antimonhaltigen amorphen und kristallinen Materialien erhalten wurden (Sb_2O_3 [168], Sb_2S_3 [169],

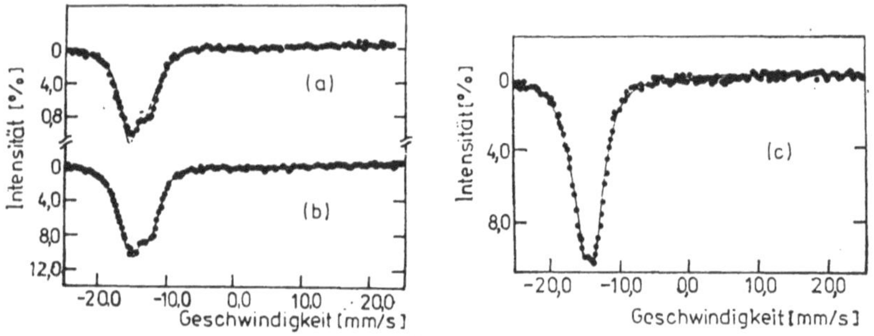

Abb. 7.18 – Mößbauerspektren von ^{121}Sb in kristallinem Sb_2Se_3 (Kurven a und b) und in einem amorphen Sb-Se-Film (Kurve c) [170].

Sb_2Se_3 [170], Sb_2Te_3 [171]), betrachtet werden. Sb_2Se_3 kristallisiert in einem komplizierten orthorhombischen System der Raumgruppe Pnma mit vier Sb_2Se_3-Formeleinheiten je Elementarzelle. Das Antimon wird auf zwei nichtäquivalenten Plätzen eingebaut. Abb. 7.18 zeigt von Ruby u. Mitarb. [170] gemessene Spektren von Sb_2Se_3. Das Spektrum (a) wurde von Sb erhalten, dem nur ein einziger Gitterplatz zur Verfügung stand, das Spektrum (b) von Sb bei gleicher Besetzung der beiden möglichen Gitterplätze und das Spektrum (c) von einer dünnen amorphen Sb-Se-Schicht. Nach [170] kann das Spektrum (c) mit einem Singulett angepaßt werden. Vergleicht man die Spektren der amorphen Substanz mit denen der kristallinen Proben, dann ist festzustellen, daß das Spektrum der amorphen Form nicht dem Modell mit zwei Sb-Positionen entspricht. Dies zeigt, daß die Sb-Atome im amorphen Material so verteilt sind, daß nur eine Nahordnung auftritt. Analoge Untersuchungen gibt es auch von zinnhaltigen ternären Verbindungen wie Sn-As-Se [172–175] und von Gläsern der Art $Na_2O-SnO_2-SiO_2$, $Na_2O-SnO_2-B_2O_3$, Na_2O-SnO_2-GeO_2, $Na_2O-SnO-P_2O_5$ [176], $Sn_x(As_2Se_3)_{1-x}$ [177] sowie mit ^{125}Te-Mößbauermessungen an $Te_{81}Ge_{15}As_4$ [178].

Eine Anzahl von nichtkristallinen Festkörpern wurde mit Mößbauerkernen untersucht, indem diese den zu untersuchenden Substanzen als Verunreinigung beigemengt wurden, so z.B. in verschiedenen eingefrorenen Lösungen, unterkühlten Flüssigkeiten und Gläsern. Untersuchungen an Eisen in eingefrorenen Lösungen findet man z.B. in [179] für $Fe(ClO_4)$, in [180] und für $FeCl_3$ in [181]. Der Eisengehalt in verschiedenen Gläsern ermöglicht Einblicke in deren Entstehungsmechanismus. Bukrey u. Mitarb. [182] untersuchten die Kristallinität von $Na_2O-B_2O_3-Fe_2O_3$-Gläsern und stellten dabei fest, daß die Hyperfeinaufspaltung vom Abkühlungsvorgang bei der Herstellung des Glases abhängt. Taragin und Eisenstein [183] konnten an Borsilikatgläsern zeigen, daß Si^{4+}-Ionen durch Ferri-Ionen aus den SiO_4-Tetraedern verdrängt werden.

Eine genaue Auswertung der Form und Intensität von Mößbauerspektren ergibt die Möglichkeit, auch das dynamische Verhalten von Atomen in Gläsern in der Nähe der Glasumwandlungstemperatur T_g zu verfolgen [184, 185].

In den letzten Jahren wurde die Mößbauerspektroskopie auch erfolgreich zur Untersuchung von amorphen magnetischen Materialien eingesetzt. Man nimmt an, daß in einem amorphen Ferromagneten die Spins zwar parallel ausgerichtet sind, daß aber ihre topologische Verteilung nicht gleichförmig ist. Systeme dieser Art können mit der Molekularfeldtheorie beschrieben werden, wenn man dabei beachtet, daß in dem Heisenberg-Hamiltonoperator für die Ionenspins kleine Fluktuationen zugelassen werden müssen und daß das Wechselwirkungsintegral wegen der Abstandsänderungen zu den nächsten Nachbarn Fluktuationen zeigt [186]. Als ein Maß für diese Fluktuationen dient der Parameter Δ, der bei kleinen Fluktuationen durch

$$\Delta = [\langle \Delta H_w^2 \rangle / \langle H_w \rangle^2]^{\frac{1}{2}} \tag{7.21}$$

angenähert werden kann. $\langle H_W \rangle$ ist das mittlere Molekularfeld und $\langle \Delta H_W \rangle$ seine mittlere Schwankung um den Mittelwert. Ein analoges Modell gilt für amorphe Antiferromagnete [187]. Die Theorie führt zu einem besonderen magnetischen Verhalten amorpher Proben, nämlich zu einer Verringerung der magnetischen Übergangstemperatur, zu einer Verringerung der Sättigungsmagnetisierung und zu einer Abweichung von der Magnetisierungskurve bei Vergrößerung des Fluktuationsparameters.

Die Arbeit von Sharon und Tsuei [188] ist ein Beispiel für Untersuchungen an amorphen metallischen Systemen. Sie untersuchten $Fe_xPd_{80-x}P_{20}$ mit $14 \leqslant x \leqslant 44$, eine Substanz, die im gesamten Konzentrationsbereich ferromagnetisch ist. Abb. 7.19 zeigt die Temperaturabhängigkeit des Hyperfeinfeldes am ^{57}Fe-Kern im $Fe_{44}Pd_{36}P_{20}$. Die theoretischen Kurven (ausgezogene Kurven) gelten für verschiedene Werte des Fluktuationsparameters Δ unter Zugrundelegung eines Spins $S = 1$. Analoge Messungen gibt es für $Fe_xPd_{80-x}Si_{20}$ mit $1 \leqslant x \leqslant 7$ [189], für Eisenhalogenide [190, 191] sowie für eine Reihe anderer Substanzen.

Obwohl die Anzahl der Arbeiten über nichtkristalline Festkörper ständig wächst, gibt es noch keine systematischen Datenzusammenstellungen, die zu einem besseren Verständnis des Phasenübergangs aus dem nichtkristallinen in den kristallinen Zustand und des dynamischen Verhaltens von ungeordneten Spinsystemen führen könnten.

Einen Zwischenzustand zwischen dem amorphen und dem geordneten Zustand der Festkörper stellen die flüssigen Kristalle dar, die

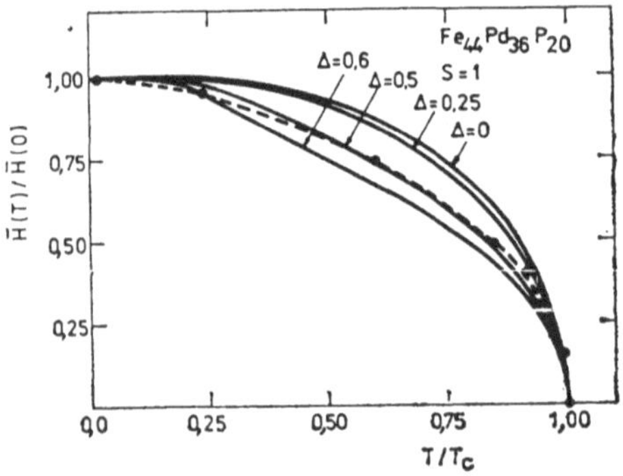

Abb. 7.19 – Temperaturabhängigkeit des Hyperfeinfeldes am ^{57}Fe in amorphem $Fe_{44}Pd_{36}P_{20}$ (ausgezogene Kurven: theoretischer Verlauf für verschiedene Werte des Fluktuationsparameters Δ) [188].

sowohl Eigenschaften von geordneten kristallinen Substanzen als auch von ungeordneten flüssigen Substanzen besitzen. Die flüssigen Kristalle bestehen gewöhnlich aus Verbindungen, deren Moleküle eine längliche Form aufweisen und die kettenförmig aneinander gereiht sind (z.B. 4*n*-Hexoxybenzyliden, 4*n*-Propylanilin). Die Molekülordnung ändert sich bei Temperaturerhöhung und bedingt dabei den Übergang von der kristallinen zur flüssigkristallinen (smektischen oder nematischen) und isotropen Phase [192]. Wegen der stark unsymmetrischen Form der Moleküle sind ein elektrischer Feldgradient und anisotrope Gitterschwingungen zu erwarten, was sich durch eine Analyse des Abstandes und der relativen Intensitäten der Resonanzlinien des Quadrupolspektrums [193] nachweisen läßt. In den meisten Fällen enthalten die flüssigen Kristalle allerdings keine Mößbaueratome, und so muß den zu untersuchenden Proben eine geeignete metallorganische Verbindung (mit Fe oder Sn) beigemengt werden, deren Moleküle sich dann zwischen den Molekülen des flüssigen Kristalls einordnen. Die auf diese Weise erhältlichen Spektren liefern zwar nur auf indirektem Wege Informationen über Eigenschaften des flüssigen Kristalls, trotzdem erlauben sie jedoch Aussagen zur Anisotropie der Molekülschwingungen [194] und über die Phasenübergänge in diesen Kristallen [195].

7.5 Strahlenschäden in Festkörpern

Durch Bestrahlung von Festkörpern entstehen unter gewissen Bedingungen Strukturdefekte im Gitter, die sogenannten Strahlenschäden. Sie lassen sich mößbauerspektroskopisch nachweisen, wenn an dem

Prozeß ein Mößbaueratom beteiligt ist. Zusammenfassende Arbeiten über dieses Gebiet wurden von Schroeer u. Mitarb. [196], Gonser [197], H. de Waard [198] und Vogl [199] publiziert.

Es zeigt sich, daß die Mößbauerspektroskopie ein nützliches Verfahren zur Untersuchung der mikroskopischen Eigenschaften von Strukturdefekten des Kristallgitters infolge Bestrahlung darstellt. Gitterfehler können direkt in Korrelation mit den Mößbaueratomen entstehen oder aber auch separat erzeugt werden, wobei dann die Korrelation mit den Mößbaueratomen erst nachher dadurch entsteht, daß die Strahlenfehler in die Nachbarschaft der Mößbaueratome wandern.

In einer Anzahl von Experimenten wurde der Einfluß von Strahlenschäden auf das Mößbauerspektrum von Metallgittern und elementaren Halbleitern untersucht. Christiansen u. Mitarb. [200] führten Messungen durch, bei denen das Mößbauerniveau durch die Kernreaktion ^{56}Fe(d,p)^{57}Fe erzeugt wurde. Berger u. Mitarb. [201] verwendeten dazu die Reaktion ^{56}Fe(n, γ)^{57}Fe und Kalvius u. Mitarb. [202] die Coulombanregung des Mößbauernuklids. Bei allen diesen Versuchen konnten keine besonderen Veränderungen an den Mößbauerspektren infolge der Strahlung außer einem Einfluß auf den Debye-Waller-Faktor beobachtet werden.

Bei Versuchen, unterschiedliche Mößbauerionen in Eisen zu implantieren, die von H. de Waard u. Mitarb. [203, 204] mit Te, Xe und Tb von Cohen u. Mitarb. [205, 206] mit Gd und J und von M. van Rossum u. Mitarb. [207] mit Xe durchgeführt wurden, konnten Plätze mit verschiedenen Magnetfeldern und Debye-Temperaturen unterschieden werden. Diese lassen sich Mößbaueratomen zuordnen, die als Nachbarn eine, zwei oder mehrere Gitterleerstellen haben. Bei Versuchen von Seyboth u. Mitarb. [208], durch den bei Coulombanregung auftretenden Rückstoß ^{57}Fe in Aluminium zu implantieren, konnte eine zusätzliche Linie nachgewiesen werden, die höchstwahrscheinlich zu Eisenatomen auf Zwischengitterplätzen gehört. Andere Messungen von Czjzek u. Mitarb. [209] an Fe_3Al und von Simopoulos u. Mitarb. [210] an PtCo bei Beschuß mit thermischen Neutronen ((n, γ)-Reaktionen) zeigten das Auftreten von Strahlungsfehlern in diesen Legierungen. Bei einer Reihe von Experimenten an elementaren Halbleitern wurde gefunden, daß neue Linien im Mößbauerspektrum durch die Bestrahlung entstehen können. Die Versuche zeigen, daß Halbleiter im allgemeinen viel empfindlicher gegenüber Strahlenschäden als Metalle sind. Dies geht aus den Arbeiten von Sprouse u. Mitarb. [211] an Diamantstrukturen, an Ge und Li, aus den Arbeiten von Hafemeister u. Mitarb. [212] an Diamant, Si und Ge, aus den Arbeiten von Vogl u. Mitarb. [213] an α- und β-Sn und aus den Arbeiten von Weyer u. Mitarb. [214] an Diamant, Si und Ge hervor.

Untersuchungen von Strahlenschäden, die nicht unmittelbar bei oder an den Mößbaueratomen entstehen, die aber nach ihrer Entstehung in die Nähe der Mößbaueratome wandern, sind relativ neu. Matsui u. Mitarb. [215] führten Versuche durch, bei denen Si mit schnellen Neutronen bestrahlt wurde. Sie stellten fest, daß das verwendete Mößbaueratom Sn zwei unterschiedliche Positionen einnehmen kann. Mansel und Vogl [216] bewiesen erstmals im mikroskopischen Maßstab den Einfang und die Zwischengitterdiffusion von Strahlendefekten. Abb.7.20

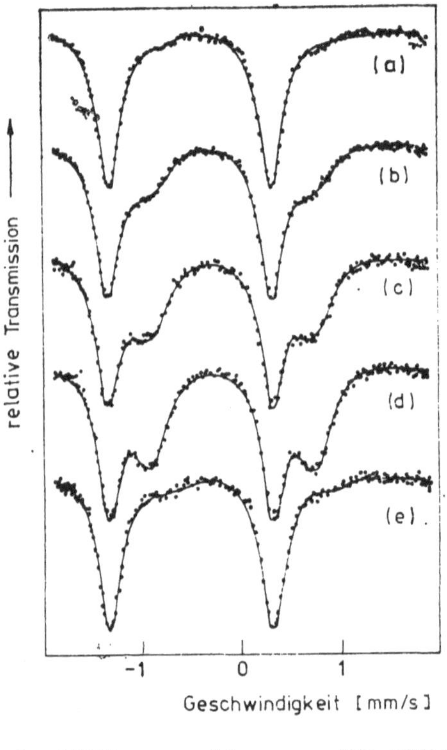

Abb. 7.20 — Mößbauerspektren von ^{57}Co(^{57}Fe) in Aluminium, vor und nach Bestrahlung mit schnellen Neutronen bei 4,6K und nach isochroner Ausheilung:
a) vor Bestrahlung, b) nach Bestrahlung mit $2{,}3 \cdot 10^{18}$ n/cm^2, c) nach Ausheilung bei 42K, d) nach Ausheilung bei 160K, e) nach Ausheilung bei 437K [216].

zeigt Mößbauerspektren von ^{57}Co(^{57}Fe) in Aluminium vor und nach Bestrahlung mit schnellen Neutronen bei 4,6 K sowie nach isochroner Behandlung. Als Absorber wurde Eisen bei 77 K verwendet. Die Abbildung zeigt nur die beiden inneren Linien des Sextetts. Man kann bei Erwärmung das Auftreten einer zusätzlichen Mößbauerlinie zwischen 30 und 45 K beobachten, deren Intensität bis zu 180 K ständig anwächst und bei 190 K verschwindet. Die Änderung der Isomerieverschiebung entspricht einem Anwachsen der Elektronendichte am Mößbauerkern. Durch diese Änderung scheint es berechtigt anzunehmen, daß ein Einfang von Atomen auf Zwischengitterplätzen durch Kobaltverunreinigung stattfindet. Diese Schlußfolgerung wird durch Messungen der elektrischen Leitfähigkeit bestätigt.

Gegenwärtig scheinen Untersuchungen dieser Art besser zur Gewinnung von Informationen über Strahlendefekte geeignet zu sein als solche mit direkt zu den Strahlenfehlern korrelierten Mößbaueratomen.

7.6 Die Bewegung von Atomen im Festkörper

Die dynamischen Eigenschaften eines Festkörpers werden durch die Schwingungen der Gitterbausteine um ihre Gleichgewichtslagen im Gitter bestimmt. Diese Schwingungen hängen von der Masse und von den Kraftkonstanten ab, die charakteristisch für die Wechselwirkungen im Gitter sind. Der Mößbauereffekt kann wertvolle Informationen über diese Bewegungen liefern, da der Mößbauerfaktor f nach (1.33) von der thermischen Bewegung des Mößbaueratoms abhängt. Nachfolgend sollen einige Probleme der Atomdynamik im Festkörper, die mit dem Mößbauereffekt untersucht werden können, behandelt werden.

7.6.1 **Aspekte der Kristallgitterdynamik bei der Resonanzemission und -absorption von γ-Strahlen**

Die Kerne, die γ-Strahlen resonant emittieren oder absorbieren, stellen gewöhnlich eine Isotopenverunreinigung im Wirtsgitter dar. Oft spielen auch Fehler des Wirtskristalls selbst eine bestimmende Rolle. Daher ist es notwendig, in Ergänzung zu der in den Kapiteln 1 und 3 gegebenen Behandlung des Mößbauereffektes im ungestörten Gitter die Änderungen der Wirtsgitterschwingungen, die infolge von Strukturdefekten auftreten, hier gesondert zu behandeln, um sie dann bei der Analyse von experimentellen Mößbauerdaten berücksichtigen zu können. Die Einflüsse von Fremdatomen auf den Mößbauereffekt müssen von der Masse der einzelnen Störstellenatome und von der Masse der Bausteine des Wirtsgitters abhängen. Die Masse bestimmt aber ihrerseits das kontinuierliche Spektrum der Atomschwingungen, und die sich ergebenden Besonderheiten bestehen im Auftreten von lokalisierten Schwingungen mit diskreten Frequenzen. An diesen Schwingungen nehmen nicht nur die Fremdatome teil, sondern auch eine Anzahl von Wirtsgitteratomen in der Umgebung der Störstellen.

Von Kagan und Iosilevskii [217] stammt eine detaillierte Analyse des Problems der Fremdkernschwingungen. Sie bestimmten die Wahrscheinlichkeit für das Auftreten des Mößbauereffekts für einen Fremdkern in einem einatomigen Kristallgitter. Hierbei vernachlässigten sie die Änderung der Kraftkonstanten durch das Fremdatom im Vergleich zum Einfluß der Massendifferenz zwischen dem Mößbauerisotop und den Gitteratomen. Maradudin [218] leitete einen Ausdruck für die Nullphononen- und Einphononen-Wirkungsquerschnitte eines Fremdatoms in einem beliebigen Bravais-Gitter ab unter der Annahme, daß das Fremdatom einen Massendefekt aufweist und die Kraftkonstanten der Verunreinigung von denen im idealen Wirtsgitter abweichen. Abb. 7.21 zeigt die Abhängigkeit des Einphononenabsorptionsquerschnitts

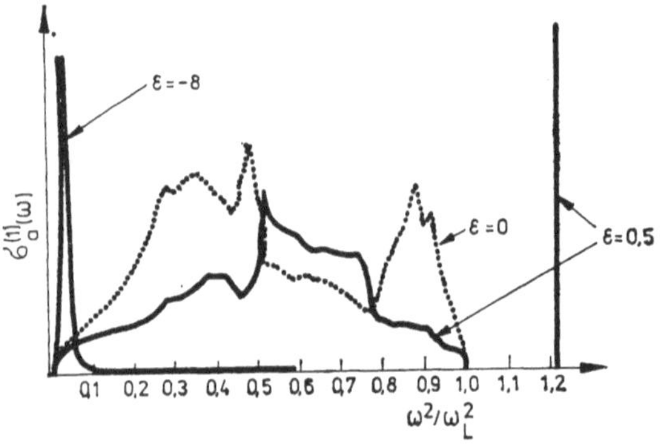

Abb.7.21 —Einphononenwirkungsquerschnitt in Abhängigkeit von der Phononenfrequenz [218] (Erläuterungen im Text).

$\sigma_a^{(1)}$ von der Frequenz eines Fremdkernes in einem kubisch-flächenzentrierten Gitter bei 0K für drei Werte des Parameters ε, wobei: $\varepsilon = 1 - M_i/M$ (M_i = Fremdatommasse, M = Masse des Wirtsgitteratoms), ω_L = obere Grenzfrequenz des Phononenspektrums der Wirtsmatrix. $\varepsilon = 0$ gilt für den Fall, wenn der resonante Kern identisch mit den Wirtsgitteratomen ist. Der Einphononenabsorptionsquerschnitt liefert in diesem Falle das Phononenspektrum des Wirtsgitters. Die Kurve $\varepsilon = 0{,}5$ gilt für den Fall, wenn der resonante Kern eine genügend leichte Verunreinigung ist, so daß eine lokalisierte Schwingung entstehen kann, während die Kurve mit $\varepsilon = -8$ einem resonanten Kern entspricht, dessen Masse neunmal größer als die Masse des verdrängten Gitteratoms ist. Im letzteren Fall tritt ein Resonanzmaximum im Spektrum bei niedrigen Frequenzen auf, auch quasilokales Niveau genannt. Solche quasilokale Niveaus spielen eine bedeutende Rolle in der Dynamik von unregelmäßigen Kristallen. An diese Niveaus sind insbesondere die Anomalien der elektrischen Leitfähigkeit und der spezifischen Wärme gebunden.

Bestimmungen der Frequenzbreite von lokalisierten anharmonischen Schwingungen finden sich in den Arbeiten [219—222], während der Einfluß der Isotopenkonzentration in [223—225] behandelt wurde.

7.6.2 Der Mößbauereffekt an Fremdatomen

Mit dem Mößbauereffekt kann man im Prinzip die mittlere quadratische Amplitude und Geschwindigkeit eines Fremdatoms in einem Kristall bestimmen und somit Informationen über die Kraftkonstante zwischen den Fremd- und Gitteratomen und über das Schwingungsspektrum des Gitters erhalten. Deshalb stellt die Mößbauerspektroskopie eine leistungsfähige Methode zur Untersuchung der Kristallgitterdynamik dar.

M und α seien die Masse bzw. Kraftkonstante eines Gitteratoms und M' und α' dieselben Größen für ein Fremdatom. Ausgehend von (1.38) kann der f-Faktor in der Form

$$\ln f(T) = -\frac{E_R}{3N\hbar}\int_0^{\omega_{\max}} \frac{1}{\omega} \coth\left(\frac{\hbar\omega}{2k_B T}\right) \rho(\omega)\, \mathrm{d}\omega \qquad (7.22)$$

ausgedrückt werden. Die Entwicklung nach Potenzen von $\hbar\omega/(k_B T)$ ergibt für den Grenzfall hoher Temperaturen

$$-\ln f(T) = \frac{2E_R k_B T}{\hbar^2}\left[\langle\omega^{-2}\rangle + \frac{1}{12}\left(\frac{\hbar}{k_B T}\right)^2 - \frac{1}{720}\left(\frac{\hbar}{k_B T}\right)^4 \langle\omega^2\rangle + \cdots\right], \qquad (7.23)$$

wobei

$$\langle\omega^n\rangle = \frac{1}{3N}\int_0^{\omega_{\max}} \omega^n \rho(\omega)\, \mathrm{d}\omega. \qquad (7.24)$$

Bei einer Isotopenverunreinigung ist $M' \neq M$, aber $\alpha' = \alpha$, und man erhält nach [226], wenn man in (7.23) für E_R die Rückstoßenergie einsetzt,

$$-\ln f(T) = \frac{E_0^2}{M'c^2}\frac{k_B T}{\hbar^2}\left[\langle\omega^{-2}\rangle' + \frac{1}{12}\left(\frac{\hbar}{k_B T}\right)^2 - \frac{1}{720}\left(\frac{\hbar}{k_B T}\right)^4 \langle\omega^2\rangle' + \cdots\right] \qquad (7.25)$$

mit

$$\langle\omega^n\rangle' = \frac{M'}{M}\frac{1}{3N}\int_0^{\left(\frac{M'}{M}\right)^{-\frac{1}{2}}\omega_{\max}} \omega^n \rho(\omega)\,d\omega. \tag{7.26}$$

Vergleicht man (7.24) mit (7.26), dann sieht man, daß für eine isotope Verunreinigung

$$\frac{\omega'_{\max}}{\omega_{\max}} = \frac{\theta'_D}{\theta_D} = \left(\frac{M}{M'}\right)^{\frac{1}{2}} \tag{7.27}$$

gilt. Die Beziehungen (7.25) und (7.26) sind nur für $M' \gg M$ gültig, da in diesem Fall $\omega'_{\max} < \omega_{\max}$ ist und die Frequenzen der resonanten Verunreinigung im Bereich der Vibrationsmoden des Wirtsgitters liegen. Wenn umgekehrt $M' \ll M$ ist, man es also mit einer leichten Verunreinigung zu tun hat, dann ist $\omega'_{\max} > \omega_{\max}$ und es entstehen lokalisierte Schwingungen der Frequenz ω_L, während der f-Faktor sich aus

$$-\ln f(T) = \frac{E_R}{3N}\left\{\int_0^{\omega_{\max}} \frac{1}{\omega}\coth\left(\frac{\hbar\omega}{2k_BT}\right)\rho(\omega)\,d\omega + \frac{1}{\omega_L}\coth\left(\frac{\hbar\omega_L}{2k_BT}\right)\right\} \tag{7.28}$$

ergibt. Die Rückstoßenergie E_R bezieht sich hier auf ein Matrixatom M. Man sieht, daß der Einfluß der lokalisierten Schwingungsmoden wegen des Faktors $1/\omega_L$ schwach im Vergleich zum Beitrag des Gitterbandes ist [227].

Ändern sich nun sowohl die Masse als auch die Kraftkonstante, also sind $M' \neq M$ und $\alpha' \neq \alpha$, dann gilt für die maximale Frequenz einer Verunreinigung der Masse $M' \gg M$

$$\omega'_{\max} = \omega_{\max}\left(\frac{M}{M'}\right)^{\frac{1}{2}}\left\{1 + \frac{1}{2}\left(1 - \frac{\alpha'}{\alpha}\right)\right\}^{\frac{1}{2}}. \tag{7.29}$$

Daraus folgt

$$\theta'_D = \theta_D\left(\frac{M}{M'}\right)^{\frac{1}{2}}\left\{1 + \frac{1}{2}\left(1 - \frac{\alpha'}{\alpha}\right)\right\}^{\frac{1}{2}}. \tag{7.30}$$

Der Grenzwert für $f(T)$ bei hohen Temperaturen ergibt sich jetzt aus

$$-\ln f(T) \approx \frac{2E_R k_B T}{\hbar^2}\left\{\langle\omega^{-2}\rangle + \frac{\omega_{\max}^2}{2}\left(1-\frac{\alpha'}{\alpha}\right)\langle\omega^2\rangle^{-2} + \dots\right\}. \tag{7.31}$$

E_R bezieht sich hier auf das Wirtsgitteratom. Wenn $M' < M$ ist, also $\omega'_{\max} > \omega_{\max}$ ist, entstehen wiederum lokalisierte Vibrationsmoden, die aber wenig zu $f(T)$ beitragen. Folglich bleibt für praktische Anwendungen (7.31) mit Mittelwerten bis zu $\omega_{\max}$ gültig, und man hat dann die reale Debyetemperatur des Gitters einzusetzen. Genauere Berechnungen von f findet man in [227, 229].

Als Beispiele seien Mößbauermessungen zur Bestimmung von f an ^{119}Sn und ^{57}Fe als Verunreinigung in verschiedenen Metallgittern angeführt. ^{119}Sn in V, Au, Pt und Tl zeigt ein Verhalten wie eine Isotopenverunreinigung entsprechend der Formel (7.27) [230]. Ebenso verhält sich auch ^{57}Fe in Au [231], Be, Cu, W, Pt [232] und Ir, Re, Pt, Cu, Pd, Ti [233]. Nach Flinn u. Mitarb. [234] liefert ^{57}Fe im Indiumgitter einen experimentellen Wert für f, der durch eine Kraftkonstantenänderung erklärt werden muß. Diese Änderung ist ihrerseits auf den Einbau des Fremdatoms auf einen Zwischengitterplatz zurückzuführen.

In Abschnitt 4.6.1.2 wurde gezeigt, daß der Dopplereffekt zweiter Ordnung proportional dem mittleren Geschwindigkeitsquadrat des Mößbaueratoms ist, vgl. (4.116). Die Größe dieses Effektes, der sich zur Isomerieverschiebung addiert, erlaubt eine direkte Messung des mittleren Quadrats der Geschwindigkeit, mit der sich die Gitteratome bei ihrer Schwingbewegung im Gitter bewegen. Bei schweren isotopen Verunreinigungen ergeben sich für den Dopplereffekt zweiter Ordnung dieselben Schlußfolgerungen wie bei der Betrachtung des f-Faktors. Für ^{57}Fe als Verunreinigung in Be, Cu, W, Pt, Au, Ir, Pd und Rh [221, 232, 233] gilt die Formel (7.27). Nach Mannheim [227] läßt sich der Dopplereffekt zweiter Ordnung einer Verunreinigung mit (M', α') in einem Gitter mit (M, α) und fcc- oder bcc-Struktur durch

$$\Delta S(T) = \frac{\hbar}{2Mc}\left(\frac{M}{M'}\right)^2 \left\{ \int_0^{\omega_{\max}} \frac{\omega \coth\left(\frac{\hbar\omega}{2k_B T}\right)\rho(\omega)\,d\omega}{[1+R(\omega)\,S(\omega)]^2 + \frac{1}{4}\pi^2\omega^2\rho^2(\omega)R^2(\omega)} + \right.$$

$$\left. + \omega_L \coth\left(\frac{\hbar\omega_L}{2k_B T}\right) \frac{1}{R^2(\omega_L)T(\omega_L) + \frac{M}{M'} - [1+R(\omega_L)]^2} \right\} \tag{7.32}$$

berechnen, wobei

$$R(\omega) = \frac{M}{M'} - 1 + \frac{2\omega^2}{\omega_{\max}^2}\left(1 - \frac{\alpha}{\alpha'}\right),$$

$$S(\omega) = \int_0^{\omega_{\max}} \frac{\omega'^2 \rho(\omega'^2)}{\omega'^2 - \omega^2}\, d\omega'^2,$$

$$T(\omega) = \omega^4 \int_0^{\omega_{\max}} \frac{\rho(\omega'^2)}{(\omega^2 - \omega'^2)^2}\, d\omega'^2,$$

$$1 + R(\omega_L)\, S(\omega_L) = 0. \tag{7.33}$$

Eine Reihenentwicklung nach $\hbar/k_B T$ liefert für den Bereich hoher Temperaturen den Ausdruck

$$|\Delta S(T)|_{HT} = \frac{3k_B T}{2M'c}\left\{1 + \frac{1}{12}\left(\frac{\hbar}{k_B T}\right)^2 \frac{M}{M'} \frac{\omega_{\max}^2}{2} \frac{\alpha'}{\alpha}\right\}. \tag{7.34}$$

Die Steigung der Geraden

$$F\left(\frac{1}{T}\right) = |\Delta S(T)|_{HT} - \frac{3k_B T}{2M'c} \tag{7.35}$$

hat also den Wert

$$\frac{1}{16} \frac{\hbar^2}{k_B} \frac{M}{M'} \frac{\omega_{\max}^2}{M'c} \frac{\alpha'}{\alpha},$$

woraus man dann Aussagen über die Änderung der lokalen Kraftkonstanten gewinnen kann. Janot u. Mitarb. [235] zeigten mit Hilfe von (7.32), daß sich die experimentellen Daten von Eisenverunreinigungen in einem Nickelgitter für keinen Wert von $\frac{\alpha'}{\alpha}$ durch $\Delta S(T)$ erklären lassen, wenn man nicht gleichzeitig das Auftreten einer lokalisierten Schwingung annimmt. Mit den Werten $2 < \frac{\alpha'}{\alpha} < 3$, $\omega_L = 9{,}5 \cdot 10^{13}$ Hz und $\omega_{\max} = 5{,}9 \cdot 10^{13}$ Hz wird dann eine gute Übereinstimmung mit den Meßwerten erzielt. Analoge Ergebnisse erhielten auch Mannheim u. Mitarb. [227] sowie Simopoulos u. Mitarb. [236].

Bei allen Berechnungen des Faktors f oder des Dopplereffektes zweiter Ordnung wurden hier nur rein harmonische Gitterschwingungen betrachtet. Natürlich ist dies eine vereinfachende Hypothese. Einige Autoren, wie z.B. Harris u. Mitarb. [237], Steyert u. Mitarb. [233] sowie Craig u. Mitarb. [238] haben in ihren Rechnungen auch nichtharmonische Effekte berücksichtigt.

7.6.3 Die Diffusion von Atomen in Festkörpern

In den vorausgehenden Abschnitten wurde gezeigt, daß der Mößbauereffekt Informationen über die Atomdynamik im Kristallgitter liefert, da der Mößbauerfaktor f und die Dopplerverschiebung zweiten Grades von dem mittleren Quadrat der Amplitude bzw. von dem mittleren Quadrat der Geschwindigkeit abhängen. Auf diese Weise können Aussagen über die Frequenz lokalisierter Schwingungsmoden, über Oberflächeneffekte, Anisotropieeffekte, Kraftkonstanten, Debyetemperaturen u.ä. erhalten werden. Wenn ein Mößbaueratom durch den Festkörper wandert, führt seine Bewegung zu einer Änderung der Mößbauerlinie. Die folgenden Beispiele sollen demonstrieren, auf welche Weise der Mößbauereffekt zur Untersuchung von Diffusionsproblemen in Festkörpern eingesetzt werden kann.

Es gibt eine Anzahl von Modellen, mit denen die Diffusion in Festkörpern beschrieben wird. Hier sollen zwei Modelle, die zwei Grenzfälle darstellen, behandelt werden, nämlich das Modell der kontinuierlichen Diffusion und das Modell der Diffusion durch Sprünge.

Nach dem Modell der kontinuierlichen Diffusion befindet sich das wandernde Atom in einer ständigen Translationsbewegung, deren Geschwindigkeit praktisch konstant ist. Dieser Bewegung überlagern sich die harmonischen Schwingungen derart, daß die Position des Atoms im Gitter durch $\mathbf{x} = \mathbf{x}_D + \mathbf{x}_V$ gegeben ist, wenn $\mathbf{x}_D$ die Diffusionsverschiebung und $\mathbf{x}_V$ die Vibrationsauslenkung bedeuten.

Wird vorausgesetzt, daß diese beiden Bewegungen voneinander unabhängig sind, dann erhält man den Wirkungsquerschnitt des Mößbauereffektes für das Modell der kontinuierlichen Diffusion [239] aus

$$\sigma(E) = \frac{\sigma_0 \Gamma}{\hbar} f_0 \int_{-\infty}^{\infty} e^{-i \frac{E-E_0}{\hbar} t} \, e^{-\frac{1}{2\hbar}(\Gamma + 4\hbar k^2 D)|t|} \, dt. \tag{7.36}$$

D ist der durch $\frac{1}{2}\overline{x^2} = Dt$ definierte Diffusionskoeffizient, f_0 der normale Mößbauerfaktor und $\overline{x^2}$ der Mittelwert des Quadrates der Diffusionsdistanz. Man sieht, daß sich die Mößbauerlinie um den Betrag

$$\Delta\Gamma = 2\hbar k^2 D \tag{7.37}$$

verbreitert. Wenn das Atom in der Zeit τ die Strecke a_0 im Gitter zurücklegt (a_0 ist der Abstand zum nächsten Nachbarn), dann ist der Diffusionskoeffizient in einem kubischen Gitter

$$D = f_c \frac{a_0^2}{6\tau}. \tag{7.38}$$

f_c ist der Bardeen-Herring-Korrelationsfaktor, dessen Wert für einen Zufallsprozeß gleich Eins ist. Mit dem so berechneten Diffusionskoeffizienten erhält man für die Linienverbreiterung

$$\Delta\Gamma = \frac{1}{3}\,\hbar k^2 \frac{a_0^2}{\tau}. \tag{7.39}$$

Nach dem Sprungmodell befindet sich das wandernde Atom nur während einer Zeitspanne τ_1 in Translationsbewegung, die klein ist gegenüber dem Zeitraum τ_0, in dem das Atom nur Oszillationsbewegungen ausführt. Während des Sprunges wird das Atom als völlig frei angesehen, es oszilliert dann also nicht. Der Wirkungsquerschnitt ist in diesem Falle [239]

$$\sigma(E) = \frac{\sigma_0 \Gamma f_0}{4\hbar} \int_{-\infty}^{\infty} \mathrm{e}^{-\mathrm{i}\frac{E-E_0}{\hbar}t}\, \mathrm{e}^{-\frac{1}{2\hbar}\left(\Gamma + \frac{4\hbar}{\tau_0}\right)|t|}\, \mathrm{d}t. \tag{7.40}$$

Die durch diesen Prozeß entstehende Verbreiterung der Mößbauerlinie ist

$$\Delta\Gamma = \frac{2\hbar}{\tau_0}. \tag{7.41}$$

Etwas genauere Vorstellungen führen zu dem Ausdruck

$$\Delta\Gamma = \frac{2\hbar}{\tau_0}\left|1 - \frac{1}{1 - \frac{k^2 a_0^2}{6}\frac{\tau_0}{\tau_1}}\right|. \tag{7.42}$$

Für den Diffusionskoeffizienten gilt

$$D = \frac{1}{6}\,\frac{a_0^2}{\tau_0 + \tau_1}\, f_c. \tag{7.43}$$

Lewis und Flinn [240] untersuchten die Verbreiterung der Mößbauerlinie an Eisenlegierungen mit 3% Siliziumgehalt in der Umgebung des Schmelzpunktes. Der sich ergebende Wert für den Diffusionskoeffizienten des ^{57}Fe, $D \approx 2 \cdot 10^{-9}$ cm^2/s, stimmt gut mit dem theoretisch erwarteten überein. Andere Messungen von Mullen und Knauer [241] sowie von Gonser und Wiedersich [242] zeigen ebenfalls gute Übereinstimmung mit den berechneten Werten.

Von Meisel u. Mitarb. [243] wurden die Diffusionssprünge von Fe^{2+}-Ionen im Zeolithgitter untersucht. Aus der Temperaturabhängigkeit der Linienbreite konnten hier die mittleren Sprungzeiten und die Aktivierungsenergie für diese Sprünge bestimmt werden.

Obwohl es schwierig ist, sehr genaue Messungen zur Bestimmung der Mößbauerlinienform, insbesondere bei höheren Temperaturen, vorzunehmen, liefert die Mößbauertechnik doch eine. brauchbare Methode zur Verfolgung der Wanderung von Atomen in Festkörpern.

7.6.4 **Phasenübergänge in Ferroelektrika**

Der Mößbauer-Lamb-Faktor f ist einer der Mößbauerparameter, der Aussagen über den mikroskopischen Mechanismus von Phasenübergängen ermöglicht. In engem Zusammenhange mit der Betrachtung von Kristallgitterschwingungen wurde der f-Faktor bereits sehr früh nach der Entdeckung der Kern-γ-Resonanz als ein Parameter angesehen, der eine Anomalie bei Phasenübergängen aufweisen sollte. Ausgehend von der Formel (3.123) sieht man, daß f sowohl von Änderungen im Phononenspektrum, die durch Anharmonizitäten im Gitter auftreten, als auch von Häufigkeitsänderungen der Einphononenprozesse, die durch Temperaturänderungen hervorgerufen werden, beeinflußt wird.

Die näherungsweise Behandlung der Gitterschwingungen eines Ionenkristalls führt zu dem Ausdruck

$$\frac{\varepsilon_s}{\varepsilon_e} = \prod_{\alpha=1}^{n-1} \frac{\omega^2_{\alpha_L}}{\omega^2_{\alpha_T}}, \tag{7.44}$$

worin ε_s und ε_e die Dielektrizitätskonstanten bei niedrigen bzw. hohen Frequenzen, n die Anzahl der Ionen pro Elementarzelle des Kristallgitters sind und L und T Longitudinal- bzw. Transversalschwingungen indizieren. Cochrans Theorie der Ferroelektrizität [244], die von der Gitterdynamik ausgeht, befaßt sich mit Kristallinstabilitäten, die durch anomale optische Transversalschwingungen entstehen, deren temperaturabhängiger Wellenvektor Null ist. Die Beziehung (7.44) und das Curie-Weiß-Gesetz für ε_s sind immer dann erfüllt, wenn eine von den Grenzfrequenzen ($k=0$) des optischen Transversalzweiges im Schwingungsspektrum ein anomales Verhalten zeigt und sich wie

$$\omega^2_{\mathrm{an}_T} = \omega^2_{0_T}\,(T - T_c) \tag{7.45}$$

mit der Temperatur ändert. Dieses ungewöhnliche Verhalten im Kristallschwingungsspektrum, das durch den Einfluß der spontanen elektrischen Polarisation zustande kommt, hat Rückwirkungen auf die Atombewegung, also auch auf den f-Faktor. Verallgemeinert man den Ausdruck für f in (1.38), so erhält man

$$\log f = \frac{1}{3} \sum_{\alpha} \log f_{\alpha_L} + 2 \log f_{\alpha_T}. \tag{7.46}$$

Dabei ist

$$\log f_\alpha = \frac{E_R}{3N\hbar} \int \frac{\rho(\omega_\alpha)}{\omega_\alpha} \coth \frac{\hbar\omega_\alpha}{2k_BT}\, d\omega_\alpha. \tag{7.47}$$

Da nur qualitative Resultate interessieren, wird für den anomalen Vibrationszweig $\alpha = \text{an}$

$$\omega_\alpha = \begin{cases} \omega_{an} \sim (T - T_c) & \text{für } k < k_0, \\ \omega'_{an} \text{ (temperaturunabhängig)} & \text{für } k_{max} > k > k_0 \end{cases} \tag{7.48}$$

angenommen. Dem optischen Vibrationszweig des Ferroelektrikums entspricht dann in erster Näherung die Temperaturverteilung

$$\rho_{an}(\omega) = \frac{k_0^2}{k_{max}^2}\,\delta(\omega - \omega_{an}) + \left(1 - \frac{k_0^2}{k_{max}^2}\right)\delta(\omega - \omega'_{an}), \tag{7.49}$$

oder

$$-\log f_{an} = \frac{E_R}{3N\hbar}\left\{\frac{1}{\omega'_{an}} \coth \frac{\hbar\omega'_{an}}{2k_BT} + \right.$$

$$\left. + \frac{k_0^2}{k_{max}^2}\left(\frac{1}{\omega_{an}} \coth \frac{\hbar\omega_{an}}{2k_BT} - \frac{1}{\omega'_{an}} \coth \frac{\hbar\omega'_{an}}{2k_BT}\right)\right\}. \tag{7.50}$$

Bei höheren Temperaturen, im paraelektrischen Zustand, weicht ω_{an} nur gering von ω'_{an} ab und f_{an} besitzt einen Wert, der dem paraelektrischen Zustand entspricht. Nahe dem Phasenübergangspunkt ist ω_{an} eine sehr niedrige Frequenz, und daher ergibt sich dort für f der niedrigere Wert

$$-\log f_{an} \approx \frac{E_R}{3N\hbar}\,\frac{k_0^2}{k_{max}^2}\,\frac{1}{\omega_{an}} \coth \frac{\hbar\omega_{an}}{2k_BT}. \tag{7.51}$$

Im ferroelektrischen Bereich ist dann der Temperaturverlauf von f wiederum normal. Man sieht also, daß immer dann, wenn ein Phasenübergang para- → ferroelektrisch (das Analogon zum Curiepunkt) erfolgt, eine Diskontinuität im Verhalten des Faktors f zu beobachten ist.

Die Empfindlichkeit des Mößbauereffektes in bezug auf Phasenübergänge in Ferroelektrika wurde experimentell erstmals von Pham Zui Hien u. Mitarb. [245] an einer ^{119}Sn-haltigen festen Lösung von $BiFeO_3-SrSnO_3$ nachgeprüft. Die Autoren konnten beim Phasenübergang eine plötzliche Änderung der resonanten γ-Absorption feststellen. Die Linienbreite unterhalb und oberhalb der Übergangstemperatur bleibt dieselbe, woraus hervorgeht, daß der Effekt tatsächlich nur durch eine plötzliche Änderung von f entsteht. Hier wurde vorgeschlagen, die Änderung von f mit einer sprunghaften Verringerung der inneren Energie zu erklären. Diese Änderung soll ihrerseits durch eine Diskontinuität der Elastizitätskonstanten des Gitters beim Phasenübergang erzeugt

Abb. 7.22 — Temperaturabhängigkeit des Faktors f von ^{57}Co in $BaTiO_3$ in der Umgebung der Umwandlungstemperatur T_c.

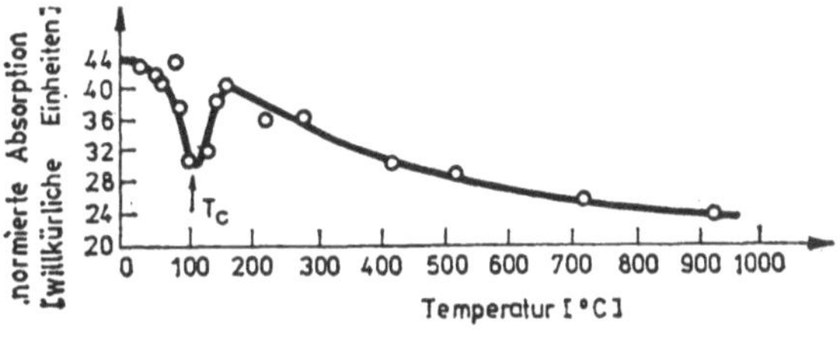

werden, die dann auch den Sprung der Debye-Temperatur (bei 290 K für das Paraelektrikum und bei 110 K für das Ferroelektrikum) hervorruft.

Bhide u. Mitarb. [246, 247] nahmen Untersuchungen an ^{57}Co-haltigem $BaTiO_3$ vor, um die Temperaturabhängigkeit von f zu bestimmen, durch die dann die Vibrationsanomalie bei T_c festgestellt werden sollte. Das $^{57}Co^{2+}$-Ion wird in diese Perovskit-Struktur als Substituent des Ti^{4+}-Ions aufgenommen, also auf einen Platz des Ions, das hauptsächlich zu den ferroelektrischen Eigenschaften beiträgt, eingebaut.

Die Änderung der Mößbauerabsorption mit der Temperatur (Abb. 7.22) weist in der Nähe von T_c ein stark ausgeprägtes Minimum auf. Dieser Abfall bei T_c ist nach Cochrans Theorie mit temperaturabhängigen Vibrationsmoden zu erklären.

Bokov u. Mitarb. [248] versuchten an einem $Ba(Ti_{0,8}Sn_{0,2})O_3$-Mößbauerabsorber die Annäherung der Frequenz der transversalen optischen Schwingungen an die Wellenzahl Null in der Nähe von T_c festzustellen. Sie stellten eine eindeutige Diskontinuität des Faktors f in der Nähe der Übergangstemperatur fest. Änderungen dieser Art konnten auch an anderen Systemen gefunden werden, so z.B. von Bhide u. Mitarb. [249] an ^{57}Co in $SrTiO_3$, von Trooster [250] an Borazit, von Canner [251] an dem ternären Gemisch $PbZrO_3-PbTiO_3-BiFeO_3$, von Solacolu u. Mitarb. [252] an $BaTiO_3-BaSnO_3$ und von Yagnik u. Mitarb. [253] an $PbTiO_3-BiFeO_3$ (50%).

Bei allen angeführten Untersuchungen von Phasenübergängen, bei denen Messungen der Linienflächen in den Mößbauerspektren durchzuführen waren, vernachlässigten die Autoren bei der Interpretation der experimentellen $f(T)$-Kurve die Polarisation der Gammastrahlung. Diese kann aber, besonders bei Einkristallen, den gleichen Effekt wie eine anomale Vibrationsmode hervorrufen. Montano und Shechter [254] wiesen auf die Bedeutung der Polarisation bei solchen

Linienflächenmessungen in Mößbauerspektren hin. Sie gehen davon aus, daß beim Phasenübergang die Ausrichtung des elektrischen Feldgradienten eine Änderung erfährt, die sich auf die Größe der Linienflächen im Mößbauerspektrum auswirkt, ohne mit den Einflüssen der Gitterdynamik in irgendeiner Verbindung zu stehen. Der Polarisationseffekt kann nur bei polykristallinen Pulvern vernachlässigt werden. Da man bei ferroelektrischen Substanzen jedoch die besten Informationen unter Verwendung von Einkristallen und orientierten Keramiken erhält, würde eine Vernachlässigung des Polarisationseffektes hier zu großen Fehlern führen. Als Beispiel einer Arbeit, die sich mit dieser Problematik befaßt, sei hier die Arbeit von Montano u. Mitarb. [255] angeführt.

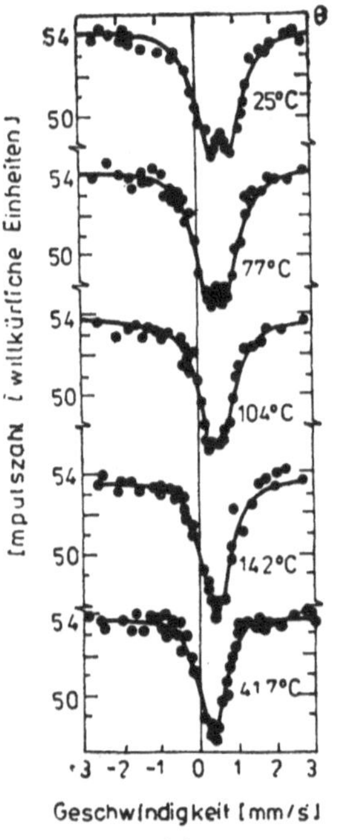

(a)

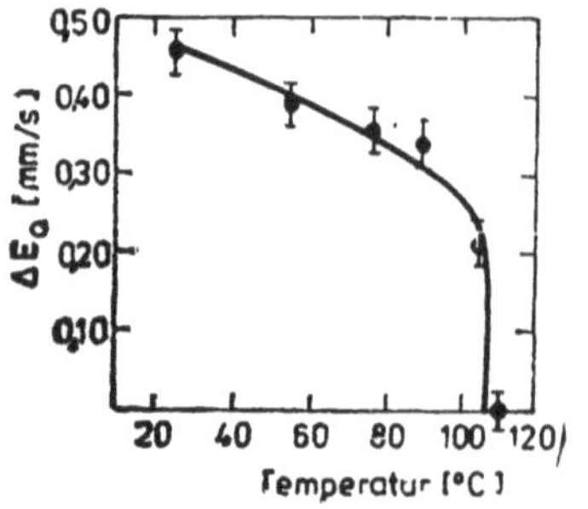

(b)

Abb. 7.23 — a) Mößbauerspektren von ^{57}Co in $BaTiO_3$ bei verschiedenen Temperaturen,
b) Temperaurabhängigkeit der Quadrupolaufspaltung [245].

Bei Phasenübergängen para- → ferroelektrisch sind auch Linienverschiebungen infolge von Änderungen der Isomerieverschiebung und der Dopplerverschiebung zweiter Ordnung zu erwarten. Viele Untersuchungen zeigen Anomalien der Linienverschiebung in der Nähe des Umwandlungspunktes, so die Untersuchungen von Bhide und Multani [246] an ^{57}Co-haltigem $BaTiO_3$, von Bhide und Bhasin [249] an ^{57}Co in $SrTiO_3$, von Canner [251] an 15% $PbZrO_3$ — 5% $BiFeO_3$ und von Bhide und Hedge [256] an ^{57}Co in $PbTiO_3$. In einigen anderen Fällen jedoch konnten keine Anomalien dieser Art beobachtet werden, was bisher auch noch nicht erklärt werden kann.

Die Lageänderungen von Ionen (Gleichgewichtslage und Richtung des elektrischen Feldes), die bei ferroelektrischen Phasenübergängen auftreten, führen manchmal zu Änderungen der Quadrupolaufspaltung in der Nähe der Übergangstemperatur T_c. So z.B. beobachteten Bhide und Multani [246] eine Quadrupolaufspaltung an $BaTiO_3$ mit einer ^{57}Co-Beimengung bei Zimmertemperatur, deren Temperaturverhalten dem Quadrat der spontanen ferroelektrischen Polarisation P_s^2 ähnlich ist, also bei der Übergangstemperatur vom ferro- zum paraelektrischen Zustand verschwindet, vgl. Abb. 7.23. Analoge Untersuchungen gibt es auch für die antiferromagnetischen Ferroelektrika $BiFeO_3$ [257], $Ba(Ti_{0,8}Sn_{0,2})O_3$ [248], ^{57}Co in $SnTiO_3$ [249] und ^{57}Co in $PbTiO_3$ [256]u.a.

Literatur

[1] S. S. Hanna, J. Heberle, C. Littlejohn, G. J. Perlow, R. S. Preston, D. H. Vincent, Phys. Rev. Lett. 4, 177 (1960).
[2] R. S. Preston, S. S. Hanna, J. Heberle, Phys. Rev. 128, 2207 (1962).
[3] D. E. Nagle, H. Frauenfelder, R. D. Taylor, D. R. F. Cochran, B.T. Matthias, Phys. Rev. Lett. 5, 364 (1960).
[4] R. Ingalls, Phys. Rev. 155, 157 (1967).
[5] T. A. Kovats, J. C. Walker, Phys. Rev. 181, 610 (1969).
[6] D. N. Pipkorn, C. K. Edge, P. Debrunner, G. De Pasquali, H. G. Drickamer, H. Frauenfelder, Phys. Rev. 135A, 1604 (1964).
[7] J. A. Moyzis, Jr., H. G. Drickamer, Phys. Rev. 171, 389 (1968).
[8] W. H. Southwell, D. L. Decker, H. B. Vanfleet, Phys. Rev. 171, 354 (1968).
[9] C. E. Johnson, M. S. Ridout, T. E. Cranshaw, Proc. Phys. Soc. 81,1079 (1963).
[10] P. P. Craig, B. Mozer, R. Segnan, Phys. Rev. Lett. 14, 895 (1965).
[11] G. Shirane, C. W. Chen, P. A. Flinn, R. Nathans, Phys. Rev. 131, 183 (1963).
[12] M. B. Stearns, Phys. Rev. 147, 439 (1966).
[13] M. A. Ruderman, C. Kittel, Phys. Rev. 96, 99 (1954).
[14] K. Yoshida, Phys. Rev. 106, 893 (1957).
[15] T. Kasuya, Theoret. Phys. (Kyoto) 16, 45 (1957).
[16] A. W. Overhauser, M. B. Stearns, Phys. Rev. Lett. 13, 316 (1964).
[17] T. A. Kaplan, Phys. Rev. Lett. 14, 499 (1965).
[18] P. Costa-Ribeiro, P. Radhakrishna, D. Thoulouze, J. de Phys. 32, C1-76 (1971).
[19] L. Cser, I. Vincze, J. de Phys. 32, C1–787 (1971).
[20] B. Window, G. Longworth, C. E. Johnson, J. de Phys. 32, C1–863 (1971).
[21] T. E. Cranshaw, C. E. Johnson, M. S. Ridout, G. A. Murray, Phys. Lett. 21, 481 (1966).
[22] M. B. Stearns, Phys. Rev. 6B, 3326 (1972).
[23] P. J. Schurer, G. A. Sawatzky, F. van der Woude, Phys. Rev. Lett. 27, 586 (1971).

[24] P. J. SCHURER, K. W. MARING, F. VAN DER WOUDE, G. A. SAWATZKY, Int. J. Magn. 4, 291 (1973).
[25] A. M. CLOGSTON, B. T. MATTHIAS, M. PETER, H. J. WILLIAMS, F. CORENZWIT, R. C. SHERWOOD, Phys. Rev. 125, 541 (1962).
[26] P. P. CRAIG, D. E. NAGLE, W. A. STEYERT, R. D. TAYLOR, Phys. Rev. Lett. 9, 12 (1962).
[27] N. A. BLUM, A. J. FREEMAN, Rev. Mod. Phys. 36, 406 (1964).
[28] N. A. BLUM, Thesis, National Magnet Laboratory, Report NML 64–2 (1964).
[29] T. A. KITCHENS, W. A. STEYERT, R. D. TAYLOR, Phys. Rev. 138, A 467 (1965).
[30] A. J. FREEMAN, Phys. Rev. 130, 888 (1963).
[31] M. P. MALEY, R. D. TAYLOR, J. L. THOMPSON, J. Appl. Phys. 38, 1249 (1967).
[32] L. H. BENNETT, L. J. SWARTZENDRUBER, R. F. WATSON, Phys. Rev. Lett. 23, 1171 (1969).
[33] H. MALETTA, R. L. MÖSSBAUER, Solid State Comm. 8, 143 (1960).
[34] H. MALETTA, Z. Phys. 250, 68 (1972).
[35] P. R. LIDDELL, R. STREET, J. Phys. F3, 1648 (1973); Phys. Rev. 125, 541 (1962).
[36] V. JACCARINO, L. R. WALKER, Phys. Rev. Lett. 15, 258 (1965).
[37] H. NAGASAWA, N. SAKI, J. Phys. Soc. Japan, 27, 1150 (1969).
[38] N. A. BLUM, R. B. FRANKEL, R. P. GUERTIN, Bull. Am. Phys. Soc. 15, 262 (1970).
[39] L. J. SWARTZENDRUBER, Int. J. Magn. 2, 129 (1972).
[40] H. MALETTA, K. R. P. RAO, Int. J. Magn. 3, 5 (1973).
[41] R. B. FRANKEL, N. A. BLUM, B. B. SCHWARTZ, D. J. KIM, Phys. Rev. Lett. 18, 1051 (1967).
[42] B. WINDOW, G. LONGWORTH, C. E. JOHNSON, J. de Phys. 32, C1–863 (1971).
[43] P. E. CLARK, I. R. HERBERT, Solid State Comm. 12, 469 (1973).
[44] M. P. MALEY, R. D. TAYLOR, Phys. Rev. B1, 4213 (1970).
[45] H. MALETTA, K. P. M. RAO, I. NOWIK, Z. Phys. 249, 189 (1972).
[46] M. SCHERG, E. R. SEIDEL, W. GIERISCH, F. J. LITTERST, G. M. KALVIUS, J. de Phys. 35, C6–527 (1974).
[47] B. WINDOW, J. Phys. C, Metal. Phys. Suppl. 3, 323 (1970).
[48] G.K. WERTHEIM, V. JACCARINO, J. H. WERNICK, Phys. Rev. 135, A 151 (1964).
[49] G. J. BOWDEN, D. ST. P. BUNBURY, A. P. GUIMARAES, R. E. SNYDER, Proc. Phys. Soc. 2, 1376 (1968).
[50] M. MORARIU, E. BURZO, D. BARB, J. de Phys. C6–615 (1976).
[51] D. BARB, E. BURZO, M. MORARIU, J. de Phys. C6–625 (1974).
[52] L. NÉEL, Ann. de Phys. 3, 137 (1948).
[53] E. BURZO, M. BODEA, D. BARB, Proc. XVIII, Ampere Congr., Vol. 1, P. S. ALLEN, R. E. ANDREW, C. A. BATES (Hrsg.), 71 (1974).
[54] E. BURZO, M. BODEA, D. BARB, C. R. Acad. Sci. (France) 280B, 345 (1975).
[55] S. K. ARIF, D. S. P. BUNBURY, phys. stat. sol. (a), 33, 91 (1976).
[56] M. P. DARIEL, U. ATZMONY, D. LEBENBAUM, phys. stat. sol. (b) 59, 615 (1973).
[57] G. WIESINGER, J. de Phys. C6–585 (1976).
[58] A. P. GUIMARAES, D. ST. P. BUNBURY, J. Phys. F. Metal. Phys. 3, 885 (1973).
[59] A. M. VAN DER KRAAN, P. C. M. GUBBENS, J. de Phys. 35, C6–469 (1974).
[60] G. LONGWORTH, I. R. HARRIS, J. Less. Comm. Met. 41, 175 (1975).
[61] W. E. WALLACE, A. S. ILYUSHIN, D. LOPEZ, Proc. Int. Conf. Mössb. Spectr., Poland, Vol. 2, 99 (1975).
[62] U. ATZMONY, M. P. DARIEL, E. R. BAUMINGER, D. LEBENBAUM, I. NOWIK, S. OFER, Phys. Rev. Lett. 28, 244 (1972).
[63] U. ATZMONY, M. P. DARIEL, E. R. BAUMINGER, D. LEBENBAUM, I. NOWIK, S. OFER, Phys. Rev. B 7, 4220 (1973).

[64] U. ATZMONY, M. P. DARIEL, G. DUBLON, Phys. Rev. B 15, 3565 (1977).
[65] U. ATZMONY, M. P. DARIEL, Phys. Rev. B 13, 4006 (1976).
[66] S. K. ARIF, D. ST. P. BUNBURY, G. J. BOWDEN, R. K. DAY, J. Phys. F. Metal Phys., Vol. 5, 1948 (1975).
[67 S. K. ARIF, D. ST. P. BUNBURY, G. J. BOWDEN, J. Phys. F. Metal Phys., Vol 5, 1785 (1975).
[68] D. BARB, E. BURZO, M. MORARIU, C. R. Hebd. Sean. Acad. Sci. 277B, 131 (1973).
[69] M. MORARIU, E. BURZO, D. BARB, phys. stat. sol. (b) 62, K 55 (1974).
[70] P. C. M. GUBBENS, J. J. VAN LOEF, J. de Phys. 35, C6–617 (1974).
[71] A. M. VAN DIEPEN, K. H. J. BUSCHOW, J. S. VAN WIERINGEN, J. Appl. Phys. 43, 645 (1972).
[72] E. BURZO, M. BODEA, D. BARB, J. LAFOREST, Proc. Int. Conf. Mössb. Spectr., Bratislava, 2C–14, 171 (1973).
[73] S. K. ARIF, D. ST. P. BUNBURY, G. J. BOWDEN, J. Phys. F. Metal Phys. 5, 1792 (1975).
[74] G. J. BOWDEN, R. K. RAY, M. SARWAR, Proc. Int. Conf. on Magn., Moscow, 1973, Vol. 4, 475 (1974).
[75] I. NOWIK, B. D. DUNLAP, J. H. WERNICK, Phys. Rev. B, 8, 238 (1973).
[76] R. YANOWSKY, R. E. BAUMINGER, D. LEVRON, I. NOWIK, S. OFER, Solid State Comm. 17, 1511 (1975).
[77] J. A. STONE, W. L. PILLINGER, Phys. Rev. Lett. 13, 200 (1964).
[78] B. D. DUNLAP, G. H. LANDER, Phys. Rev. Lett. 33, 1046 (1974).
[79] B. D. DUNLAP, J. de Phys. 37, C6–307 (1976).
[80] G. BEMSKI, J. DANON, A. M. DE GRAAF, X. A. DA SILVA, Phys. Lett. 18, 213 (1965).
[81] G. K. WERTHEIM, D. N. E. BUCHANAN, Phys. Lett. 21, 255 (1966).
[82] G. K. WERTHEIM, D. N. E. BUCHANAN, J. Phys. Chem. Solids 28, 225 (1967).
[83] H. S. MÖLLER, Z. Phys. 212, 107 (1968).
[84] M. MAHNIG, E. WICKE, Z. Naturforsch. 24a, 1258 (1969).
[85] L. IANNARELLA, F. E. WAGNER, U. WAGNER, J. DANON, J. de Phys. 35, C6–517 (1974).
[86] W. WANZL, Thesis, Münster (1973).
[87] J. S. CARLOW, R. E. MEADS, J. Phys. F. Metal Phys. 2, 982 (1972).
[88] W. C. PHILLIPS, C. W. KIMBALL, Phys. Rev. 165, 401 (1968).
[89] S. CARLOW, R. E. MEADS, J. Phys. C, Solid State Phys. 2, 2120 (1969).
[90] M. ABLEITER, U. GONSER, Z. Metall 66, 87 (1975).
[91] A. SIMOPOULOS, I. PELAH, J. Chem. Phys. 51, 5691 (1969).
[92] CH. JANOT, A. KIES, Proc. Int. Conf. on Hydrogen in Metals, Paris (1972), Science et Industrie (Hrsg.), S. 204.
[93] K. H. J. BUSCHOW, A. M. VAN DIEPEN, Solid State Comm. 19, 79 (1976).
[94] A. HEIDEMANN, G. KAINDL, D. SALOMON, H. WIPF, G. WORTMANN, Phys. Rev. Lett. 36, 213 (1976).
[95] G. KAINDL, D. SALOMON, G. WORTMANN, Mössb. Effect Meth. 8, 211 (1973).
[96] T. P. ABELES, W. G. BOS, P. J. OUSEPH, J. Phys. Chem. Solids 30, 2159 (1969).
[97] J. HESS, E. R. BAUMINGER, A. MUSTACHI, I. NOWIK, S. OFER, Phys. Lett. 37A, 185 (1971).
[98] J. OPYRCHAL, Z. BIEGÁNSKI, Solid State Comm. 20, 261 (1976).
[99] J. D. CASHION, D. B. PROWSE, A. VAS, J. Phys. C, Solid State Phys. 6, 2611 (1973).
[100] A. MUSTACHI, J. Phys. Chem. Solids 35, 1447 (1974).
[101] M. H. MINTZ, J. GAL, Z. HADARI, M. BIXON, J. Phys. Chem. Solids, 37, 1 (1976).
[102] Y. YAFET, C. KITTEL, Phys. Rev. 87, 290 (1952).
[103] W. MARSHALL, Phys. Rev. 110, 1280 (1958).

[104] R. E. WATSON, A. J. FREEMAN, Phys. Rev. 123, 2027 (1961).
[105] G. K. WERTHEIM, J. Appl. Phys. 32, 110 S (1960).
[106] R. BAUMINGER, S. G. COHEN, A. MARINOV, S. OFER, E. SEGAL, Phys. Rev. 122, 1447 (1961).
[107] O. C. KISTNER, A. W. SUNYAR, Phys. Rev. Lett. 4, 412 (1960).
[108] L. R. WALKER, G. K. WERTHEIM, V. JACCARINO, Phys. Rev. Lett. 6, 98 (1961).
[109] S. GELLER, M. A. GILLEO, Acta Cryst. 10, 239 (1961).
[110] J. P. MOREL, J. Phys. Chem. Solids 28, 629 (1967).
[111] D. KEDEM, T. ROTHEM, Phys. Rev. Lett. 18, 165 (1967).
[112] J. CHAPPERT, R. B. FRANKEL, Phys. Rev. Lett. 19, 570 (1967).
[113] I. S. JACOBS, J. Phys. Chem. Solids 15, 54 (1959).
[114] G. A. SAWATZKY, F. VAN DER WOUDE, A. H. MORRISH, Phys. Rev. 187, 747 (1969).
[115] J. J. VAN LOEF, Physica 32, 2102 (1966).
[116] G. A. SAWATZKY, F. VAN DER WOUDE, A. H. MORRISH, J. Appl. Phys. 39, 1204 (1968).
[117] E. WIESER, W. MEISEL, K. KLEINSTÜCK, phys. stat. sol. 16, 127 (1966).
[118] G. A. SAWATZKY, F. VAN DER WOUDE, A. H. MORRISH, Phys. Lett. 25 A, 147 (1967).
[119] J. H. HASTINGS, L. M. CORLISS, Phys. Rev. 104, 328 (1961).
[120] F. K. LOTGERING, J. Phys. Chem. Solids, 25, 95 (1964).
[121] K. ONO, Y. ISHIKAWA, A. ITO, E. HIRAHARA, J. Phys. Soc. Japan, Suppl., B-I, 17, 125 (1962).
[122] S. K. BANERJEE, W. O'REILLY, C. E. JOHNSON, J. Appl. Phys. 38, 1289 (1967).
[123] B. J. EVANS, S. S. HAFNER, J. Appl. Phys. 40, 1411 (1969).
[124] F. VAN DER WOUDE, G. A. SAWATZKY, A. H. MORRISH, Phys. Rev. 167, 533 (1968).
[125] G. A. SAWATZKY, F. VAN DER WOUDE, A. H. MORRISH, Phys. Rev. 183, 383 (1969).
[126] V. I. GOLDANSKII, V. F. BELOV, M. N. DEVISHEVA, V. A. TRUCHTANOV, JETF 49, 1681 (1965).
[127] A. FREEMAN, R. WATSON, J. Appl. Phys. 31, 374 S (1960).
[128] H. ABE, M. MATSUURA, H. YASOUKA, A. HIRAI, T. HASHI, T. FUKUYAMA, J. Phys. Soc. Japan 18, 1400 (1963).
[129] S. L. RUBY, B. J. EVANS, S. S. HAFNER, Solid State Comm. 6, 277 (1968).
[130] G. A. FATSEAS, R. KRISHNAN, J. Appl. Phys. 39, 1256 (1968).
[131] W. ZINN, S. HÜFNER, M. KALVIUS, P. KIENLE, W. WIEDEMANN, Z. Angew. Phys. 17, 147 (1964).
[132] J. J. VAN LOEF, P. J. M. FRANSEN, Phys. Lett. 7, 225 (1963).
[133] J. J. VAN LOEF, A. BROESE VAN GROENOU, Proceed. Int. Conf. Magn., Nottingham (1964), (The Institute of Physics and the Physical Society, London, 1965), S. 648–649.
[134] J. S. VAN WIERINGEN, J. G. RENSEN, Z. Angew. Phys. 21, 69 (1966).
[135] G. ALBANESE, G. ASTI, Nuovo Cimento, 58B, 467 (1968).
[136] G. ALBANESE, G. ASTI, Nuovo Cimento 54B, 339 (1968).
[137] J. S. VAN WIERINGEN, Phillips Techn. Rev. 28, 35 (1967).
[138] V. FLORESCU, I. BUNGET, D. BARB, M. MORARIU, Rev. Roum. Phys. 17, 261 (1972).
[139] V. FLORESCU, D. BARB, M. MORARIU, D. ŢARINĂ, Rev. Roum. Phys. 19, 249 (1974).
[140] V. ADELSKÖLD, Arkiv. Kim. Min. Geologie 12A, 1 (1938).
[141] V. FLORESCU, G. FILOTI, D. BARB, Proc. Int. Conf. Mössb. Spectr., Cracow, Poland, 2C–25 (1975).
[142] G. A. SAWATZKY, F. VAN DER WOUDE, J. de Phys. 35, C6–47 (1974).
[143] I. NOWIK, Proc. Int. Conf. Mössb. Spectr., Cracow, Bd. 2, S. 83 (1975).

[144] K. P. BELOW, I. S. LYUBUTIN, JETP Lett. 1, 26 (1965).
[145] E. R. BAUMINGER, I. NOWIK, S. OFER, J. de Phys. 32, C1–913 (1971).
[146] I. NOWIK, J. Appl. Phys. 40, 5184 (1969).
[147] A. ROZENZWEIG, Can. J. Phys. 48, 2868 (1970).
[148] I. S. LYUBUTIN, A. P. DODOKIN, JETP Lett. 15, 339 (1972).
[149] D. LEBENBAUM, I. NOWIK, E. R. BAUMINGER, S. OFER, Solid State Comm. 9, 1885 (1971).
[150] S. W. LOVESAY, W. MARSHALL, Proc. Phys. Soc., London, 89, 612 (1966).
[151] I. NOWIK, E. R. BAUMINGER, J. HESS, A. MUSTACHI, S. OFER, Phys. Lett. 34A, 155 (1971).
[152] E. R. BAUMINGER, J. HESS, I. NOWIK, S. OFER, Solid State Comm. 10, 365 (1972).
[153] P. B. FABRITCHNYI, A. M. BABECHKIN, A. N. NESMEYANOV, J. Phys. Chem. Solids 32, 1701 (1971).
[154] J. P. SANCHEZ, J. M. FRIEDT, G. K. SHENOY, J. de Phys. 35, C6–259 (1974).
[155] M. PASTERNAK, S. BUKSHPAN, T. SONNINO, Solid State Comm. 16, 871 (1975).
[156] A. E. BALABANOV, N. N. DELYAGIN, JETP 30, 1054 (1970).
[157] T. E. CRANSHAW, J. Appl. Phys. 40, 1481 (1969).
[158] N. N. DELYAGIN, E. N. KORNIENKO, JETP 32, 832 (1971).
[159] R. STREET, B. C. MUNDAY, B. WINDOW, I. R. WILLIAMS, J. Appl. Phys. 39, 1050 (1968).
[160] V. GOTTHARDT, H. S. MÖLLER, R. L. MÖSSBAUER, Phys. Lett. 28A, 480 (1968).
[161[A. S. KUCHMA, V. P. PARFENOVA, V. S. SPINEL, JETP Lett. 13, 135 (1971).
[162] A. S. KUCHMA, V. S. SPINEL, JETP 35, 556 (1972).
[163] E. R. BAUMINGER, A. DIAMANT, I. FELNER, I. NOWIK, S. OFER, Phys. Rev. Lett. 34, 962 (1975).
[164] H. POLLAK, M. DE COSTER, S. AMELINCKX, Proceed. Sec. Int. Conf. on Mössb. Effect, Saclay, 1961, D.M.J. Compton, A. H. SCHOEN (Hrsg.), Wiley, New York (1962), S. 298.
[165] C. R. KURKJIAN, J. Non-Crystl. Solids 3, 157 (1970).
[166] S. P. TANEJA, C. W. KIMBALL, J. C. SHAFFER, Mössb. Effect Meth., Vol. VIII, I. GRUVERMAN (Hrsg.), Plenum Press New York, (1973), S. 41.
[167] G. M. KALVIUS, Lectures given at the Int. Summer School on Frontier Problems in Nuclear and Solid State Physics, Predeal, Romania (1973).
[168] G. G. LONG, J. G. STEVENS, L. H. BOWEN, Inorg. Nucl. Chem. Lett. 5, 799 (1969).
[169] J. G. STEVENS, L. H. BOWEN, Mössb. Effect Meth., I. J. GRUVERMA N (Hrsg.), Plenum Press, Vol. 5, 27 (1969).
[170] S. L. RUBY, L. R. GILBERT, C. WOOD, Phys. Lett. 37A, 453 (1971).
[171] T. BIRCHALL, B. DELLA VALLE, Chem. Comm. 675 (1970).
[172] Z. U. BORISOVA, L. N. VASILYEV, P. P. SEREGIN, V. T. SHIPATOV, Sov. Phys.-Semiconductors 4, 433 (1970).
[173] S. P. TANEJA, A. E. DWIGHT, L. GILBERT, W. C. HARPER, C. W. KIMBALL, C. WOOD, Phys. Chem. Glass. 13, 153 (1972).
[174] L. N. VASILYEV, P. P. SEREGIN, V. T. SHIPATOV, Inorg. Materials 7, 1841 (1972).
[175] G. M. BARTENEV, A .D TSYGANOV, S. A. DEMBOVSKY, V. I. MIKHAILOV, J. Struct. Chem. 12, 853 (1972).
[176] K. S. EVTROPYEV, V. G. BEZRODNYI, P. P. SEREGIN, V. T. SHIPATOV, Inorg. Materials 6, 685 (1970).
[177] S. P. TANEJA, A. E. DWIGHT, L. GILBERT, W. C. HARPER, C. W. KIMBALL, C. WOOD, Phys. Chem. Glass. 13, 153 (1972).
[178] D. HAFEMEISTER, H. DE WAARD, J. Appl. Phys. 43, 5205 (1972).
[179] I. DEZSI, L. KESZTHELYI, L. POCS, L. KORECZ, Phys. Lett. 14, 14 (1965).
[180] S. L. RUBY, I. PELAH, Mössb. Effect Meth., Vol. VI, I. GRUVERMAN (Hrsg.), Plenum Press, New York (1972), S. 21.
[181] A. S. PLACHINDA, E. F. MAKAROV, Chem. Phys. Lett. 13, 482 (1972.)

[182] R. R. BUKREY, P. E. KENEALY, G. B. BEARD, H. O. HOOPER, J. Appl. Phys. 40, 4289 (1969).
[183] M. F. TARAGIN, J. C. EISENSTEIN, J. Non-Crystall. Solids 3, 311 (1970).
[184] S. REICH, I. MICHAELI, J. Chem. Phys. 56, 2350 (1972).
[185] D. C. CHAPENEY, D. F. SEDGWICK, Chem. Phys. Lett. 15, 377 (1972).
[186] A. I. GUBANOV, Sov. Phys., Solid State 2, 468 (1961).
[187] R. HASEGAWA, phys. stat. sol. (b) 44, 613 (1971).
[188] T. E. SHARON, C. C. TSUEI, Phys. Rev. B 5, 1047 (1972).
[189] T. E. SHARON, C. C. TSUEI, Solid State Comm. 9, 1923 (1971).
[190] A. J. F. BOYLE, G. M. KALVIUS, D. M. GRUEN, J. R. CLIFTON, R. L. MCBETH, J. de Phys. 32, C1–244 (1971).
[191] G. K. WERTHEIM, D. N. E. BUCHANAN, Phys. Rev. 161, 478 (1967).
[192] F. J. LITTERST, G. M. KALVIUS, Proceed. Int. Conf. Mössb. Spectr., Cracow, Vol. 2, 189 (1975).
[193] P. ZORY, Phys. Rev. 140A, 1401 (1965).
[194] D. L. UHRICH, Y. Y. HSU, D. L. FISHEL, J. M. WILSON, Mol. Cryst. and Liq. Cryst. 20, 349 (1973).
[195] R. E. DETJEN, D. L. UHRIG, C. F. SHELEY, Phys. Lett. 42A, 522 (1973).
[196] D. SCHROEER, R. L. LAMBE, C. D. SPENCER, Mössb. Effect Meth., Vol. 7, I. GRUVERMAN (Hrsg.), Plenum Press, New York (1971), S. 3.
[197] U. GONSER, Mössbauer Spectroscopy and its Applications, IAEA, Wien (1971), S. 89.
[198] H. DE WAARD, Mössbauer Spectroscopy and its Applications, IAEA, Wien (1971), S. 123.
[199] G. VOGL, J. de Phys. 35, C6–165 (1974).
[200] J. CHRISTIANSEN, E. RECKNAGEL, G. WEYER, Phys. Lett. 20, 46 (1966).
[201] W. G. BERGER, J. FINK, F. E. OBENSHAIN, Phys. Lett. 25A, 466 (1967).
[202] G. M. KALVIUS, G. D. SPROUSE, S. S. HANNA, Hyperfine Structure and Nuclear Radiations, E. MATTHIAS, D. A. SHIRLEY (Hrsg.), North-Holland, Amsterdam (1968), S. 686.
[203] H. DE WAARD, S. A. DRENTJE, Phys. Lett. 20, 38 (1966).
[204] H. DE WAARD, S. A. DRENTJE, Proceed. R. Soc. A 311, 139 (1969).
[205] R. L. COHEN, G. BEYER, B. I. DEUTCH, Applications of Ion Beams to Metals, S. T. PICRAUX, E. P. EER NISSE, F. L. VOOK (Hrsg.), Plenum Press, New York (1974), S. 361.
[206] R. L. COHEN, H. DE WAARD, S. R. REINTSEMA, S. A. DRENTJE, J. de Phys. 35, C6 (1974).
[207] M. VAN ROSSUM, G. LANGOUCHE, H. PATTYN, G. DUMONT, J. ODEURS, A. MEYKENS, P. BOOLCHAND, R. COUSSEMENT, J. de Phys. 35, C6–301 (1974).
[208] D. SEYBOTH, U. VOLLAND, B. BRZOSKA, J. BAUMANN, F. SONTHEIMER, K. WIMMER, J. de Phys. 35, C6–305 (1974).
[209] G. CZJZEK, W. G. BERGER, Phys. Rev. B1, 957 (1970).
[210] A. SIMOPOULOS, G. VOGL, phys. stat. sol. (b) 505 (1973).
[211] G. D. SPROUSE, G. M. KALVIUS, Mössbauer Effect Meth., Vol. 4, I. GRUVERMAN (Hrsg.), Plenum Press, New York (1968), S. 37.
[212] D. W. HAFEMEISTER, H. DE WAARD, Phys. Rev. B7, 3014 (1973).
[213] W. VOGL, G. VOGL, J. de Phys. 35, C6–321 (1974),
[214] G. WEYER, B. I. DEUTCH, A. NYLANDSTED-LARSEN, J. U. ANDERSEN, H. L. NIELSEN, J. de Phys. 35, C6–297 (1974).
[215] K. MATSUI, R. R. HASIGUTI, T. SHOJI, O. OHKAWA, Proceed. Int. Conf. on Lattice Defects in Semiconductors, Freiburg (1974).
[216] W. MANSEL, G. VOGL, W. KOCH, Phys. Rev. Lett. 31, 359 (1973).
[217] YU. KAGAN, YA. A. IOSILEVSKII, JETP 42, 259 (1962); 44, 284 (1963).
[218] A. A. MARADUDIN, Rev. Mod. Phys. 36, 417 (1964).
[219] P. G. KLEMENS, Phys. Rev. 122, 443 (1961).

[220] B. MOZER, G. H. VINEYARD, Bull. Am. Phys. Soc. 6, 135 (1961).
[221] A. A. MARADUDIN, P. A. FLINN, Phys. Rev. 126, 2059 (1962).
[222] W. M. VISSCHER, Phys. Rev. 129, 28 (1963).
[223] F. W. MONTROLL, A. A. MARADUDIN, G. A. WEISS, Proceed. of the Stevens Institute Conf. on the Many Body Problem, New York, Interscience Publishers, Inc. (1963).
[224] P. G. DAWBER, R. J. E. ELLIOTT, Proceed. Phys. Soc., London, 81, 453 (1963).
[225] A. DINHOFER, Phys. Rev. 131, 535 (1963).
[226] C. JANOT, L'effet Mössbauer et ses applications à la physique du solide et à a métallurgie physique, Masson, Paris (1972).
[227] P. D. MANNHEIM, A. SIMOPOULOS, Phys. Rev. 165, 845 (1968).
[228] A. A. MARADUDIN, Solid State Phys., F. SEITZ, D. TURNBULL (Hrsg.), Academic Press Inc., New York (1966), 18, 273.
[229] G. W. LEHMAN, R. E. DE WAMES, Phys. Rev. 131, 1008 (1963).
[230] V. A. BRYUKHANOV, N. N. DELYAGIN, Y. KAGAN, Soviet. Phys., JETP 18, 945 (1964).
[231] V. I. NIKOLAEV, S. S. YAKIMOV, Soviet .Phys., JETP 19, 264 (1964).
[232] J. P. SCHIFFER, P. N. PARKS, J. HEBERLE, Phys. Rev. 133, A1553 (1964).
[233] W. A. STEYERT, R. D. TAYLOR, Phys. Rev. 134, A716 (1964).
[234] P. A. FLINN, U. GONSER, R. W. GRANT, R. M. HOUSLEY, Phys. Rev. 157, 538 (1966).
[235] C. JANOT, H. SCHERRER, J. Phys. Chem. Sol. 32, 19, (1971).
[236] A. SIMOPOULOS, I. PELAH, J. Chem. Phys. 51, 5691 (1969).
[237] J. R. HARRIS, N. BENCZER-KOLLER, G. M. ROTHBERG, Phys. Rev. 137, A 1101 (1965).
[238] P. P. CRAIG, R. D. TAYLOR, D. E. NAGLE, Nuovo Cimento 22, 402 (1961).
[239] C. JANOT, Panel on the Applications of the Mössbauer Effect, Wien (1971), S. 109.
[240] S. L. LEWIS, P. A. FLINN, Appl. Phys. Lett. 15, 331 (1969).
[241] J. G. MULLEN, R. C. KNAUER, Mössb. Effect Meth., Vol. 5, I. J. GRUVERMAN (Hrsg.), New York, Plenum Press, Inc. (1970), S. 197.
[242] U. GONSER, M. WIEDERSICH, J. Phys. Soc. Japan 18, 47 (1963).
[243] W. MEISEL, A. S. PLATSCHINA, I. P. SUSDALEV, Z. Anorg. Allg. Chem. 382, 188 (1971).
[244] W. COCHRAN, Adv. Phys. 9, 159 (1960).
[245] P. Z. HIEN, A. S. HIEN, A. S. VISKOV, A. S. SPINEL, V. S. VENETSEV, Soviet. Phys., JETP 17, 1465 (1963).
[246] V. G. BHIDE, M. S. MULTANI, Phys. Rev. 139A, 1983 (1965).
[247] V. G. BHIDE, M. S. MULTANI, G. K. SHENOY, Proceed. Nucl. Phys. Sol. State Symp. India, Teil B, 488 (1964).
[248] V. A. BOKOV, V. P. ROMANOV, V. V. CHEKIN, Sov. Phys. Sol. State 7, 521 (1965).
[249] V. G. BHIDE, H. C. BHASIN, Phys. Rev. 159, 586 (1967).
[250] J. M. TROOSTER, phys. stat. sol. 32, 179 (1969).
[251] J. P. CANNER, Thesis, Univ. Missouri-Rolla (1969).
[252] S. SOLACOLU, E. BĂRBULESCU, D. BARB, M. MORARIU, Rev. Roum. Chim. 20, 69 (1975).
[253] C. M. YAGNIK, J. P. CANNER, R. GERSON, W. J. JAMES, J. Appl. Phys. 40, 4713 (1969).
[254] P. A. MONTANO, H. SHECHTER, Phys. Lett. A 33, 289 (1970).
[255] P. A. MONTANO, H. SHECHTER, U. SHIMONY, Phys. Rev. B 3, 858 (1971).
[256] V. G. BHIDE, M. S. HEDGE, Phys. Rev. B 5, 3488 (1972).
[257] V. G. BHIDE, M. S. MULTANI, Solid State Comm. 3, 271 (1965).
[258] G. DEHE, B. SEIDEL, K. MELZER, C. MICHALK, phys. stat. sol. a31, 439 (1975).
[259] G. DEHE, K. MELZER, H. MEHNER, Nr. 491 in Proc. XX. Colloq. Spectr. Internat., Prag (1977).

Achtes Kapitel

Mößbauerspektroskopie und Metallphysik

Die Mößbauerspektroskopie wird heute mehr und mehr in der Metallphysik und Metallurgie als Untersuchungsmethode eingesetzt und hat hier bereits ihren festen Platz neben der Röntgen- und Neutronenbeugung, Gammaskopie, Elektronen- und optischen Mikroskopie sowie den klassischen magnetischen Meßmethoden. Sie ist in vielen Fällen eine ausgezeichnete Methode zur Untersuchung von Struktur- und magnetischen Eigenschaften von Metallen und Legierungen, von Phasenzusammensetzungen, kritischen Temperaturen, inneren Oxydationen u.a.m.

Über die äußerst vielfältigen Anwendungen der Mößbauerspektroskopie in der Metallphysik und Metallurgie soll hier kein vollständiger Überblick gegeben, sondern lediglich anhand einiger Beispiele ein Eindruck davon vermittelt werden. Zur näheren Information sei auf die zusammenfassenden Darstellungen [1—3] über dieses Gebiet verwiesen. Da im Kapitel 7 bereits eine Reihe von mößbauerspektroskopischen Untersuchungen an Metallen und Legierungen, intermetallischen Verbindungen, Ferriten usw. unter dem Gesichtspunkt der Festkörperphysik behandelt wurde, sollen nachfolgend nur einige Beispiele gegeben werden, die ganz charakteristisch für die Anwendungen in der Metallphysik sind.

8.1 Untersuchungen zur Mischung von Legierungskomponenten

Es soll zunächst eine feste Lösung vom Substitutionstyp mit kubisch-flächenzentriertem Gitter (fcc) oder hexagonal dichtester Kugelpackung (hcp) betrachtet werden. Setzt man eine statistische Verteilung der gelösten Atome voraus, dann gibt es eine gewisse Wahrscheinlichkeit P dafür, daß sich in der ersten Nachbarschaftssphäre eines Atoms A insgesamt n Nachbarn der Sorte A und m Nachbarn der Sorte B befinden.

A und B sind also die Komponenten einer festen Lösung, in der B die Konzentration c hat, und es gilt

$$P(nA, mB) = \binom{12}{n} c^n (1-c)^m, \quad n + m = 12. \tag{8.1}$$

Unter der Voraussetzung, daß Fremdatome in der nächsten Nachbarschaft einen additiven Einfluß auf das innere Feld und die Isomerieverschiebung haben, erhält man für die Absorption in Abhängigkeit von der Relativgeschwindigkeit bei Vernachlässigung der Quadrupolwechselwirkung

$$I(v) = \sum_{n=0}^{12} \frac{2\pi A_t}{\Gamma} \binom{12}{n} c^n (1-c)^{12-n} \frac{1}{1 + [2(v - v_0 - \delta_\alpha n)/\Gamma]^2}. \tag{8.2}$$

Hierin bedeuten A_t die totale Absorptionsintensität, v_0 die Linienlage für den Fall der Abwesenheit von Fremdatomen in der Nachbarschaft ($c = 0$) und δ_α die Linienverschiebung, die durch einen einzigen fremden Nachbarn erzeugt wird.

Bei binären Systemen mit kubisch-raumzentriertem (bcc) Gitter ist zu beachten, daß auch die Wechselwirkungen mit den zweitnächsten Nachbarn berücksichtigt werden müssen. So wird z.B. das Magnetfeld am Ort des ^{57}Fe-Kernes in einer Legierung, in der sich n Fremdatome in der ersten und m Fremdatome in der zweiten Nachbarschaftssphäre befinden, durch

$$H(n, m) = H(1 - \Delta_\alpha n - \Delta_\beta m)(1 - k_c c) \tag{8.3}$$

beschrieben. c ist die Konzentration der ^{57}Fe-Atome. Die Parameter Δ_α und Δ_β sind von Legierung zu Legierung verschiedene Konstanten, während der Faktor k_c mit der Konzentration anwächst. Für Legierungen mit niedrigen Konzentrationen ist k_c fast gleich Null [4]. Die Spektralintensität (für die Linien $i = 1, \ldots, 6$) ist für diesen Fall

$$I(v) = \\ = \sum_{i=1}^{6} \sum_{n=0}^{8} \sum_{m=0}^{6} \frac{2\pi A_{ti}}{\Gamma} \binom{8}{n} \binom{6}{m} c^{n+m} (1-c)^{14-n-m} \frac{1}{1 + [2(v - v_i - \delta_{\alpha_i} n - \delta_{\beta_i} m)/\Gamma]^2}. \tag{8.4}$$

Die Parameter Δ_α, Δ_β, δ_α, δ_β in (8.3) und (8.4) sind analog zu δ_α in (8.2) definiert, wobei δ eine Linienverschiebung, Δ eine Feldveränderung und β die zweite Nachbarschaftssphäre bezeichnen. Bei statistischer Spinorientierung bzw. pulverförmigen Proben gilt $A_{t_1} : A_{t_2} : \ldots = 3:2:1:1:2:3$.

Die in (8.2—4) angegebenen Beziehungen können bei einer rechnerischen Spektrenanpassung (z.B. Fitting nach der Gaußschen Methode der kleinsten Fehlerquadrate) verwandt werden, um gesuchte Parameter (z.B. δ_i, Δ_i oder auch m, n) aus gemessenen Spektren zu bestimmen.

Bei festen Lösungen mit dem Auftreten von Zwischengitterplätzen werden die Verhältnisse etwas komplizierter. Hier sind dann zwei Atompositionen möglich, nämlich die substitutionelle und die interstitielle Lage. Von Shinga u.Mitarb. [5] wurde für diesen Fall eine entsprechende Formel abgeleitet.

Als Beispiel zur mößbauerspektroskopischen Untersuchung solcher Legierungssysteme seien hier die Arbeiten von Howard u.Mitarb. [6] (Au-Ni-Legierungen), von Nishio u.Mitarb. [7] (Löslichkeit von Fe in Al, Al-Fe-Legierungen mit weniger als 0,04 At-%) sowie von Swartzendruber und Bennett [8] angeführt. Die letzteren stellen an der Oberfläche einer eutektischen Fe-C-Legierung eine dünne Austenitschicht fest. Auf interstitielle Eisen-Kohlenstoff-Systeme wird im nächsten Abschnitt speziell eingegangen werden.

8.2 Untersuchungen an Stählen

Aus den vorhergehenden Kapiteln ist ohne weiteres klar, daß die Mößbauerspektroskopie eine sehr nützliche Methode zur Untersuchung von Stählen ist. So kann sie mit Erfolg zur Untersuchung der Einflüsse von plastischen Verformungen (z.B. Walzen), zur Phasenanalyse, zum Verfolgen mechanothermischer Bearbeitungen und zur Untersuchung des Einflusses von fremden Legierungsbestandteilen, wie z.B. von Kohlenstoff und Silizium, angewandt werden. Von besonderem Interesse ist

Abb. 8.1 — Das Fe-C-Phasendiagramm.

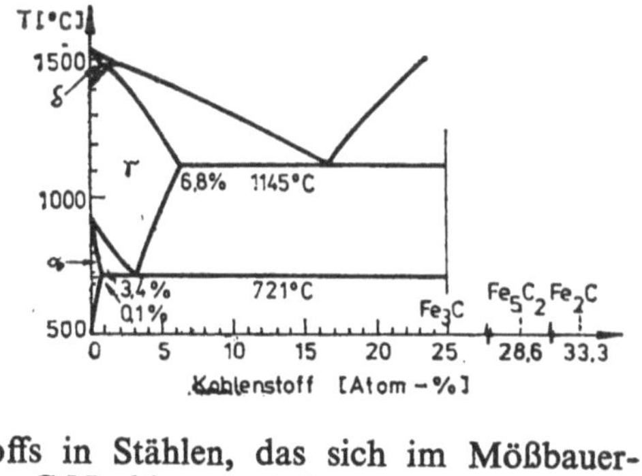

das Verhalten des Kohlenstoffs in Stählen, das sich im Mößbauerspektrum durch den Einfluß von C-Nachbarn auf die ^{57}Fe-Kerne erfassen läßt. Dieser Problemkreis wurde z.B. in [5, 9, 10] bearbeitet.

Aus dem Fe-C-Phasendiagramm (Abb. 8.1) ist ersichtlich, daß die Gleichgewichtslöslichkeit von Kohlenstoff im α-Bereich sehr gering ist (ca. 0,1 At-% bei 721°C (Eutektikum) und 0,04 At-% bei Zimmertemperatur). Nach Härtung geht Stahl mit wenigen Prozenten Kohlenstoffgehalt in die Martensitphase über. Diese wurde von Moriya u.Mitarb. [11] sowie von Ron u. Mitarb. [12] mößbauerspektroskopisch

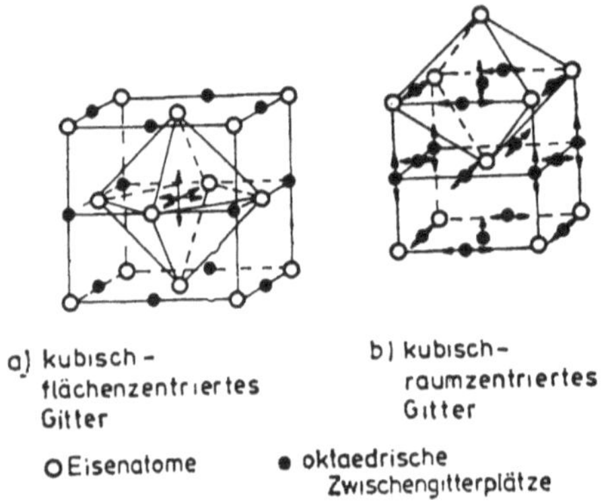

Abb. 8.2 – Die Zwischengitterplätze der Kohlenstoffatome.

untersucht. Es ist bekannt, daß diese Phase metastabil ist und sich aus Austenit in einem Phasenübergang γ-Fe → α-Fe bildet. Da die Zusammensetzung in beiden Phasen identisch ist, handelt es sich um einen diffusionslosen Übergang, im Kristallgitter finden also nur Umorientierungen statt.

Im Austenit (γ-Fe), dessen Struktur kubisch-flächenzentriert (fcc) ist, befindet sich der Kohlenstoff auf Zwischengitterplätzen, die oktaedrische Symmetrie haben. Der Einbau des Kohlenstoffs führt zu einer Dehnung des Austenitgitters und somit zu einer Störung der kubischen Kristallsymmetrie, wie sie in Abb. 8.2a angedeutet ist. Im bcc α-Fe sind die Oktaeder der Zwischengitterplätze entlang der x-, y- und z-Achse angeordnet (Abb. 8.2b). Im Ergebnis dessen hat nun jedes Oktaeder im α-Fe nur eine einzige vierzählige Symmetrieachse, während beim γ-Fe drei vierzählige Symmetrieachsen existieren. Der Austenit→→Martensit-Übergang führt also zu einer raumzentrierten Tetragonalstruktur, er bewirkt also eine Modifikation des Kristalltyps. Röntgenbeugungsmessungen zufolge wächst das Verhältnis c/a der Elementarzelle des Martensits fast linear mit der Konzentration des Kohlenstoffs an. Obwohl diese Tatsachen bekannt sind, gibt es noch keine genauen Angaben über die Martensitstruktur. Es scheint so, als ob gleichzeitig auch noch Kristallanteile vom bcc-Typus existieren, also das Martensitgitter nicht hundertprozentig tetragonalsymmetrisch ist. Es ist zu beachten, daß die Röntgenbeugung nur die mittleren Abmessungen der Elementarzelle liefert.

Mößbauermessungen erlauben nun eine gewisse Auffüllung der Wissenslücken über die Martensitstruktur. Sie ermöglichen Aussagen über unterschiedliche Atomnachbarschaften und deren Lage, über die Kohlenstoffkonzentration und über Alterungserscheinungen von Stählen. Die Abbildungen 8.3 und 8.4 zeigen Mößbauerspektren einer Martensitprobe mit 4,2 At-% Kohlenstoffgehalt [8]. Aus den Spektren geht

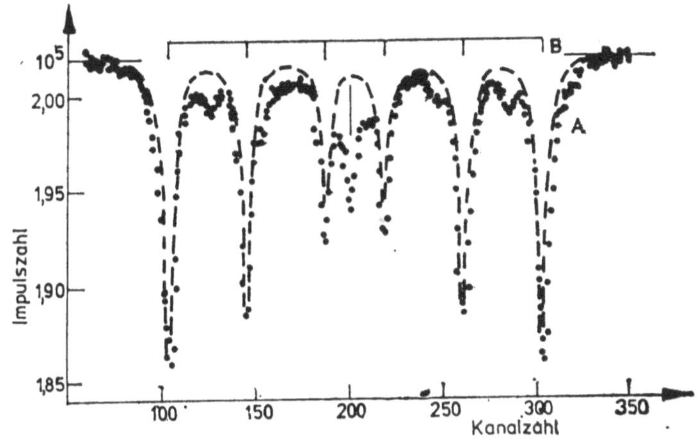

Abb. 8.3 – Mößbauerspektrum eines Stahles mit 4,2 At-% Kohlenstoff. Die strichlierte Kurve entspricht dem Spektrum des reinen Eisens [11].

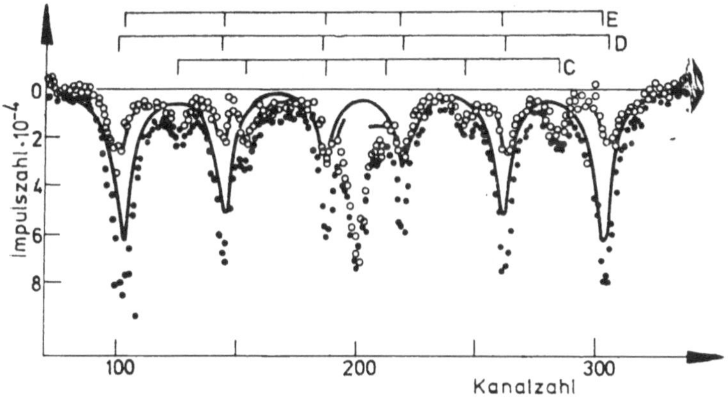

Abb. 8.4 – Mößbauerspektrum eines Stahles mit 4,2 At-% Kohlenstoff, das die Zusammensetzung aus mehreren Teilspektren zeigt.

hervor, daß die Probe magnetisch geordnet ist, nur die zusätzliche zentrale Linie weist auf einen Gehalt an Restaustenit hin. Jedes der Spektren stellt außer der zentralen Linie eine Überlagerung von drei Sextetts mit unterschiedlichen Aufspaltungsparametern dar. Dies zeigt, daß im Martensit wenigstens drei verschiedene Umgebungen für die Eisenatome existieren, die durch die Kohlenstoffverteilung bedingt sind. In Abb. 8.5 ist die Kristallstruktur des raumzentrierten tetragonalen Martensits wiedergegeben. Die Zahlen an den Eisenpositionen im Gitter geben die Nachbarschaftssphäre in bezug auf das Kohlenstoffatom an.

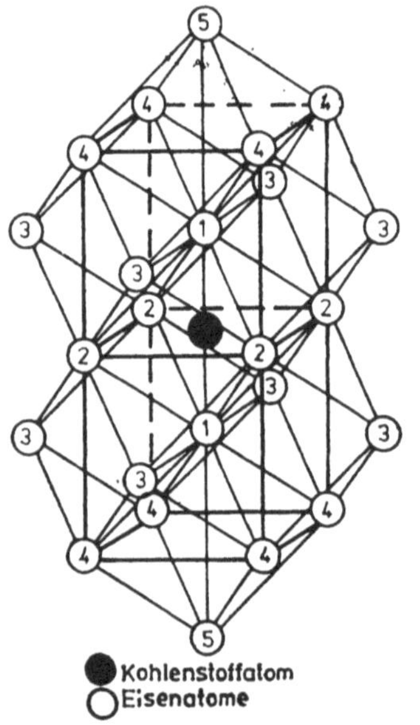

Abb. 8.5 — Die Struktur des Martensits in der Umgebung eines Kohlenstoffatoms. Die Zahlen geben die Nachbarschaftssphären in bezug auf den Kohlenstoff an.

Das Spektrum in Abb. 8.4 zeigt, daß mit Sicherheit der Hauptteil der Eisenatome sehr wenig von den Kohlenstoffatomen beeinflußt wird, da zu diesen wenig beeinflußten Atomen das Teilspektrum mit den intensivsten Linien (mit E bezeichnet) gehört. Das Sextett C entspricht den Eisenatomen, die sich in nächster Nachbarschaft der Kohlenstoffatome befinden (① in Abb. 8.5). Das mit D bezeichnete Sextett entspricht den Eisenatomen, die die zweitnächste Nachbarschaftssphäre des Kohlenstoffs bilden. Das gemessene Mößbauerspektrum kann in vier Sextetts zerlegt werden, je eines für die 1., 2., (3.+4.) Nachbarschaftssphäre und für die restlichen, weiter entfernten Eisenatome. Letztere werden vom Kohlenstoffatom nicht mehr merklich beeinflußt und haben dieselbe bcc-Elementarzelle im Gitter wie das reine Eisen. Die charakteristischen Parameter für jede Nachbarschaft sind in Tab. 8.1

Tabelle 8.1

Mößbauerparameter der verschiedenen Eisenpositionen in der Nachbarschaft von Kohlenstoffatomen in Martensit mit 4,2 At-% Kohlenstoff

Nachbarschaftssphäre	Konzentration [%]	Inneres Feld [kOe]	Isomerieverschiebung [mm/s]	Quadrupolaufspaltung [mm/s]
erster Ordnung	8,2	265±2	−(0,03±0,05)	0,13±0,05
zweiter Ordnung	14,5	342±2	0,02±0,05	−(0,02±0,05)
3.+4. Ordnung	38,0	334±2	0,01±0,05	0,01±0,05
reines Eisen	—	330	—	—

für die besprochenen Spektren zusammengestellt. Die starken Unterschiede der Parameter in dieser Tabelle, besonders diejenigen für die nächsten Nachbarn, beweisen, daß das Kohlenstoffatom auf dem Zwischengitterplatz tatsächlich eine Störung seiner Umgebung bewirkt.

Da der Mößbauereffekt empfindlich gegenüber Struktureffekten ist, stellt er eine effektive Untersuchungsmethode auch für solche Änderungen dar, die stets infolge thermischer Behandlungen auftreten. So konnten Genin und Flinn [13] an Martensit Kohlenstoffausscheidungen (Cluster) bei Alterung in der Nähe von 25°C feststellen. Der Ausscheidungsprozeß endet praktisch nach 20 Minuten, eine nachfolgende Alterung von 3 Tagen führt zu keinen weiteren Änderungen des Spektrums. Das heißt, daß man aus dem Mößbauerspektrum also auch qualitative und quantitative Aussagen zur Ausscheidung des Kohlenstoffs machen kann, und zwar für so geringe Mengen, die auf die übliche Weise nur sehr schwer nachweisbar sind.

Im Mößbauerspektrum macht sich Austenit durch eine einzelne zentrale (paramagnetische) Linie bemerkbar. Ihre Intensität wächst mit der Kohlenstoffkonzentration in der festen Lösung Fe-C an und verringert sich bei einer mechanischen Kaltverformung, durch die Martensit entsteht. Bei Alterung wächst dann der Anteil der Austenitphase wieder an. Aus dem Intensitätsverhältnis zwischen der Austenitlinie und dem Gesamtspektrum läßt sich die Konzentration der Austenitphase mit einer Genauigkeit besser als 0,5% bestimmen.

Auch der Nachweis von Karbidausscheidungen im Metall kann durch Mößbauermessungen erfolgen. Das intensitätsstärkste Sextett des Martensitspektrums verbreitert sich in diesem Falle, während die Austenitlinie sich verkleinert. Der Vorteil von Mößbaueruntersuchungen an metastabilen Karbiden besteht darin, daß diese Methode noch empfindlich gegenüber Ausscheidungen ist, die nicht größer als 10 Å sind, und die gewöhnlich kaum mittels Röntgenbeugung nachgewiesen werden können. Auch elektrotechnische Siliziumstähle wurden intensiv auf diese Weise untersucht [14—19].

Mittels Mößbauerspektroskopie sind auch Phasenumwandlungen feststellbar, die infolge plastischer Deformation auftreten. Als Beispiel sei die Umwandlung Austenit → Martensit in rostfreien Stählen unter Spannungseinfluß [20] oder in manganhaltigen Stählen [21, 22] angeführt. Gleichartige Untersuchungen werden auch in älteren Arbeiten beschrieben [23—25]. Kim und Schwartz [26] konnten an der Bruchfläche eines Stahles FeNi9C0,1 mößbauerspektroskopisch den Übergang zu Martensit gut nachweisen. Die Transformation reicht bis in eine Tiefe von 300 μm und ergibt eine mechanisch viel widerstandsfähigere Schicht, deren Festigkeit der freigewordenen Transformationsenergie entspricht.

Auch für Untersuchungen von dünnen Schichten ist die Mößbauerspektroskopie gut geeignet. Sie liefert Informationen hinsichtlich der Unterschiede der magnetischen Eigenschaften von dünnen Schichten im Vergleich zu denen der massiven Metalle (Sättigungsmagnetisierung, Curie-Temperatur, Anisotropie) [27]. Messungen an ^{57}Fe-Schichten von 1...1220 Å Dicke im Temperaturbereich 4...773 K [24] zeigten, daß für Dicken oberhalb 45 Å das Hyperfeinspektrum dasselbe wie beim massiven Eisen ist. Das Intensitätsverhältnis 3:4:1:1:4:3 der Sextettlinien zeigt jedoch, daß die Magnetisierung hier parallel zur Schichtebene orientiert ist. Die Spektren von Schichten unterhalb 45 Å zeigen bei Zimmertemperatur eine Verbreiterung der Linien, die auf superparamagnetisches Verhalten hindeutet (vgl. Abschnitt 5.5). Für Dicken zwischen 5...15 Å lassen sich eine Verkleinerung des inneren Feldes im Vergleich zum massiven Material um $4 \pm 1\%$ und ein Absinken der Curietemperatur mit der Probendicke feststellen. Die beobachteten Werte stimmen gut mit den von Valenta [28] und Corciovei [29] berechneten überein. Ähnliche Messungen wurden in [30] publiziert.

8.3 Oxydations- und Korrosionsuntersuchungen

Es soll noch erwähnt werden, daß die Mößbauerspektroskopie auch bei Untersuchungen von Oxydations- und Korrosionsvorgängen an Metallen eingesetzt wird, wenn Phasenanalysen der Oxide bzw. der Korrosionsprodukte und Untersuchungen des zeitlichen Reaktionsablaufs durchzuführen sind. So führten Gonser u. Mitarb. [31] Messungen an inneren Oxydationsphasen in Kupferlegierungen mit Fe-Gehalt und Huffman und Podgurski [32] in Ag-Sn-Legierungen durch. Meisel [33] und Pritchard und Dobson [34] führten Untersuchungen zur Eisenkorrosion in Abhängigkeit von verschiedenen Umgebungsbedingungen durch. Nähere Angaben zur Auswertung von Korrosions-Mößbauerspektren sind in [35] zu finden.

Mößbauerspektroskopische Korrosionsuntersuchungen laufen meistens auf eine qualitative, semiquantitative oder quantitative Phasenanalyse hinaus [33, 36—39]. Es braucht daher hier nur auf den Abschnitt 10.5.1 verwiesen zu werden. Die Korrosionsanalyse ist insofern relativ einfach, als nur eine begrenzte Anzahl von Phasen als Korrosionsprodukte infrage kommt. Sie wird etwas kompliziert dadurch, daß bei Zimmertemperatur einerseits einige Phasen schlecht unterscheidbar sind (speziell β-FeOOH und γ-FeOOH) und daß andererseits bei Korrosionsvorgängen häufig sehr kleine Teilchen oder nahezu amorphe Bereiche auftreten, die zu superparamagnetischem Verhalten führen (vgl.Abschnitt 5.5). Eine Messung bei tiefer Temperatur ermöglicht jedoch in beiden Fällen klärende Aussagen. Von großem Vorteil bei Korrosionsuntersuchungen ist die Tatsache, daß die Mößbauerspektroskopie völlig zerstörungsfrei arbeitet, durch Deckschichten hindurch (z.B. die Unterrostung von Anstrichen) messen kann und auch die röntgenamorphen Anteile erfaßt.

Literatur

[1] T. Zemčik, Proceed. Mössbauer Conf. Dresden (1971), Vol. 1, 103, Phys. Ges. DDR, Berlin (Hrsg.); Proceed. Int. Conf. Mössbauer Spectr., Cracow (1975), Vol. 2, S. 59, A. Z. Hrynkiewicz, J. A. Sawicki (Hrsg.).
[2] F. E. Fujita, in „Mössbauer Spectroscopy", S. 201, U. Gonser (Hrsg.), Springer Verlag (1975).
[3] L. H. Schwartz, in „Applications of Mössbauer Spectroscopy", Vol. 1, S. 37, R. L. Cohen (Hrsg.), Academic Press (1976).
[4] M. B. Stearns, Phys. Rev. 129, 1136 (1963).
[5] C. Shinga, F. F. Fujita, M. Kimura, Nippon-Kinzoku-Gakkai-Shi 38, 1037 (1974).
[6] E. M. Howard, C. E. Violet, R. S. Borg, Trans. AIME 242, 1503 (1968).
[7] M. Nishio, S. Nasu, Y. Murakami, Nippon-Kinzoku-Gakkai-Shi 34, 1173 (1970).
[8] L. J. Swartzendruber, L. H. Bennett, Scripta Met. 6, 737 (1972).
[9] M. Ron, H. Shechter, A. Kidron, S. Niedwiedz, J. Appl. Phys. 38, 590 (1967).
[10] P. M. Gielen, R. Kaplov, Acta Met. 15, 49 (1967).
[11] T. Moriya, H. Ino, F. E. Fujita, Y. Maeda, J. Phys. Soc. Japan, 24, 60 (1968).
[12] M. Ron, H. Shechter, S. Niedwiedz, J. Appl. Phys. 39, 265 (1968).
[13] J. M. Genin, P. A. Flinn, Trans. AIME 242, 1419 (1968).
[14] G. K. Wertheim, V. Jaccarino, J. H. Wernick, J. A. Seitchik, H. J. Williams, R. C. Sherwood, Phys. Lett. 18, 89 (1965).
[15] M. Rubinstein, G. H. Stauss, M. B. Stearns, J. Appl. Phys. 37, 1334 (1966).
[16] M. B. Stearns, Phys. Rev. 147, 439 (1966).
[17] T. E. Cranshaw, C. E. Johnson, M. S. Ridout, G. A. Murray, Phys. Lett. 21, 481 (1966).
[18] S. I. Budnick, S. Skalski, T. J. Burch, J. Appl. Phys. 38, 1137 (1967).
[19] D. Barb, M. Morariu, L. Diamandescu, I. Bibicu, Rev. Roum. Phys. 19,425 (1974).
[20] W. E. Sauer, R. S. Reynik, in „Mössbauer Effect Methodology", I. J. Gruverman (Hrsg.), Vol. 4, 201 (1968), Plenum Press, New York.
[21] O. Schneeweiss, T. Zemčik, Proceed. Int. Conf. Mössbauer Spectr., Cracow, Vol. 1, 509 (1975).
[22] R. I. Mints, V. A. Semenkin, Y. N. Sekisov, Ukr. Fiz. Zh. 22, 184 (1977).
[23] M. Ron, Nuclear Techniques in the Basic Metal Industry, IAEA 532, Wien (1973).
[24] Ch. Janot, P. Delacroix, Acta Met. 20, 637 (1972).
[25] J. Dlouha, Czech. J. Phys. (B) 14, 510 (1964).
[26] K. J. Kim, L. H. Schwartz, J. de Phys. 12, 405 (1976).

[27] C. E. VIOLET, L. E. LEE, in „Mössbauer Effect Methodology", I. J. GRUVERMAN (Hrsg.), Vol. 2, New York, Plenum Press (1966), S. 171.
[28] L. VALENTA, Izv. Akad. Nauk SSSR (Ser. Fiz.) 21, 879 (1957); Czech. J. Phys. 7, 133 (1957).
[29] A. CORCIOVEI, I.E.E.E. Trans. of Magnetism 4, 6 (1968).
[30] C. R. GUARNIERI, J. C. WALKER, Proceed. Conf. Mössbauer Spectr., Dresden (1971), Bd. 1, 321, Phys. Ges. DDR.
[31] U. GONSER, R. W. GRANT, A. H. MUIR, H. WIEDERSICH, Acta Met. 14, 259 (1966).
[32] G. P. HUFFMAN, H. H. PODGURSKI, Acta Met. 21, 449 (1973).
[33] W. MEISEL, Werkstoffe u. Korrosion 21, 249 (1970); Z. Chem. 11, 238 (1971); Proceed. Int. Conf. Mössbauer Spectr., Bratislava 1973, Vol. 1, 200, CS-AEC, Prag (1975); Werkstoffe und Korrosion 30,438 (1979); Proc. Internat. Conf. Mössb. Spectr., Portoroz, Yugoslavia (1979), erscheint in J. de Phys., Suppl. C.
[34] A. M. PRITCHARD, C. M. DOBSON, Nature 224, 1295 (1969).
[35] W. MEISEL, G. KREYSA, Z. anorg. allg. Chem. 395, 31 (1973).
[36] J. H. TERRELL, J. J. SPIJKERMAN, Appl. Phys. Lett. 13, 11 (1968).
[37] A. M. PRITCHARD, B. T. MOULD, Corrosion Sci. 11, 1 (1971).
[38] A. M. PRITCHARD, J. R. HADDON, G. N. WALTON, Corrosion Sci. 11, 11 (1971).
[39] I. DÉZSI, A. VÉRTES, L. KISS, J. Radioanalyt. Chem. 2, 183 (1969).

Neuntes Kapitel

Anwendungen der Mößbauerspektroskopie in der Mineralogie, Geologie und Archäologie

9.1 Einleitung

Das Eisen ist dasjenige Element, welches Mößbauerexperimenten am bequemsten zugänglich ist, es ist aber auch eines von den in der Erdkruste am meisten verbreiteten Elementen. Die Mineralogie und die Geologie stellen daher auch ein weites Anwendungsgebiet der Mößbauerspektroskopie dar. Bis jetzt wurden etwa 80 von den ca. 370 heute bekannten eisenhaltigen Mineralen mößbauerspektroskopisch untersucht [1]. Die Abschätzung ist insofern noch zu korrigieren, als der heutige Stand der Mößbauerspektroskopie auch die Bestimmung von Eisengehalten erlaubt, die so gering sind, daß sie gar nicht in der chemischen Formel der betrachteten Minerale erscheinen. Und schließlich kommt auch noch eine ganze Reihe von Mineralen hinzu, die andere Mößbauerelemente enthalten.

Zur Erklärung mößbauerspektroskopischer Daten von Mineralen ist es häufig nötig, analoge Daten aus angrenzenden Applikationsbereichen heranzuziehen, wie z.B. aus der Glas- und Keramiktechnologie und Metallurgie, aber auch von im Laboratorium synthetisierten Substanzen wie Ferriten, Perowskiten, Granaten u.a. Außerdem ist häufig auch die Benutzung von Ergebnissen anderer Untersuchungsmethoden wie z.B. Röntgen- und Neutronenbeugung, naßchemische Analyse, optische Spektroskopie usw. angebracht bzw. erforderlich.

Zur Vermeidung von Fehldeutungen einzelner Mößbauerspektren von Mineralen darf im Vergleich mit Standardspektren der Einfluß komplizierender Umstände nicht außer Acht gelassen werden. Dazu gehören besonders Relaxationserscheinungen und das Auftreten von Superparamagnetismus und Texturen. Im Vergleich zu jenen, die sich mit Anwendungen der Mößbauerspektroskopie auf anderen Gebieten beschäftigen, gibt es nur wenige zusammenfassende Darstellungen über die Anwendungen in der Mineralogie [1—14].

Obwohl die Mößbauerspektroskopie eine zerstörungsfrei arbeitende Methode ist, müssen die zum Experiment verwendeten Proben oft noch etwas bearbeitet werden, um eine für das untersuchte Material repräsentative Messung zu ermöglichen [5]. Gesteinsbrocken müssen eine gewisse Dicke und pulverförmige Proben eine Korngröße unterhalb eines bestimmten Grenzwertes aufweisen.

Fast immer enthalten die Proben einige Gewichtsprozente Eisen (manchmal weniger als 1%), das auf mehrere Mineralphasen verteilt ist. In solchen Fällen setzt ein brauchbares Spektrum eine gute Statistik der Gammaquantenzählung ($\geqslant 10^6$ Impulse pro Kanal) voraus. Gewöhnlich muß man bei Messungen an Gesteinsproben eine größere Anzahl von hochqualitativen Spektren je Probe aufnehmen. Die erhaltenen Spektren müssen praktisch mit einem Rechenautomaten bearbeitet werden. Für analytische Bestimmungen reichen gewöhnlich Messungen bei Zimmertemperatur aus, jedoch ermöglicht eine temperaturabhängige Analyse der Spektrenform in vielen Fällen die teilweise oder völlige Auflösung von überlagerten Linien, den Nachweis superparamagnetischer Teilchen, den Nachweis bestimmter Phasen und Phasenübergänge usw.

Viele Arbeiten behandeln die Analyse des Fe^{2+}- und Fe^{3+}-Gehaltes, die Bestimmung der Kationenordnung sowie petrografische Analysen in und an Gesteinen. Andere wieder beschäftigen sich mit Silikaten, Oxiden und Sulfaten, aber auch mit der Analyse von Fe- und Sn-Erzen, von Bodenproben, Meteoriten und Mondgestein.

Nachfolgend soll eine Reihe typischer Anwendungen der Mößbauerspektroskopie in der Mineralogie und Geologie mit einem Ausblick auf archäologisch interessante Proben dargestellt werden.

9.2 Quantitative analytische Bestimmungen

Die meisten Anwendungen in der Mineralogie haben einen analytischen Charakter und behandeln den Oxydationszustand, die Art der Ionenumgebung und die Besetzung von Kristallgitterplätzen durch verschiedene Ionen. Oft sind auch verschiedene Minerale in einem Gestein und der Gehalt des untersuchten Elementes in der Probe oder in jeder der unterschiedlichen Komponenten der Gegenstand der Untersuchung (vgl. hierzu auch Abschnitt 10.5.1).

Von besonderem Interesse sind die Anwendungen zur quantitativen Analyse. Diese stützen sich auf die Bestimmung der Absorptionslinienflächen, die bei sehr dünnen Absorbern direkt proportional zur Atomkonzentration pro Flächeneinheit sind. So existiert z.B. beim Fe zwischen der Zahl der resonanten Atome und der zugehörigen Fläche eine Korrelation, die weniger als 2% von der Linearität abweicht, solange das Flächengewicht des Eisens unterhalb 0,5 mg/cm² bleibt. Bei dickeren Absorbern gilt

$$A_i = f_s \int_{-\infty}^{\infty} \{1 - \exp[-t_i K_i(E)]\} \, dE, \qquad (9.1)$$

wobei A_i die von der Linie i eingeschlossene Fläche, $K_i(E)$ die Energieabhängigkeit der Absorptionslinie i, f_s der Mößbauerfaktor der Quelle, $t_i = \frac{\pi}{2} \sigma_0 \Gamma_0 n f_a l_i$, Γ_0 die Niveaubreite des angeregten Kernzustands, σ_0 der Resonanzabsorptionsquerschnitt, n die Zahl der Atome pro Flächeneinheit, f_a der Mößbauerfaktor des Absorbers und l_i ein Normierungsfaktor hinsichtlich der Gesamtabsorption sind [3]. Bei lorentzförmigen Linien kann obiger Ausdruck integriert werden, und man erhält

$$A_i = \frac{\pi}{2} f_s \Gamma_i L(t_i). \qquad (9.2)$$

$L(t_i)$ ist eine tabellierte Funktion und Γ_i die Halbwertsbreite.

In den meisten Fällen bestimmt man den Gehalt eines Elementes in einer Gesteinsprobe im Vergleich zu einer Probe, für die dieser Gehalt bekannt ist. Die Vergleichsprobe ist gewöhnlich eine geochemische Standardprobe, in der die Konzentration des gesuchten Elements vergleichbar mit derjenigen des zu untersuchenden Gesteins ist. Bei geologischen Proben liegt die Empfindlichkeitsgrenze der Flächenmethode zur Bestimmung des Eisengehaltes ungefähr bei 0,1%. Neuere methodische Weiterentwicklungen lassen erwarten, daß die Empfindlichkeitsgrenze auf 0,01% abgesenkt werden kann. Genauer als Absolutbestimmungen sind Relativmessungen unter Auswertung der Flächenverhältnisse in einem einzigen Spektrum, z.B. die Bestimmung von Atomen in unterschiedlicher Nachbarschaft in ein und derselben Matrix. Für eine Absorptionslinie eines dünnen Absorbers gilt [3]

$$A_i = \frac{\pi}{2} n_i \Gamma_i f_{ai} f_s \sigma_0 G(n_i, f_{ai}, \sigma_0) \qquad (9.3)$$

und für zwei verschiedene Absorptionslinien des gleichen Spektrums

$$\frac{A_1}{A_2} = \frac{n_1}{n_2} c, \qquad (9.4)$$

wobei

$$c = \frac{\Gamma_1 f_{a1} G(n_1, f_{a1}, \sigma_0)}{\Gamma_2 f_{a2} G(n_2, f_{a2}, \sigma_0)} \qquad (9.5)$$

$G(n_i, f_{ai}, \sigma_0)$ ist eine Transmissionsfunktion [6] mit dem Grenzwert $G(0) = 1$.

Gewöhnlich setzt man voraus, daß für eine Mineralphase, in der mehrere Kationen des untersuchten Nuklids existieren, c unabhängig vom Gehalt ist. Man kann dies nachweisen durch Messung an einer Probe, für die die relativen Anteile in verschiedener Umgebung bekannt sind [7]. Bei vielen Untersuchungen kann man $c = 1$ setzen [3].

Bei einigen speziellen Anwendungen, wie z.B. bei der Bestimmung des Gehaltes von SnO_2 im Kassiterit oder von Eisenoxiden in verschiedenen Erzproben, kann man zur Konzentrationsbestimmung die Intensität einer einzigen Absorptionslinie heranziehen [5]. Man definiert die Größe des Meßeffekts als

$$\varepsilon = \frac{N_\infty - N_0}{N_\infty - N_f}. \tag{9.6}$$

N_∞ ist die Impulszahl außerhalb der Resonanz, N_0 die Impulszahl bei Resonanz und N_f die Untergrundintensität in dem zur Messung der Mößbauer-Gammastrahlung eingestellten Energiefenster des Einkanalanalysators. Bei einem Streuexperiment gilt analog zu (9.6) für die Größe des Meßeffekts

$$\varepsilon = \frac{N_0 - N_\infty}{N_\infty - N_f}. \tag{9.7}$$

Die Konzentration einer bestimmten Komponente in einer Probe erhält man mit Hilfe einer Eichkurve, die die Abhängigkeit zwischen ε und der Konzentration dieser Komponente (anhand von Eichmessungen) angibt. Um die Größe ε zu erhalten genügt es, anstelle des gesamten Spektrums lediglich zwei Punkte zu messen. Diese Vereinfachung und die Auswahl entsprechender radioaktiver Mößbauerquellen ermöglicht bei solchen Problemstellungen den Einsatz von eigens dafür entwickelten einfachen Mößbauerspektrometern [1, 5, 8, 9, 10], die direkt in der Mineralprospektion verwendet werden können und meist tragbar ausgeführt sind.

Die günstigsten Ergebnisse erhält man bei Konzentrationsbestimmungen von Zinndioxid SnO_2. Das Mößbauerspektrum dieses Oxids besteht aus einer einzigen Linie. Sein Faktor f_a (=rückstoßfreier Anteil bei Absorption) hat einen relativ hohen und praktisch temperaturunabhängigen Wert. So ergibt sich mit der Mößbauerspektroskopie die Möglichkeit, schnell und mit der gleichen Genauigkeit wie bei chemischen Analysen quantitative Bestimmungen durchzuführen.

Das am meisten verbreitete zinnhaltige Mineral ist das Kassiterit. In seiner Bedeutung wird es gefolgt vom Stannit. Im Kassiterit tritt das Sn als Zinndioxid auf, während es in Stannit als ein komplexes Sulfid Cu_2SnS_4 vorkommt. Bisher wird Zinn nur aus Kassiterit gewonnen, da für Stannit und andere Verbindungen noch keine ökonomischen

Aufbereitungsverfahren bekannt sind. Da das SnO_2 eine sehr stabile chemische Verbindung ist, kann man die Mößbauerspektroskopie als Kontrollmethode in allen Stufen des Aufbereitungs- und Verarbeitungsprozesses einsetzen. Naßchemische Analysen von Zinn sind kompliziert

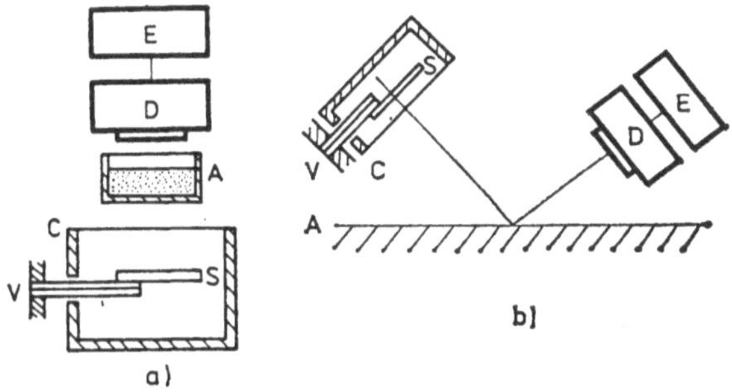

Abb. 9.1 — Blockschema eines Mößbauer-Zinnanalysators.
a) Variante für Transmissionsmessungen, b) Variante für Streumessungen
A = Probe C = Kollimator, D = Detektor, E = Elektronik,
S = Quelle, V = Vibrator.

und zeitaufwendig, ihre Genauigkeit fällt bei Konzentrationen unterhalb 0,1 Gew.-% stark ab.

Das Blockschema eines Mößbauer-Zinndetektors ist in Abb. 9.1 dargestellt. Die radioaktive Quelle S (^{119}Sn) ist fest mit dem Vibrator V verbunden. Als Vibrator verwendet man ein piezoelektrisches Bauelement oder auch einen elektrodynamischen Antrieb. Zur Reduzierung des von der Röntgenstrahlung herrührenden Untergrundes wird ein Palladium-Filter optimaler Dicke verwendet [11]. Die Quelle ist von einer als Kollimator wirkenden Abschirmung *C* umgeben. Die durch die Probe A durchgelassene oder von ihr gestreute Strahlung wird vom Detektor D registriert. Als Detektoren verwendet man in dieser Art von Spektrometern Szintillationskristalle aus NaJ(Tl) oder Resonanzdetektoren [5, 8, 10]. Die vom Strahlungsdetektor abgegebenen Impulse werden im elektronischen Block E verarbeitet. Der Block registriert die Impulse, die in gleichen Zeitintervallen vom Detektor abgegeben werden, und zwar einmal bei ruhender Quelle und einmal bei schwingender Quelle. Aus einer Eichkurve erhält man dann die Flächendichte des SnO_2 in Abhängigkeit von der Größe des Meßeffektes. Die Intensität des Strahlungsuntergrundes fällt bei dieser Methode nicht ins Gewicht. Bei Transmissionsmessungen muß auf eine genügend geringe Korngröße der Probe geachtet werden. Bei Beachtung bestimmter Probenaufbereitungsbedingungen hängt der Effekt nicht von der Art des Wirtsgesteins ab [5, 12].

Die Empfindlichkeitsgrenze der Methode bei Transmissionsmessungen und Verwendung von NaJ(Tl)-Detektoren ist 0,03 Gew.-% [12] bei einem maximal zulässigen Fehler von 30%. Bei Anwendung der Streutechnik liegt die Empfindlichkeitsgrenze für dieselben Detektoren bei 0,1% mit einem maximalen Fehler bis zu 40% [5]. Der Meßfehler verringert sich mit steigender Konzentration. Bei Verwendung von Resonanzdetektoren anstelle der Szintillationszähler erhält man eine um eine Größenordnung bessere Empfindlichkeit.

Günstige Resultate erhält man auch bei quantitativen Analysen von eisenhaltigen Mineralen wie z.B. Hämatit (α-Fe_2O_3), Magnetit (Fe_3O_4), Pyrit (FeS_2) u.a.m. Speziell dafür entwickelte Spektrometer bestimmen die Konzentration von ein bis drei Mineralen in einer Probe. Bei diesen quantitativen Analysen benutzt man solche Mößbauerlinien, die charakteristisch für die gesuchten Minerale sind. Es muß dabei gesichert sein, daß sich die Linien nicht oder nur schwach überlappen, so daß man diesen Einfluß unbeachtet lassen kann. Um die Arbeitsweise dieser Spektrometer zu beschreiben, soll die Konzentrationsbestimmung für zwei Minerale, Hämatit und Magnetit, die besonders wichtig für die Eisenextraktion sind, beschrieben werden. Die Spektren dieser beiden Minerale weisen besonders charakteristische Unterschiede im

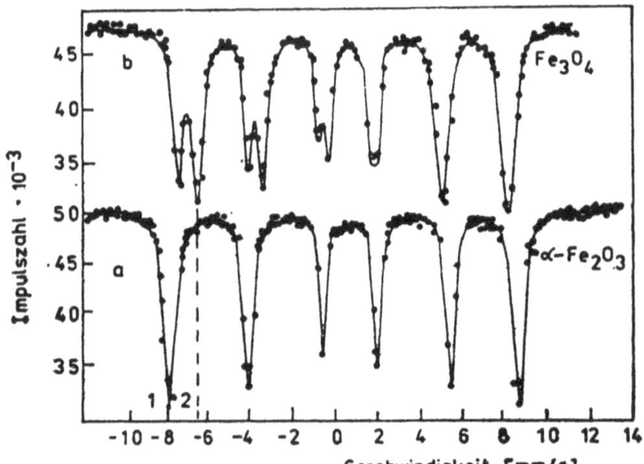

Abb. 9.2 – Mößbauerspektrum von Hämatit (a) und von Magnetit (b).

Bereich großer negativer Geschwindigkeiten auf. Deshalb werden diese Linien zu analytischen Bestimmungen benutzt. Vorteilhaft ist, daß sich diese Linien nicht mit denen von anderen eisenhaltigen Mineralen überlappen. Die Spektren dieser beiden Minerale sind in Abb. 9.2 dargestellt.

Bei dünnen Proben (maximal 15 mg/cm²) ist die Größe des Effekts ε proportional den Mineralkonzentrationen [5], und man kann für die Effekte bei den Punkten 1 und 2 (s. Abb. 9.2) folgende Beziehungen verwenden:

$$\begin{aligned} \varepsilon_1 &= \varepsilon_{11}c_1 + \varepsilon_{12}c_2, \\ \varepsilon_2 &= \varepsilon_{21}c_1 + \varepsilon_{22}c_2. \end{aligned} \tag{9.8}$$

ε_{11} und ε_{12} sind die im Punkt 1 bei Hämatit und Magnetit, ε_{21} und ε_{22} die im Punkt 2 mit Standardproben bestimmten Werte. Die für Hämatit und Magnetit gesuchten Konzentrationen sind c_1 und c_2. Man erhält sie aus

$$\begin{aligned} c_1 &= \frac{\varepsilon_{22}\varepsilon_1 - \varepsilon_{12}\varepsilon_2}{\varepsilon_{11}\varepsilon_{22} - \varepsilon_{21}\varepsilon_{12}}, \\ c_2 &= \frac{\varepsilon_{11}\varepsilon_2 - \varepsilon_{21}\varepsilon_1}{\varepsilon_{11}\varepsilon_{22} - \varepsilon_{21}\varepsilon_{12}}. \end{aligned} \tag{9.9}$$

Sind die Probendicken nicht vernachlässigbar — und das tritt in der Praxis fast immer auf — dann müssen zur Erzielung einer ausreichenden Genauigkeit die Effekte in Punkt 1 und 2 für nur ein einziges Mineral berechnet werden. Die Konzentrationen der Minerale werden unter Verwendung von Eichkurven bestimmt, die an Proben gemessen wurden, die nur ein einziges Mineral enthalten. Diese Eichkurven stellen die Effektgröße in Abhängigkeit von der Konzentration (aus einer Eichprobenreihe) dar. Die Mößbauerspektren der zu messenden Proben ergeben sich als überlagerte Spektren der darin enthaltenen Minerale. Die zu Punkt 1 und 2 (Abb. 9.2) gehörigen Effekte sind also

$$\begin{aligned} \varepsilon_1 &= \varepsilon_{I} + \beta\varepsilon_{II}, \\ \varepsilon_2 &= \alpha\varepsilon_{I} + \varepsilon_{II}. \end{aligned} \tag{9.10}$$

Dabei entsprechen ε_I dem Hämatit und ε_{II} dem Magnetit in den Meßpunkten 1 und 2. Die Faktoren α und β bestimmt man aus den Beziehungen

$$\alpha = \frac{\varepsilon_{12}}{\varepsilon_{11}}, \quad \beta = \frac{\varepsilon_{21}}{\varepsilon_{22}}.$$

ε_{11} und ε_{12} sind die Effekte einer Hämatit-Standardprobe in den Punkten 1 und 2, während ε_{21} und ε_{22} dasselbe in bezug auf eine Magnetit-Standardprobe sind. Die Faktoren α und β sind Konstanten, solange die Flächendichte der Proben 50 mg/cm² nicht überschreitet. Aus (9.10) erhält man die Effekte ε_I und ε_{II} zu

$$\varepsilon_I = \frac{\varepsilon_1 - \beta\varepsilon_2}{1 - \alpha\beta}, \quad \varepsilon_{II} = \frac{\varepsilon_2 - \alpha\varepsilon_1}{1 - \alpha\beta}. \tag{9.11}$$

Die Eichkurven liefern dann die Konzentrationen an Hämatit und Magnetit. Um eine bessere Genauigkeit von ε_1 und ε_2 zu erzielen, muß man auch den Untergrundpegel noch bestimmen. Der Untergrund entsteht vorwiegend durch den harten Anteil der Strahlung der ^{57}Co-Quelle, der fast ungeschwächt auf den Detektor trifft. Die Untergrundkorrektur ermöglicht Messungen bei höherer Flächendichte der zu untersuchenden Proben und eliminiert den Einfluß des Muttergesteins und auch die stets existierenden Instabilitäten der Elektronik.

In [13] wurden Daten über ein Mößbauerspektrometer, das die Konzentrationsbestimmung von drei Mineralen in einer Probe ermöglicht, veröffentlicht. Die Reproduzierbarkeit der Daten ist dabei besser als 1% bei Mineralkonzentrationen oberhalb 3%. Die Meßzeit zur Bestimmung der Konzentration der drei Phasen ist 30—40 Minuten.

Zur Phasenanalyse von eisenhaltigen Proben können auch solche Analysatoren verwendet werden, wie sie zuvor im Zusammenhang mit der Kassiteritbestimmung beschrieben wurden (Messung der γ-Strahlung bei ruhender und schnell bewegter Quelle). Zu diesem Zwecke wurde die Methode der selektiven Quellen entwickelt. Sie besteht in der Benutzung von solchen Strahlungsquellen, deren Emissions-Mößbauerspektren mit den Absorptions-Mößbauerspektren der untersuchten Phasen übereinstimmen. Die untersuchte Probe wird sukzessiv mit solchen Selektivquellen (ihre Anzahl ist gleich der Anzahl der zu untersuchenden Phasen) bei jeweils zwei verschiedenen Relativgeschwindigkeiten zwischen Quelle und Probe gemessen. Eine dieser Geschwindigkeiten ist stets Null, während die andere so gewählt wird, daß die Resonanzabsorption verschwindet. Bei dünnen Proben ist der Effekt proportional dem Flächengewicht des Minerals, und die Resultate der Effektmessungen mit den Selektivquellen können durch folgendes Gleichungssystem beschrieben werden:

$$\begin{aligned} \varepsilon_1 &= \varepsilon_{11}\rho_1 + \varepsilon_{12}\rho_2 + \ldots + \varepsilon_{1n}\rho_n, \\ \varepsilon_2 &= \varepsilon_{21}\rho_1 + \varepsilon_{22}\rho_2 + \ldots + \varepsilon_{2n}\rho_n, \\ &\vdots \\ \varepsilon_n &= \varepsilon_{n1}\rho_1 + \varepsilon_{n2}\rho_2 + \ldots + \varepsilon_{nn}\rho_n. \end{aligned} \tag{9.12}$$

Es beudeten hierin ε_i den Effekt bei Benutzung der Quelle i,

ε_{ik} die Eichkoeffizienten, die die maximalen Effekte der Phase K bei Benutzung der Quelle i angeben und

ρ_i die Flächendichten der untersuchten Minerale.

Das Gleichungssystem (9.12) ergibt Lösungen der Form

$$\rho_K = \frac{D_K}{D}, \tag{9.13}$$

wobei D und D_K die Koeffizientendeterminanten entsprechend der Cramerschen Regel sind. Die Eichkoeffizienten bestimmt man durch

Messung der maximalen Effekte mit jeder der n Quellen an Proben mit nur einem einzigen Mineral oder an Proben, deren Mineralkonzentrationen genau bekannt sind.

Zur Bestimmung der Konzentration von Eisenmineralen, die ein Mößbauerspektrum mit magnetischer Hyperfeinaufspaltung aufweisen, können Spektrometer gebaut werden, bei denen die Rolle des Vibrators durch die Temperatur übernommen wird. Man verwendet dabei die Tatsache, daß oberhalb der Curietemperatur die Hyperfeinaufspaltung im Spektrum zusammenbricht. Der Effekt wird dann durch zwei Messungen mit einer einzigen feststehenden Quelle, aber bei zwei verschiedenen Probentemperaturen bestimmt, nämlich bei Zimmertemperatur (N_∞) und bei einer Temperatur oberhalb des Curie-Punktes (N_0).

Es ist zu erwarten, daß in Zukunft auch analog arbeitende Spektrometer für andere analytische Bestimmungen. z.B. an Antimon und seltenen Erden, zum Einsatz kommen werden.

Die hier aufgeführten Meßverfahren gehen davon aus, daß eine analytische Bestimmung durch Aufnahme von nur 2 oder 3 Meßpunkten aus dem gesamten Mößbauerspektrum möglich ist. Diese Möglichkeit ist nicht mehr gegeben, wenn die Teilspektren der einzelnen Mineralkomponenten sich weitgehend überlappen. Dann ist man gezwungen, das Gesamtspektrum zu messen und die Intensität der Teilspektren (und daraus die Konzentration der zugehörigen Mineralkomponenten) rechnerisch durch Fitting- oder Stripping-Prozeduren zu ermitteln. Man erhält dann zwar wegen der Überbestimmtheit des Gleichungssystems sehr genaue Resultate, muß aber einen wesentlich erhöhten Meßzeit- und Rechenaufwand in Kauf nehmen. Eine brauchbare Methode für eine solche Phasenanalyse ist in Abschnitt 10.5.1 ausführlich beschrieben.

9.3 Bestimmung des Verhältnisses von zwei- zu dreiwertigen Eisenionen

Unter dieser Analyse, auch kurz Ferriferroanalyse genannt, versteht man die Bestimmung des Oxydationszustands von Eisen in einem Mineral oder Gestein, im engeren Sinne auch nur die Bestimmung des Mengenverhältnisses Fe^{2+}/Fe^{3+}. Die Bestimmung der Proportion von Eisenatomen in verschiedenen Oxydationszuständen fußt auf der Flächenbestimmung von Absorptionslinien zusammen mit der Identifizierung der Minerale anhand der Lage der Absorptionslinien.

Für die Ferriferroanalyse stehen natürlich auch andere Methoden zur Verfügung, so die Konversionselektronenspektroskopie, die Spektrophotometrie im UV-vis-Bereich und die naßchemische Analyse. Alle Methoden unterliegen aber gewissen Einschränkungen in ihrer Anwendbarkeit. So ist die Konversionselektronenspektroskopie häufig nicht verfügbar, bei der spektrophotometrischen Bestimmung erschweren Ionen anderer Übergangsmetalle die Analyse oder machen sie sogar ganz unmöglich. Die naßchemische Analyse andererseits verlangt ein Auflösen der Proben, wobei aber eine teilweise Oxydation des Eisens kaum vermieden werden kann, was dann zu einer Überschätzung der Fe^{3+}-Menge führt.

Es gibt relativ viele Publikationen, z.B. [2, 4, 7, 14—17], über das aus Mößbauerspektren bestimmte Verhältnis zwischen Eisenatomen

Tabelle 9.1

Vergleich von Ergebnissen naßchemischer und mößbauerspektrometrischer Analysen

Gestein	Gesamtgehalt an Fe		Fe^{2+}/Fe^{3+}	
	Chemische Analyse	Mößbauer-analyse	Chemische Analyse	Mößbauer-analyse
Granit	1,94	1,9	0,67	0,71
Granodiorit	3,03	2,9	0,69	0,62
Andesit	4,78	4,0	1,98	1,91
Peridotit	5,97	5,6	0,52	0,22
Dunit	6,19	6,19	0,16	0,03
Basalt	9,45	9,3	0,37	0,36

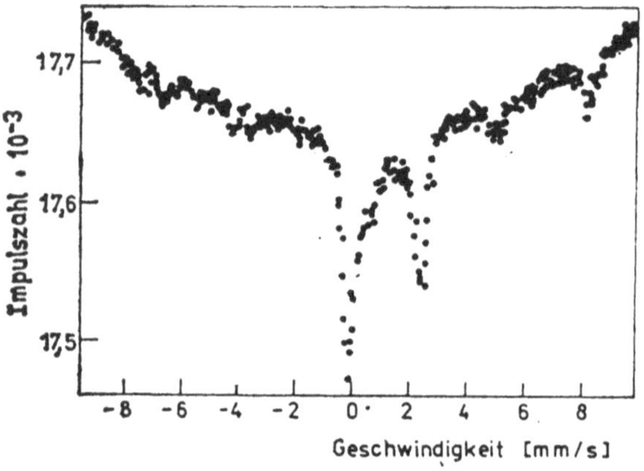

Abb. 9.3 — Mößbauerspektrum einer Granitprobe.

in verschiedenen Oxydationszuständen, und die können für einen kritischen Vergleich mit der naßchemischen Methode herangezogen werden. Tabelle 9.1 enthält die Literaturangaben über den Eisengehalt und das

Verhältnis Fe^{2+}/Fe^{3+}, die naßchemisch und durch Mößbauerversuche bestimmt wurden [2]. Abb. 9.3 zeigt das Spektrum einer Granitprobe, an der man das Verhältnis Fe^{2+}/Fe^{3+} bestimmt hat.

9.4 Die Kationenverteilung

Oftmals ist festzustellen, daß Eisenionen bestimmte Gitterplätze in Mineralproben bevorzugen. Man spricht dann von einer „Kationenverteilung". Diese Verteilung wird besonders durch die Temperatur und deren zeitliche Änderung beim Bildungsprozeß beeinflußt. Unterschiedliche Gitterplatzbesetzungen und ihre Änderungen können auch mit Röntgenbeugung und in bestimmten Fällen, z.B. wenn das Mineral OH-Gruppen enthält, auch durch Infrarotspektroskopie nachgewiesen werden. Die Röntgenbeugung ist jedoch sehr aufwendig und zeitraubend und liefert dabei relativ ungenaue Ergebnisse. Seit 1966 wird nun auch die Mößbauerspektroskopie erfolgreich zur quantitativen Untersuchung von Kationenverteilungen eingesetzt. Die Gitterplatzverteilung von Fe-Ionen wird aus der Fläche der den unterschiedlichen Plätzen entsprechenden Absorptionslinien bestimmt.

Eine Reihe von Arbeiten, die sich mit der Kationenanordnung beschäftigen, wurden an Pyroxenen [18—20] durchgeführt, in denen das Eisen in zwei nichtäquivalenten Positionen mit Oktaedersymmetrie vorkommt. Dieselbe Situation tritt auch bei Olivinmineralen auf [21—23]. Analoge Studien wurden auch an Amphibolmineralen [7, 14, 15], Biotit [15, 24, 25], Ilvait [16], Omphazit [26] und Glimmer [27] sowie an Meteoritgesteinen [28, 29] und lunarem Material [4, 30] durchgeführt. Das Amphibol besitzt z.B. vier nichtäquivalente Gitterplätze für Eisen, die aber nicht alle mößbauerspektroskopisch bestimmt werden konnten.

Die unter sicht nicht gleichen Plätze des Eisens in Mineralen können auch von anderen Ionenarten besetzt werden. In Pyroxenen z.B. können auf diesen Plätzen Mg^{2+}-Ionen auftreten, und der Besetzungsprozeß der beiden zur Verfügung stehenden Plätze kann durch folgende intrakristalline Wechselwirkungsreaktion beschrieben werden:

$$Mg^{2+}(M_1) + Fe^{2+}(M_2) \rightleftarrows Fe^{2+}(M_1) + Mg^{2+}(M_2). \qquad (9.14)$$

M_1 und M_2 sind die beiden nichtäquivalenten Gitterplätze des Eisens. Die Reaktion wird durch den Verteilungskoeffizienten

$$k = \left(\frac{x_1^{Fe}}{x_1^{Mg}}\right) \Big/ \left(\frac{x_2^{Fe}}{x_2^{Mg}}\right) \qquad (9.15)$$

charakterisiert. x_1^{Fe}, x_1^{Mg}, x_2^{Fe} und x_2^{Mg} sind die Besetzungszahlen der Plätze M_1 und M_2 durch die Fe^{2+}- und Mg^{2+}-Ionen. Das Gleichgewicht der Reaktion hängt von der Temperatur und ihrer Änderungsgeschwindigkeit ab und bestimmt den Grad der Kationenordnung. Bei den Pyroxenen kann die durch (9.14) gegebene Reaktion mit Hilfe des Modells einer idealen Lösung erklärt werden [4]. Bei Temperaturen oberhalb 480°C ist die Gleichgewichtsbedingung durch

$$\Delta G_E^0 = -RT \ln k \tag{9.16}$$

gegeben. ΔG_E^0 ist die Standarddifferenz der freien Enthalpie, die in der Wechselwirkungsreaktion auftritt, und R die Gaskonstante. Aus (9.14) erhält man

$$-\frac{dx_2^{Fe}}{dt} = -k_{12}x_1^{Fe}x_1^{Mg} + k_{21}x_2^{Fe}x_2^{Mg},$$

$$\frac{k_{21}}{k_{12}} = k, \tag{9.17}$$

worin k_{12} und k_{21} die temperaturabhängigen Reaktionsgeschwindigkeitskonstanten der Unordnungsreaktion (von links nach rechts) bzw. der Ordnungsreaktion (von rechts nach links) darstellen. Mit Hilfe von k_{12} und k_{21} kann man aus der Arrheniusgleichung die Aktivierungsenergie der Unordungs- (E_{dis}) und der Ordnungsprozesse (E_{ord}) erhalten,

$$k_{21} = A \exp\left(-\frac{E_{dis}}{RT}\right). \tag{9.18}$$

A ist eine temperaturabhängige Größe, die die Aktivierungsentropie enthält. Die Größen ΔG_E^0, E_{dis} und E_{ord} sind thermodynamische Basisparameter, mit denen man Informationen über die thermische Vorgeschichte der metastabilen Kationenverteilungen in natürlichen Pyroxenen erhalten kann. Aus Mößbauerspektren konnten Näherungswerte für diese thermodynamischen Parameter bestimmt werden [4].

9.5 Die petrografische Analyse

Die petrografische Analyse, bei der Minerale und Gesteine in einer Probe, ihre relative Konzentration und Entstehungsbedingungen bestimmt werden, ist eng mit den mittels Mößbauerspektroskopie durchgeführten quantitativen Bestimmungen des Ferriferroverhältnisses und der Kationenverteilung verbunden. Eine systematische Sammlung von

Mößbauerdaten eisenhaltiger Minerale und Gesteine wäre für die Durchführung petrografischer Analysen von hohem Wert. Vorläufig sind solche Daten nur lückenhaft verfügbar und in der Fachliteratur als ungeordnete Datenzusammenstellungen verstreut [31—38]. Häufig kompliziert der mineralogische Charakter der Proben die Deutung der Mößbauerspektren und erschwert die petrografische Analyse. Viele Minerale und Gesteine zeigen zahlreiche Strukturdefekte, Inhomogenitäten, Phasenvermischungen und isomorphe Substitutionen. Deswegen ist es angebracht, die Messungen bei verschiedenen Temperaturen und an mehreren Bruchstücken derselben Gesteinsprobe vorzunehmen. Dies ist z.B. bei der Untersuchung von Erosionsprodukten und Meeresablagerungen [2,39—41] erforderlich.

9.6 Die Untersuchung von Reaktionen in Mineralen

Die zerstörungsfrei arbeitenden mößbauerspektroskopischen Analysen stellen eine wertvolle Hilfe bei der Untersuchung von Reaktionen, die sich in Festkörpern abspielen, dar. Dies gilt besonders dann, wenn diese Reaktionen durch eine rasche Abkühlung als eingefroren betrachtet werden können.

Der Oxydationsprozeß in Mineralen ist die am meisten verfolgte Reaktion, und die hier erhaltenen Erfahrungen sind sowohl in der Grundlagen- als auch in der angewandten Forschung einsetzbar. Hierzu sollen einige Beispiele angeführt werden.

In Amphibolgesteinen konnte eine bevorzugte Oxydation von Fe-Ionen, die sich in bestimmten Umgebungen befinden, festgestellt werden [42]. Bei einigen Keramiken verhalfen Mößbaueruntersuchungen zu einem besseren Verständnis der Sinterprozesse [43, 44]. Die Mößbauerspektroskopie wurde auch bei Untersuchungen zum Einfluß der Umgebung auf die Entstehung von Tier- und Pflanzenfossilien angewandt [45, 46]. Die Fossilbildung unter oxydierenden Bedingungen spielt sich in zwei Schritten ab [46]. Beim ersten Schritt tritt in Abhängigkeit vom umgebenden Medium ein eisenhaltiges Mineral auf, dessen Art für verschiedene Fossilgruppen unterschiedlich ist ($Fe(OH)_3$, Glaukonit etc.). Im folgenden zweiten Schritt oxydiert das Mineral teilweise oder vollständig und es bildet sich Hämatit (α-Fe_2O_3). Unter reduzierenden Bedingungen entstehen während der Fossilbildung Sulfate [45].

Arbeiten auf diesem Gebiet sind erst am Anfang, aber in ständiger Weiterentwicklung, da ihre Resultate besonders für die extraktive Metallurgie von Bedeutung sind.

9.7 Einige Ergebnisse von mößbauerspektroskopischen Untersuchungen an Mineralen und Gesteinen

Nachfolgend wird ein kurzer Überblick über Ergebnisse gegeben, die bei Untersuchungen an verschiedenen Mineralen und Gesteinen mit Hilfe der Mößbauerspektroskopie erhalten wurden.

9.7.1 **Silikate und Tone**

Von den Silikaten wurden mit der Mößbauerspektroskopie die Pyroxene [18—20], Olivine [21—23, 47, 48], Amphibole [7, 14, 15, 43, 44, 49] und das Biotit [15, 24, 25] untersucht, wobei insbesondere die Kationenverteilungsphänomene und die thermische Vergangenheit der Proben von Interesse waren. So wurde z.B. festgestellt, daß die Pyroxene vulkanischer Herkunft weniger geordnet sind als die Pyroxene metamorpher Herkunft.

Die Kationenverteilung wurde auch in Glimmer untersucht [24, 25, 27, 50, 78]. Zinnwaldit ist wegen seiner großen Quadrupolaufspaltung in einfacher Weise identifizierbar ($\Delta E_Q = 3{,}13$ mm/s), [51]. Auch der Ionenaustausch durch natürliche Erosion ist an Glimmer untersucht worden [52]. Beim Glaukonit-Glimmer, einem amorphen Material, befindet sich das Eisen fast ausschließlich als Fe^{3+} in oktaedrischer Umgebung [53].

Eine große Anzahl von Untersuchungen wurde an Tonen durchgeführt [54—58], da diese eine wichtige Komponente des Erdbodens darstellen und eine besondere Bedeutung für die keramische Industrie haben. Die schwach kristallisierten Alumosilikat-Tone haben eine Schichtstruktur, in der sich das eingebaute Eisen in einer Umgebung oktaedrischer oder tetraedrischer Symmetrie befindet. Die verschiedenen Kombinationsmöglichkeiten der konstituierenden Schichten ermöglichen eine große Lokalisierungsvarietät für das Eisen, insbesondere für das in Oktaederumgebung befindliche. Bei den Tonen treten gemischte Strukturen auf, in denen das Mengenverhältnis veränderlich ist. Charakteristisch für Tone sind die geringe Partikelgröße und die Anwesenheit von anderen eisenhaltigen Mineralien. Vorherrschend sind Oxide und Hydroxide als Beimengung oder als Deckschichten der Tonpartikel. Eine analytische Charakterisierung des Zustands des Eisens ist unter diesen Bedingungen natürlich eine komplizierte Aufgabe.

Die Mößbauerspektroskopie liefert eine zusätzliche und brauchbare Methode zur Untersuchung von Tonen. Nützlich ist dabei eine Identifizierung der eisenhaltigen Minerale und die Bestimmung des Fe-Oxydationszustandes, des Verhältnisses Fe^{2+}/Fe^{3+} sowie der vorzugsweisen

Besetzung bestimmter Gitterplätze durch Fe in schwach kristallinen Strukturen. Wichtig sind ebenfalls Informationen über verschiedene geochemische Prozesse wie Ionenaustausch, Hydrolyse und Adsorption sowie über Effekte, die während technologischer Prozesse bei Verwendung der Tone auftreten. Bei den Illiten, den meistverbreiteten und wahrscheinlich auch unterschiedlichsten Tonen, kann kein einfaches charakteristisches Spektrum nachgewiesen werden. Sie treten fein mit Hämatit vermischt auf, aber auch als Deckschicht der Illitpartikel kommt Hämatit infrage [58]. Das Eisen im Illitgitter erscheint als Fe^{2+} oder Fe^{3+} mit einem von Probe zu Probe unterschiedlichen Mengenverhältnis. In Kaolin konnten Muskovit und Goethit mößbauerspektroskopisch nachgewiesen und davon ausgehend eine industrielle Kontrollmethode entwickelt werden [59]. Hinsichtlich der natürlichen Erosionsprozesse der Tone wurden besonders die Oxydationsmechanismen des in ihnen enthaltenen Eisens verfolgt [58]. Die Brenntemperatur von Keramiken kann prinzipiell aus dem Wert der Quadrupolaufspaltung des Fe^{3+}-Ions bestimmt werden. Diese Bestimmungsweise ist bis zu 950°C möglich. Auch eine Datierung von gebrannter Keramik mit Hilfe der Mößbauerspektroskopie ist möglich, weil die Eisenoxide in gebrannten Tonen mit der Zeit abgebaut werden [58].

Unter den mit der Mößbauerspektroskopie untersuchten Silikaten seien hier noch das Turmalin [56, 60] und Ilvait [16, 61] angeführt. Herzenberg [2] stellte Mößbaueruntersuchungen an silikathaltigen Gesteinen verschiedener Herkunft an und bestimmte den Gesamtgehalt an Fe, das Verhältnis Fe^{2+}/Fe^{3+} und ihre mineralischen Hauptkomponenten.

9.7.2 **Oxide, Hydroxide und Sulfate des Fe**

Oxide und Hydroxide sind besonders wegen ihrer magnetischen Eigenschaften von Interesse [62—64]. Häufig zeigen sie superparamagnetisches Verhalten, woraus sich dann die geringen Partikeldimensionen mößbauerspektroskopisch bestimmen lassen [62, 65—68]. Kulgawczuk [69] veröffentlichte eine Zusammenfassung der Mößbauerdaten von Oxiden und Hydroxiden. Besonders wurden das Magnetit [68, 70], Ilmenit [71—73], die Granate [74, 75], einige Naturspinelle wie Ulvospinell [76, 77] und Chromite [76, 78, 79] bearbeitet. Die Untersuchungen am Limonit, einem mehr oder weniger amorphen Gestein, sind charakteristisch für die Möglichkeiten der Mößbauerspektroskopie, die Eigenschaften solcher Materialien zu bestimmen. Aus den Mößbauerdaten geht hervor [65], daß das Limonit in Wirklichkeit ein Gemisch von Goethit, Hämatit und Vivianit ist.

Mößbauermessungen wurden auch an vom Meeresgrund stammenden Proben durchgeführt, wobei besonders die Fe-Mn-Knollen untersucht wurden. Die Deutung der von diesen Proben erhaltenen Spektren ist wegen der geringen Partikeldimensionen und des daraus resultierenden superparamagnetischen Verhaltens kompliziert [2, 39—41, 80, 81]. Nach Aussage dieser Untersuchungen entstehen die Knollen als Endprodukt hydrolytischer Prozesse [2, 81]. Sie enthalten Eisen vorwiegend in Form von Oxiden und Hydroxiden oder Vorstufen davon.

Die meisten der eisenhaltigen Sulfate sind bereits mößbauerspektroskopisch untersucht worden. Es seien hier das Pyrit [36, 37, 82, 83], Chalkopyrit [37, 82—84], Pyrotit [36, 37, 83, 85], Markassit [37, 37, 82, 83] und Arsenopyrit [37] angeführt.

9.7.3 Zinnhaltige Minerale

Unter anderen wurde auch eine ganze Reihe von zinnhaltigen Mineralen mößbauerspektroskopisch untersucht, Kassiterit, Stannit, Thealit, Zylindrit, Herzenbergit [86—89] u.a. Es wurden dabei die Valenzzustände des Zinns bestimmt und Informationen über die chemische Zusammensetzung sowie über die Struktur der untersuchten Minerale erhalten. So konnte der schwache Ferromagnetismus im Kassiterit geringen Eisenverunreinigungen im superparamagnetischen Zustand zugeschrieben werden [89].

9.7.4 Meteoriten- und Mondgesteine

Zur Kennzeichnung der Eigenschaften von Meteoritengestein ist die Bestimmung des Ferriferroverhältnisses besonders wichtig, da dieses nach dem Einfall des Meteorits zeitlich anwächst. Die Mößbauerspektroskopie ermöglicht die Bestimmung dieses Verhältnisses und des Gehaltes an verschiedenen Mineralen in solchen Proben [17, 28, 29, 90, 91].

Durch die großen Erfolge in der Raumfahrttechnik konnten in den letzten Jahren auch Mondgesteinsproben untersucht werden. Da auch auf dem Mond das Eisen eines der am weitesten verbreiteten Elemente ist, konnte die Mößbauerspektroskopie auch hierbei zusammen mit anderen Methoden eingesetzt werden.

Bei Messungen an Mondstaub wurden vor allem der Eisengehalt, die Verteilung des Fe auf verschiedene Mineralphasen und der Fe-Valenzzustand in solchen Proben untersucht. Die Mößbauerspektren hängen ziemlich charakteristisch von der Lage der Mondlandungsplätze ab [92, 93]. Das Mößbauerspektrum einer Mondstaubprobe ist in Abb. 9.4 gezeigt (nach [4]).

Die Mößbauerspektren zeigen, daß das Eisen in Mondgesteinen in Form von Silikaten, Gläsern, Ilmenit, Troilit und als Metall vor-

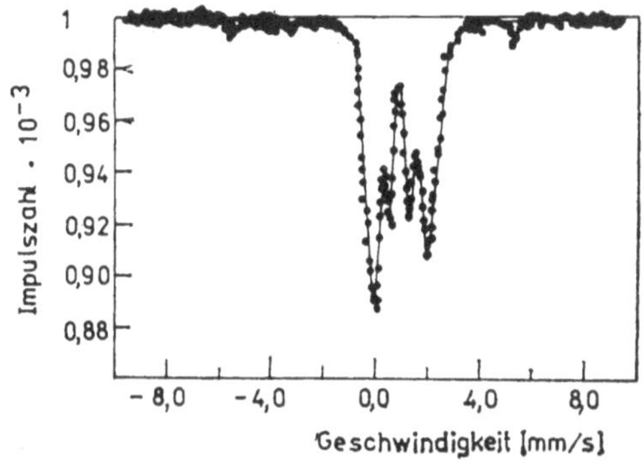

Abb. 9.4 — Mößbauerspektrum einer Mondprobe (Apollo 11).

kommt. Die Oxidkonzentrationen in Spinellen und Eisentitanaten sind zu gering, um in Mößbauerspektren ausgewertet werden zu können [92—96]. Die Silikatidentifizierung ist wegen der Überlagerung verschiedener Silikatspektren (Pyroxen, Olivin etc.) relativ kompliziert. Es konnte die Eisenkonzentration in den unterschiedlichen Mineralen bestimmt werden [92—94, 97—101], in denen es als Fe^{2+} oder metallisch auftritt. Das Metall erscheint vorwiegend in feinverteilter Form mit Partikelgrößen im Ångströmbereich (<40 Å). Die Teilchen sind in Gläsern dispersiert und verleihen diesen ein superparamagnetisches Verhalten [92, 93, 96]. Aus Messungen von Kationenverteilungen konnten Informationen über die thermische Vorgeschichte des Mondgesteins gesammelt werden [30, 102, 103].

9.8 Anwendungen der Mößbauerspektroskopie in der Archäologie

Daß die Mößbauerspektroskopie auch für archäologische Untersuchungen von Interesse ist, besonders bei Keramiken aus historischen Ausgrabungen, das geht schon aus Abschnitt 9.7.1 hervor. Vor der Mößbauerspektroskopie wurden hier zuerst die optische Emissionsspektroskopie, die Neutronenaktivierungsanalyse und die Thermolumineszenz angewendet. Die Mößbauerspektroskopie ersetzt diese

Methoden natürlich nicht, ermöglicht aber die Gewinnung ergänzender Informationen.

Gebrannter Lehm läßt sich mößbauerspektroskopisch auf Grund seines Eisengehaltes untersuchen. Das Fe tritt im Lehm als paramagnetisches Ion auf, und zwar auf Aluminium- und Siliziumplätzen. Außerdem kann es noch in verschiedenen magnetischen Oxiden oder Hydroxiden vorkommen, die als kleine Partikel (100 Å) den Lehm durchsetzen. Man wird also ein Mößbauerspektrum erwarten, das aus einem Quadrupoldublett besteht. Die Oxide führen außerdem zu einem Sextett, falls die Teilchenabmessungen genügend groß sind und die Probentemperaturen nicht zu hoch gewählt werden. Abb. 9.5 zeigt das typische Spektrum einer Keramikprobe. Aus Mößbauerspektren dieser Art lassen sich dreierlei Informationen gewinnen, nämlich über den Herkunftsort der Keramik, über die Technik des Keramikbrandes und über den Zeitpunkt der Herstellung. Gangas und Mitarb. [104] führten Untersuchungen an Keramiken mykenischer und minoischer Herkunft durch, die um 800 bis 500 v.u.Z. hergestellt wurden. Die Proben wurden in Gruppen untersucht, wobei in jeder Gruppe 13 Proben vermessen wurden. Die Mößbauerspektren zeigen charakteristische Differenzen (Abb. 9.6, [105]). Mit der Brenntechnik befaßten sich Messungen von Bouchez u. Mitarb. [106] sowie von Janot und Delacroix [107]. Man erhält Aussagen darüber, ob der Brennprozeß in oxydierender oder in reduzierender Atmosphäre erfolge. Wichtig für diese Bestimmungen ist das Mengenverhältnis Fe^{2+}/Fe^{3+} (Ferriferroverhältnis).

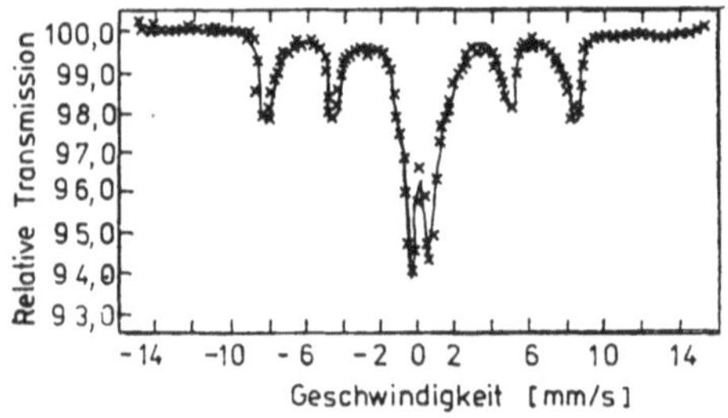

Abb. 9.5 — Typisches Spektrum einer Keramikprobe [105].

Die Verwendung der Mößbauerspektroskopie zur Altersbestimmung an Keramiken ist noch nicht völlig geklärt. Es scheint so, als ob der prozentuale Anteil magnetisch geordneter Komponenten in Keramiken aus verschiedenen Epochen unterschiedlich ist, und daß es eine gewisse Systematik hierzu gibt [108]. Allerdings ändert sich dieser Anteil mit der Brenntemperatur, und er ist auch vom Anfangsgehalt an Eisen abhängig, so daß man solche Altersbestimmungen vorläufig noch mit Vorsicht betrachten sollte.

Keramiken ägyptischer Herkunft wurden in [109, 110] untersucht, wobei insbesondere die schwarze Färbung Gegenstand des Interesses war. Die mößbauerspektroskopische Untersuchung eisenhaltiger Farb-

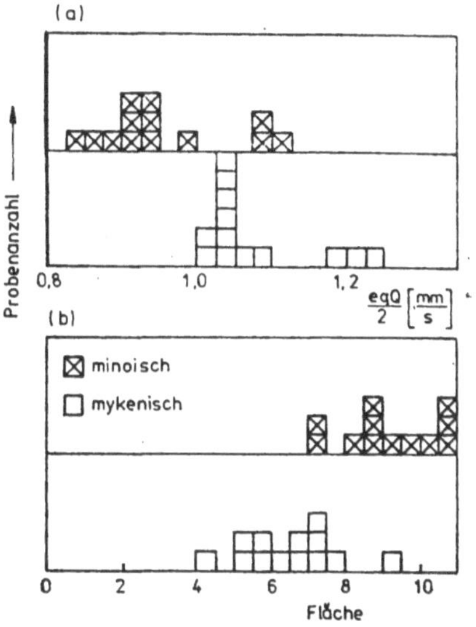

Abb. 9.6 — a) Verteilung der gemessenen Quadrupolaufspaltungen für Keramiken mykenischer und minoischer Herkunft.
b) Verteilung der Linienflächen in den Mößbauerspektren (77K) dieser Proben [105].

pigmente ist übrigens nicht nur in archäologischer Sicht von Interesse, sondern spielt auch bei technischen Applikationen und auch bei Untersuchungen rezenter Kunstwerke eine gewisse Rolle. Letzteres ist in [111] dargestellt.

Literatur

[1] K. Raclavsky, B. G. Jegiasarov, Proc. 5th Int. Conf. Mössb. Spectr., Bratislava, 2, 347 (1973), CS-AEC, Prag 1975 (M. Hucl, T. Zemčik Hrsg.).
[2] C. L. Herzenberg, Mössbauer Effect Methodology, Vol. 5, 209 (1970), Plenum Press, New York.
[3] A. G. Maddock, Mössbauer spectroscopy and its applications, 329 (1972), IAEA Wien (1972).
[4] S. S. Hafner, Mössbauer Spectroscopy, U. Gonser (Hrsg.), Springer Verlag Berlin-Heidelberg-New York, 167 (1975).
[5] V. I. Goldanskii, A. V. Dolenko, B. G. Jegiasarov, V. M. Saporojet, V. M. Ratnikov, Gamma-resonansnyje metodi i pribori dlja fasovovo analisa mineralnovo syrja, Atomizdat, Moskau (1974).
[6] R. S. Preston, S. S. Hanna, H. Heberle, Phys. Rev. 128, 2207 (1962).
[7] G. M. Bancroft, R. G. Burns, A. G. Maddock, Am. Mineral 52, 1009(1967).

[8] B. Manouchev, Zv. Bontchev, M. Marinov, ,,Proc. Conf. Mössb. Spectr.", Dresden, 615 (1971).
[9] D. Barb, I. Bibicu, B. Prada, Patent IFA (1976).
[10] I. J. Garzanov, V. I. Karlašuk, V. A. Kotelnikov, V. G. Labušchin, E. F. Makarov, Proc. 5th Intern. Conf. Mössb. Spectr., Bratislava, 3, 660 (1973).
[11] J. Sitek, Nucl. Instr. Meth. 114, 163 (1974).
[12] D. Barb, I. Bibicu, V. Voicu, B. Prada, St. Cerc. Fiz. 29, 637 (1977).
[13] Mössbauerovskii analisator sheleza, Prospekt Isotop UdSSR.
[14] G. M. Bancroft, Chem. Geol. 5, 255 (1969).
[15] L. Häggström, R. Wäppling, H. Annersten, phys. stat. sol. 33, 741 (1969).
[16] C. L. Herzenberg, D. L. Riley, Acta crystall. 25A, 389 (1969).
[17] E. L. Sprenkel-Segel, J. Geophys. Res. 75,6618 (1970).
[18] G. K. Shenoy, G. M. Kalvius, S. S. Hafner, J. Appl. Phys. 40, 1314 (1969).
[19] Y. Matsui, Y. Maeda, Y. Syone, Geochem. J. 4, 15 (1970).
[20] P. G. L. Williams, G. M. Bancroft, M. G. Bown, A. G. Turnock, Nature 230, 149 (1971).
[21] W. R. Bush, S. Hafner, D. Virgo, Nature 227, 1339 (1970).
[22] A. A. Valter, L. I. Gorogtskaya, N. D. Zverev, V. P. Romanov, Dokl. Acad. Nauk SSSR 192, 629 (1970).
[23] T. V. Malysheva, V. V. Kurash, A. N. Ermakov, A. K. Lavrukhina, Geokhimia 355 (1971).
[24] C. M. Rice, J. M. Williams, Mineral. Mag. 37, 210 (1969).
[25] L. H. Bowen, S. B. Weed, J. G. Stevens, Amer. Mineral. 54, 72 (1969).
[26] G. M. Bancroft, P. G. L. Williams, E. J. Essene, Mineral. Soc. Am. Spec. Pap. No. 2, 59 (1969).
[27] C. S. Hogg, R. E. Meads, Mineral. Mag. 37, 606 (1970).
[28] J. G. Marzolf, J. T. Dehn, J. F. Salmon, Adv. Chem. 68 (1967).
[28] R. W. Dundon, L. S. Walter, Earth. Planet. Sci. Lett. 2, 372 (1967).
[30] S. S. Hafner, D. Virgo, Proc. Apollo 11 Lunar Sci. Conf. 3, 2183 (1970).
[31] A. S. Marfunin, R. M. Minceva, A. R. Mkrtchyan, Y. M. Niussik, V. E. Fedorov, Izv. Acad. Nauk SSSR, Ser. geol. 10, 86 (1967).
[32] G. M. Bancroft, R. G. Burns, A. J. Stone, Geochim. Cosmochim. Acta 32, 547 (1968).
[33] J. R. DeVoe, J. J. Spijkerman, Analyt. Chem. 40, 472 (1968).
[34] S. S. Hafner, in ,,Applications of Nuclear and Electronic Resonance Spectroscopy in Mineralogy", American Geological Institute, Short Course Lecture Notes (1968).
[35] J. S. Ghose, S. S. Hafner in ,,Applications of Nuclear and Electronic Resonance Spectroscopy in Mineralogy", American Geological Institute, Short Course Lecture Notes (1968).
[36] J. Morice, L. V. C. Rees, D. T. Rickard, J. Inorg. Nucl. Chem. 31, 3797 (1969).
[37] G. N. Gonciarov, Y. M. Ostanevici, S. B. Tomilov, Izv. Akad. Nauk SSSR. Ser. geol. 8, 79 (1970).
[38] J. R. DeVoe, J. J. Spijkerman, Analyt. Chem. 42, 366R (1970).
[39] H. M. Gager, Nature 220, 1021 (1968).
[40] C. E. Johnson, G. P. Glasby, Nature 224, 259 (1969).
[41] C. L. Herzenberg, D. L. Riley, Nature 224, 259 (1969).
[42] H. J. Whitfield, A. G. Freeman, J. Inorg. Nucl. Chem. 29, 903 (1967).
[43] T. C. Gibb, N. N. Greenwood, Trans. Faraday Soc. 62, 1317 (1965).
[44] T. C. Gibb, N. N. Greenwood, Appl. Mössbauer Effect in Chemistry and Solid State Physics, IAEA, Wien, 143 (1966).
[45] E. Mattievich, J. Danon, Notas de Fisica 17, 5, 237 (1971).

[46] N. A. EISSA, H. A. SALLAM, B. A. ASHI, Proc. Intern. Conf. Mössb. Spectr., Cracow, Poland 1, 483 (1975).
[47] S. S. HAFNER, D. VIRGO, Science 165, 285 (1969).
[48] T. V. MALYSHEVA, V. V. KURASH, A. N. EMAKOV, Geokhimia 11, 1405 (1969).
[49] Z. P. ERSHOVA, A. M. BABESHKIN, J. D. PERFILEV, Geokhimia 252 (1970).
[50] L. HÄGGSTRÖM, R. WÄPPLING, H. ANNERSTEN, Chem. Phys. Lett. 4, 107 (1969).
[51] C. L. HERZENBERG, D. L. RILEY, R. LAMOREAUX, Nature 10, 364 (1968).
[52] L. H. BOWEN, S. B. WEED, J. G. STEVENS, Am. Mineral. 54, 72 (1969).
[53] U. HOFMANN, E. FLUCK, P. KUHN, Angew. Chem. 79, 581 (1967).
[54] N. MALATHI, S. P. PURI, I. P. SAVASWAT, J. Phys. Soc. Japan 26, 680 (1969).
[55] N. J. YASSOGLOU, J. B. PETERSON, Soil. Sci. Soc. Am. Proc. 33, 967 (1969).
[56] A. S. MARFUNIN, A. R. MKRTCHYAN, G. N. NADZHARYAN, Y. M. PLATONOV Izv. Akad. Nauk SSSR, Ser. Geol. 2, 146 (1970).
[57] K. RACLAVSKY, J. SITEG, J. LIPKA, Proc. 5th Intern. Conf. Mössb. Spectr., Bratislava, 2, 368 (1973).
[58] J. M. D. COEY, Proc. Intern. Conf. Mössb. Spectr., Cracow, 2, 333 (1975), Poland.
[59] P. J. MALDEN, R. E. MEADS, Nature 215, 844 (1967).
[60] Y. TAKÉUCHI, N. AIKAWA, T. YAMAMOTO, Z. Kristallogr. 1, 136 (1972).
[61] B. V. BORSHAGOVSKII, A. S. MARFUNIN, A. R. MKRTCHYAN, G. M. NAGYARYAN, R. A. STUKAN, Phys. Stat. Sol. 43, 479 (1971).
[62] T. SHINJO, J. Phys. Soc. Japan 21, 917 (1966).
[63] F. VAN DER WOUDE, A. J. DEKKER, Phys. Stat. Sol. 13, 181 (1966).
[64] J. I. DÉSZI, M. FODOR, Phys. Stat. Sol. 15, 247 (1966).
[65] C. JANOT, M. CHABANEL, E. HERZOG, Compt. R. 266 C, 103 (1968).
[66] J. D. FORSYTH, I. G. HEDLEY, C. E. JOHNSON, J. Phys. C 1, 179 (1968).
[67] D. J. ELIAS, J. W. LINNETT, Trans. Faraday Soc. 65, 2673 (1969).
[68] Y. B. VOITOVSKII, O. N. GENERALOV, N. A. RAZANOV, A. D. SUKANOV, M. L. KHARKHAN ISSLED, Fiz. Svoistv. Gorn. Porod. Mosk. Gorn. Inst. 3 (1969).
[69] D. S. KULGAWCZUK, Nucleonica 14, 777 (1969).
[70] S. K. BANERJEE, W. O'REILLY, C. E. JOHNSON, J. Appl. Phys. 38, 1289 (1967).
[71] S. K. BANERJEE, W. O'REILLY, T. C. GIBB, N. N. GREENWOOD, J. Phys. Chem. Solids 28, 1323 (1967).
[72] SH. SH. BASHKIROV, G. D. KURBATOV, R. A. MANAPOV, S. M. TOMILOV, E. K. SADUIKOV, V. A. CHISTYAKOV, Dokl. Akad. Nauk SSSR 173, 407 (1967).
[73] T. C. GIBB, N. N. GREENWOOD, W. TWIST, J. Anorg. Nucl. Chem. 39, 947 (1969).
[74] I. S. LYUBUTIN, L. G. LYUBUTINA, Kristallogr aphia 15, 824 (1970).
[75] C. L. HERZENBERG, D. L. RILEY, J. Phys. Chem. Solids 30, 2108 (1969).
[76] S. K. BANERJEE, N. O'REILLY, Trans. IEEE Mag. 2, 463 (1966).
[77] K. ÔNO, L. CHANDLER, A. ITO, J. Phys. Soc. Japan 25, 174 (1968).
[78] P. IMBERT, E. MARTEL, Compt. Rend. Acad. Sci. Paris, 261 B, 5404 (1965).
[79] F. HARTMANN-BOUTHRON, Compt. Rend. Acad. Sci. Paris 261 B, 5408 (1965).
[80] I. I. GEORGESCU, C. NISTOR, Rev. Roum. Phys. 15, 819 (1970).
[81] A. Z. HRYNKIEWICZ, B. SAWICKA, J. SAWICKI, phys. stat. sol. 3A, 1039 (1970).
[82] A. K. ZHETBAEV, D. K. KAIPOV, Izv. Akad. Nauk SSSR, Ser. fiz. mat. 6, 78 (1968).
[83] D. RAY, S. P. PURI, Nuovo Cim. 60B, 261 (1969).
[84] L. D. CABRI, R. G. GOODMAN, Geokhimia 363 (1970).
[85] S. S. HAFNER, B. J. EVANS, G. M. KALVIUS, Solid. Stat. Comm. 5, 17 (1967).
[86] D. L. SMITH, J. J. ZUCKERMAN, J. Inorg. Nucl. Chem. 29, 1203 (1967).
[87] M. EIBSCHÜTZ, E. HERMON, S. SHTRIKMAN, J. Phys. Chem. Solids 28, 1633 (1967).
[88] N. N. GREENWOOD, H. J. WHITFIELD, J. Chem. Soc. A, 1697 (1968).

[89] C. E. Johnson, K. Miroslav, Nature 225, 173 (1970).
[90] E. L. Sprenkel-Segel, S. S. Hanna, Mössbauer Effect Methodology, Vol. 2, 113 (1966), Plenum Press, New York.
[91] L. K. Levskii, Y. M. Ostanevič, S. B. Tomilov, Geochim. Int. 5, 867 (1968).
[92] C. L. Herzenberg, R. B. Moler, D. L. Riley, Proc. 2nd Lunar Sci. Conf., Geochim. Cosmochim. Acta, Suppl. 2, 3, 2103 (1971).
[93] R. M. Housley, R. W. Grant, A. H. Muir, M. Blander, M. Abdel-Gawad, Proc. 2nd Lunar Sci. Conf., Geochim. Cosmochim. Acta, Suppl. 2, 3. 2125 (1971).
[94] C. L. Herzenberg, D. L. Riley, Proc. Apollo 11 Lunar Sci. Conf., Geochim. Cosmochim. Acta, Suppl. 1, 3, 2221 (1970).
[95] R. M. Housley, M. Blander, M. Abdel-Gawad, R. W. Grant, A. H. Muir, Proc. Apollo 11 Lunar Sci. Conf., Geochim. Cosmochim. Acta, Suppl. 1 (1970).
[96] S. S. Hafner, B. Janik, D. Virgo, Mössbauer Effect Methodology 193 (1970).
[97] H. K. Mao, D. Virgo, P. M. Bell, Proc. 4th Lunar Sci. Conf., Geochim. Cosmochim. Acta, Suppl. 4, 1, 397 (1973).
[98] P. Gay, G. M. Bancroft, M. G. Bown, Proc. Apollo 11 Lunar Sci. Conf., Geochim. Cosmochim. Acta, Suppl. 1, 1, 481 (1970).
[99] P. Gay, M. G. Bown, I. D. Muir, G. M. Bancroft, P. G. L. Williams, Proc. 2nd Lunar Sci. Conf., Geochim. Cosmochim. Acta, Suppl. 3, 1, 377 (1971).
[100] T. C. Gibb, R. Greatrex, N. N. Greenwood, Proc. 3rd Lunar Sci. Conf., Geochim. Cosmochim. Acta, Suppl. 3, 3, 2479 (1972).
[101] T. V. Malysheva, Proc. 3rd Lunar Sci. Conf., Geochim. Cosmochim. Acta, Suppl. 3, 1, 105 (1972).
[102] K. Schürmann, S. S. Hafner, Proc. 3rd Lunar Sci. Conf., Geochim. Cosmochim. Acta, Suppl. 3, 1, 493 (1972).
[103] T. Yajima, S. S. Hafner, Proc. 5th Lunar Sci. Conf., Geochim. Cosmochim. Acta, Suppl. 5, 1, 769 (1974).
[104] N. H. Gangas, A. Kostikas, A. Simopoulos, V. Vokoto-Pouloulou, Nature 229, 485 (1971).
[105] A. Kostikas, A. Simopoulos, ESN 1, 6, 10 (1976).
[106] R. Bouchez, J. M. D. Coey, R. Coussement, K. P. Schmidt, M. van Rossum, J. Aprahamian, J. Deshayes, J. de Phys. 35, C6, 541 (1974).
[107] C. Janot, P. Delacroix, J. de Phys. 35, C6, 557 (1974).
[108] A. Kostikas, A. Simopoulos, N. H. Gangas, J. de Phys. 35, C6, 537 (1974).
[109] N. A. Eissa, H. A. Sallam, L. Keszthélyi, Proceed. 5th Int. Conf. Mössb. Spectr., Bratislava 1973, S. 749.
[110] N. A. Eissa, H. A. Sallam, Proceed. 5th Int. Conf. Mössb. Spectr., Bratislava 1973, S. 752.
[111] B. Keisch, Kap. 9 in R. L. Cohen (Hrsg.), Applications of Mössbauer Spectroscopy, Vol. 1, Academic Press (1976).

Zehntes Kapitel

Anwendungen der Mößbauerspektroskopie auf Fragestellungen der Chemie

10.1 Einleitung

Aus dem Mößbauerspektrum einer chemischen Verbindung kann man für jedes Teilspektrum die Isomerieverschiebung, die Quadrupolaufspaltung und die magnetische Aufspaltung, sowie auch Form, Breite und Intensität der einzelnen Resonanzlinien bestimmen. Für alle diese Parameter einer untersuchten Probe können auch deren Temperatur-, Druck- und Winkelabhängigkeit aus solchen Spektren gewonnen werden. Mit diesen mößbauerspektroskopisch bestimmten Daten können Aussagen über die chemischen Eigenschaften der Probe gemacht werden. Die Daten lassen sich nach Auswahlregeln und Symmetrieargumenten systematisieren und aus der Elektronenstruktur des Moleküls erklären. Auch hier empfiehlt sich natürlich die Einbeziehung von Resultaten anderer Untersuchungsmethoden (z.B. optische Spektroskopie, naßchemische Analyse).

Die Klassifizierung der Informationen nach Auswahlregeln und Symmetrieargumenten bringt hier die Mößbauerspektroskopie in die Nähe der Raman- und Infrarotspektroskopie. Die wichtigste Auswahlregel bezieht sich auf die unterscheidbaren Wertebereiche der Isomerieverschiebung, die zu verschiedenen Oxydationszuständen ein und desselben Mößbaueratoms gehören. Mit Hilfe dieser Regel lassen sich die Verbindungen eines Elementes nach dessen Oxydationszustand klassifizieren. Das wichtigste Symmetrieargument besagt, daß die Quadrupolaufspaltung verschwindet, wenn die elektronische Umgebung des Mößbaueratoms kubische Symmetrie aufweist. Die Quadrupolaufspaltung liefert Aussagen über die Abweichung der Elektronenkonfiguration und der umgebenden Ionenverteilung von der kubischen Symmetrie.

Die Deutung spektroskopischer Daten mit Hilfe einer Diskussion der Molekülstruktur bringt die Mößbauerspektroskopie in die Nähe der Elektronenspin-Spektroskopie, bei welcher zum Verständnis der Spektren nichtgepaarte Elektronen in bestimmten Energieniveaus betrachtet werden müssen. Verfolgt man diesen Weg, dann wird es möglich, die chemische Bindung mößbauerspektroskopisch zu untersuchen. In jedem Falle empfiehlt es sich, mößbauerspektroskopisch und mit anderen Methoden gewonnene Daten zu kombinieren, um Mehrdeutigkeiten und Zweifelsfälle zu klären.

Das vorliegende Kapitel ist nach den chemischen Problemen, die mößbauerspektroskopisch untersucht wurden, gegliedert. Es werden dabei die chemische Bindung, die Elektronenkonfiguration, die Molekülstruktur, die Katalyse und die Identifizierungstechniken besprochen. Es sei hier auf die zusammenfassenden Arbeiten [1—11], die sich mit der Anwendung der Mößbauerspektroskopie in der Chemie befassen, verwiesen.

10.2 Mößbaueruntersuchungen zur chemischen Bindung

Die Formeln chemischer Verbindungen werden gewöhnlich entsprechend den Valenzbindungen bzw. entsprechend der Wertigkeit systematisiert. Untersuchungen der chemischen Bindung bei gleichzeitiger Kenntnis der atomaren Struktur führten zur Unterteilung der Valenzvorstellung in ionische und kovalente Bindung. Die Atome der meisten Moleküle sind durch kovalente Bindungen aneinandergekoppelt, wobei Elektronen, die sich auf stabilen „bindenden" Bahnen befinden, die Bindung bewerkstelligen. Wenn von zwei Atomen, die zur Molekülbildung beitragen, die Rede ist, dann liefert jedes davon mindestens ein Elektron. Andererseits bilden Elemente aus der ersten und zweiten Gruppe des periodischen Systems mit ausgesprochenem Metallcharakter mit den ausgesprochenen Nichtmetallen stabile Edelgaskonfigurationen, indem sie Elektronen zur Komplettierung der Schalen abgeben bzw. aufnehmen. Die dadurch entstehende Ionenladung ist auch als Ionenvalenz bekannt. Diese Elemente liefern ionische Verbindungen, die nicht als Molekülstruktur, sondern in erster Näherung als Aggregate von Anionen und Kationen angesehen werden. Jedes Ion ist an seinen Nachbarn durch eine Bindung elektrostatischer Natur, die Ionenbindung, gekoppelt. Der Übergang von der ionischen zur kovalenten Bindung, die bei verschiedenen Verbindungen festgestellt wird (z.B. LiCl-ionisch, $BeCl_2$, BCl_3, CCl_4, NCl_3-kovalent), erfolgt nicht plötzlich, sondern spielt sich stufenweise ab, und der quantitative Beitrag des einen oder anderen Bindungstyps zu der chemischen Bindung kann durch die Elektronegativität ausgedrückt werden [12]. Unter Elektronegativität versteht man im allgemeinen das Bestreben eines Atoms in einem Molekül mit kovalenter Bindung, Elektronen anzuziehen. Sie gilt als ein Maß des teilweise ionischen Charakters einer Verbindung.

Die Mößbauerspektroskopie kann zum Studium der chemischen Bindung in komplexen Verbindungen eingesetzt werden. In Komplexen existiert gewöhnlich ein zentrales Ion M, an das verschiedene Liganden L_1, L_2, L_3 etc. gebunden sind. So wurden viele Mößbaueruntersuchungen an Komplexen der Übergangselemente Fe, Co, Ni, Ru, Os, Ir, Pt, Au, Eu und Np und der Elemente Sn, Sb, Te, J, Xe und Kr durchgeführt.

Die chemische Bindung zwischen einem zentralen Ion und seinen Liganden kann durch die Kristallfeldtheorie (Bethe, Van Vleck), durch die Theorie der kovalenten Bindung (Pauling) oder durch die Ausbildung von Molekülbahnen (Mulliken) beschrieben werden.

Nach den Vorstellungen der Kristallfeldtheorie (auch Ligandenfeldtheorie genannt) spielt die Struktur der Liganden keine Rolle. Sie kann bei Komplexen mit Ionenbindung angewandt werden. Die Wechselwirkung zwischen dem zentralen Ion und seinen Liganden wird dabei als so schwach angenommen, daß sie als eine Störung der Elektronenstruktur des zentralen Ions durch ein Feld mit einer bestimmten Symmetrie angesehen werden kann [13]. Bei einer stärkeren Bindung zwischen dem zentralen Ion und den Liganden überlappen sich die Elektronenbahnen des zentralen Ions mit denen der Liganden, und die Bindung wird kovalent. In diesem Falle spielt dann die Elektronenkonfiguration der Liganden eine nicht zu vernachlässigende Rolle.

10.2.1 **Die Theorie der kovalenten Bindung nach Pauling**

Die Pauling-Theorie [14], [15] erklärt die Molekülstruktur, indem sie nur Molekülbahnen vom σ-Typ betrachtet (diese sind symmetrisch in bezug auf die Verbindungsachse zwischen dem Metall M und dem Liganden L). Diese σ-Orbitale entstehen durch Linear-Kombination der kugelsymmetrischen Atomorbitale. So zum Beispiel entstehen durch die Kombination der Atomorbitale $4s$, $4p_x$, $4p_y$, $4p_z$, $4d_{z^2}$ und $4d_{x^2-y^2}$ des zentralen Eisenatoms im Komplex $[Fe(H_2O)_6]^{2+}$, in dem die σ-Bindung zwischen Fe und H_2O vorherrscht, sechs äquivalente Hybridorbitale sp^3d^2 mit Oktaedersymmetrie. Es wird vorausgesetzt, daß diese sechs sp^3d^2-Orbitale nur von Ligandenelektronen besetzt sind. Die $3d$-Schale des zentralen Eisenions bleibt ungestört, und die dazugehörigen Elektronen können sich nach der ersten Hundschen Regel so einstellen, daß ein maximaler Spin auftritt. Komplexe dieser Art werden als ionisch bezeichnet, sind paramagnetisch, haben äußere Hybridorbitale und sind high-spin-Komplexe.

Bei den oktaedrischen Komplexen vom Typ $[Fe(CN)_6]^{4-}$ nähern sich die Ligandenelektronen stärker dem Eisen und bevölkern hier die d^2sp^3-Hybridorbitale (diese unterscheiden sich vom Hybridorbital

sp^3d^2 dadurch, daß sie aus den Atomorbitalen $3d_{z^2}$ und $3d_{x^2-y^2}$ entstehen). Die $3d$-Elektronen des Eisens müssen sich also in den Orbitalen $3d_{xy}$, $3d_{xz}$ und $3d_{yz}$, die nicht an der Hybridisierung teilnehmen, anordnen (entgegen der ersten Hundschen Regel). Diese Komplexe werden als kovalent bezeichnet, sind diamagnetisch, haben innere Hybridorbitale und sind low-spin-Komplexe.

Nach der Pauling-Theorie ist die kovalente Bindung bei Komplexen eine chemische Bindung mit reinem σ-Charakter, sie verhält sich also genau wie bei elektrovalenten Komplexen. Die π-Wechselwirkung wird dabei vernachlässigt (diese führt zu Molekülorbitalen, die antimetrisch gegenüber einer Drehung um den Winkel π um die Kernverbindungsachse M—L sind). Das Schema der Molekülorbitale von oktaedrischen Komplexen mit reiner σ-Bindung ist in Abb. 10.1 dargestellt.

Durch Messungen der Isomerieverschiebung von Fe^{II}- und Fe^{III}-Verbindungen wurden die Schwierigkeiten, die durch die Vernachlässigung der π-Wechselwirkung in der Pauling-Theorie auftreten, aufgezeigt. Man fand etwa gleiche Isomerieverschiebungen für $K_4[Fe^{II}(CN)_6]\cdot 3H_2O$ und $K_3[Fe^{III}(CN)_6]$. Nach der Pauling-Theorie sollte sich eine Änderung der Isomerieverschiebung δ in positiver Richtung ergeben, weil der $3d$-Schale ein Elektron zugeführt wird (Übergang von Fe^{III} zu Fe^{II}) und dadurch eine Vergrößerung der Abschirmung

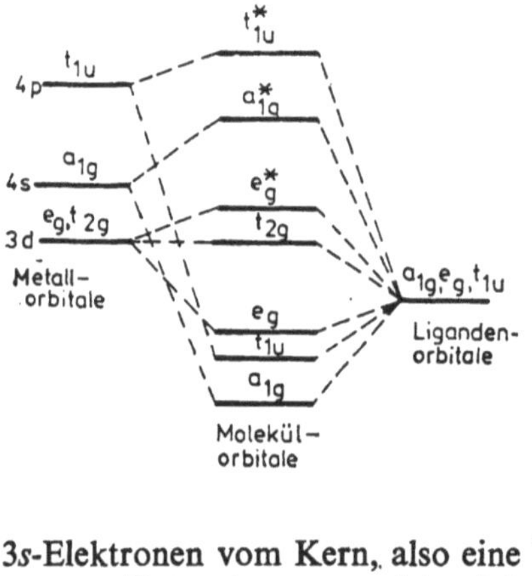

Abb. 10.1 — Molekülorbitale von oktaedrischen Übergangsmetallkomplexen mit σ-Bindung.

der $3s$-Elektronen vom Kern, also eine Verkleinerung der s-Elektronendichte am Kernort, verursacht wird. Da aber keine Änderung der Isomerieverschiebung zu beobachten ist, muß angenommen werden, daß ein gegenläufiger Prozeß stattfindet, also Ladung aus der $3d$-Schale durch die π-Wechselwirkung zu dem Liganden übertragen wird. Dieser Prozeß wird π-back-donation genannt und erlaubt eine Erklärung der Gleichheit der beiden Isomerieverschiebungen.

Die π-Kopplung und ihre Phänomene werden im Rahmen der MO-Theorie (Theorie der Molekülorbitale) behandelt.

10.2.2 **Die MO-Theorie**

In der MO-Theorie [16—22] werden die Wellenfunktionen der Valenzorbitale des zentralen Ions M und des Liganden L betrachtet. Diese Funktionen sind entsprechend ihren Symmetrieeigenschaften gruppentheoretisch klassifizierbar. Die Wellenfunktionen Ψ_{MO} der Molekülorbitale entstehen durch Linearkombination von Atomorbitalen (LCAO-Methode — linear combination of atomic orbitals):

$$\Psi_{MO} = C_M \Phi_M + C_L \Phi_L. \tag{10.1}$$

Φ_M und Φ_L sind die symmetrisierten Orbitale des Metalls bzw. des Liganden. Die Koeffizienten der Linearkombination sind orthonormiert. Die zu Ψ_{MO} gehörige Energie und die Koeffizienten C_M und C_L sind mit der Hartee-Fock-Methode bestimmbar.

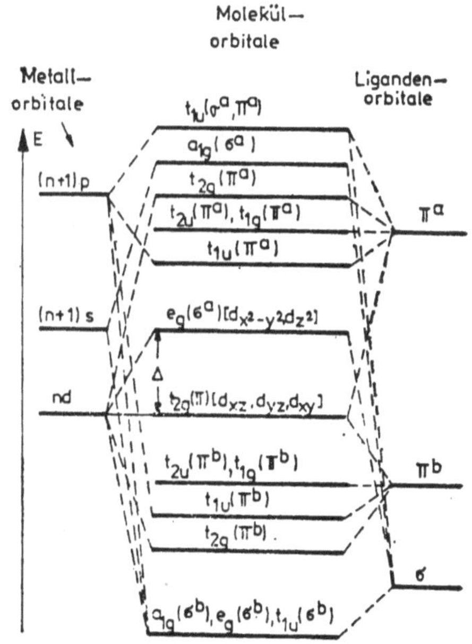

Abb. 10.2 — Molekülorbitale von oktaedrischen Metallkomplexen mit bindenden π^b - und relativ stabilen antibindenden π^a -Orbitalen der Liganden [10].

Das Energieniveauschema der Molekülorbitale von oktaedrischen Übergangsmetallkomplexen mit σ- und π-Wechselwirkung ist in Abb. 10.2 dargestellt [10]. Wie ersichtlich, sind die σ^b-Orbitale der Symmetrie

a_{1g}, e_g und t_{1u} am stabilsten. Sie entstehen hauptsächlich durch den Beitrag des Liganden, während die Metallorbitale $a_{1g}(4s)$, $e_g(3d_{z^2}, 3d_{x^2-y^2})$, $t_{1u}(4p_{x,y,z})$ nur einen geringen Anteil liefern. Daher findet man bei diesen Molekülen Orbitale, die hauptsächlich die Eigenschaften des Liganden und nicht die des Metalls widerspiegeln. Der Entstehungsmechanismus dieser Konfigurationen ist als Elektronendonationsprozeß seitens des Liganden an das Metall anzusehen ($\sigma_{L \to M}$) und trägt den wesentlichen Anteil zur Stabilität der chemischen Bindung bei (80—90% in low-spin-Komplexen und fast 100% in high-spin-Komplexen).

Die π-Wechselwirkung zwischen dem Metall und dem Liganden ist bedeutend schwächer als die σ-Wechselwirkung. Das Schema zeigt, daß die t_{2u}- und t_{1g}-π-Orbitale des Liganden nichtbindend sind, da das Metall keine Orbitale derselben Symmetrie besitzt, mit denen sie sich überlappen könnten. Den t_{2g}-π-Orbitalen des Liganden dagegen stehen im Metall t_{2g}-Orbitale zur Verfügung, mit denen sie wechselwirken können. Dabei wird jedoch vorausgesetzt, daß der Entstehungsmechanismus dieser MO's (Ligand-zu-Metall π-Donation) keine große Rolle spielt, da die Überlappung der Orbitale nicht gut ist und das Metall andererseits genügend Elektronen zur Deckung seines Ladungsbedarfs durch die σ-Bindung zum Liganden gewinnt. Es verbleibt noch die Wechselwirkung zwischen den Metallorbitalen $t_{2g}(\pi)$ und den π-Orbitalen des Liganden. Das Orbital $t_{2g}(\pi)$ enthält die Elektronen d_{xy}, d_{xz} und d_{yz} des Metalls, die mit den unbesetzten π^a-Orbitalen des Liganden in Wechselwirkung treten. Diese Wechselwirkung führt zu einer Stabilisierung der chemischen Bindung, die durch die Metallelektronen entsteht, und trägt mit 10—20% zur Stärke der chemischen Bindung in low-spin-Komplexen bei. Der Entstehungsmechanismus dieser MO's wird π-back-donation genannt ($\pi_{M \to L}$) und setzt Liganden (mit unbesetzten π^a-Orbitalen) als π-Akzeptoren voraus. Durch den ($\pi_{M \to L}$)-Mechanismus gibt das Metallatom die überflüssigen Ladungen, die durch die σ-Bindung in seine Orbitale übergegangen sind, wieder ab. Ein Teil der t_{2g}-Elektronen von den d_{xy}, d_{xz} und d_{yz} Metallorbitalen geht also auf die unbesetzten π^a-Orbitale des Liganden über.

Entsprechend dem Gesagten führt die MO-Theorie also dazu, daß die chemische Bindung durch die beiden eben beschriebenen Mechanismen entsteht, nämlich Ligand-zu-Metall σ-donation $\sigma_{L \to M}$ und die Metall-zu-Ligand π-back-donation $\pi_{M \to L}$. Die beiden anderen möglichen Prozesse $\sigma_{M \to L}$ und $\pi_{L \to M}$ haben keine Bedeutung für die chemische Bindung. Die Grundidee der Theorie ist also die, daß die kovalente Bindung durch die Existenz der Molekülorbitale bedingt ist, die als Mischungen der σ- und π-Atomorbitale des Metalls und der Liganden anzusehen sind.

10.2.3 **Die kovalente Bindung**

Betrachten wir nun die Möglichkeit der Mößbauerspektroskopie, den kovalenten Charakter der chemischen Bindung in Komplexen zu bestimmen, d.h. anhand von Isomerieverschiebungen und Quadrupolaufspaltungen Aussagen über die Bindungsart zu machen.

Nach der MO-Theorie wird die Isomerieverschiebung in kovalenten Komplexen durch die beiden möglichen Prozesse $\sigma_{L\to M}$ und $\pi_{M\to L}$ bestimmt. Die σ-donation der Ligandenelektronen zum Metall $\sigma_{L\to M}$ führt zu einer Vergrößerung von $|\Psi(0)_s|^2$, da die Elektronendichte am Kernort viel empfindlicher gegenüber Ladungsänderungen in der $4s(a_{1g})$-Schale als in den $3d(e_g)$- oder $4p(t_{1u})$-Schalen reagiert. Bei der π-back-donation werden die d_{xy}-, d_{xz}- und $d_{yz}(t_{2g})$-Elektronen des Metalls durch die π^a-Orbitale des Liganden delokalisiert. Dies führt zu einer Verringerung der Abschirmung der s-Elektronen, also zu einem Anwachsen von $|\Psi(0)_s|^2$. Große Beiträge zur s-Elektronendichte am Kernort des zentralen Ions M liefern also starke σ-Donoren (z.B. H^-) und starke π-Akzeptoren (z.B. NO^+). Unterschiede in der Isomerieverschiebung des zentralen Ions können also verwendet werden als ein Maß für die Fähigkeit des Liganden, als σ-Donor oder als π-Akzeptor zu wirken. Das Voranstehende soll anhand einiger Untersuchungen, die an kovalenten low-spin-Komplexen des Fe^{II} und Ru^{II} durchgeführt wurden [23—28], erläutert werden.

Tabelle 10.1 zeigt die Isomerieverschiebungen und Quadrupolaufspaltungen einer Reihe von Komplexen, geordnet nach dem Vermögen ihrer Liganden, den kombinierten Effekt $(\sigma_{L\to M}+\pi_{M\to L})$ zu bewirken. In der Reihe der $[Fe^{II}(CN)_5X^{n-}]^{(3+n)-}$-Komplexe wächst $(\sigma_{L\to M}+\pi_{M\to L})$, und somit fällt die Isomerieverschiebung des ^{57}Fe (da $\delta R/R$ für ^{57}Fe negativ ist) in folgender Ordnung: $H_2O < NH_3 < NO_2 < SO_3^{2-} < CO \ll NO^+$. Am Anfang steht H_2O als ein schwacher σ-Donor mit vernachlässigbarer Akzeptorstärke, während am Ende die als starke π-Akzeptoren geltenden Substanzen CO und NO^+ stehen. Bei den $[Ru^{II}(NH_3)_5X^{n-}]^{(n-2)-}$-Komplexen wächst die Isomerieverschiebung mit wachsendem $(\sigma_{L\to M}+\pi_{M\to L})$ in der Reihenfolge $NH_3 < SO_2 < CO < NO^+$ (man beachte dabei, daß $\delta R/R$ für ^{99}Ru positiv ist).

Diese Beispiele illustrieren, wie wertvoll die Kenntnis der Isomerieverschiebung zur Klassifizierung unbekannter Liganden als σ-Donoren und π-Akzeptoren im kombinierten Prozeß $(\sigma_{L\to M}+\pi_{M\to L})$ ist. Natürlich wären Informationen über die einzelnen Effekte $\sigma_{L\to M}$ und $\pi_{M\to L}$ wünschenswert. Eine quantitative Separation beider Effekte ist durch Messungen der Quadrupolaufspaltung möglich. Zur Herleitung einer Beziehung zwischen der Wertigkeit und der Quadrupolaufspaltung benötigt man nur den Einfluß der p- und d-Elektronen auf q_{el} in (4.123),

Tabelle 10.1

Isomerieverschiebung und Quadrupolaufspaltung von kovalenten Eisen-(II)-Komplexen (295 K, δ bezogen auf Na-Nitroprussid, Werte aus [23—25]) und von Ru-(II)-Komplexen (4,2 K, δ bezogen auf metallisches Ru, Werte aus [26, 28])

Komplex	δ [mm/s]	ΔE_Q [mm/s]
$[Fe^{II}(CH)_5NO]^{2-}$	0,00	+ 1,75
$[Fe(CH)_5CO]^{3-}$	0,15	(+)0,43
$[Fe(CH)_5SO_3]^{5-}$	0,22	(+)0,80
$[Fe(CH)_5NO_2]^{4-}$	0,26	(+)0,80
$[Fe(CH)_5NH_3]^{3-}$	0,26	+ 0,67
$[Fe(CH)_5H_2O]^{3-}$	0,31	+ 0,80
$[Ru(NH_3)_5NO]Cl_3H_2O$	−0,18	0,36
$[Ru(NH_3)_5CO]Br_2$	−0,51	gering
$[Ru(NH_3)_5SO_2]Cl_2$	−0,61	0,30
$[Ru(NH_3)_5N_2]Cl_2$	−0,62	0,24
$[Ru(NH_3)_6]Cl_2$	−0,82	gering
$K_2[Ru(CN)_5NO]$	−0,06	0,42
$Rb_2[Ru(NCS)_5NO]$	−0,30	0,24
$Rb_2[RuCl_5NO]$	−0,37	0,24
$Cs_2[RuBr_5NO]$	−0,47	0,08

da die Ladung der s-Elektronen kugelförmig verteilt ist und die f-Elektronen gewöhnlich nicht zur Wertigkeit beitragen, weil sie näher am Kern lokalisiert sind. Sie sind nicht an der Bindung beteiligt, da sie gegenüber den Liganden durch die p- und d- Elektronen abgeschirmt werden. Somit kann man anstatt von q_{el} nachfolgend q_{val} verwenden.

Aus Gleichung (4.123) und Tabelle 4.1 erhält man

$$q_{val} = k_p[-Np_z + 1/2(Np_x + Np_y)] \tag{10.2}$$

(N = Orbitalbesetzungszahl, $k_p = 4/5 \langle r^{-3}\rangle_p$). Wenn die drei p-Orbitale gleich besetzt sind, dann wird $q_{val} = 0$. Für $Np_z > 1/2(Np_x + Np_y)$ ist q_{val} negativ, während im umgekehrten Fall q_{val} positiv wird. Eine Ladungsanhäufung entlang der z-Achse des elektrischen Feldgradienten führt also zu einem negativen Wert von q. Analog ergibt sich für die d-Elektronen

$$q_{val} = k_d[-Nd_{z^2} + Nd_{x^2-y^2} + Nd_{xy} - 1/2(Nd_{xz} + Nd_{yz}), \tag{10.3}$$
$$k_d = 4/7\langle r^{-3}\rangle_d.$$

Die Orbitale d_{z^2} und $d_{x^2-y^2}$ haben e_g-Symmetrie, d_{xy}, d_{xz} und d_{yz} eine t_{2g}-Symmetrie. Sind die e_g-und t_{2g}-Orbitale gleich besetzt, dann ist ihr Beitrag zu q_{val} Null.

Gewöhnlich spaltet man q_{val} in zwei Größen auf,

$$q_{val} = q_{CF} + q_{MO}. \tag{10.4}$$

q_{CF} stellt den Beitrag der Valenzelektronen dar, wenn vorausgesetzt wird, daß die Ligandenorbitale sich nicht mit den Orbitalen des Mößbaueratoms überlappen (vgl. Kristallfeldmodell), q_{MO} berücksichtigt den Beitrag der Bindung zwischen dem zentralen Ion und dem Liganden.

Der Beitrag von q_{CF} zur Quadrupolaufspaltung verringert sich, wenn das Mößbaueratom ionisch gebunden ist, wie beim high-spin Fe(II) und low-spin Fe(III). Die Niveaus t_{2g} und e_g sind in diesem Falle nicht völlig oder nur zur Hälfte bevölkert. Der Beitrag von q_{MO} zur Quadrupolaufspaltung ist dann wichtig, wenn das Mößbaueratom kovalent gebunden ist, wie beim Sn(IV) und low-spin Fe(II).

In der Reihe der $[Fe(CN)_5X^{n-}]^{(3+n)-}$-Komplexe erhält man mit $X = CN^-$ das $Fe(CN)_6^{4-}$, das wegen seiner kubischen Symmetrie keine Quadrupolaufspaltung liefert. Wenn X ein stärkerer σ-Donor als CN^- ist, dann erhält man für q_{MO} einen negativen Beitrag ($Nd_{z^2} > Nd_{x^2-y^2}$ in Gleichung (10.3)). Wenn X ein stärkerer π-Akzeptor als CN^- ist, dann kommt es zu einer Ladungsdelokalisierung durch d_{xz} und d_{yz} hinsichtlich der z-Achse des EFG, und der Beitrag zu q_{MO} wird positiv ($Nd_{xy} > 1/2\,(Nd_{xz} + Nd_{yz})$). Das Vorzeichen von q (und der Quadrupolaufspaltung) hängt von der σ-Donor- und der π-Akzeptorstärke des Liganden im Vergleich zu CN^- ab. Bei Vergrößerung von $(\sigma_{L\to M} - \pi_{M\to L})$ verändert sich q nach negativen Werten. Eine positive Quadrupolaufspaltung weist auf die Existenz von Liganden mit einem geringeren Wert von $(\sigma_{L\to M} - \pi_{M\to L})$, also auf schwächere Donoren bzw. stärkere Akzeptoren als CN^-. Die Werte der Quadrupolaufspaltungen aus Tabelle 10.1 zeigen, daß $\sigma_{L\to M}$ in der Reihenfolge $NO^+ < NO_2^- < SO_3^{2-} \sim H_2O < CO$ ansteigt bzw. $\pi_{M\to L}$ abfällt. Demnach ergibt NO^+ als stärkster π-Akzeptor die größte positive Quadrupolaufspaltung.

Verwendet man für Eisenkomplexe die Beziehungen

$$\delta \sim -(\sigma_{L\to M} + \pi_{M\to L}) \tag{10.5}$$

und

$$\Delta E_Q \sim -(\sigma_{L\to M} - \pi_{M\to L}),$$

dann kann man $\sigma_{L\to M}$ und $\pi_{L\to M}$ qualitativ separieren, wenn man die Isomerieverschiebung in Abhängigkeit von ΔE_Q darstellt. Abb. 10.3 zeigt eine solche Darstellung für eine Reihe von trans-$[FeHL(depe)_2]^+BPh_4^-$-Komplexen. Die Punkte geben die Meßwerte für die verschiedenen Liganden L an [29, 30]. Abgesehen von N_2 und CO ist die Abhängigkeit nahezu linear. Die Quadrupolaufspaltung ist im dargestellten Fall gegenüber der σ-Donorstärke der Liganden empfindlich. Sie fällt von L=MeCN bis L=p-MeO·C_6H_4NC. Die nach positiven Werten verschobenen Quadrupolaufspaltungen von N_2 und CO als Ligand (im Vergleich zu dem ihnen entsprechenden Platz auf der Geraden)

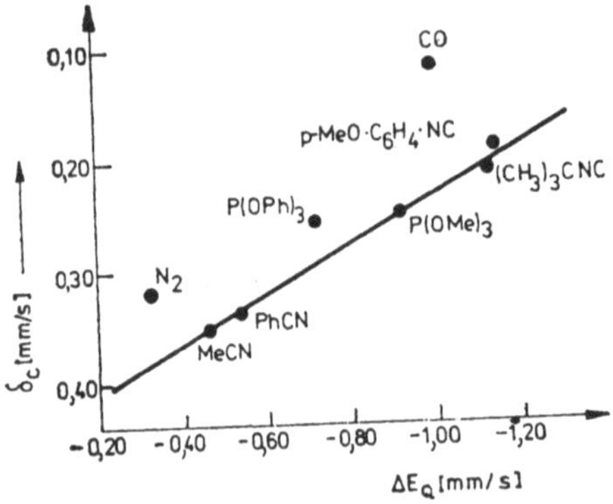

Abb. 10.3 – Korrelation zwischen Isomerieverschiebung und Quadrupolaufspaltung bei trans-FeHL $(depe)_2^+BPh_4^-$ -Komplexen [30] für die eingetragenen Liganden *L* (*δ* bezogen auf NNP; depe = $Et_2P·CH_2·$ $·CH_2·PEt_2$).

entstehen dadurch, daß diese Liganden starke Akzeptoren im Vergleich zu ihren Nachbarn sind. Man ersieht aus (10.5), daß ΔE_Q sich nach positiven Werten hin verändert, wenn π_{M-L} anwächst.

10.2.4 **Die teilweise kovalente Bindung**

Mößbauermessungen an Verbindungen von ^{119}Sn und ^{129}J haben eine Reihe von Informationen über die chemische Bindung in kovalenten Verbindungen, in denen ein gewisser Prozentsatz der Bindung ionisch ist, geliefert. Wie bereits erwähnt besteht zwischen der Isomerieverschiebung und der Pauling-Elektronegativität der Liganden, die charakteristisch für den Anteil der Ionenbindung ist, eine Korrelation.

A) Betrachten wir dazu Verbindungen des Sn^{IV}[31–35] (Sn hat die Elektronenkonfiguration $5s^2 5p^2$). Die tetrakoordinierte Bindung in Verbindungen dieser Art läßt sich durch zwei extreme Modelle beschreiben. Beim ersten Modell wird angenommen, daß der Ligand seine Elektronen an das Hybridorbital sp^3 des Sn^{4+}-Ions abgibt. Das zweite Modell nimmt die Entstehung von $Sn^{IV}(5s5p^3)$ an, das die Liganden kovalent bindet. In hexakoordinierten Verbindungen des Sn^{IV} existieren d^2sp^3-Hybridorbitale. In Abb. 10.4 ist die Abhängigkeit der Isomerieverschiebung von der Pauling-Elektronegativität der Liganden in SnX_4Y_2-Komplexen dargestellt. Man sieht, daß sich die Isomerieverschiebung verringert, wenn die Elektronegativität des Liganden anwächst. Diese Änderung bestätigt, daß an der Bindung hybride Orbitale des Typs *sp* oder *spd* beteiligt sind, da die Isomerieverschiebung empfindlich gegenüber Änderungen der *s*-Elektronendichte am Kernort ist. Die Liganden übernehmen einen Teil der 5*s*-Elektronendichte des Zinns. Dadurch verringert sich $|\Psi(0)_s|^2$ am Sn-Kern und, da $\Delta R/R$ für diesen Kern positiv ist, ändert sich die Isomerieverschiebung in Richtung negativer Werte.

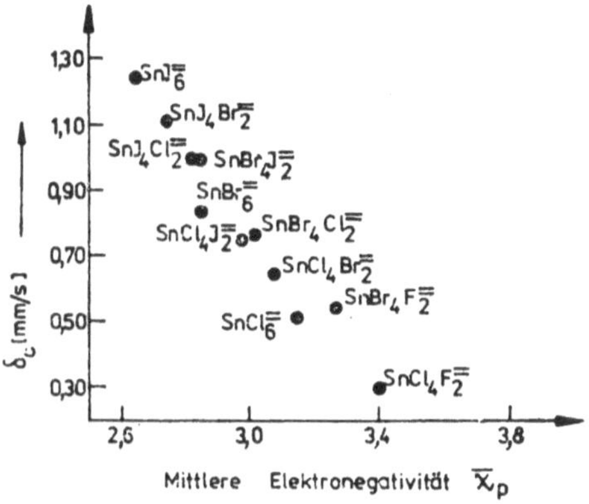

Abb. 10.4 – Korrelation zwischen Isomerieverschiebung und mittlerer Pauling – Elektronegativität bei-$SnX_4Y_2^{2-}$-Komplexen [31] (δ-bezogen auf SnO_2).

Für Zinnhalogenide vom Typ SnX_4 und $SnX_4Y_2^=$ (vgl. Abb. 10.4) läßt sich die Abhängigkeit der Isomerieverschiebung von der mittleren Elektronegativität darstellen durch die Beziehungen

$$\delta_c[\text{mm/s}] = 4{,}82 - 1{,}27\,\bar{\chi}_p \qquad \text{für } SnX_4 \qquad (10.6)$$

und

$$\delta_c[\text{mm/s}] = 4{,}27 - 1{,}16\,\bar{\chi}_p \qquad \text{für } SnX_4Y_2^{--}, \qquad (10.6a)$$

wobei δ auf SnO_2 bezogen ist.

Diese Beziehungen ermöglichen eine Berechnung der Pauling-Elektronegativitäten $\bar{\chi}_p$ aus den Werten der Isomerieverschiebung, die an Verbindungen mit neuen Liganden gemessen wurden. So erhielt man für $Sn(N_3)_6^{2-}$ z.B. $0{,}48 = 4{,}27 - 1{,}16\,\bar{\chi}_p$, woraus dann $\bar{\chi}_p(N_3^-) = 3{,}3$ folgt [31].

B) Es sollen nun Verbindungen des Jods betrachtet werden [36–39]. Bei ihnen kann die chemische Bindung durch zwei verschiedene Mechanismen erklärt werden. Einerseits kann man annehmen, daß an der Bindung nur die 5*p*-Orbitale des Jods beteiligt sind, andererseits ist eine Erklärung auch mit einer Beteiligung von *spd*-Hybridorbitalen des Jods möglich. Isomerieverschiebungen verschiedener Jodide sind in Tabelle 10.2 zusammengestellt. Nach den Werten der Isomerieverschiebungen scheinen die 5*p*-Orbitale an der Bindung beteiligt zu sein. Bei dem kovalenten J_2-Molekül hat das Jodatom eine $5p^5$-Konfiguration, also entspricht die Isomerieverschiebung einer 5*p*-Schale mit einem

Loch (da die $5p$-Schale maximal 6 Elektronen aufnimmt), $h_p = 1$. Die Zahl der fehlenden Elektronen kann aus

$$h_p = 6 - (Np_x + Np_y + Np_z) \tag{10.7}$$

berechnet werden.

Bei den Alkalijodiden hat das Jod eine Struktur, die der des J^- mit einer stabilen $5p^6$-Konfiguration ähnelt. Daher liegen ihre (nach

Tabelle 10.2

Isomerieverschiebung einiger Jodverbindungen (δ bezogen auf ZnTe, $T = 80$ K, * = nach (10.8) berechnet) [36–39]

lfd. Nr.	Substanz	δ_c [cm/s]	h_p
1	J_2	+ 0,083	1,00
2	JBr	+ 0,123	1,30*
3	JCl	+ 0,173	1,67*
4	SnJ_4	+ 0,043	0,71*
5	LiJ	− 0,038	0,11
6	NaJ	− 0,046	0,06
7	KJ	− 0,051	0,03
8	RbJ	− 0,043	0,06
9	CsJ	− 0,037	0,16

anderen Methoden berechneten) Werte von h_p nahe Null (vgl. Tab. 10.2). Die h_p-Werte der Verbindungen 1, 5, 6, 7, 8 und 9 (Tab. 10.2) ergeben

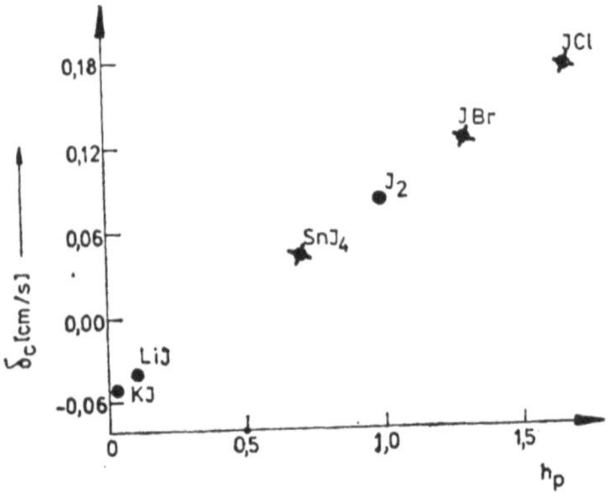

Abb. 10.5 — Isomerieverschiebung von Jodverbindungen in Abhängigkeit von der Anzahl h_p von $5p$-Löchern ($T = 80$ K, δ bezogen auf ZnTe, ● = Vergleichswerte, ✖ = mit (10.8) berechnete Werte).

eine lineare Abhängigkeit von der Isomerieverschiebung (vgl. Abb. 10.5) entsprechend

$$\delta_c = 0{,}136\, h_p - 0{,}054 \text{ [cm/s]}. \tag{10.8}$$

Bei abgeschlossener p-Schale ($5p^6$, $h_p = 0$) hat die Isomerieverschiebung den Wert $-0{,}054$ cm/s. Die h_p-Werte von JCl, JBr und SnJ_4 wurden aus den gemessenen Isomerieverschiebungen mittels (10.8) errechnet. Der Wert von h_p wächst in der Reihenfolge $SnJ_4 < J_2 < JBr < JCl$ mit der Elektronegativität des Atoms, das an das Jod gebunden ist. Das Chlor ist also in dieser Reihe der am stärksten elektronegative Ligand. Das Anwachsen von h_p bedingt eine Abschwächung der Abschirmung der $5s$-Elektronen vom Jodkern, also ein Anwachsen von $|\Psi(0)_s|^2$ und damit ein Ansteigen der Isomerieverschiebung. Diese Resultate zeigen, daß die $5s$-Elektronen nicht an der Bindung beteiligt sind, da in diesem Falle eine erhöhte Elektronegativität des Liganden zu einer gleichzeitigen Reduzierung in der Besetzung der $5s$- und $5p$-Orbitale führen würde. Da nun die Isomerieverschiebung empfindlicher gegenüber Änderungen von s- als von p-Orbitalen reagiert, müßte eine Vergrößerung der Elektronegativität zu einer Verringerung der Isomerieverschiebung führen. Ein solches Verhalten wird aber in den Spektren nicht beobachtet, also beteiligen sich die $5s$-Orbitale nicht an der Bindung.

Die aus Isomerieverschiebungen bestimmten h_p-Werte kann man mit den Quadrupolaufspaltungen dieser Verbindungen korrelieren und dann die Werte von Np_x, Np_y und Np_z bestimmen. Nach (10.2) ist die Quadrupolaufspaltung

$$eQV_{zz} = e^2qQ = (1 - R)\, e^2Qk_pU_p \tag{10.9}$$

mit

$$U_p = \left[-Np_z + \frac{1}{2}(Np_x + Np_y)\right]. \tag{10.10}$$

Beim Jodatom mit der Konfiguration $5p^5$ ist $U_p = 1$. Aus der gemessenen Quadrupolaufspaltung $\Delta E_Q = -102{,}46$ mm/s folgt $(1 - R)e^2Qk_p = -102{,}46$, d.h.

$$eQV_{zz} = -102{,}46\, U_p. \tag{10.11}$$

Mit dieser Beziehung erhält man U_p für Jodverbindungen, wenn eQV_{zz} aus Messungen bekannt ist. Für die anderen Komponenten des elektrischen Feldgradienten gilt

$$eQV_{xx} = -\,102{,}46\left[-Np_x + \frac{1}{2}(Np_y + Np_z)\right],$$

$$eQV_{yy} = -\,102{,}46\left[-Np_y + \frac{1}{2}(Np_x + Np_z)\right]. \tag{10.12}$$

Mit

$$\eta = (V_{xx} - V_{yy})/V_{zz}$$

erhält man

$$\eta = \frac{3}{2}\frac{Np_y - Np_x}{U_p}. \tag{10.13}$$

Die Beziehungen (10.7), (10.11) und (10.13) stellen ein System von drei Gleichungen dar, aus dem man Np_x, Np_y und Np_z bestimmen kann, wenn vorausgesetzt wird, daß q_L (der Beitrag der umgebenden Ligandenladungen zur Quadrupolaufspaltung) vernachlässigbar ist und daß der Einfluß benachbarter Moleküle auf die Ladungsdichte am Kernort des Jods keine Rolle spielt. Es scheint so, als seien diese Bedingungen bei den betrachteten Jodverbindungen, bei denen der kovalente Charakter der Jod-Liganden-Bindung hauptsächlich durch q_{val} bestimmt wird, erfüllt. Betrachtet man z.B. JBr, JCl und SnJ_4, bei denen die z-Achse des EFG in Richtung der Verbindungsachse liegt. Np_z wächst bzw. verringert sich mit der σ-Bindung, wenn man die Parameter des Jodatoms zum Vergleich heranzieht. Da Cl und Br viel stärker elektronegativ sind als J, ist zu erwarten, daß Np_z für JBr und JCl viel kleiner als Eins ist; Np_x und Np_y weichen vom Wert 2 durch den Einfluß der π-Bindung ab. Es sind also

$$Np_z = 1 \pm \sigma, \; Np_x = 2 - \pi_x, \; Np_y = 2 - \pi_y.$$

Als konkretes Beispiel sei das JCl betrachtet. Für h_p ergibt sich der mit δ_c berechnete Wert $h_p = 1{,}67$ (vgl. Tab. 10.2). $U_p = 1{,}37$ erhält man aus (10.9), da $eQV_{zz} = -129{,}22$ mm/s aus Experimenten bekannt ist, desgleichen $\eta = 0{,}06$. Man erhält somit das Gleichungssystem

$$1{,}67 = 6 - (Np_x + Np_y + Np_z),$$
$$0{,}05 = Np_y - Np_x,$$
$$1{,}37 = -Np_z + 1/2(Np_x + Np_y)$$

mit den Lösungen

$$Np_x = 1{,}87, \; Np_y = 1{,}92, \; Np_z = 0{,}53.$$

In Abb. 10.6 ist der Zusammenhang zwischen Isomerieverschiebung und Quadrupolaufspaltung für einige einfache Jodverbindungen dargestellt. Die s-Elektronendichte am Kernort ist geringer, wenn die Isomerieverschiebung wegen einer Verringerung von U_p weiter in Richtung negativer Werte liegt (gleichzeitig tritt eine Vergrößerung der Quadrupolaufspaltung auf). Dies stimmt mit den zuvor besprochenen Vorstellungen überein, nach denen die Isomerieverschiebung und die Quadrupolaufspaltung (ΔE_Q ist negativ) empfindlich auf Änderungen von Np_z und der 5*p*-Elektronendichte reagieren. Die Besetzung der 5*p*-Schale des

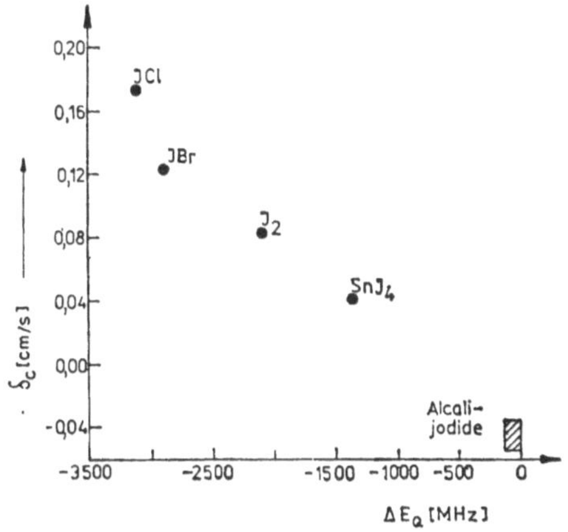

Abb. 10.6 — Zusammenhang zwischen Isomerieverschiebung und Quadrupolaufspaltung bei Jodverbindungen [36 — 38] (δ bezogen auf ZnTe).

Jods wächst also, wenn sich die Elektronegativität des Liganden verringert, wodurch dann gleichzeitig eine Verringerung von $|\Psi(0)_s|^2$ und U_p auftritt.

10.2.5 **Die ionische Bindung**

Die Ionenbindung tritt u.a. bei Übergangsmetallkomplexen, wie z.B. in high-spin Fe^{2+}- und low-spin Fe^{3+}-Komplexen auf. Bei Substanzen dieser Art ist die M-L-Bindung zwischen dem zentralen Ion M und dem Liganden L schwach und kann daher als Störung der Elektronenkonfiguration des zentralen Ions, die durch ein Kristallfeld gegebener Energie entsteht, ersetzt werden. Das Kristallfeld leistet hier den Hauptbeitrag zur Quadrupolaufspaltung, so daß man aus Mößbauerspektren schon Informationen über die Elektronenkonfiguration des zentralen Ions erhält, wenn man nur den Term q_{CF} in (10.4) in Betracht zieht.

Die Ionenbindung ist für solche Übergangsmetallkomplexe charakteristisch, bei denen die t_{2g}- und/oder e_g-Orbitale nicht ganz oder nur halb besetzt sind. Bei diesen Substanzen überlappen sich die Orbitale des Metalls und der Liganden nicht, da die Bindung durch Kopplung zwischen dem Kristallfeld und den Valenzelektronen des zentralen Ions zustande kommt. Es sollen Kristall- (bzw. Liganden-)felder mit regelmäßiger oktaedrischer Symmetrie (0_h), mit tetragonal verzerrter oktaedrischer Symmetrie (D_{4h}) mit $\varepsilon > 0$ oder $\varepsilon < 0$ und mit verzerrter tetraedrischer Symmetrie (T_d) betrachtet werden. Alle diese Symmetrien kommen real bei den zu behandelnden Komplexen vor. Es interessieren die Valenzelektronen des high-spin Fe^{2+} ($3d^6$) bzw. die des low-spin Fe^{3+} ($3d^5$). Die high-spin Oktaeder- und Tetraederkomplexe lassen sich durch die Kristallfeldparameter Δ_0 bzw. Δ_t, die kleiner als die mittlere Spinkopplungsenergie sind, $\Delta_0, \Delta_t < \Pi$, charakterisieren. Für low-spin Oktaederkomplexe gilt $\Delta_0 > \Pi$. Low-spin Tetraederkomplexe der Übergangsmetalle der ersten Periode existieren nicht, da für sie $\Delta_t = 4\Delta_0/q < \Pi$ ist. Der Einfluß des Ligandenfeldes auf die $3d$-Orbitale des high-spin Fe^{2+}-Ions und des low-spin Fe^{3+}-Ions ist in Abb. 10.7 dargestellt. Die fünf $3d$-Orbitale (t_{2g}^3, e_g^2 bei high-spin Fe^{2+} und t_{2g}^5 bei low-spin Fe^{3+}) sind in einem kugelsymmetrischen Ligandenfeld völlig entartet. In einem oktaedrischen Ligandenfeld (Symmetrie O_h) dagegen kommt es zu einer Aufspaltung in die zweifach entarteten e_g-Orbitale (d_{z^2}, $d_{x^2-y^2}$) und die dreifach entarteten t_{2g}-Orbitale (d_{xy}, d_{xz}, d_{yz}). Diese beiden entarteten Orbitalgruppen sind jede für sich kugelsymmetrisch und liefern $q_{CF} = 0$ (vgl. (a) und (d) in Abb. 10.7). Der Fall (a) betrifft ein high-spin Fe^{2+}-Ion im Oktaederfeld. Die drei entarteten t_{2g}-Orbitale sind mit je einem Elektron besetzt, während das vierte Elektron sich gleichmäßig auf alle drei Orbitale verteilt. Auf diese Weise entsteht eine gleichmäßige Besetzung der drei Orbitale: $Nd_{xy} = 1/2(Nd_{yz} + Nd_{xz}) = 1{,}33$. Da für die entarteten e_g-Orbitale $Nd_{z^2} = Nd_{x^2-y^2} = 1$ gilt, erhält man aus (10.3) $q_{val} = q_{CF} = 0$. Der Fall (d) in Abb. 10.7 gilt für ein low-spin Fe^{3+}-Ion in einem oktaedrischen Feld. Das Elektronenloch in den drei entarteten t_{2g}-Orbitalen besetzt im Mittel für jeweils die gleiche Zeitspanne jeden dieser Zustände, so daß $Nd_{xy} = 1/2(Nd_{xz} + Nd_{yz}) = 1{,}66$ und, da $Nd_{z^2} = Nd_{x^2-y^2} = 0$, erhält man aus (10.3) wiederum $q_{val} = q_{CF} = 0$. Das heißt also, daß high-spin Fe^{2+}-Ionen in exakt oktaedrischer Umgebung keine Quadrupolaufspaltung aufweisen können. Entsprechend dem Jahn-Teller-Theorem ist jedoch ein nichtlineares Molekül, das in seinem Grundzustand entartete Bahnzustände besitzt, nicht stabil und verzerrt sich deshalb so, daß schließlich die Entartung der Orbitale im Grundzustand aufgehoben wird.

Der Einfluß tetragonaler Störungen (u.zw. längs der C_4-Achse in Oktaederkomplexen und längs der S_4-Achse in Tetraederkomplexen) ist in Abb. 10.7 unter (b), (c) und (e) dargestellt. Die e_g-Orbitale tragen nicht zu q_{CF} bei, da sie gleichmäßig besetzt sind. Fall (b) stellt eine Stauchung des Oktaeders dar (Störungsparameter $\varepsilon < 0$). Die 4 Elektronen besetzen vorzugsweise die Orbitale d_{xy}, so daß $Nd_{xy} - 1/2(Nd_{xz} + Nd_{yz}) = 1$ wird. Mit (10.3) ergibt sich daraus $q_{CF} = 4/7\langle r^{-3}\rangle_d$.

Fall (c) stellt eine Dehnung des Oktaeders dar (Störungsparameter $\varepsilon > 0$). Aus Abb. 10.7 folgt dann $Nd_{xy} = 1/2(Nd_{xz} + Nd_{yz}) = -1/2$ und aus (10.3) $q_{CF} = -2/7 \langle r^{-3}\rangle_d$. Die Fälle (e) und (f) lassen sich analog erklären.

Der Parameter q nimmt die eben angegebenen Werte nur im Idealfall an. In Wirklichkeit ist $q < q_{CF}$, u.zw. wegen der Besetzung anderer

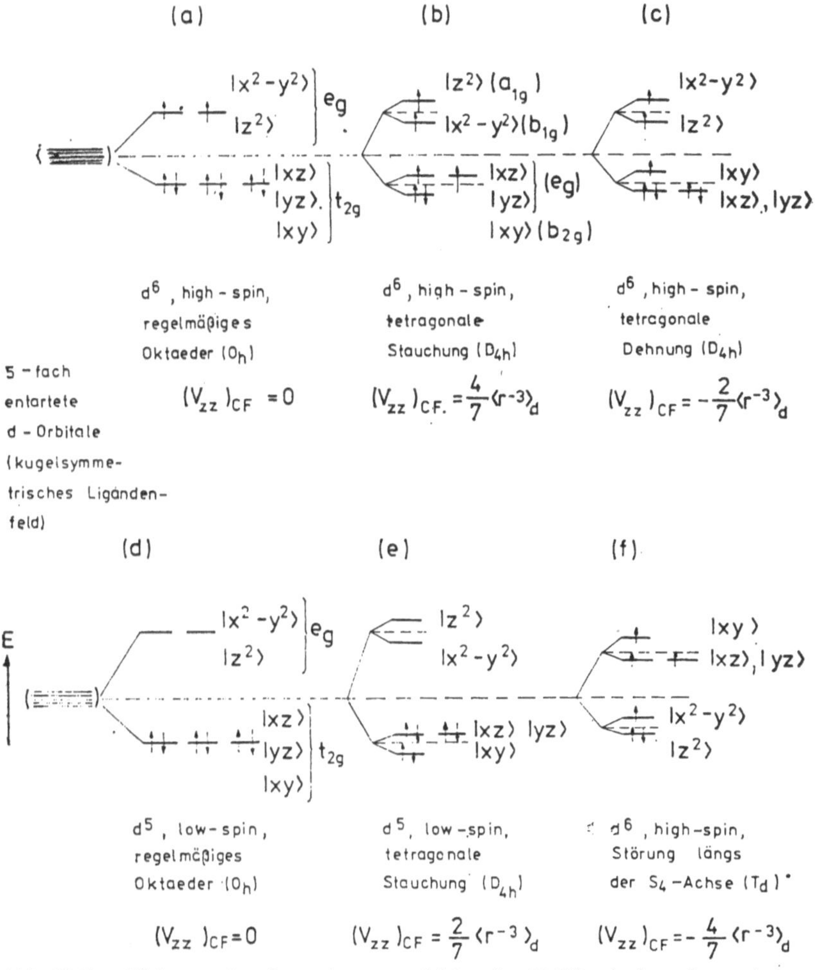

Abb. 10.7 — Elektronenkonfiguration von high-spin Fe(II) (a, b, c, f) und low-spin Fe(III) (d, e) in einem kubischen Ligandenfeld ohne (a, d) und mit Einfluß einer tetragonalen Störung (b, c, e, f) [10].

Orbitale entsprechend der Boltzmannverteilung, wegen der Spin-Bahn-Kopplung und wegen möglicher Kovalenzeffekte [40—42].

Die Größe von q_{val} kann daher in der Form

$$q_{val} = \frac{4}{7} \langle r^{-3} \rangle_0 \ \alpha^2 F(\varepsilon_1, \varepsilon_2, \alpha^2, \lambda_0, T) \tag{10.14}$$

ausgedrückt werden.
Hierin bedeuten F die Reduzierung der Quadrupolaufspaltung infolge der thermischen Besetzungsverteilung und der Spin-Bahn-Kopplung, λ_0 die Kopplungskonstante für die Spin-Bahn-Kopplung des freien Ions und $\alpha^2 = \langle r^{-3} \rangle / \langle r^{-3} \rangle_0$ den Kovalenzparameter, dessen Werte gewöhnlich zwischen 0,6 und 0,9 liegen. Dieser Parameter ist ein Maß für die radiale Dehnung der $3d$-Orbitale durch die Bildung des Komplexes. Die Aufspaltungsparameter ε_i sind mit den in Abb. 4.21 definierten Größen Δ_i identisch.

Der Einfluß der Temperatur auf die Quadrupolaufspaltung soll für den Fall $\varepsilon_1 = \varepsilon_2 = \varepsilon$ betrachtet werden, d.h. unter Vernachlässigung der Spin-Bahn-Kopplung. Ein Temperatureinfluß ist möglich, da die Störenergie ε relativ gering ist (entsprechend 200—600 cm^{-1}). Nach dem Boltzmann-Prinzip wird dadurch infolge der thermischen Energie eine Besetzung von Orbitalen direkt über dem Grundzustand möglich. So ist z.B. der Fall (b) in Abb. 10.7 (vgl. auch Abb. 4.21, Mitte) strenggenommen nur bei $T = 0$ K möglich. Bei Temperaturanstieg wächst die Wahrscheinlichkeit dafür, daß das ($\downarrow$)-Elektron durch thermische Anregung vom Grundzustand d_{xy} in den zweifach entarteten Zustand d_{xz}, d_{yz} angehoben wird (Die Spinbilanz wird dabei nicht gestört!). Die relativen Besetzungsdichten p_i von Zuständen i, deren Energie E_i beträgt, wird durch die Boltzmannfunktion

$$p_i = \frac{\exp\left(-\frac{E_i}{k_B T}\right)}{\sum_{\mu=1}^{n} \exp\left(-\frac{E_\mu}{k_B T}\right)} \tag{10.15}$$

bestimmt. Wählt man den Grundzustand als Energienullpunkt, $E_0 = 0$, dann ist die relative Besetzung des i-ten Niveaus

$$\frac{p_i}{p_0} = \exp\left(-\frac{E_i}{k_B T}\right). \tag{10.16}$$

Im vorliegenden Fall ist $E(d_{xz}) = E(d_{yz}) = \varepsilon$. Zur Bestimmung der Quadrupolaufspaltung wird $q_{val} = V_{zz}/e$ aus der Summe der mit den

Besetzungszahlen gewichteten Beiträge der einzelnen Orbitale berechnet,

$$q_{\text{val}} = \frac{V_{zz}}{e} =$$

$$= \sum_{\mu=1}^{n} p_\mu (V_{zz})_\mu = \frac{\sum_{\mu=1}^{n} (V_{zz})_\mu \exp(-E_\mu/k_B T)}{\sum_{\mu=0}^{n} \exp(-E_\mu/k_B T)} \tag{10.17}$$

($\mu = d_{xy}, d_{xz}, d_{yz}; E_\mu = E_0, \varepsilon_1, \varepsilon_2, \ldots; n$=Anzahl der beteiligten Orbitale) $(V_{zz})_\mu$ kann aus Tabelle 4.1 entnommen werden. Für den Fall (b) in Abb. 10.7 ergibt sich somit

$$q_{\text{val}} = \frac{4}{7} \langle r^{-3} \rangle_d \frac{1 - \exp\left(-\frac{\varepsilon}{k_B T}\right)}{1 + 2\exp\left(-\frac{\varepsilon}{k_B T}\right)}. \tag{10.18}$$

Mit (10.14) erhält man

$$F(\varepsilon, T) = \frac{1 - \exp\left(-\frac{\varepsilon}{k_B T}\right)}{1 + 2\exp\left(-\frac{\varepsilon}{k_B T}\right)}. \tag{10.19}$$

(d.h. $F \to 1$, wenn $T \to 0$, sonst $F < 1$).

Für den Fall (e) erhält man in gleicher Weise

$$F(\varepsilon, T) = \frac{1 - \exp\left(-\frac{\varepsilon}{k_B T}\right)}{2 + \exp\left(-\frac{\varepsilon}{k_B T}\right)}. \tag{10.20}$$

Im Fall (f) mit Tetraedersymmetrie liegen die Orbitale d_{z^2} und $d_{x^2-y^2}$ energetisch niedriger als die anderen, und es ist analog

$$F(\varepsilon, T) = \frac{1 - \exp\left(-\frac{\varepsilon}{k_B T}\right)}{1 + \exp\left(-\frac{\varepsilon}{k_B T}\right)} \tag{10.21}$$

($F \to 1$, wenn $T \to 0$, sonst $F < 1$). F erreicht also stets seinen maximalen Wert für $T \to 0$, ein Temperaturanstieg verringert die Quadrupolaufspaltung.

Die Spin-Bahn-Kopplung beseitigt die fünffache Spinentartung aller Bahnzustände. Dies führt zu einer Verkleinerung von F in Abhängigkeit von ε_1/λ_0 und ε_2/λ_0. Die Dehnung des Radialanteils der $3d$-Valenzorbitale führt gleichfalls zu einer Verkleinerung der Quadrupolaufspaltung. Dieser Effekt wird durch den Kovalenzparameter α^2 ausgedrückt. Das Gitter trägt ebenfalls zur tetragonalen Verzerrung des Oktaeders bei, durch welche sich das Vorzeichen von q_L im Vergleich zu q_{val} ändert und es zu einer Verringerung der Quadrupolaufspaltung kommt. Alle diese angeführten Einflüsse sind in erster Näherung vernachlässigbar verglichen mit dem Einfluß der Temperatur auf die Quadrupolaufspaltung.

Durch Messung der Quadrupolaufspaltung in Abhängigkeit von der Temperatur kann der Aufspaltungsparameter ε bestimmt werden. In vielen chemischen Verbindungen ist er so klein, daß er mit anderen Methoden nicht bestimmt werden kann. So konnten z.B. durch Messung der Quadrupolaufspaltung an tetraedrischen high-spin Komplexen des Fe^{2+} bei Temperaturänderung Verzerrungen in Richtung der z-Achse nachgewiesen werden, die bei Röntgenbeugungsuntersuchungen nicht zu bemerken waren [43, 44].

10.2.6 **Die intermolekulare Bindung**

Wenn bei chemischen Verbindungen ungewöhnliche Winkel zwischen den Bindungen auftreten oder wenn diese Bindungen eine ungewöhnliche Länge haben, dann ergibt sich die Frage, ob diese beobachteten Strukturparameter durch zwischenmolekulare Prozesse bedingt sind, oder ob es sich hier um Eigenheiten der Bindungen innerhalb des Moleküls selbst handelt. Eine Unterscheidung wird dann möglich, wenn man einmal die Substanz in fester Form und einmal als Lösung untersucht, da beim Lösungsvorgang zwischenmolekulare Wechselwirkungen stark verändert werden. Da der Mößbauereffekt bei flüssigen Lösungen nicht auftritt (der f-Faktor geht gegen Null), hilft man sich durch Einfrieren der Lösungen. Die Einfriertechnik wirft allerdings auch einige Probleme auf. So müssen die Lösungen schnell und gleichmäßig eingefroren werden, um Strukturänderungen in Mikrobereichen zu verhindern. Weiterhin muß darauf geachtet werden, daß das Lösungsmittel keine chemische Verbindung mit der Probe eingeht. Das Einfrieren nimmt man zweckmäßigerweise mit flüssigem Stickstoff vor. Die Interpretation der Ergebnisse solcher Untersuchungen bringt insofern Schwierigkeiten mit sich, als nicht bekannt ist, wie empfindlich die Mößbauerparameter gegenüber

Strukturdifferenzen sind, die beim Übergang vom festen Zustand zur eingefrorenen Lösung auftreten können.

Als Beispiel sei der Komplex $(\pi-C_5H_5)Fe(CO)_2\,SnCl_3$ betrachtet, bei dem die Fe-Sn-Bindungslänge 2,477 Å beträgt. Dieser Abstand ist der kürzeste, der für Fe-Sn-Bindungen bisher gefunden wurde. Die meisten in der Literatur zu findenden Werte liegen im Bereich 2,53... ...2,65 Å. Um zu bestimmen, ob diese Differenz durch eine intermolekulare Wechselwirkung bedingt ist, wurden die Mößbauerspektren des Eisens und des Zinns in dieser Verbindung von einer festen Probe und der eingefrorenen Lösung aufgenommen [45]. Die Ergebnisse sind in Tabelle 10.3 zusammengestellt. Da sich für die Isomerieverschiebung und die Quadrupolaufspaltung dieselben Werte für die Substanz im kristallinen und im eingefrorenen Zustand ergeben, können also zwischenmolekulare Kräfte keine wichtige Rolle spielen. Somit muß die ungewöhnliche Fe-Sn-Bindung den Bindungskräften innerhalb des Moleküls zugeschrieben werden.

Tabelle 10.3

Mößbauerparameter des Komplexes $(\pi-C_5H_5)Fe(CO)_2SnCl_3$ [45] ($T = 80$ K, δ bezogen auf NNP)

Absorber	Probe	Resonanzkern	δ_c [mm/s]	ΔE_Q [mm/s]
$(\pi-C_5H_5)Fe(CO)_2SnCl_3$	krist.	Fe	0,40	1,86
		Sn	1,74	1,77
	Lsg. *	Fe	0,38	1,78
		Sn	1,66	1,78

* Lsg. = Lösung in Polymethylmetacrylat

Auch die Problematik intermolekularer Wechselwirkungen zwischen der gelösten Substanz und dem Lösungsmittel ist Gegenstand vieler mößbauerspektroskopischer Untersuchungen. Neben wäßrigen Lösungen von Eisensalzen gilt das Interesse häufig wäßrigen und nicht-wäßrigen Lösungen zinnorganischer Verbindungen (z.B. [47]). Außer den Fragen der Solvatisierung spielt hier auch die Bildung von Dimeren, Trimeren und mehrfachen Addukten eine Rolle.

10.3 Mößbauerspektroskopische Aussagen zur Elektronenkonfiguration

Die Bestimmung der Hyperfeinparameter der Mößbauerkerne liefer grundlegende Informationen über die Elektronenhülle der untersuchten Kerne. Die Isomerieverschiebung und die Quadrupolaufspaltung lassen sich mit dem Oxydations- und Spinzustand der Mößbaueratome in den verschiedenen chemischen Verbindungen korrelieren. Die Korrelation zwischen der Isomerieverschiebung und dem Oxydationszustand einerseits und der Isomerieverschiebung und dem Spinzustand andererseits konnte durch Mößbauermessungen an einer großen Anzahl von Eisenverbindungen nachgewiesen werden.

10.3.1 Isomerieverschiebung und Oxydationszustand

Die Korrelation zwischen der Isomerieverschiebung und der Oxydationsstufe von Übergangsmetallen wurde von Watson theoretisch behandelt [46]. Von ihm wurden Beziehungen für die Radialfunktionen $R_{ns}(r)$ dieser Metalle als Lösungen der Hartree-Fock-Gleichungen für verschiedene Valenzelektronenkonfigurationen hergeleitet. Da die Ladungsdichte am Kernort allein durch die s-Elektronen hervorgerufen wird, kann die Gesamtdichte der Elektronen am Kernort mit

$$|\Psi(0)_s|^2 = \frac{1}{2\pi} \sum_n [R_{ns}(r)]^2_{r=0} \qquad (10.22)$$

beschrieben werden. Sie ist der Isomerieverschiebung proportional. Die von Watson angegebenen Werte für metallisches Eisen ($3d^6 4s^2$) und dessen 3-wertige ($3d^5$) und 2-wertige ($3d^6$) Ionen zeigen, daß die $1s$- und $2s$-Elektronen einen praktisch konstanten Beitrag unabhängig vom Oxydationszustand liefern. Die Mößbauerspektren zeigen, daß der Übergang vom Oxydationszustand +2 zu einem Zustand, der das dreiwertige Ion enthält, eine Verringerung der Isomerieverschiebung ergibt, daß also ein Ladungsdichtezuwachs am Eisenkern erfolgt ($\Delta R/R$ ist beim ^{57}Fe negativ!). Dies läßt sich damit erklären, daß die Abgabe eines d-Elektrons zu einer stärkeren Lokalisierung der $3s$-Elektronen in der Nähe des Kerns führt und dadurch die Ladungsdichte am Kernort anwächst. Dies spiegelt die Abschirmung der s-Elektronen vom Kern durch die d-Elektronen wider. Eine Änderung des Oxydationszustands von +2 zu 0 (metallisches Eisen, $3d^6 4s^2$) ergibt durch den Beitrag der beiden $4s$-Elektronen eine Vergrößerung der Ladungsdichte am Kernort, also eine weitere Verringerung der Isomerieverschiebung (d.h. eine Änderung in Richtung zu negativen Werten der Isomerieverschiebung).

Messungen der Isomerieverschiebung eines Oxydationszustandes sind hinreichend genau, um auch Änderungen innerhalb ein und desselben formalen Oxydationszustands zu erfassen, d.h. daß die Isomerieverschiebung mit der formalen Oxydationszahl des Eisens in seinen Verbindungen in Abhängigkeit vom Charakter dieser Bindung um einen

Standardwert herum schwankt. Die Elektronenkonfiguration kovalenter Verbindungen ist dadurch gekennzeichnet, daß sich Molekülorbitale bilden, zu denen die Elektronen des Liganden beitragen. Die Ladungsdichte am Eisenkern, also auch die Isomerieverschiebung, ändert sich entsprechend der Teilnahme des Liganden an der chemischen Bindung durch σ-Donation $\sigma_{L \to M}$ oder durch Übernahme von Eisenelektronen $\pi_{M \to L}$.

Tabelle 10.4

Typische Mößbauerparameter für die Oxydations- und Spinzustände des Eisens (δ bezogen auf Edelstahl)

Parameter	Fe^{3+} (ionisch)	Fe^{2+} (ionisch)	$Fe^{III}(CN)$	$Fe^{II}(CN)$
δ [mm/s]	$\approx$0,5	$\approx$1,4	0	0
ΔE_Q [mm/s]	$\approx$0,5	1,0–3,4	1,0	0
H [kOe]	500–600	0–300	170–270	0

In Tabelle 10.4 sind die typischen Werte der Mößbauerparameter für die beiden Oxydations- und Spinzustände des Fe zusammengestellt (vgl. auch Abb. 4.17).

Darstellungen des Zusammenhangs zwischen dem Oxydationszustand eines Mößbaueratoms und seiner Isomerieverschiebung gibt es auch für andere Nuklide wie z.B. ^{119}Sn, ^{127}J, ^{99}Ru u.a.m. Die entsprechenden Diagramme erlauben eine Klassifikation unbekannter Verbindungen dieser Elemente nach ihrem Oxydationszustand und die Identifizierung von Gemischen, die Ionen in verschiedenen Oxydationszuständen enthalten (vgl. mößbauerspektroskopische Phasenanalyse, Abschnitt 10.5.1). Es gibt aber auch Fälle, in denen die Isomerieverschiebung zwei Ionen in verschiedenen Oxydationszuständen nicht zu unterscheiden erlaubt. Die low-spin Verbindungen des zwei- und dreiwertigen Eisens haben z.B. gleiche Isomerieverschiebungen und können deswegen so nicht unterschieden werden. Man nimmt in diesen Fällen die Quadrupolaufspaltung zu Hilfe, die für das low-spin Fe(III) im allgemeinen größer als für das low-spin Fe(II) ist.

10.3.2 **Das Gleichgewicht zwischen Oxydationszuständen**

Die Möglichkeit der mößbauerspektroskopischen Untersuchung von Gleichgewichten zwischen verschiedenen Oxydationzuständen soll nur anhand eines Beispieles gezeigt werden.

Es wurde festgestellt, daß zwischen den Oxydationszuständen Fe^{II} und Fe^{III} in den Verbindungen Fe^{II} -Fe^{III} $(CH_3COO)_6O \cdot 5H_2O$ und Fe^{II}-$Fe_2^{III}(CH_3COO)_6OPy_{3,5}$ (Py = Pyridin) ein Elektronenaustausch erfolgt. Die Spektren der ersten dieser Verbindungen sind für das Temperaturintervall 77. . .298 K in Abb. 10.8 gezeigt [89]. Die beiden

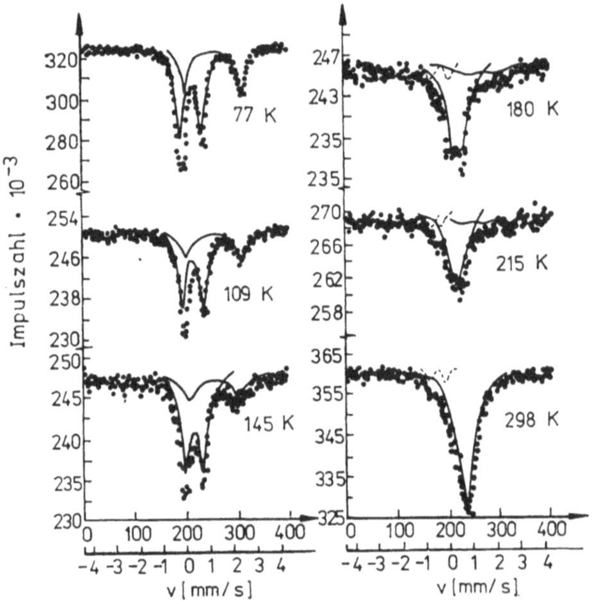

Abb. 10.8 —Mößbauerspektren des $Fe^{II}Fe^{III}(CH_3COO)_6O \cdot 5H_2O$.

Quadrupoldubletts entsprechen dem Fe^{II} bzw. Fe^{III}. Die Quadrupolaufspaltungen beider Ionen verringern sich mit steigender Temperatur und nähern sich bei Zimmertemperatur einem Grenzwert. Die Isomerieverschiebung des Fe^{II}-Dubletts fällt mit steigender Temperatur, während die des Fe^{III} anwächst, Beide Prozesse laufen so ab, daß bei Zimmertemperatur die beiden Dubletts völlig zusammenfallen. Man kann also bei Zimmertemperatur in diesem Fall Fe^{II} und Fe^{III} im Mößbauerspektrum nicht mehr unterscheiden, weil die Relaxationszeit kleiner wird als die mittlere Lebensdauer des angeregten Niveaus des ^{57}Fe (10^{-7}s). Das Zimmertemperaturspektrum zeigt somit, daß man es mit einem Elektronenübergang zwischen Fe^{III} und Fe^{II} zu tun hat, der sich im Mittel schneller als in 10^{-7}s abspielt. Die Übergangsrate des 3*d*-Elektrons ändert sich mit der Temperatur und damit auch die Abschirmwirkung der 3*d*-Elektronen auf die *s*-Elektronen, was dann zur Vergrößerung des Isomerieverschiebung des Fe^{III} bei Temperaturanstieg führt.

10.3.3 Das Gleichgewicht zwischen Spinzuständen

Bei Temperaturänderung können in einem gegebenen Oxydationszustand Änderungen des Spinzustands auftreten. Dies soll am Beispiel der möẞbauerspektroskopischen Bestimmung des Gleichgewichts zwischen high-spin- und low-spin-Zustand in Fe(II)-Verbindungen gezeigt werden.

Das Zentralion befindet sich im high-spin Zustand, wenn es von schwachen Liganden umgeben ist (d.h. schwaches Ligandenfeld), während der low-spin Zustand dann auftritt, wenn es von starken Liganden umgeben ist (starkes Ligandenfeld), [48, 49]. Anders ausgedrückt ist also der high-spin Zustand für chemische Verbindungen mit vorherrschend ionischem Charakter kennzeichnend, der low-spin Zustand für kovalente Verbindungen. Betrachtet man die Reihe von Komplexen der Art $Fe^{II}(phen)_2X_2$ (bis-Eisenphenantroline), dann erhält man für $X = Cl^-, J^-, NH_3^-$ high-spin Verbindungen. Die gemessenen Werte für δ_c und ΔE_Q sind relativ groß und deuten zusammen mit den magnetischen Momenten von $\mu = 5{,}0\ldots5{,}3\ \mu_B$ auf ungepaarte Elektronen. Mit $X = CN^-, NO_2^-, CNO^-$ als Liganden entstehen low-spin Verbindungen, die eine kleine Isomerieverschiebung und Quadrupolaufspaltung und sehr geringe magnetische Momente aufweisen, woraus auf die Abwesenheit von ungepaarten Elektronen geschlossen werden muß.

Von den Komplexen mit $X = NCS^-$ und $NCSe^-$ wurden Mößbauerspektren sowohl bei Zimmer- als auch bei Stickstofftemperatur aufgenommen (Tabelle 10.5). Die Parameter δ_c und ΔE_Q sind bei Zimmer-

Tabelle 10.5

Mößbauerparameter von Verbindungen des Typs $Fe(phen)_2X_2$ [50—52], (δ bezogen auf metallisches Eisen)

Verbindung	T[K]	δ_c [mm/s]	ΔE_Q [mm/s]	Fe^{II}-Spin-Typ
$Fe(phen)_2(NO_2)_2$	293	0,53	0,38	low
$Fe(phen)_2Cl_2$	293	1,21	3,00	high
$Fe(phen)_2(NCS)_2$	293	1,23	2,67	high
	77	0,62	0,34	low
$Fe(phen)_2(NCSe)_2$	293	1,28	2,52	high
	77	0,60	0,18	low
$Fe(phen)_2 \cdot 7H_2O$	293	0,59	0,18	intermediär
	77	0,52	0,18	
$Fe(phen)_2F_2 \cdot 4H_2O$	293	0,58	0,21	intermediär
	77	0,55	0,16	
$Fe(pyim)_3(ClO_4)_2$ (E)	294	0,58	0,53	low
	80	0,66	0,60	
$Fe(pyim)_3(ClO_4)_2$ (F)	294	1,28	2,29	high
	80	0,71	0,75	low
	80	1,36	2,69	high

temperatur groß und charakteristisch für high-spin Eisen(II)-Verbindungen, während bei niedriger Temperatur beide relativ klein sind und charakteristisch für low-spin Eisen(II)-Verbindungen. Das magnetische Moment ändert sich in diesem Temperaturbereich zwischen $5\mu_B$ und $0{,}1\ \mu_B$. Aus magnetischen Suszeptibilitätsmessungen konnte festgestellt werden, daß der high-spin → low-spin Übergang für $X = NCS^-$ bei 174 K und für $X = NCSe^-$ bei 223 K auftritt.

10.3.4 Kompliziertere Elektronenkonfigurationen

Ein bekanntes Beispiel für die mößbauerspektroskopische Bestimmung von Elektronenkonfigurationen ist die Anwendung auf das lösliche und unlösliche Berliner Blau und das Turnbulls Blau. Das Berliner Blau entsteht, wenn man in Lösung Ferriverbindungen mit Ferrocyanid versetzt, während das Turnbulls Blau aus Ferroverbindungen mit Ferricyanid entsteht. Im Zusammenhang mit den so hergestellten Verbindungen treten zwei Fragen auf:

- Sind diese Komplexe ein und dieselbe Substanz oder nicht?
- Entspricht die Elektronenkonfiguration des zwei- und dreiwertigen Eisens in diesen Komplexen dem Ferriferrocyanid $Fe^{III}[Fe^{II}(CN)_6]$, dem Ferroferricyanid $Fe^{II}[Fe^{III}(CN)_6]$ oder ist sie komplizierter?

Zur Klärung des Problems wurden die Mößbauerspektren bei 1,6...300 K aufgenommen [53, 54]. Bei 1,6 K erscheint bei allen 3 Verbindungen ein gut aufgelöstes Spektrum, bestehend aus einer zentralen Linie und einer überlagerten magnetischen Hyperfeinaufspaltung in 6 Linien. Die zu den beiden Oxydationszuständen des Eisens in diesen Verbindungen gehörenden Meßwerte sind in Tabelle 10.6 zusammengestellt. Ein Vergleich mit den typischen Parameterwerten für die Oxy-

Tabelle 10.6

Mößbauerparameter von Berliner und Turnbulls Blau [53]

	Berliner Blau				Turnbulls Blau	
	löslich		unlöslich			
	Fe^{3+}	Fe^{II}	Fe^{3+}	Fe^{II}	Fe^{3+}	Fe^{II}
δ [mm/s]	$0{,}81 \pm 0{,}05$	$0{,}33 \pm 0{,}05$	$0{,}84 \pm 0{,}05$	$0{,}31 \pm 0{,}05$	$0{,}83 \pm 0{,}05$	$0{,}27 \pm 0{,}0$
$S_1 - S_2$ [mm/s]	$0{,}37 \pm 0{,}15$	0	$0{,}48 \pm 0{,}15$	0	$0{,}52 \pm 0{,}15$	0
H [kOe]	536 ± 20	0 ± 10	541 ± 20	—	543 ± 20	0 ± 10

δ ist auf Natriumnitroprussid bezogen, $S_1 - S_2 = \frac{e^2qQ}{2}(3\cos^2\theta - 1)$

dations- und Spinzustände des Fe in Tabelle 10.4 ergibt, daß $H = 540$ kOe ein typischer Wert für low-spin Fe^{II} ist. Die anderen Parameter stimmen mit den typischen Werten für high-spin Fe^{3+} bzw. low-spin Fe^{II} überein. Daraus ergibt sich die Schlußfolgerung, daß das Eisen in allen drei Verbindungen in diesen beiden Zuständen existiert. Da die drei Verbindungen identische Hyperfeinparameter aufweisen, sind ihre Elektronenkonfigurationen vom Standpunkt der Mößbauerspektroskopie aus als identisch anzusehen. Es ergibt sich kein Hinweis auf Übergänge der Art

$$Fe^{II}(CN)_6Fe^{3+} \rightleftarrows Fe^{III}(CN)_6Fe^{2+}. \tag{10.23}$$

Da nun das Vorliegen der ersten dieser beiden Strukturen durch ihr Mößbauerspektrum nachgewiesen ist, folgt daraus, daß die zweite nicht existiert oder, wenn ja, schneller als in 10^{-8}s verschwindet (10^{-8}s ist die Periode der Larmorpräzession des ^{57}Fe-Kernspins). Man erhält also durch Vermischen einer Ferroverbindung mit Ferricyanidlösung zunächst einen Komplex, dessen Konfiguration der rechten Seite von (10.23) entspricht. Der Prozeß, der dann zu der Konfiguration führt, die der linken Seite von (10.23) entspricht, ist ein Ladungsübergang vom high-spin Fe^{2+} zum low-spin Fe^{III}, man kann ihn aber auch mit einer Drehung des Liganden CN^- um 180° erklären.

Tabelle 10.7

Mößbauerspektrometrisch ermitteltes Molverhältnis Fe^{3+}/Fe^{II} für Berliner und Turnbulls Blau

Substanz	Fe^{3+}/Fe^{II} gemessen	Fe^{3+}/Fe^{II} korrigiert
lösliches Berliner Blau	1,39	1,00
unlösliches Berliner Blau	1,78	1,28
Turnbulls Blau	1,84	1,32

Aus dem Intensitätsverhältnis des Mößbauerlinien kann das Molverhältnis Fe^{3+}/Fe^{II} der drei Komplexe bestimmt werden (vgl. Tabelle 10.7). Sie entsprechen den Zusammensetzungen

—$KFe^{3+}[Fe^{II}(CN)_6]$ lösliches Berliner Blau,

—$Fe_4^{3+}[Fe^{II}(CN)_6]_3$ unlösliches Berliner Blau,

—$Fe_4^{3+}[Fe^{II}(CN)_6]_3$ Turnbulls Blau.

10.4 Strukturuntersuchungen

In der Koordinationschemie, die sich mit der Aufklärung chemischer Strukturen befaßt, interessieren besonders die Zahl und Lage der Liganden in den untersuchten Verbindungen. Mößbauerspektroskopische Strukturuntersuchungen stützen sich in erster Linie auf die Erkenntnis, daß die Quadrupolaufspaltung empfindlich auf die durch die Anordnung der Liganden gegebene Symmetrie der Elektronenverteilung reagiert. Wenn die das zentrale Ion umgebenden Kerne in kubischer Symmetrie angeordnet sind, dann verschwindet die Quadrupolaufspaltung. Jede Abweichung von der kubischen Symmetrie führt zu einem von Null verschiedenen EFG und damit zu einer meßbaren Quadrupolaufspaltung ΔE_Q.

Man kann aber auch Informationen über die Kristallstruktur und die Molekülsymmetrie erhalten, wenn man den Einfluß der intermolekularen Wechselwirkungen auf den EFG am Kernort untersucht.

10.4.1 **Die Molekülsymmetrie**

Die Abhängigkeit der Quadrupolaufspaltung von der Molekülsymmetrie kann am besten behandelt werden, wenn man als z-Achse des EFG die Achse der maximalen Molekülsymmetrie wählt und die intermolekularen Beiträge vernachlässigt [55]. Es soll außerdem das Additionsprinzip als gültig angesehen werden, nach dem die Quadrupolaufspaltung des zentralen Ions M als Summe von unter sich unabhängigen Beiträgen der einzelnen Liganden L anzusehen ist.

Der Beitrag eines einzelnen Liganden zur Quadrupolaufspaltung wird partielle Quadrupolaufspaltung (pQ) genannt. Der nachfolgend angeführte Formalismus ermöglicht den Nachweis der cis-trans-Isomerie und die Bestimmung der Koordinationszahl des zentralen Ions in verschiedenen chemischen Verbindungen.

10.4.1.1 **Die cis-trans-Isomerie**

Isomere sind Verbindungen mit ein und derselben stöchiometrischen Zusammensetzung, die sich aber hinsichtlich der Lage der Liganden relativ zum zentralen Ion unterscheiden.

Es sei eine Verbindung vom Typ MA_2B_4 betrachtet, in der M ein zentrales Mößbaueratom und A und B zwei verschiedene Liganden darstellen. Verbindungen dieser Art treten in zwei unterschiedlichen isomeren Zuständen auf, und zwar in cis- und trans-Stellung entsprechend Abb. 10.9. Als z-Achse des EFG wird die Richtung der Molekülachse mit maximaler Symmetrie gewählt. Das trans-Isomer hat eine D_{4h}-Axialsymmetrie, das cis-Isomer C_{2v}-Symmetrie. Es können die für die EFG-Komponenten gültigen Beziehungen (4.121) und (4.122)

Abb. 10.9 – Achsen des elektrischen Feldgradienten (EFG) für trans- und cis-MA_2B_4.

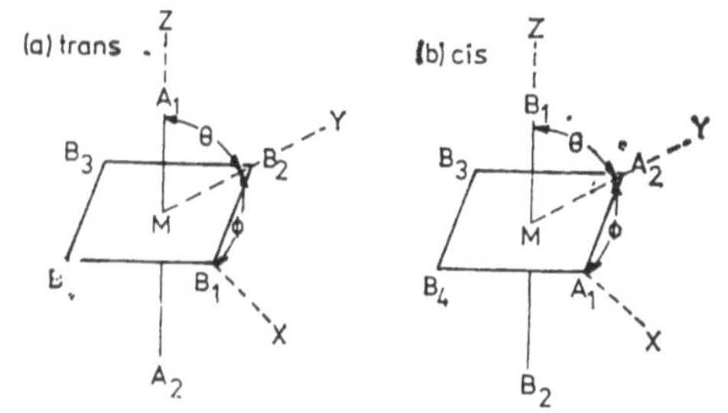

benutzt werden, um den Beitrag jedes einzelnen Liganden zu jeder der EFG-Komponenten zu berechnen. Die Werte sind in Tabelle 10.8 zusammengestellt, wobei die Abkürzungen

$$[A] = Z_A/r_A^3, \ [B] = Z_B/r_B^3$$

Tabelle 10.8

Beiträge der einzelnen als punktförmig angenommenen Ladungen der Liganden zum elektrischen Feldgradienten (EFG) bei trans- und cis-MA_2B_4-Verbindungen

trans-MA_2B_4									
Ligand	θ	φ	$\sin\theta$	$\cos\theta$	$\sin\varphi$	$\cos\varphi$	V_{xx}/e	V_{yy}/e	V_{zz}/e
A_1	0	0	0	1	0	1	– [A]	– [A]	+2 [A]
A_2	180	0	0	–1	0	1	– [A]	– [A]	+2 [A]
B_1	90	0	1	0	0	1	+2 [B]	– [B]	– [B]
B_2	90	90	1	0	1	0	– [B]	+2 [B]	– [B]
B_3	90	180	1	0	0	–1	+2 [B]	– [B]	– [B]
B_4	90	270	1	0	–1	0	– [B]	+2 [B]	– [B]

cis-MA_2B_4									
Ligand	θ	φ	$\sin\theta$	$\cos\theta$	$\sin\varphi$	$\cos\varphi$	V_{xx}/e	V_{yy}/e	V_{zz}/e
A_1	90	0	1	0	0	1	+2 [A]	– [A]	– [A]
A_2	90	90	1	0	1	0	– [A]	+2 [A]	– [A]
B_1	0	0	0	1	0	1	– [B]	– [B]	+2 [B]
B_2	180	0	0	–1	0	1	– [B]	– [B]	+2 [B]
B_3	90	180	1	0	0	–1	+2 [B]	– [B]	– [B]
B_4	90	270	1	0	–1	0	– [B]	+2 [B]	– [B]

verwendet wurden. Man erhält für das trans-Isomer

$$V_{xx} = V_{yy} = (-2[A] + 2[B])e,$$
$$V_{zz} = (4[A] - 4[B])\,e, \qquad (10.24)$$

d.h.

$$\eta = 0, \ V_{xx} + V_{yy} + V_{zz} = 0, \ |V_{zz}| > |V_{xx}| = |V_{yy}|,$$

Tabelle 10.9

Quadrupolaufspaltung von einigen cis- und trans-Isomeren des low-spin Fe (II) bei 295 K, [56, 57]

Komplex	ΔE_Q [mm/s]
trans-$FeCl_2(ArNC)_4$	+1,55
cis-$FeCl_2(ArNC)_4$	−0,78
trans-$Fe(SnCl_3)_2(ArNC)_4$	(+)1,05
cis-$Fe(SnCl_3)_2(ArNC)_4$	(−)0,50
trans-$Fe(CN)_2(EtNC)_4$	−0,60
cis-$Fe(CN)_2(EtNC)_4$	(+)0,30

ArNC = *p*-Methoxyphenylisocyanid

und für das cis-Isomer

$$V_{xx} = V_{yy} = ([A] - [B])\,e,$$
$$V_{zz} = (-2[A] + 2[B])e, \qquad (10.25)$$

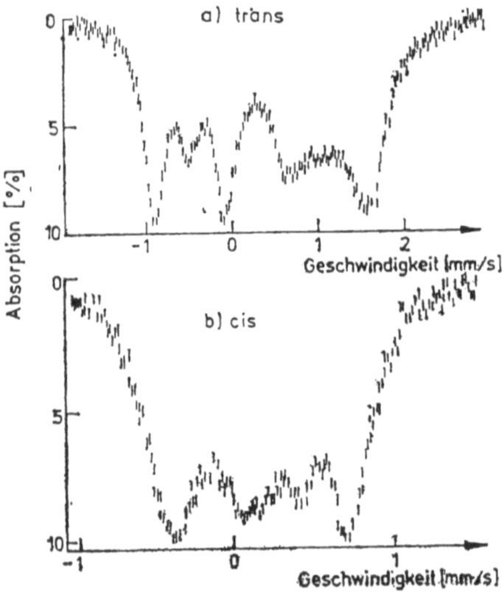

Abb. 10.10 — Mößbauerspektren von trans- und cis-$FeCl_2(ArNC)_4$ bei 295 K [58].

d.h.

$$\eta = 0, \; |V_{zz}| > |V_{xx}| = |V_{yy}|.$$

Das Verhältnis der zu den beiden Isomeren gehörigen Quadrupolaufspaltungen ergibt sich also zu

$$q_{\text{trans}}/q_{\text{cis}} = -2 \tag{10.26}$$

In Tabelle 10.9 sind die gemessenen ΔE_Q-Werte für einige Fe(II)-Komplexe mit cis-trans-Isomérie zusammengestellt [56, 57]. Die Übereinstimmung mit (10.26) ist sehr gut. Abb. 10.10 zeigt zwei Spektrenbeispiele hierzu.

10.4.1.2 Die Koordinationszahl des zentralen Ions

Die Punktladungsnäherung leistet auch bei Untersuchungen zum Zusammenhang von Quadrupolaufspaltung und Koordinationszahl am Sn^{IV} in verschiedenen Verbindungen gute Dienste. Mit den in [59] aus Literaturwerten zusammengestellten Daten läßt sich zeigen, daß die penta- und hexakoordinierten Verbindungen des Sn^{IV} größere Quadrupolaufspaltungen als die tetrakoordinierten aufweisen.

Die Koordinationszahl des Sn^{IV} kann nicht aus der chemischen Formel bestimmt werden. So enthalten z.B. Me_2SnF_2 pentakoordiniertes, Ph_2SnCl_2 und Ph_3SnCl tetrakoordiniertes und Me_3SnF hexakoordiniertes Zinn. Auch aus Röntgenbeugungsuntersuchungen ist es oftmals schwierig, die Koordinationszahl zu bestimmen.

In Tabelle 10.10 sind die Quadrupolaufspaltungen für lineare Polymere des Typs Ph_3SnOCR' angegeben [11]. Diese Quadrupolaufspaltungen können in zwei Gruppen aufgeteilt werden:

Tabelle 10.10

Quadrupolaufspaltungen von Verbindungen des Typs Ph_3SnOCR' bei 80 K, [11]

R'	ΔE_Q [mm/s]	R'	ΔE_Q [mm/s]
1. $(CH_2)_3CHMe_2$	3,36	6. $CHMe_2$	3,32
2. $(CH_2)_2CHMe_2$	3,38	7. $CH=CH_2$	3,41
3. $CH_2CHMeEt$	3,39	8. $CMe=CH_2$	2,26
4. CH_2CHMe_2	3,39	9. CHEtBu	2,26
5. CHMePr	3,34	10. CMe_3	2,40

$\Delta E_Q \approx 3{,}3$ mm/s bei Verbindungen mit pentakoordiniertem Sn^{IV} und $\Delta E_Q \approx 2{,}3$ mm/s bei solchen mit tetrakoordiniertem Sn^{IV}.

Bei diesen Substanzen treten also zwei verschiedene Molekülstrukturen auf.

10.4.2 Über Kristallstrukturen

In vielen Fällen kann die Mößbauerspektroskopie Informationen über Kristallstrukturen liefern, die im Vergleich zu Röntgenbeugungsmessungen gleichwertig oder komplementär sind. Nachfolgend sollen einige diesbezügliche Beispiele besprochen werden.

10.4.2.1 Die Äquivalenz von Atomen im Gitter

Die Existenz von ungleichartigen Atomplätzen in einem Kristallgitter kann aus dessen Mößbauerspektrum geschlossen werden. Ein typisches Beispiel dafür sind die beiden nichtäquivalenten Eisenionen im Eisen-

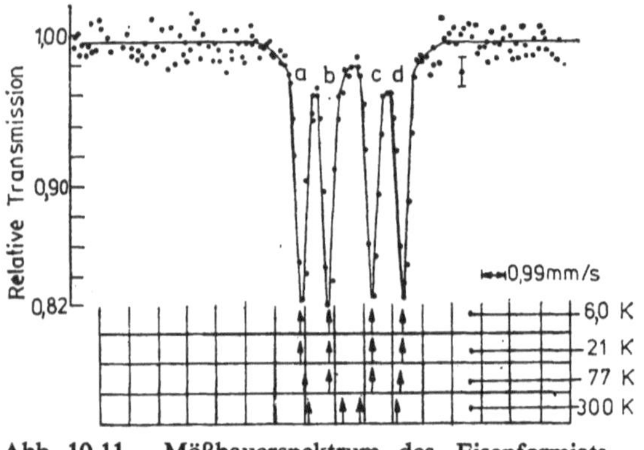

Abb. 10.11 – Mößbauerspektrum des Eisenformiats bei verschiedenen Temperaturen. Die vier Linien sind mit a, b, c, d bezeichnet [60].

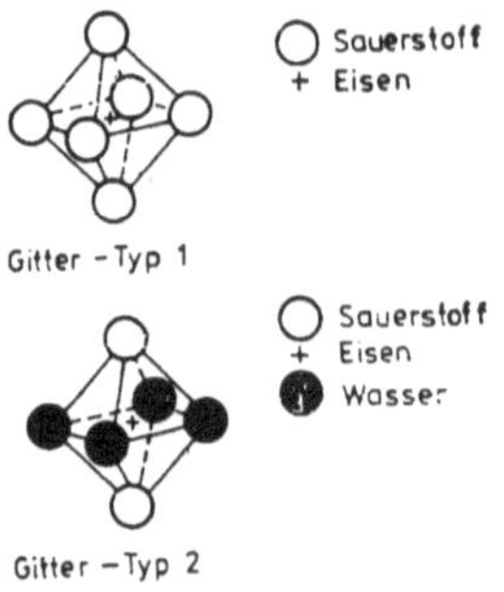

Abb. 10.12 – Die Lokalsymmetrie der beiden nichtäquivalenten Eisenionpositionen in Eisenformiat.

formiat. Das Spektrum einer polykristallinen Probe dieses Komplexes ist in Abb. 10.11 wiedergegeben [60]. Die vier Absorptionslinien, die sich bei Temperaturänderung zwischen 21 und 300 K nur wenig verschieben, stellen zwei Quadrupoldubletts dar, die den beiden nichtäquivalenten Positionen des Ferroions im Gitter zuzuschreiben sind. Die in Abb. 10.12 gezeigte unterschiedliche Symmetrie der beiden Eisenumgebungen führt zu zwei unterschiedlichen Werten des EFG am Kernort. Die eine von diesen Positionen besitzt O_h-Symmetrie, die andere eine D_{4h}-Symmetrie.

Als ein weiteres Beispiel sei das $Fe_3(CO)_{12}$ angeführt [61]. Nach Röntgenbeugungsuntersuchungen kann man sich die Struktur dieses Komplexes als dreiecksförmig mit drei, sechs oder auch ohne Karbonylbrücken oder aber auch linear vorstellen. Die möglichen Strukturformen sind in Abb. 10.13 gezeigt. Das Mößbauerspektrum weist die Existenz von zwei ungleichen Eisenplätzen A und B aus. Da der Komplex diamagnetisch ist, zeigt jedes Teilspektrum nicht mehr als zwei Linien. Das Spektrum schließt eine Dreiecksstruktur entsprechend Fall a und b in Abb. 10.13 aus. Die Linienflächen, die ja ein Maß für die Häufigkeit der beiden Plätze sind, weisen auf ein Atomverhältnis $Fe_A/Fe_B=2$ hin. Diese Bedingung würde durch eine lineare Struktur (Fall c oder d in Abb. 10.13) erfüllt. Das Spektrum von $Fe_3(CO)_{11}H^-$ ist hinsichtlich δ und ΔE_Q dem des $Fe_3(CO)_{12}$ jedoch sehr ähnlich. Damit wird aber eine lineare Struktur ausgeschlossen, da die Substitution durch ein H-Atom zur Existenz von drei nichtäquivalenten Eisenpositionen führen würde. Somit bleibt nur eine unsymmetrische Dreiecksstruktur für das $Fe_3(CO)_{12}$ (Fall e in Abb. 10.13) übrig.

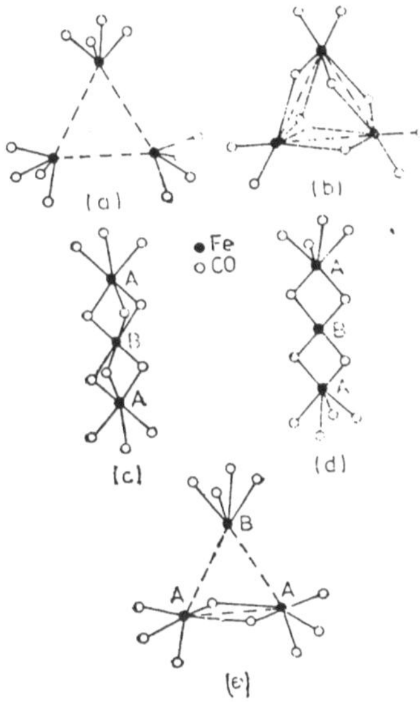

Abb. 10.13 – Strukturmodelle für $Fe_3(CO)_{12}$.

10.4.2.2 **Unterschiedliche Gittersymmetrie**

Unterschiedliche Symmetrien des Kristallgitters bei ein und derselben chemischen Verbindung (Modifikationen) dokumentieren sich auch in unterschiedlichen Mößbauerspektren. So sieht man z.B. an den Daten aus Tabelle 10.11, daß die Mößbauerparameter des SnF_2 auf zwei mög-

Tabelle 10.11

Mößbauerparameter des orthorhombischen und des monoklinen SnF_2

Typ	δ [mm/s]	ΔE_Q [mm/s]
orthorombisch	+3,30	+2,20
monoklin	+3,70	+1,80

liche Symmetrietypen hindeuten. Es handelt sich dabei um die schon bekannte monokline Form und um eine neue, orthorhombische Form des SnF_2 [62].

10.4.2.3 Die Orientierungsisomerie von Liganden

Die Orientierung eines Liganden auf seinem Gitterplatz beeinflußt den Spinzustand der Mößbaueratome im Gitter und damit auch die Eigenschaften des Komplexes. Die C-Seite des $(CN)^-$-Liganden z.B. verursacht ein starkes Ligandenfeld, das vorzugsweise zur Entstehung von low-spin Komplexen führt, während die N-Seite ein schwaches Ligandenfeld hervorruft, durch das high-spin Komplexe begünstigt werden [63]. Röntgenbeugungsuntersuchungen an Metallferrocyaniden (z.B. Berliner Blau) deuten auf eine Struktur entsprechend Abb. 10.14,

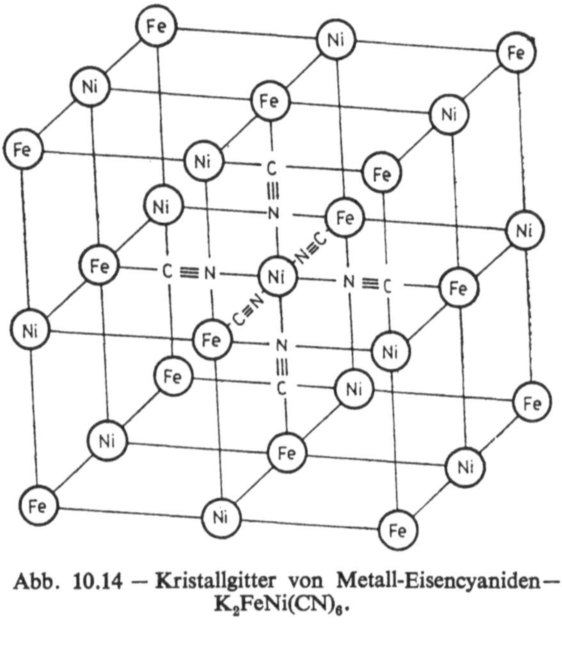

Abb. 10.14 – Kristallgitter von Metall-Eisencyaniden – $K_2FeNi(CN)_6$.

in der die eine Atomsorte (Fe) an den Kohlenstoff, die anderen Metallatome (Ni in Abb. 10.14) an den Stickstoff gebunden sind.

Ein anderer Komplex [64] ist $KFe^{II}(Cr^{III}(CN)_6)$. Die Orientierungsisomerie besteht hier in spontanen Übergängen des Liganden von seiner normalen in die entgegengesetzte Lage,

$$Fe^{2+} - N \equiv C - Cr^{3+} \rightarrow Fe^{2+} - C \equiv N - Cr^{3+}. \qquad (10.27)$$

Ein solcher Übergang konnte bei Zimmertemperatur tatsächlich mößbauerspektroskopisch festgestellt werden, da eine Änderung der Spektrenparameter bei einer Umorientierung des Liganden in der Verbindung auftritt. Das Mößbauerspektrum liefert für die Strukturform (Fe^{2+}-N), δ- und ΔE_Q-Werte, die typisch für high-spin Eisenverbindungen sind, für die isomere Form mit Fe^{2+}-C-Bindung aber δ- und ΔE_Q-Werte, die charakteristisch für low-spin Eisenverbindungen sind, also niedrigere Werte.

10.5 Der Einsatz der Mößbauerspektroskopie in der chemischen Analysentechnik

In den voranstehenden Abschnitten wurde dargestellt, inwieweit die Mößbauerparameter mit der Elektronen- und Molekülstruktur einer chemischen Verbindung zusammenhängen. Die Mößbauerspektroskopie ist aber andererseits auch zur Identifizierung von Verbindungen geeignet und kann zusammen mit anderen spezifischen Methoden erfolgreich bei chemisch-analytischen Problemen eingesetzt werden. Es geht dabei um den Nachweis von Atomen oder Molekülen durch Vergleich zwischen den Spektrenparametern unbekannter Substanzen mit denen von bekannten Verbindungen. Unter den bisher behandelten Problemen wurden bereits einige analytische angeschnitten, wie z.B. die Wertigkeitsbestimmung von Mößbaueratomen, der Nachweis von nichtäquivalenten Gitterplätzen und von verschiedenen Modifikationen, jedoch wurden diese Probleme vom Standpunkt der Elektronenkonfiguration und der Molekülstruktur her betrachtet. Nachfolgend sollen nun noch einige andere analytische Fragestellungen im Zusammenhang mit der Phasenanalyse, der Reinheit von Proben, und dem Ablauf von chemischen Reaktionen besprochen werden.

10.5.1 **Die mößbauerspektroskopische Phasenanalyse**

Im Vergleich zu anderen bekannten analytischen Methoden weist die Mößbauerspektroskopie einige Besonderheiten auf. Die wichtigsten unter ihnen sind:

- Die Methode arbeitet echt zerstörungsfrei, die Proben sind also nach der Messung weiterhin unverändert verwendbar. Für Transmissionsmessungen sind maximale Probendicken vorgegeben, für Streumessungen ist praktisch keinerlei Probenvorbereitung erforderlich, selbst wenn Deckschichten (z.B. Anstriche) auf der Probe vorhanden sind.
- Die Methode arbeitet extrem selektiv, d.h. Spektrallinien entstehen einzig und allein durch Kerne des untersuchten Nuklids.
- Die Methode ist hinsichtlich geometrischer und chemischer Strukturen empfindlich, was sie zur Phasenanalyse hervorragend geeignet macht.

— Die Messungen sind an den festen Aggregatzustand gebunden, andersartige Proben müssen eingefroren werden.

10.5.1.1 Qualitative Analyse

Die einfachste Form einer Analyse ist die Anwendung des „Fingerprint-Verfahrens“: Man identifiziert ein Phasengemisch durch den Vergleich der gemessenen Linienlagen (oder der gemessenen Mößbauerparameter) mit den Spektren von Standardsubstanzen. Ein Beispiel hierfür ist in Abb. 10.15 gezeigt [65, 66]: Eine technisch wichtige Reaktion des Komplexbildners HMPT mit Butylchlorid und $SnCl_4$ bzw. $SnCl_2$ führt zu zwei Produkten, deren Phasenanalyse anhand ihrer Mößbauerspektren (Probe 1 bzw. 2 in Abb. 10.15) im Vergleich mit den eingezeichneten Standardspektren möglich ist (Ergebnis: Probe 1 besteht

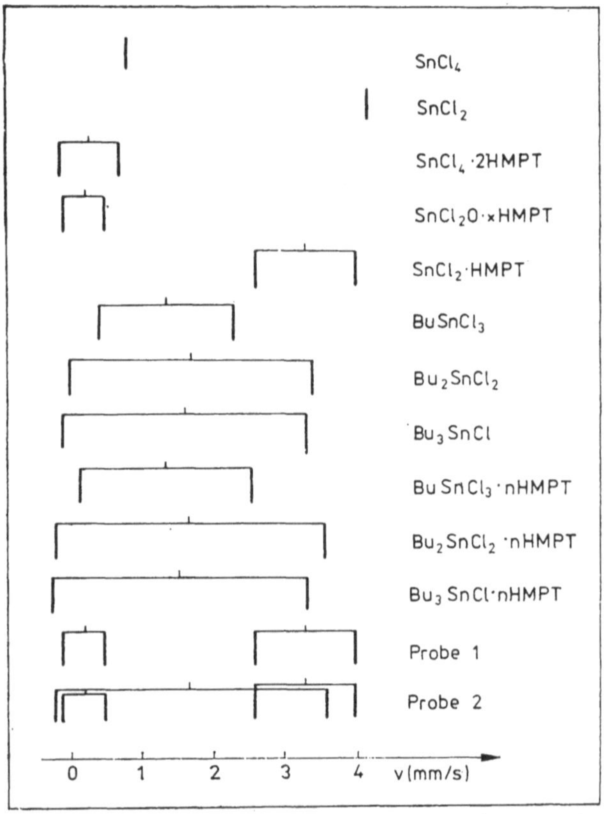

Abb. 10.15 — Strichdiagramme der Mößbauerspektren zweier Reaktionsprodukte und der in Frage stehenden Vergleichssubstanzen.

aus $SnCl_2O \cdot xHMPT$ und $SnCl_2 \cdot HMPT$, Probe 2 aus $SnCl_2O \cdot xHMPT$, $SnCl_2 \cdot HMPT$ und $Bu_2SnCl_2 \cdot nHMPT$).

10.5.1.2 Halbquantitative Analyse

Wenn man neben den Linienlagen auch noch die Linienintensitäten in einem Spektrum berücksichtigt, dann lassen sich neben der Phasenidentifizierung auch noch Angaben zur relativen Menge der Komponenten machen, zumindest Angaben der Art „viel, wenig, mehr, weniger,...“. Als Beispiel hierfür sind in Abb. 10.16 Streuspektren von korrodierten

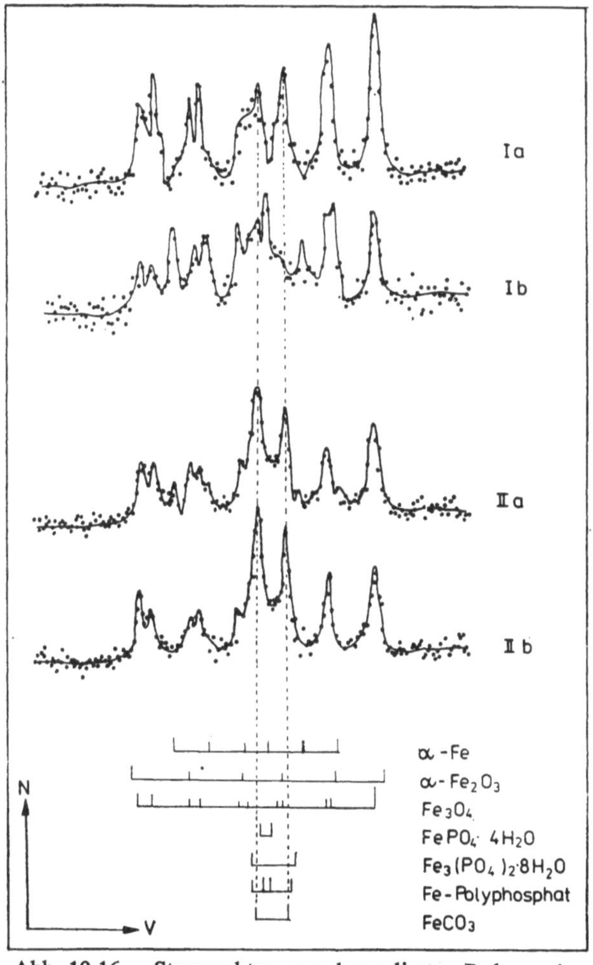

Abb. 10.16 — Streuspektren von korrodierten Rohren eines Warmwasser-Heizsystems.

Rohren (Warmwasserheizung 40—50°C, Härte 12°) gezeigt [66]. Die Auswertung nach dem Fingerprint-Verfahren ergibt als Hauptprodukt der Korrosion Magnetit (Fe_3O_4) und ein zusätzliches Dublett, das am besten als $FeCO_3$ interpretiert werden kann. Die Proben Ia und Ib wurden 8 Monate lang exponiert, wobei aber für Probe Ib dem Leitungssystem Phosphat (5 mg P_2O_5/Liter) zugesetzt wurde. Die halbquantitative Spektrenauswertung zeigt die korrosionshemmende Wirkung des Phosphats: Der im Vergleich zu Ia stärkere Anteil des α-Fe-Teilsprektrums in Ib weist aus, daß die Schicht der Korrosionsprodukte hier merklich dünner ist. Die Proben IIa und IIb werden phosphatiertem Wasser für 4 bzw. 8 Monate ausgesetzt. Die fortschreitende Korrosion läßt sich aus dem Vergleich der relativen Intensitäten der Teilspektren leicht erkennen. Bemerkenswert ist auch, daß alle Spektren die Bildung von Eisenkarbonat und keinen nennenswerten Anteil von Fe-Phosphaten zeigen. Dies deutet auf das Ablaufen einer Reaktion

$$3CaCO_3 + Fe_3(PO_4)_2 \rightarrow 3FeCO_3 + Ca_3(PO_4)_2,$$

die die Phosphationen dem mößbauerspektroskopischen Nachweis entzieht.

10.5.1.3 **Quantitative Analyse**

Jede quantitative mößbauerspektroskopische Phasenanalyse basiert auf der Tatsache, daß für dünne Proben die Fläche einer Mößbauerlinie proportional der Anzahl der zugehörigen Kerne in der Probe ist. Die Linienfläche ist bei genügend dünnen Proben gegeben durch

$$A = k \cdot f' \cdot n \tag{10.28}$$

(n = Anzahl der Kerne, f' = rückstoßfreier Anteil). Der Faktor k enthält im wesentlichen den Resonanzabsorptionsquerschnitt, die Strahlungsintensität, die Meßzeit, das Auflösungsvermögen des Detektors, Untergrundanteile, die Raumwinkelausnutzung und den Massenschwächungskoeffizienten. Für eine absolute quantitative Analyse unter Benutzung von (10.28) ist eine exakte Bestimmung von k notwendig, was einen sehr hohen experimentellen Aufwand erfordert.

Betrachtet man jedoch die relative Intensität zweier Teilspektren i und j [67], die in einem Gesamtspektrum einer Probe enthalten sind,

$$\frac{A_i}{A_j} = \frac{f_i' n_i}{f_j' n_j}, \tag{10.29}$$

dann kürzt sich k heraus, weil k für beide Teilspektren gleich ist. Im

Falle eines aufgespaltenen Spektrums (Dublett oder Sextett z.B. beim ^{57}Fe) ist A_i die Summe aller zu diesem Teilspektrum gehörenden Linien,

$$A_i = \sum_m A_{i,m}. \tag{10.30}$$

Zur Bestimmung von A_i/A_j nach (10.29) ist die Kenntnis von

$$\frac{f_i'}{f_j'} = \varepsilon_j^i \tag{10.31}$$

notwendig (Die ε_j^i können bestimmt werden, indem man Eichproben ausmißt, die die Komponenten i und j in gleichen Kernkonzentrationen $n_i = n_j$ enthalten [67]. Dann ist nämlich $\varepsilon_j^i = A_i/A_j$.). Liegen mehr als zwei Komponenten in der Probe vor, dann gelten die Relationen

$$\frac{\varepsilon_m^i}{\varepsilon_k^i} = \varepsilon_m^k, \tag{10.32}$$

die bei Mehrkomponenteneichungen nützlich sind. Die atomare Konzentration zweier Komponenten j und m ist gegeben durch

$$\frac{n_j}{n_m} = \frac{A_j}{A_m} \frac{\varepsilon_j^i}{\varepsilon_m^i} = \frac{A_j}{A_m} \varepsilon_j^m. \tag{10.33}$$

Zur Angabe des Resultats in Gewichtsprozenten $g_i/100$ ist die Einführung der stöchiometrischen Faktoren S_i erforderlich [67],

$$\sum_i g_i = \sum_i n_i S_i = 1, \tag{10.34}$$

was zu

$$g_k = \frac{A_k}{A_m} \varepsilon_k^j s_k \left[\sum_i \frac{A_i}{A_j} \varepsilon_i^j S_i \right]^{-1} \tag{10.35}$$

führt, wenn man alle ε-Werte auf nur eine Komponente j bezieht. Anderenfalls ergibt sich

$$g_k = \frac{A_k S_k}{\sum_i A_i S_i \varepsilon_i^k}. \tag{10.36}$$

Mit (10.35) oder (10.36) lassen sich also die Gewichtskonzentrationen in einer Mischung von Komponenten, die Mößbauerkerne enthalten, aus der Messung ihrer relativen Mößbauerlinienintensitäten bestimmen. Experimentelle Werte von ε_j^i für die bei der Fe-Korrosion auftretenden Produkte sind in [67] angegeben.

Die Gleichungen (10.28—31) gelten nur für den Fall sehr dünner Proben. Berücksichtigt man eine endliche Probendicke, dann ist anstelle von (10.28) für die Linienfläche anzusetzen

$$S = f \cdot \pi t F(K, \beta, f'), \tag{10.37}$$

wobei

$F(K, \beta, f') = [J_0(\mathrm{i}t/2) + J_1(\mathrm{i}t/2)] \exp(-t/2)$,

$t = n\sigma_0\beta f' = K\beta f'$ = effektive Dicke,

J = Besselfunktion mit imaginärem Argument,

β = relative Übergangswahrscheinlichkeit für eine Linie bei aufgespaltenen Spektren,

$K = n\sigma_0$.

Die Funktion $F(K, \beta, f')$ beschreibt die Linienfläche und ist analog dem Ausdruck (2.10) für die Linienhöhe. Die Gesamtintensität eines aufgespaltenen Spektrums ist die Summe aller zugehörigen Linienflächen,

$$A = Kf'f\pi \sum_i \beta_i F_i(K, \beta_i, f') \tag{10.38}$$

mit der Normierung

$$\sum_i \beta_i = 1. \tag{10.39}$$

Für die Zusammensetzung eines Spektrums aus zwei Teilspektren kann man für $F(K, \beta, f')$ Reihenentwicklungen ansetzen, wenn die Teilspektren sich nicht stark überlappen. Man erhält dann z.B. für das Flächenverhältnis eines Sechslinien- (Index a) zu einem Zweilinienspektrum (Index b) die Näherung

$$\frac{A_a}{A_b} \approx \frac{f_a' n_a}{f_b' n_b} [1 + 0{,}076(K_b f_b' + 0{,}64(K_b f_b' - K_a f_a')) + \ldots]. \tag{10.40}$$

Entsprechende Ausdrücke für weitere praktisch interessierende Fälle sind in [66] angegeben, ein Anwendungsbeispiel ist in [68] ausgeführt.

Eine Theorie der quantitativen Phasenanalyse, wie sie voranstehend für Transmissionsmessungen gegeben wurde, ist bisher noch nicht für Streumessungen aufgestellt worden. Man kann jedoch auch bei Streumessungen quantitative Aussagen machen, wenn zuvor entsprechende Eichkurven aufgenommen wurden. Solche Eichkurven sind in [69] für einige Fe-Oxide gezeigt.

Ein Beispiel für die Ergebnisse einer mößbauerspektrometrischen quantitativen Phasenanalyse ist in Abb. 10.17 [69] gezeigt. Hier wurde der lose Rost von Eisenblechen nach einjähriger atmosphärischer Exposition analysiert. Der Einfluß einer aggressiven Industrieatmosphäre macht sich besonders beim Anteil des α-Fe_2O_3 bemerkbar (Proben I und II). Klimatische Einflüsse gehen aus dem Vergleich von I und II mit III und IV hervor. Korrosion in starker Feuchtigkeit führt insbesondere zur Ausbildung von Fe_3O_4 (Proben V und VI). Auf die wichtigen Rückschlüsse aus solchen Analysen auf den Korrosionsvorgang und nachfolgende Phasenumwandlungen unter der Einwirkung von verschiedenen Umweltfaktoren kann hier nicht näher eingegangen werden.

Es sei nur noch erwähnt, daß sich neben der eben geschilderten Bestimmung der prozentualen Phasenzusammensetzung der Korrosionsgrad der exponierten Proben aus Streumessungen abschätzen läßt.

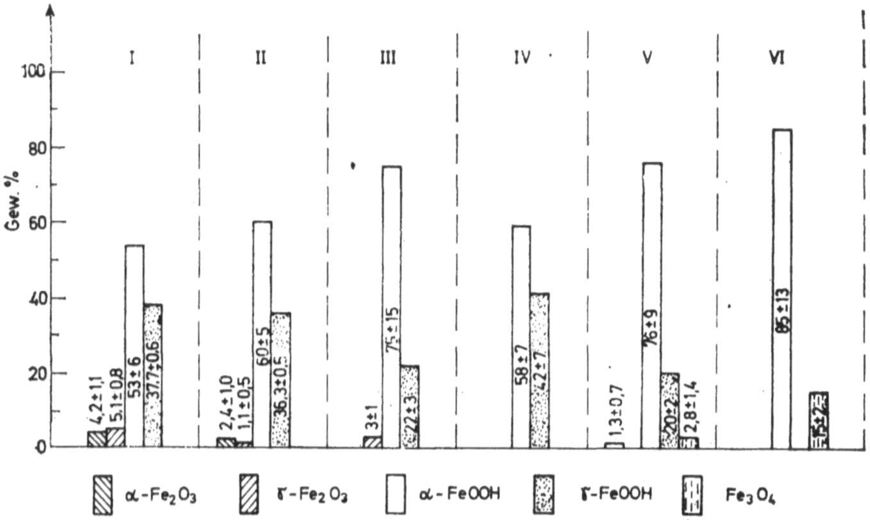

Abb. 10.17 — Ergebnisse einer mößbauerspektroskopischen quantitativen Rostphasenanalyse:

I Industrieviertel von Budapest, II bergige Landschaft am Stadtrand von Budapest, III Industrieatmosphäre, Bezirk Halle, IV Thüringer Wald, V langjähriger Bergwerksrost, VI Kraftwerk 150 °C-Leitung.

Eine chemisch reine Verbindung liefert schmale, lorentzförmige Mößbauerlinien, wenn Relaxationserscheinungen und Dickeneffekte ausgeschlossen werden können. Abweichungen von der Lorentzform deuten dann auf die Anwesenheit von Verunreinigungen hin, da eine Verbreiterung der Mößbauerlinie anzeigt, daß die Mößbaueratome nicht alle dieselbe Umgebung haben, also die Verbindung nicht richtig kristallisiert ist. In Abb. 10.18 ist das Mößbauerspektrum einer Probe von $H_2Fe(CO)_4$ gezeigt [70]. Am Fuße des intensiven Quadrupoldubletts treten im Spektrum zwei zusätzliche schwache Linien auf (A und A'), die eine Isomerieverschiebung und eine Quadrupolaufspaltung ergeben, die dem Spektrum von $Fe(CO)_5$ entsprechen,

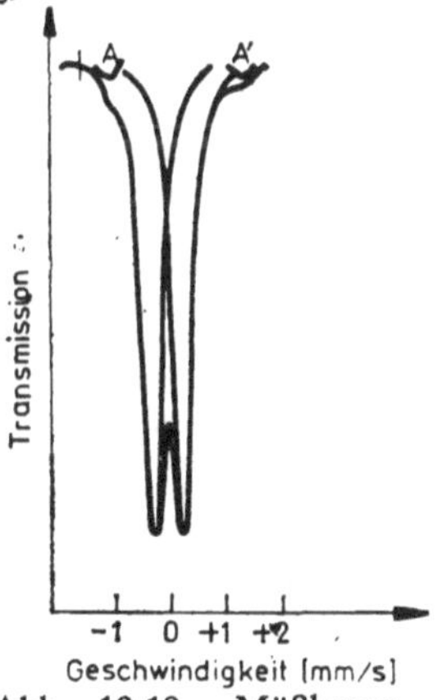

Abb. 10.18 — Mößbauerspektrum von $H_2Fe(CO)_4$. Die schwachen Linien A und A' zeigen eine Verunreinigung mit $Fe(CO)_5$ an [70].

das als Zerfallsprodukt von $H_2Fe(CO)_4$ bekannt ist. Aus dem Flächenanteil dieser Linien ließ sich ein Anteil von 2% $Fe(CO)_5$ im $H_2Fe(CO)_4$ bestimmen.

10.5.2 Chemische Reaktionen

Wenn bei einer chemischen Reaktion die reagierenden Substanzen Mößbaueratome enthalten, dann besteht die Möglichkeit, den Reaktionsverlauf mößbauerspektroskopisch zu verfolgen. Es sei betont, daß für die Untersuchung des Ablaufs von chemischen Reaktionen oftmals gar keine anderen Methoden zur Verfügung stehen. Gewöhnlich bestimmt man das Mößbauerspektrum der Reaktionsprodukte und vergleicht die erhaltenen Parameter mit denen von bekannten Substanzen (Fingerprint-Verfahren).

10.5.2.1 Thermolyse

Als Beispiel soll die thermische Zersetzung von $Fe_2(C_2O_4)_3 \cdot 6H_2O$ [71] angeführt werden. Vor der Zersetzung zeigt das Spektrum dieser Verbindung ein Quadrupoldublett mit $\delta = 0{,}64$ mm/s und $\Delta E_Q = 0{,}57$ mm/s. Bei Erwärmung bis zu 100°C verdampft lediglich das Wasser. Nach einer Zersetzung bei 200°C treten eine Quadrupolaufspaltung und eine große Isomerieverschiebung auf, die charakteristisch für high-spin Fe(II) sind. Bei Berücksichtigung des Gewichtsverlusts wird klar, daß als Zerfallsprodukt $Fe(C_2O_4)$ entsteht. Nach Zersetzung bei 300°C und 500°C zeigt das Spektrum die sechs charakteristischen Linien des Fe_2O_3. Die gemessenen Parameter sind aus Tabelle 10.12 ersichtlich. Die chemische Zerfallsreaktion ist somit

$$\begin{aligned} Fe_2^{III}(C_2O_4)_3 6H_2O &\xrightarrow{\approx 100\,^\circ C} Fe_2^{III}(C_2O_4)_3 + 6H_2O, \\ Fe_2^{III}(C_2O_4)_3 &\xrightarrow{\approx 200\,^\circ C} 2Fe^{II}(C_2O_4) + 2CO_2, \\ 2Fe^{II}(C_2O_4) &\xrightarrow{\approx 300\,^\circ C} Fe_2O_3 + 3CO + CO_2\,. \end{aligned} \tag{10.41}$$

Tabelle 10.12

**Veränderungen der Spektrenparameter bei thermischer Zersetzung von $Fe_2(C_2O_4)_3 \cdot 6H_2O$ [71].
(δ bezogen auf ^{57}Co in Cu)**

Zersetzungs-temperatur [°C]	δ_c [mm/s]	ΔE_Q [mm/s]	H [kOe]	Phase
25	+0,64	0,57	0	$Fe_2^{III}(C_2O_4)_3 \cdot 6H_2O$
200	+1,42	2,27	0	$Fe^{II}C_2O_4$
300	+0,56	–	487	Fe_2O_3
500	+0,56	–	490	Fe_2O_3

10.5.2.2 Radiolyse

Auch die Untersuchung radiolytischer Prozesse sei an Beispielen gezeigt.

Die Verbindung $K_3Fe^{III}(C_2O_4)_3 \cdot 3H_2O$ zeigt im Ausgangszustand eine breite Linie mit $\delta_c = 0{,}59$ mm/s. Nach Bestrahlung durch eine 2000 Ci starke ^{60}Co-Quelle mit einer Dosis von 10^9 rad erscheinen Zersetzungsprodukte, deren Spektrenparameter in Tabelle 10.13 zusammengestellt sind [72].

Tabelle 10.13

Bei Zimmertemperatur gemessene Mößbauerparameter der Radiolyse- und Thermolyseprodukte von $K_3Fe^{III}(C_2O_4)\cdot 3H_2O$ [72], (δ bezogen auf ^{57}Co in Pd)

Versuchsbedingungen	δ_c [mm/s]	ΔE_Q [mm/s]	Zuordnung
1. unbestrahlt	+0,59	nicht auflösbar	$K_3Fe(C_2O_4)_3 \cdot 3H_2O$
2. Bestrahlung mit 10^9 rad.			
a) unter Luftabschluß	+1,48	2,55	(*C*) $K_2Fe^{II}(C_2O_4)_2 \cdot 2H_2O$
b) an Luft	+1,45	3,48	(*D*) $K_6Fe_2^{II}(C_2O_4)_5$
3. Erwärmung von 2 (*a*) oder 2 (*b*) auf 120 °C an Luft	+1,45	3,84	$K_6Fe_2^{II}(C_2O_4)_5$
4. Erwärmung auf 400 °C an Luft	+0,61	geringe magnetische Aufspaltung	Fe_2O_3

Die Substanz *C* bildet sich dann, wenn die Bestrahlung unter Luftabschluß vorgenommen wird, während *D* als Hauptprodukt der Radiolyse dann erscheint, wenn die Bestrahlung an Luft erfolgt. Beide Substanzen haben große δ_c- und ΔE_Q-Werte. Erhitzt man *C* rasch auf 120°C an Luft, dann geht auch sie in die Substanz *D* über. Die Quadrupolaufspaltung von *D* läßt vermuten, daß die Umgebung des Fe(II) in dieser Substanz kubische Symmetrie besitzt. Nach Erhitzen beider Substanzen auf 400°C tritt das Sextett des Fe_2O_3 auf. Die Reaktionsabläufe können schließlich wie folgt gedeutet werden:

$$2K_3Fe^{III}(C_2O_4)_3 \cdot 3H_2O \rightarrow \overbrace{2K_2Fe^{II}(C_2O_4)_2(H_2O)_2}^{(C)} + K_2C_2O_4 + 2H_2O + 2CO_2,$$

$$2K_2Fe^{II}(C_2O_4)_2(H_2O)_2 + K_2C_2O_4 \xrightarrow{120\,°C,\ \text{Luft}} \overbrace{K_6[(C_2O_4)_2Fe^{II}(O_2C_2O_2)Fe^{II}(C_2O_4)_2]}^{(D)} + 4H_2O,$$

$$2K_2Fe^{II}(C_2O_4)_2(H_2O)_2 + K_2C_2O_4 + 3O_2 \xrightarrow{400\,°C} 3K_2CO_3 + Fe_2O_3 + 4H_2O + 7CO_2. \quad (10.42)$$

Ein anderes Beispiel, das hier angeführt werden soll, ist die Radiolyse des Eisen(III)-Oxalats $Fe_2(C_2O_4)_3 \cdot 5H_2O$, wenn es an Luft mit einer ^{60}Co-Strahlenquelle mit einer Dosis von $2 \cdot 10^8$ rad bestrahlt wird [73]. In Abb. 10.19 sind die Mößbauerspektren der Ausgangssubstanz und

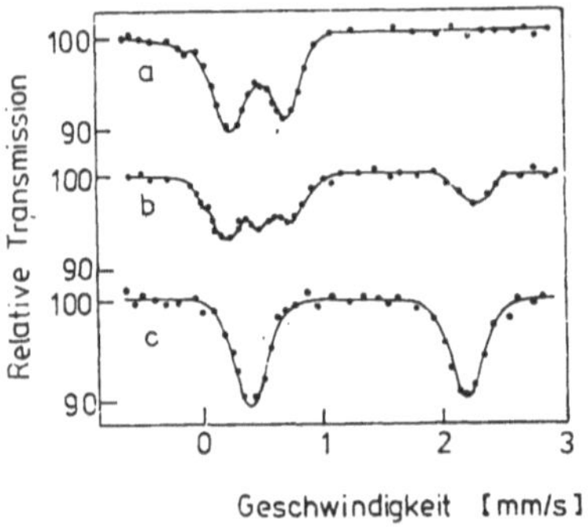

Abb. 10.19 – Die bei 22°C gemessenen Mößbauerspektren von:
unbestrahltem Ferrioxalat (a), bestrahltem Ferrioxalat (b) und unbestrahltem Ferrooxalat (c) (nach [73]).

ihrer Folgeprodukte wiedergegeben. Bei niedriger Temperatur (siedender Stickstoff) ergeben sich dieselben Spektren. Das Spektrum des unbestrahlten Eisenoxalats besitzt Linien bei 0,27 und 0,70 mm/s (bezogen auf metallisches Eisen). Nach Bestrahlung treten zwei weitere Linien bei 0,5 und 2,3 mm/s auf, die dem Spektrum des unbestrahlten Ferrooxalats entsprechen. Es muß daraus gefolgert werden, daß die Bestrahlung zu einer Reduktion des dreiwertigen zum zweiwertigen Eisen führt. Dies wird auch durch Infrarotspektren bestätigt. Verwendet man zur Bestrahlung eine Quecksilberdampflampe, dann führt die Fotolyse zu derselben Umwandlung wie die γ-Bestrahlung.

Neben der Leistungsfähigkeit der Mößbauerspektroskopie bei der Untersuchung radiolytischer Umsetzungen zeigen die angeführten Beispiele auch, daß die Informationen über chemische Reaktionen aus Mößbauerspektren immer mit Ergebnissen aus anderen Fachgebieten vervollständigt werden sollten (z.B. Gravimetrie, Infrarotspektroskopie u.a.).

10.6 Mößbauerspektroskopie und Katalyse

Der Erfolg der Mößbauerspektroskopie bei der Untersuchung von katalytischen Prozessen und beim Studium von Katalysatoren zeigt, inwieweit diese spektroskopische Methode zur Lösung von Problemen aus der chemischen Industrie einsetzbar ist, wenn die in den voranstehenden Abschnitten behandelten Aussagen zur Elektronenkonfiguration,

Struktur und Phasenanalyse angewandt werden. Ein Bedarf dieser Art [74—77] entstand im Zusammenhang mit der Notwendigkeit der Erforschung der Grundlagen katalytischer Prozesse und der Entwicklung und Produktion von preiswerten und hocheffektiven Katalysatoren. Die Mößbaueruntersuchungen an realen katalytischen Prozessen und Systemen oxidischer, metallischer und metallorganischer Zusammensetzung lassen sich entsprechend den anstehenden konkreten Problemstellungen ordnen. Darunter sind besonders wichtig die Synthese von Katalysatoren mit vorgegebenen Eigenschaften, die Phasenumwandlungen und Aktivitätsänderungen durch katalytische Umsetzungen und die Natur der katalytischen Elementarprozesse.

Eine Gruppe von Fragestellungen betrifft die Korrelation zwischen der Elektronenstruktur von katalytischen Systemen und deren katalytischer Aktivität. Informationen hierüber liefern grundlegende Erkenntnisse für die gezielte Synthese von Katalysatoren mit vorgegebenen Eigenschaften. Als Beispiel seien Katalysatoren, die auf ein Trägermaterial mit großer spezifischer Oberfläche (10—100 m^2/g) aufgebracht sind, betrachtet. Durch das Auftragen der aktiven Komponente auf einen solchen Träger vergrößert sich die Oberfläche des Kontaktes, gleichzeitig werden aber auch die Eigenschaften im Vergleich zum kompakten Ausgangsmaterial verändert. In [78] wird für Fe auf SiO_2-Trägermaterial eingehend der starke Einfluß der Präparationsbedingungen (Ausgangsmaterial, Lösungsmittel, Konzentration) und der thermischen (oxidativen) Nachbehandlung untersucht. Der wesentliche Parameter — die Dispersität der entstehenden oxidischen Phasen — spiegelt sich deutlich in den Mößbauerspektren wider.

Durch mößbauerspektroskopische Untersuchungen konnte festgestellt werden, daß Atome an der Oberfläche von Partikeln andere Eigenschaften als im Inneren haben. Es kommt zu einer Vergrößerung des Kristallfeldgradienten und der Quadrupolaufspaltung ΔE_Q an der Partikeloberfläche [74, 79]. So ergab das Mößbauerspektrum den Prozentsatz von Oberflächenatomen, also den Anteil der katalytisch aktiven Oberfläche, bei einem Fe-Pt-Kontakt auf Kohlenstoffträger. Ein solches System wird bei der Synthese von Ammoniak und bei der Hydroxylierung des Neopentans verwendet [80]. Das zugehörige Spektrum ist in Abb. 10.20 dargestellt. Das äußere Dublett (Linien 1 und 4) gehört zu den Eisenatomen an der Partikeloberfläche, während das innere Dublett (Linien 2 und 3) den Eisenatomen im Innern entspricht. Die quantitative Bestimmung aus den Linienflächen läßt sich unter der Voraussetzung durchführen, daß der Mößbauerfaktor f derselbe für alle Eisenatome eines Teilchens ist, weil dieses klein ist und seine Oberfläche mit Sauerstoff bedeckt ist. Bei Vakuumdesorption des Sauerstoffs (2 Stunden bei 560°C) verkleinert sich der Faktor f der Oberflächenatome und das äußere Dublett verschwindet.

Wechselwirkungen mit dem Trägermaterial und modifizierte chemische Eigenschaften wurden auch an einem zinnhaltigen Pt-Kontakt mößbauerspektroskopisch nachgewiesen [81]. Bei den in [81] unter-

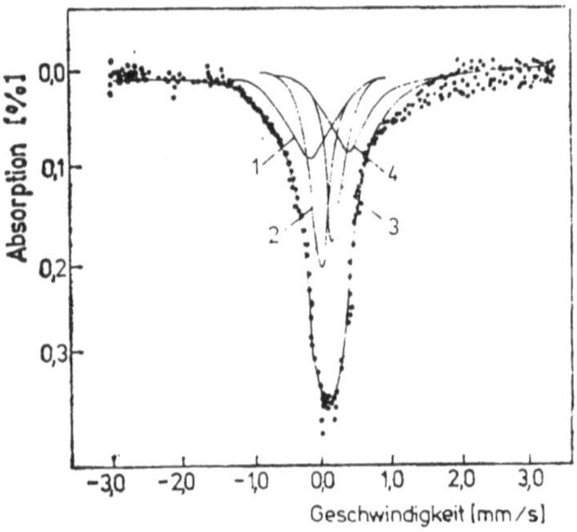

Abb. 10.20 — Das ^{57}Fe-Mößbauerspektrum eines Fe-Pt-Katalysators auf Kohlenstoffträger (nach [80]).

suchten reduzierten Pt-Sn-Katalysatoren auf η-Al_2O_3-Träger ergaben sich in Abhängigkeit von der Herstellungsweise unterschiedlich starke Wechselwirkungen zwischen dem Platin und dem Zinn. Eine komplexe Fixierung von Pt und Sn auf dem Träger führt zu vicinalen Anordnungen

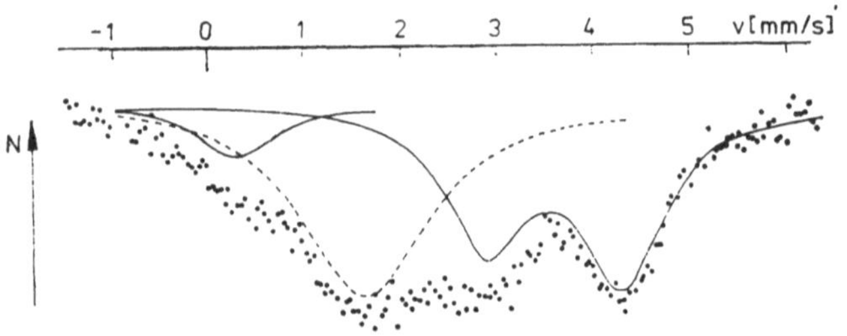

Abb. 10.21 — Mößbauerspektrum eines reduzierten Pt-Sn-η-Al_2O_3-Katalysators [81].

Linienzuordnung:

rechtes Dublett (mit Unsymmetrie durch Goldanskii-Karyagin-Effekt)	$(SnCl_3)^-_{ads}$
mittleres Singulett	Pt_xSn_y
linkes Singulett	SnO_2, (Cl^-).

beider Komponenten in Pt-Sn-Ensembles. Eine Abnahme der Aktivität bei der Dehydrierung von Zyklohexan und eine Zunahme der Aktivität bei der Dehydrozyklisierung von *n*-Heptan ergeben sich als Folge der Modifizierung der elektronischen Eigenschaften eines Teils des Platins durch den Zusatz von Zinn. Ein für diesen Katalysator typisches Spektrum ist in Abb. 10.21 gezeigt.

Dieses Beispiel leitet bereits über zu einer anderen Gruppe von Problemstellungen, die sich mit Strukturänderungen, die während der Chemisorption [82] und durch den Einfluß der Reaktionspartner auf den Katalysator zustande kommen, befaßt. Solche Erscheinungen sind zweifellos stets bei realen katalytischen Prozessen zu beobachten.

In [83] wurden z.B. Fe-Sb-Mischoxidkatalysatoren, die bei der Ammoxydation von Propen zu Acrylnitril eingesetzt werden, sowohl durch ^{57}Fe- als auch durch ^{121}Sb-Mößbauermessungen untersucht. Die Messungen ergaben den Oxydationszustand des Fe und auch des Sb vor und nach der katalytischen Reaktion und zeigten, daß beide Elemente an der Katalyse beteiligt sind. Es tritt ein linearer Zusammenhang zwischen gezielt hervorgerufenen Kristallgitterstörungen und der Quadrupolaufspaltung auf. Die Korrelation der Fe-Quadrupolaufspaltung mit der katalytischen Aktivität von Katalysatoren unterschiedlicher Zusammensetzung bestätigt theoretische Vorstellungen des Zusammenhangs der Aktivität mit der Sauerstoffbindungsfestigkeit.

Etwas eingehender soll das Verhalten des kommerziellen Oxydationskatalysators CA-1, der mößbauerspektroskopisch nach seiner Verwendung bei der Ammoniaksynthese (Druck 300 atm, Fördermenge 3000 l/h, Temperatur 400°C) untersucht wurde, behandelt werden [84]. Der Stickstoffgehalt wurde massenspektrometrisch ermittelt. Abb. 10.22 zeigt oben den mittleren Teil des im Vakuum bei 200°C erhaltenen Mößbauerspektrums, in dem die beiden inneren Linien der Hyperfeinstruktur des α-Fe und eine asymmetrische Linie mit $\delta = 0{,}1$ mm/s, die bei niedrigerer Temperatur verschwindet, auftreten. Behandelt man die Probe mit Wasserstoff, dann wird der Stickstoff aus der Probe ausgetrieben und gleichzeitig verschwindet das zentrale Singulett. Dieses Experiment zeigt, daß das Singulett durch den Stickstoff entsteht, der sich vorwiegend um die Kristalldefekte des Katalysators herum anlagert (6—12%). Eine Konzentration von 6—12% Stickstoff entspricht der festen Lösung von Stickstoff in γ-Fe. Die Parameter des zentralen Singuletts in Abb. 10.22 b entsprechen einem Austenit als feste Lösung der Stickstoffeinlagerungen im Fe. Somit kommt man zu der Annahme, daß in den Zonen des Katalysators mit Kristalldefekten, wo sich Stickstoff anlagert, die Temperaturerhöhung zu einer reversiblen Transformation α-Fe$\rightleftarrows$ γ-Fe führt. Die Temperatur für den Übergang in die γ-Phase, die im kompakten Material 910°C beträgt, wird an den inneren Oberflächen, wahrscheinlich infolge einer kritischen Stickstoffanreicherung, auf 200—250°C herabgesetzt [85]. Daraus lassen sich dann der Entstehungsprozeß der aktiven Zentren im Katalysator und ihr Beitrag zur Ammoniaksynthese verstehen [86]. Die Anreicherung mit Stickstoff an den Kristalldefekten des Katalysators führt zu einer Energieerhöhung des Gitters, die sich im Übergang zur γ-Phase ausdrückt. Im nächsten Reaktionsschritt verdrängt der Wasserstoff den Stickstoff, und das

Gitter kehrt unter Energieabgabe in den α-Zustand zurück. Die freiwerdende Energie aktiviert nun ihrerseits ein neues Stickstoffmolekül, das dann wiederum einen Übergang zur γ-Phase hervorruft. Die aktive

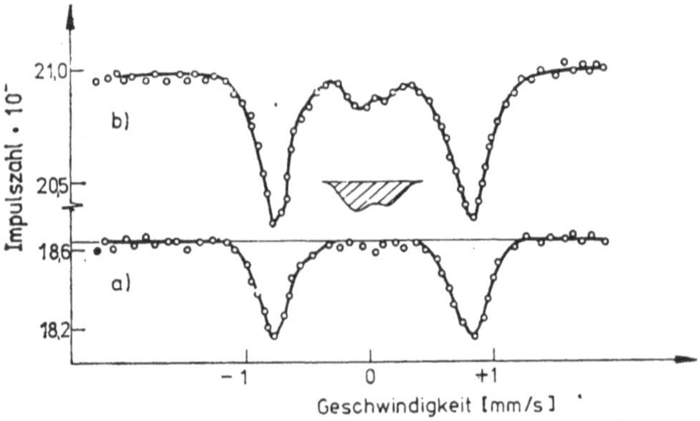

Abb. 10.22 – Mößbauerspektren des Katalysators CA-1 im Vakuum:
a. bei 20°C, b. bei 200°C [84].

Zone des Katalysators speichert somit und gibt abwechselnd während des polymorphen Übergangs Energie ab und führt damit zur erforderlichen Stickstoffaktivierung.

Als dritte Kategorie sind Untersuchungen über Zwischenzustände, die an der Katalysatoroberfläche während der Katalyse entstehen, zu nennen. Natürlich müssen in einem solchen Falle die Mößbauerspektren während des Ablaufs des realen katalytischen Prozesses aufgenommen werden. Dazu gehört ein katalytischer Reaktor, der gleichzeitig auch als Probenhalter in ein Mößbauerspektrometer eingebaut ist.

Untersuchungen dieser Art wurden erstmals in [87] veröffentlicht. In Abb. 10.23 ist das Schema eines Reaktors, der für Untersuchungen der katalytischen Oxydation des Propylens eingesetzt wurde, gezeigt. Als Katalysator wurde hier $^{57}Fe_{0,03}Co_{0,97}MoO_4$ mit einer Oberfläche von 12 m^2/g verwendet [88]. Das reagierende Gemisch bestand aus einem Teil C_3H_6 und zehn Teilen Sauerstoff (310–330°C, 1 atm, 10 l/h). Der Reaktionsablauf mit einer Zeitkonstante von 5–7 Std. wurde chromatografisch verfolgt. Das Mößbauerspektrum des Katalysators an Luft bei 310°C vor Reaktionsbeginn ist in Abb. 10.24 oben dargestellt. Es besteht aus einem zentralen Singulett, das dem Substitutionseisen Fe^{3+} im Kobaltmolybdat entspricht, und aus einem Fe^{2+}-Dublett mit einem Intensitätsanteil von ca. 4% ($\delta \approx 1,2$ mm/s, $\Delta E_Q \approx 2,2$ mm/s). Während des Reaktionsablaufs ändert sich das Spektrum qualitativ nicht, aber die Intensität des Fe^{2+}-Dubletts verdoppelt sich (Abb. 10.24 unten)

Nach Reaktionsschluß nimmt die Intensität dieses Dubletts wieder ihren Anfangswert an. Das Anwachsen der Fe^{2+}-Konzentration während des Reaktionsablaufs weist auf die Entstehung eines aktivierten Ober-

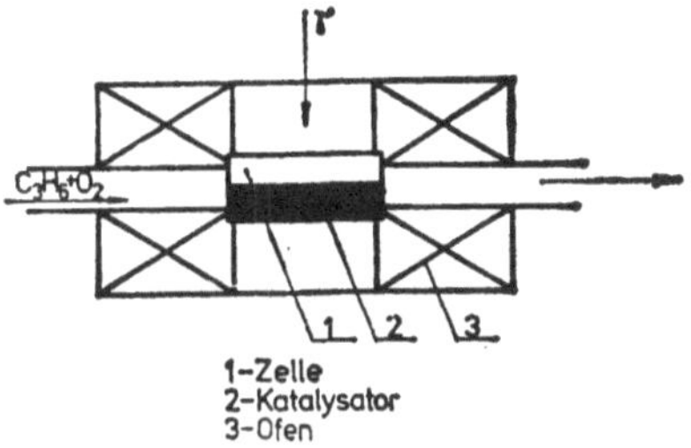

Abb. 10.23 – Meßzelle zur mößbauerspektroskopischen Beobachtung von Zwischenzuständen bei der Katalyse.

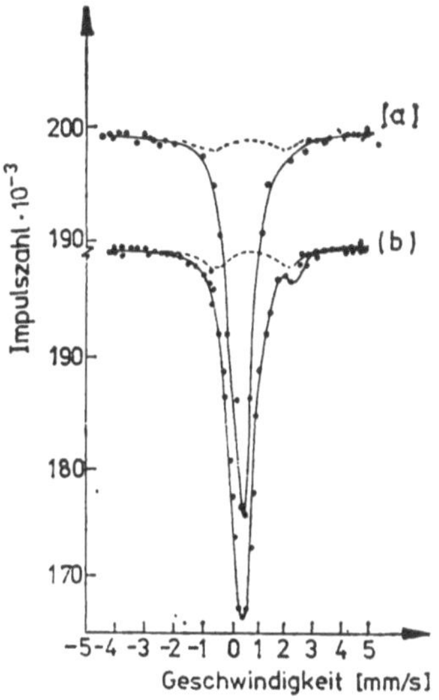

Abb. 10.24 – Mößbauerspektren von $^{57}Fe_{0,03}Co_{0,97}MoO_4$:
a. vor der Katalyse b. während der Katalyse [88].

flächenkomplexes, an dem das adsorbierte Propylen und der Sauerstoff beteiligt sind, hin. Das zweiwertige Eisen Fe^{2+} spielt die Rolle eines Ladungsüberträgers für die Ladungen aus dem aktivierten Komplex Mo^{5+} (als Donor) mit dem adsorbierten Propylen zum Sauerstoffmolekül (als Akzeptor). Die Lebensdauer des aktivierten Komplexes wurde zu $\tau < 10^{-8}$ s und die stationäre Konzentration während des Reaktionsablaufs zu $10^{17}/m^2$ abgeschätzt.

Literatur

[1] V. I. Goldanskii, R. H. Herber (Hrsg.), „Chemical Applications of Mössbauer Spectroscopy", New York–London, Academic Press (1968).
[2] J. Danon, „Lectures on the Mössbauer Effect", New York, Gordon and Breach (1968).
[3] J. Danon, in „Physical Methods in Advanced Inorganic Chemistry", H.A.O. Hill und P. Day (Hrsg.), London, Interscience Publisher (1968), S. 380.
[4] J. Danon, in „An Introduction to Mössbauer Spectroscopy", Leopold May (Hrsg.), New York–London, Plenum Press (1971).

[5] R. H. HERBER, in „An Introduction to Mössbauer Spectroscopy", LEOPOLD MAY (Hrsg.), New York–London, Plenum Press (1971).
[6] R. H. HERBER, „The Mössbauer Effect and its Applications in Chemistry" a symposium organized by C. N. Seidel for Nuclear Science and Engineering Corp., Pittsburgh, New York, N.Y., September 12 (1966).
[7] G. KAINDL, D. KUCHEIDA, W. POTZEL, F. E. WAGNER, U. ZAHN, R. L. MÖSSBAUER, International Conference on Hyperfine Radiations Detected by Nuclear Radiations, Jerusalem, Rehovot (1970), S. 100.
[8] N. N. GREENWOOD, T. C. GIBB, „Mössbauer Spectroscopy", Chapman and Hall (1971).
[9] G. M. BANCROFT, „Mössbauer Spectroscopy", McGraw-Hill (1973).
[10] P. GÜTLICH, in „Mössbauer Spectroscopy", U. GONSER (Hrsg.), Springer-Verlag (1975); P. GÜTLICH, R. LINK, A. TRAUTWEIN, „Mössbauer Spectroscopy and Transition Metal Chemistry", Springer-Verlag (1978).
[11] J. DANON, „Mössbauer Spectroscopy Application to Coordination Chemistry", Notas de Fisica XV, 15 (1969).
[12] L. PAULING, „Die Natur der chemischen Bindung", Verl. Chemie, Weinheim (1964).
[13] I. URSU, „Résonance électronique paramagnétique", Dunod, Paris (1968).
[14] L. PAULING, „The Nature of the Chemical Bond", Cornell Univ. Press, Ithaca, N.Y. (1967).
[15] C. A. COULSON, „Valence", Oxford Univ. Press, Oxford (1965).
[16] C. J. BALLHAUSEN, H. B. GRAY, „Molecular Orbital Theory", W. A. Benjamin Inc., N.Y. (1965).
[17] M. WOLFSBERG, L. HELMHOLZ, J. Chem. Phys. 20, 837 (1962).
[18] C. C. J. TOOTHAAN, Rev. Mod. Phys. 23, 69 (1951).
[19] C. J. BALLHAUSEN, H. B. GRAY, Inorg. Chem. 1, 831 (1962.)
[20] H. B. GRAY, J. Chem. Educ. 41, 2 (1964).
[21] H. B. GRAY, „Electrons and Chemical Bonding", W. A. BENJAMIN Inc., New York–Amsterdam (1965).
[22] H. B. GRAY, C. J. BALLHAUSEN, J. Am Chem. Soc. 85, 260 (1963).
[23] E. FLUCK, W. KERLER, W. NEUWIRTH, Angew. Chem. Internat. Edn. 2, 277 (1963).
[24] N. L. COSTA, J. DANON, R. M. XAVIER, J. Phys. Chem. Solids 23, 1783 (1962).
[25] E. FLUCK, P. KUHN, Z. Anorg. Chem. 350, 263 (1967).
[26] W. POTZEL, F. E. WAGNER, V. ZAHN, R. L. MÖSSBAUER, J. DANON, Z. Physik 240, 306 (1970).
[27] C. A. CLAUSEN, R. A. PRADOS, M. L. GOOD, J. Am. Chem. Soc. 92, 7483 (1970).
[28] R. GREATREX, N. N. GREENWOOD, P. KASPI, J. Chem. Soc. (A) 11, 1873 (1971).
[29] N. E. ERICKSON, Ph. D. Thesis, Univ. Seattle, Washington, USA (1964).
[30] G. M. BANCROFT, M. J. MAYS, B. E. PRATER, F. D. STEFANINI, J. Chem. Soc. (A) 2146 (1970).
[31] R. V. PARISH, Prog. Inorg. Chem. 15, 101 (1972).
[32] C. A. CLAUSEN, M. L. GOOD, Inorg. Chem. 9, 817 (1970).
[33] A. G. DAVIES, L. SMITH, P. J. SMITH, J. Organometal. Chem. 23, 135 (1970).
[34] R. F. DALTON, K. JONES, Inorg. Nucl. Chem. Lett. 5, 785 (1969).
[35] R. H. HERBER, H. S. CHENG, Inorg. Chem. 9, 1686 (1970).
[36] M. PASTERNAK, T. SONNINO, J. Chem. Phys. 48, 1997 (1968).
[37] D. W. HAFEMEISTER, G. DE PASQUALI, H. DE WAARD, Phys. Rev. 135, B 1089 (1964).
[38] M. PASTERNAK, A. SIMOPOULOS, Y. HAZONY, Phys. Rev. 140, A 1892 (1965).
[39] S. BUKSHPAN, R. H. HERBER, J. Chem. Phys. 46, 3375 (1967).
[40] R. INGALLS, Phys. Rev. 133, A 787 (1964).

[41] W. MÜLLER, M. S. Thesis, Techn. Hochschule Darmstadt (1974).
[42] J. L. K. F. DE VRIES, Ph.D. Dissertation, Catholic Univ. Nijmegen (1972).
[43] P. R. EDWARDS, C. E. JOHNSON, R. J. P. WILLIAMS, J. Chem. Phys. 47, 2074 (1967).
[44] C. D. BURBRIDGE, D. M. L. GOODGAME, M. GOODGAME, J. Chem. Soc. (A) 3, 349 (1967).
[45] R. H. HERBER, Y. GOSCINNY, Inorg. Chem. 7, 1293 (1968).
[46] R. E. WATSON, Phys. Rev. 118, 1036 (1960).
[47] H. SCHNORR, Dissert., Dt. Akad. Wiss., Berlin (1972); H. SCHNORR, H. KRIEGSMANN, Tagungsbericht IV. Intern. Konf. Mößbauerspektrometrie, Dresden (1971) (Phys. Ges. DDR), Bd. 2, S. 474.
[48] H. D. BARTUNIK, W. POTZEL, R. L. MÖSSBAUER, G. KAINDL, Z. Physik 240, (1970).
[49] J. P. JESSON, J. F. WEIHER, S. TROFIMENKO, J. Chem. Phys. 48, 2058 (1968).
[50] E. KÖNIG, K. MADEJA, Inorg. Chem. 6, 48 (1967).
[51] E. KÖNIG, K. MADEJA, Inorg. Chem. 7, 1848 (1968).
[52] D. M. L. GOODGAME, A. A. S. C. MACHADO, Chem. Comm. 1420 (1969).
[53] A. ITO, M. SUENAGA, K. ONO, J. Chem. Phys. 48, 3597 (1968).
[54] R. L. COLLINS et al., Bull. Am. Phys. Soc. 16, 23 (1971).
[55] M. G. CLARK, Mol. Phys. 20, 257 (1971).
[56] G. M. BANCROFT, M. J. MAYS, B. E. PRATER, J. Chem. Soc. (A) 956 (1970).
[57] R. R. BERRETT, B .W. FITZSIMMONS, J. Chem. Soc. (A) 525 (1967).
[58] G. M. BANCROFT, R. E. GARROD, A. G. MADDOCK, M. J. MAYS, B. E. PRATER, Chem. Comm. 201, (1970).
[59] G. M. BANCROFT, R. H. PLATT, Adv. Inorg. Chem. Radiochem. 15, 59 (1972).
[60] G. R. HOY, F. DE S. BARROS, Phys. Rev. 139, A 929 (1963).
[61] N. E. ERICKSON, A. W. FAIRHALL, Inorg. Chem. 4, 1320 (1965).
[62] J. D. DONALDSON, R. OTENG, J. B. SENIOR, Chem. Comm. 618 (1965).
[63] D. F. SHRIVER, „Structure and Bonding", 1, 32, Springer-Verlag, Berlin (1970).
[64] D. B. BROWN, D. F. SHRIVER, L. H. SCHWARTZ, Inorg. Chem. 7, 77 (1968).
[65] H. SCHNORR, Dissertation Dt. Akad. Wiss., Berlin (1972).
[66] W. MEISEL, Proc. Intern. Conf. Mössb. Spectr., Bratislava (1973), Bd. 1, S. 200, M. HUCL, T. ZEMCIK (Hrsg.), Prag (1975).
[67] W. MEISEL, G. KREYSA, Z. Anorg. Allg. Chem. 395, 31 (1973).
[68] G. DEHE, B. SEIDEL, W. MEISEL, Nucl. Instr. Meth. 133, 381 (1976).
[69] W. MEISEL, B. MOLNAR, Werkstoffe und Korrosion 30, 438 (1979).
[70] G. M. BANCROFT, M. J. MAYS, B. E. PRATER, J. Chem. Soc. (A), 956 (1970).
[71] P. K. GALLAGHER, C. R. KURKJIAN, Inorg. Chem. 5, 214 (1966).
[72] G. M. BANCROFT, G. K. DHARMAWARDHENA, A. G. MADDOCK, J. Chem. Soc. (A) 2914 (1969).
[73] N. SAITO, H. SANO, T. TOMINAGA, F. AMBE, „Appl. of Mössb. Effect in Chem. and Sol. State Phys.", Panel. IAEA Wien (1966), S. 251.
[74] V. I. GOLDANSKII, I. P. SUZDALEV, Proc. Conf. Appl. Mössb. Effect, Tihany (1969), S. 269, Akademiai Kiadó, Budapest (1971).
[75] I. P. SUZDALEV, Proc. Conf. Mössb. Spectr., Dresden (1971), S. 27.
[76] W. N. DELGASS, M. BOUDART, Catal. Rev. 2, 129 (1968).
[77] M. C. HOBSON, Prog. Surf. Membrane Sci., J. F. DANIELLI (Hrsg.) 5, 1 (1972).
[78] W. MEISEL, H. HOBERT, Experim. Techn. Physik 16, 237 (1968); D. ARNOLD, H. HOBERT, Wiss. Z. Univ. Jena 25, 843 (1976).
[79] V. I. GOLDANSKII, YU, V. MAKSIMOV, I. P. SUZDALEV, Proc. Int. Conf. Mössb. Spectr., Cracow (1975), Vol. 2, S. 163.
[80] C. H. BARTHOLOMEW, M. BOUDART, J. Catal. 29, 278 (1973).
[81] H. BERNDT, H. MEHNER, J. VÖLTER, W. MEISEL, Z. anorg. allg. Chem. 429, 47 (1977).

[82] D. ARNOLD, H. HOBERT, Z. Chem. 8, 197 (1968), Proc. Conf. Mössb. Spectr., Dresden 2, 517 (1971).
[83] F.-J. ULRICH, Dissert. Akad. Wiss. DDR (1975); F.-J. ULRICH, W. MEISEL, J. SCHEVE, A. JU. ALEXANDROV, Proc. Conf. Mössb. Spectr., Dresden, 2, 542 (1971).
[84] YU. V. MAKSIMOV, I. P. SUZDALEV, R. A. ARENTS, E. F. MAKAROV, M. YA. KUSHNEREV, L. D. KUZNETSOV, Doklady AN SSSR 222, 392 (1975).
[85] YU. V. MAKSIMOV, I. P. SUZDALEV, YU. P. JAMPOLSKII, Doklady AN SSSR 206, 1120 (1972).
[86] M. V. TOVBIN, V. YA. ZABUGA, V. K. YATSIMIRSKII, Publ. KGU (1973).
[87] A. POPESCU, A. SZABO, H. HOBERT, Rev. Roum. Chim. 16, 869 (1971); A. POPESCU, A. SZABO, D. ARNOLD, Rev. Roum. Chim. 16, 1885 (1971).
[88] YU. V. MAKSIMOV, I. P. SUZDALEV, V. I. GOLDANSKII, O. V. KRYLOV, L. YA. MARGOLIS, A. E. NECHITAILO, Chem. Phys. Lett. 34, 172 (1975).
[89] D. LUPU, D. BARB, G. FILOTI, M. MORARIU, D. ŢARINĂ, J. Inorg. nucl. Chem. 34, 2803 (1972).

Elftes Kapitel

Der Einsatz der Mößbauerspektroskopie bei der Untersuchung von Biomolekülen

11.1 Einleitung

Bekanntlich spielt das Element Eisen in einer ganzen Reihe von Biomolekülen eine wichtige Rolle. Bei diesen Biomolekülen handelt es sich meist um Proteinstrukturen mit Molekulargewichten von $10^4 \ldots 10^6$ d. Sie werden im wesentlichen durch Aminosäuren, die mit Peptidbindungen verbunden sind, gebildet und zeigen häufig eine helikale Struktur. In denjenigen Proteinen, die ein oder mehrere Metallionen enthalten (und deshalb zu den Proteiden gerechnet werden müssen), bildet das Metall die aktiven Zentren. In den meisten derartigen Proteiden spielt das Eisen die Rolle des aktiven Metalls.

Neben den konventionellen Untersuchungsmethoden der Chemie rückten in den letzten Jahren immer mehr auch physikalische Methoden bei biologischen Forschungen in den Vordergrund. Sie ermöglichen ein vertieftes Verständnis der Struktur der aktiven Zentren und ihrer biologischen Wirksamkeit. Es seien hier die Röntgenbeugung, die optische Spektroskopie, die magnetische Kernresonanz, die Elektronenspinresonanz und die Neutronenbeugung erwähnt.

Wegen der beim Nuklid ^{57}Fe günstigen Eigenschaften zur Beobachtung der Kern-Gammaresonanz ist es möglich, eisenhaltige biologisch aktive Substanzen auch mößbauerspektroskopisch zu untersuchen. Bisher gibt es einige hundert Veröffentlichung auf diesem Gebiet. Der Leser sei lediglich auf folgende zusammenfassende Darstellungen aufmerksam gemacht: May [1], Lang und Marshall [2], Lang [3], Frauenfelder, Gunsalus und Münck [4] sowie Johnson [5] und Maling [6].

Die biologischen Funktionen eisenhaltiger Proteide sind sehr verschieden und umfassen den Transport und die Speicherung von Eisen, den Transport von Sauerstoff und von Elektronen, katalytische Funktionen u.a.m. Die eisenhaltigen Biomoleküle lassen sich in drei Gruppen einteilen:

a) Proteide zum Transport und zur Speicherung von Eisen, z.B. Ferritin, Transferrin, Hämosiderin;

b) Blutproteide, z.B. Hämoglobin, Myoglobin, Peroxydase, Cytochrome, Katalase;
c) eisen- und schwefelhaltige Proteide, z.B. Rubredoxin, Ferredoxin, Proteide mit hohem Redoxpotential, mit Eisen konjugierte Sulfoproteide, z.B. Xantin, Oxydase u.a.m.

Die Mannigfaltigkeit der biologischen Funktionen dieser Proteide wird durch die darin enthaltenen Eisenionen bestimmt und durch die unterschiedliche Art ihres Einbaues in die Proteide gesteuert. Die Verschiedenheit der stereochemischen Koordination führt zu verschiedenen Spinkonfigurationen des Eisenions, die sich charakteristisch in den Mößbauerspektren widerspiegeln. Im allgemeinen reicht die Mößbauerspektroskopie für eine detaillierte Untersuchung solcher Proteide nicht aus, sondern sie bildet nur einen Teil eines komplexen Methodeneinsatzes.

Bei der mößbauerspektroskopischen Untersuchung von Biomolekülen treten einige Besonderheiten auf. Da der Mößbauereffekt nur an Kernen in einem Festkörper auftritt, können biochemische Substanzen nur dann auf diese Weise untersucht werden, wenn sie im festen Zustand oder als eingefrorene Lösung vorliegen. Gewöhnlich werden eingefrorene wäßrige Lösungen verwandt, da diese den geringsten Aufwand bei der Probenpräparation erfordern. Einige Untersuchungen wurden auch an reinen Proteiden vorgenommen, die durch Fällung und schnelles Zentrifugieren in fester Form gewonnen wurden. Eine einfache Trockung biologischer Substanzen kann zu bedeutenden Strukturänderungen führen. Deshalb zieht man meist eine Vakuumgefriertrocknung vor, obwohl auch durch diese Prozedur Änderungen in der biologischen Aktivität auftreten können. Bei jedem Biopolymer muß man den Einfriereffekt genau untersuchen, um eventuelle Strukturänderungen berücksichtigen zu können.

Da der Eisengehalt in den Proteiden gewöhnlich sehr gering ist, macht sich oft eine Verbesserung des Spektrums durch Anreicherung der Proteide mit ^{57}Fe erforderlich. Wenn das biologische System mit einer umgebenden Flüssigkeit im Stoffwechsel steht, dann kann dieser Flüssigkeit mit ^{57}Fe angereicherte Lösung zugesetzt werden, und der normale Eisenmetabolismus führt dann zur gewünschten Anreicherung. So kann z.B. das Hämoglobin im Blut von Versuchstieren mit ^{57}Fe durch Injektion von entsprechend angereichertem Eisenzitrat angereichert werden. Bakterien kann angereichertes Eisen zugeführt werden, indem man dem Medium, in dem die Kultur aufgezogen wird, entsprechende Eisenverbindungen zusetzt.

Nachfolgend soll anhand von einigen repräsentativen Untersuchungen gezeigt werden, auf welche Weise die Mößbauerspektroskopie beim Studium der Struktur und der Aktivität von Biomolekülen eingesetzt werden kann.

11.2 Transport und Speicherung von Eisen durch Proteide

Die Proteide, die dem Transport und der Speicherung von Fe dienen, gehören den unteren Entwicklungsstufen an, da sie bereits in der Mikroben- und Bakterienwelt auftreten. Diese Organismen benötigen das Eisen für ihr Wachstum und die Atmung. Die Fe-transportierenden Proteide werden Transferrine genannt.

Von den Eigenschaften dieser Proteide ist für die Mößbauerspektroskopie besonders wichtig, daß sie eine Vorliebe dem Ferri-Ion und ein Desinteresse dem Ferro-Ion gegenüber zeigen. So liegt in diesen Substanzen das Eisen als high-spin Fe^{3+} im Zustand ^6S (mit $L = 0$ und $S = 5/2$) vor. Zur Interpretation der Mößbauerspektren von Fe-transportierenden Proteiden dient die Spinhamiltonfunktion $\mathcal{H}$, deren effektiver Spin den Wert $S = 5/2$ besitzt, in der Form [7]

$$\mathcal{H} = D\left(S_z^2 - \frac{35}{12}\right) + E(S_x^2 - S_y^2) + \frac{a}{6}\left(S_\xi^4 + S_\eta^4 + S_\zeta^4 - \frac{707}{16}\right) + \tag{11.1}$$

$$+ 2\beta_e \mathbf{HS} + A\mathbf{IS} + \frac{eQV_{zz}}{4}\left\{I_z^2 - \frac{5}{4} + \frac{\eta}{3}(I_x^2 - I_y^2)\right\} - g_N \beta_N \mathbf{H}_0\mathbf{I}.$$

Die Glieder mit D, E und a liefern die Aufspaltung der sechs Spinzustände ^6S im Nullfeld. Gewöhnlich dominieren in der Wechselwirkung die quadratischen Glieder (D und E). Biquadratische Terme, die der Energie des kubischen Kristallgitters Rechnung tragen, können vernachlässigt werden ($a = 0$), falls nicht die Ionen in annähernder Kugelsymmetrie vorliegen (dies gilt auch für rhombische und trigonale Symmetrie, für die $a \neq 0$ ist). Die Zeemanwechselwirkung $2\beta_e\mathbf{HS}$ ist für den kugelsymmetrischen ^6S-Zustand isotrop und beschreibt das Verhalten der Elektronenniveaus in einem schwachen äußeren Magnetfeld. Die magnetische Hyperfeinwechselwirkung $A\mathbf{IS}$ ist isotrop und enthält wegen der Kugelsymmetrie des ^6S-Zustandes nur den Fermikontaktterm (Bahn- und Dipolterm sind Null). Obwohl eine Quadrupolwechselwirkung bei Kugelsymmetrie fehlen sollte, erscheint sie trotzdem im Mößbauerspektrum solcher Proteide, da am Eisenkern Ladungsunsymmetrien auftreten, die sich dann im Spektrum entsprechend bemerkbar machen. Der letzte Term, die Kern-Zeemanwechselwirkung, kann in schwachen Feldern von wenigen kOe vernachlässigt werden.

Der Hamiltonoperator (11.1) wirkt auf das den sechs Elektronenzuständen entsprechende Produkt $|m_s\rangle|m_I\rangle$ (wobei $|m_s\rangle = |-5/2\rangle$, $|-3/2\rangle, \ldots, |5/2\rangle$ und $|m_I\rangle = |-1/2\rangle, |1/2\rangle$ für den Grund- und $|m_I\rangle = |-3/2\rangle, -|1/2\rangle, \ldots, |3/2\rangle$ für den angeregten Zustand sind). Die Matrixelemente des Spinhamiltonoperators (Matrix der Größe $n \cdot n$

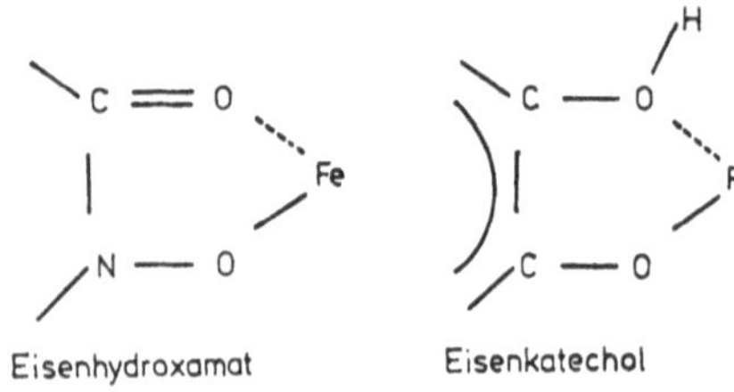

Abb. 11.1 – Die Bindung von Ferri-Ionen an die Katecholgruppe bzw. an Hydroxamsäure.

mit $n=(2S+1)(2I+1)$) können berechnet werden. Sie ermöglichen die Aufstellung von Rechenprogrammen zur Simulierung der Mößbauerspektren von Eisentransport- und -speicherproteiden. Um zeitabhängige Einflüsse auf die Spektren, die deren Interpretation stark komplizieren, auszuschalten, wird meist bei magnetischer Verdünnung (verschwindende Spin-Spin- Relaxation) und bei niedrigen Temperaturen (verschwindende Spin-Gitter-Relaxation) gearbeitet.

Nachfolgend werden einige Beispiele zu Untersuchungen an Proteiden, die zur Speicherung oder zum Transport von Eisen dienen, angegeben. Als erstes sei das Enterobaktin angeführt, ein eisenspeicherndes Proteid, das das Fe durch drei Katecholgruppen über Sauerstoffatome bindet (s. Abb. 11.1). Das Enterobaktin wird von Enterobakterien erzeugt, wenn diese sich in einem Medium mit Eisendefizit befinden. Das Enterobaktin hat eine hohe Affinität gegenüber Eisen ($pK > 25$) und kann in Wasser oder Äthanol gelöst werden. Das Mößbauerspektrum einer Lösung von Enterobaktin mit ^{57}Fe in Methanol in einem äußeren Magnetfeld von 1,3 kOe liefert eine temperaturabhängige, gut aufgelöste paramagnetische Hyperfeinstruktur [8]. Im Grenzfall sehr langsamer Relaxation ergibt jeder Elektronenzustand ein separates Mößbauerspektrum. Die so erhaltenen Teilspektren überlagern sich, wobei jedes Teilspektrum einen Beitrag entsprechend dem zugehörigen Boltzmannfaktor ergibt. Das Enterobaktin hat drei unabhängige Elektronenzustände (Kramerssche Dubletts), die je ein Teilspektrum liefern, und durch deren Summierung das resultierende Spektrum entsteht. Dieses Spektrum konnte sehr gut mit der Hamiltonfunktion (11.1) simuliert werden, wenn eine rhombische Struktur vorausgesetzt wird. Die zugehörigen Parameter ergeben sich zu $D = 0{,}48\ \mathrm{cm}^{-1}$, $E = 0{,}22\ \mathrm{cm}^{-1}$, $a = -0{,}13\ \mathrm{cm}^{-1}$, $A = 222$ kOe/Spin, $eQV_{zz} = -0{,}6$ mm/s [8].

Ein anderes Beispiel stellen die Transferrine dar, die den Eisentransport in verschiedenen Flüssigkeiten, die bei Wirbeltieren (und auch beim Menschen) vorkommen, bewerkstelligen. Das Eisen ist fest an die Transferrine (mit einer Bindungskonstante für das Ferri-Ion von $pK \approx 30-31$) gebunden. Diese Proteide haben ein Molekulargewicht von 80 000 d und zwei Positionen je Molekül, an die Eisen gebunden werden kann. Man unterteilt die Transferrine in Serumtransferrine, Ovartransferrine (Konalbumin) und Milchtransferrine. Von diesen finden sich die ersten im Blutserum, die zweiten im Eiklar und die letzteren in der Milch. Die Funktion der letzten beiden ist nicht genau bekannt, man nimmt aber an, daß sie bakteriostatisch wirken, indem sie den Eisengehalt so regulieren, daß Bakterien nicht das erforderliche Wachstumsmedium zur Verfügung steht. Im Blut transportiert das Serumtransferrin das Eisen von den Speicherproteiden ins Knochenmark, wo es dann ins Hämoglobin eingebaut wird. Von Interesse ist hier die Frage, ob die beiden Plätze des Eisens im Molekül gleich sind oder nicht. In den Mößbauerspektren von menschlichem Serumtransferrin konnten keine Unterschiede zwischen den beiden Eisenplätzen nachgewiesen werden. Für die Parameter der Spinhamiltonfunktion ergaben sich folgende Werte: $D = 0{,}15\ \text{cm}^{-1}$, $E = 0{,}045\ \text{cm}^{-1}$, $A = 221$ kOe/Spin, $eQV_{zz} = 1{,}48$ mm/s [9].

Aus den Mößbauerspektren von Fe-Speicher- und Transportproteiden ergeben sich folgende charakteristische Resultate:

– Die magnetischen Hyperfeinfelder sind in diesen Proteiden bedeutend größer als bei anderen high-spin Ferrikomplexen. Daraus ist zu folgern, daß die magnetischen Valenzelektronen bevorzugt in der Nähe des Fe lokalisiert sind.

– Die Quadrupolaufspaltungen liegen in derselben Größenordnung wie bei anderen high-spin-Komplexen und weisen auf eine rhombische Symmetrie des elektrischen Feldgradienten hin.

Unter Verwendung der erhaltenen Parameter der Spinhamiltonfunktion sind einige Rückschlüsse bezüglich der Struktur dieser Proteide möglich:

– Alle Fe-bindenden Komplexe liefern für E/D Werte zwischen 0,25 und 0,51, während für $a \neq 0$ die Werte von a/D zwischen $-0{,}13$ und $-0{,}35$ liegen.

– Die Spinhamiltonfunktion und somit auch die Elektronenwellenfunktionen haben rhombische Symmetrie. In den axialsymmetrischen Hämkomplexen ist D um eine Größenordnung größer als in den Fe-Transportkomplexen.

Die Mößbauermessungen bestätigen, daß die Proteide, die dem Transport und der Speicherung des Eisens dienen, eine große Affinität gegenüber dem Fe^{3+}-Ion und eine geringe gegenüber dem Fe^{2+}-Ion zeigen. Da diese Moleküle das Eisen in einem bestimmten Stadium des biologischen Kreislaufs abzugeben haben, ist die Bindung zwischen dem Proteid und dem Ion von wesentlicher Bedeutung. Unbekannt bleibt der Mechanismus, durch den diese Komplexe das Fe^{3+}-Ion abgeben, ob oder wie das Eisen durch die Zellwand tritt bzw. in welchem chemischen Zustand sich das Eisen beim Hindurchtreten durch die Zellwand befindet.

11.3 Der Transport von Sauerstoff

Molekularer Sauerstoff gelangt beim Atmungsvorgang mit Hilfe der Hämoproteide in den Organismus. Die prosthetische Gruppe der Hämoproteide ist das Häm. Es hat eine ebene Gestalt und ein Molekulargewicht von ca. 600 d und enthält in seinem Zentrum ein Eisenatom, das von vier Stickstoffatomen umgeben ist. In Abb. 11.2 ist der Aufbau des Häms gezeigt. In Hämoglobin (Hb) und Myoglobin (Mb) ist das Häm an das Proteinmolekül durch den Stickstoff eines Histidins,

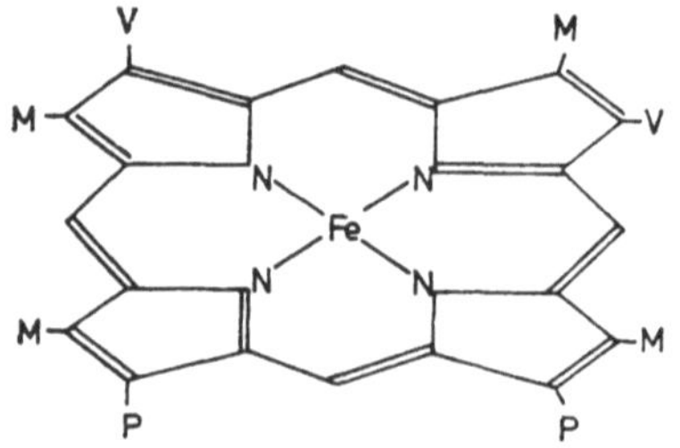

Abb. 11.2 – Die Struktur des Häms: M = Methyl-, V = Vinyl-, P = Propionsäure.

das sich zentral unter der Ebene der vier Stickstoffliganden befindet, gebunden. Der sechste Koordinationsplatz des Eisens, oberhalb der Hämebene, ist leer und kann andere, leichte Moleküle binden, z.B. O_2, CO, H_2O.

Das Hämoglobin hat die physiologisch wichtige Aufgabe, den Sauerstoff im Organismus zu transportieren. Zusammen mit dem Sauerstoffmolekül bildet es das Oxyhämoglobin (HbO_2), das bei einem kleineren Sauerstoffpartialdruck als in der Lunge in den Blutgefäßen leicht dissoziiert und den Sauerstoff freigibt. Dieser gelangt dann in das Gewebe und ermöglicht die Oxydationsreaktionen.

Aus magnetischen Suszeptibilitätsmessungen geht hervor, daß im normalen Blut das Oxyhämoglobin zweiwertige Eisenionen im low-spin Zustand ($S=0$) enthält. Bei der Sauerstoffabgabe geht das Eisenion dann in einen high-spin Zustand ($S=2$) über. Der Sauerstoff wird also ohne eine Änderung des formalen Oxydationszustands des Fe transportiert [10]. Hämicyanid (HbCN) dagegen enthält dreiwertige Eisenionen im low-spin Zustand ($S=1/2$). Die Mößbauerspektren dieser Moleküle bestätigen die Ergebnisse der Suszeptibilitätsmessungen und liefern quantitative Daten über den Einfluß der Sauerstoffbindung auf die Energieniveaus und Wellenfunktionen der Eisenionen [11].

Als Beispiel seien die Mößbauerspektren des Hämoglobins und seiner Komplexe in normalem und geschädigtem Blut betrachtet.

Das Oxyhämoglobin (HbO_2) im arteriellen Blut ist wegen seines low-spin ($S=0$) Fe^{2+}-Gehaltes diamagnetisch und liefert somit keine magnetische Hyperfeinwechselwirkung. Bei 4,2 K ergibt das Mößbauerspektrum eine große Quadrupolaufspaltung $\Delta E_Q = 2{,}24$ mm/s und eine Isomerieverschiebung von 0,2 mm/s (bezogen auf metallisches Fe), die typisch für das low-spin Ferro-Ion ist [2]. Das Spektrum verweist also auf eine stark kovalente und asymmetrische Bindung. Durch Messung in einem äußeren Magnetfeld konnte festgestellt werden, daß V_{zz} negativ ist.

Eine Vorstellung über die Bindung des Sauerstoffs an das Hämoglobin, die im Einklang mit dem eben Beschriebenen ist, vermittelt das in Abb. 11.3 wiedergegebene Modell von Lang [12]. Danach wird

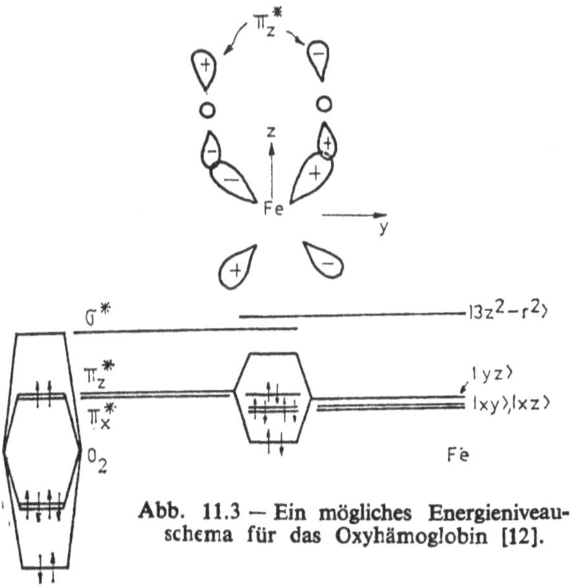

Abb. 11.3 – Ein mögliches Energieniveauschema für das Oxyhämoglobin [12].

angenommen, daß sich das Sauerstoffmolekül parallel zur Hämebene oberhalb des Ferro-Ions ausrichtet. Die x-Achse zeigt in die V_{xx}-Hauptrichtung des EFG-Tensors. Unter dem Modell ist das Energieschema der Molekülniveaus dargestellt. Die Bindung zwischen dem Fe und dem O_2

erfolgt duch die Bildung eines Molekülorbitals $a\pi_z^* + b|yz\rangle$, das durch die Wechselwirkung zwischen dem antibindenden Orbital π^* des O_2-Moleküls und dem $|yz\rangle$-Orbital des Eisens entsteht. Durch diese Wechselwirkung wird die Entartung des π^*-Orbitals, die den Paramagnetismus des Sauerstoffmoleküls bewirkt, aufgehoben. (Das Orbital π_x^* wird nicht beeinflußt, während π_z^* an der Bindung beteiligt ist.) Dies führt dann zu der beobachteten Abwesenheit paramagnetischer Wechselwirkungen im Mößbauerspektrum des HbO_2. (Da das Fe^{2+}-Ion diamagnetisch ($S=0$) ist, muß dasselbe für das O_2 gelten.) Setzt man die in Abb. 11.3 dargestellten Orbitale voraus, dann reduziert sich in dem zum Eisen gehörigen Orbital $|yz\rangle$ die effektive Elektronenbesetzung von 2 auf $2(1-b^2)$ (b^2 ist die Wahrscheinlichkeit für die Beteiligung an dem Molekülorbital). Die Entvölkerung von $|yz\rangle$ entspricht einer Erhöhung der positiven Valenzladung des Eisens, wodurch, in Übereinstimmung mit den gemessenen Spektren, ein negatives V_{zz} entsteht. Andererseits ist bekannt, daß ein einzelnes d-Elektron eine Quadrupolaufspaltung von 3—4 mm/s hervorruft. Setzt man nun voraus, daß sich die Orbitale π_z^* und $|yz\rangle$ zuvor auf gleichen Energieniveaus befanden, dann wird ihr Beitrag zu dem Molekülorbital gleich $b^2 = a^2 = 1/2$ sein. In diesem Falle verbleibt im Orbital $|yz\rangle$ ein einziges Elektron, das dann eine Quadrupolaufspaltung ΔE_Q von der gleichen Größenordnung wie die gemessene liefert.

Nun ist das Hämoglobin im venösen Blut zu betrachten. Beim HbO_2 befindet sich das zweiwertige Eisenion in der Ebene des Häms, während es nach Abgabe des Sauerstoffmoleküls aus dieser Ebene etwas heraustritt und in einen high-spin Zustand ($S=2$) übergeht. Das Mößbauerspektrum von Desoxy-Hämoglobin (=Hb) in roten Blutkörperchen wurde von Gonser und Grant [13] zwischen 4 K und 195 K untersucht, während Lang und Marshall das Spektrum des in Lösung befindlichen Hämoglobins im selben Temperaturbereich untersuchten [2]. Die erwähnten Autoren erhielten eine Isomerieverschiebung δ von 1,15 ... ... 1,19 mm/s (bezogen auf Na-Nitroprussid (=NNP)) und eine Quadrupolaufspaltung ΔE_Q von 2,36...2,40 mm/s. Die angegebenen Werte liegen denen für Ferroverbindungen mit ungepaarten d-Elektronen sehr nahe. Ohne ein äußeres Feld kann keine magnetische Hyperfeinaufspaltung beobachtet werden. Dies läßt sich durch Spin-Gitter-Relaxationsprozesse erklären, die beim Ferroion auch bei niedrigen Temperaturen noch so schnell erfolgen, daß das lokale effektive Magnetfeld am Eisenkern im Mittel Null ist. Erst nach Anlegen eines äußeren Magnetfeldes erhält man eine Verbreiterung des Spektrums durch die magnetische Hyperfeinwechselwirkung. Für den Feldgradienten V_{zz} ergibt sich daraus das positive Vorzeichen.

In pathologisch verändertem Blut kann man auch Hämiglobin (=Hi = Methämoglobin) finden, in welchem das Eisen als low-spin Ferri-Ion vorliegt, wie beispielsweise in HiCN, HiN_3 und HiOH.

Das HiCN enthält das Eisenion mit einem Spin von $S = 1/2$. Sein Mößbauerspektrum bei 195 K weist eine Isomerieverschiebung (bezogen auf NNP) von 0,43 mm/s und eine Quadrupolaufspaltung von $\Delta E_Q = 1{,}39$ mm/s auf. Bei 77 K beginnen sich die Linien infolge magnetischer Hyperfeinwechselwirkung zu verbreitern. Bei 4,2 K erscheint ein gut aufgelöstes magnetisches Spektrum, es bleibt aber unsymmetrisch, da der A-Tensor der Hyperfeinwechselwirkung anisotrop ist [2].

Das Hämiglobinfluorid HiF und das Methämoglobin HiH_2O enthalten ein high-spin Eisenion ($S=5/2$). Es befindet sich im S-Zustand, das magnetische Moment ist Null ($L=0$). Dadurch sind die Relaxationsprozesse sehr langsam und die magnetischen Eigenschaften isotrop. In einem äußeren Nullfeld führt die Hyperfeinwechselwirkung $\tilde{A}\,\mathbf{I}\,\mathbf{S}$ zur Verbreiterung der Linien im Spektrum, das sich auch bei 4,2 K noch nicht auflösen läßt. Deswegen kann man keine genauen Werte für die Quadrupolaufspaltung ΔE_Q und für die Isomerieverschiebung δ erhalten. Bei Einwirkung eines schwachen äußeren Magnetfeldes (100 Oe) werden die Elektronen von den Kernspins der ^{57}Fe-, ^{19}F- und ^{14}N-Ionen entkoppelt und man erhält das 6-Linien-Spektrum des high-spin Eisenions [2].

11.4 Der Elektronentransport

Lebewesen beziehen ihre Energie aus dem Sonnenlicht (Fotosynthese) oder aus der Oxydation von Nahrungsstoffen. Während des Oxydationsprozesses entstehen freie Elektronen oder Wasserstoffatome. Die oxydierte Substanz verarmt dabei an Wasserstoff bzw. an Elektronen und wird daher ein Wasserstoff- bzw. Elektronendonor. Der Wasserstoff oder das Elektron werden von einer anderen Substanz aufgenommen, die somit ihrerseits einem Reduktionsprozeß unterworfen wird. Die biologische Oxydation setzt also die Beteiligung zweier Substanzen voraus, so wie das in Abb. 11.4 veranschaulicht ist. Eine dieser Substanzen wird oxydiert (Prozeß linke Seite), während die andere eine Reduktion erfährt (rechte Seite). Bei diesem Prozeß findet der eingezeichnete Elektronen- (bzw. Wasserstoff-)transport statt.

Wenn die Substanz X molekularer Sauerstoff ist (eingeklammerter Fall in Abb. 11.4), dann gilt das Bild für eine direkte Oxydation der biologischen Substanz ($AH_2 + 1/2\ O_2 \rightarrow H_2O + A$). Ist die zu oxydierende Substanz ein Nahrungsmittel (Kohlehydrat oder Fettsäure), dann findet eine direkte Oxydation unter Gewinnung einer großen Energiemenge statt, die jedoch vom biologischen System nicht ökonomisch verbraucht werden kann, da dieses nur relativ kleine Energiemengen pro Zeiteinheit (≈ 1 kcal/Mol) benötigt. Bei der völligen Oxydation von Glukose z.B. entstehen 686 kcal/Mol. Diese Energie wird daher zunächst erst einmal zur Bildung des Energieträgers Adenosintriphosphat ATP

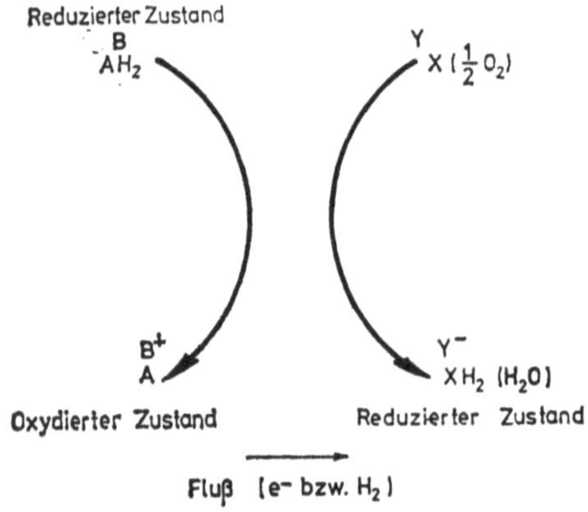

Abb. 11.4 – Ein einfacher Oxidations-Reduktions-zyklus.

aus Adenosindiphosphat ADP und anorganischem Phosphor P verbraucht. Der Organismus verwendet dann das ATP als Energielieferant bei allen Prozessen, in denen Energie verbraucht wird (Muskelaktivität, aktiver Transport durch Membranen u.a.m.). Zur effektiven Umsetzung des ADP entsprechend der Reaktion ADP + P + Energie → ATP findet der Energieverbrauch in einer Kette von Oxydations- und Reduktionsprozessen statt. Da bei der Oxydation ein Elektronenübergang stattfindet, soll diese Kette als ein Elektronenfluß in einem Potentialgefälle angesehen werden. Jedes Ion, das seinen Valenzzustand ändern kann, realisiert den betrachteten Prozeß durch Abgabe oder Aufnahme von Elektronen, und kann daher als Elektronenübertragungsagens angesehen werden. Eine Reaktion dieser Art ist auch $Fe^{3+} + e^- \rightarrow Fe^{2+}$. Ihr Gleichgewicht wird im wesentlichen durch die Elektronenstruktur des Eisens und seiner Umgebung bestimmt. ^{57}Fe-Mößbaueruntersuchungen können somit zum Verständnis solcher Elektronenübertragungsprozesse beitragen.

11.4.1 Die Elektronenübertragung in Eisen-Schwefel-Proteiden

Eisenhaltige Sulfoproteide kommen in Pflanzen, Tieren und Bakterien vor. Sie sind am Elektronentransport bei verschiedenen biologischen Funktionen beteiligt. Es sei hier nur an die Fotosynthese, die Stickstoffanlagerung und die Campherhydroxylierung erinnert. Bei diesen Proteiden kommt das Eisen nicht in einer prosthetischen Gruppe vor, wie das bei der Hämgruppe in den Hämoproteiden der Fall ist, sondern es ist an die Kette der Aminosäuren über Schwefelatome gebunden. Das aktive Zentrum dieser Proteide enthält ein, zwei, vier oder acht Eisenionen, von denen jedes von vier Schwefelatomen in tetraedrischer Anordnung umgeben ist. In Abb. 11.5 ist als Beispiel die Struktur des Rubredoxin (C-Pasteurianum) nach [14] dargestellt, das eines von den einfachsten Molekülen dieser Art ist, da es nur eine Eisen-Sulfo-Gruppe pro Molekül enthält.

Eine Einteilung der Fe-Sulfoproteide nach der Anzahl der Eisenionen, die im Rubredoxin (1 Fe), in den Ferredoxinen pflanzlicher Herkunft (2 Fe) und in den bakteriellen Ferredoxinen enthalten sind, entspricht nicht einer funktionellen Unterscheidung vom physikochemischen Standpunkt aus. Die Fe-Sulfoproteide ermöglichen die Elektronenübertragung dadurch, daß sie abwechselnd in den oxydierten (Fe^{3+}) oder reduzierten (Fe^{2+}) Zustand übergehen, unabhängig von der Anzahl der Eisenionen pro Molekül. Die Mößbauerspektren des Rubredoxins, das nur ein einziges Eisenion enthält, weisen high-spin Fe^{3+}-Ionen aus, wenn das System oxydiert ist. Im reduzierten Zustand entspricht das Spektrum einem high-spin Fe^{2+}-Ion. Aus diesen Spektren konnten die Kovalenzeffekte des Eisenions mit seinen vier tetraedrisch koordinierten Schwefelatomen abgeschätzt werden. Durch die Kalibrierung der Mößbauerparameter des Spektrums von Fe^{3+} und Fe^{2+} unter diesen Koordinationsbedingungen erhielt man die Möglichkeit einer Spektrendeutung für Proteide mit mehreren Eisenionen pro Molekül. EPR- und magnetische Messungen an Proteiden dieser Art zeigten in allen diesen Fällen dieselben magnetischen Eigenschaften. Im reduzierten Zustand

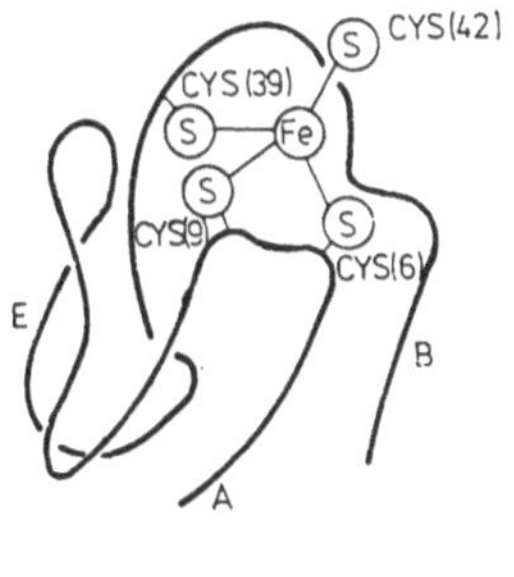

Abb. 11.5 — Die Struktur des Rubredoxins (C-Pasteurianum).

ergibt sich ein mittleres EPR-Signal von $g = 1{,}94$ [15], das einem paramagnetischen Zustand mit einem effektiven Spin $S = 1/2$ entspricht. Im oxydierten Zustand erhält man kein EPR-Signal, was auf einen diamagnetischen Zustand mit $S = 0$ deutet. Suszeptibilitätsmessungen zeigen, daß bei den reduzierten Proteiden das Curie-Gesetz $\chi \sim \frac{1}{T}$ gilt, während im oxydierten Zustand χ unabhängig von der Temperatur ist. Im letzteren Falle hat man es also mit diamagnetischen Substanzen zu tun [16]. Das Modell zur Erklärung dieser Resultate setzt eine antiferromagnetische Kopplung zwischen Eseniongruppen voraus. Diese Kopplung erst ermöglicht die Elektronenübertragung durch das Proteid und konnte ausschließlich durch Mößbaueruntersuchungen nachgewiesen werden.

Als Beispiel soll die Elektronenübertragung bei Ferredoxinen pflanzlicher Herkunft, die zwei Eisenionen pro Molekül enthalten, besprochen werden. Hier handelt es sich um kleinere Proteide mit Molekulargewichten von 12 bis 24 kd, die an den Energiekonversionsprozessen teilnehmen. Die Mößbauerspektren der pflanzlichen Ferredoxine im oxydierten Zustand wurden bei 4 K ohne und mit einem äußeren Magnetfeld von $H_0 = 46$ kOe [17] gemessen. Die Spektren im Nullfeld zeigen nur ein einziges Linienpaar mit einer relativ geringen Quadrupolaufspaltung. Dies zeigt, daß sich die beiden Eisenatome in ein und demselben Oxydationszustand befinden. Es konnte trotzdem eine geringe Differenz zwischen den beiden Eisenionen festgestellt werden, und die beste Anpassung zwischen einem simulierten und dem gemessenen Spektrum wurde erhalten, wenn man zwei Eisenionen mit derselben Isomerieverschiebung, aber mit um 0,3 mm/s unterschiedlichen Quadrupolaufspaltungen voraussetzt. Die Größen von V_{zz} und η konnten daraus nicht bestimmt werden. Zur Auffindung dieser zwei Parameter wurden die Untersuchungen in einem äußeren Feld von $H_0 = 46$ kOe parallel zur γ-Strahlenrichtung durchgeführt. Man erhielt dabei zwar Kern-Zeemanaufspaltungen, aber es konnte kein magnetisches Hyperfeinfeld festgestellt werden. Daraus geht hervor, daß die oxydierten Proteide bei tiefen Temperaturen diamagnetisch sind. Es ergaben sich $V_{zz} > 0$ und $\eta = 0.42$.

Mößbauermessungen des reduzierten Zustands wurden in einem schwachen äußeren Magnetfeld $H_0 = 580$ Oe parallel zur γ-Strahlenrichtung vorgenommen [17]. Die Spektrenform zeigt die Existenz von Hyperfeinfeldern am Kernort von der Größenordnung 150 kOe. Zur Bestimmung der physikalischen Parameter aus den Tieftemperaturspektren verwendet man hier eine Hamiltonfunktion, die zwei antiferromagnetisch gekoppelte Eisenionen in einem äußeren Magnetfeld beschreibt,

$$\mathcal{H} = -J\mathbf{S}_1\mathbf{S}_2 + \sum_{i=1}^{2} [\beta_e \mathbf{H}\tilde{g}_i\mathbf{S}_i + \mathbf{S}_i\tilde{A}_i\mathbf{I}_i - g_N\beta_N\mathbf{H}\mathbf{I}_i + \mathbf{I}_i\tilde{P}_i\mathbf{I}_i]. \tag{11.2}$$

$J\,\mathbf{S}_1\mathbf{S}_2$ beschreibt die isotrope Kopplung zwischen dem Spin $S_1 = 5/2$ des Fe^{3+}-Ions und dem Spin $S_2 = 2$ des Fe^{2+}-Ions. Diese Kopplung führt zu einem effektiven Spin von $S = 1/2$. $\tilde{g}_1$ und $\tilde{g}_2$ sind die g-Tensoren der ungekoppelten Ionen. Die Terme $\mathbf{S}_i\tilde{A}_i\mathbf{I}_i$ und $\mathbf{I}_i\tilde{P}_i\mathbf{I}_i$ beschreiben die magnetische Hyperfeinwechselwirkung bzw. die Quadrupolwechselwirkung. Das Wechselwirkungsglied $J\,(J < 0)$ überwiegt und führt zu einem Niveauschema, für das die Intervallregel von Landé gilt. Im gekoppelten Zustand, $\mathbf{S} = \mathbf{S}_1 + \mathbf{S}_2$, ist die Hamiltonfunktion des Grundzustands

$$\mathcal{H} = \beta_e \mathbf{H}\tilde{g}\mathbf{S} + \sum_{i=1}^{2} [f_i \mathbf{S}_i \tilde{A}_i \mathbf{I}_i + \mathbf{I}_i \tilde{P}_i \mathbf{I}_i - g_N \beta_N \mathbf{H}\,\mathbf{I}_i]. \qquad (11.3)$$

$\tilde{g}$ ist der effektive g-Tensor des gekoppelten Systems, der mit $\tilde{g}_1$ und $\tilde{g}_2$ konstruiert wird. Die Funktionen f_1 und f_2 projizieren die g-Tensoren der einzelnen Ionen auf die Richtung des resultierenden Spins. Sie erscheinen im Ausdruck der Hyperfeinwechselwirkung im Falle einer Kopplung. Man erhält

$$\langle f_1 \rangle \frac{\mathbf{S}_1\mathbf{S}}{S} = \frac{\mathbf{S}_1\mathbf{S}}{S(S+1)} \langle S \rangle = \frac{7}{3} \langle S \rangle,$$

$$\langle f_2 \rangle \frac{\mathbf{S}_2\mathbf{S}}{S} = \frac{\mathbf{S}_2\mathbf{S}}{S(S+1)} \langle S \rangle = -\frac{4}{3} \langle S \rangle. \qquad (11.4)$$

Die Hyperfeinfelder an den beiden Kernen haben also unterschiedliches Vorzeichen. Die Hamiltonfunktion (11.3) zeigt, daß man die experimentellen Daten als eine Überlagerung von zwei unabhängigen Mößbauerspektren, die zu zwei paramagnetischen Ionen mit $S = 1/2$ und $\tilde{g}$ gehören, beschreiben kann, wenn man die Spinkopplung berücksichtigt. Die zugehörigen Hamiltonfunktionen haben das Aussehen

$$\mathcal{H} = \beta_e \mathbf{H}\tilde{g}\mathbf{S} + \mathbf{S}\tilde{A}\mathbf{I} + \frac{eQV_{zz}}{4}\left[I_z^2 - \frac{I(I+1)}{3} + \frac{\eta}{3}(I_x^2 + I_y^2)\right]_{\mathrm{EFG}}. \qquad (11.5)$$

Der Index EFG bedeutet, daß das Quadrupolglied sich auf das System seiner Hauptachsen bezieht. Durch die Komplexität der Wechselwirkungen in (11.5) ist der Einsatz von Rechenprogrammen, mit denen man die 27 Parameter des Spektrums der beiden Eisenionen bestimmen kann, notwendig. Einige von diesen Parametern sind aus EPR- und ENDOR-Messungen bekannt. Den Erfolg dieses Modells zeigt Abb. 11.6, in der die von Dunham u. Mitarb. [17] simulierten Spektren des Ferrodoxins (aus Spinat) für 4,2 K in einem äußeren Feld von $H_0 = 580$ Oe bzw. $H_0 = 46$ kOe gezeigt sind. Das gemessene Spektrum zeigt den Einfluß des zwei- und des dreiwertigen Eisenions.

Die aus den Mößbauerspektren erhaltenen Informationen ermöglichen eine Vorstellung über das aktive Zentrum der pflanzlichen Ferrodoxine. In den reduzierten Proteiden konnten Hyperfeinfelder mit

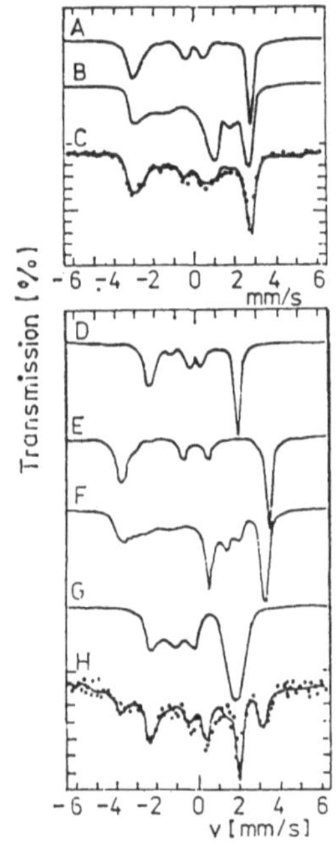

Abb. 11.6 – Das Mößbauerspektrum reduzierten Ferredoxins (aus Spinat, lyophilisierte Probe) (Punkte=Meßwerte, ausgezogene Linien=berechnete Werte bei 4,2 K in einem parallel zur Gammastrahlung gerichteten Magnetfeld).

(A – C : 580 Oe; D – H : 46 kOe)
A: Ferri-Ion mit $m_s = +1/2$; B: Ferro-Ion mit $m_s = +1/2$; C: Summe von A und B (ausgezogene Kurve) mit eingezeichneten Meßwerten; D: Ferri-Ion mit $m_s = -1/2$; E: Ferri-Ion mit $m_s = 1/2$; F: Ferro-Ion mit $m_s = -1/2$; G: Ferro-Ion mit $m_s = 1/2$; H: Gewichtete Summe von D, E, F und G (ausgezogene Kurve) mit eingezeichneten Meßwerten [17].

entgegengesetztem Vorzeichen für die beiden Kerne festgestellt werden. Auf den Kern des Fe^{3+} wirkt ein Feld von -180 kOe, auf den Kern des Fe^{2+} ein Feld von 120 kOe. Da die Hyperfeinfelder von high-spin Fe-Ionen immer negativ sind (die Kontaktwechselwirkung übertrifft die Bahn- und Dipolbeiträge), kann mit Bestimmtheit gefolgert werden, daß die beiden Ionen im reduzierten Proteid antiferromagnetisch gekoppelt sind. Die Hyperfeinfelder sind den Projektionen der effektiven Spins $\langle S_1 \rangle$ und $\langle S_2 \rangle$ der Fe^{2+}- bzw. Fe^{3+}-Ionen auf die Richtung des resultierenden Spins proportional,

$$H_{1z} = \frac{\langle S_1 \rangle}{S_1} H_{\mathrm{int}_z}(\mathrm{Fe}^{3+}), \qquad (11.6)$$

$$H_{2z} = \frac{\langle S_2 \rangle}{S_2} H_{\mathrm{int}_z}(\mathrm{Fe}^{2+}).$$

$H_{\text{int}_z}(Fe^{3+})$ und $H_{\text{int}_z}(Fe^{2+})$ sind die Komponenten des Hyperfeinfeldes der ungekoppelten drei- bzw. zweiwertigen Eisenionen. Mit (11.4) erhält man

$$H_{1z} = \frac{7}{3}\frac{\langle S\rangle}{S_1} H_{\text{int}_z}(Fe^{3+}) = \frac{7}{15} H_{\text{int}_z}(Fe^{3+}) = -185 \text{ kOe},$$

$$H_{2z} = -\frac{4}{3}\frac{\langle S\rangle}{S_2} H_{\text{int}_z}(Fe^{2+}) = -\frac{1}{3} H_{\text{int}_z}(Fe^{2+}) = +135 \text{ kOe}. \tag{11.7}$$

Die Werte für die inneren Felder des drei- bzw. zweiwertigen Eisenions in (11.7) wurden unter Benutzung der Mößbauerdaten des Rubredoxins bestimmt. Die so erhaltenen Werte stimmen gut mit den oben angegebenen experimentellen Werten überein. Abb. 11.7 zeigt die antiferro-

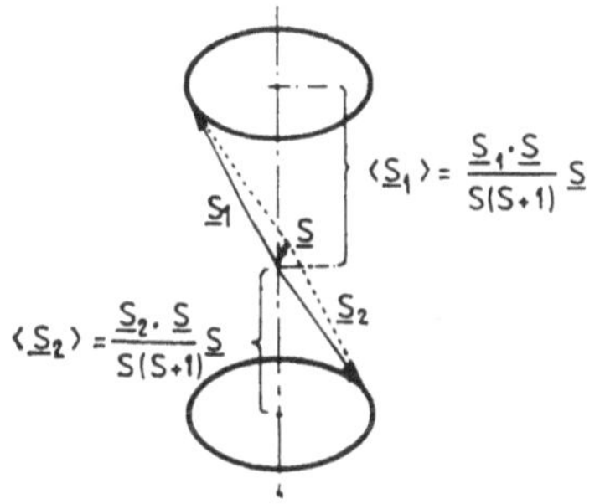

Abb. 11.7 – Kopplung zwischen den Spins $S_1(=5/2)$ und $S_2(=2)$ des drei- und zweiwertigen Eisenions in reduzierten Sulfoproteiden mit zwei Eisenatomen pro Molekül.

magnetische Kopplung zwischen den Spins $S_1 = 5/2$ und $S_2 = 2$ des Proteids im reduzierten Zustand. Diese Kopplung führt zu dem Zustand $S = 1/2$, der als das Aktivitätszentrum bei pflanzlichen Ferredoxinen im reduzierten Zustand angesehen wird. Das aktive Zentrum des oxydierten Proteids enthält antiferromagnetisch gekoppelte high-spin Ferri-Ionen, die zu dem diamagnetischen Zustand $S = 0$ führen, der sich aus dem gemessenen Spektrum ergibt. Die Elektronenübertragung kommt durch die reversible Umwandlung des aktiven Zentrums aus dem oxydierten in den reduzierten Zustand zustande. Durch naßchemische Untersuchungen konnte festgestellt werden, daß bei dem Reduktionsprozeß nur ein einziges Elektron pro Molekül übertragen wird. Das Modell dieser Elektronenübertragung bei den pflanzlichen Ferredoxinen ist in Abb. 11.8 dargestellt.

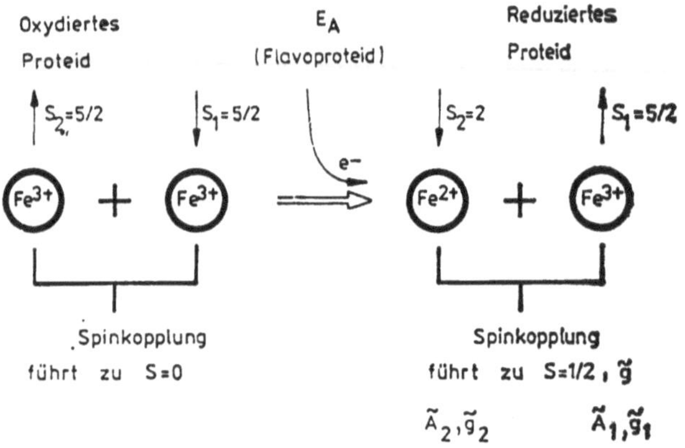

Abb. 11.8 — Die Grundzustände des oxydierten und reduzierten Ferredoxins als Resultat der antiferromagnetischen Kopplung zwischen den beiden Eisenionen.

11.4.2 Die Elektronenübertragung bei Cytochromen im Atmungsprozeß

Das bekannteste System, in dem ein Oxydations-Reduktions-Zyklus stattfindet, ist das Atmungssystem. Beim Atmungsprozeß findet eine Elektronenübertragung von den organischen Molekülen zum molekularen Sauerstoff statt. Durch diesen Übergang entsteht für den Organismus ein essentieller Energiegewinn. Die Gesamtreaktion ist dabei

$$\text{Glukose} + 6O_2 \rightarrow 6CO_2 + 6H_2O + 30\,\text{eV}.$$

Diese Reaktion spielt sich, wie in Abb. 11.9 veranschaulicht, im biologischen Prozeß über eine ganze Reihe von Zwischenstufen ab. Bei Beginn existiert die Substanz AH_2, die sukzessiv in mehreren Stufen oxydiert wird. Die letzten vier Stufen verlaufen mit Hilfe verschiedener Cytochrome (ihre Einteilung erfolgt entsprechend ihren optischen Eigenschaften in a, b, c, d, . . .). Die bei einer Stufe gewonnene Energie, z. B. bei der Oxydation des Cytochroms c_1, wird zur Umwandlung von ADP in ATP verwendet. Spektroskopische Untersuchungen eines solchen Prozesses fußen auf der Erkenntnis, daß jedes Proteid der Kette ein System mit zwei Zuständen — dem oxydierten und dem reduzierten Zustand — darstellt, von denen jeder ein charakteristisches Spektrum liefert. Jeder der beiden Zustände des Proteids kann einzeln, unabhängig von den anderen Proteiden der Kette, untersucht werden. Studien dieser Art liefern zwar viele Informationen über die Struktur des Proteids, tragen aber nicht zur Klärung des biologischen Prozesses bei, weil die Anwesenheit der anderen Proteide die Eigenschaften beeinflussen kann.

Von den Proteiden, die am Atmungsprozeß teilnehmen, wurde das Cytochrom *c*, ein Hämoproteid mit dem Molekulargewicht 12 kd, mößbauerspektroskopisch untersucht. Die biologische Aktivität dieses Proteids entsteht durch die Reduktion und die nachfolgende Oxydation

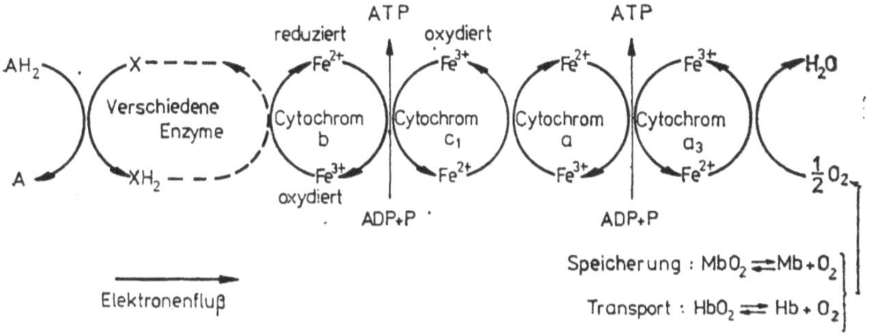

Abb. 11.9 – Schematische Darstellung der Rolle der Hämoproteide in der Atmungskette [4].

des Häms, die sich während eines Elektronendurchganges durch die Enzymkette abspielen.

Im reduzierten Zustand enthält das Cytochrom *c* ein Fe^{2+}-Ion. Mößbauerspektren des reduzierten Cytochroms *c* wurden an einer eingefrorenen Lösung bei 100 K und an einer gefriergetrockneten Probe vermessen. In beiden Fällen tritt im Spektrum eine Quadrupolaufspaltung mit sehr schmalen Linien gleicher Intensität auf, die durch folgende Parameter charakterisiert ist: $\Gamma = (0{,}241 \pm 0{,}007)$ mm/s, $\Delta E_Q = 1{,}3$ mm/s und $\delta = 0{,}3$ mm/s [13]. Das Spektrum zeigt im gesamten Temperaturbereich nur ein einziges Quadrupoldublett mit schmalen Linien, das auf das Vorliegen eines zweiwertigen Eisenions weist. Die Isomerieverschiebung liegt in der Nähe derjenigen, die für ein low-spin Fe^{2+}-Ion erwartet wird. Hieraus geht hervor, daß das Cytochrom *c* im reduzierten Zustand ein zweiwertiges Eisenion im low-spin Zustand ($S = 0$) enthält.

Im oxydierten Zustand enthält das Cytochrom *c* ein dreiwertiges Eisenion. Die von einer eingefrorenen Lösung erhaltenen Spektren weisen ein Quadrupoldublett auf, das sich bei Temperaturerniedrigung durch magnetische Hyperfeinwechselwirkung verbreitert [12]. Bei 4,2 K kann die magnetische Hyperfeinstruktur im Spektrum auch ohne ein äußeres Feld beobachtet werden. Dieses Verhalten ist charakteristisch für Kramers-Ionen mit halbzahligem Spin, bei denen der Grundzustand zweifach entartet ist. Die Temperaturabhängigkeit der magnetischen Hyperfeinwechselwirkung weist auf eine starke Spin-Bahn-Kopplung hin, die für die Existenz eines magnetischen Bahnmoments charakteristisch ist. Diese Resultate besagen, daß die Spektren durch ein low-spin Fe^{3+}-Ion ($S=1/2$) zu erklären sind (bei high-spin Fe^{3+} ist $L=0$).

Das Cytochrom *c* vermittelt somit die Elektronenübertragung zwischen den low-spin Zuständen des Fe^{3+}($S=1/2$) und des Fe^{2+} ($S=0$). Bei der Atmung wird also durch einen Oxydations-Reduktions-Zyklus ein einziges Elektron übertragen. Trotz sehr intensiver Untersuchungen der Cytochrome ist der Weg zu einem völligen Verständnis der energetischen Wechselbeziehungen im Atmungsprozeß wegen seiner großen Komplexität noch sehr weit.

Das gleiche gilt auch für mößbauerspektroskopische Untersuchungen von biologischen Molekülen. Fortschritte sind insbesondere durch Verknüpfung von Informationen, die mit verschiedenen Methoden, wie NMR, ESR und Mößbauerspektroskopie, an biologisch aktiven Substanzen mit normalem und pathologischem Metabolismus erhalten werden, zu erwarten.

11.4.3 **Die Biokatalyse**

Bei der Fotosynthese erzeugen Pflanzenzellen mit Hilfe von Sonnenenergie O_2-Moleküle und organische Verbindungen, wie z.B. Glukose und Campher. In den Zellen der höherorganisierten Tiere und auch bei vielen Mikroorganismen werden der Sauerstoff und die organischen Verbindungen zur Erzeugung von H_2O, CO_2 und Energie verwendet. Das Wasser und das Kohlendioxid sind das Ausgangsmaterial für die Fotosynthese.

In diesem Zyklus wird also Sonnenenergie verbraucht und in Energie für organische Prozesse umgesetzt. Dabei wird das Sauerstoffmolekül in seine Atome zerlegt, die dann letztlich in den organischen Verbindungen oder im H_2O-Molekül erscheinen. Diese Zerlegung läuft als katalytischer Prozeß ab. Das biologische System muß also eine Energiebarriere von 5,1 eV, die Bindungsenergie des O_2-Moleküls, überwinden, damit die Reaktion bei der Temperatur der lebenden Zelle vor sich gehen kann. Die Katalyse erfolgt durch Proteine.

Mit dem Mößbauereffekt konnte die Rolle der Hämoproteide bei der Katalyse der Sauerstoffaufspaltung untersucht werden. Ein einfacher Prozeß dieser Art ist

$$\text{Ausgangssubstanz} + O_2 \rightarrow \text{Produkt} + H_2O.$$

Eines von den entstehenden Sauerstoffatomen wird an die Ausgangssubstanz gebunden, während das andere zur Bildung eines Wassermoleküls verbraucht wird. An der Sauerstoffbindung sind zwei Elektronen beteiligt, die bei der Zerlegung ein Elektronendonor unter Einschaltung eines Vermittlersystems liefert.

Ein Prozeß dieser Art ist die Hydroxylierung von Campher ($C_{10}H_{16}O$), vgl. Abb. 11.10. Das Protein NADH als Donor erzeugt durch Oxydation zwei Elektronen, die in den Prozeß durch eine Kette von Proteinen eingeführt werden. In dieser Kette kommen das Flavoproteid P-FAD und das sogenannte Putidaredoxin (ein Eisen-Sulfo-

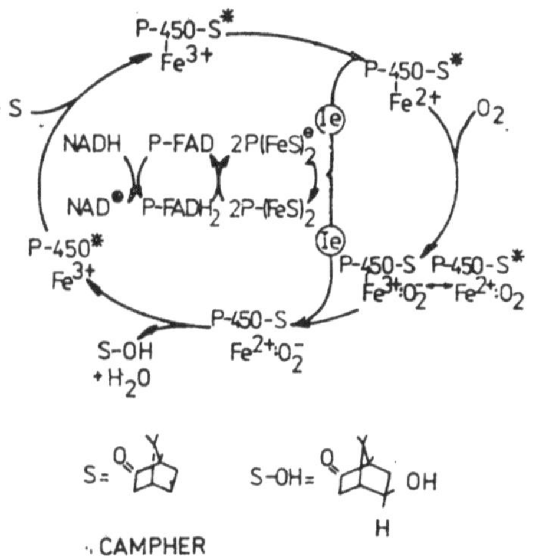

Abb. 11.10 – Reaktionsmodell der Hydroxylierung von Campher mit Pseudomonas putida-NADH als Elektronendonor:

P-FAD = Flavoprotein, $P\text{-}(FeS)_2$ = Putidaredoxin, S = Substrat (d-Campher), S – OH = Produkt (hydroxylierter Campher).
Die mit Sternchen bezeichneten Stufen wurden mößbauerspektroskopisch untersucht.

proteid) $P(FeS)_2$ vor. Der Prozeß wird durch ein Hämoproteid, das Cytochrom P-450, katalysiert. Die Mößbaueruntersuchungen an diesem Cytochrom, das in verschiedenen Phasen des Prozesses auftritt, ermöglichten einige Erkenntnisse über die Struktur, die zur Erklärung des Prozesses nötig sind. Abb. 11.10 veranschaulicht die katalytische Rolle des Cytochroms P-450. Die Sternchen in dieser Abbildung kennzeichnen diejenigen Phasen des Prozesses, die mößbauerspektroskopisch untersucht wurden.

Der katalytische Prozeß läuft im Uhrzeigersinn ab. Im Anfangsstadium enthält das Cytochrom P-450 ein low-spin Fe^{3+}-Ion, ($S=1/2$). Die mit einem äußeren Magnetfeld von 1650 Oe parallel und senkrecht zur γ-Strahlenrichtung aufgenommenen Mößbauerspektren sind typisch für eine solche Elektronenkonfiguration. Sie enthalten eine verbreiterte, asymmetrische magnetische Struktur, die durch ein starkes anisotropes Hyperfeinfeld entsteht. Diese Struktur ist kombiniert mit einer großen Quadrupolaufspaltung von $\Delta E_Q = 2{,}85$ mm/s. Nach der Bindung des Camphers ändert sich die Elektronenkonfiguration des Eisenions beträchtlich, obwohl der Campher nicht direkt an das Eisen gekoppelt wird. Durch Mößbauermessungen im Bereich von 1,5...240 K konnte eine Mischung von low-spin und high-spin Ferri-Ionen nachgewiesen werden. In der nächsten Phase wird dieser P-450-Komplex durch eine Elektronenübertragungsreaktion reduziert. Das reduzierte Cytochrom P-450 enthält ein zweiwertiges high-spin Eisenion ($S=2$). Dieses Ion ist ein Nicht-Kramers-Ion, kann also durch Elektronenspinresonanz nicht nachgewiesen werden. Daher stellt die Mößbauerspektroskopie die einzige analytische Methode dar, mit der man Strukturdetails des Eisenions in diesem Zustand erforschen kann.

Der Zustand ist durch eine sehr kurze Relaxationszeit charakterisiert, so daß am Kern nur der Mittelwert $\langle S \rangle$ des Elektronenspins wirksam wird. Ohne ein äußeres magnetisches Feld zeigt das Mößbauerspektrum ein Quadrupoldublett mit schmalen Linien ($\Gamma = 0{,}23$ mm/s). Die Quadrupolaufspaltung $\Delta E_Q = 2{,}42$ mm/s ist nahezu temperaturunabhängig.

Der Komplex P-450 bindet den molekularen Sauerstoff und bildet einen diamagnetischen Komplex. Die letzte Phase, nämlich die Aufnahme des zweiten Elektrons, die Bildung des hydroxylierten Camphers und eines H_2O-Moleküls, findet wahrscheinlich erst nach dem Übergang des Cytochroms P-450 in einen instabilen Zwischenzustand statt. Dieses Cytochrom realisiert einen vollständigen katalytischen Zyklus, kehrt also stets wieder in seinen Ausgangszustand zurück.

Das vorgeführte Beispiel illustriert die Beiträge der Mößbauerspektroskopie zur Untersuchung biokatalytischer Prozesse. Findet man zur Erklärung der Spektren eine geeignete Hamiltonfunktion, dann kann man Aussagen zur sterischen Form und zur Elektronenkonfiguration des aktiven Zentrums von eisenhaltigen Biokatalysatoren machen.

Literatur

[1] L. May, Advances in Chemistry 68, 52 (1967).

[2] G. Lang, W. Marshall, Proc. Phys. Soc. 87, 3 (1966).

[3] G. Lang, Quarterly Reviews Biophys. 3, 1 (1970).

[4] H. Frauenfelder, I. C. Gunsalus, E. Münk in „Mössbauer Spectroscopy and Its Applications", Proceedings of a panel, IAEA, Wien (1971).

[5] C. E. Johnson, J. Appl. Phys. 42, 1325 (1971) und S. 139–166 in „Mössbauer Spectroscopy", U. Gonser (Hrsg.), Springer-Verlag (1975).

[6] J. E. Maling, W. Weissbluth in: S. J. Wyard, „Elektronenspinresonanz und andere spektroskopische Methoden in Biologie und Medizin", G. Lassmann, W. Damerau (Hrsg.), Akademie-Verlag, Berlin (1973).

[7] W. T. OOSTERHUIS, Structure and Bonding 20, 59 (1974).
[8] W. T. OOSTERHUIS, K. SPARTALIAN, Bull. Am. Phys. Soc. 19, 101 (1974).
[9] K. SPARTALIAN, W. T. OOSTERHUIS, J. Chem. Phys. 59, 617 (1973).
[10] E. F. HARTREE, Am. Rept. Progr. Chem. 43, 287 (1946).
[11] A. TRAUTWEIN, Structure and Bonding 20, 101 (1974).
[12] G. LANG, „Mössbauer Spectroscopy and Its Applications", Proceedings of a panel, IAEA, Wien, 219 (1971).
[13] U. GONSER, R. W. GRANT, Mössbauer Effect Methodology, Vol. 1, New York, Plenum Press 21 (1965).
[14] J. R. HERRIOTT, L. C. SIEKER, L. H. JENSEN, W. LOVENBERG, J. Mol. Biol. 50, 391 (1970).
[15] H. BEINERT, G. PALMER, Advan. Enzymology 27, 105 (1969).
[16] T. H. MOSS, D. PETERING, G. PALMER, J. Biol. Chem. 244, 6143 (1969).
[17] W. R. DUNHAM, A. J. BEARDEN, I. T. SALMEEN, G. PALMER, R. H. SANDS, W. H. ORME-JOHNSON, H. BEINERT, Biochim. Biophys. Acta 253, 134 (1971).
[18] R. COOKE. P. DEBRUNNER, J. Chem. Phys. 48, 4532 (1968).
[19] F. MUNCK, P. M. CHAMPION, Proceed. Int. Conf. Mössb. Spectr., Bendor, 1974, J. Physique C6, 33 (1974).

Umrechnungstabelle für Maßeinheiten, die in der Mößbauerspektroskopie gebräuchlich sind

	erg	eV	K	cm^{-1}	Hz	mm/s
1 erg	1	$6,24146 \cdot 10^{11}$	$7,24309 \cdot 10^{15}$	$5,03402 \cdot 10^{15}$	$1,50917 \cdot 10^{26}$	$1,87115 \cdot 10^{23}\ E_\gamma^{-1}$
1 eV	$1,60219 \cdot 10^{-12}$	1	$1,16048 \cdot 10^{4}$	$8,06546 \cdot 10^{3}$	$2,41797 \cdot 10^{14}$	$2,99793 \cdot 10^{11}\ E_\gamma^{-1}$
1 K	$1,38063 \cdot 10^{-16}$	$8,61712 \cdot 10^{-5}$	1	$6,95011 \cdot 10^{-1}$	$2,08360 \cdot 10^{10}$	$2,58336 \cdot 10^{7}\ E_\gamma^{-1}$
1 cm^{-1}	$1,98648 \cdot 10^{-16}$	$1,23985 \cdot 10^{-4}$	1,43883	1	$2,99793 \cdot 10^{10}$	$3,71700 \cdot 10^{7}\ E_\gamma^{-1}$
1 Hz	$6,62618 \cdot 10^{-27}$	$4,13570 \cdot 10^{-15}$	$4,79940 \cdot 10^{-11}$	$3,333563 \cdot 10^{-11}$	1	$1,23985 \cdot 10^{-3}\ E_\gamma^{-1}$
1 mm/s	$5,344 \cdot 10^{-24} \cdot E_\gamma$	$3,336 \cdot 10^{-12} \cdot E_\gamma$	$3,871 \cdot 10^{-8} \cdot E_\gamma$	$2,690 \cdot 10^{-8} \cdot E_\gamma$	$8,065 \cdot 10^{2} \cdot E_\gamma$	1

E_γ – Energie des Mößbauerübergangs in eV

Anhang

Einige Charakteristika von Mößbauernukliden

Bis Ende 1977 wurde der Mößbauereffekt an insgesamt 88 Isotopen von 45 verschiedenen Elementen (darunter 36 Seltenerd-Isotope und 9 Isotope der Aktiniden) beobachtet. Bei 10 Nukliden treten je zwei Mößbauerübergänge und bei $^{153}_{63}$Eu, $^{155}_{64}$Gd, $^{161}_{66}$Dy und $^{189}_{76}$Os je 3 Übergänge auf, so daß die Anzahl der aufgefundenen Mößbauerübergänge bis dahin bereits 106 erreicht hat. Bei 26 Nukliden liegt die Übergangsenergie unterhalb 50 keV, und mit 186,9 keV weist das $^{190}_{76}$Os die härteste Mößbauerstrahlung auf.

Die nachstehende Tabelle enthält die für die Mößbauernuklide charakteristischen Daten. Dabei sind:

$$\sigma_0(\mathrm{cm}^2) = 2{,}44636 \cdot 10^{-15} \frac{1}{E_\gamma^2(\mathrm{keV})} \frac{1 + 2I_e}{1 + 2I_g} \frac{1}{1 + \alpha}$$

$$\Gamma(\mathrm{keV}) = 4{,}56231 \cdot 10^{-19} \frac{1}{t_{\frac{1}{2}}\,(s)}$$

$$\Gamma\,(\mathrm{mm/s}) = 2{,}99793 \cdot 10^{11} \frac{\Gamma(\mathrm{keV})}{E_\gamma(\mathrm{keV})}$$

$$E_R(\mathrm{eV}) = 5{,}36942 \cdot 10^{-4} \frac{E_\gamma^2(\mathrm{keV})}{M(\text{atomare Einh.})}$$

Literatur

„Mößbauer Effect Data Index, 1958–1965", A. H. Muir, Jr., K. J. Ando, H. M. Coogan, Interscience Publ., New York (1966);

„Mößbauer Effect Data Index, 1974", J. G. Stevens, V. E. Stevens, Plenum Publ. Corp., New York (1975);

„Nuclear Data Sheets" compiled by the Nuclear Data Group at Oak Ridge National Laboratory (1970–1978);

„Nuklidkarte", W. Seelman-Eggebert, G. Pfennig, H. Münzel, Kernforschungszentrum Karlsruhe (1974).

	Isotop	natürl. Isotopenhäufigkeit	Quantenenergie E_γ	Energie d. charakterist. Röntgenstrahlung $K_{\alpha\beta}$	Mutternuklide	Halbswertszeit $T_{\frac{1}{2}}$ der Mutternuklide	Halbwertszeit $t_{\frac{1}{2}}$ d. Mößbauerniveaus
		%	keV	keV			ns
1	$^{40}_{19}\mathrm{K}$	0,0118 β^-, β^+	29,4	3,35	$^{39}_{19}\mathrm{K}$	–	4,26
2	$^{57}_{26}\mathrm{Fe}$	2,19	14,41 136,46	6,4	$^{57}_{25}\mathrm{Mn}$; $^{57}_{27}\mathrm{Co}$	$1{,}7^{\mathrm{min}}$; 270^{d}	97,8 8,7
3	$^{61}_{28}\mathrm{Ni}$	1,16	67,4	7,48	$^{61}_{27}\mathrm{Co}$; $^{61}_{29}\mathrm{Cu}$	$1{,}7^{\mathrm{h}}$; $3{,}3^{\mathrm{h}}$	5,2
4	$^{67}_{30}\mathrm{Zn}$	4,11	93,31	8,64	$^{67}_{29}\mathrm{Cu}$; $^{67}_{31}\mathrm{Ga}$	$61{,}9^{\mathrm{h}}$; $78{,}3^{\mathrm{h}}$	9300
5	$^{73}_{32}\mathrm{Ge}$	7,76	13,26 68,7	9,89	$^{73}_{31}\mathrm{Ga}$; $^{73}_{33}\mathrm{As}$	$4{,}9^{\mathrm{h}}$; $80{,}3^{\mathrm{d}}$	29,53 1,6
6	$^{83}_{36}\mathrm{Kr}$	11,55	9,35	12,65	$^{83}_{35}\mathrm{Br}$; $^{83}_{37}\mathrm{Rb}$	$2{,}4^{\mathrm{h}}$; $8{,}6^{\mathrm{d}}$	147
7	$^{99}_{43}\mathrm{Tc}$	0 β^-	140,5	18,37	$^{99}_{42}\mathrm{Mo}$	66^{h}	0,196
8	$^{99}_{44}\mathrm{Ru}$	12,72	89,36	19,28	$^{99}_{45}\mathrm{Rh}$	$16{,}1^{\mathrm{d}}$	20,6
9	$^{101}_{44}\mathrm{Ru}$	17,1	127,22	19,28	$^{101}_{43}\mathrm{Tc}$; $^{101}_{45}\mathrm{Rh}$	14^{min}; 3^{y}	580
10	$^{107}_{47}\mathrm{Ag}$	51,83	93,08	22,16	$^{107}_{48}\mathrm{Cd}$	$6{,}5^{\mathrm{h}}$	$44 \cdot 10^{9}$
11	$^{109}_{47}\mathrm{Ag}$	48,18	88	22,16	$^{109}_{46}\mathrm{Pd}$; $^{109}_{48}\mathrm{Cd}$	$13{,}45^{\mathrm{h}}$; 470^{d}	$39{,}8 \cdot 10^{9}$

Spin u. Parität d. Mößbauerniveaus	Spin und Parität d. Grundzustandes	natürliche Linienbreite Γ	natürliche Linienbreite 2Γ	Resonanzabsorptionsquerschnitt $\sigma_0 \cdot (1+\alpha)$	innerer Konversionskoeffizient α	Rückstoßenergie E_R	Quadrupolmoment Q	Magnet. Moment μ
		keV	mm/s	10^{-19} cm²		meV	barn	μ_N
3^-		$1{,}07 \cdot 10^{-10}$	2,184	22,01	6,6	11,60		
	4^-						−0,093	−1,298
$3/2^-$		$4{,}67 \cdot 10^{-12}$	0,194	235,63	8,18	1,95	+0,187	−0,1549
$5/2^-$		$5{,}24 \cdot 10^{-11}$	0,230	3,94	0,142	175,41		+0,88
	$1/2^-$						0	+0,0902
$5/2^-$		$8{,}77 \cdot 10^{-11}$	0,780	8,08	0,12	39,99	−0,3	+0,43
	$3/2^-$						+0,162	−0,749
$1/2^-$		$4{,}85 \cdot 10^{-14}$	$3{,}129 \cdot 10^{-4}$	1,87	0,54	69,77		+0,58
	$5/2^-$						+0,18	+0,876
$5/2^+$		$1{,}54 \cdot 10^{-13}$	0,007	83,44	1095	1,29		
$(7/2)^+$		$2{,}85 \cdot 10^{-10}$	2,487	4,14	0,229	34,77		
	$9/2^+$						−0,18	−0,8798
$7/2^+$		$3{,}10 \cdot 10^{-12}$	0,200	223,87	17,9	0,56	+0,46	−0,939
	$9/2^+$						+0,26	−0,97
$(7/2)^+$		$2{,}33 \cdot 10^{-9}$	9,933	0,99	0,104	107,08		+3,2
	$9/2^+$						+0,3	+5,68
$3/2^+$		$2{,}21 \cdot 10^{-11}$	0,150	2,04	0,42	43,31	≥0,15	−0,285
	$5/2^+$						≥0,05	−0,625
$3/2^+$		$7{,}86 \cdot 10^{-13}$	3,70	1,01	0,16	86,04		−0,207
	$5/2^+$						−0,68	−0,31
$7/2^+$		$1{,}03 \cdot 10^{-20}$	$6{,}633 \cdot 10^{-11}$	11,29	9,4	43,50		
	$1/2^-$							−0,1136
$7/2^+$		$1{,}15 \cdot 10^{-20}$	$7{,}81 \cdot 10^{-11}$	12,40	9,4	38,15		±4,31
	$1/2^-$							−0,1299

	Isotop	natürl. Isotopenhäufigkeit	Quantenenergie E_γ	Energie d. charakterist. Röntgenstrahlung $K_{\alpha\beta}$	Mutternuklide	Halbwertszeit $T_{\frac{1}{2}}$ der Mutternuklide	Halbwertszeit $t_{\frac{1}{2}}$ d. Mößbauerniveaus
		%	keV	keV			ns
12	$^{117}_{50}Sn$	7,6	159	25,27	$^{117m}_{49}In$; $^{117}_{51}Sb$	1,955^{h}; 2,8^{h}	0,3
13	$^{119}_{50}Sn$	8,58	23,83	25,27	$^{119m}_{49}In$; $^{119m**}_{50}Sn$ $^{119}_{51}Sb$	18^{min}; 245^{d} 38^{h}	17,75
14	$^{121}_{51}Sb$	57,25	37,2	26,36	$^{121m}_{50}Sn$; $^{121m}_{52}Te$	50^{y}; 154^{d}	3,5
15	$^{125}_{52}Te$	6,99	35,5	27,47	$^{125}_{51}Sb$; $^{125}_{53}I$	2,77^{y}; 60^{d}	1,49
16	$^{127}_{53}I$	100	57,6	28,61	$^{127m}_{52}Te$ $^{127}_{54}Xe$	109^{d}; 36^{d}	1,89
17	$^{129}_{53}I$	0 β^-	27,8	28,61	$^{129m}_{52}Te$	33,6^{d}	16,8
18	$^{129}_{54}Xe$	26,44	39,6	29,78	$^{129}_{53}I$; $^{129}_{55}Cs$	1,6.10^{7y}; 3,2^{h}	1,01
19	$^{131}_{54}Xe$	21,18	80,2	29,78	$^{131}_{53}I$	8,1^{d}	0,477
20	$^{133}_{55}Cs$	100	81	30,97	$^{133}_{54}Xe$; $^{133}_{56}Ba$	5,3^{d}; 10,5^{y}	6,28
21	$^{133}_{56}Ba$*	0 β^-	12,29	32,19	$^{133m**}_{56}Ba$; $^{133}_{57}La$	4^{h}	8,1
22	$^{137}_{57}La$*	0 EC	10,1	33,44	$^{137}_{58}Ce$	9^{h}	89

Spin u. Parität d. Mößbauerniveaus	Spin und Parität d. Grundzustandes	natürliche Linienbreite Γ	2Γ	Resonanzabsorptionsquerschnitt $\sigma_0 \cdot (1+\alpha)$	innerer Konversionskoeffizient α	Rückstoßenergie E_R	Quadrupolmoment Q	Magnet. Moment μ
		keV	mm/s	10^{-19} cm²		meV	barn	μ_N
3/2⁺		$1{,}52 \cdot 10^{-9}$	5,735	1,94	0,16	116,02		
	1/2⁺							1,000
3/2⁺		$2{,}57 \cdot 10^{-11}$	0,647	85,16	5,12	2,57	−0,06	+0,685
	1/2⁺						0	−1,046
7/2⁺		$1{,}30 \cdot 10^{-10}$	2,104	23,63	10,5	6,12	−0,35	+2,48
	5/2⁺						−0,26	+3,359
3/2⁺		$3{,}06 \cdot 10^{-10}$	5,177	38,91	13,3	5,40	−0,19	+0,60
	1/2⁺						0	−0,8872
7/2⁺		$2{,}41 \cdot 10^{-10}$	2,513	9,83	3,7	14,03	−0,71	+2,02
	5/2⁺						−0,79	+2,09
5/2⁺		$2{,}72 \cdot 10^{-11}$	0,587	23,79	4,9	3,21	−0,68	+2,80
	7/2⁺						−0,55	+2,617
3/2⁺		$4{,}52 \cdot 10^{-10}$	6,843	31,23	15	6,52	−0,41	+0,691
	1/2⁺						0	−0,7769
1/2⁺		$9{,}56 \cdot 10^{-10}$	7,152	1,90	2,1	26,35	0	
	3/2⁺						−0,12	+0,6909
5/2⁺		$7{,}24 \cdot 10^{-11}$	0,536	2,79	1,74	26,48		+3,44
	7/2⁺						−0,003	+2,579
3/2⁺		$5{,}63 \cdot 10^{-11}$	2,748	323,93	110	0,61		
	1/2⁺							
5/2⁺		$0{,}05 \cdot 10^{-10}$	0,304	179,86	140	0,04		
	7/2⁺						+0,26	

	Isotop	natürl. Isotopenhäufigkeit	Quantenenergie E_γ	Energie d. charakterist. Röntgenstrahlung $K_{\alpha\beta}$	Mutternuklide	Halbwertszeit $T_{\frac{1}{2}}$ der Mutternuklide	Halbwertszeit $t_{\frac{1}{2}}$ d. Mößbauerniveaus
		%	keV	keV			ns
23	${}^{139}_{57}La$	99,9	165,8	33,44	${}^{139}_{56}Ba$; ${}^{139}_{58}Ce$	82,7^{min};137,5^{d}	1,47
24	${}^{141}_{59}Pr$	100	145,2	36,03	${}^{141}_{58}Ce$; ${}^{141}_{60}Nd$	33^{d}; 2,5^{h}	1,85
25	${}^{145}_{60}Nd$	8,3	67 72,2	37,36	${}^{145}_{59}Pr$; ${}^{145}_{61}Pm$	5,9^{h}; 18^{y}	33 0,7
26	${}^{147}_{61}Pm$	0 β^-	91,03	38,72	${}^{147}_{60}Nd$	11^{d}	2,57
27	${}^{147}_{62}Sm$	15 α	122,1	40,12	${}^{147}_{61}Pm$; ${}^{147}_{63}Eu$	2,62^{y}; 24^{d}	0,33
28	${}^{149}_{62}Sm$	13,83	22,5	40,12	${}^{149}_{63}Eu$	93,1^{d}	7,12
29	${}^{151}_{62}Sm$	0 β^-	65,8	40,12	${}^{151}_{61}Pm$	28,4^{h}	20
30	${}^{152}_{62}Sm$	26,72	122	40,12	${}^{152}_{61}Pm$; ${}^{152}_{63}Eu$	4,2^{min}; 13^{y}	1,42
31	${}^{153}_{62}Sm^{*}$	0 β^-	35,8	40,12	${}^{152**}_{62}Sm$; ${}^{153}_{61}Pm$	–; 5,3^{min}	2
32	${}^{154}_{62}Sm$	22,8	82	40,12	${}^{154}_{61}Pm$	2,5^{min}	3
33	${}^{151}_{63}Eu$	47,82	21,6	41,5	${}^{151}_{62}Sm$; ${}^{151}_{64}Gd$	90^{y}; 120^{d}	9,5

Spin u. Parität d. Mößbauerniveaus	Spin und Parität d. Grundzustandes	natürliche Linienbreite Γ	2Γ	Resonanzabsorptionsquerschnitt $\sigma_0 \cdot (1 + \alpha)$	innerer Konversionskoeffizient α	Rückstoßenergie E_R	Quadrupolmoment Q	Magnet. Moment μ
		keV	mm/s	10^{-19} cm²		meV	barn	μ_N
$5/2^+$		$3{,}10 \cdot 10^{-10}$	1,122	0,67	0,22	106,26		
	$7/2^+$						0,268	+2,761
$7/2^+$		$2{,}46 \cdot 10^{-10}$	1,018	1,55	0,43	80,28		+2,78
	$5/2^+$						−0,06	+4,136
$3/2^-$		$0{,}14 \cdot 10^{-10}$	0,124	2,72	6,1	16,62		
$5/2^-$		$6{,}52 \cdot 10^{-10}$	5,413	3,52	4,9	19,30		−0,319
	$7/2^-$						−0,254	+0,653
$5/2^+$		$1{,}78 \cdot 10^{-10}$	1,169	2,21	2,1	30,26	+0,6	3,54
	$7/2^+$						+0,7	−2,7
$5/2^-$		$1{,}38 \cdot 10^{-9}$	6,789	1,23	1,0	54,46	−0,31	−0,445
	$7/2^-$						−0,18	−0,807
$5/2^-$		$6{,}41 \cdot 10^{-11}$	1,708	36,24	24	1,82	0,50	−0,622
	$7/2^-$						+0,06	−0,665
$7/2^-$		$2{,}28 \cdot 10^{-11}$	0,208	8,47		15,40		
	$5/2^-$							
2^+		$3{,}21 \cdot 10^{-10}$	1,582	8,25	1,3	52,39	−1,8	+0,62
	0^+						0	0
$3/2^-$		$2{,}28 \cdot 10^{-10}$	3,816	19,05	0,3	4,51		
	$3/2^+$						+0,7	−0,04
2^+		$1{,}52 \cdot 10^{-10}$	1,112	18,20	5,05	23,44	−1,94	0,66
	0^+						0	0
$7/2^+$		$4{,}80 \cdot 10^{-11}$	1,337	70,30	30	1,65	+1,5	+2,59
	$5/2^+$						+1,155	+3,464

	Isotop	natürl. Isotopenhäufigkeit	Quantenenergie E_γ	Energie d. charakterist. Röntgenstrahlung $K_{\alpha\beta}$	Mutternuklide	Halbwertszeit $T_{\frac{1}{2}}$ der Mutternuklide	Halbwertszeit $t_{\frac{1}{2}}$ d. Mößbauerniveaus
		%	keV	keV			ns
34	${}^{153}_{63}\mathrm{Eu}^*$	52,18	83,4 97,4 103,2	41,5	${}^{153}_{62}\mathrm{Sm}$; ${}^{153}_{64}\mathrm{Gd}$	47^h; 242^d	0,7 0,21 3,86
35	${}^{154}_{64}\mathrm{Gd}$	2,15	123,1	43	${}^{154}_{63}\mathrm{Eu}$; ${}^{154}_{65}\mathrm{Tb}$	$8{,}5^y$; 21^h	1,17
36	${}^{155}_{64}\mathrm{Gd}$	14,9	60 86,5 105,3	43	${}^{155}_{63}\mathrm{Eu}$; ${}^{155}_{65}\mathrm{Tb}$	$4{,}96^y$; $5{,}3^d$	0,24 6,32 1,2
37	${}^{156}_{64}\mathrm{Gd}^*$	20,47	89,0	43	${}^{156}_{63}\mathrm{Eu}$; ${}^{155**}_{64}\mathrm{Gd}$ ${}^{156}_{65}\mathrm{Tb}$	15^d; – $5{,}4^d$	2,22
38	${}^{157}_{64}\mathrm{Gd}$	15,7	54,5 64	43	${}^{157}_{63}\mathrm{Eu}$	15^h	0,187 460
39	${}^{158}_{64}\mathrm{Gd}^*$	24,87	79,5	43	${}^{158}_{63}\mathrm{Eu}$; ${}^{157}_{64}\mathrm{Gd}^{**}$ ${}^{158}_{65}\mathrm{Tb}$	46^{min}; – 150^y	2,54
40	${}^{160}_{64}\mathrm{Gd}^*$	21,7	75,3	43	${}^{160}_{63}\mathrm{Eu}$	$0{,}83^{min}$	2,66
41	${}^{159}_{66}\mathrm{Tb}$	100	58	44; 48	${}^{159}_{64}\mathrm{Gd}$; ${}^{159}_{66}\mathrm{Dy}$	18^h; 144^d	0,13
42	${}^{160}_{66}\mathrm{Dy}$	2,29	86,8	46	${}^{161}_{65}\mathrm{Tb}$; ${}^{161}_{67}\mathrm{Ho}$	$72{,}4^d$; 25^{min}	2,01

Spin u. Parität d. Mößbauer-niveaus	Spin und Parität d. Grund-zustandes	natürliche Linienbreite		Resonanz-absorp-tionsquer-schnitt	innerer Konver-sionsko-effizient	Rück-stoß-ener-gie	Quadru-polmo-ment	Magnet. Moment
		Γ	2Γ	$\sigma_0 \cdot (1+\alpha)$	α	E_R	Q	μ
		keV	mm/s	10^{-19} cm²		meV	barn	μ_N
$7/2^+$		$6{,}52 \cdot 10^{-10}$	4,687	4,69	6	24,39		+1,80
$5/2^-$		$2{,}17 \cdot 10^{-9}$	13,370	2,58	0,41	33,31		+3,21
$3/2^+$		$1{,}18 \cdot 10^{-10}$	0,698	1,53	1,8	37,36	0,52	+2,03
	$5/2^+$						+2,90	+1,53
2^+		$3{,}86 \cdot 10^{-10}$	1,899	8,06	1,2	52,87		+0,85
	0^+						0	0
$5/2^-$		$1{,}90 \cdot 10^{-9}$	19,00	10,19	9,2	12,47		
$5/2^+$		$7{,}41 \cdot 10^{-11}$	0,50	4,90	0,41	25,94	+1,3	−0,55
$(3/2, 5/2)^+$		$3{,}93 \cdot 10^{-10}$	2,239	2,21	0,25	38,41	+1,1	+0,134
	$3/2^-$						+1,59	−0,258
2^+		$2{,}06 \cdot 10^{-10}$	1,385	15,45	4,08	27,25	+1,3	+0,786
	0^+						0	0
$5/2^-$		$2{,}44 \cdot 10^{-9}$	26,841	12,35	10	10,16	+1,67	
$5/2^+$		$0{,}99 \cdot 10^{-12}$	0,009	8,96	7,4	14,01	+2	
	$3/2^-$							−0,3228
2^+		$1{,}80 \cdot 10^{-10}$	1,354	19,35	5,94	21,48	+1,3	+0,64
	0^+						0	0
2^+		$1{,}71 \cdot 10^{-10}$	1,366	21,59	9,2	19,01	+1,1	+0,63
	0^+						0	0
$5/2^+$		$3{,}51 \cdot 10^{-9}$	36,280	10,91	10,1	11,36		+1,5
	$3/2^+$						+1,28	+1,994
2^+		$2{,}27 \cdot 10^{-10}$	1,568	16,23	4,51	25,28	−1,0	+0,714
	0^+						0	0

	Isotop	natürl. Isotopenhäufigkeit	Quantenenergie E_γ	Energie d. charakterist. Röntgenstrahlung $K_{\alpha\beta}$	Mutternuklide	Halbwertszeit $T_{\frac{1}{2}}$ der Mutternuklide	Halbwertszeit $t_{\frac{1}{2}}$ d. Mößbauerniveaus
		%	keV	keV			ns
43	$^{161}_{66}Dy^*$	18,88	25,7 43,8 74,6	46	$^{161}_{65}Tb$; $^{161}_{67}Ho$	$6{,}9^d$; $2{,}48^h$	28,5 0,78 3,21
44	$^{162}_{66}Dy^*$	25,53	80,66	46	$^{162}_{65}Tb$; $^{162}_{67}Ho$	$7{,}6^{min}$; 15^{min}	2,25
45	$^{164}_{66}Dy$	28,18	73,4	46	$^{164}_{65}Tb$; $^{164m}_{67}Ho$	3^{min}; 37^{min}	2,39
46	$^{165}_{67}Ho$	100	94,7	47,55	$^{165}_{66}Dy$; $^{165}_{68}Er$	$2{,}3^h$; $10{,}4^h$	0,022
47	$^{164}_{68}Er$	1,6	91,4	49,13	$^{164m}_{67}Ho$; $^{164}_{69}Tm$	37^{min}; 2^{min}	1,47
48	$^{166}_{68}Er$	33,41	80,6	49,13	$^{166}_{67}Ho$; $^{166}_{69}Tm$	$26{,}8^h$; $7{,}7^h$	1,87
49	$^{167}_{68}Er^*$	22,94	79,3	49,13	–	–	0,119
50	$^{168}_{68}Er^*$	27,04	79,8	49,13	$^{168}_{67}Ho$; $^{167}_{68}Er^{**}$ $^{168}_{69}Tm$	3^{min}; – $93{,}1^d$	1,88
51	$^{170}_{68}Er^*$	14,88	79,59	49,13	–	–	1,89
52	$^{169}_{69}Tm$	100	8,42	50,74	$^{169}_{68}Er$; $^{169}_{70}Yb$	$9{,}3^d$; 31^d	3,9

Spin u. Parität d. Mößbauer-niveaus	Spin und Parität d. Grund-zustandes	natürliche Linienbreite Γ	natürliche Linienbreite 2Γ	Resonanz-absorp-tionsquer-schnitt $\sigma_0 \cdot (1 + \alpha)$	innerer Konver-sionsko-effizient α	Rück-stoß-ener-gie E_R	Quadru-polmo-ment Q	Magnet. Moment μ
		keV	mm/s	10^{-19} cm²		meV	barn	μ_N
5/2⁻		$1{,}60 \cdot 10^{-11}$	0,374	37,17	2,9	2,19	+2,37	+0,558
7/2⁺		$5{,}85 \cdot 10^{-10}$	8,000	16,97	5	6,41	+0,48	+0,134
3/2⁻		$1{,}42 \cdot 10^{-10}$	1,143	2,93	0,46	18,55	+1,3	−0,4
	5/2⁺						+2,36	−0,47
2⁺		$2{,}03{,}10^{-10}$	1,506	18,80	6,2	21,56		+0,69
	0⁺						0	0
2⁺		$1{,}91 \cdot 10^{-10}$	1,560	22,70	10	17,63	−1,96	+0,69
	0⁺						0	0
9/2⁻		$2{,}07 \cdot 10^{-8}$	131,300	3,41	8,6	29,18		
	7/2⁻						+2,82	+4,11
2⁺		$3{,}10 \cdot 10^{-10}$	2,036	14,64	4,23	27,34		±0,706
	0⁺						0	0
2⁺		$2{,}44 \cdot 10^{-10}$	1,815	18,84	6,5	21,00	−1,9	±0,63
	0⁺						0	0
9/2⁺		$3{,}83 \cdot 10^{-9}$	28,952	4,86	5,3	20,22		
	7/2⁺						+2,82	−0,565
2⁺		$2{,}49 \cdot 10^{-10}$	1,823	19,21	14	20,35		+0,636
	0⁺						0	0
2⁺		$2{,}41 \cdot 10^{-10}$	1,842	19,80	7	19,51		+0,638
	0⁺						0	0
3/2⁺		$1{,}17 \cdot 10^{-10}$	8,330	690,12	220	0,22	−1,3	+0,52
	1/2⁺						0	−0,232

	Isotop	naturl. Isotopenhäufigkeit	Quantenenergie E_γ	Energie d. charakterist. Röntgenstrahlung $K_{\alpha\beta}$	Mutternuklide	Halbwertszeit $T_{\frac{1}{2}}$ der Mutternuklide	Halbwertszeit $t_{\frac{1}{2}}$ d. Mößbauerniveaus
		%	keV	keV			ns
53	$^{170}_{70}$Yb	3,03	84,3	52,4	$^{170}_{69}$Tm; $^{170}_{71}$Lu	128,6^{d}; 2^{d}	1,59
54	$^{171}_{70}$Yb	14,31	66,7 75,87	52,4	$^{171}_{69}$Tm; $^{171}_{71}$Lu	1,9^{y}; 8,2^{d}	0,8 1,64
55	$^{172}_{70}$Yb*	21,9	78,67	52,4	$^{172}_{69}$Tm; $^{172}_{71}$Lu	63,6^{h}; 6,7^{d}	1,8
56	$^{174}_{70}$Yb*	31,8	76,5	52,4	$^{174}_{69}$Tm; $^{174}_{71}$Lu	5,5^{min}; 3,3^{y}	1,8
57	$^{176}_{70}$Yb*	12,7	82,1	52,4	$^{176}_{69}$Tm	1,9^{min}	2
58	$^{175}_{71}$Lu*	97,41	113,8	54,07	$^{175}_{70}$Yb; $^{175}_{72}$Hf	101^{h}; 70^{d}	0,1
59	$^{176}_{72}$Hf*	5,2	88,36	55,79	$^{176m}_{71}$Lu; $^{176}_{73}$Ta	3,68^{h}; 8^{h}	1,4
60	$^{177}_{72}$Hf*	18,5	113	55,79	$^{177}_{71}$Lu; $^{177}_{73}$Ta	6,7^{d}; 56,6^{h}	0,5
61	$^{178}_{72}$Hf*	27,14	93,2	55,79	$^{178}_{71}$Lu; $^{177}_{72}$Hf** $^{178}_{73}$Ta	28,4^{min}; — 9,4^{min}	1,5
62	$^{180}_{72}$Hf*	35,2	93,3	55,79	$^{180}_{71}$Lu; $^{180m}_{73}$Ta	5,7^{min}; 8,15^{h}	1,51
63	$^{181}_{73}$Ta	99,99	6,23 136,25	57,53	$^{181}_{72}$Hf; $^{181}_{74}$W	42,4^{d}; 121,2^{d}	6800 0,04
64	$^{180}_{74}$W*	0,13 α	103,6	59,32	$^{180}_{73}$Ta; $^{180}_{75}$Re	8,1^{h}; 2,43^{min}	1,28
65	$^{182}_{74}$W*	26,41	100,1	59,32	$^{182}_{73}$Ta; $^{182}_{75}$Re	115^{d}; 13^{h}	1,38

Spin u. Parität d. Mößbauerniveaus	Spin und Parität d. Grundzustandes	natürliche Linienbreite		Resonanzabsorptionsquerschnitt	innerer Konversionskoeffizient	Rückstoßenergie	Quadrupolmoment	Magnet. Moment
		Γ	2Γ	$\sigma_0 \cdot (1+\alpha)$	α	E_R	Q	μ
		keV	mm/s	10^{-19} cm²		meV	barn	μ_N
2^+		$2{,}85 \cdot 10^{-10}$	2,029	17,23	6,7	22,42	−2,14	+0,668
	0^+						0	0
$3/2^-$		$5{,}63 \cdot 10^{-10}$	5,062	10,99	11,3	13,98	−1,59	+0,349
$5/2^-$		$2{,}78 \cdot 10^{-10}$	2,198	12,75	8,7	18,08	−2,2	+1,013
	$1/2^-$							+0,493
2^+		$2{,}53 \cdot 10^{-10}$	1,932	19,76	9	19,32	2,16	+0,667
	0^+						0	0
2^+		$2{,}53 \cdot 10^{-10}$	1,987	20,90	10	18,05	2,23	+0,674
	0^+						0	0
2^+		$2{,}28 \cdot 10^{-10}$	1,666	18,15	8	20,56	2,23	+0,76
	0^+						0	0
$9/2^+$		$4{,}56 \cdot 10^{-9}$	24,036	2,36	2,3	39,74		+1,8
	$7/2^+$						+5,68	+2,23
2^+		$3{,}28 \cdot 10^{-10}$	2,227	15,67	5,2	23,82		0,53
	0^+						0	0
$9/2^-$		$9{,}12 \cdot 10^{-10}$	4,843	2,39	3	38,71		+1,06
	$7/2^-$						+4,5	+0,78
2^+		$3{,}10 \cdot 10^{-10}$	1,997	14,08	4,6	26,02		+0,64
	0^+						0	0
2^+		$3{,}02 \cdot 10^{-10}$	1,941	14,04	5	25,98	−1,89	+0,64
	0^+						0	0
$9/2^-$		$6{,}7 \cdot 10^{-14}$	$6{,}439 \cdot 10^{-3}$	784,86	46	0,11	+2,9	+5,22
$9/2^+$		$114{,}1 \cdot 10^{-10}$	50,193	1,65	1,9	55,07		+1,22
	$7/2^+$						+4,2	+2,36
2^+		$3{,}56 \cdot 10^{-10}$	2,063	11,40	3,5	32,02		
	0^+						0	0
2^+		$3{,}31 \cdot 10^{-10}$	1,980	12,20	3,85	29,56	−1,87	+0,46
	0^+						0	0

	Isotop	natürl. Isotopenhäufigkeit	Quantenenergie E_γ	Energie d. charakterist. Röntgenstrahlung $K_{\alpha\beta}$	Mutternuklide	Halbwertszeit $T_{\frac{1}{2}}$ der Mutternilklide	Halbwertszeit $t_{\frac{1}{2}}$ d. Mößbauerniveaus
		%	keV	keV			ns
66	$^{183}_{74}W^*$	14,3	46,5 99,1	59,32	$^{183}_{73}Ta$; $^{183}_{75}Re$	5^d; 71^d	0,2 0,97
67	$^{184}_{74}W^*$	30,63	111,21	59,32	$^{184}_{73}Ta$; $^{184}_{75}Re$	$8{,}7^h$; 38^d	1,26
68	$^{186}_{74}W^*$	28,41	122,3	59,32	$^{186}_{73}Ta$; $^{186}_{75}Re$	10^{min}; 90^h	1,12
69	$^{187}_{75}Re$	62,60 β^-	134,2	61,14	$^{184}_{74}W$	$23{,}8^h$	0,01
70	$^{186}_{76}Os$	1,64 α	137,2	63	$^{186}_{75}Re$; $^{187}_{77}Ir$	$90{,}65^h$; $15{,}8^h$	0,83
71	$^{188}_{76}Os$	13,3	155,03	63	$^{188}_{75}Re$; $^{188}_{77}Ir$	$16{,}8^h$; $41{,}5^h$	0,71
72	$^{189}_{76}Os$	16,1	36,3 69,6 95,3	63	$^{189}_{75}Re$; $^{189}_{77}Ir$	$24{,}3^h$; $13{,}3^d$	0,53 1,69 0,23
73	$^{190}_{76}Os$	26,4	186,7	63	$^{190}_{75}Re$; $^{190}_{77}Ir$	$3{,}1^{min}$; $12{,}1^d$	0,367
74	$^{191}_{77}Ir$	37,4	82,33 129,4	64,9	$^{191}_{76}Os$; $^{191}_{78}Pt$	$15{,}4^d$; $2{,}8^d$	3,8 0,089
75	$^{193}_{77}Ir$	62,7	73,02 138,89	64,9	$^{193}_{76}Os$	30^h	6,34 0,07
76	$^{195}_{78}Pt$	33,8	98,8 129,78	66,83	$^{195m}_{77}Ir$; $^{195}_{79}Au$	$3{,}8^h$; 183^d	0,162 0,67
77	$^{197}_{79}Au$	100	77,3	68,8	$^{197}_{78}Pt$; $^{197}_{80}Hg$	20^h; 65^h	1,89
78	$^{199}_{80}Hg$	16,9	158	70,82	$^{199}_{79}Au$; $^{199}_{81}Tl$	$3{,}1^d$; $7{,}4^h$	2,4
79	$^{201}_{80}Hg$	13,22	32,2	70,82	$^{201}_{79}Au$; $^{201}_{81}Tl$	$26{,}4^{min}$; $73{,}5^h$	0,2

Spin u. Parität d. Mößbauerniveaus	Spin und Parität d. Grundzustandes	natürliche Lineinbreite Γ	natürliche Lineinbreite 2Γ	Resonanzabsorptionsquerschnitt $\sigma_0 \cdot (1 + \alpha)$	innerer Konversionskoeffizient α	Rückstoßenergie E_R	Quadrupolmoment Q	Magnet. Moment μ
		keV	mm/s	10^{-19} cm²		meV	barn	μ_N
3/2⁻		$2{,}48 \cdot 10^{-9}$	32,150	22,65	9	6,34	−1,61	−0,62
5/2⁻		$4{,}68 \cdot 10^{-10}$	2,802	7,48	4,3	28,80		+0,93
	1/2⁻						0	+0,117
2⁺		$3{,}62 \cdot 10^{-10}$	1,952	9,89	2,75	36,09	−2	+0,59
	0⁺						0	0
2⁺		$4{,}07 \cdot 10^{-10}$	1,997	8,17	1,6	43,17	0,74	+0,64
	0⁺						0	0
7/2⁺		$4{,}39 \cdot 10^{-8}$	195,929	1,81	2,87	51,75		
	5/2⁺						+2,6	+3,204
2⁺		$5{,}50 \cdot 10^{-10}$	2,403	6,502	1,25	54,31	−1,80	+0,64
	0⁺						0	0
2⁺		$6{,}43 \cdot 10^{-10}$	2,485	5,09	0,84	68,64	−1,36	+0,62
	0⁺						0	0
(1/2)⁻		$8{,}61 \cdot 10^{-10}$	14,218	9,28	80	3,74	0	+0,226
5/2⁻		$2{,}80 \cdot 10^{-10}$	2,411	7,58	8	13,76	−0,72	+0,625
3/2⁻		$19{,}84 \cdot 10^{-10}$	12,480	2,69	6,7	25,80		−0,315
	3/2⁻						+0,91	+0,6565
2⁺		$12{,}43 \cdot 10^{-10}$	3,992	3,51		98,51		
	0⁺							
1/2⁺		$1{,}20 \cdot 10^{-10}$	0,874	1,80	12,4	19,06	0	+0,542
5/2⁺		$5{,}19 \cdot 10^{-10}$	23,754	2,19	2,4	47,06		+0,55
	3/2⁺						+1,5	+0,15
1/2⁺		$7{,}19 \cdot 10^{-10}$	0,591	2,29	6,5	14,83	0	+0,47
5/2⁺		$6{,}43 \cdot 10^{-9}$	27,741	1,90	2,3	53,67	3,7	0,72
	3/2⁺						+1,5	+0,158
3/2⁻		$2{,}82 \cdot 10^{-9}$	17,084	5,01	7,2	26,90		−0,62
5/2⁻		$6{,}81 \cdot 10^{-10}$	3,146	4,36	1,76	46,38		0,90
	1/2⁻						0	+0,606
1/2⁺		$2{,}41 \cdot 10^{-10}$	1,871	2,04	4,3	16,30	0	+0,416
	3/2⁺						+0,58	+0,1449
5/2⁻		$1{,}90 \cdot 10^{-10}$	0,721	2,94	0,2	67,36		
	1/2⁻						+0,69	+0,506
(1/2)⁻		$2{,}28 \cdot 10^{-9}$	42,490	11,80	60	2,768	0	
	3/2⁻						+0,5	−0,557

	Isotop	natürl. Isotopen-häufigkeit	Quanten-energie E_γ	Energie d. charakte-rist. Rönt-genstrah-lung $K_{\alpha\beta}$	Mutternuklide	Halbwerts-zeit $T_{\frac{1}{2}}$ der Mutternuklide	Halbwerts-zeit $t_{\frac{1}{2}}$ d. Mößbau-erniveaus
		%	keV	keV			ns
80	$^{230}_{90}\mathrm{Th}$	0 α	53,2	93,35	$^{230}_{89}\mathrm{Ac}$: $^{230}_{91}\mathrm{Pa}$ $^{234}_{92}\mathrm{U}$	1,3^{min}; 17^{d} 2,5·10$^{5\mathrm{y}}$	0,37
81	$^{232}_{90}\mathrm{Th}$*	100 α	49,4	93,35	$^{236}_{92}\mathrm{U}$	2,4·10$^{7\mathrm{y}}$	0,345
82	$^{231}_{91}\mathrm{Pa}$	0 α	84,2	95,85	$^{231}_{90}\mathrm{Th}$; $^{231}_{92}\mathrm{U}$ $^{235}_{93}\mathrm{Np}$	25,6^{h}; 4,3^{d} 410^{d}	45,1
83	$^{234}_{92}\mathrm{U}$	0,0057 α	43,48	98,44	$^{234}_{91}\mathrm{Pa}$; $^{234}_{93}\mathrm{Np}$	6,66^{h}; 4,4^{d}	0,252
84	$^{236}_{92}\mathrm{U}$	0 α	45,24	98,44	$^{236}_{93}\mathrm{Np}$; $^{240}_{94}\mathrm{Pu}$	22^{h}; 6580^{y}	0,234
85	$^{238}_{92}\mathrm{U}$	99,28 α	44,9	98,44	$^{242}_{94}\mathrm{Pu}$	3,79·10$^{5\mathrm{y}}$	0,245
86	$^{237}_{93}\mathrm{Np}$	0 α	59,5	101,1	$^{237}_{92}\mathrm{U}$; $^{237}_{94}\mathrm{Pu}$ $^{241}_{95}\mathrm{Am}$	6,75^{d}; 45,6^{d} 433^{y}	66,7
87	$^{239}_{94}\mathrm{Pu}$	0 α	57,3	103,75	$^{239}_{93}\mathrm{Np}$; $^{239}_{95}\mathrm{Am}$ $^{243}_{96}\mathrm{Cm}$	2,4^{d}; 11,9^{h} 30^{y}	0,101 2
88	$^{243}_{95}\mathrm{Am}$	0 α	83,9	106,48	$^{243}_{94}\mathrm{Pu}$; $^{243}_{97}\mathrm{Bk}$	4,98^{h}; 1380^{y}	2,34

* unter Coulomb-Anregung
** unter (n, γ)-Reaktion

Spin u. Parität d. Mößbauer-niveaus	Spin und Parität d. Grundzustandes	natürliche Linienbreite Γ	natürliche Linienbreite 2Γ	Resonanzabsorptionsquerschnitt $\sigma_0 \cdot (1 + \alpha)$	innerer Konversionskoeffizient α	Rückstoßenergie E_R	Quadrupolmoment Q	Magnet. Moment μ
		keV	mm/s	10^{-19} cm²		meV	barn	μ_N
2^+		$12{,}33 \cdot 10^{-10}$	13,897	43,22		6,61		
	0^+							
2^+		$13{,}22 \cdot 10^{-10}$	16,061	50,13	260	5,74		
	0^+						0	0
$5/2^+$		$0{,}10 \cdot 10^{-10}$	0,072	5,17	1,83	16,48		
	$3/2^-$						2,7	1,98
2^+		$18{,}10 \cdot 10^{-10}$	24,966	64,70	780	4,34		
	0^+							
2^+		$19{,}50 \cdot 10^{-10}$	25,839	59,76	845	4,67		
	0^+							
2^+		$18{,}62 \cdot 10^{-9}$	24,861	60,65	660	4,55	−3,0	0,5
	0^+						0	0
$5/2^-$		$6{,}84 \cdot 10^{-12}$	$6{,}888 \cdot 10^{-2}$	6,90	1,12	8,03	+4,1	+1,45
	$5/2^+$						+4,1	+2,75
$5/2^+$		$45{,}17 \cdot 10^{-10}$	47,267	22,35		7,38		
	$1/2^+$							
$5/2^+$		$1{,}95 \cdot 10^{-10}$	1,392	3,47	0,3	15,59		
	$5/2^-$						+4,9	+1,58

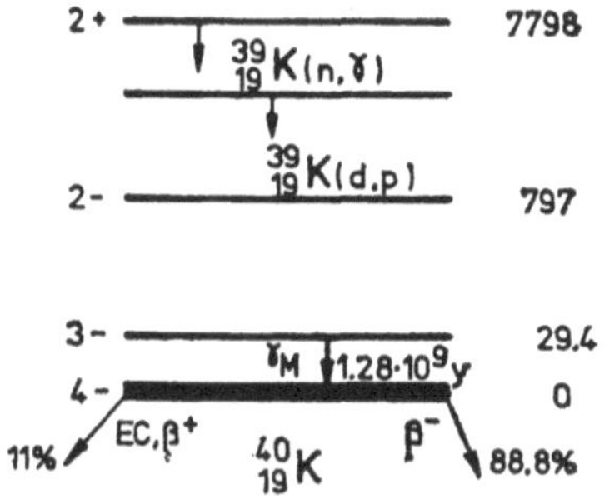

Abb. 1

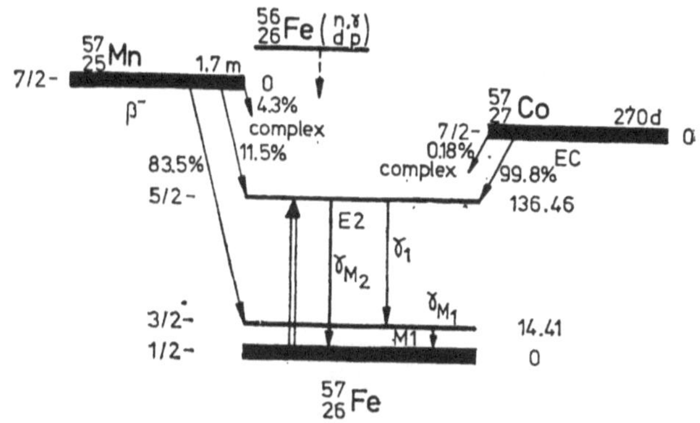

Abb. 2

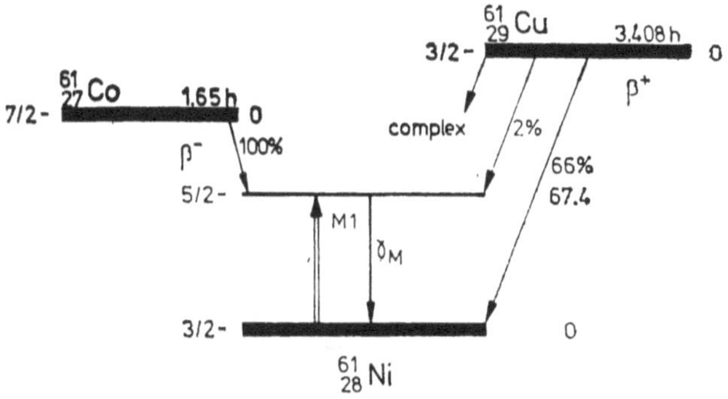

Abb. 3

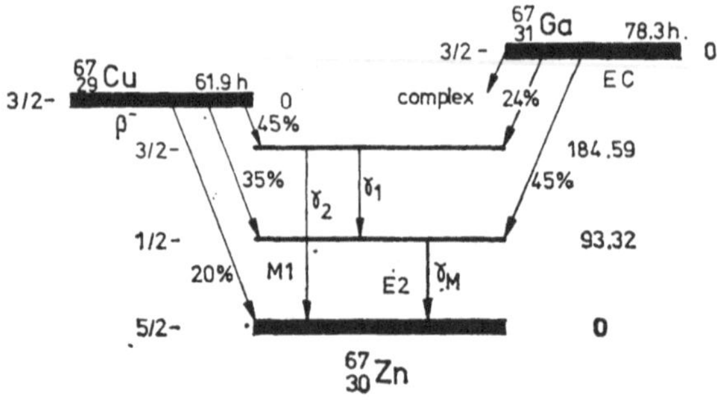

Abb. 4

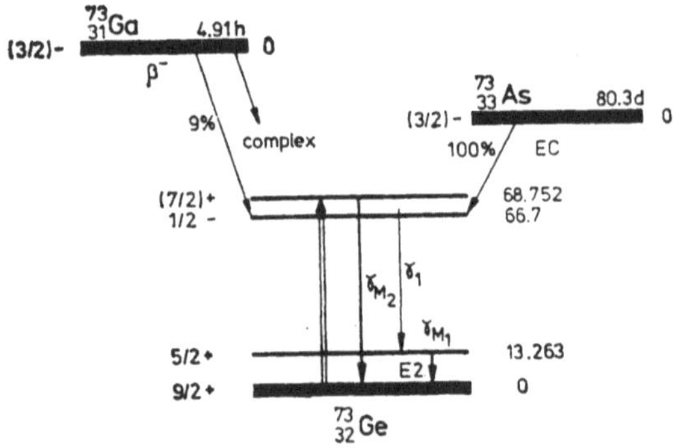

Abb. 5

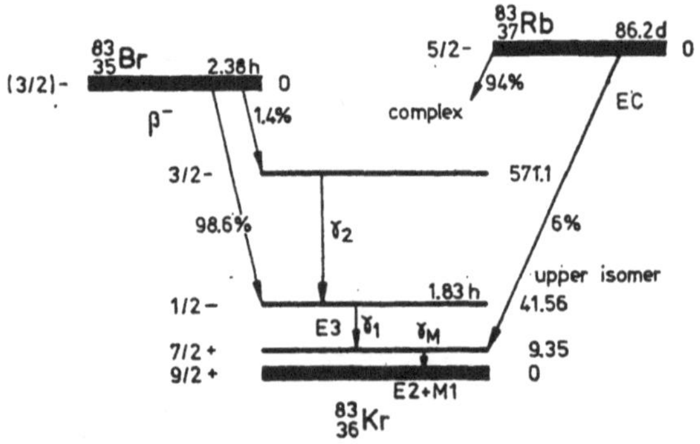

Abb. 6

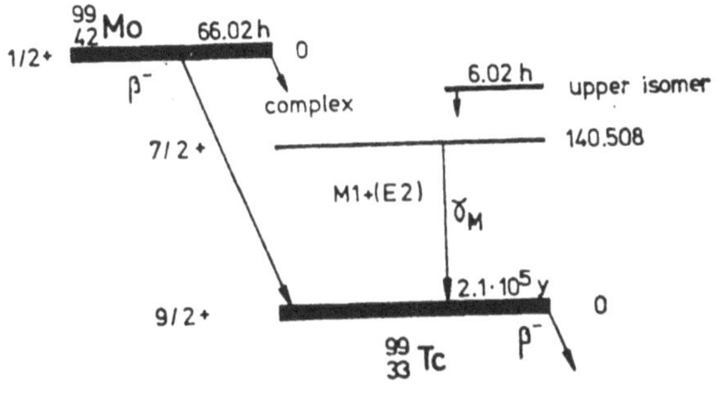

Abb. 7

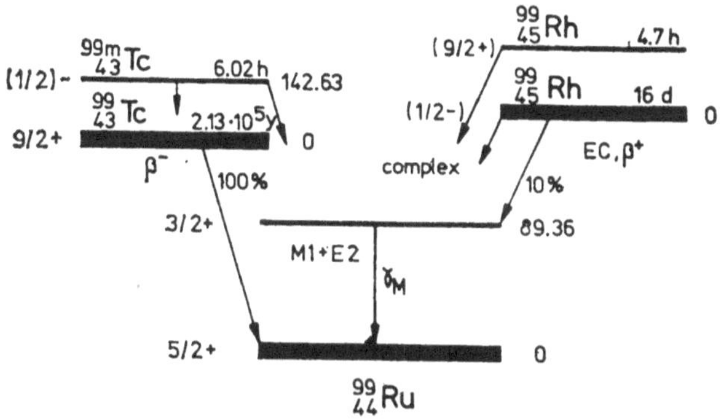

Abb. 8

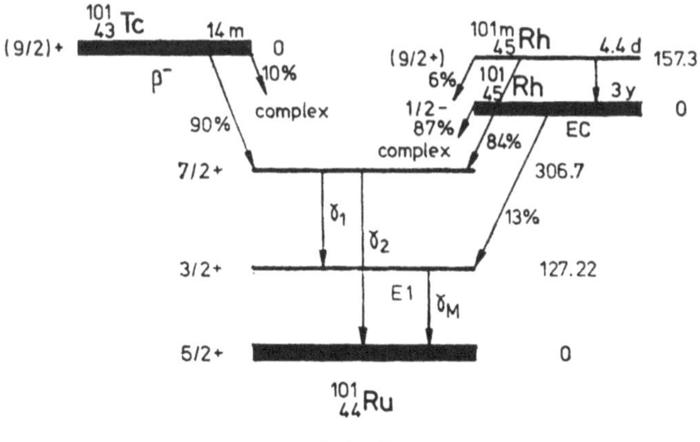

Abb. 9

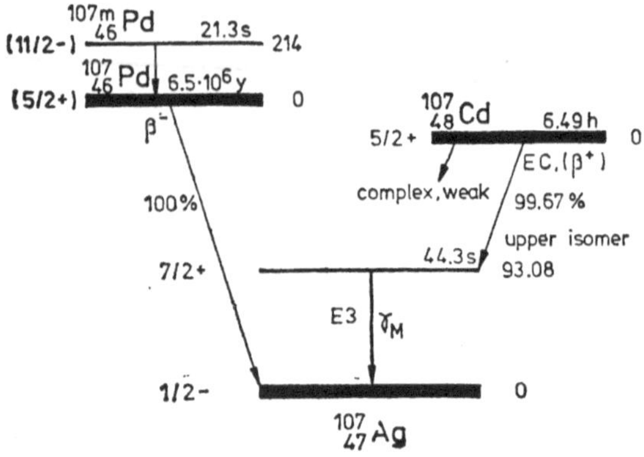

Abb. 10

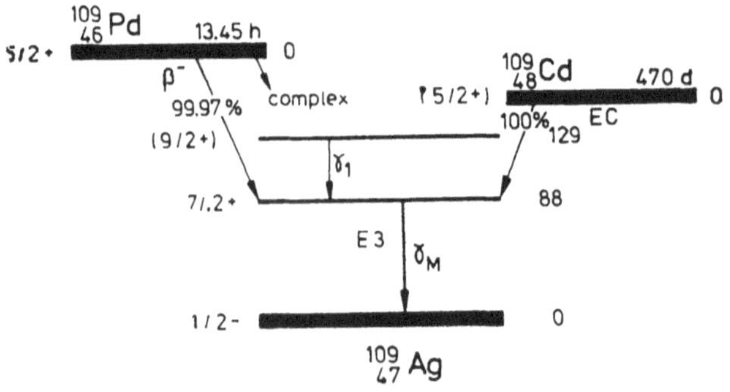

Abb. 11

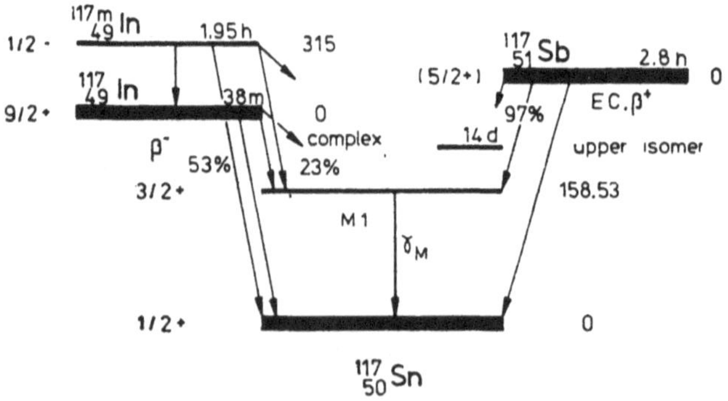

Abb. 12

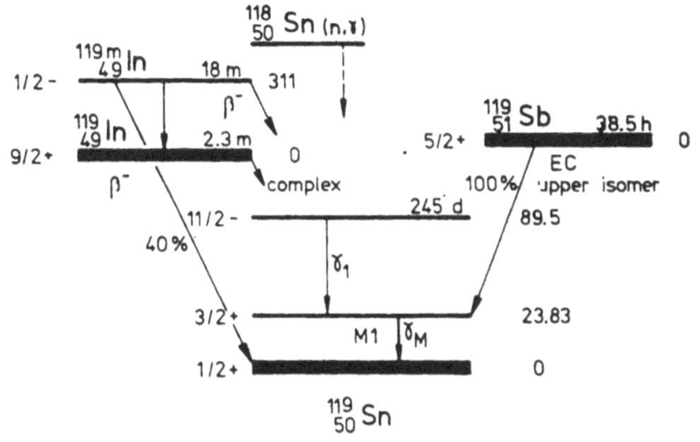

Abb. 13

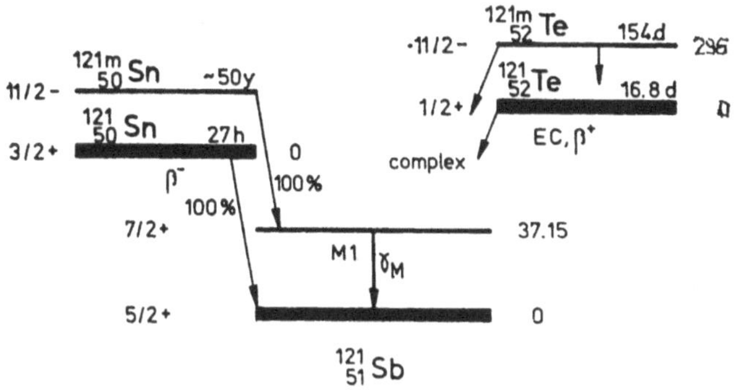

Abb. 14

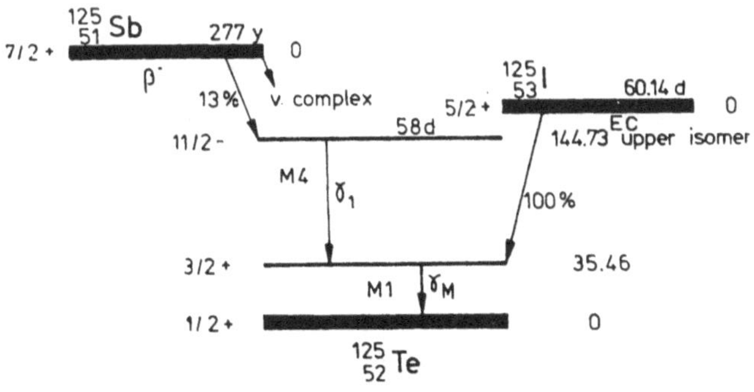

Abb. 15

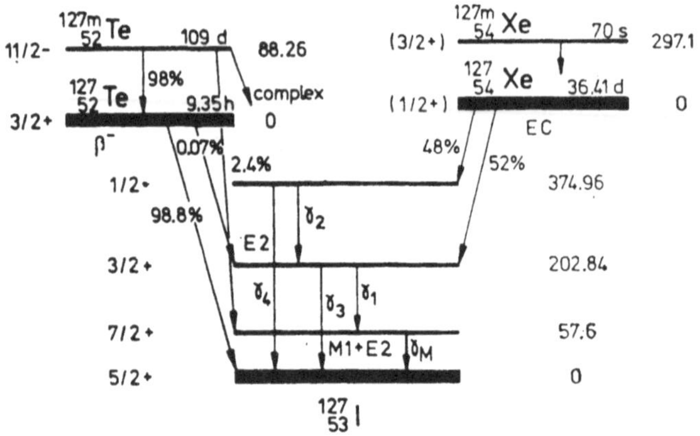

Abb. 16

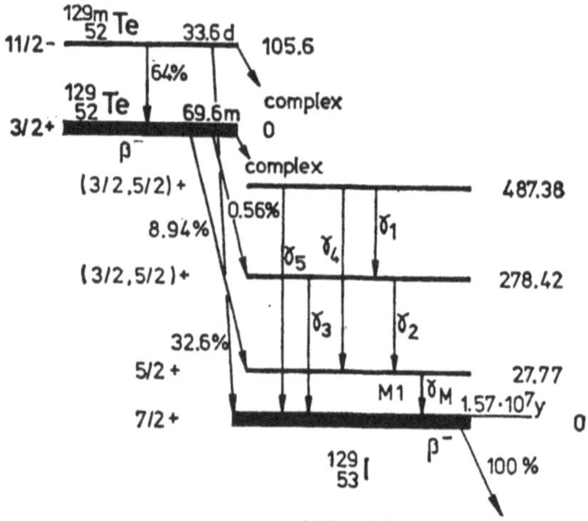

Abb. 17

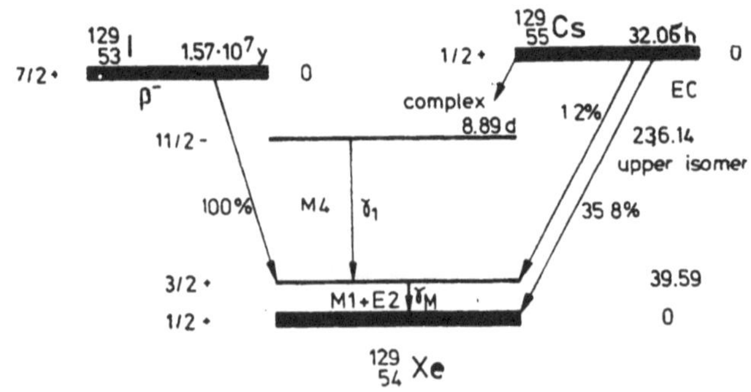

Abb. 18

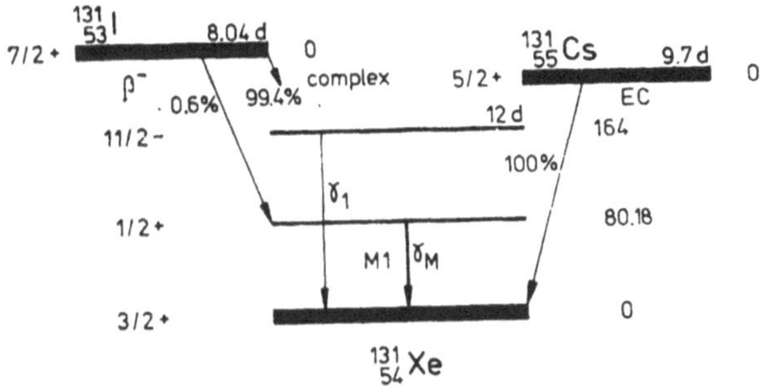

Abb. 19

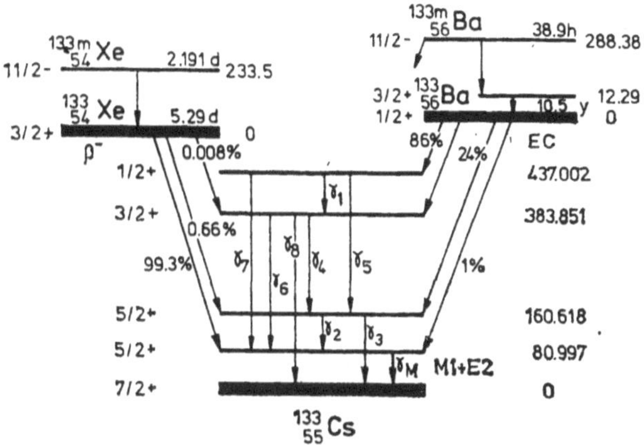

Abb. 20

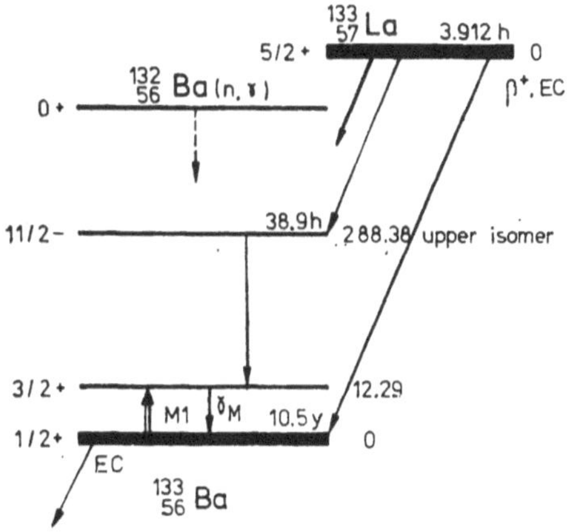

Abb. 21

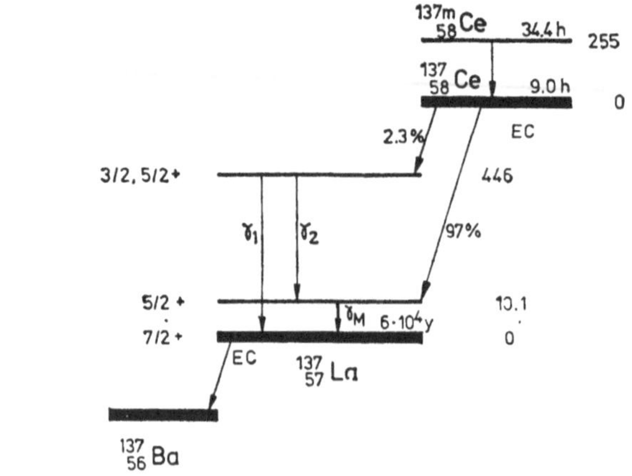

Abb. 22

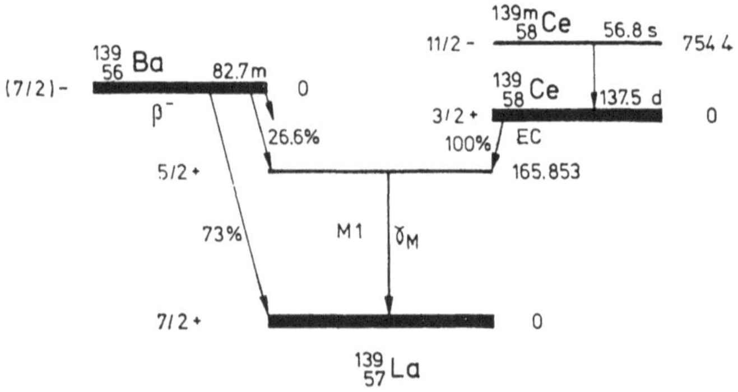

Abb. 23

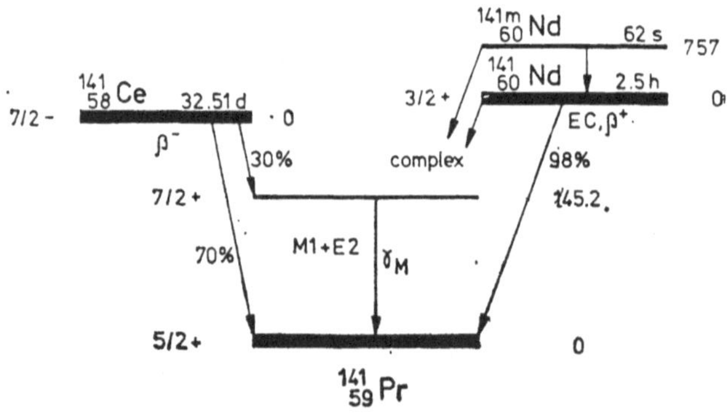

Abb. 24

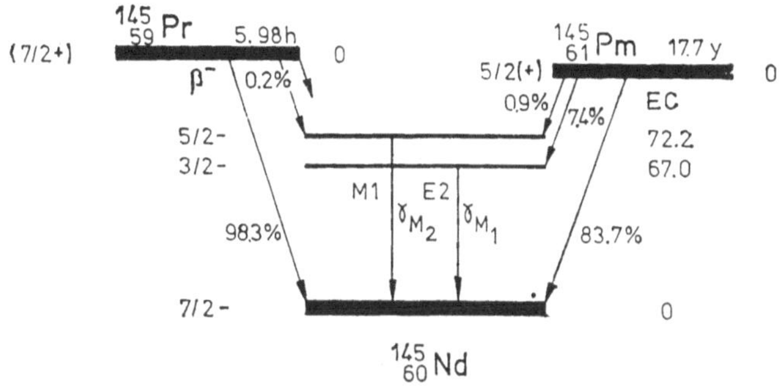

Abb. 25

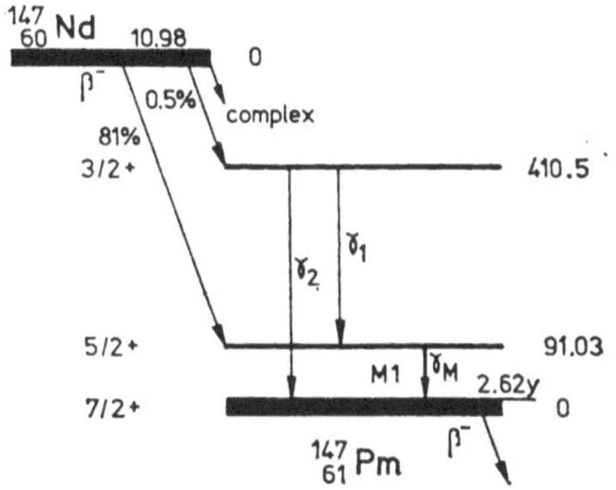

Abb. 26

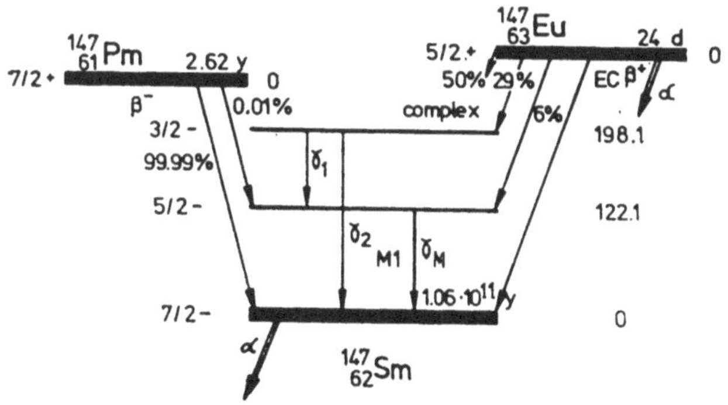

Abb. 27

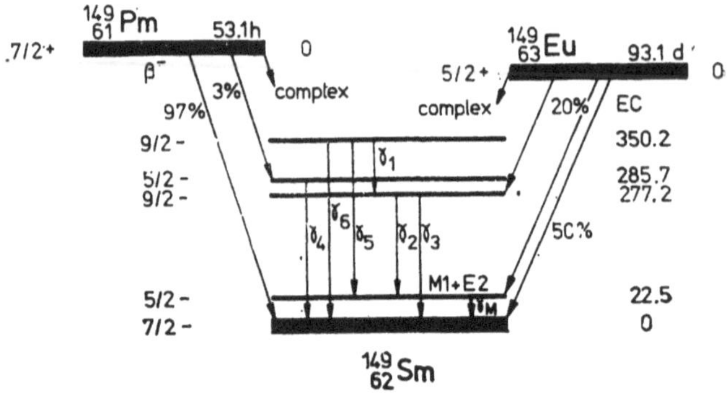

Abb. 28

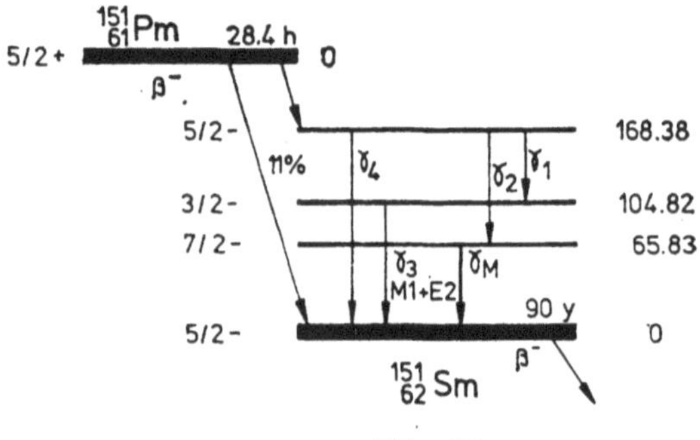

Abb. 29

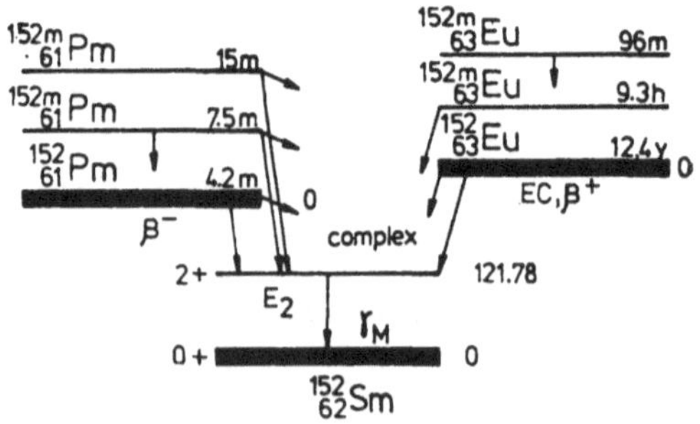

Abb. 30

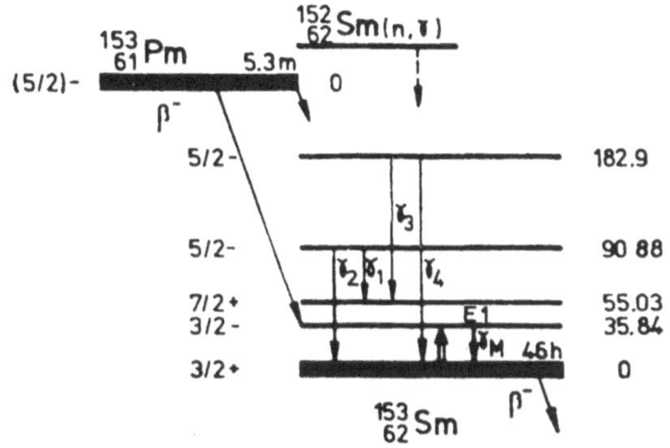

Abb. 31

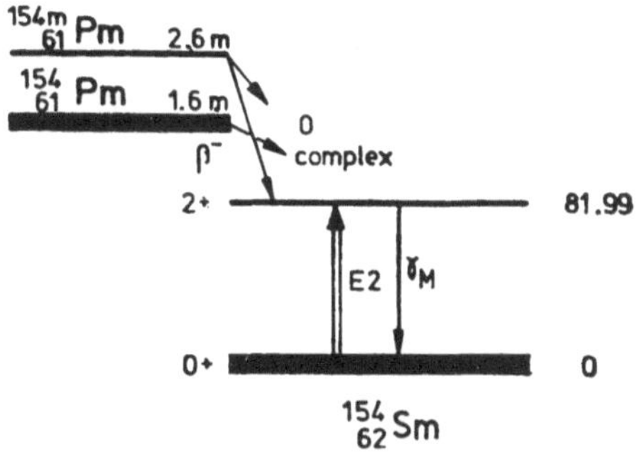

Abb. 32

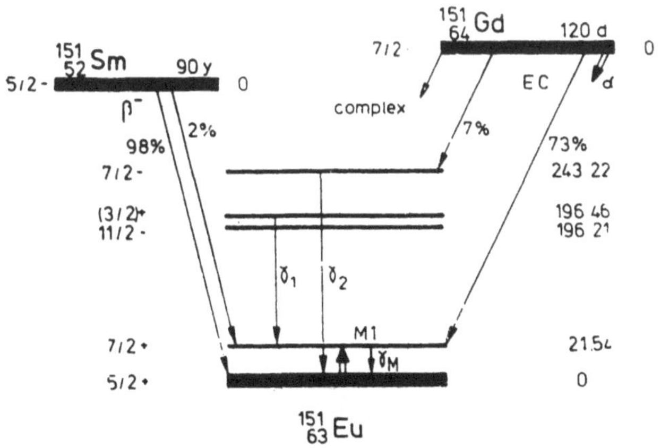

Abb. 33

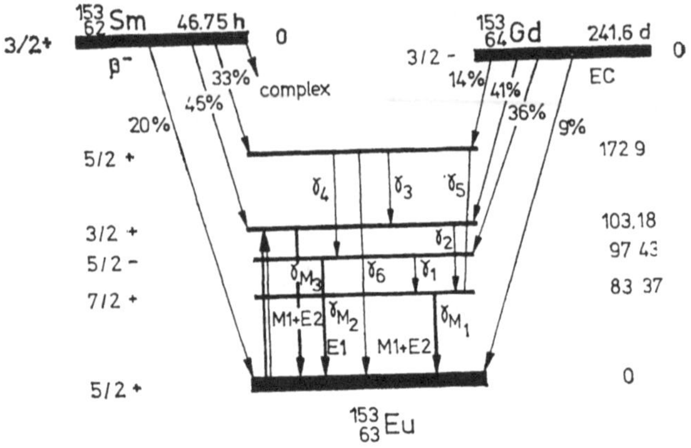

Abb. 34

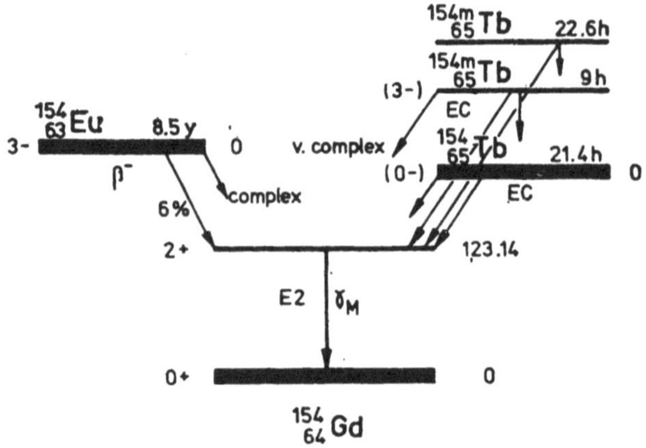

Abb. 35

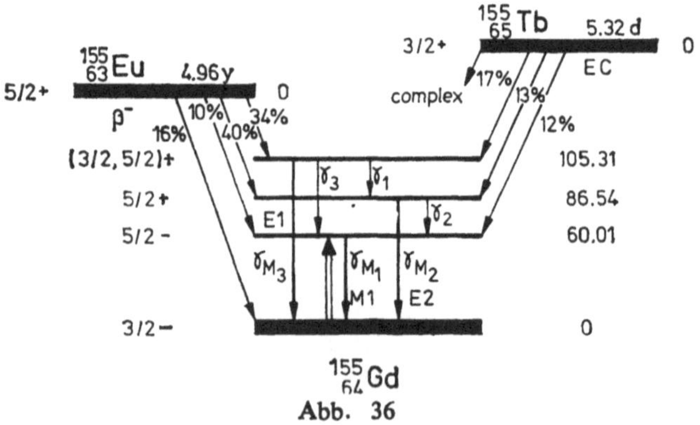

Abb. 36

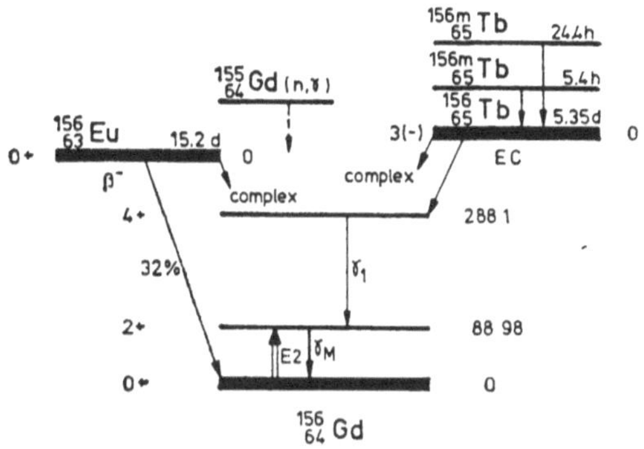

Abb. 37

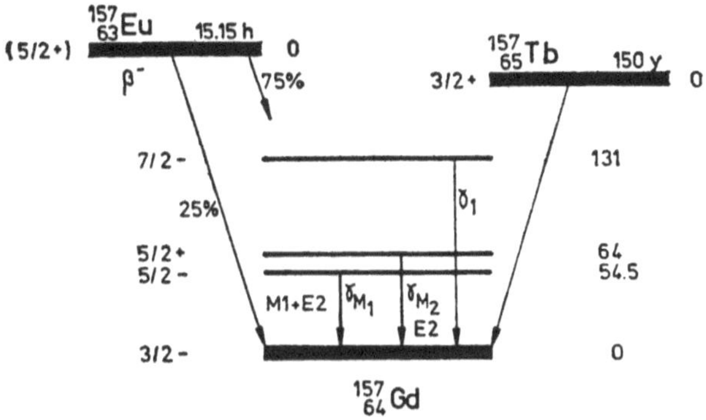

Abb. 38

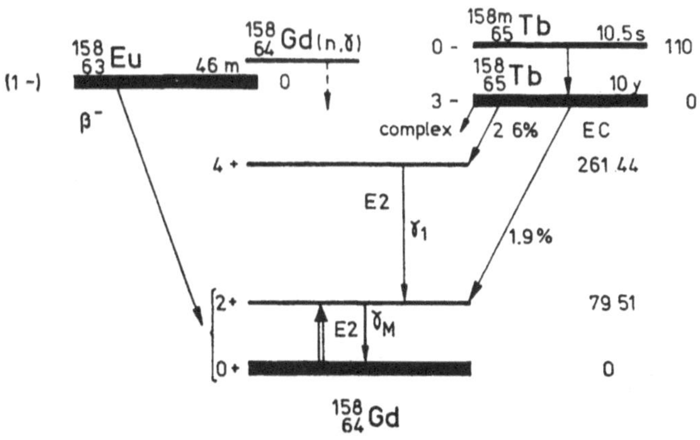

Abb. 39

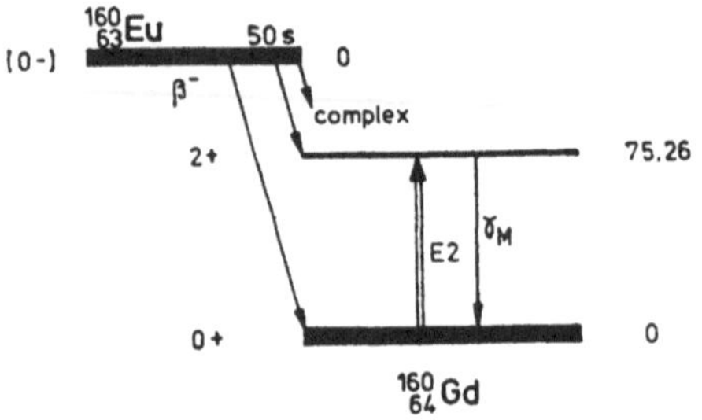

Abb. 40

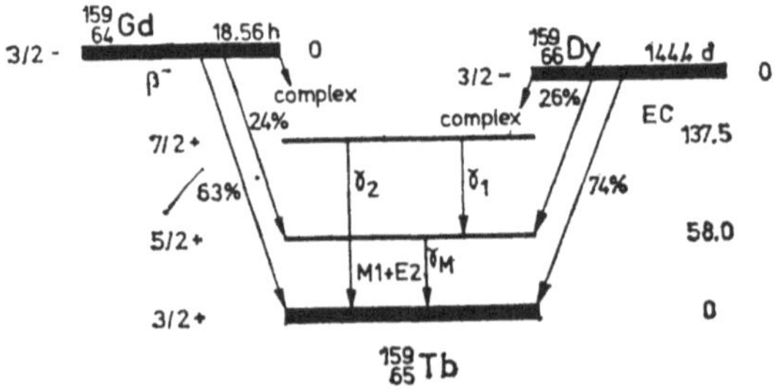

Abb. 41

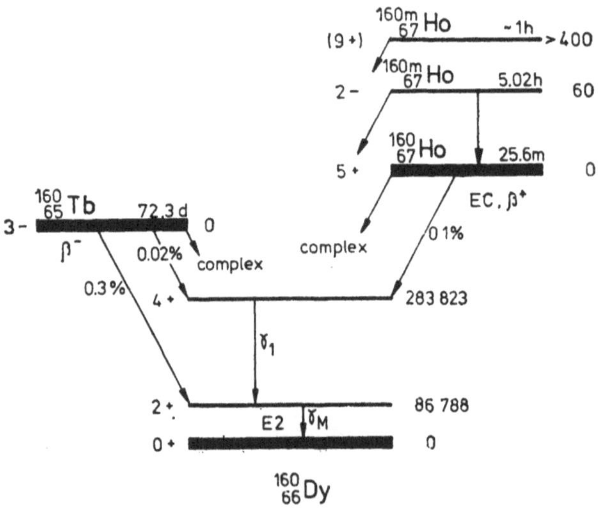

Abb. 42

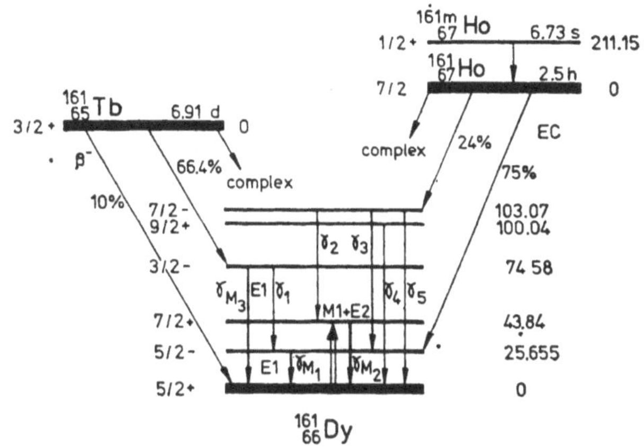

Abb. 43

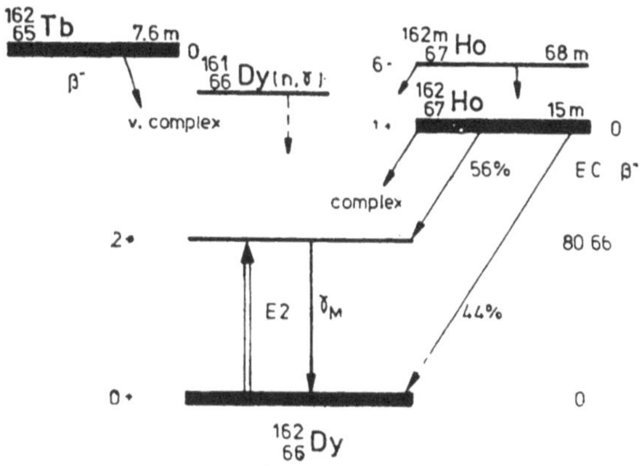

Abb. 44

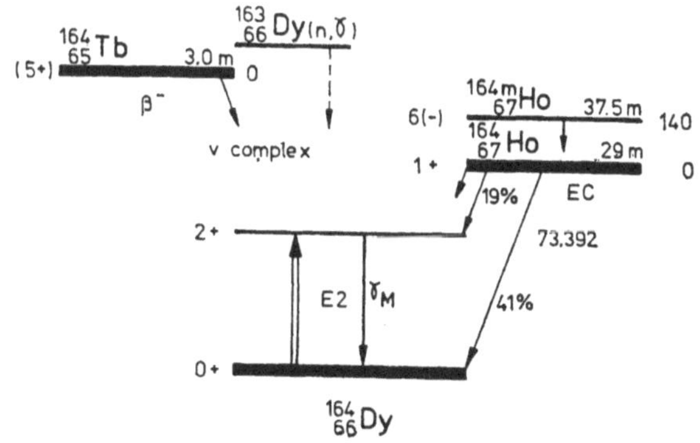

Abb. 45

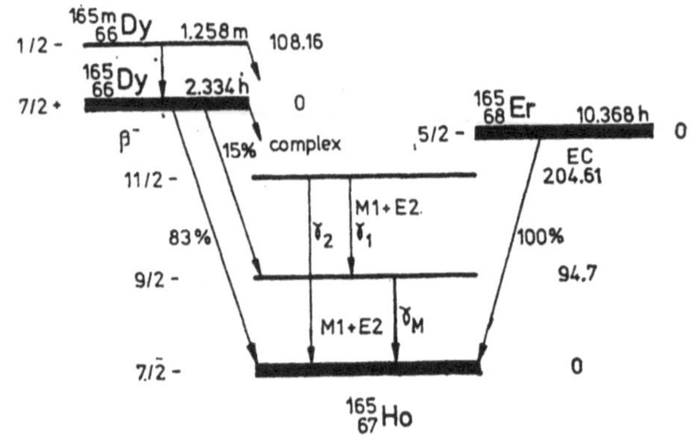

Abb. 46

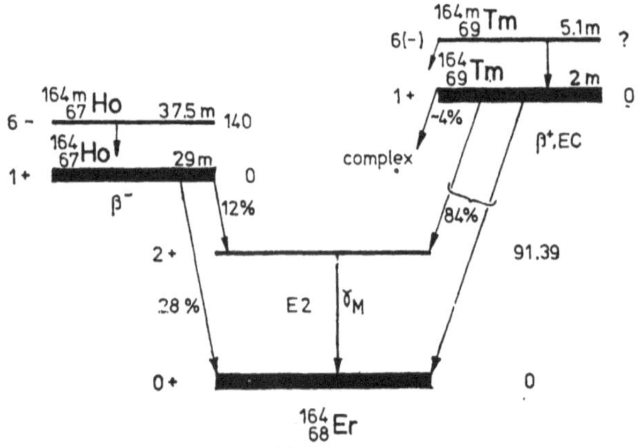

Abb. 47

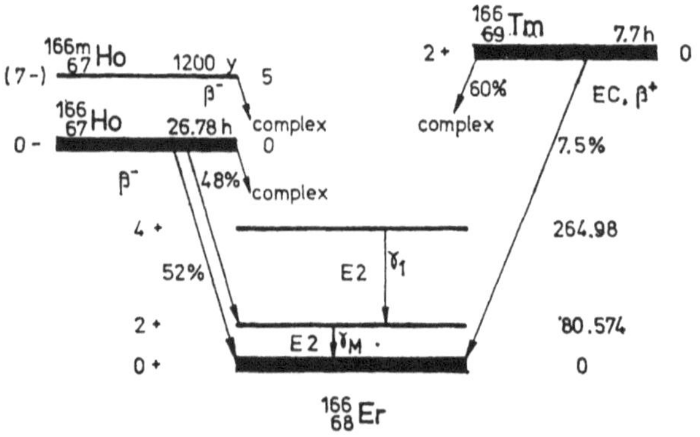

Abb. 48

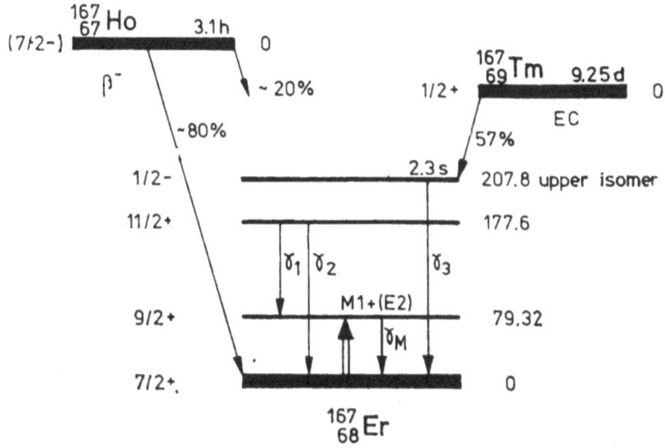

Abb. 49

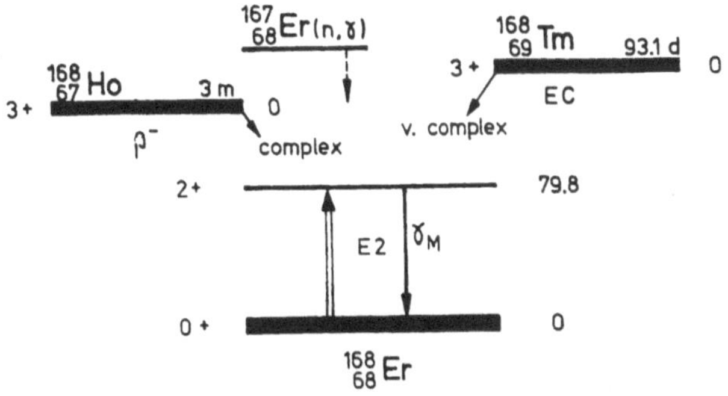

Abb. 50

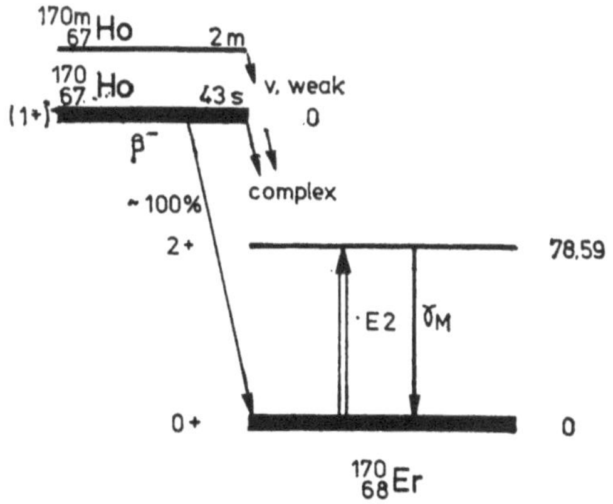

Abb. 51

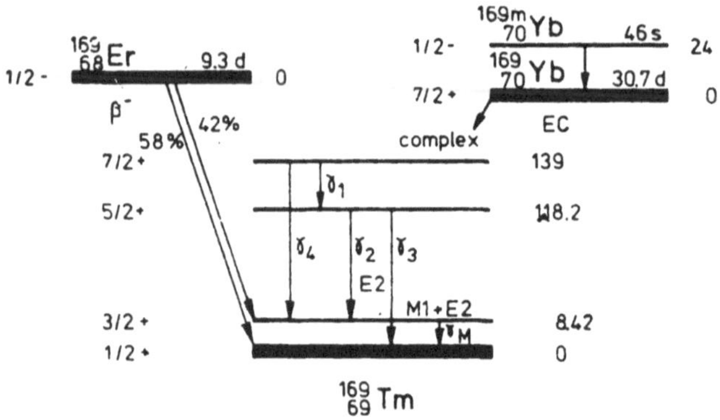

Abb. 52

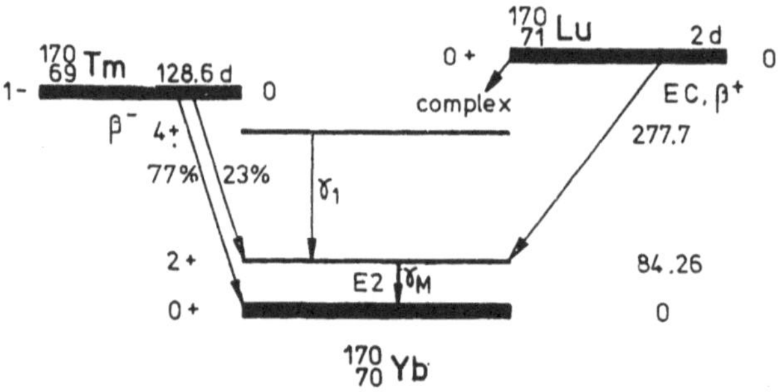

Abb. 53

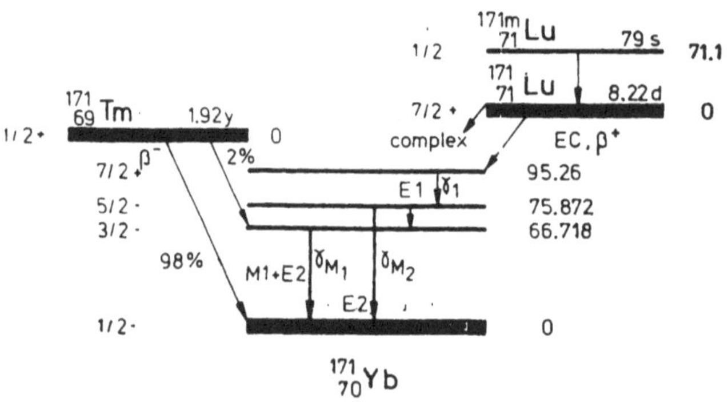

Abb. 54

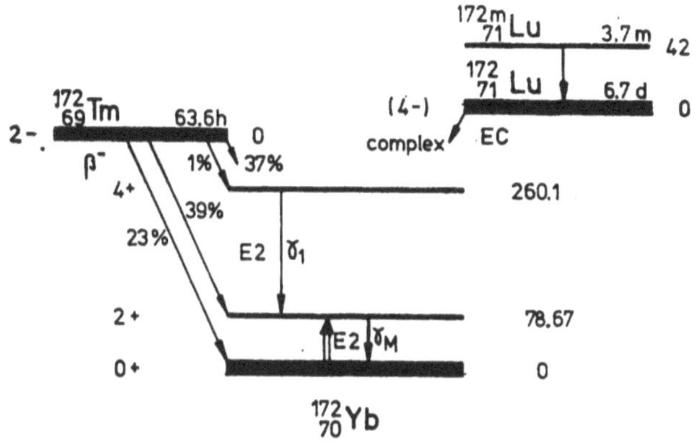

Abb. 55

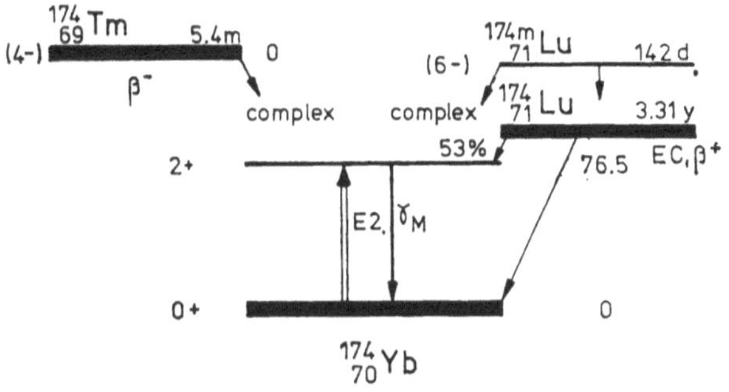

Abb. 56

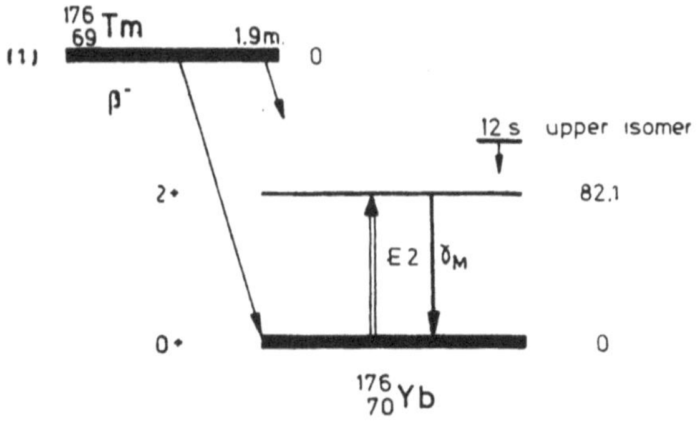

Abb. 57

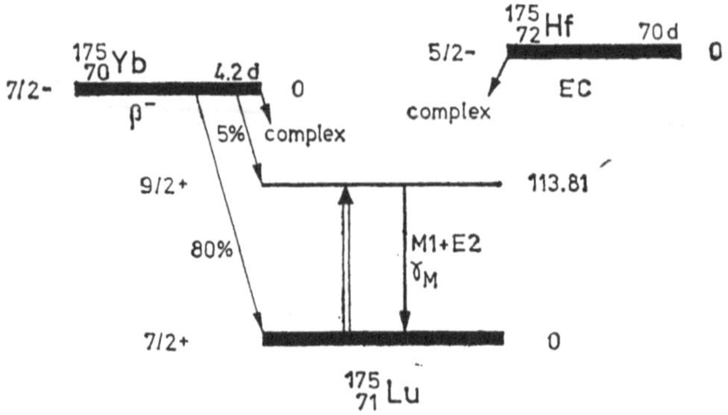

Abb. 58

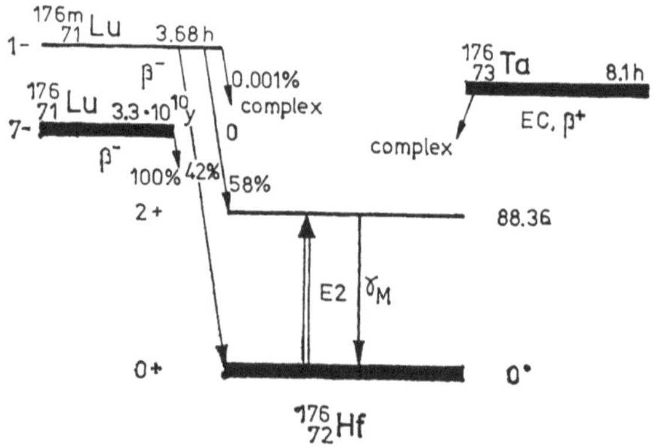

Abb. 59

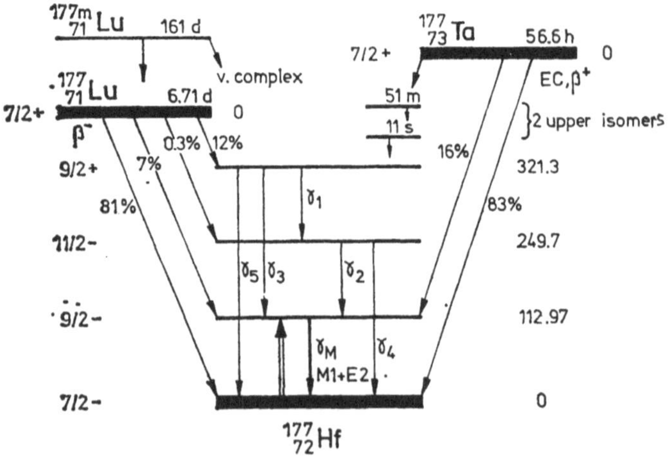

Abb. 60

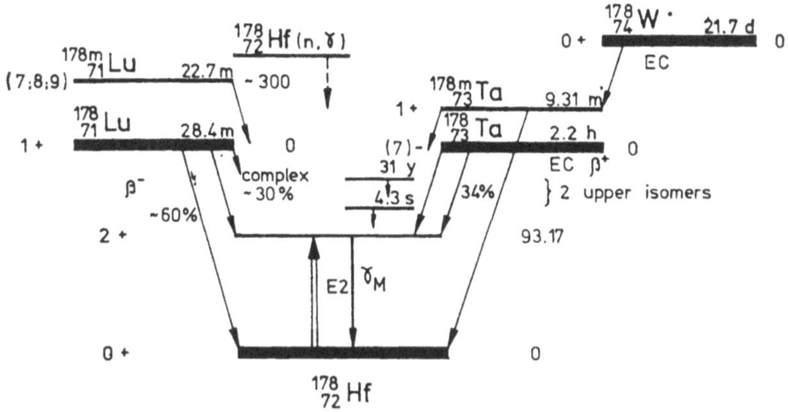

Abb. 61

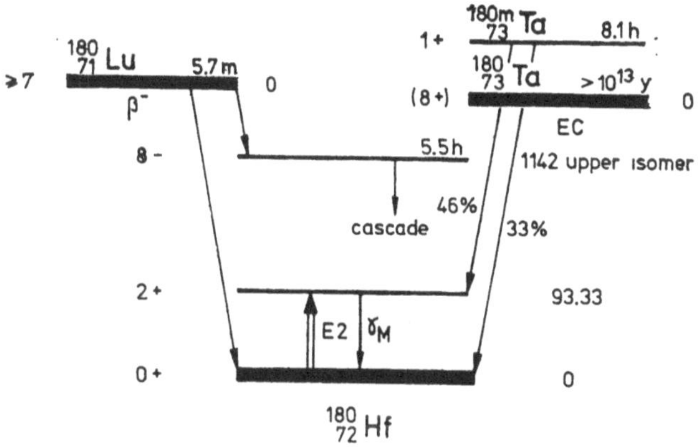

Abb. 62

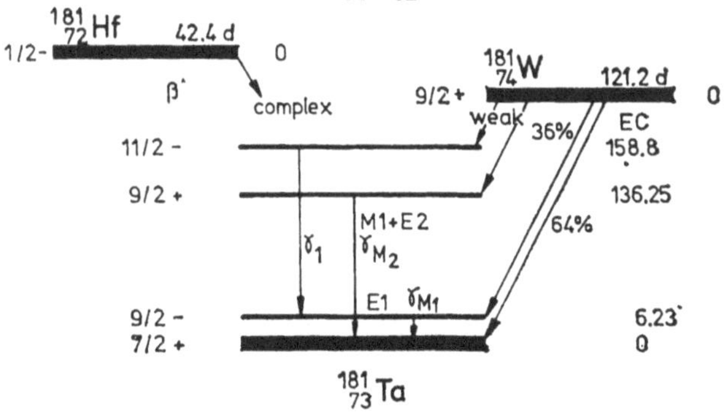

Abb. 63

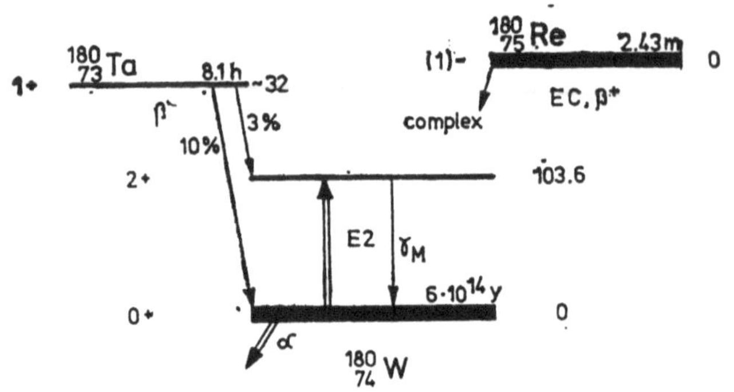

Abb. 64

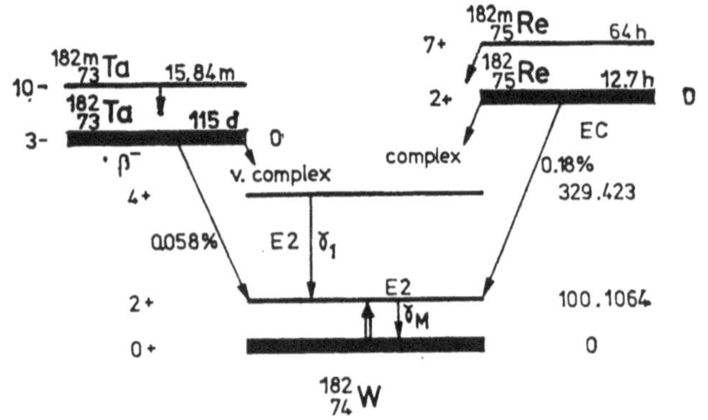

Abb. 65

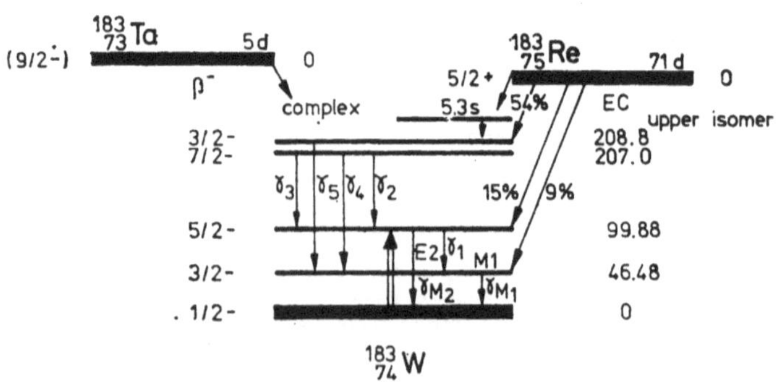

Abb. 66

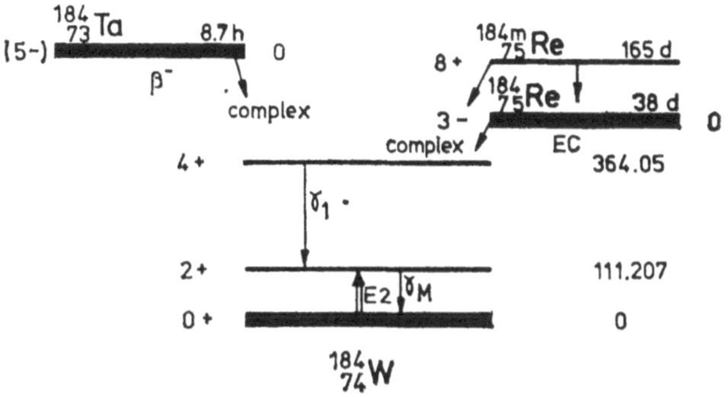

Abb. 67

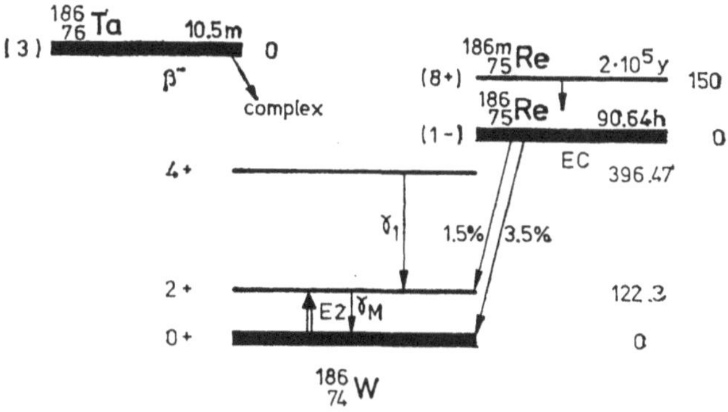

Abb. 68

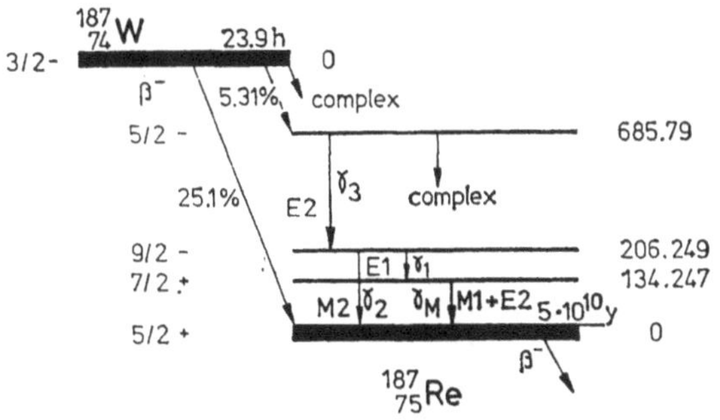

Abb. 69

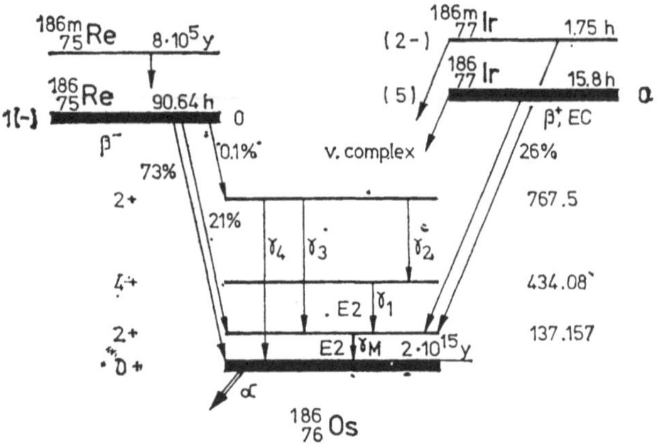

Abb. 70

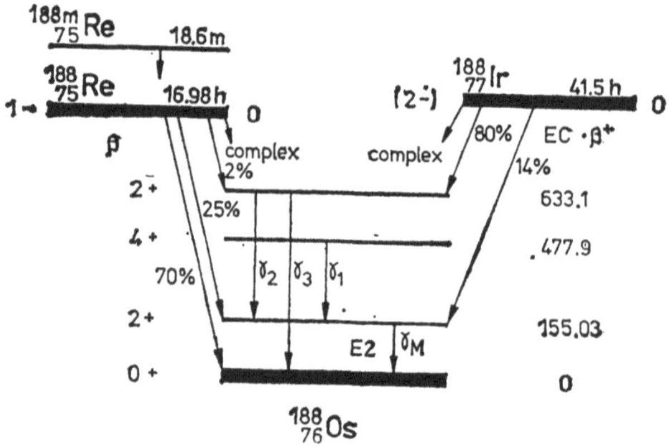

Abb. 71

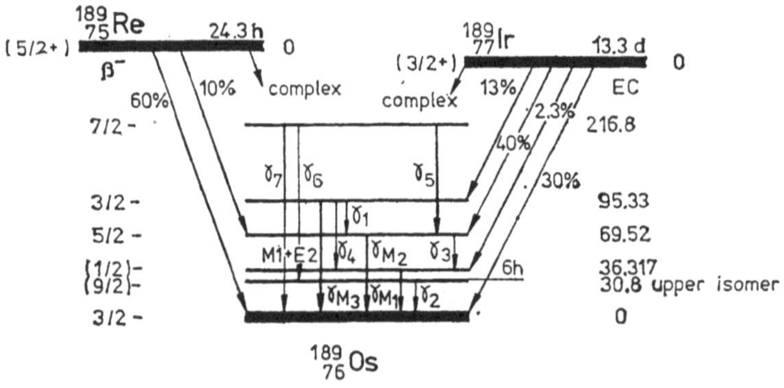

Abb. 72

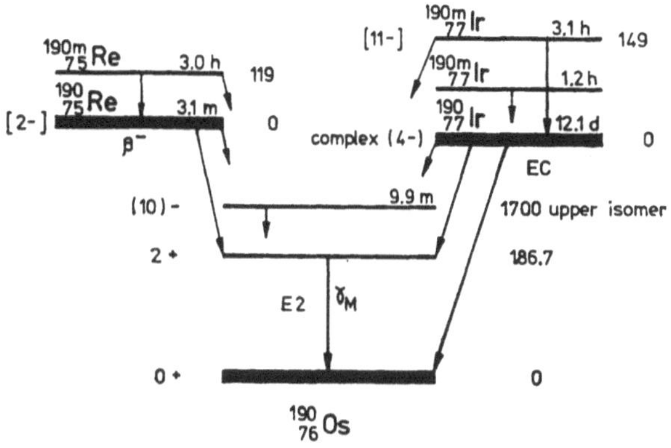

Abb. 73

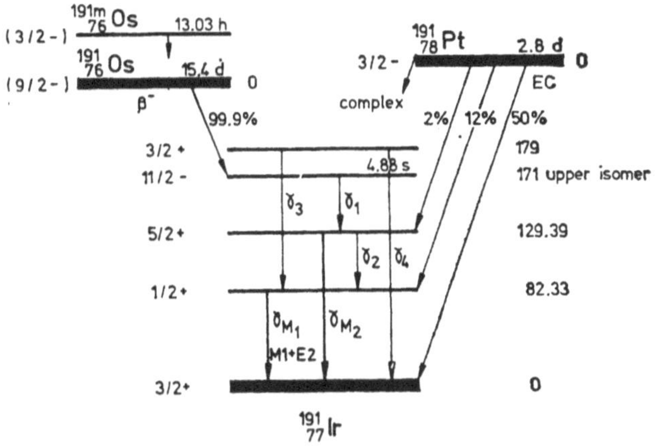

Abb. 74

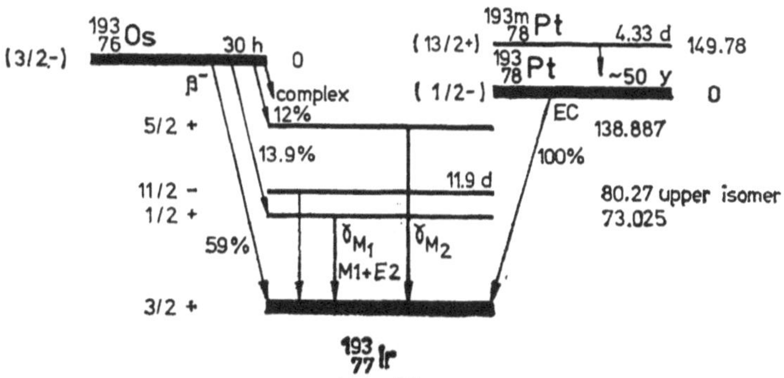

Abb. 75

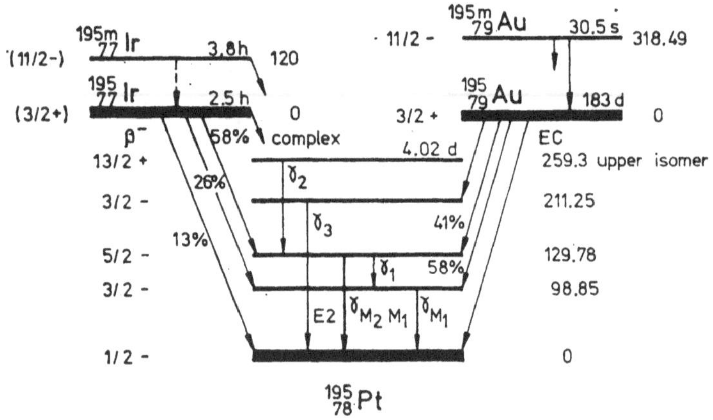

Abb. 76

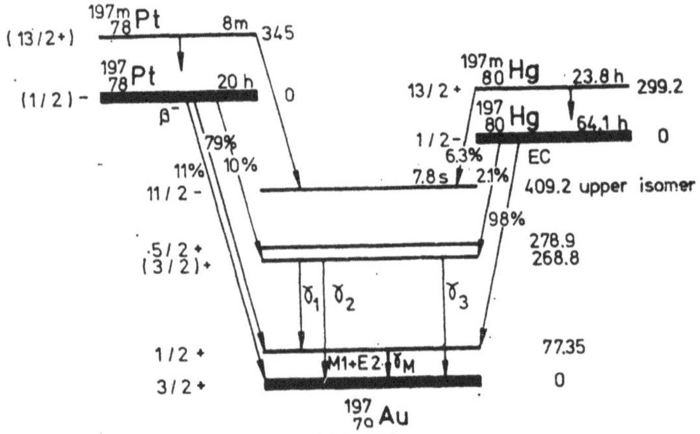

Abb. 77

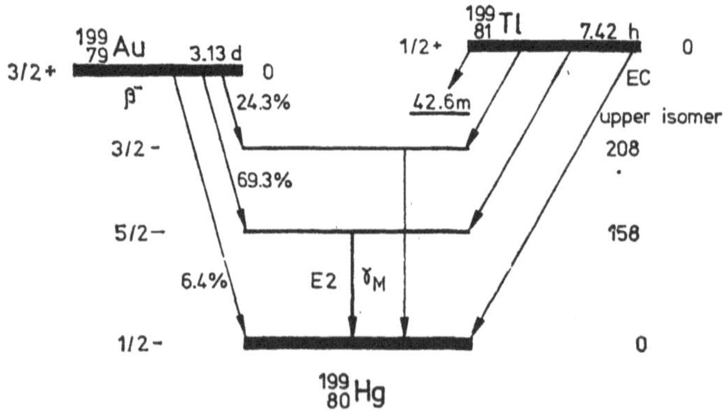

Abb. 78

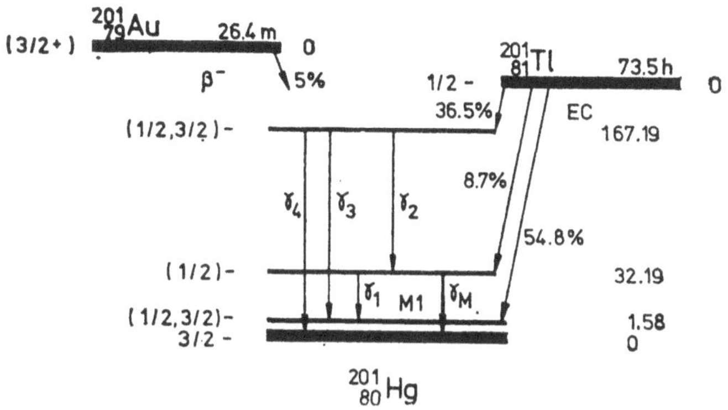

Abb. 79

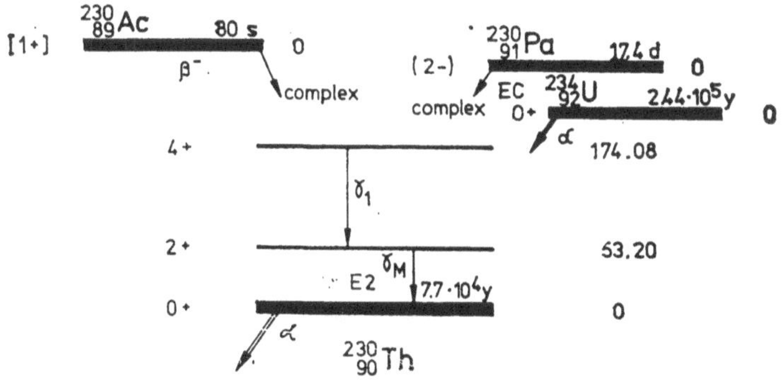

Abb. 80

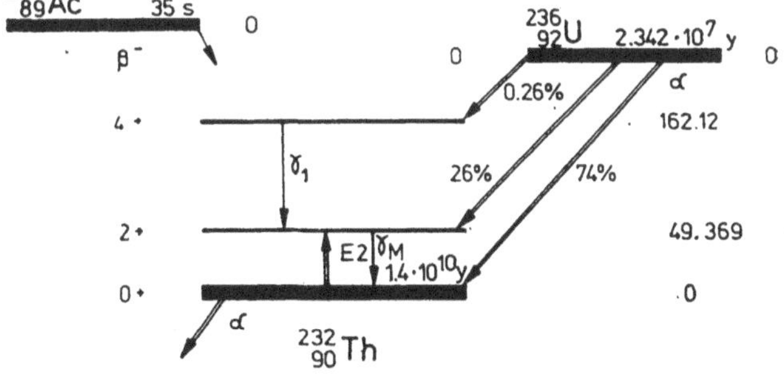

Abb. 81

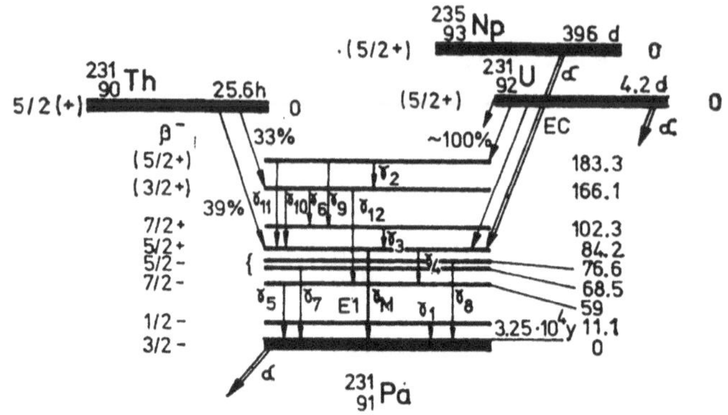

Abb. 82

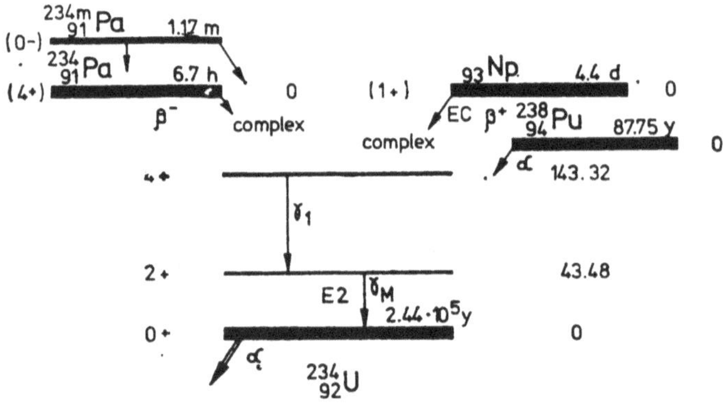

Abb. 83

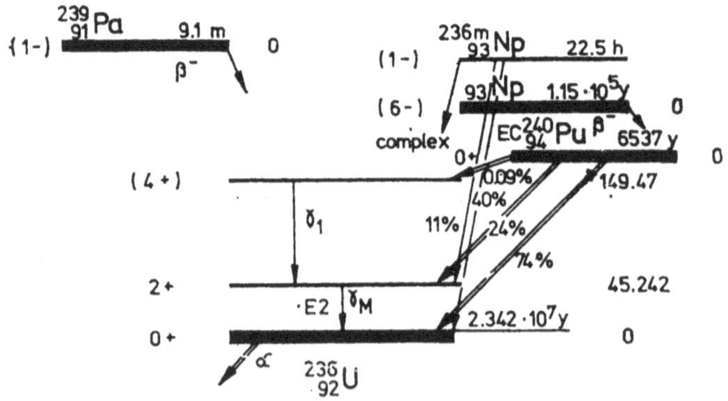

Abb. 84

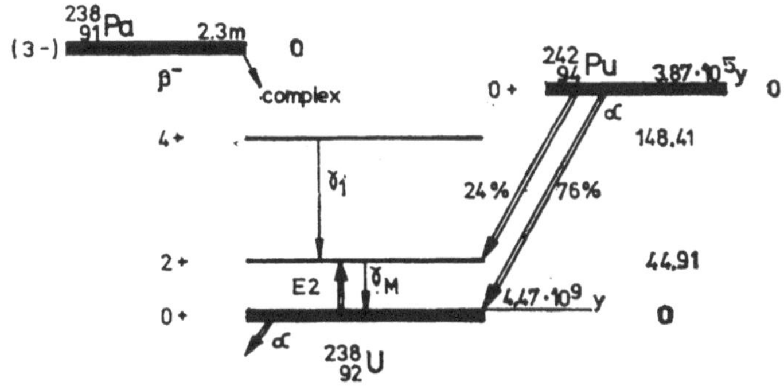

Abb. 85

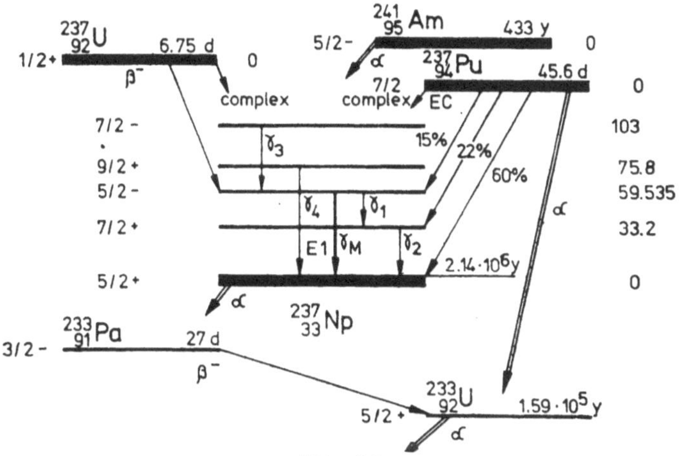

Abb. 86

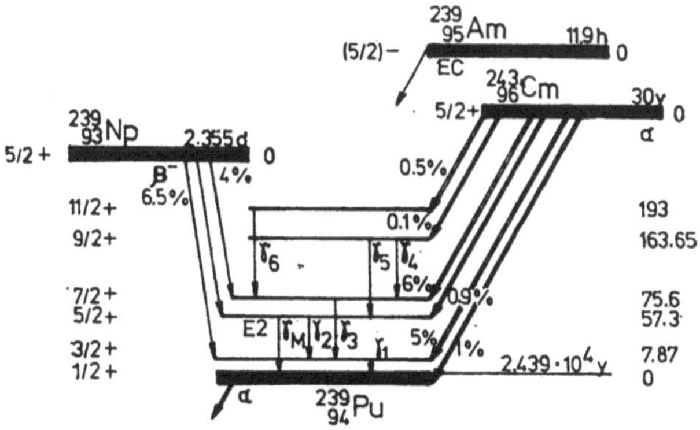

Abb. 87

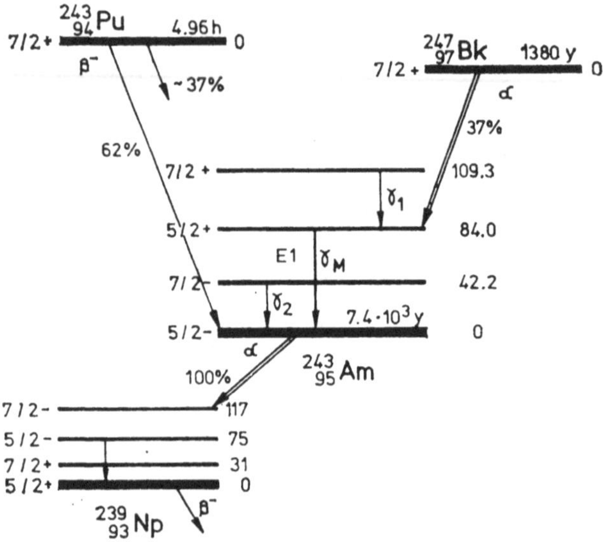

$^{243}_{94}$Pu
4.96 h
7/2+
0
β⁻
~37%
62%
$^{247}_{97}$Bk
1380 y
7/2+
0
α
37%
7/2+
109.3
γ1
5/2+
84.0
E1
γM
7/2−
42.2
γ2
7.4·10³ y
5/2−
0
α
100%
$^{243}_{95}$Am
7/2−
117
5/2−
75
7/2+
31
5/2+
0
β⁻
$^{239}_{93}$Np

Abb. 88

Sachregister

FSC
www.fsc.org
MIX
Papier | Fördert gute Waldnutzung
FSC® C083411

Kolibri 360 GmbH
Ferdinand-Jühlke-Straße 7
99095 Erfurt, Deutschland
produktsicherheit@kolibri360.de